チョルノブィリの火
FIRE of CHORNOBYL
勇気と痛みの書

ヴァスィリ・シクリャル
ムィコラ・シパコヴァトゥィー

河田いこひ 訳

風媒社

翻訳者まえがき

　科学技術は、たくさんの試行と失敗と改良を重ねて、完成に近づいていく。車や「はやぶさ」のように。一方、科学技術として推し進められているものの、一度でも試してはならないもの、一度でも失敗してはならないもの、完成させてはならないものがある。核兵器、原子力発電、各種の生命操作などがこれにあたる。実際、原発は、事故が技術の進歩をもたらさないどころか、一基増やすごとに、一つ事故を起こすごとに、人類を脅かす危険を蓄積してきた。このことに思い至るために、さらに次の事故を待つことはできなかったはずだ。すでに多くの事故の中で、犠牲者たちが身をもって訴えてきたからである。しかし、またしても最悪クラスの事故を起こした。

　東京電力福島第一原子力発電所の事故（2011年3月11日）は、耐震性その他の設計上施工上の不備のために、巨大地震・津波の破壊力に耐えられなくて起こった。25年前（1986年4月26日）の旧ソ連ウクライナ共和国のチェルノブイリ原発事故は、制御保護系の設計上施工上の不備に加えて、実験中の原子炉の挙動に対応できなかったために起こった。二つの原発は原子炉の仕組みが違い、事故の直接のきっかけが違う。しかし、いったん事故が起これば、その後の推移は似ている。事故の情報に誤り、隠し、遅れがある。それは適切かつ迅速な事故処理を妨げる。多大な危険作業と時間と費用をもってしても収束しない。次世代、次々世代、そのまた先の地球の生き物への放射線影響のことは、「チェルノブイリ」でさえ25年たった今になって、内部被曝や晩発性障害についてもわかり始めた段階であり、未来の地球へ「フクシマ」が引き渡す負の遺産の深刻さは、推し量ることしかできない。はっきりしているのは、世界の原子力産業と科学技術が「チェルノブイリ」から何も学ばなかった、ということだけである。

　核の使用は兵器のみならず発電であっても、国境のない地球全体の問題であることを、25年前に全世界は思い知った。原発は技術的に未完成なのではなく、そもそも人間には制御できないものであることもわかった。しかし、その後、「フクシマ」の事態になるまで、人はそのことを忘れた。「フクシマ」の警告を今度こそ受け止め、すべての原発を廃炉にして末永く管理し、汚染してしまった地球上で生き抜くすべを見つけなければならない。

　この本は原発の専門書ではない。あるものは生々しく体験を語り、あるものは淡々と作業過程を報告し、またあるものは図らずも旧ソ連の政治体制を描き出している証言集である。25年前の「チェルノブイリ」の事実は、「フクシマ」の事故現場の実態をあぶり出す。具体的な処理作業にもさまざまな助言を与えるだろう。刊行の遅れを悔やんでいる暇はない。

　なお、ソ連邦は周知の通り、チェルノブイリ原発事故もひとつの要因となって、1991年12月に解体し、チェルノブイリ原発を抱えるウクライナも、強い放射線汚染地域を抱えるベラルーシも独立した。ウクライナの人々は70年間のロシア語の暮らしから解放され、ウクライナ語を母語・公用語とすることになった。この本もウクライナ語で書かれたので、固有名詞の訳語などはなるべくウクライナ語読みに近い片仮名表記を心がけた。

2011年10月31日　河田　いこひ

チョルノブィリ惨事の事故処理作業消防士たちに捧ぐ

チョルノブィリの火
勇気と痛みの書

　『チョルノブィリの火』は、チョルノブィリ原子力発電所における事故とその結果の後始末にたずさわった、英雄的であると同時に悲劇的な消防士たちについての、最も完全な出版物である。
　地球規模の惨事にうち勝ったことを社会評論的に記したこの年代記は、文書類、科学的資料、そしてチョルノブィリ叙事詩目撃者の多数の証言に基づいている。

出版計画と著作権のある本文の著者
　　ヴァスィリ・シクリャル
　　ムィコラ・シパコヴァトゥィー

編集会議
　　Б・Б・ヒィジニャク（議長）
　　І・Д・フラドゥシ
　　В・М・フリン
　　П・М・デスャトゥヌィコウ（主席顧問）
　　А・К・ミケイェウ
　　В・П・メリヌィク
　　А・В・オライェウシクィー
　　М・А・ホロショク
　　В・М・チュチコウシクィー
　　В・М・シクリャル
　　М・І・シパコヴァトゥィー
コンピュータ・デザインと模型製作
　　オレクサンドゥル・コヴァリ
　　オレクシィ・ミェシコウ
製版と図版処理
　　オレクシィ・ミェシコウ

目次

翻訳者まえがき　1

 レオニドゥ・クチマ　これほどの愛があろうか……………………5

第1部　そして大地の3分の1が燃え尽きた…………………………6

第2部　境を越えていった人々………………………………………37

第3部　あからさまにそして完全に秘密に……………………………111

第4部　接収ゾーンで…………………………………………………170

第5部　「掩蔽構造物」とその周辺……………………………………247

第6部　チョルノブィリ詰め……………………………………………263

第7部　科学が肩をさし出した…………………………………………302

第8部　国境のない痛み………………………………………………320

第9部　沈黙する瞬間…………………………………………………344

 あとがき　ボルィス・ヒィジニャク　チョルノブィリが変わること…………373

 チョルノブィリの炉床を通り過ぎた人々……………………………376

翻訳を終えて　375

ISBN966-7217-20-5
出版社「アリテルナトゥィヴィ」、1998

［凡例］
1. 固有名詞は、日本ではロシア語読みで知られているものを含めて、ウクライナ語読みにした。主なものは、チョルノブィリ（チェルノブィリ）、クィイウ（キエフ）、オデサ（オデッサ）、クルィム（クリミヤ）、ハルキウ（ハリコフ）、ドゥニプロ川（ドニエプル川）、ビロルーシ（ベロルシア）、レハソウ（レガソフ）、サモセル（サマショール）。
2. 写真は、事故関連のものを中心に選択し、消防の日常作業風景、絵画等は省略した。

これほどの愛があろうか……

　チョルノブィリ惨事の結果克服に関する英雄的な年代記は、事故処理作業者と消防士たちの偉業とともにはじまる。彼らは貴い自らの生命によって、核の旋風の道をさえぎった。特別の危険時に対火戦闘力を動員するための第3警報信号が、全世界に響き渡った。チョルノブィリの爆発は、制御のきかなくなった核のエネルギーは国の境界を認識しない、ということを人類にわからせた。そして、不幸はだれのドアもノックせずに、突然やってきた。不幸との戦いは、いやおうなしに全世界の仲間を不安にさせた。

　こうして、世界はこの不幸を知り、理解するが、同時に、この実用主義的な世界は、チョルノブィリ原発事故の結果の最小化を目指すための包括的システムの方法を未だに持っていない、ということについても認識するよう強いられるだろう。

　ウクライナは、わが民族が免れることのできない悲劇の象徴のチョルノブィリ原発を、再び覆う計画の基本方針を表明した。とはいえ、この問題の超国家的性質に注目すれば、複合的かつ段階的にしか問題を解決することができない。

　残念ながら、山ほどあるチョルノブィリに関する世界の関心と心配の中には、政治がらみのものが見受けられる。その上西側諸国は、金を数えるのが好きだし、それができる。いまこのときにこそ、原子核に立ちはだかって、生命の勝利を祭壇にささげた人々のことを再び思い起こすべきである。そして、チョルノブィリの最初の英雄たちに尊敬の思いをいたしながら、スコットランドの仲間たちからウクライナの消防士たちに贈られた記念像の碑文を、私たちは思い起こそう。「他の人のために生命をささげる──これほどの愛があろうか」。

　金色の文字で歴史にその名前が記された若い青年消防士たちも、自らの偉業によってこのことを私たちに語っている。

ウクライナ大統領
レオニドゥ・ダヌィロヴィチ・クチマ

第1部
そして大地の3分の1が燃え尽きた

生命の書に書き付けられたこと

　著名なフランスのノーベル賞受賞者のアントゥアン・アンリ・ベクレルがウランの放射能を発見して90年後の1986年4月26日、ウクライナのレーニン名称チョルノブィリ原子力発電所において、地球規模の惨事が起こった。ウクライナ民族の歴史の中で最も重大な悲劇の1つとなったその黒い日付は、チョルノブィリの前と後で我々のあり方を分断する痛ましい境界線を、人類の意識の中に引いた。今なお我々は、この致命的な爆発の結果を充分に評価することや、意味づけることさえできていない。それは永遠だ、ということしかわからない。

　ウクライナのチョルノブィリ原発事故のために、100万人以上の子供を含む320万人が苦しめられたと言われている。また同時に、悲劇は個々のウクライナの人の運命を襲い、5億人の国民の生命の木を突然揺さぶったということがわかっている。放射線の影響を直接受けた地域は、ウクライナ全土の12分の1に上った。危険なレベルの放射能汚染は、5万平方キロメートル以上の面積に見られる。

　76居住区の9万1,000人が避難させられた。92居住区が強制立ち退きになり、政府によって保証された区域への自発的立ち退きは835件になった。1,288居住区は、ひき続き放射線生態学的管理強化の状態に置かれている。

　この数値の陰には、惨事の影響で破壊された地域に自分がいる、ということに気づいた個々の悲劇の人と、彼らの絶えず悪化している健康状態がある。事故処理作業者に対して行われた軍当局の医学的検査では、1987年には70%以上が実質的に健康であることが示された。

しかし、1994年の検査では、事故処理作業者の健康状態は著しく悪化していることが確認され、その割合はすでに18％になっていた。9年間に、事故処理に携わった人で実質的に健康な部分の割合は78％から28.6％に減少し、避難者では58.7％から27.5％に、継続的な放射線生態学的管理下にある居住区では51.7％から31.7％に減少した。チョルノブィリの人の全般的な発病率は2倍以上に、発ガンは12倍に、神経心理病は7倍に、心臓脈管系の病気は5倍に増加した。この間に、事故に被災した市民のうち12万5,000人が死亡した。

　チョルノブィリ惨事の破壊的な影響は、環境と、すべてのウクライナ住民の健康状態におよび続けている。放射性核種が国民の遺伝子プールへ及ぼす破壊的な作用の危険性が増加している。

　事故の影響を最小にするために、国家は、自らにとって巨大で重過ぎる経済的支出を経験している。身にあまる巨大な努力をしていても、残念ながら期待された効果はあがっていない。実質的解決の可能性は現れておらず、むしろ問題はいっそう困難さをつのらせている。どうしても必要な医療のレベルはどうするか、汚染されていない食料品による栄養供給はどうするか、精神的心理的に負担となるストレス状態に対する防衛はどうするか、そして犠牲者への物質的な支援などはどうするか、などが決められていない。国際社会の援助のおかげでどうにかこうにかやってはいるが、ウクライナを救うことはウクライナ自身の仕事であるということが、いっそう明らかになっている。そして、その痛みは耐えがたい。聖書にあるあらゆる試練をすでに越えたと思われた人々の運命の上に、ヨハネ黙示録の最も厳しい予言の重荷が落下した。

　　第8章7節　第1の天使がラッパを吹いた。すると、血の混じった雹と火とが生じ、地上に投げ入れられた。地上の3分の1が焼け[*1]、青草もことごとく焼けてしまった。
　　第8章10節　第3の天使がラッパを吹いた。すると、松明のように燃えている大きな星が、天から落ちてきて、川という川の3分の1と、その水源の上に落ちた。
　　第8章11節　この星の名は「ニガヨモギ」[*2]といい、……

　　　　　　　　　　　　　　　　　　　　　　　　　　　　　　　（ヨハネ黙示録）

　　*1　ウクライナの黒土は世界の3分の1を占める。
　　*2　チョルノブィリはニガヨモギの1種。

歴史と摂理

　すべての始まりは、ウクライナから遠くはなれたところで起こった。
　1942年、アメリカ合衆国で、世界で始めての原子炉が稼動した。その3年後に、最初の原子爆弾も、まさにここで製造された。1945年、広島と長崎の悲劇が世界を揺さぶった。それ

は核兵器競争という衝撃をもたらした。原爆やミサイルやロケットのためのプルトニウムを作る新しい原子炉は、1つの体制になった。

ソ連邦の領土内に強力な科学企業連合が創設され、ヨーロッパで始めての原子炉が、1946年にモスクワで稼動した。ソ連邦の原子力部局である中型機械省が作られた。これは後に原子力エネルギー省になったが、その活動が秘密の闇に覆い隠されている、強力で威嚇的に巨大な組織である。

1954年7月27日、カルーガ州オブニンスク市に、世界で始めての原子力発電所が研究・産業目的で運転を開始した。1957年12月5日、原子力砕氷船「レーニン」が進水した。

世界は、「平和の」原子力と「攻撃の」原子力という重荷を負い続けている。すでに1975年には、地球上で130の原子力発電所が稼動していた。

ソ連邦の科学技術の著しい能力をウクライナは常に担っていた。そして、その発展の道から外れていない。すでに1932年に、ウクライナの物理工学研究所（ハルキウ市）で、高速プロトンの衝突によるリチウムの原子核分裂反応がはじめて実現された。ハルキウ研究所のほか、クィイウの物理学研究所、ウクライナ共和国理論物理学科学アカデミー、その他多くの大学の学部などが類似の研究を実施した。

しかしながら、ウクライナにおけるエネルギー分野は、1970年代にことのほか大きな広がりを獲得した。そのプロセスは、そのときのシステムに固有の道理にかなった合理性をしばしば後回しにした、幸福感と自己満足をもって展開された。

1966年9月29日付のソ連邦閣僚会議の決定に従って、1966年から1977年の長期にわたって、ソ連邦内に出力1,190万kWhの原子力発電所を建設する計画が確認された。その中には800万kWhの新型РБМК-1000（黒鉛減速軽水冷却沸騰水型炉、チャンネル型大出力炉。慣例に従って以後この略語を使用する）原子力発電所が含まれている。そのうちの1つは、ウクライナの中央部に設置することに決まった。1967年2月2日付のマル秘印のあるかなりの分量の「クィイウ州チョルノブィリ地区コパチ村近くに、ウクライナ原子力発電所センターを建設するプロジェクトについての、ソ連邦共産党中央委員会へのウクライナ閣僚会議アピール」という文書がある。それには補足の文書があって、建設場所そのものの選択の理由付けがなされている。「コパチ村近辺の土地は……プルィプヤチ川右岸の、チョルノブィリから12キロメートル離れた、概して生産性の低い土地に位置し、水の供給、運輸、地域の衛生面の要求に応えている。」

それまでに、クィイウ州内、ヴィンヌィツャ州内、ジュィトムィル州内の16地点が、最も適した土地を選択する目的で検討された。そして、平和の原子力の重荷は、ウクライナの首都から110キロメートルのところにある、ウクライナ・ポリーシャのおとぎの国のような一画に落ちた。

チョルノブィリ。スラブ最古の町の1つである。この町のことが年代記の記載に最初に現れるのは、1193年にさかのぼる。12世紀まで、この町はストゥレジウと呼ばれていた。しかし、その後、あたかも神の意思によったかのように、それはニガヨモギを意味するチョルノ

ブィリという名を手に入れた。そして、原子力発電所もまたその名を与えられた。

チョルノブィリ原子力発電所は、1970年に、ソ連邦動力・電化省の南部原子エネルギー建設トラストとして建設を開始した。それは、お定まりの「世紀の建設」だった。つまり「労働の勇気と科学技術進歩の勝利」だった。とはいえ、「労働の意気軒昂」とともに、不安の兆候もまた現れていた。ウクライナ共産党中央委員会とウクライナ共和国閣僚会議の1972年4月14日付の決定には、次のように述べられている。「建設─組み立ての作業は、低い工学レベルで行われている。建設工業の目的物は、技術的にも、クレーン設備などの面でも、送電ケーブルの面でも、完成されていない。原子力発電所長の出した建設見積もりは、未熟で未完成である。指導部は、職員の選考や任命における手落ちをきわめて大目に見て、その結果、30％以上の技術―工学的な部署で、特別な教育を受けていない人や、実務経験のない人が仕事についている。」

それに、このような巨大な建設では、欠陥無しというわけにはいかない。その一方で、作業は途切れなく続き、プルィプヤチの町は大きくなった。その住民である建設労働者と発電所技術者たちは、その中で経験を積んでいった。

チョルノブィリ原発の最初の発電ユニットの運転開始には、7年が必要だった。1号発電ユニットは1977年9月に、2号発電ユニットは1979年1月に、3号と4号の発電ユニットはそれぞれ1981年と1983年の12月に運転に入った。チョルノブィリ原発の第2系列に属する3号と4号の発電ユニットは、そのタイプの原子力発電所の第2世代の1員である。このことを強調しておこう。

チョルノブィリ原発の第3系列として5号と6号の発電ユニットを建設するという考えは、3号と4号の発電ユニットの運転開始よりずっと前にすでに生まれていた。1981年にはすでに建設―組み立て作業が始められ、5号発電ユニットの運転開始は1986年秋に予定された。しかし、運命は、まったく違うものになった。

残酷な警告

世界で原子力エネルギーの専門家が増加するにつれて、熱心な支持者と反対者の議論は絶え間なく続くようになった。そして、考慮すべきことがらの深刻さを、生命そのものが最も恐ろしいやり方で警告するのが常だった。原子炉の事故は、原子炉が出現するや否や、その自分史を開始した。それらを1つずつ挙げてみよう。

・アメリカ合衆国

1951年。デトロイト。試験用原子炉の事故。温度限界を超えたことによる。放射性ガスによる空気の汚染。

1959年6月24日。カリフォルニア州サンタ・スーザンの動力炉の実験事故。冷却システム

が作動しなかったために、燃料要素が部分的に溶融。

1961年1月3日。アイダホ州アイダホ・フォース近郊の試験用原子炉で水蒸気爆発。3人が犠牲になった。

1966年10月5日。デトロイト近くの「エンリコ・フェルミ」原子炉事故。冷却システムが作動しなかったために、炉心部が部分的に溶融。

1971年11月19日。ミネソタ州モントジェーロの原子炉廃棄物貯蔵庫があふれた。放射性物質で汚染した水が約20万リットル、ミシシッピ川に流れ込んだ。

1979年3月28日。「スリーマイル島」原発で、原子炉冷却材喪失事故。炉心部溶融。空気中への放射性ガスの放出と、サスケハナ川への微量放射性廃棄物の流出があった。被災地からの住民の避難。

1979年8月7日。テネシー州アービング近くの核燃料製造工場の事故。高濃度濃縮ウランが放出されたために、約1,000人が基準値の6倍の放射能被曝をこうむった。

1982年1月25日。ロチェスター近くの「ジーン」原子炉で、蒸気発生器の管が破裂する事故。空気中への放射性水蒸気の放出が起こった。

1982年1月30日。ニューヨーク州オンタリオ市近くの原発で異常状態が発生。原子炉冷却系の事故のため、放射性物質の空気中への漏出が起こった。

1985年2月28日。「サマー・プラクト」原発で、臨界に達するのが早すぎた。制御できない核の暴走が起こった。

1985年5月19日。ニューヨーク近くの「コンソリデイテド・エジソン」社に属する「インディアン・ポイント−2」原発で、放射能汚染水の漏えい事故。バルブの欠陥が原因。漏出した放射能汚染水は、原発の境界を越えたものを含めて、数百ガロンに達した。

1986年。エーベルス・フォースのウラン濃縮工場で、貯水槽が放射性ガスをともなって爆発。1人が死亡し、8人がけがをした。

・ソビエト連邦

1966年5月7日。メレケッセ市の沸騰水型原子炉原発で、短寿命中性子の暴走。

1964年から1979年。15年間にビロヤルシクィー原発の1号発電ユニットで、炉心部の燃料集合体の破壊（焼け落ち）がたびたび起こった。炉心部の修理のため、職員は過剰に被曝した。

1974年1月7日。レニングラード原発1号発電ユニットで耐放射性ガスの鉄筋コンクリート製ガスタンクが爆発。犠牲者はなかった。

1974年2月6日。レニングラード原発1号発電ユニットで、水撃作用を伴う水の沸騰のために、中間回路が破裂。3人が犠牲になった。高レベル放射性の水が、どろどろしたフィルターの粉とともに環境中に放出された。

1975年10月。レニングラード原発1号発電ユニットで、炉心部の部分的破壊。原子炉は停止された。しかし、外部環境に約150万キュリーの高レベル放射性核種が放出された。

1977年。ビロヤルシクィー原発2号発電ユニットで、炉心部の燃料集合体の半分が溶解。職員の過剰被曝を伴った修理が約1年間続いた。

　1978年12月31日。ビロヤルシクィー原発2号発電ユニットが焼け落ちた。火災は、タービンのオイルタンクの上に機械建屋の床板が落下して起こった。制御用のケーブルはすべて焼け落ち、原子炉は制御できなくなった。事故時冷却系の水を原子炉に注入する作業を組織している間に、8人が基準を超える線量に被曝した。

　1982年9月。チョルノブィリ原発1号発電ユニットで、運転員の誤操作のために、中央の燃料集合体が破壊された。放射能が原発敷地内とプルィプヤチ市に放出され、さらに修理の間、職員が過剰被曝した。

　1982年10月。ヴィルメンシク原発1号発電ユニットで、発電機が爆発した。機械建屋の火災。自家用電力供給が停止。職員の一部が発電ユニットを放棄した。残った人が原子炉に冷却水を注入する作業に従事した。支援のために、コリシカその他の原発から技術者と修理作業者が到着した。

　1985年6月27日。バラキウ原発1号発電ユニットで事故。安全弁を抜く作業にとりかかっている間に、300℃の水蒸気が人々の働いていた部屋に流れ込んだ。14人が犠牲になった。

原子力多幸症

　ソ連邦における原発の事故は、ヴィルメンシク原発1号発電ユニットとチョルノブィリ原発1号発電ユニットでの1982年の事故を例外として、すべて秘密にされた。新聞『プラウダ』の幹部たちの記憶の中から、それらはこっそり抜け出した。このような不幸は、世論に対して隠されただけではない。それらについては、国内の行政や原発の労働者自身も知らないことがよくあった。今となっては、そのような無知を値踏みするのは難しい。否定的な経験についての情報がないということは、予告されない死の危険が無言でやってくるということを意味するからである。

　その間、ソ連邦の「一流の科学者たち」は、絶えずわれわれに、完全な安全性と信頼性と生態学的清潔さを確信するように仕向けてきた。彼らの説明は、時にはばかばかしいものだった。

　「原発―それはすべての発電所の中で最もクリーンで最も安全である！」1980年、アカデミー会員のM・ストゥィルィコヴィチは雑誌『アガニョーク』の中で熱狂的に叫んだ。「原発では爆発が起こる恐れがあるということを、ときどき聞くかもしれない。しかしそのようなことは、単純に言って物理学的に不可能なのだ。原発の核燃料は、一般的に言って、地球的ないしは宇宙的な何らかの力をそれに加えない限り、爆発できないのである。」

　ソ連邦原子エネルギー利用国家委員会副委員長のM・シネウは、一般受けのする言い方で、次のようにしゃべりまくった。「原子炉というのは普通の炉であり、それを操作するオペレーターはボイラーマンである。」

アカデミー会員のシェイドゥリンは、郊外での原発建設は住民を不安にさせるだろうとする『文学新聞』への論評で次のように請合った。「ここには感情的なものが多すぎる。わが国の原子力発電所は、お膝元の住民にとって完全に安全である。トラブルが起こる心配はまったくない。」

そして、このようなうまい言葉をモスクワが恥じていないだけでなく、同じことはクィイウについても言うことができる。「おのおのの原発の建設は、原子力事業の衝撃的な年代記の新しくて輝かしい1ページであり、大国ソビエトの緊張した生産的な労働の典型である。」ウクライナ共和国エネルギー電化省のスクリャロウはこのように書いた。そしてさらに、具体的に、チョルノブィリ原発とその申し分のない信頼性について、次のように述べた。「原子炉には制御と防御のシステムが備え付けられている。そのシステムはエネルギー体制を調節する可能性を確保し、事故の時には原子炉を安全に止める。その上、原子炉は、エネルギー配分と、技術的チャンネルの安全性、そしてまた同じく制御—測定装置と自動制御装置の複合システムで武装してある。そのようなやり方で、すでに原子炉の建設自体は、安全性が保障されている……。原発労働の安全性は、プロジェクトによって予測される複合的な方策を強化している。原発労働のあらゆる体制において、制御と防御のシステムの信頼性が保証されている。事故時炉心冷却系は、すべての不測の事態における原発の安全性を見越している。」

こうして、上に見たように、「信頼性」と「安全性」という言葉は、関連部局の辞書の中で、最も好ましいものになった。「すべての家に平和の原子力を」というスローガンは、かなり深く政治家の意識に入り込んだ。そのため、それはしばしば切り札になった。常識に基づく警告の声は、「鉄の論拠」の大海の中に埋没した。アカデミー会員サハロフの次の言葉は、チョルノブィリの状況がすでにあるので遅きに失しているとはいえ、われわれの意識を鋭く突き刺した。「一般的に言って、核エネルギー論は発展すべきであるのか？　仮にそうであるのなら、地表に設置される原子炉の建設を許すのか、それともそれらはすべて地下で運転することができるのか。それらはすべて未知の問いである。もっぱら狭い技術で対応し、偏見と不公平をもってことにあたり、さらには内輪で守りあい約束しあう政府当局者のような、単純な専門家に任せることはできない問題である。（それは、多くの他の重要な生態学的問題、経済学的問題、社会学的問題にかかわっている）。私は個人的には、原子核エネルギーは、原子炉を地下に設置させて実質上完全に安全にする場合に限って、人類にとって不可欠な、発展すべきものであると確信している。地表に原子炉を設置することを禁ずる国際法が必要である。遅れは許されない。」

とはいえ、専門家たちには、原子力エネルギーの合理性と発展の道に関する議論が残されている。チョルノブィリの悲劇があっても、このような永遠のテーマはもちろん無効にならない。長年わたしたちをだまして鎮めてきた原子力の安全性を許すわけにはいかない。理解すること、それはありうる。許すこと、これはありえない。

そして、残念ながら、今なお、わたしたちはチョルノブィリ惨事の結果の前になすすべな

く落胆していて、しかも、すでにその原因についてはほとんど何も思い出さない。誰かがこう言う。「原因というものは、ここでは説明不可能なのだ。」しかし、これはまったく間違っている。

原子炉の「アキレス腱」

　基地としてのチョルノブィリ原発のために、1,000MWの電気出力のРБМК-1000原子炉を備えた発電ユニットが認められた。これは熱中性子を出す非均質のチャンネル型原子炉で、減速に黒鉛を、熱媒体（冷却材）に水を用いる。

　黒鉛による減速と、沸騰する熱媒体を備えたチャンネル型原子炉は、1960年代の初めに強力に打ち出された基本理念である。そのときまでに国内では、水を冷却材とするウラン-黒鉛型原子炉の建設と稼動の経験があった。（オブニンシク原発、ビロヤルシク原発、ブィルィビンシク原発、スィビルシク原発）。

　チャンネル型原子炉構造の主要な特徴は、ВВЭР型原子炉（ソ連型加圧水炉）では本質的なものであるような特別に強固な本体（圧力容器）がない、ということだった。その上、РБМК型原子炉は、原子炉を止めずに核燃料を休みなくオーバーロード（過剰装荷）することができる。つまり、利用出力の程度を上昇させる可能性を持っている。

　先行の全面調査では、РБМК-1000型原子炉には構造上のある種の不完全さがある、ということであった。（この系列の原子炉の建造に関連した総合事業の主任責任者であるアカデミー会員のアレクサンドゥロウの言葉。）実施にかかわった機関は次の通りである。クルチャトフ名称原子エネルギー研究所（学術指導）。エネルギー技術科学研究・建設研究所（建設主任）。原子エネルギープロジェクト（プロジェクト主任）。

　今日、原子炉の安全性と信頼性を高めるためには、反応度の蒸気係数（ボイド反応度係数）を低くし、迅速な事故防御システムを作り出すことが有効である、ということがすでにわかっているが、原子炉に燃料を装荷する間、緊急制御棒が勝手に5秒間下方へ動いて、原子炉に対して負の反応度ではなく正の反応度をもたらした（正の停止効果という）。制御棒に構造的欠陥がある、つまり事故の起こる潜在的要因があることは明らかである。チョルノブィリ惨事の後、これらの欠陥の大部分は除かれている。ことに、ソ連邦で稼動中の15基のРБМК-1000原子炉すべてにおいて、ウランの初期濃縮度が2.5％に引き上げられ、制御系の時間的な無駄が10分の1に短縮された。そのため、原子炉の中性子物理学的な特性が改善され、すべての平均出力において、より大きな持久性を持たせることが可能になった。にもかかわらず、РБМК型原子炉の制御保護系の安全性の分野において、専門家が何らかの評価をして、発電所の安全な操業を保証したということは今もない。

　わが国の専門家たちは、РБМК型原子炉の「アキレス腱」について、事故の前にすでに知っていたのだろうか？　知っていた。そして警戒していた。

　1985年、クルシキィ原発の核の安全性に関する検査官А・ヤドゥルィヒンシクィーが、警

告を発する。この経験豊かな技術者は、深い科学的推論によって、学術指導部と建設主任の文書や公式報告書は、РБМКの核の安全性についての説得力ある基礎づけに欠けている、と結論づけた。国家原子エネルギー監視局の検査機関は、この有能な見解に耳を傾け、ヤドゥルィヒンシクィーの仕事の事例に関心を持つ人々に、説明書を付けて送っている。そこでは、次のような、РБМК原子炉の構造上の主要な欠陥が、明快に示されていた。

　——炉心部において黒鉛の含有量が多すぎること。
　——制御保護系の棒のさやの融点が、660℃というように低いこと。
　——第2系列のРБМК型原子炉の半数の緊急冷却システムが基本的に不適当であること。

　A・ヤドゥルィヒンシクィーは、核燃料が抑制されずに飛び散り、溶融を伴った事故が起こる可能性が大きいことを立証し、事態がこのように進行する場合にありうるシナリオさえ示した。彼の結論は断固たるものだった。すなわち、すべてのРБМК型原子炉は制御保護系を作り直して、最大の安全性を保障する保護系を確立すべきである、というものである。

　しかし、ヤドゥルィヒンシクィーの仕事もまた、楽観的な希望の前に捨て置かれた。雷が落ちた後になってやっと実際に注目されたのだ。

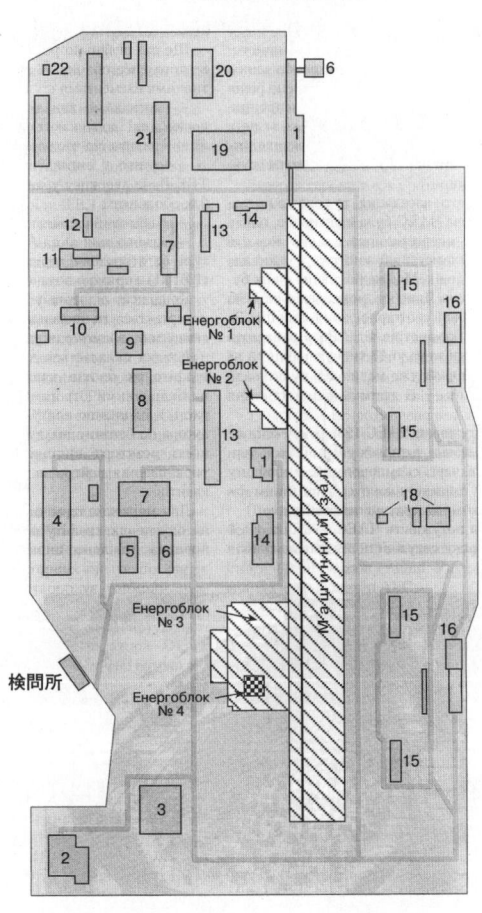

チョルノブィリ原発の見取り図

図の説明
＊斜線部が原子炉建屋（機械建屋）

1. 管理棟
2. 使用済み核燃料貯蔵所
3. 液体および固体廃棄物貯蔵所
4. アスファルト固化システムの建物
5、6. 食堂
7. ディーゼル発電施設
8. 廃水用の建物
9. ガス自動監視装置
10. 車庫
11. ディーゼル燃料貯蔵庫
12. ポンプ場
13. 窒素・酸素ステーション
14. コンプレッサー室
15. 貯水池
16. 沿岸ポンプ室
17. オイル貯蔵所（位置不明）
18. 中央給油所
19. 合同補助建物
20. 化学薬品庫
21. 新燃料庫
22. アセチレン庫

発電所内部の原子炉設備

　このようにして、チョルノブィリ原発は事故の前夜に、その分野の利益と技術の化け物の危険性を自らの中にひそめて、原子エネルギーの巨人になった。チョルノブィリ原発の一般的特徴を、その設置場所から順次見ていこう。こういった建造物については、そのような作業が重要だからである。それに、この場合、上層部が決断をひきのばしたために、実際にできたものは理想と大きくかけはなれてしまった。

　合理的な給水のために用いられる地下水脈は、ここではプルィプヤチ川の10～15メートルの深さと等しい水位にある。そして、粘土と石灰からなるほぼ不透性の岩石によって保たれている。またこの深さに届く放射能は、地下水によって拡散される。

　人口密度については、チョルノブィリ原発の建設開始までは小さかったが、エネルギーの巨人の出現とともに、その30キロメートルゾーンのあたりでは、すでに、110,000人が住んでいた。その約半分は、発電所の3キロメートル衛生保護ゾーンの境界にあるプルィプヤチの住民だった。原発から18キロメートル以遠のチョルノブィリの中心地には、13,000人がずっと住んでいた。110キロメートル以遠のウクライナの心臓部には、すでに述べたように、300万人が住む首都クィイウが鼓動していた。

　チョルノブィリ原発の有効出力は、1986年に、第1および第2系列の4つの発電ユニットで作り出されていた。それらの発電ユニットは共有の機械建屋と棚状の気水分離機（脱気ステージ）によって本館と1つにつながっていた。

　チョルノブィリ原発の計画出力は6ギガワットである。1986年1月1日に4つの発電ユニットの出力は4ギガワットになった。3号および4号発電ユニットは、そのような発電所の第2世代に属している。

　もう1度4号発電ユニットの原子炉設備について見ておこう。その主な構成要素には次のものがある。

——燃料用と冷却材用の垂直のチャンネル（管状部分）がある。このチャンネルによって、原子炉の運転中に、局所的な燃料積み替えが可能になる。
——二酸化ウランでできた円筒形の核燃料が束状になった燃料は、ジルコニウムのさやに入っている。
——チャンネルの中には黒鉛の減速材がある。
——沸騰する軽水冷却材の蒸気をタービンに直接送って強制的に循環を繰り返す、強制多重循環回路になっている。タービンを動かした後の蒸気の凝結水は、循環回路の分離器を通って、供給ポンプの働きでもとに戻る。
——円筒の開口部のある四角い黒鉛ブロックが、円柱状に集まってパイルができている。それは下部のプレートで保持されている。プレートは、原子炉の重量を支えるためのコンクリートの立坑にその重量を渡している。
——原子炉出力の約5パーセントは、黒鉛の中での中性子の減速とガンマ線吸収の分である。

温度抵抗を下げ、黒鉛の酸化を防止するために、ゆっくり循環するヘリウムと窒素の混合物が、基礎のプレートの空洞を満たしている。この混合物は、同時に、ガスの温度と湿度の変化に対してチャンネルの健全性をコントロールするためにも働く。

——原子炉施設の最も重要な部分はロボットである。ロボットは荷積み荷下ろし機械であるが、しかるべき区域に分けられている床の、各チャンネルの座標に引き出された後、ヘッドで接触して、燃焼しつくした燃料集合体を引き出し、その場所に新しい燃料集合体をつめる。燃え尽きて放射化した燃料集合体は、耐久性のある貯蔵プールに移す。

——原子炉の制御保護系は、水によって冷却される特別の専用チャンネルの中で、211本の制御棒が移動する仕組みになっている。システムは次のことを保障している。一定の水準の出力を自動的に保つこと。プラント停止信号に従って、自動制御棒と手動制御棒とで、速やかに出力を下げること。炉と他の操作の系列のパラメーターの変位が危険になると、原子炉の緊急防護が働くが、この一連の事故時緊急停止装置を働かせること。

　制御保護系には、サブシステムとして、局所自動制御系と局所緊急防護系がある。両者は、炉心に設置された電離箱のシグナルに従って働く。局所自動制御系は、エネルギー放出の調和的分散を自動的に安定化させる。一方局所緊急防護系は、原子炉の個々の区画におけるカセットの、決められた出力からのずれに対して、防護を確保する。РБМК原子炉には、制御保護系に加えて、あらかじめさらに一連の制御と統御のシステムが備わっている。

　反応度操作余裕という数値は、操作と原子炉の安全性を考えるうえで重要な物理特性である。その数値のもとに、炉心部へ下ろす制御保護系の制御棒の定数を理解しなければならない。РБМК−1000型原子炉の反応度操作余裕数値は、手動制御棒30本に相当する。

　РБМК原子炉のために、総合計画が立案されている。それは、発電ユニットの技術的信頼性を保証するために、設計値を常設の電子計算機でてきぱきと計算できるようにするものである。

　機械建屋の大きさは、計画では816メートル×51メートル、高さ33メートルであった。その建築設計図では、規定どおりの6メートルの階段と、51メートルの長さの軽金属の大梁があり、骨組みとして鉄筋コンクリートの柱を適用した建物になっている。骨組みは金属製のかすがいに固く結ばれている。建物の壁は強化コンクリートのパネルでできている。機械建屋の覆いは金属製で、断面が波型であり、可燃性の保温カバーとアスファルトパテにのせたルベロイド材でできている。

　脱気装置の棚のサイズは、816メートル×15メートル、高さ45メートルで、強化コンクリート製である。

　発電ユニットは単一体の強化コンクリートでできており、つり下げた壁状パネルで外装を施してある。

　設計規模の決定で、原発本館の第1系列は、5つのブロックА、Б、В、Г、Єに割り当てられた。原発の第2系列もまた、5つのブロックА、Б、В、Г、ВСРОに割り当てられた。全部

で10のブロックが1つの建物に配置され、互いに廊下と階段によって接続している。

AとБのブロックには、原子炉、主循環ポンプのある循環回路、ドラム型蒸気分離器、操作と保守のための部屋、輸送技術路が備わっている。

原子炉の下には、圧力抑制プールが設置されている。

BおよびBCPOのブロックには、システムの支援と発電所のさまざまな仕事の部門がある。ブロック∈には、修理施設と原発の諸部門がある。

ブロックΓは、機械建屋である。水素および水による冷却装置、オイルタンク、給水および凝結管、種々の用途の配管系その他の設備を持った、8基のターボ発電機が設置されている。おのおののタービン設備には、80立方メートルの主オイルタンクと11立方メートルの圧力オイルタンクを備えたオイルシステムと調節系と注油系がある。

ターボ発電機のオイルシステムの全容量は130トン、中のオイルの温度は180℃である。

機械建屋の中、建物床下の−4.2メートル標識点に、工業用水用、タービンの汚れたオイル用、変圧器の水による冷却（熱交換）用のパイプラインが敷設されている。

地下室への出入り口は、+10.0メートル標識点から、傾斜のある金属のステップでできている。

ケーブルの部屋は、−2.2メートル標識点にある。

機械建屋の屋根材料は、火災に対して危険である。それは金属タイルを敷きつめたもので、その上には可燃性の保温カバー（ピノポリスチロール）がある。防水は、ルベロイド（屋根葺き材）の2重層で行われている。覆いのすべての表面には、厚さ20ミリメートルの砂利の保護層がのせてある。屋根の全面はセクションに分けられている。セクションの面積は、48×51=2,448平方メートルである。セクションは全部で14ある。

−4.6メートル標識点にある棚状の脱気装置の中には、ケーブルのトンネルがある。+1.0メートル標識点には、ケーブル分配装置、蓄電池、消火時の給水を確保するためのポンプ室、定電流の計器盤、換気装置の制御装置、電気部門の支援と修理の建物があり、+15.4メートル、+16.4メートル、+31.6メートル標識点には、熱量計の箱、脱気装置、モニタリング用計器、その他の部屋がある。

チョルノブィリ原発での消防負荷は、平均で50キログラム/平方メートルである。

発電所の補助的システムとしては、次のものがある。
1. 増幅変圧器と自家用変圧器。それらは機械建屋の正面に沿って配置されている。
2. 航路変更運河と給水運河。
3. 発電所沿岸ポンプ場。これは工業用水を給水運河から発電ユニットへ、そして、循環水を圧力抑制プールへ送るためのものである。発電所沿岸ポンプ場の各々の部屋には、12台の循環用ポンプと6台の装置用ポンプおよび補助設備が据えられている。
4. 圧力自動調節。これは工学的要求によって、発電ユニット当り乾燥した空気を8キログラム/平方センチメートル、8,400立方メートル/時の量を集めて、各ブロック

に供給するためのものである。
5. 窒素・酸素ステーション。これは加圧された乾燥空気と給気弁調整装置によって、原発の発電ユニット使用者を絶えず安全にするためのものである。
6. ディーゼル発電施設。これは、特にブロック1, 2, 3, 4の装置のために送電する役割をもつ。ディーゼル発電施設の各室には、補助系を備えた公称出力5,500kWhのディーゼル発電機6基が設置されている。各々のディーゼル発電機は、個別の箱に入っている。
7. 液体及び固体廃棄物用貯蔵所（СРТВとСВЯП）。2系列の発電所のための貯蔵所は、建物が分かれている。そこでは、1,000立方メートルのタンクが12基、低レベル廃棄物用に配置されている。さまざまな放射能レベルの固体廃棄物用にも同じようになっている。技術的工程を確実にするために、補助設備が備えられている。
8. 管理棟1および2系列。ここには保健室と管理室が配置されている。発電所の本館と補助系の建物、排水路、暖房系、ヒーター、換気装置、および照明は有効であり、基準に合っていた。

チョルノブィリ原発の安全性

安全保護システム

　では、いったいどのようなシステムが、チョルノブィリ原発の「護衛に立っていた」のか？　それは第一に、事故時原子炉冷却系である。これは、炉心部の冷却機能が破壊されるような事故のときに、原子炉の水路にタイミングよく水を送るという方法によって、余熱を除くためのものである。問題は、大きなパイプラインと、蒸気用パイプラインと、飲料水用パイプラインの、直径のギャップである。

　主回路での冷却材の圧力過剰に対する保護系は、蒸気の復水のために圧力抑制プールへ蒸気を逃がすことによって、回路内の許容できる圧力を確保する。

　原子炉容器保護系は、事故の際、水蒸気ガス混合物を原子炉容器から圧力抑制プールに逃がし、同時に、事故時保護系によって連鎖反応を止めることで、原子炉容器内の圧力が許容値を超えないようにする安全化の方法である。

　さらに、事故の拡大防止のシステムが設置されていた。それは、原子炉部分を密封することによって、放射能漏れを局限化するものである。

　分離および密封の付属システムは、密封の部屋と非密封の部屋とをつないでいる連絡路の切り離しで、事故拡大を防止して密封領域を安全にするためである。

　粘土泥しょう式復水器は蒸気の復水のための装置であり、次のように組織される。
　——原子炉本体の密封性が破られる事故の過程で働く。
　——そのとき、主保護バルブが同調して働く。
　——またそれは、その間、正常な事故処理体制において、主保護バルブを通して行われる。

そのほかにも、次のことに関して、別の安全システムもある。
　電気の供給。安全装置とモニタリング装置のスイッチを自動的に入れること。放射線モニタリングシステム。発電所と発電ユニットの2階にある原発の指揮拠点。原発の安全化に資するとみなされるすべての装置は、発電ユニットレベルで指揮に従っている。

役に立たなかった教訓
　前述のように、チョルノブイリの惨事は、過去の一連の重大な核事故から、なかでも、原子力発電所で起こったすべての重大な火災から予感されていた。ザポリージャ原発の1984年1月27日の火災は、特別な警告だった。それは、原子炉の安全システムを破壊させる危険さえあったほど危険だった。消防の小隊が火を消し終えたのは、発生時から17時間も経ってからだった。消火には115人の消防士がたずさわった。この災害による直接の損失は、1984年の金額で、1,456,000カルボヴァネツィになった。この事件により、原子力エネルギー産業の発達における、最も厳しく最も緊急な問題の1つである火に対する安全性に、どうしても目を向けざるを得ないようになった。
　ソ連邦閣僚会議はザポリージャ原発の火災についての調査結果を審議し、次の各機関に対して、その時点およびそれ以後建設される原発の発電ユニットそのものの設計決定書について、防火保護実施の観点からの分析を実施するよう、1984年2月29日に委託した。任されたのは、動力・電化省、建設委員会、国家原子エネルギー監視局、内務省、国家電気技術省、そして国家機器工業・自動化装置・管理システム省である。
　分析の結果にしたがって、「ソ連邦動力・電化省原子力発電所の火災に対する安全強化措置」が立案された。それらの中で、およそ30件の内務省の提案が具現化されている。特に次の各点についてである。
　——原発の主要建物の覆い（カバー、屋根など）の可燃性断熱材（ピノポリスチロール）を交換することについて。
　——燃焼中に大量の有毒物質を出す床の可燃性プラスチック覆いを交換することについて。
　——タービンのオイル系と制御系にある可燃性覆いを交換することについて。
　——さまざまな安全システムのケーブルトラスと相互予備ケーブルラインとの割当てを分離させることについて。
　——建物の中でケーブルが通過している場所での、信頼性のある耐火措置について。
　——防火給水システムと、水による自動消火設備の鋳鉄製取付け部品を、スチール製に交換することについて。
　——火災時に危険な部屋および避難通路からの排煙システムを修理することと、本館建物の階段吹き抜けにある圧搾空気設備を修理することについて。
　政府の決定が公表され、稼動中の各原発にあわせた追加の措置をとることと、それが実現する期日を決めるよう、具体的な命令が出された。すべてのプログラムの期限は2〜3年の間に定められた。しかし、ソ連邦の動力・電化省も他の関係する省や部局も、この措置を実

行して安全化を実現することはなかった。
　最高機関の決定は、充分というよりは「過ぎたるは及ばざる」もの、というべきものだった。1980年9月25日付No.833-283「今後の原発安全性強化に関する措置について」、1983年7月14日付No.665-210「原発稼動時の信頼性と安全性の強化に関する追加の措置について」、そして、ソ連邦共産党中央委員会とソ連邦閣僚会議の決定1984年9月21日付No.999-233「1990年までの期間の、原子エネルギー産業の迅速な発達における安全に関する追加の措置について」などによって、動力・電化省、中型機械省、国家計画委員会、エネルギー機械省、国家供給委員会、およびその他の共和国の省と部局は、次の分野における重大な問題の軽減をはかるよう委託された。
　──イオン化放射線放射条件下での労働のために、原発に自動消火装置と火災報知器を設計して設置すること。
　──火災警備隊は各支隊が原子エネルギー産業の施設を警備しているが、都市間の電話連絡網「イスクラ」によって、その中心拠点を確保すること。
　──蒸気タービン、発電機、および原発のポンプ設備の注油系と制御系に、不燃性覆いを適用することを含む研究─建設作業を実施すること。この覆いを必要なだけ生産して供給すべきこと。
　──原発のために、不燃性のケーブル製品を生産して供給する仕事を確保すること。
　──丈夫な鉄骨構造の防火設備用資材を原発に確実に供給すること。
　──原発建設においては、ケーブルトラスのための気密化用資材や床用耐火性樹脂合成品を生産して導入すること。
　これらの方策の実施期限を、上に述べた省はいつも破った。建築の組織が機能しなかったり、作業レベルが耐火災安全に関して非常に質が低かったりしたために、事態はいっそう複雑になった。多くの原発で、必要な生産技術の規律と防火体制の確保がおろそかにされた。そのため、局所的な出火や火災に至った。
　原子力発電所の防火状態と消火状態に対する管理を強化するために、1985年のうちに、ソ連邦内務省火災警備本局に原発警備部がつくられた。その年、この部の作業者とソ連邦動力・電化省の「全ソ原子エネルギー公団」の代表は、16の原子力発電所を点検し、4箇所でモニタリング検査を実施した。点検時に明らかになった防火保護上の欠陥に関連して、次のところに情報が送られた。
　──ソ連邦閣僚会議宛て。「原発におけるポリエチレン製絶縁材ケーブルの使用について」および、「1980年9月25日付No.833-283と1983年7月14日付No.665-210のソ連邦閣僚会議決定の実施状態について」。
　──ソ連邦共産党中央委員会とソ連邦閣僚会議宛て。「ソ連邦共産党中央委員会とソ連邦閣僚会議1984年9月21日付No.999-233の実施状況について」。
　──ソ連邦閣僚会議宛て。「原子力発電所の火災に対する安全性の強化について」（1985年9月17日付No.1/5340）。

1985年10月9日付ソ連邦内務省の情報に従って、ソ連邦閣僚会議の副議長Б.シチェルブィナのもとで会議が行われた。そこでの問題点は、公表された決定の実施に関して、省と部局の仕事が不十分だということについてだった。ソ連邦共産党中央委員会と政府の出した課題を実行するために、詳細で確実なスケジュールを準備すること、具体的な期限と作業の個々の小部分に責任を持つ公式人物を明確にすることが、すべての省と部局に求められた。

　しかし、ソ連邦動力・電化省も、他の省や部局も、定められた期日内に設定した目標を完全に実行するとは保証しなかった。彼らは、原子力産業分野において得られている世界の経験を無視した。アメリカの「スリーマイル島」原子力発電所の事故の後、原発の設計と安全システムへのアプローチにおける全面的な変更が国境を越えて導入された。しかし、それは、ソ連邦の原子エネルギー産業にとっての重要な教訓とはならなかった。それまでも、原発での事故については、たくさんの教訓を与えることのできる普通でない重要な資料が、政府だけでなく専門家にも極秘のままにされていたのだ。

　それと同時に、原発の火災安全と火災警備支隊の臨戦態勢強化に関連した諸問題が、火災警備本局とソ連邦内務省全ソ科学消防研究所の定常的課題の中心になっていた。原発で用いられている薬品や資材の火災に対する危険度と、チャンネル型大出力炉、軽水型動力炉、高速中性子炉の発電ユニットの部屋と建物の、火災と爆発に対する安全性の研究・学習が実行された。基礎的な研究へむけて、実験方法と、原発で用いられる外装の材料、プラスチック化合物、エポキシゴムの透明な床、およびその他の材料に対する耐火基準が、入念に作り上げられた。原発の部屋と建物の特長の記述も実行されている。ケーブル束火災の危険性に関する徹底的研究についても指摘しなければならない。そのうちの主要なものは、ケーブルラインの火災保護と火災の拡大予防のための措置である。同じく、ケーブル室内の火災を自動的に発見して消火するシステムも立案された。

　1985年、ソ連邦内務省全ソ科学消防研究所は、原発の火災に対する安全性向上の分野において、13の課題を完成させた。

　毎年の点検のときに内務省火災警備本局が明らかにする、欠陥を除去する方策が立案されて導入された。関係する部局には、あらかじめ情報が送られた。個々の問題については、1985年になってやっと、ソ連邦内務省で9つの審議会が行われた。

　火災警備の部局管理者と作業者、および原発を警備する戦時体制消防分隊の長の仕事に、特別の力点が置かれた。これはもちろん、防火技術検査の質の向上と原子力発電所の管理者と職員への厳しさに反映された。

　1983年10月に、プルィプヤチ市において、原発の防火保護に関する全ソ科学技術審議会が開催された。その作業には、原子エネルギー公団、ソ連邦動力・電化省、ソ連邦内務省火災警備本局、ソ連邦内務省全ソ科学消防研究所、ウクライナ共和国内務省火災警備局の責任あるスタッフ、および戦時体制消防分隊隊員とエネルギー産業の工業技術担当者と原発の運転員が参加した。審議会の枠組みの中で、ちょうど運転に入らなければならなかった4号発電ユニットに的をしぼった防火戦術教育も行われた。そのようなチョルノブィリ原発に対する

教育は、1986年3月5日、つまり事故のほぼ1ヵ月半前にも行われていたことに注意すべきである。これらの専門的な訓練によって、消防分隊の臨戦態勢が質的に高められていたことは間違いない。

しかし、これらすべての努力にもかかわらず、原子エネルギー産業施設の火災に対する安全性の状況は、不安なままだった。1981年から1985年の間だけでも、原子力発電所では23件の火災と28件の発火があり、被害総額は2,480,000カルボヴァネツィになったことを思い出せば充分である。

施設の防火態勢

発電所の火災警備は、戦時体制消防分隊-2の隊員88人の力によって遂行されていた。

戦闘に対応する分隊の武装は、タンクローリー-40/130/63A、消防車-40/130/127A、消防ポンプステーション-110/131/131、消防ホース車-2/131/133であった。予備にはタンクローリー-40/133Γ/181、3組のタンクローリー-40/130/63A、消防車-40/130/127、タンクローリー-5/53213/196があった。当直警備の職務と臨戦態勢の質は満足すべきものだった。機器類は妥当な状態にあった。

原発の第1および第2系列では、消火の作戦計画が立案された。このような計画が事故のときにも使用されることが、1984年5月に確かめられた。その計画には次のことが含まれていた。

1. 原発の第2系列施設の特性評価。
2. 防火用給水システムのリスト。
3. 恒久的な自動消火施設の特性評価。
4. 第2系列施設における消火の順序。
5. 消防支隊と対応する発電所職員の連携。
6. 原発の交代要員で構成される消防義勇隊戦闘員。
7. 消防義勇隊戦闘員の出勤簿。
8. 1979年付ウクライナ共和国内務省No.557命令に従って、チョルノブィリ原発へ兵力と機材を結集させる割当計画。
9. 消火作戦本部のメンバーの任務、構成、本部スタッフの通報の順序。
10. ケーブル室、タービンのオイル系、「スカラ（集中制御系）」室内、機械建屋の覆いなどでのさまざまな消火方法。

このように、第2系列の施設における消火の作戦計画は、火との戦いの最中に起こりうるさまざまな複雑な状況を想定していた。

本部長と本部スタッフ（主任技師、交代要員の長、その他）の任務には、放射線状況の監視が加わった。しかし、この活動分類はおおまかな性質のものであった。たとえば、「スカラ」室内での消火に関して推奨されていることの中では、消防の同僚と対応する原発職員のために放射線安全規則を堅持する、ということにしか触れていない。

ウクライナ共和国内務省No.557-79年命令に従って、チョルノブィリ原発に兵力と機材を結集させる割当計画は、下表のとおりであった。

集結分隊の番号	強化される兵力と機材
戦時体制消防分隊-2、原発	2タンクローリー、消防ポンプステーション-110、排煙車、自動クランク輸送車
自主戦時体制消防分隊-6	2タンクローリー、消防車
専門消防分隊-17	2タンクローリー
専門消防分隊-31、ポリシケ市	タンクローリー、消防車
専門消防分隊-22、イヴァンキウ市	2タンクローリー
専門消防分隊-59、ヴィリチ市	タンクローリー
専門消防分隊-10、ドゥィメル村	タンクローリー
予備拠点、クィイウ市	10タンクローリー、防ガス・防煙班、2消防車、消防ポンプステーション-100、消防ホース車-2、粉末消防車

　チョルノブィリ原発での火災について、火災警備の兵力と機材の集結と同時に、警備にかかわる諸職務、すなわち、民警、救急医療、特別警備司令部の協同作戦が指令された。
　割当てにしたがって、あらかじめ支隊に対する原発への呼び出しNo.3が出された。
　原発と火災連絡所の間には、直通の電話連絡が確立された（4号発電ユニットの事故情報の放送に使用された）。施設の後方には、火災警備局長を先頭に、5人体制のクィイウ州行政委員会内務省部局火災警備局職員の班が張り付いた。1986年2月、この班は、施設に対する防火技術検査を行った。その結果は、原発の主任技師も出席して、技師・技術職員の拡大審議会で検討された。戦時体制消防分隊-2には、原発施設の予防作業を組織するためと、警備任務を遂行するためと、戦闘準備の水準を向上させるためなどに、実際的な支援が与えられた。
　稼動中の原発施設における予防作業は、おおむねうまく実行された。
　発電所の防火保護には、基本的な装置と各ユニットの消火のための常設の自動消火システムも含まれている。
　第1系列の外部防火用給水は、直径250ミリの高圧の家庭用飲料水の防火用水から成り立っている。そこには51個の消火栓が設備されている。
　水を確保するための水源は、第3リフトのポンプ場のきれいな水のタンクであった。その備蓄量は、2,000立方メートルに達していた。消火に必要な予備の量は、700立方メートルである。
　防火給水ポンプは、第3リフトのポンプ場に、効率が450立方メートル/時のものが4基ある（2基が稼動、2基は予備）。

発電所本館の内部防火給水、オイルタンク本体とダンパーの消火ドレンチャー設備、変圧器、ケーブル室、機械建屋の覆い、鋼製覆いの架台式冷却設備、変圧器のオイル冷却の消火用ドレンチャー潅水設備、ターボ発電機の汚れたオイル処理などは、工業用水の防火用水管を水源にしていた。そこには、原発の第2系列の外部消火のための消火栓が25個付けてあった。給水網の配管の太さは、直径300〜400ミリである。

消火システムの給水源としては、発電所沿岸ポンプ場のポンプによる工業用水の圧力式集水溝がある。集水溝まで、消防ポンプの吸引パイプラインが連結されている。それらは、出口の圧力が9.8気圧であるように水位を上昇させた体制の中で働いている。

消防ポンプの始動は、自動消火システムが作動しない場合や手動の場合に、発電所沿岸ポンプ場の局所制御盤と、第1および第2系列の中央制御盤で自動的に実行される。それは、通路と機械建屋の中の階段吹抜けの消火栓のそばにあるスタートボタンによって行われる。

本館の消火と、第2系列の工場敷地にある外部施設への工業用水の供給のために、2つの防火用水道管のループが引かれている。

ループの間には、直径300ミリの2枚の隔壁がある。それによって、給水源の向こうにある原発の第1および第2系列の消火時に、主要な消防網を相互に切り替えて使用することが可能になる。機械建屋の覆いへの水の供給は、電動式仕切り弁を開いて、空の管を始動させることによって行われた。機械建屋の覆いにある消火のための予備の水源は、消防車から分離された管である。А、Б、Вブロックの屋根の消火のための給水も、同様に、空の管の始動によって行われた。それは、ВСРОブロックの壁際で、定められた消防車につなげられた。

工業用水の水圧増加のために、そしてまた発電部門での消防用配管を常に満たしておくために、2台のポンプ（1台が稼動、1台は予備）を備えた水圧加圧用ポンプ場が設置された。

本館ケーブル室の消火後の水は、各発電ユニットの4個の集水用貯水槽に集められた。そこには、特別下水設備つまり工業用排水設備へ排水するためのポンプ場が設けられている。

事故にいたるまでの施設の防火状況は、おおむね、基準となる書類の要求に合致していた。しかし、もちろん、発電所の防火上の耐久性を低下させるような不備もあった。たとえば次のようなことである。

1. 原発建造物の覆い構造に、耐火性のない保温材料を使用したり、床の上張りに燃え易い材料を使用したりしていること。
2. 発電所の主要な施設において、可燃性または燃焼をうながす絶縁体でできたケーブルを使用していること。
3. 防火塗料ペーストによる防火被覆つきケーブルの量が不充分であること（4号発電ユニットでは41パーセントしかない）。
4. 電気、油、熱などの輸送設備の通路が、壁や継手結合部「カミュム」による床を横切る場合、通路の埋め込みが不十分であり、4号発電ユニットでは仕事全体量の53パーセントしか実行されていないこと。
5. 蒸気タービンと蒸気配管の表面温度より低い温度で自然発火するタービンオイルを使

用していること。事故にいたる恐れが充分にある。
 6. （オイル系の事故の場合）、オイルが流失して、送電ケーブルにいたる恐れがある。

このように、チョルノブィリ原発のすべての防火設備の安全システムについて、これが完成していると言うことは困難である。だから、消防士たちがすばらしい専門的訓練とある程度の消防用の装備を持っていても、極端な状況に対応する基本が欠けているのである。たとえば、放射線探知と線量計測の計器による安全確保は、実際の要求の4〜6パーセントにしか達していない。

この歴然たる手抜かりのために、やがて、大きな代償を払うことになる。

致命的な試験

どんな悲劇も、客観的要因と主観的要因の複合に規定されており、全世界を襲ったチョルノブィリの爆発も例外ではない。

チョルノブィリ原発ではサボタージュがあったというあからさまな主張をふくめて、惨事の原因についてたくさんの説が今までに存在している。それでもやはり我々は、謎がたくさん含まれているこの出来事についての公式決定の結論に言及したいと思う。4号発電ユニットは、1986年4月25日に予定されていた停止の瞬間まで、炉心部に1,650体の燃料集合体が装荷されており、平均の燃焼度は10.3MW・日/キログラムであった。主要な部分（75パーセント）は、最初に装荷された燃焼度10〜15MW・日/キログラムの燃料集合体が占めていた。その時点までに、4号発電ユニットの炉心部には、1,500MCiの放射性崩壊生成物および放射化生成物が蓄積していた。原子炉は、事故まで3年間（暦のうえで865日、有効日数で715日）稼動していた。惨事は、炉心部の運転サイクルの最終段階で始まった。放射性崩壊生成物の蓄積は、最大になっていた。

チョルノブィリ原発4号発電ユニットは停止に際して、完全な外部電源体制の下での、保護系の切り離しを伴った原子炉試験を行うことが予定されていた。プログラムの指示は、チョルノブィリ原発の主任技師M.フォミンが行なった。

1月にはソ連邦水理計画とソ連邦国家原子エネルギー監督委員会の一般設計者に対して、調整のために試験計画が示された。回答は来なかった。

1986年4月25日、事態はこのように進んだ
 1時00分。原子炉は公称のパラメーターで運転されていたが、原子炉停止の時間表に従って、運転員は熱出力の停止に入った。
 13時05分。原子炉の熱出力が1,600MWの時点で、4号発電ユニットの第7ターボ発電機はネットワークから切り離される。電力供給は、第8ターボ発電機へ移された。
 14時00分。事故時原子炉冷却システムが切り離される。原子炉は事故時原子炉冷却シス

テム無しで運転を続けた。起こりうる熱の打撃を避けるために、これは故意に行われた。クィイウエネルゴの管制官の14時00分の要請によって、作動中の発電ユニットの解列は遅らされた。この間ずっと、事故時原子炉冷却システムが切り離されたまま、運転は続けられた。

23時10分。原子炉停止の許可を受け取る。計画によって予定されていたように、熱出力を1,000～700MWにまでさらに低下させる操作が開始された。しかし、オペレーターはうまく操作できず、そのために出力はほとんど0にまで落ちた。運転員はそれを上昇させようと努力した。

1986年4月26日

1時00分。原子炉の出力を200MWのレベルに安定化させることに成功した。反応度操作余裕が小さいため、出力をさらに高めることはできない。

1時07分。炉心部の冷却の信頼性を高めるために、働いている6台の主循環ポンプにさらに2台が追加された。

1時20分。自動制御棒が炉心から上端まで抜けた。こうしてやっと、原子炉の熱出力を200MWのレベルに保つことに成功した。

1時22分30秒。炉心部には、制御棒の数は必要数のほぼ半分しかない状態だった。原子炉は即座に止める必要があった。

1時23分04秒。オペレーターは第8ターボ発電機のスクリュー式塞流バルブ（蒸気絞り弁）を閉めた。蒸気の供給が止まった。ターボ発電機のローターが爆発する体制になった。同時に最大設計事故ボタンが押された。こうして、第7および第8の2つのターボ発電機は解列された（切り離された）。このために、原子炉の圧力管チャンネルの中で冷却材が沸騰し始め、冷却材の消耗につれて原子炉は、次のような状態になった。すなわち、小さな出力の変化でさえも、それ自体が正の反応度の出現を呼び起こすものであるような、蒸気容量の容量増加（ボイド率の増加）に移行する可能性があった。最終的な結果における原子炉出力の不安定さは、出力をいっそう増加させる原因になる可能性があった。

1時23分40秒。運転当直主任は事態を危険であると理解して、最も効果的な自動防護用ボタン（第5種緊急防護）を押すように命じた。すべての制御棒が下方に動き始めたが、まもなく停止した。手動操作も助けにならなかった。制御棒は炉心部の上部に残った（7メートルが妥当であったが、2～2.5メートルにとどまった）。

1時23分58秒。炉心で音を立てている混合物の中の水素濃度は危険な状態になり、爆発音がした。原子炉および4号発電ユニットの部屋は、大きな音をたてている混合物の爆発が連発して崩壊した。

しかしまだ誰もそれを知らなかった。原子炉から空中に膨大な量の放射性物質が流れ出て

いることが確認されたのは、やっと4月26日15時のことだった。

　外国の専門家(チョルノブィリ原発での事故までРБМК-1000と類似のタイプの原発で働いていた)によって、次の5つの基本的な構造上の欠陥が指摘された。
　——緊急ボタンを押している間の短い時間に反応度が増加するような、制御棒の構造上の不備。
　——炉心部から実質上すべての制御棒が除かれた可能性。
　——緊急停止の際、下方向への制御棒の動きが遅かったこと。
　——正のボイド反応度係数。
　——熱交換物質(冷却材)が消耗した可能性。
　このような型の事故は、西側の物理学者の言うところによれば、別の構造を持った原子炉においては起こりえない。

　こうして、制御棒挿入の最初の段階での、正のボイド反応度係数と反応度の正の走り出し(出力上昇)のために、原子炉の暴走が起こった。これら2つの要因は、炉心部に蒸気を発生させるような外部的な影響の追加仮説を立てなくても、原子炉の暴走を充分に説明する。

死のゾーンにて

　チョルノブィリをテーマにした記録文学は、もし発電所オペレーターを非難的に扱っているのでないのなら、彼らの行動をせいぜい冷たく差別的に評価しているといった類の、間違った伝統を作り出した。しかし、死をもたらす原子の息づかいを最初に感じたのは、消防士たちのような、身をもって英雄的に行動した人々であった。まさに彼らは、たとえ何があっても、「賢者の知恵はあとから」と言いながら、そのまま進行すれば著しく大きな規模に拡大してしまう惨事を、機械建屋の中で食い止めたのだった。

　核の力の打撃を、4号発電ユニットの中で最初に受けたのは、その中央建屋にいたオペレーターたちである。彼らに間違ったところがあるとすれば、それは彼らが、РБМК型(黒鉛減速軽水冷却チャンネル型)原子炉の気まぐれと可能性のすべてを知り尽くしてはいなかった、ということだけである。たしかに彼らは、マニュアルなどは持っていた。それらには、原子炉の構造や操業規則が書いてあった。しかし、この原子炉の特殊性についてとか、何に対しては例外であるとの認識を持つべきなのかとか、そしてその結果に気をつけるべきなのだということについては、そこには何も書いてなかった。

　それでも多くのことが、適時に行われた。爆発後、発電所の全職員は、完全な真っ暗闇の中で、すべての配電盤を遮断して、保護カバーをかぶせなおした。もしそうしていなければ、機械建屋の消火に当たった消防士たちは、感電して死亡しただろう。その夜、人々は、頭のヘルメット、足のオーバーシューズ、マスク、それに通常の作業服のほかは、防護のための追加の手段を何も持っていなかった。彼らは皆スペシャリストであり、自分たちが異常に高い放射線レベルの中で働いているということがわかった。なぜなら、すぐに急性放射性疾患

の症状（倦怠感、失明、嘔吐）を感じたから。しかし、人々は、自己の責務を最後まで遂行した。完全に力尽きるまで。

　事故原因を分析すれば、無責任や無能力や重大過失のかどで職員の責任を追及することが、偏見や政治的性質のものであることがはっきりする。もちろん過失はあった。しかし、それらは、技術執務規定や実験プログラムからの逸脱に関連するものだった。

　実験はプログラムに従って、熱出力700〜1,000MWで行われるべきであったが、280〜300MWで行われた。特に上昇させる必要はないと判断された。なぜなら、実験終了後には、計画予防修理（定期点検）を実施するために、原子炉は止めることになっていたからだ。しかし、後に明らかになったように、そのような出力において（低いレベルの出力であるほど安全だという一般に言われていた考えとは反対に）、原子炉は不安定な挙動をとった。原子炉自体の物理学や、その運転や、安全の基本条件を満たしていない係数などによって条件付けられた欠陥のすべてが表面化した。これらのことに関して充分に成功している原子炉はどこにもない。

　爆発は、たとえ職員による許される範囲の過失がなかったとしても起こりえただろう。原子炉の運転と保護の、真に望ましいシステムの中でも、最悪の事態として類似のミスがあれば、たやすく1週間の原子炉停止に至っただろう。

　運転当直主任のオレクサンドゥル・アクィモウは、事故初から1996年5月11日にモスクワの病院で死亡するまで、「私は何もかも正しく行った。どうしてこのようなことになったのかわからない。」とくり返していたが、もっともなことである。

　発電所職員のドラマを専門家として追及したのは、原子エネルギー論のスペシャリストでライターの、フルィホリィ・メドヴェディェウである。彼の「チョルノブィリ・ノート」は、この悲劇の年代記の中でも、最も明解なページの1つである。

　時刻は1時23分40秒……。
　第5種緊急防護の緊急停止ボタンを押した瞬間、同期電動機指示計の鮮やかな補助照明が恐ろしいほどに輝いた。最も熟練した、最も落ち着いたオペレーターですら、この瞬間、心臓が押しつぶされそうだった。炉心内部では、すでに原子炉の崩壊が始まっていたが、まだ爆発ではない。
　エックス・モーメント（爆発の瞬間）まで、残るは20秒……。
　4号発電ユニット指揮のブロックパネル操作室にその時刻にいたのは、運転当直主任のオレクサンドゥル・アクィモウ、原子炉指揮上級技師のレオニドゥ・トプトゥノウ、運転技師長代理のアナトリィ・ヂャトゥロウ、発電ユニット運転上級技師のボルィス・ストリャルチュク、タービン指揮上級技師のイホル・ケルシェンバウム、4号発電ユニットのタービン系副主任のラズィム・ダウレトゥバイェウ、チョルノブィリ始動機整備会社実験室主任のペトゥロ・パラマルチュク、ブロック運転当直主任のユリィ・トゥレフブ（彼自身がアクィモウに交代を知らせた）、交代前のタービン指揮上級技師のセルヒィ・ハズィン、他の運転

当直の原子炉指揮上級技師実習生のヴィクトル・プロスクリャコウとオレクサンドゥル・クドゥリャウツェウ、同じく隣の部屋にいたドンテフエネルホ代表のヘンナディー・メトゥレンコと2人の補佐員である……。

まさにこの時刻に、プラス50標識点（新燃料計量拠点域のバルコニー）の4号発電ユニットの中央建屋へ、アクィモウのグループの原子炉系運転当直主任ヴァレリィ・ペレヴォズチェンコが立ち寄った。彼は、はずされた使用済み燃料がぎっしり詰まった燃料貯蔵プールをじっと見たあと、反対側の壁際の積み換え機や、中央建屋のオペレーターのクルフズとヘンリフが働いていた小さな部屋の手前の扉や中央建屋の床を見て、原子炉の5コペイカと呼ばれている円形の狭い場所を見た。

5コペイカ。2,000個の立方体からなる直径15メートルの円形の場所は、そのように呼ばれている。これらの立方体は全体として、それ自体が原子炉表面の生物保護（イオン照射から生体を保護する化学的・物理的方法）の役割をなしている。立方体のそれぞれは、350キログラムの重さがあり、帽子のような形をしていて、燃料カセットが収められた圧力管チャンネルの先端に装着されている。5コペイカのまわりはさびない床で、生物保護の箱になっており、その下は、原子炉からドラム型蒸気分離器への配気装置のスペースである。

突然、ペレヴォズチェンコはびくっと身震いした。はげしい、繰り返し起こる水の打撃（水撃作用）が始まった。そして、350キログラムの立方体は、管の先端方向へ上下にとびはね始めた。まるで1,700人の人間が自分の帽子を上に向けて振り始めたかのようだった。5コペイカの表面全体がざわめき、灰色のタンクの中でひどく揺れ始めた。原子炉のまわりの生物保護の箱が、ふるえて、たわんだ。これは、その下ですでに核の暴走が起こり、蒸気や破損した燃料による轟々たる混合物が生じていることを意味した。

ペレヴォズチェンコが渡り廊下にとび出したちょうどその時、主循環ポンプ室の向こうの端では、エンジニアのヴァレリィ・ホデムチュクが働いていた。彼は、ポンプの作動状態を見ていた。それらは非常に振動していた。それでホデムチュクは、このことについてアクィモウに知らせようとしていた。がここで、爆発した。

プラス24標識点は、原子炉の給水節の下にある室内であるが、ここでは、チョルノビィリ始動機整備会社の練習生ヴォロドゥィムィル・シャシェノクが当直だった。彼は、慣性力運転条件下で計器のデータを取り、ローカル制御盤および集中制御系「スカラ」との電話連絡を保っていた。

1時23分58秒に、ブロックのさまざまな室内の轟々たる混合物の水素濃度は、爆発危険境界値に達した。ある目撃者の証言によれば、続けて2回音がしたというが、他の証言では、3回かそれ以上の爆発だったという。実際に、4号発電ユニットの原子炉と建物が、轟々たる混合物の一連の力の爆発によって破壊された。こうして、爆発とともに、およそ50トンの核燃料が気化して、うすく分散する二酸化ウランの破片、高い放射能を持った放射性核種のヨウ素131、プルトニウム239、ネプツニウム139、セシウム137、ストロンチウム90、その他半減期の長いさまざまな放射性同位元素などが空中に飛びだした。

第1部　そして大地の3分の1が燃え尽きた

　さらに、およそ70トンの燃料が爆風によって、炉心部の周辺域から、建造物の瓦礫の山、脱気装置の棚の屋根、4号発電ユニットの機械建屋の屋根、そしてまた発電所周辺地域へむけて飛び出した。

　燃料の破片は、プラント、変電所の変圧器、配電母線、4号発電ユニット中央建屋の屋根、原発の換気管にとどいた。飛び出した燃料の放射能は、1時間当り15〜20レントゲンに達し、事故炉の周りにはただちに強力な放射能野が形成されたということ、そしてこれは実質上飛び出した燃料の放射能（核爆発の放射能）と同レベルであった、ということは強調されなければならない。

　ほぼ50トンの核燃料とおよそ800トンの原子炉の黒鉛（黒鉛の全装荷は1,700トン）が、火山のクレーターのようなすがたで原子炉内に残った。

　放射性噴出物の規模を重さで評価しようとするとき、われわれは広島の上で爆発した原爆が4.5トンであったことを思い出す。チョルノブィリ原発4号発電ユニットの原子炉は、空気中に、広島型原爆10発と、70トンの核燃料と、およそ700トンの放射性の原子炉材黒鉛を放出したのである……。

　だから、爆発は、丈夫なボックスの下降式パイプラインスペースの中でも、ドラム型蒸気分離器の室内や原子炉の真下の配気装置の回廊の中でも、右へ左へと音をさせたにちがいない。このような激しい爆発のため、ドラム型蒸気分離器室は破壊され、重さにして130トンずつのドラム自体が死の要塞からはずれ、パイプラインからもぎ取られた。

　下降式パイプラインスペースの爆発は、主循環ポンプ室を、右へ左へと破壊した。そのうちの1つは、ヴァレリィ・ホデムチュクの墓になって、彼は今そこに眠っている。

　そのあと、中央建屋において、非常に激しい爆発が起こったはずだ。強化コンクリートの小屋、50トンのクレーン、200トンの積み換え用機械が走行クレーン（ガントリークレーン）にすえつけられていたが、この爆発によってみな一緒にもぎ取られた。

　中央建屋での爆発は、すでにむき出しになっててっぺんまで水で満たされた原子炉にとって、あたかも一斉射撃のようだった。ふたつの爆発、つまり中央建屋内と原子炉内の爆発は、同時に起こった可能性がある。どちらの場合にしても、最悪で最も恐ろしい炉心部の轟々たる混合物の爆発が起こった。炉心部は、圧力管チャンネルの内部破壊によって破壊され、部分的に融け、一部はガラス状になっていた。膨大な量の放射能と灼熱した核燃料ウランを放出したこの爆発は、かなりの

部分が機械建屋の屋根や、脱気装置の棚に降り、屋根火災をひき起こした。

ここに、モスクワの第6診療所の雑誌に載った消防士の文がある。「私は、4号発電ユニットの機械部の屋根の上にあがった黒い火の玉を見た……。」

さらに、別の1人の発言もある。「中央建屋（プラス35.6標識点は床。建屋そのものは存在しなかった。……フリホリィ・メドゥヴェディェウの注）の輝きというか発光というか、光が見えた。しかし、そこには原子炉の5コペイカ以外には光るものはないはずだ。すぐに、この光は原子炉から発しているのだということがわかった……。」

この光景を消防士たちはすでに、脱気装置の棚の屋根や、特殊化学ブロック（プラス71メートル標識点）の屋根から注視していた。

原子炉内の爆発で、上部の生物保護プレートは空中に放り上げられて、ばらばらに壊された。右や左が露出した炉心部を残して、それは、ばらばらに壊れて少し傾いた状態で、ふたたび装置の上に落ちた。

このようにして炉心部は破壊された。今度は、われわれは4号発電ユニットのローカル制御盤に目を向けよう。

1時23分58秒。原子炉指揮上級技師のレオニドゥ・トプトゥノウと運転当直主任のアクィモウは、オペレーター制御盤の左部分のあたりにいた。彼らのそばには、前の当直の運転当直主任のトゥレフブと2人の若い見習いがいた。彼らは、なかまのリオニャ・トプトゥノウが作業するのを見るために夜の間に出て行って、少し習いおぼえた。2人の若者とは、オレクサンドゥル・クドゥリャウツェウとヴィクトル・プロスクリャコウだった……。

給排水装置の操作が行われていたローカル制御盤室中央部のパネル「ペー（П）」のそばでは、年配のブロック操作技師のボルィス・ストリャルチュクが当直を勤めていた。彼はぼう然としていたが、自らの行動は正しかったと確信している。

ターボ発電機セット操作の「テー（Т）」パネル（オペレーター制御盤の右部分）のそばには、その様子を見るために残っていたイホル・ケルシェンバウムとセルヒィ・ハズィンがいた。

一方、左のほうの原子炉操作パネルのそばでは、圧力管の表示板が、水が無い！と知らせていた。

アクィモウは負荷率のアンペア計を見た。針はゼロのあたりで振れていた。

――爆発した！……彼は心臓が止まるほどびっくりした。しかし、ふたたび精神を集中させた。水を供給しなければならない。

この瞬間、あらゆる方向から、上からも下からも、恐ろしい衝撃があり、そして、信じがたい力の、途方もない爆発が起こった。陥落した。すべての明かりが消えた。ミルクのように白い煙状の、放射能をおびたむんむんする蒸気の、熱いしめった衝撃波が、今はすでに過去のものである4号発電ユニットのローカル制御盤室へぶつかった。

起こったのだ。しかし、人々はまだ真実の全容を知らなかった。たとえそれに気づいたとしても、自分の目で確かめたくなかった。彼らは、まだ何とか事態を救いたいと望んだ。そ

して、おぼれかかった人のように、藁をもつかむ思いだった。希望の最後のひとかけらによって、彼らは、原子炉は壊れていなくて、おそらく単に事故時冷却水系のタンクが壊れただけなのだという、ありそうも無い話を作り上げた。

作り話は、チョルノブィリ原発の所長ブリュハノウと技師長フォミンに報告された。そしてさらに——モスクワまで。

人々はその時死のゾーンで核の力と競い合っていた。オペレーター、タービン技師、電気技師、線量計測技師などすべてのスタッフが、人間の可能性ぎりぎりの一線を堅持していた。機械建屋のゼロ標識点における放射能野は、1時間当り500～1,500レントゲンである。

その夜のタービン技師たちは偉業を成し遂げた。もしそれが無かったなら、火災は機械建屋全体に内側から広がり、屋根は落ち、火は他の発電ユニットに移ったことだろう……。破壊が4つの原子炉全部を襲っていたとしたら何が起こっていたか、想像もつかない。

屋根の火を消した消防士たちが機械建屋の中に現れたとき、そこではすでに多くのことが起こっていた。このときまでにすでに、ダウレトゥバイェウ、ブスィヒン、コルニェイェウ、ブラジヌィク、トルモズィン、ヴェルシュィニン、ノヴィク、ペルチュクらはおう吐し、憔悴しきっていた。彼らは医療班に送られた。

ダウレトゥバイェウ、トルモズィン、ブスィヒン、コルニェイェウは助かった。彼らはそれぞれ350レントゲン浴びていた。ブラジヌィク、ペルチュク、ヴェルシュィニン、ノヴィクは、1,000ラド以上被曝していた。彼らはモスクワで犠牲者として死んだ。

悲劇の状況の全体を、最初にではないにしても理解したヴァレリィ・ペレヴォズチェンコも、致死線量を受けた。かれはアクィモウにこう言った。「原子炉は壊れている……。人々を助けなければならない。」彼らは、勇気と義務感から、罹災したなかまを探しに、自主的に地獄へ向かった。

疲れきったペレヴォズチェンコが、すでに意識不明になっているヴァレリィ・ホデムチュク（彼は壊れた建物の中に永遠に葬られているが）を呼んだその時、24標識点のペトゥロ・パラマルチュクと線量計測士のムィコラ・ホルバチェンコがついに建物の中にはいった。爆発のときにそこにいることになっていたのはヴォロドゥィムィル・シャシェノクである。彼らは、梁と沸騰した熱湯と蒸気によって割れ目に押し付けられているシャシェノクを見つけた。医療班で、彼は脊椎が折れていることが判明した。若者たちはやっとのことでシャシェノクを割れ目の下から助け出し、交代で、崩れたコンクリートや管や脱気装置の棚の通路を通って、1号発電ユニットの管理棟にある医療拠点まで彼を運んだのだ。彼は釘付け状態だった。「緊急処置を」と叫ばれた……。火傷と放射線のため、ヴォローヂャ・シャシェノクは6日の朝にプルィプヤチ医療班で死亡した。

特別の献身を発揮し犠牲を払ったのは、電気技術者たちである。電気工場副主任のオレクサンドゥル・レレチェンコは、年下の同僚たちを放射線からさえぎろうとして、事故発電機の給水スイッチを切りに、自分で3回電解槽へ行った。医療班に行って点滴を受けて楽になったと感じた彼は、急いで4号発電ユニットへ行き、そこでさらに何時間か働いたの

だ。彼はきわめて重篤な状態になって、2回もクィイウに運ばれた。ここで彼は非常に苦しんで死亡した。オレクサンドゥル・レレチェンコが受けた総線量は、2,500ラドに達していた。これは5回死亡することに相当する。

ウクライナの大地が、ホデムチュク、シャシェノク、レレチェンコを受け取った。モスクワ近郊のムィトゥィンシクィー墓地には、すぐに20の墓穴が出現した。これは消防士以外のものである。オペレーター、タービン技師、電気技師、修理工……。その中には女性も2人いる。ルズハノヴァとイヴァネンコで、武装警備隊員だった。彼女たちはその夜当直に当たっていて、1人は4号発電ユニットの向かいの守衛所にいた。もう1人は発電ユニットから300メートルのところにある建設中の使用済み核燃料置き場にいた。

運命だろうか。ハルキウの振動調整工のヘオルヒィ・ポポウは、なぜよりによってその夜発電所に来ていなければならなかったのか？　事故が起こった直後に、彼は発電所を放棄することもできた。しかし、そうしなかった。できる限りのことをして、タービン技師たちが機械建屋の火災を消すのを手伝った。

死はわれわれの中からよりよい人を選ぶ、というが、そのとおりだ。

頭が下がる。

だれが有罪なのか？

今日までにすでに、4号発電ユニットにおける事故の発生原因と状況について、多かれ少なかれ客観的な評価が公認されている。しかし、だれが有罪なのかというような問いは、修辞学的には残っている。

チョルノブィリ事故を調査した政府委員会は、原子炉の爆発の原因について言及した。裁判所の結論に従って、チョルノブィリ原発事故に関係した専門家たちが有罪であると認められた。

1990年のなかば、企業と原子力産業における安全の監督のために、チョルノブィリ事故の原因と状況を研究するための新しい委員会が、ソ連邦国家委員会に作られた。その研究は、国際原子力機関IAEAのために準備された政府委員会の結論および報告書の議論に基づいて行われた。

惨事の原因についてのソ連の最初の公式見解は、1986年8月のIAEAウィーン会議（すなわちあの惨事の4ヵ月後）に出されているが、それは罪の重荷をチョルノブィリ原発のオペレーターたちにかぶせており、構造的なミスが考えられるチョルノブィリ原発の原子炉建設にかかわった設計者や原子力技師の責任について、あたかも口をつぐむ試みのように見える。

ソ連邦の代表団は、РБМКの制御棒制御の欠陥と問題点について（いわゆる正の停止効果）について確実に口を閉ざした。そして、オペレーターの側の規則違反による「不具合」の数々を数えなおすだけだった。国際核安全顧問団（INSAG）は、1986年のチョルノブィリ原発事故に関するINSAG–1報告書を作成するために、ソ連邦の公式見解を用いた。この

報告書を西側は、チョルノブィリ惨事の原因と結論の是認しうる見解として了解した。

かなり後になって、この組織は、現代風の見解を公表した（INSAG-7報告書）。そこには、原子炉設計者と発電所職員の責任の程度を明確化し、よりはっきり表現する試みがある。INSAG-7に引用されている新しい情報の主要な出所は、ソ連邦国家委員会によってつくられた、企業および原子力産業における安全性を監視する専門委員会の、1991年の報告書である。委員長は、H・シュテインベルクであった。この報告書も、惨事の最終的な分析を提示してはいないが、核心と真の原因を見抜きうる客観的な試みを含んでいる。さらにその中では、文献の出所が明らかにされており、1986年8月にIAEAに提出されたソ連邦の公式報告書を含む議論とは若干異なっている。

INSAG-7の文書では、РБМКの制御棒の設計における重大な欠陥が認められ、また、「一言で言えば」事故の拡大への大詰めは、「実験の決定的瞬間に安全棒を挿入したことであった」との結論が出されている。H.シュテインベルク委員会報告の中でも、INSAG-1で指摘されているオペレーターの側の違反の連続というものは、実際にはそのような単純な原因の違反ではなかったこと、また、あたかもその規則に違反したかのように言われているそのような規則は存在しなかったことが強調されている。たとえば、700MW以下での操業も、8台の主循環ポンプを同時に全部稼動させることも、禁止されていなかった。事故時冷却システムのスイッチを切ることも禁じられていなかった。お粗末な発電所の設計が、またしてもオペレーターたちをおとしいれたのだ。

シュテインベルク委員会報告のユニークな点の1つは、次のような重要なことが明確に公表されたことである。すなわち、原発のための核安全規則（ПБЯ-04-74）および原発の設計、建設、稼動時の一般安全規則（ЗПБ-73）によって規制された有効な規格と規則が、チョルノブィリ原発の4号発電ユニットにおいては、РБМКが発電所として設計され第1系列が建設されたそのときには、まだ実質上破られていたのである。シュテインベルク委員会は、РБМК原子炉の運転中に事故が起こりうる危険性を、設計者たちはチョルノブィリ惨事より前に充分に知っていたはずであり、しかもそのような場合においても運転しなければならなかったはずだと考えた。

チョルノブィリ原発における事故の1ヵ月後にすでに政府委員会は文書を受け取った。そこでは、РБМК原子炉の設計の不完全さについて言及してあった。にもかかわらずそれらは無視された。この事実や、そしてまた、原子炉の欠陥を除去しようというはっきりした努力によって、事故の原因は単にチョルノブィリ原発のスタッフによって秩序と体制の違反が容認されていたことにあるのだとするソ連邦の公式見解に対して、専門家たちは、爆発後ずっとその正当性に疑問を投げかけていた。

さきに言及した原子力監視局の検査技師ヤドゥルィヒンシクィーの個人的な研究は、惨事の原因の新たな研究への直接の推進力になった。事故後彼は数ヶ月間、チョルノブィリ原発の核安全性検査官に任命された。彼は、すべての書類に当たりつつ、「チョルノブィリ原発4号発電ユニットにおける核事故とРБМК原子炉の核安全性」を作成した。そこでは、原子炉

が安全性の要求に合致していなかったことが深く分析され、また、オペレーターたちによって容認されていた違反の動機が調べられていた。この観点は、シュテインベルク委員会に有利だった。

　国際的な核安全諮問団体である国際原子力機関IAEAは、惨事の最も主要な原因は安全意識の高さがなかったことである、という結論に達した。この安全意識の高さという概念は、操業面だけにとどまらず、この分野の立法や運用を含めたあらゆる種類の活動にもおよぶものである。

　このかなり抽象的な結論は、具体的にはどういうことを意味しているのか？　第1に、原子力の扱いに人々の心理的準備ができていないということ、これは明らかである。この世の中において、科学がモラルを追い越したことなど、かつて1度もなかった。

　チョルノブィリの悲劇は、その意味と原因を、新しいそれぞれの世代がそれぞれ意味を与える、未完の出来事なのである。新しい世代はその時代の高さと20世紀の終わりの「低地」から、意味を与えるだろう。

❖ 文学作品より

リナ・コステンコ

***

　　原子のヴィーはコンクリートのまぶたを閉じた。
　　おそろしい円形の線で自分のまわりをかこった。
　　ニガヨモギ星はなぜわたしたちの川に落ちたのか?!
　　だれがこの不幸の種をまいたのか？
　　だれがそれを刈り取るのか？
　　だれがわたしたちを侮辱し、打ち負かし、食い尽くしたのか？
　　どんな輩がわたしたちの尊厳を踏みにじったのか？
　　仮に科学が犠牲を要求するのなら、──
　　なぜそれはおまえたちを飲みつくしてしまわないのか?!

　　森はよごされ大地はうち棄てられた。
　　原発は三つの川の合流点に建てられた。
　　お前たちは何者か、犯罪者か、人食いか?!
　　黒い鐘が打ち鳴らされた。おしゃべりはもうたくさんだ。

第1部　そして大地の3分の1が燃え尽きた

　　どんな森でおまえたちは悪事にふけっていたのか?
　　裏切り者たちはこのうえ何を破壊するのか?
　　死者も生存者もまだ生まれていない者も
　　おまえたちのだれひとりをも許さない!

　　　　※訳者注:ヴィーはウクライナの伝説上の恐ろしい老人。地中に住む。

第2部
境を越えていった人々

いまだかつて知られたことのなかった火

　こういうわけで、悲劇の事件は、No.8ターボ発電機を特別な条件下で運転させるという試験をきっかけに始まった。実験では、発電停止状態でローターの機械的エネルギーを利用することができるか、その可能性を検証することになっていた。そのようなシステムは、作動速度の大きい原子炉事故時冷却システムのサブシステムの1つで利用されている。

　チョルノブィリ原発におけるこのような実験は、過去にも行われた。前のテストのときは、ローターの機械的エネルギーがなくなる前に、発電機の母線の電圧が下がりすぎてしまった。4月25日に計画された試験では、この不都合を除くために、発電機磁場の特別調節弁の利用が見込まれていた。しかし、「チョルノブィリ原発No.8ターボ発電機試験の作業プログラム」は、相応のレベルでの準備がなされなかったし、打ち合わせもなされなかった。

　プログラムの質の低さは明らかで、見込まれた安全策の分野は、まったく形式的にしか作られていなかった。その中には次の指示しかなかった。すなわち、試験の過程において、すべての切り替えは運転当直主任が許可して実行すること、事故状況が発生した際には、運転員がその場の指示にあわせて行動する責任があること、また、試験の開始前は、指導者である電気技師（原子炉施設の専門家ではない）が当直の指示を実行することである。

　プログラムの中に、追加の安全策は作られていなかったが、事故時原子炉冷却システムを切断することが想定されていた。これは、試験の全期間（4時間）を通して、原子炉の安全性は著しく低下する、ということを意味した。運転員にはこれに対する準備ができていな

かった。それで、正されることのない誤りが犯されたのである。

したがって、チョルノブィリ原発4号発電ユニットの事故は、過剰反応につながる事故の部類に入る。

炉心部における蒸気の形成と激しい温度上昇は、ジルコニウムを気化させ、他の発熱反応を起こす条件になった。真っ赤に燃えるかけらが、飛び散る花火のようであったことを、目撃者が見ていた。

この反応のために、水素と炭素酸化物との化合物や、ガスの混合物ができた。これは、気体酸素と混合すれば、熱爆発を起こしうる。この混合物の生成は、それ自体、原子炉空間の気密性を破る可能性を持っていた。

原子炉における爆発と、高温に加熱された炉心部のアイソトープの放出の結果、原子炉運転部の部屋と脱気装置の棚と機械建屋の屋根には、30以上の燃焼中心が生じた。いくつかの送油管の破損と、電気ケーブルのショートと、原子炉の強い熱放射のために、機械建屋、原子炉部、破壊された部屋のあちこちに火災が発生した。

火災は具体的には次の場所で発生した。

——機械建屋の覆い。5ヶ所。総面積は300平方メートル以上。
——脱気装置の棚の覆い。1ヶ所の出火。約200平方メートル。
——A、B、およびBCPOブロックの覆い。3ヶ所の出火。400平方メートルに達する。
——4号発電ユニットの原子炉部。さまざまなレベルの出火が20ヶ所。総面積は700平方メートル以上。+45.0メートル標識点。
——破壊された原子炉部の上部の燃焼。+39.5メートル標識点。
——配電盤室や作業者通路のケーブルとプラスチックの床の燃焼。+36.5メートル標識点。
——オペレーター室と修理工場室の燃焼。+31.5メートル標識点。
——蒸気配管系および気水排出配管系の廊下とサンプリング作業室の廊下における燃焼。+27.0メートル標識点。
——ケーブル坑内のヴィトゥラトミル（物質の支出を測定する計器）室と、配管系の廊下における燃焼。+24.0メートル標識点。
——作業者用廊下と送信ケーブル室における燃焼。+19.5メートル標識点。
——ケーブル室および坑内の燃焼。+12.5メートル標識点。
——主循環ポンプのエンジン室の燃焼。

爆発のとき、4号発電ユニットの原子炉部の自動消火システムは、うまく働かなくなった。火はさまざまな可燃性物質に拡大した。たとえば、プラスチック化合物、可燃性断熱覆い、アスファルトのパテ、ルベロイド、こぼれたオイルなどである。Бブロック室の工業用および防火用給水システムもうまく働かなくなった。

プラスチック化合物、アスファルト、断熱覆いの火災は非常に有毒な煙の発生をともない、それは消防士の呼吸器に致命的に作用した。火災の間、アスファルトは屋根を伝って四方に

流れ、消防の筒先係の作業に支障をきたした。

　屋根の丈夫な構造物はゆがみ、さらに倒壊の危険状態を作り出していた。

　世界で実際に起こった火災の中でも類のない火災は、このようにして発生したのだった。その克服には、高い専門性と人間離れした努力が要求され、まねのできない勇気と、自己犠牲への心構えを伴って、人道的な行為と精神がつくりだされた。偉業と名づけるべきものである。消防士たちによって実行された偉業である。

原子炉運転体制違反の一覧表

- No.1　違反　許容量より低い反応度操作余裕。
  - 動機　「ヨウ素の穴」を作ろうとした。
  - 結果　原子炉の緊急防護が機能しなくなった。
- No.2　違反　試験プログラムで予定されていたより低い出力。
  - 動機　局所自動制御のスイッチを切る際のオペレーターのミス。
  - 結果　原子炉は制御の難しい状態になった。
- No.3　違反　すべての主循環ポンプを原子炉に接続。この時、個々の主循環ポンプの流量は定められた調整量を超えていた。
  - 動機　試験プログラムで要求されていることを実行するため。
  - 結果　たび重なる強制循環により、回路の冷却材温度が飽和温度近くになった。
- No.4　違反　2基のターボ発電機の停止信号に基づいて原子炉保護を閉塞させた。
  - 動機　ターボ発電機のスイッチを切る実験を繰り返す必要性を考えた。
  - 結果　原子炉自動停止の可能性を失った。
- No.5　違反　ドラム型蒸気分離器内の水位と蒸気圧に基づいて、原子炉保護を閉塞させた。
  - 動機　原子炉の不安定な運転を考慮せずに、試験を遂行しようとした。
  - 結果　温度パラメーターによる原子炉保護が完全に開放状態になった（機能しなくなった）。
- No.6　違反　最大設計事故までの保護システムのスイッチを切った。（事故時原子炉冷却システム「ECCS」の切り離し）。
  - 動機　試験実施期間中の事故時原子炉冷却システムの誤動作を予防しようとした。
  - 結果　事故の規模を小さくする可能性を失った。

地獄の夜の記録

　4号発電ユニットの事故を知らせる信号は、1時28分に戦時体制消防分隊—2の火災連絡所の配車係に入った。

　このような信号の場合、クィイウ州執行委員会の内務省部局火災警備局中央火災連絡所では、特別な性質の火災とのたたかいにおける兵力と機材の追加計画を発動した。

　1時30分、事故現場に、戦時体制消防分隊—2の主任警備ヴォロドゥイムィル・プラヴィク内務中尉（消火指揮者—1）を先頭に、第3部構成員の当直警備が到着した。実は、3台の車に乗って到着したのは、たった12人の消防士たちだった。

　タンクローリーにいたのは、B・プラヴィク、上級消防士のI・シャウレィ内務曹長、上級消防士のB・プルィシチェパ、消防士のM・ネチュィポレンコ内務伍長、運転手のA・コロリ内務軍曹だった。

　ポンプ操縦車にいたのは、分隊司令官のB・レフン内務曹長、運転手のA・ザハロウ内務軍曹、上級消防士のJI・シャウレィ内務伍長、消防士のC・レフン内務伍長、消防士のO・ペトゥロウシクィー内務伍長、消防士の兵卒A・ポロヴィンキンだった。

　泡消火車には、分隊司令官で運転手でもあるI・ブトゥリィメンコ内務曹長がいた。

　外から見た状況の特徴は、次のようであった。4号発電ユニットが破壊されている。壊れた建物の瓦礫の山があたり一面幅35〜40メートル続く。機械建屋の覆いや、同じくA、B、BCPOの建物にも炎が見えた。

　ヴォロドゥイムィル・プラヴィク（消火指揮者—1）は、消防の最大限の兵力が火災の現場に集中するように、大声で3号だということを確認した。そうして、機械建屋に沿った消火を組織し、消防用水池のところに車を止めて、機械建屋の覆いに放水する決断を下した。

　彼の指令によって、第1分隊は2つの筒先「A」と「B」の空の管でタンクローリーから、第2分隊は2つの「A」で（ターボ発電機—7の領域にある）機械建屋の+12.5メートル標識点へ放水し、泡消火車を自動ポンプの近くに止めて、泡を出す準備をした。

　そうこうしている間に、消火指揮者—1と消防士のグループは、状況を見極め、運転当直主任と発電所のオペレーターとの共同作業をする目的で、機械建屋とローカル制御盤内での偵察を始めた。

　続いて5分後の1時35分に、ヴィクトル・キベノク中尉を先頭に、プルィプヤチ市の自主戦時体制消防分隊—6の当直警備が原発に到着した。2台のタンクローリーとはしご車に乗ってきた8人の男たちは、上記の他に、分隊司令官のM・ヴァシチュク内務軍曹、上級消防士のB・イフナテンコ内務軍曹とM・トゥィテノク内務軍曹、B・トゥィシュラ内務軍曹、上級運転手のΠ・プィヴォヴァル、運転手のA・ナィデュクとM・クルィシコである。

　この間、爆発のために部分的に屋根が崩れた機械建屋と装置部の部屋の上が、燃え続けていた。

　警備隊長のB・キベノクは、車を消防用水池—26の際の「A」列に沿った機械建屋の近く

に停車させるように計らった。それからすぐに、消火指揮者−1に従って、機械建屋に入っていった。というのも、外の様子からは、表面すなわち3号発電ユニットの原子炉部とターボ発電機−7の機械建屋の覆いのさまざまな標識点の燃焼の証拠しか判別できなかったのだ。消火指揮者−1の指示により、ヴィクトル・キベノクはBCPO、А、Бブロックの屋根の上での偵察を組織した。これらのブロックは、破壊されて強い放射線を出している原子炉の炉心部にじかに接していた。

　偵察の間に、上部の標識点（+39.5メートル以上）とブロックBCPO、А、Бの屋根に燃焼中心が現れた。補助建物の破壊の性質について、原発の主任技師から追加の情報を受けて、自主戦時体制消防分隊−6の警備隊長は、はしご車をブロックАの建物に停車させ、BCPOの屋根で消火するために、筒先PC−50をつなぐことにした。ここでは2人の消防士が働いた。

　同時に、用水池に停車していた戦時体制消防分隊−2の車から、装置部の屋根と原子炉部の半壊した建物の消火のために、ブロックBの標識点の上への放水（筒先PC−70）が組織された。この位置では、自主戦時体制消防分隊−6の警備隊長と2人の消防士が作業に当たった。

　1時46分に、戦時体制消防分隊−2の分隊長レオニドゥ・テリャトゥヌィコウ内務少佐が、事故現場に到着した。彼は非番だった。彼は自分で消火の指揮を執った（消火指揮者−2）。消火指揮者−1の情報を受けて、テリャトゥヌィコウ少佐は機械建屋の屋根と内部、そして、原子炉部の建物とBCPO、А、Bブロックの屋根を偵察した。消火指揮者−1の行動が正しいと認めて、彼はプルィプヤチ市警備隊支隊の隊員に集合をかけ、消防ポンプステーションとホース車のところに呼び出し、2つの戦闘部隊を組織する決定を下した。

　機械建屋の横の戦闘部隊−1は、機械建屋の屋根と内部で延焼をくい止め、消火に当たる任務を得た。テリャトゥヌィコウ少佐は、ヴォロドゥイムィル・プラヴィクをこの部隊の長に任命した。

　原発の第2系列の装置部の横の戦闘部隊−2は、А、B、BCPOブロックの屋根の上と、爆発によって一部分損壊している原子炉部の建物内の消火作業任務を得た。テリャトゥヌィコウは、このとき（1時56分）到着したプルィプヤチ市自主戦時体制消防分隊−6の分隊長イェフィメンコ内務上級中尉を、戦闘部隊−2の長として任命した。

　覆いによる火災の拡大の危険に対して即座に消火作業をする目的で、消火指揮者−2は、自主戦時体制消防分隊−6の車に、チョルノブィリ原発に到着した運転員を戦闘員として補充し、さらに2つの筒先PC−70と2つの筒先PC−50を消火に用いるように命じた。このために、自主戦時体制消防分隊−6の車は配置換えになり、「А」系列の消火用水のところに据えられた。それは2つの筒先PC−50と1つの筒先PC−70への供給を保証する空のパイプにつなげられた。

　2時30分に到着したポリシケの専門消防分隊−31が、戦闘部隊−1を強化した。この部署の責任者の指示で、タンクローリーが消火栓にすえつけられ、外部のはしごによって1つの筒先PC−70が機械建屋の覆いに付けられた。この時点で機械建屋の覆いの消火のために、3つの筒先PC−70と3つの筒先PC−50が集中して、6人の消防士が作業に当たった。

到着したチョルノブィリ市の専門消防分隊−17の警備に、レオニドゥ・テリャトゥヌィコウは戦闘部隊−2の長の指令を渡し、車を消火栓に止めて、ブロックBのホースへの給水を確認する任務を与えた。これらの行動は、装置部の建物の冷却と原子炉部の破壊された補助建物（BCPO）での規模の小さな火災を消すための、そこに常時すえられているホース用の架台を使用することを想定していた。

　2時30分に消火指揮者−2は、この時までに到着した戦時体制消防分隊−2と自主戦時体制消防分隊−6の将校からなる消火本部を組織した。その司令官としてΓ・レオネンコ内務大尉、後方司令官としてP・ベレザン内務上級中尉、民間防衛本部と医療班の共同行動組織化の責任者としてB・ダツィコ内務中尉が定められた。また、本部メンバーのB・サゾノウ内務上級中尉に、施設の管理者との連絡を調節して、発電所の3号および2号発電ユニットの事情を調べるよう指示が与えられた。この課題を実行するために、チョルノブィリ原発の管理者から、第2系列主任技師のA・ヂャトゥロウが参加させられた。3号発電ユニットの正常な運転を保証する補助の通信や設備の状態を検査した結果には、それらに重大な損傷があることが示されていた。その原子炉には、原子炉回路の冷却のための非汚染のコンデンサータンクに予備の水が欠乏していた。そのために起こりうる原子炉事故の恐れが、別に存在していたのだ。調査結果を踏まえて、発電ユニットの停止のためのすばやい措置がとられた。こうして、原発の第2系列におけるさらにもう1つの恐ろしい事故状況の危険が除かれた。

　（全部のターボ発電機が共有する）機械建屋の覆いの火の海が急速に広がるという現実の危険があった。そこで消防車からの最初のホースの筒先は、火の中心の消火作業のために、火災が拡大していく主な方向に向けられた。

　+33メートル(機械建屋の覆い)、+71.5メートル、+58メートル、+27メートル（原子炉部）の各標識点へ消防ホースを向けるために、外部の非常階段と配管系が利用された。

　2時45分に、戦闘部隊−1の消防士たちの巨人的な努力によって、機械建屋の火災中心は鎮火され、その丈夫な鉄骨構造の屋根が崩落することは回避された。4号発電ユニットの消防義勇隊のメンバーも加わって、原子炉部の部屋の小火は一部分消すことに成功した。

　消火指揮者−2は、つねに火災の偵察を行い、戦闘位置にいる隊員を統制した。彼は、4号発電ユニットの原子炉部の本館内は放射線レベルが高く、そのため、この建物内にはいるのは不可能であるという情報を、4号発電ユニットの操作パネルのところで受け取った。放射能の状態はすでにどこでもきわめて危険であって、隊員たちには、すぐにこのことが感じられた。

　レオニドゥ・テリャトゥヌィコウは、火災の現場に到着した支隊によって、人員交代のための兵力と機材の予備隊を組織した。隊員たちは、いまだかつて見たこともない自然の力との闘いに疲れ果てていた。

　2時25分から2時40分までの間に、2人の警備隊長ヴォロドゥィムィル・プラヴィクとヴィクトル・キベノクを含む5人の消防士が医師のところに送られた。彼らは、4号発電ユニットの原子炉部の覆いで働いていたのだ。彼らの戦闘部署には、戦時体制消防分隊−2のシャウ

レィとレフン、自主戦時体制消防分隊-6のトゥィテノク、専門消防分隊-31のクィシチェンコが代わりについた。

第2の戦闘部署も同様に、新しい兵力で補強された。

2時50分に消火指揮者-2は、発電所に到着した原発所長のブリュハノウに電話で、隊員たちの放射線被曝についてと、彼らを医療衛生部へ送ったことについて報告した。また、火災現場の放射線レベルを測定し、消防士の作業体制を指揮するために、放射線監視員をよこすようにたのんだ。これに対して所長はこう答えた。「最初に出あった放射線監視員を、私の名において、連れてくるように。」1号発電ユニットから、放射線監視員が作業につかされた。3時20分に彼は、3号発電ユニットの原子炉部の近くの、機械の集中した領域で測定を始めた。このとき、3号発電ユニットの原子炉部の覆いで作業をしていた消防士の支隊は、はしご伝いに地上に降り、屋根の燃焼はもうないと報告した。

事故(1986年4月26日1時28分)処理時の兵力と機材の配置図
ППЧ：専門消防分隊　ПГ：消防用水池　ВПЧ：戦時体制消防分隊
ПСО：火の見やぐら警備　СВПЧ：自主戦時体制消防分隊

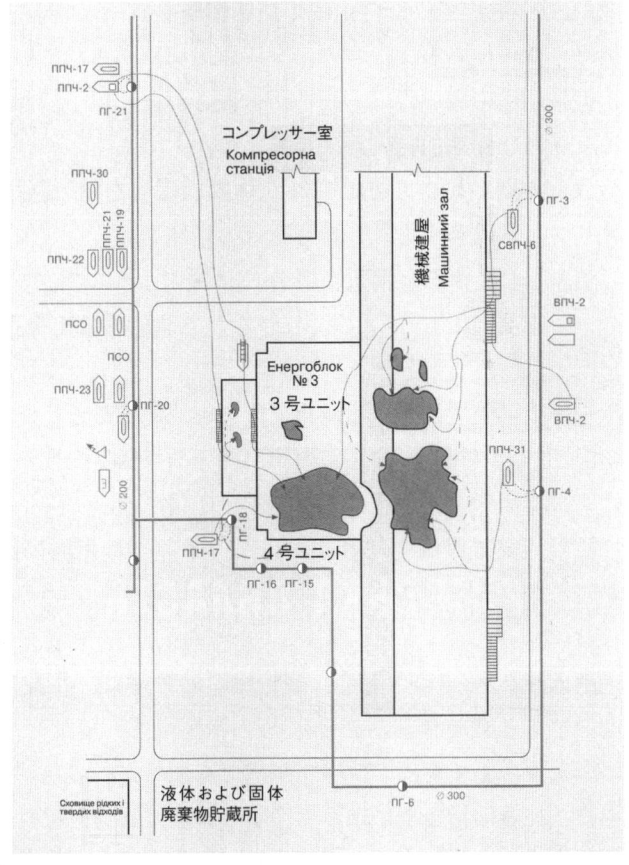

3時22分に、クィイウ州の内務省部局火災警備局技術グループが到着した。メンバーは、軍務・準備課長のB・メリヌィク内務少佐、技術標準課長のB・デヌィセンコ内務中佐、消火部当直運転補佐長のЛ・オセツィクィー内務大尉、そして戦時体制消防分隊-11副分隊長のC・ユズィシュィン内務中尉である。

事故現場への途上、グループを率いるメリヌィク少佐は、拠点に兵力と機材を集め、かつ、州のすべての管理スタッフを集めることと、クィイウ市の防ガス・防煙班の第4部と通信照明車を事故現場に差し向けるよう命令を出した。

作戦班の到着時までの状況はこのようだった。戦闘部隊-1では、常設の架台シャフトを稼動させたあと、機械建屋の燃焼中心および、建物の屋根の倒壊に際して生じた小火の消火作業が行われた。脱気装置の棚の火を消す作業は、まだ続いていた。

戦闘部隊-2では、ブロックAとBの覆いの火が広がらないようにし、ブロックBCPOの覆いの燃焼中心の消火作業が行われ、原子炉部の壊れた建物の中の消火が続けられていた。

消火指揮者-1のヴォロドゥィムィル・プラヴィクはすでに医療衛生部におり、レオニドゥ・テリャトゥヌィコウは厳しい状態にあった。4号発電ユニットの原子炉部脇の戦闘部隊-2で作業していた自主戦時体制消防分隊-6の分隊長と警備隊員たちは、高線量の毒物で被曝した。彼らもまたすでに医療衛生部に送られていた。

機械建屋の覆いでは、当番が組織された。原子炉部から噴出する赤く燃えたかけらのために、新たな周期的発火が生じていたからである。

火との闘いについてとられた措置の報告を消火指揮者-2から受けて、軍務・準備部長のメリヌィク内務少佐は、自ら消火の指揮を執った（消火指揮者-3）。

偵察をしてから、消火指揮者-3は次のように指図した。

——本部に、もう1人の将校すなわち放射線量監視責任者のＢ・デヌィセンコ内務中佐を入れること。

——戦闘位置における隊員交代を実施すること。

3時30分から4時00分までの間、部分的な隊員交代が実施された。隊員たちは強い毒物を受け、被曝症状（倦怠感や人事不省）が現れた。

隊員の線量計測責任者は、消火指揮者-3の指図に従って、いつでも線量計測部施設との連絡が取れるようにし、壊れた原子炉に隣接しているゾーン内の放射線レベルの計測を確保した。

消火指揮者-3はさらに、機械建屋の領域に、非番の指揮者と隊員で補充された発電所のポンプ車と戦時体制消防分隊-2の指揮車を、追加して差し向けた。メリヌィク少佐は3号ユニットの原子炉部のケーブル室でも偵察を行った。レオニドゥ・テリャトゥヌィコウとともに、彼らは指揮車に乗って、より確実に兵力と機材の配置を知り、必要な場合に変更と調整策を導入するために、原発本館の周りを回った。

3時45分に、消火指揮者-3と消火指揮者-2は、覆いの消火作業と機械建屋の屋根の当直を組織することと、医療衛生部-126に送られた隊員の被曝について、チョルノブィリ原発の所長に報告した。彼らは、3号ユニットの原子炉部と4号ユニットの原子炉部の建物内部の偵察を遂行するために、Л-1消防服と各兵科共通の防毒マスクの着用を所長に勧めた。

ブリュハノウ所長は、Л-1消防服と防毒マスクを選び出すことを約束した。しかし、4号ユニットの原子炉部の偵察は、そこでの火災の現況についてのデータがなかったので、実行することを禁じた。彼の側からは、4号ユニットの原子炉部の粘土泥しょう池から水をポンプで排出する支援が要請された。火災警備には適当な機械があるからだ。所長はこの仕事のために、自分の側の発電所技術職員の中からスペシャリストを選び出した。

4時10分に、消火指揮者-3は、Л-1消防服を消火要員から受け取るために、火災警備の同僚の1人を向かわせた。このとき、放射線監視員は、戦闘部隊-2（3号発電ユニットの原子炉部）から主要機器と予備の機器を隊員とともに撤退させた。隊員は原発の管理棟-1にある洗浄室に送られた。Ｂ・メリヌィクとЛ・テリャトゥヌィコウは、クィイウ州の中央火災連絡所と連絡を取って、発電所の状況に関して報告するために、このあと戦時体制消防分隊

−2へ向けて出発した。

　4時30分に、ウクライナ共和国内務省火災警備局副局長のB・フリン内務大佐（消火指揮者−4）と、内務省部局長で内務省火災警備本局局長のB・ピィロホウ内務少佐と、クィイウ州の内務省部局火災警備局副局長のI・コツュラ内務中佐とクィイウ州内務省部局火災警備局国家火災監視局部長のM・クッパ内務中佐が火災現場に到着した。

　この時までに測定された戦闘活動域内の放射能レベルの記録によって、それらは著しく許容量を超えていることが確かめられた。この情報は消火指揮者−4に知らされた。彼は、到着した機械と隊員の、破損した原子炉域への立ち入りを中止する決定を下した。

　作戦本部の作業を指揮したのは、クィイウ州の内務省部局火災警備局副局長のI・コツュラ内務中佐だった。彼は、到着した兵力と機材の集結拠点を、プルィプヤチ市の自主戦時体制消防分隊−6基地に組織した。また、戦闘ポジションにおける隊員の状態を解明するための措置をとり、病院に収容された人数を確認した。

　4時50分、施設各部の火災は局限化された。

　4時55分、テリャトゥヌィコウ少佐は健康状態の著しい悪化のために、医療衛生部−126に送られた。3号と4号の発電ユニットの建物の状態と、原子炉部の瓦礫の中の発光の原因説明を綿密に検討した後、6時35分に、火災は完全に処理されたとの発表が行われた。

　戦闘活動の進行の過程で、消火の作戦本部は、4号発電ユニットと一部3号発電ユニットの「A」系列に沿ったブロックの変圧器の電圧を下げ、4号発電ユニットとそのブロックのケーブルの踊り場の分配制御装置の電圧を下げるという問題を解決した。同様に、第7および第8ターボ発電機の主オイルタンクから水素を強制排出して、オイルをポンプでうまく排出し終えた。3号発電ユニットは負荷率がさがり、運転が止められた。タービンその他の原発施設における事故状況の処理に対する、発電所職員の臨機応変の参加もまた、特別大きな意味を持った。

　消防士たちは自分の任務を完全に実行した。死をもたらす核の怪物の呼吸の前にもたじろがずに、真っ先に炎の中にはいって行ったのは28人だった。この小さな数の大きな価値ははかりしれない。彼らのそれぞれは、火との闘いまでは、自分の時間の中に立っていた。それは、個人のやり方と任務に合致していた。われわれはもう1度、さらにより深く、冷淡な数字と無味乾燥な議事録的報告書について目を通すつもりである。しかし、まず、あの夜の事件をまとめておく。次の通りである。

　——チョルノブィリ原発におけるテストのときに、4号発電ユニットの原子炉が爆発し、その結果、建造物が破壊され、機械建屋とその屋根、さらに、原子炉部のさまざまな標識点（+12.5メートルから+71.2メートル）と脱気装置の棚の覆いとブロックA、B、BCPOの覆いに、いくつかの火災中心が生じた。

　——燃焼は、可燃性断熱覆いマークのついた断熱材、ルベロイド、アスファルト、タービンオイル、プラスチック、さまざまなケーブル製品にまで及び、消防支隊の戦闘域では膨大な量の有毒ガス・煙が発生した。

――戦闘域では燃焼による有毒物質の発生とならんで、放射能レベルの高さが異常だった。
――消防士たちの作業は、とびぬけて複雑な条件下で行われた。つまり、炉心部の崩壊、原子炉本体境界からの放射性黒鉛の噴出、燃焼生成物中に放射性で有毒な物質が存在すること、各隊員への放射線の影響、ものがよく見えずすでに建造物の倒壊の危険のある夜間に著しい高さの中でなされる消防の筒先係の作業など。
――最初の消防支隊に強いられた労働は限られた人員によってなされており、戦闘ポジションにおける消防士たちの交代作業を組織することはできなかった。
――作業開始時において放射能の測定をしていなかったこと、また、体および呼吸器を保護する特別の方法をとっていなかったことは、消火の間、個々の隊員に、取り返しのつかない健康上の損失を増大させた。
――4月26日のチョルノブィリ原発の火災の後処理作業には、65人の隊員と19人の個人の消防技術者が参加した。54人がかなりの放射線に被曝して病院に収容された。19人が治療のためモスクワに、35人がイヴァンキウとクィイウの病院に送られた。
――1986年4月26日現在、プルィプヤチ市には、消防業務についている隊員240人と、消防技術者81人が集結させられていた。指揮者と消火本部が、発電所領域に新たに到着した兵力および機材を入場制限したおかげで、予備隊の維持と戦闘準備が確保され、たくさんの人々が健康上の損失から守られた。

だが、それにもかかわらず、チョルノブィリ原発の火災処理の値段をつけることはできない。

目撃者の目から

彼らはたくさんの証言を残した。作家やジャーナリストの手記の中でも、説明の乏しいメモの中でも、その本物の誠実さは、人間の心理にこの上なく細かくしみこみ、深い感動を呼び起こす。

イヴァン・シャウレイ

私は1956年1月3日、ビロルーシに生まれた。チョルノブィリ原発警備のための消防分隊で、消防士として働いている。

事故のとき、警備員と共に、中央指令室の近くに割り当てられた部署の、1昼夜勤務の当直ポストで任務についていた。そのときそばには、交代の配車係C・レフンと、1昼夜当直ポストに交代に来ていたM・ネチュィポレンコがいた。3人で立っていた。話をしていた。急に……。警報にしたがって出発した。戦闘体制をとり、その後いくらかの時間の後われわれの部は、消防に到着した自主戦時体制消防分隊―6の支援にまわされた。彼らは自分たちの車を、「B」系列のところに停車させた。私とペトゥロウシクィーは機械建屋の屋根に上った。道で自主戦時体制消防分隊―6の若者たちを出迎えた。彼らは困難な状況にあった。

われわれは彼らが機械式のはしごにたどりつくのを助け、自分たちは燃焼中心に行った。屋根の火は消さなかったが、そこに終いまで居た。課題を実行したあと、下に下りた。そこは、「困難な援助」がわれわれを奪い取った場所である。われわれもまたきびしい状況にあった……。

ヴォロドゥィムィル・プルィシチェパ

1986年4月26日、私は原発警備の当直だった。25日の昼間の当直は変わったこともなく過ぎた。夜には1昼夜勤務当直に立たなければならなかった。テレビを見たあと、休息をとりに行った。夜。戦闘警報が鳴った。急いで服を着て車に乗った。車から、私は原発の炎を見た。われわれの車には、主任警備のＢ・プラヴィク中尉がいた。彼は携帯無線機で、召集No.3を知らせた。原発に着いてみると、われわれの自動車のための場所は近くにはなかった（つまり、消火栓がなかった）。私は第1出入り口の運転手に向かって叫んだ。「Ａ」系列へむけて出発。あそこには消火栓がある。幹線を敷設。私は消防はしごで機械建屋の屋根に登った。私がそこへ這って出たとき、屋根のいくらかは落ちており、他はがたついていた。後にもどったが、消防はしごの上で、私はテリャトゥヌィコウ少佐を見た。私は彼に報告した。彼は、戦闘位置に配置して機械建屋の屋根には当直を置くようにと言った。私とЛ・シャウレィはそこで朝まで当直についた。朝、私は具合が悪くなった。われわれは入浴した。そして私は医療衛生部へ行った……。それ以上のことは知らない。

アンドゥリィ・ポロヴィンキン

事故現場に、われわれは3～5分後に着いた。車の方向を変えて消火の準備を始めた。発電ユニットの屋根に2回上って、そこで働くようにとの分隊長の命令を伝えた。私としては、プラヴィク中尉を特に区別して語りたい。彼は大線量の放射線を受けた。そして、あらゆる努力をはらって、どんな些細なことをも探った。イヴァン・シャウレィ、レオニドゥ・シャウレィ、オレクサンドゥル・ペトゥロウシクィー、ブラヴァ……のことも特筆すべきである。もっと誰のことを特筆すべきなのか、私にはわからない。なぜなら、火との戦いはまだ続いていたが、私は病院に運ばれたからだ。

オレクサンドゥル・ペトゥロウシクィー

……私とイヴァン・シャウレィは、火災を処理するために外のはしごで屋根に登るように命じられた。われわれはそこにおよそ15～20分おきに行って火を消した。それから下にもどった。それ以上そこにいるのは不可能だった。そのあとは、およそ5～10分おきに、「救急所」がわれわれを奪い取った。これですべてだ。

乾いた、純粋に職業的な証言。発電所で実際に行われたことであると同時に、かなり平凡なことだとさえ言える。ジャーナリストたちはもっと熱い印象から自然の力を描写している。そのときの新聞を見よう。

「覆いは木屑やむんむんする煙と共に燃えていた。煮えたぎるアスファルトは長靴に焼け穴をあけ、しぶきが衣服に飛び、皮膚につきささった。」

「これは高所での作業というだけではなかった。消防士たちには、1歩1歩が信じられないほど困難だった。地獄のような熱のために、覆いのアスファルトが融解した。長靴は刻々とすっかり重くなり、「鉛製」のものになって、溶けたものの中にくっついた。」

「彼らは最後の力で上に向かってよじ登り、赤熱した黒鉛のかけらをミトンでつかみとって下に投げ落とし、火を踏み消したが、やがて皮膚は長靴と共にむけた。」

「彼らの体は言いようのないほど疲れ、痛めつけられた。可能性の限界はとうに越えていた。」

レオニドゥ・テリャトゥヌイコウ[*1]

[*1] ソ連邦英雄。現在は内務少将。以下の思い出は、ユリィ・シチェルバクの記事による。

プラヴィク中尉の警備には17人いた。その夜、彼は当直だった。もしこの警備について、新聞に書かれたものとの違いを完全に語るなら、これほど理想的な警備はほかにはなかっただろうということだ。もしこの事件がなかったなら、もちろん、それについて何も書かれないはずではあるが。これは非常に独特の警備だった。これはいわば、個人的な警備だった。各人が自ら進んでついた仕事だったからである。そこにはベテランが非常にたくさんいたし、ユニークな若者が非常にたくさんいた。

ヴォローヂャ・プラヴィクは、おそらく、最年少であったと思われる。彼は24歳だった。性格は非常によく、軟らかく、そのため彼はよく人々に伴われた。彼は誰のどんな頼みをも決して断らなかった。かれは、譲歩すべきであるという考えの持ち主だった。これには、彼の側に何かある種の弱さのようなものがあったのかもしれない。もめごとが起これば、彼は悪者になった。警備に違反があったときなど……。しかし彼は自分の信念を貫いた。

ヴォローヂャ・プラヴィクは非常に夢中になるたちだった。無線交信と写真を好んだ。彼はわれわれ隊員の中でも活動的で、コムソモール統制機関の長だった。統制機関というのは、おそらく、欠点と闘うためには最も有効な形態であり、きわめて小さなあやまちでさえ激しく鞭打った。彼は詩も書いたし、絵も描いたし、これらのことに熱中した。妻は彼をおおいに助けた。彼らは互いに非常にお似合いだった。彼の妻は音楽学校を卒業して、幼稚園で音楽を教えていた。彼らは外見上も似ていた。どちらも温和で、彼らの人生に対する考えや労働への態度はすべてが非常にきつく絡み合い、共通していた。事故の1ヶ月前に、彼らには

女の子が生まれた。最後のころ、彼は検査官に転職させて欲しいと願い出た。すべて承諾された……。しかし彼に交代はなくなった。

おそらく、この仕事の年季と勤務期間の点で、警備隊の最年長はイヴァン・オレクシィオヴィチ・ブトゥルィメンコだった。彼は42歳だった。みんながこの人に頼る、というような人の1人だった。彼の前にはみんなが同等だった。主任警備も、党やコムソモール機関の書記官も。イヴァン・オレクシィオヴィチ（ブトゥルィメンコ）はラーダ市の議員で、議員としての仕事をたくさん成し遂げた。

われわれの部にはさらに、3人のシャウレイ兄弟が働いていた。ビロルーシの人たちだ。いちばん若いペトゥロは検査部で働いていた。長兄のレオニドゥとまん中のイヴァンは、第3警備で働いていた。レオニドゥは35歳、イヴァンは2～3歳年下で、ペトゥロは30歳だった。彼らは、「しなければならない、だから、するのだ」という考えで働いた。

人生にこんなことはどのくらいあるものなのか？ 通常は、背中を強く押されることはないし、自分から奮い立つ人だっていない。これはわれわれだけではない。どこでもそうなのだ。仕事においても、教育においても、脇へ退こう、休もう、もっと楽な仕事を得ようと努力する人が誰かしらいるものだ……。しかし、ここにはこういう輩はいなかった。事故が起こったとき、警備の中の何らかの不一致は考えずに、全警備がプラヴィクに従って出かけるということ以外は考えずに出かけた。状況を見ずに……。そこではアスファルトが燃えていた。機械建屋は可燃性の覆いだった。そして、もしカルボヴァネツィに換算するなら、機械建屋がいちばん価値があった。

皆が緊張を感じ、責任を感じていた。名前を呼ばれるや、ただちに駆け込んできて「了解」と言った。終いまで聞きもしなかった。働かなければならないということがわかっていたから。命令だけを待った。

そして、少しも動揺するところがなかった。危険は感じた。しかし、皆にはわかっていた。「ねばならない。」 すぐに交代しなければならない、とだけ言われた。駆け足で。事故が起こる前もこんな風だったのだろうか？「私は何をしにいくのか？ なぜか？」 ここにはこのような言葉の一言半句もなかった。そして、ほんとうにすべてが駆け足で実行された。実は、これは最も重要なことだった。さもなければ消火は非常に遅れ、その影響は最悪になった可能性がある。

火災が発生したとき、私は休暇中だった。私の休暇は38日間だった。私に電話が来た。夜、配車係が電話をしてきた。ところが交通手段がない。車はすべて出ていた。私は市の民警の当直に電話して、これこれだからと状況を説明した。彼らの車はいつでもあるのだ。私はこう言った。「発電所が火災だ。機械建屋の覆いだ。何とかそこに行けるよう支援をお願いする。」彼は私の住所を問いなおして、「車はすぐ行きます。」と言った。

屋根はここでもそこでもあそこでも燃えていた。やっと上に抜け出したとき、私は3号発電ユニットの5箇所で燃えているのを見た。そのとき私はまだ、3号発電ユニットが運転中であることを知らなかった。それに、覆いが燃えているのなら、消さなければならない。消防

上の観点からの大きな努力というのは要らなかった。機械建屋で見たが、火災の形跡がない。よし。「棚」で、第10標識点で、発電ユニットの中央操作パネルで、火災はない。しかし、ケーブル室ではどのような状況だったか？　われわれにとってそれは最も重要だった。すべて一回りして、点検しなければならなかった。それで私はずっと走り回った。5と8の標識点を点検し、10を見た。同時に、技術副主任と運転員に訂正を出した。……いっそう困難になっている。まるで……。彼らは言った。「そうです、ほんとうに。屋根を消さなければ。あそこの3号発電ユニットはまだ運転しているから、もし倒壊したら、プレートの1つでも運転中の原子炉に落ちるかもしれない。ということは、更に密閉が破れる事態になる可能性があるということです。」　私はこれらの問題すべてについてわかっていなければならなかった。場所は多いし、発電所は非常に広いし、まわり中、あちらにもこちらにも行かなければならなかった。

　私はそのときプラヴィクと話す時間がなかった。彼が病院に運ばれてはじめて、文字通り数語だけ……。2時25分、彼はすでに病院に運ばれていた。彼らは上におよそ15〜20分間いたのだった。

　おそらく3時半ころ、私は具合が悪くなった。シガレットを吸った。息が切れた。相変わらずの、いつもの咳だった。足がだるく、腰掛けたかった……。一度も腰掛けていなかったのだ。われわれは部署に点検に行った。私は車を止めるべき場所を示した。隊長のところへ行った。実は、状況を報告するために、私には電話が必要だった。しかし発電所には、どこからも電話するところがなかった。多くの建物が閉鎖されていて、そこには誰もいなかった。隊長のところにはいくつかの電話がある。しかしそれらは話中だった。隊長が出た。そのとき彼は、どういうわけか、電話の声が途切れがちだった。われわれはそこからは電話することができなかった。それで分隊に行った……。われわれの分隊はNo.2で、そこにはB・プラヴィクの警備がいて、原子力発電所を警備していた。これは施設の分隊だった。一方、市の分隊は、キベノクが働いていて、市中で警備に当たっていた。彼らは直ちに火災について知った。わが国では、火災の時には自動的に数の多い番号が与えられ、直ちに火災連絡の拠点に報知される。市の分隊を経て、放送局または電話で報知される。市の分隊は、われわれにとっては上司とみなされる。だから火災が起こったというしらせを受け取ったら即出動しなければならないということを、彼らは反射的に了解する。

　すでに述べたように、機械建屋に最初に来たのはプラヴィクの警備だった。そこで火が消された。そして彼の管理の下に部は当直に残された。機械建屋の危険が恐ろしいほどに迫っていたからだ。一方、市の分隊は少し遅れて到着したので、原子炉部に派遣された。最初は機械建屋が主だったが、やがて原子炉部になった。それでプラヴィクは、その後自分の警備を残しさえして、市の分隊の支援に行った。われわれの警備では、プラヴィクだけが死亡した。死亡した残りの5人は、市の第6分隊の若者たちだった。彼らが最初に原子炉の消火に当たり始めたというのは、こういうことだった。あそこは最も危険だった。放射能の危険性からみて当然である。火災の点から見れば、機械建屋だった。あそこにわれわれの警備がいて、

事故のその最初の瞬間に働いた。

フルィホリィ・マトゥヴィーオヴィチ・フメリ：チョルノブィリ地区消防分隊の消防自動車運転手

　私はチェスをするのが好きだ。その夜は当直だった。ほかの運転手が相手だった。私は彼に言う。「そうじゃないよ、ムィシコ、間違っているよ。」 彼は負けた。夜の12時ころまでわれわれの会話は続いた。やがて私が言う。「ムィシコ、私は寝に行くよ。」すると彼が言う。「ぼくはまだボルィスとやっていますよ。」「どうぞ、ごゆっくり。」

　あそこには木の寝椅子がある。私は寝椅子を置いて、マットレスを敷き、毛布の中にもぐりこんだ。まどろみは長かったのかそうでなかったのかわからないが、やがて何かが聞こえる。「そうだ。そうだ。出発だ。出発！」 私は目を開いて、見る。ムィシコが立っている。ボルィスもフルィツィも。「出発だ。」「どこへ？」「ヴォローヂャがじきに情報をあつめてくるでしょう。」 やがて彼が情報を得てくる。とたんに、ヴー！ヴー！とサイレンが鳴り出した。警報が作動したのだ。私は尋ねる。「どこへ？」「チョルノブィリ原発へ。」

　運転手のムィシコ・ホロウネンコは出入り口から行く。私は別のところから出発する。われわれの分隊に停車している車は2台だ。1台に私が乗り、もう1台に彼が乗った。周知のように、われわれが出発するときは、扉を閉めないということがよくある。そしてその扉はガラス戸で、そんな時は、窓の風がたびたびわれわれを打つ。とはいえ、もちろん、最後の誰かはガレージを閉めるために、歩いて出なければならない。私とプルィシチェパがガレージを閉める。ムィシコに追いつこう、と私は思う。私にはジル−130車がある。こうしてわれわれは出発した。私は時速およそ80キロメートルで疾走した。私の頭の上では、ラジオがぺちゃくちゃしゃべっている。イヴァンキウとポリシケを呼び出している。配車係がわれわれを呼び出している。警報に従って呼び出しているのが聞こえる。私は思う。何か、あれでなければよいが……。

　やがて私は、建設現場を避け、原発のごく近くでホロウネンコの車に追いついた。彼に追いついて、2台の車で直ちに出発できるように、自分の車を彼の後部につけた。原発の管理部のあるところに乗りつけるや否や、われわれにはすぐに見えた。燃えている。雲のような赤い炎。私は思う。……でも働くことになる。プルィシチェパが言う。「そうですね、フルィシさん。たくさん働くことになります。」われわれはそこに夜の2時10分前か15分前に着いた。見たところ、われわれの車が1つもない。他のも。第6分隊のも。これはいったいどうしたことか。彼らは、実は、発電ユニットの北側から現れた。われわれは出て行った。どこへ、何をしに？ 見たところ、あそこでは黒鉛が撒き散らされている。ムィシコが言う。「黒鉛って何、それ？」 わたしはそれを足ではねのけた。しかし、その車の上の兵士は、それを手でもった。「こいつ、熱いぞ。」と彼が言う。黒鉛。かけらはいろいろだ。大きいのと小さいの。手で持てるくらいのもの。それらは小道に投げ出され、そこにいたみんなが足で踏んだ。やがて私には、いまは亡きプラヴィク中尉が走って行くのが見える。私は彼を知っていた。彼と共に2年間働いた。それに私の息子のペトゥロ・フルィホロヴィチ・フメリは、

第2部　境を越えていった人々

プラヴィクと同じように主任警備だ。プラヴィク中尉は第3警備の主任で、一方ペトゥロは、第1警備の主任だ。彼とプラヴィクは一緒に学校を終えた……。一方わたしの2番目の息子のイヴァン・フメリは、チョルノブィリ地区の消防検査機関の主任である。しかし……。プラヴィクは走って行く。私は尋ねる。「どうした？　ヴォローヂャ。」彼は言う。「車を空の管のところに止めましょうか？　こちらにください。」そしてここに第2分隊と第6分隊の車がやってきて、われわれに向きあう。われわれは2台で、他は3台。タンクと機械はしご。5台の車がこちら側から。われわれは直ちに、セーノ！と声をかける。われわれは車を空の管の壁に近づける。空の管とはいったい何か、ご存知だろうか？　知らない？　それは空っぽの管だ。中に水を通して使えるようにしなければならない……。

　われわれはただちに車を近くに寄せる。われわれには強力な車があり、ペトゥロ・プィヴォヴァルがいる。われわれは消火栓の近くに止めるが、私のは、もうどこにも止められない。場所がない。それで私とボルィスとムィコラ・トゥィテノクは言う。「消火栓をくれ！」そして、あちこち消火栓を探し回った。夜だった。なかなか探せなかった。教育を受けていたときは、われわれの消火栓は見取り図であちら側だ、ということをわれわれは知っていた。しかし、それはこちら側だということがわかった。消火栓を見つけると、われわれは車を近づけて、すばやく消防ホースを繰り出して投げた。彼らは、（つまりトゥィテノクと、覚えていないのだが、ボルィスだったと思うが）、ムィシコの車まで引いていった。20メートルのホースが3本、つまり60メートルだ。

　放射能というものについて、われわれはきちんとは知らなかった。そして作業に当たったのは、その知識のない者たちだった。車は放水した。ムィシコはタンクを水で満たした。水は上に上がった。これらの今はなき若者たちは、その時上に行った。ムィコラ・ヴァシチュクやヴォローヂャ・プラヴィクその人なども。キベノクだけはそのとき見えなかった。彼らは立てかけ式のはしごで向こうの上のほうによじ登り始めていた。私は設置を手伝った。すべてがすみやかに行われた。すべてがなしとげられた。そして、もうそのあと、私は彼らを見なかった。

　われわれは働いている。炎が見える。雲のような熱気と共に燃えていた。その後、向こうの管と、何の装置かわからないが、何か四角いもの、そこからもやはり火が出る。見ると炎は燃えていない。すでに火花が飛び始めている。私は言う。「みんな、もう火は消えている。」

　第2分隊副分隊長のレオネンコが来る。それでわれわれは、プラヴィクがすでに車で運ばれたこと、テリャトゥヌィコウが運ばれたことを知る。それで、放射能のことがわかった。こちらの食堂に立ち寄って粉薬を受け取るように、と言われる。立ち寄るとすぐに私は尋ねる。「ペトゥロは居ませんか？」ペトゥロは朝の8時にプラヴィクと交代しなければならなかった。彼らは言う。「居ませんよ」。彼は警報で起こされたのだった。私が出るとすぐに若者たちが言う。「おじさん、ペトゥロ・フメリは交代のために車であちらに連れて行かれましたよ。」私は思う。何もかもボタンのかけ違いだ。

　ここで車は全部見つかった。われわれの指揮が到着した。「ヴォルハ」（乗用車）が事務所

から到着した。ロズヴァジとドゥイメルからわれわれのところへ車が来た。見れば、ドゥイメルのヤクブチュイクだ。われわれは知り合いで、彼は運転手だ。「きみかい？パウロかい？」「ぼくだよ。」われわれは車に乗り込んだ。1号棟まで行った。そこでわれわれは1つの部屋に連れて行かれた。そして放射能のチェックが始められた。皆がやってくる。彼は書く。「汚染。汚染。汚染。」しかし彼らは何も言わない。夜だった。われわれは浴室に連れて行かれた。体を洗わなければならない。「10人ずつ服を脱いでください。衣服はここに投げてください。」と言われる。

私は牛革の長靴とズボンと防水布（これは運転手としての自分専用のものではなかったが）とアンダージャケットと作業服と防護シャツを着ていた。彼が言う。「書類は自分で持っていてください。鍵も。それからすぐにシャワーへ。」よかろう。シャワーを浴びた。別の扉に出る。そこでわれわれは衣服と革の長靴を支給された。何もかも深刻だった。私は大通りに出た。見た。すでにすべてが見えた。はっきりと見えた。私のペーチャが行く。制服を着て、レインコート、消防のベルト、帽子、長靴をのっぽの体に着て。「おい、おまえ、息子、どこへ行く？」と私は言う。ここで彼は呼ばれた。彼は、われわれが洗いなおされ、奪われ、連れて行かれ、自由にしてもらえなかったあそこへ立ち寄ったからだ。要するに。彼はこう言っただけだった。「ここにいたの、おとうさん？」そして彼は奪われた。

その後われわれは民間防衛の地下室に連れて行かれた。そこには静けさとベッドがあった。7時のことだった。8時になった。9時になった。見ると、ペーチャが来る。着替えている。息子は到着し、腰掛ける。私と共に語る。自分の家庭のこと、何でもないことまでも尋ねる。彼は言う。「おとうさん、家で何をしたらいいのか、ぼくにはわからない。何か、吐き気がする」。やがて、「おとうさん、ぼくは多分衛生部に行くよ」。「そうか、行きなさい」。こうして彼は行った。

私は彼にあの階上でどんな仕事をしたのか聞かなかった。聞くときがなかった。

一方、私の次男のイヴァンは、やはり警報によって上がって行かされた。彼はチョルノブィリの地区部に所属していた。彼は朝の6時ころ上がって行かされた。監視か何かのためにどこかへ送られた。彼は自分の「ウアーズ」車であちこち走り回った。

はじめのうち、私はまるで何も感じないかのようだった。しかし、まず眠らなくなって、それから人々にひどく心配された。それでわたしは恐ろしくなった。そして、何というショック。お分かりですね、これで全部です……。

ヴァレントゥイン・ビロキニ：プルィプヤチ市医療衛生部救急医師
4月25日20時、私は当直の代理を務めていた。そして、まさにこの夜8時から、何というか、すべてが走り出した。びっくりするような速度で、まっしぐらに走り出した。私はずっと走り回り続けていた。実際、車から出ることがなかった。

われわれ、つまり私とグルジアのオセット人アナトリィ・フマロウは、当直の番で病院に

帰ったとき、それを見た。それはどんなだったか？　われわれは夜に歩いている。空っぽの町。眠っている。私は運転手のそばにいる。私はプルィプヤチの方からの2つの閃光を見る。はじめ私たちには、それが原発からだということがわからなかった。星だと思った。そばには建物があったので、われわれには原子力発電所は見えなかった。閃光だけだった。稲妻のようだったが、稲妻よりは多少大きかったかもしれない。轟音は聞こえなかった。エンジンがかかっていた。その後発電ユニットに行ってから言われた。すごい音だったと。われわれの配車係は、爆発を聞いた。1発、そしてすぐあとから2発目。アナトリィはさらに言った。「星か星でないのか、わからない。」彼自身はハンターだ。それで少々驚いたのだ。夜は静かだった。星がいっぱい出ていた。何事もなさそうだった……。われわれが医療衛生部に着くと、呼び出しがあった、と配車係が言う。われわれは1時35分に着いた。原発への呼び出しが入った。そして准医師のサーシャ・スカチョクが原発に行った。私は配車係に尋ねた。「誰が電話をしてきたのですか？　どんな火災？」彼女は秩序立てては何も言わなかった。私は出かけるべきなのか、行ってはならないのか。それで、私たちは、サーシャからの情報が来るまで待つことに決めた。1時40〜42分にサーシャが私に電話をしてきて、火災だ、火傷をした人がいる、医者が必要だと言った。彼は興奮していた。何1つ詳しいことを言わずに受話器を置いた。私はかばんを持ち、麻酔剤を持った。火傷の人がいるからだ。そして配車係に、医療衛生部長と連絡を取るように言った。私は自分用にもう2台の車を受け取って、フマロウと共にじぶんで車に乗って出かけた。

　原発までの道のりは、ラフ（マイクロバス）でまっすぐに行って70分ほどだ。

　われわれはクィイウに通じる道に入ったが、やがて発電所に向かって左に折れた。そこで私はサーシャ・スカチョクに会った。彼はわれわれの方に向かって医療衛生部へと走っていたが、彼らの「ラフ」は信号灯をつけていた……。それで私は彼らを止めることが出来なかった。信号灯がついているときは、非常事態だからだ。われわれは発電所へとさらに車を走らせた。

　門だ。衛兵が立っている。われわれは質問される。「どこへ行きますか？」「火災現場へ。」「なぜ特別服を着ていないのですか？」「特別服が必要になるなどとは、ぜんぜん知りませんでした。」私には情報がなかった。私は自分の部屋着姿だった。4月の夜。暖かな夜。帽子さえかぶっていなかった。われわれは車を乗り入れた。私はキベノクに会った。

　キベノクと話したとき、私は彼に尋ねた。「火傷の人がいるのですね？」彼が言う。「火傷の人はいません。しかし、状況はまったく不可解です。うちの若者たちは、何か少々吐き気を催しています。」

　火災は実際にはもう見えなかった。火災は消防ホースのおかげで、どうにか広がりが遅くなり始めていた。各階の仕切りの床が落ち、屋根が……。

　私とキベノクは、消防士たちが立っていた発電ユニットのすぐそばで話した。プラヴィクとキベノクはそこへ2台の車で着いたのだった。プラヴィクはとび出した。しかし、私のところにはやってこなかった。キベノクは少し興奮していた。動揺していた。

サーシャ・スカチョクはすでに発電所からシャシェノクを連れ出していた。若者たちが彼を引っ張り出した。かれは火傷をしていた。梁が彼の上に落ちてきたのだ。彼は26日の朝、蘇生術中に死亡した。
　線量計がわれわれのところにはなかった。防毒マスクがある、防護用品一式がある、と言われたが、何もなかったか、あるいは機能しなかった……。
　私は電話をかけなければならなかった。キベノクは、自分も管理者に連絡を取らなければならない、と言った。そこで私は発電ユニットから約80メートルはなれた管理棟に車で行った。車が円形に駐車していた。発電ユニットにいくらか近いところに1台止まっていた。
　私は若者に言った。「助けが必要になるなら……私はここに居ますから。」
　キベノクを見たとき、そしてその後管理棟のそばで処理作業をしている若者たちを見たとき、私は本気で不安を感じていた。彼らは3号発電ユニットから走り出て、管理棟へ走っていった。だれが誰だかわからなかった。
　保健室の扉は釘付けにされていた……。
　私は中央制御盤に電話した。私は尋ねる。「どんな状況ですか？」「状況はよくわかりません。そこにいてください。必要になったら、援助してください。」そのあと、医療衛生部の自分のところに電話した。そこには副部長のヴォロドゥィムィル・オレクサンドゥロヴィチ・ペチェルィツャがすでに来ていた。
　私はペチェルィツャに、火災を見たこと、4号発電ユニットの覆いが壊れているのを見たことを話した。それはだいたい夜の2時に近いころだった。私は心配している旨語った。私はこちらに到着し、さしあたり何の仕事もしていないが、町はすべて私にかかっている。緊急の呼び出しがあるかもしれない。私はさらにペチェルィツャに、今のところ特別な印象はないが、消防士たちは吐き気がすると言っている、と言った。私は戦時衛生学を思い出し、研究所を思い出し始めた。全部忘れてしまったように思われていたのに、ある知識が浮かび上がった。われわれはどんな場合にそれに注意を向けることがあっただろうか？　放射線衛生学など誰にとって必要だっただろうか？　広島も長崎もわれわれからはあんなにも遠いのだもの。
　ペチェルィツャが言った。「当分、その場所に残っていてください。15〜20分ほどあとに電話して、何をしたらよいかあなたに言いますから。心配しないでください。われわれは町で自分の医師に呼び出しをかけましょう。」その瞬間、私のところに3人が突然近づいてきた。私には出張者のように思われたが、18歳くらいの若者が連れてこられた。若者は吐き気と激しい頭痛を訴えた。彼はおう吐し始めた。彼らは3号発電ユニットで働いていた。そしておそらく4号に立ち寄ったようだった……。私は質問する。何を食べたか、いつか、どのようにその夜をすごしたか？　吐き気の可能性を示すものは少なかった。私は血圧を測った。140〜150と90。少し上がっている。急にとび上がった。若者は少し度を失っている。何かその……。私は彼を「救急所」のサロンに運び入れた。ロビーには何1つない。そこには腰掛けるものさえなく、炭酸水の自動装置が2台あるだけだった。そして保健室は閉じられて

いた。私は彼を車に入れた。興奮し、同時に精神の混乱の徴候を伴っているが、彼は私の目に「泳ぎ着く」。彼はしゃべれない。何か、舌がもつれ始めた。まるで大酒を飲んだようだ。しかし、酒臭くない。少しも……。

　青白い。発電ユニットからとび出した彼らは叫び声を上げるだけだった。「恐ろしい出来事だ、ものすごい。」彼らの精神はすでに冒されていた。やがて彼らは、計器の針が振り切れている、といった。この若者に私はレラニウムとアミナズィンとまだ何かを処方した。彼に注射し終わるとすぐに、また3人「救急所」にやってきた。事故処理作業の3人か4人だった。主な痛み、吐き気、おう吐などは、そらでおぼえた教科書のとおりだった。私は彼らにレラニウムを施した。私は1人だった。准医師はいなかった。そして彼らを車に乗せるとすぐに、アナトリィ・フマロウを付き添わせてプルィプヤチに送った。

　そして私自身はふたたびペチェルィツャに電話し、かくかくしかじかと言う。こんな症候であると。

　で、彼はすぐにあなたに援助を送る、と言わなかったのか、だって？

　いや、そう。言わなかった……。彼らを送り出すとすぐに、若者たちが私のところに消防士を連れてきた。レインコートを着ていた。数人の男たちだった。彼らは立っていることさえできなかった。私は、精神と痛みなどを少し「落ちつかせる」ために、レラニウムやアミナズィンを施すといった、まったくの対症的な治療をした……。

　トーリャ・フマロウが医療衛生部からもどったとき、彼は私に多量の麻酔剤を持ってきた。私は電話をして、それらは役に立たないだろうと言った。全身火傷ではなかったからだ。しかし、私のところには何のためだか、麻酔剤がさらに送られてきた。その後朝になって私が医療衛生部に着いたとき、誰も私からそれを受け取ろうとしなかった。彼らは私を測定し始めたのだが、カウントがあまりにも大きくなっていくからだった。私は麻酔剤を渡そうとするが、彼らは受け取らない。私は麻酔剤を拾って、置いて、言う。「何をしたいのです？仕事をしたらどうですか。」

　消防士たちを送り出してから、私はヨードカリの錠剤を送ってくれるように頼んだ。少なくとも原発の保健室にはヨードがあったはずだ。はじめのうちペチェルィツャは、「どうして、何のため？」とたずねた。しかし、やがて彼らは証拠をはっきりと見て、それ以上たずねなくなった。ヨードカリが集められ、送られた。私はそれらを人々に与え始めた。

　建物が開かれ、人々は外に出た。彼らはおう吐し、気まずそうだった。恥ずかしそうだった。私は彼ら全員を建物の中に入れようとするが、彼らは庭に居る。私は彼らに車の中に居なければならないこと、そして医療衛生部に行って検査を受けなければならないことを説明する。一方彼らは言う。「でも、私はタバコを吸いすぎて気分が悪いのです。興奮しているだけです。ここで爆発が、ここであのような……」。そして彼らは私から逃げ出す。国民もまた何が起こったか、完全にはわかっていなかった。

　その後私は、1人の放射線監視員と共に、モスクワの第6診療所の病室に横たわった。発電所では、爆発後直ちに、計器類の針が全部振り切れた、と彼は語った。彼らは主任技師やら

安全技術の技師やらに電話したが、その技師はこう答えた。「何を取り乱しているのです？ 当直の交代主任はどこに居るのです？ 彼から私に電話させなさい。あなたは落ち着いて。これは規定外の報告ですよ。」そう答えて受話器を置いた。彼はプルィプヤチの家に居た。彼らはそのあとでこの「デーペー」（線量計）をもって急いで外に出たが、4号発電ユニットへはそれをもって誰も来ていない。私の3台の車は走りどおしだった。消防車が非常にたくさんあった。それでわれわれの車は、道路を譲ってもらうために、明かりをつけ、ピーピ、パッパとシグナルを発し始めた。

　私が運んだ中に、プラヴィクとキベノクはいなかった。私は思い出す。ペトゥロ・フメリが居た。たしか髪の黒い若者だった。ペトゥロと共に私ははじめプルィプヤチに寝かされた。隣のベッドだった。その後はモスクワだ。

　6時に、私ものどがひりひりし、頭痛がするのを感じた。危険ということがわかっていただろうか？ 恐れを感じていただろうか？ わかっていた。心配だった。しかし人々は周りの白い部屋着を着た人々を見て安心している。私はみんなと同じように、ガスマスクもなく、防護するもの1つなく立っていた。

　それにしてもなぜガスマスクなしなのか？ どこで手に入るのか？ 私はかっと来た。どこにも、何もない。

　私は医療衛生部に電話する。「われわれのところにペリュストゥカ（花びら型の簡易ガスマスク）があるでしょう？」「ペリュストゥカはありません。」もうたくさんだ。ガーゼのマスクをして働くべきなのか？ 何の役にも立たない。この場合、後退することも簡単には出来なかった。

　夜が明けたとき、発電ユニットの発火はすでになかった。黒い煙と黒いすすがあった。原子炉がくすぶっていた。ひっきりなしではなく、こんなふうだった。煙。煙。それからどーん！ 噴出。原子炉はいやな臭いの煙をいっぱい出した。しかし炎はなかった。

　このときまでに消防士たちはそこから下りていた。そして1人の若者が言った。「たとえ青い炎で燃えていても、われわれはもうそこにはよじ登りはしない。」 原子炉と共に少なくとも操作パネルもだめになり、何らかの具体的なデータは出されていないということは、すでにすべての人にわかった。6時になるころまでに、放射線監視員が消防車に来た。来たのが誰でどこからだったのか、私は覚えていない。彼は消防士たちと共に来た。彼らは斧を持っていた。そして管理棟の、とある扉を強く打ち、何か箱に入ったものを取り上げた。あるいは防護服なのか、あるいは装備なのか、私にはわからないが、彼らは消防車に積み込んだ。放射線監視員は大きな常設の計器を持っていた。

　彼は言った。「何だってあなたはここで防護服もなしに立っているのですか？ ここはレベルがべらぼうですよ。何をしているのです？」 私は、「働いているのですよ、ここで。」と言う。

　私は管理棟から出たが、私の車はもうなかった。私はその放射線監視員にさらに尋ねた。「この雲はどこに行きましたか？ 町ですか？」「いや、ヤノフの横のほうです。方向からす

ると、わずかにわれわれの地方が引っかかりました。」彼は50歳くらいだった。消防車に乗って出て行った。私は気分が悪くなった。

そのあとでともかくトーリャ・フマロウが着いた。私はこのときまでにすでに出口に来ていた。私は考えた。少なくとも消防車に乗せて連れて行ってくれるように頼めば、さしあたりまだ移動することができる。最初のユーフォリア（興奮して幸せな気分）が過ぎて、足に脱力感が生じた。それでも私は仕事をしていた。これが始まりだったのだということに、気がついていなかった。衰弱した状態におしつぶされ、引き裂かれた。打ちひしがれた。ただ1つの思いは、どこか割れ目の中にもぐりこむことだった。親兄弟のことも何も思い出さなかった。何とかして1人にしておいて欲しかった。それだけだった。すべてから遠ざからなければならない。

私とトーリャ・フマロウはさらに5～6分立ったまま、ひょっとして誰かが助けを呼んでくれるかもしれないと待ったが、誰も声をかけてこなかった。私は基地の医療衛生部に行ってくる、と消防士たちに言った。必要がある場合には、われわれを呼び出すように。あそこには10台以上の消防車があった。

私が医療衛生部に着いたとき、そこには人がたくさんいた。若者たちがアルコールのコップを持ってきた。飲め、飲まなければいけない、これは効果があるという指示が出ている、と言いながら。だが私は飲めない。私は何もかも吐いてしまう。私は寮に居る人たちにヨードカリをあげたいと頼んだ。しかし、誰も酔ってはいなかった。誰も充分に洗われてきれいになることはなかった。私は「モスクヴィチ」（小型乗用車）を手に入れて、家へ出発した。運転手はいなかった。その前に着替えたのを覚えている。自分で寮にヨードカリを運び届けた。窓を閉めるように言い、子供たちを勝手に出歩かせないように言い、私にできることをすべて話した。私は隣の人々に錠剤を配った。ここにヂャコノウがやってきた。われわれの医師だ。そして私を運び去った。治療室に入れられ、直ちに点滴をされた。私は「ぼやけ」始めた。私の状態は悪化した。そして、私はすべてをあいまいにしか思い出さない。それより後のことは、もう何も思い出さない……。

6人の若者たち

ソ連邦英雄：中尉
ヴォロドゥィムィル・プラヴィク

ソ連邦英雄：中尉
ヴィクトル・キベノク

軍曹
ムィコラ・ヴァシチュク

曹長
ヴァスィリ・イフナテンコ

曹長
ムィコラ・トゥィテノク

軍曹
ヴォロドゥィムィル・トゥィシュラ

……黒い額縁の中の6人の肖像。6人のすばらしい若者が、チョルノブィリ消防分隊の壁からわれわれを見ている。彼らのまなざしは傷ましい。悔しさや咎めや無言の、どうしてこんなことが起こりえたのかという問いかけが、彼らの中に凍りついているように思われる。しかし、これはただ、いま、そう思われるということだ。あの、4月の夜、火災の混乱と危険の中で、彼らには、悔みも咎めもなかった。彼らは仕事をしていた。彼らは原子力発電所を救った。プルィプヤチ、クィイウ、われわれすべてを救った。

われわれ自身にとってかわって、その後、永遠のかなたに行ってしまった彼らとは、いったい何者か？

ヴォロドゥィムィル・プラヴィク
「われわれの日々はすべて、善行と正義がより多いように戦うことだ。」
ヴォロドゥィムイル・プラヴィク
（履歴書から）

　プルィプヤチ市のチョルノブィリ原発警備戦時体制消防分隊−2の主任警備ヴォロドゥィムィル・パウロヴィチ・プラヴィク中尉は、1962年に生まれた。チョルノブィリ市に生まれ育ったウクライナ人である。ソ連邦内務省チェルカスィ消防技術学校を卒業し、1982年に消防技術者になった。内務省の組織の中で、1979年10月に結婚した。ほぼ4年間、警備の先頭に立った。はじめはプルィプヤチ市の自主戦時体制消防分隊−6にいたが、その後、チョルノブィリ原発警備の戦時体制消防分隊−2に行った。仕事では、特に規律正しさを示した。依頼されたことにはすべて、心から建設的に当たり、自分の職業上のことには、特別献身的だった。電気技術や消防模範スポーツに夢中になって1等をとり、かれの警備隊の競技会では、スパルタキアード（国体）部門の優勝者だった……。

　彼の行動は最も優れていたと評価された。そのため、ヴォロドゥィムィル・プラヴィクについては、最も多く書かれている。ソ連邦内務省火災警備局長のアナトリィ・ミケイェウ将官は次のように述べている。「この若者がいかに正しく行動したかには、驚かされる。あそこに、

まさに勇敢そのものでいた者は少ない。状況を正確に評価する必要が生じていた。最上の決断を選択するために、また、人々を失わないために、ここでは理論上の準備がきわめて重要である。守ることの出来たはずの人を守ること。かれはそれを成し遂げることが出来た。」

プラヴィクの警備隊戦闘員のひとりアンドゥリィ・ポロヴィンキンは次のように見ていた。「われわれの中尉には、非常に気高い特長があった。これは特別な個人的価値の感情である。軽蔑しない。高慢でない。時にはこの特長は人々に何か別のものと取り違えられたりするが、まさにそういう価値である。」

そのとおりだ。彼は真に勇者と呼ばれるべき人に属していた。ヴォロドゥィムィル・プラヴィクの短い伝記の最も叙情詩風のページは、非常に感動的なものである。それは、妻ナーヂャとの恋愛物語である。彼は4年間に千通もの手紙を彼女に書いたそうだ。それらのいくつかは、すでに、あの悲劇的な1986年に、ジャーナリストのハルィナ・コウトゥンが今や有名な『彼らは生きた、白鳥のように』に発表した。

「こんにちは、ナーヂャ！　きみは多分この手紙を開けないうちから、誰が書いているのかわかったのだろうね。もちろん、ぼく、ヴォローヂャだ。ぼくは、きみとなにがしかの考えを分かち合おうと決めたのだ。人間には丸1日の間にかくもたくさんのことが起こるということに目を向けるなら、1編の完全な叙事詩を書くことができる。きみが自分の性格の中での矛盾について語ったことを、ぼくは考えている。人間の中ではいつも善と悪がたたかっている。そして、本質は、たたかいの中にある。ぼくたち2人の内なる「私」の矛盾において、真理が生まれる。そしてこのたたかいは、真理はたたかいによって正しくなり、また行為はたたかいによってより良く基礎づけられるということなのだから、いっそう残酷だ。人はこんなふうに成り立っている。こういう成り立ちの中で、明るく善良に勝利を得るために、努力して欲しい。ぼくがきみの非難の対象になるということは、ぼくにはうれしい。ぶつかってきて欲しい。ぼくを粉々にして欲しい。これらの爆撃は、ぼくにとってすばらしい心理学の勉強になる。だって、ぼくは未来の教育責任者なのだから。

さようなら。ヴォローヂャ。1982年1月。チェルカスィにて。」

「きみに巨大な炎のような挨拶をおくるよ！　ぼくは幸せだ。喜びや心配事や悲しみについて、その人がすべてを理解し、すべてを評価しているのを知りつつ、その人と語ることができる、そんな人と会えて。ぼくには、きみをずっと前から知っているように思われる。そして、これからずっとこんなふうになるのだろう。ぼくの道の上に姿を現わすことの出来る、こんな好敵手は、いまだかつて生まれていなかったのだから。ぼくは自分の感情の火で、そいつを焼くつもりだ。まあ、こういったわけだ。

プラヴィク。1982年3月。チェルカスィにて。」

「ぼくのかわいい人！　ぼくのばら色のやさしい花。きみは愛そのもののように永遠だ。

そしてこの花は決してしおれない。その色の鮮やかさは、決して弱くならない。なぜなら、それらは自分の力をぼくの心の中に持ち込んでいるのだから。

　ぼくの仕事はうまくいっている。人々の指揮を執っている。そして、1ヵ月後には、ぼくは正式に消防の仕事を始める。きみはぼくに満足するだろう。きみが休暇をどのように過ごしているか、大きな建物の中でどのように働いているか、きみの音楽はどんなかについて、手紙を書いて欲しい。幸せに。ぼくの親愛なるミュージシャンへ。

　きみの消防士。1982年7月。チョルノブィリにて。」

「こんにちは、恋人！　きみに昨日会って声を聞いたばかりなのに、何もかも、いつだかわからないように感じられる。きみの歌をなんと久しく聴いていないことだろう。ぼくはきみの歌がだいすきだ。ぼくにとって、まるでおとぎ話のようだ。

　あした、ぼくはコソボで行われる消防模範スポーツ試合に行く。勝利と共に帰ってくるだろう。そうしたら、ぼくたちは会おう。ぼくはここチョルノブィリで、非常にたくさんの立派な友人が出来た。きみはもう知っているよね。彼らのことをきみは気に入っているよね。勇敢で、誠実で、親切で、頼もしい感じがするって。燃え立つような若者たちだ。ぼくたちは仲良くなるだろう。

　ぼくたちには、なんと幸せな人生があるのだろう。きみはいつもぼくの心の中で生きている。決して立ち去りはしない。きみはぼくの心のもう1つの半分だ。

　すべての明るいものに、そしてぼくたちの出会いの喜ばしい瞬間に、またぼくがそれを待つことの幸せに、ありがとう。

　ママはきみをお客に呼びたいといっているよ。自分の将来のお嫁さんに会いたがっている。準備しておいてね。

　きみをとても愛している。

　きみのヴォローヂャ。1982年秋。チョルノブィリにて。」

「こんにちは、親愛なる、わがナーヂャ！

　きみの将来の定めの者は、この上なく大きな挨拶の言葉と心からのきみへの感謝の気持ちを持っている。手紙をありがとう。この中にはきみの心の一部が、きみの心の火がある。それはぼくのものと同じように、愛でいっぱいだ。ぼくのいとしいおばかさん、自分の感情を大切にする人にとって、別れは怖くない。あそこで、駅で、ぼくはわざといろいろなおかしな作り話をした。ただきみが微笑みさえすればいいと思って。きみの目から、涙が音を立てて流れることのないように。ぼくの恋人、ぼくはすべてを渡した。きみの顔に、いつも陽気な微笑が輝いているように。陰1つ、小さなさびしさ1つ、その顔に触れることのないように。

　ぼくはきみを愛している。ぼくのいとしいひと。いまだかつて別れというものは、1つだってぼくたちを待っていたことはない。人生。それは意地悪ないたずら。しかし、たとえきみがどこにいようと、たとえ運命がぼくたちをどこへ運び去ろうと、ぼくたちはいっしょ

だ。思いにおいて。心において。
　きみの両親にありがとう。とてもよい人たちだ。ぼくはほんとうの息子のようだもの。ことに、ぼくの未来のお姑さん、ぼくの2人目のママがくれた、息子を迎える言葉がやさしい。
　きみはぼくの大きな幸福だ。ぼくの愛は永遠だ。
　きみを優しく抱こう。ヴォローヂャ。1983年1月。チョルノブィリにて。」

「こんにちは、ぼくのいとしい妻！　きょうは太陽が一日中何と多くの光を放っていることだろう。そして、光を放たせているものがある。きみから手紙がとどいた。記念すべき、10番目の。その時から動き始めたのだ。きみがぼくを見ていてくれたらなあ。ぼくは10の空を歩き回っている。すべてがぼくの力の下にある。ぼくはすべてを通り過ぎ、打ち勝つ。ぼくにはわかったのだ。感情は人をいっそう清浄にし、いっそう気高く、いっそう力強く、いっそう勇敢にする。きみを失わないようにすること。それだけが心配だ。これが問題だ。しかし、何が起ころうとかまわない。ぼくたちの愛は、世界中の営みや俗っぽいことすべてよりずっと気高い。
　きみはぼくのたった1人のおさなご、ぼくの上司の位置に現れた忠実な同志。ぼくは主任の立場に立たなければならないことになった。こんなことがあった。ぼくは、3名の者の同志裁判がある、と伝えられた。どんな人たちかは、別に問題ではない。ある人はもう10年も働いているが、感謝されはしても、この間何の注目もされていない。それはこんな事件だった。彼は交替をまちがえて、仕事に出てこなかった。もちろん悪いが、しかしこれはたまたま起こった残念なことに過ぎない。そのようなショックな体験をしたのは、まさに彼自身なのだ。彼の裁判が始まったが、いやな訴訟だ。ぼくは自分に言った。受け給え。参加し給え。それで、参加して述べた。「別のやり方をすべきです。これが人間というものです。議題からはずしてください。」　皆がぼくを支持した。この件のあと、長官室へ呼び出され、なぜこのような参加の仕方をして裁判に反対するようなことをしたのか、と尋問された。ここでぼくたちは少しやりあった。しかしこれはすべて仕事のためだ。これが人生だ。仕事はものすごくたくさんある。でもぼくは、きみに手紙を書くための寸暇を見つけ出している。心配しないで欲しい。失敗事の中心の近くに居るとは感じないで、そんな気持ちに打ち勝ってほしい。それをモットーにしてほしい。さようなら。
　くちづけを。心を痛めている、プラヴィク。1984年3月。チョルノブィリにて。」

「ぼくの親愛なる妻へ！
　昨日ぼくはおとうさんと野菜畑を耕した。ぼくたちの結婚式のテントをたてたあの同じ場所だ。何という心温まる思い出が、ぼくの上に漂ってきたことだろう！　実は、ここで2本の折れたフォークが出てきた。それでぼくは、これは誰かがぼくたちの幸福を見て、ねたんで折ったのだと思った。きみのためにツルボ（淡紫色の花。ユリ科）を封筒に入れるよ。ぼくたちのところの窓の下に2本生えた。1本はぼくが残しておく。そしてこちらは、きみに

ぼくのことを思い出させるために。来て欲しい。ぼくは家へと急ごう。きみはぼくに会うだろう。きみを家で待ち、敷居のところで会うなら、いっそうすばらしいだろう。
　　　ヴォローヂャ。1984年4月。チョルノブィリにて。」

「こんにちは！
　心からおめでとう、19歳。愛するぼくの妻へ。きみは思っていただろうか、考えていただろうか、18歳で結婚するということを。そして、19歳できみは我が家の主婦になるということを。ぼくはきみに末永く明るい人生を望む。意見の違いが、きみのかわいい頭に決してやってくることがないように。涙や泣き声がきみの家を通って行かないように。それらがきみを永久に忘れるように。きみにすぐにたくさんのナタロチュカとセルヒィコが出来ますように。そしてぼくの側には、きみがいつも明るく清らかでいられるように、きみに決していやな思いをさせないという義務がある。ところで、きみ、きみはニジンの教育大学に手紙を書いたかい？　きみは学び続けなければならないのだから。みてごらん、うさぎさん、きみはどこにも隠れていない。踏み込んでいかなければならない。よく聴いて。そのかわりに卒業したら、ぼくは親切にもきみに1〜2日眠ることを許すよ。
　　　きみのヴォローヂャ。1984年6月。チョルノブィリにて。」

「親愛なるぼくの、いとしい、愛する人へ！
　ぼくたちは自分たちの運命を探し出した。それは起こるべくして起こった。ぼくたちはいつかぼくたちの子供に、空色のぼくたちの青年時代に、どのようにしてぼくたちが幸福と人生のために出会ったかを聞かせるだろう。ぼくたちの日々はすべて、いっそう大きな善を求めての正義のたたかいであり、正義と誠実さといっそうの明るさとであり、善意の仕事と秩序の日々であるのだから。ぼくたちとぼくたちの子供のために。
　　　きみのヴォローヂャ。1984年12月。チョルノブィリにて。」

　人生にはこんなことがよくある。「献身」という言葉はしばしば「死」という言葉と隣り合わせ……。ある瞬間、彼は火のゾーンに自分ひとりで居合わせた。赤く燃えている黒鉛を自分で手にとって調べるというような偉大な専門家になる必要はなかった。彼はすでに割れ目をのぞき、テリャトゥヌィコウ少佐がもっと遅くに理解して見抜いたことを、数時間前に感づいていた。プラヴィクの警備隊の若者たちが彼の支援に身を投じようとしたとき、彼は叫んだ。「早くここから出るのだ！　私には失うべきものはもうない。私1人でやり遂げよう……。」ヴォロドゥィムィル・プラヴィクの警備隊の中で、死亡した消防士は全部で1人だけだ、ということを知っている人はいるかもしれない。ただ1人の人、それが、彼自身だった。
　5月10日、ヴォロドゥィムィルはまだ生きていた。しかし夜近くなって容態が悪化した。彼のそばには母親がいた。突然、彼女に声が聞こえてきた。「さようならをしましょう……。

さようなら。ママ。」
　声は聞こえないほどで、抑揚がなかった。プラヴィクは、アンドゥリィ・ポロヴィンキンが見たように、純粋な、本物の崇高な感情をもった人生を送った。このように生き、このように死んだ。うめき声もなく、叫び声もなく。5月11日夜、彼は永遠の境界線の向こうに退いた。その瞬間まで、愛する妻と幼い娘ナタリアにあてた、自分自身の最後の手紙を書いていた。

　「こんにちは、ぼくの大切なすばらしいナディーカとナタロチュカ。きみたちに大きな挨拶をおくろうとしているのは、きみたちの怠け者のリゾート客だ。ぼくたちの小さなナターシュカの教育にぼくがかかわれていないのも全部そのせいなのだ。筆跡のことはごめん。これは、ちなみに、ナーヂャが悪い。だって、ぼくの代りに筆記して、ぼくがペンを握ることをすっかり忘れるようにしてしまったのだから……。ぼくは元気にやっている。きみたちも知っているように、ぼくたちは検診のために病院に入れられている。ここには、あの時あそこにいた人全員がいる。だからぼくは楽しい。ぼくの警備隊が皆ぼくのところにいるのだもの。ぼくたちは歩き回ったり、散歩したり、夜のモスクワに見とれている。窓を通してしか眺められないのだけが残念だ。たぶんこれは1.5〜2ヶ月続くだろう。残念ながらここの規則はこうなっている。全部の検査を済ませないかぎり退院させない。ナディーカ、ホロドゥィシチの両親のところで暮らしてくれないか。ぼくはまっすぐそちらに行こう。そして、ぼくの親愛なるきみのおかあさんに、ぼくが転勤できるように、ぼくのための仕事を探してもらって欲しい。
　ナディーカ、きみはぼくの手紙を読んで泣いているね。その必要はないよ。涙を拭いて。何もかもうまくいってきたではないか。ぼくたちはまだあと100歳になるまで生きていくつもりだよ。そしてぼくたちのすてきな娘は、きみの3倍も大きく育つだろう。ぼくはきみがとても恋しい。ぼくは目を閉じる。すると、ナーヂャとナタリヤ・ヴォロドゥィムィリウナが見える。
　ところできみたちはぼくが着くのに遅れないで欲しい。あごひげとほおひげを伸ばし始めた。いま、ぼくと一緒にママがいる。すぐに来てくれた。ママはきみに電話して、ぼくがどんな様子か話すだろう。ぼくは元気だ。これで終りにしよう。心配しないで。勝利を待って。ナディーカ、ぼくたちの愛するナタルカを大切にして。きみを強く抱いて、くちづけする。
　きみの永遠のヴォローヂャ。1986年5月。モスクワ第6臨床病院にて。」

ヴィクトル・キベノク
　「若者よ、いのちをかけよう。」（ヴィクトル・キベノクが好んだ成句）
（履歴書から）
　プルィプヤチ市防護の自主戦時体制消防分隊—6の主任警備ヴィクトル・ムィコラィオヴィ

チ・キベノク中尉は、1963年に生まれた。ヘルソン州イヴァンキウ村出身のウクライナ人。

　この危険な仕事に自分の意識的な生活のすべてをかけていた祖父や父のような消防士になることを、子供のころから夢見ていた。彼の父、ムィコラ・キベノクは、「火災に対する勇気」メダルを授与された人である。

　ヴィクトルは長年にわたり消防士になる準備をしてきた。肉体的に鍛えていた。中等学校卒業。消防学校には最初から行ったのではなかった。チョルノブィリ原発防護のための戦時体制消防分隊−2に兵卒として入った。2年間（1980〜1981）勤務し、準備し、成果をあげた。はじめ、1981年10月から1982年3月まで、戦時体制火災警備の初級長官職準備のヴォロシュィロウフラド学校の生徒だった。その後さらにチェルカスィ消防技術学校に入り、1984年までそこで学んだ。卒業により、8月1日から主任警備になった。

　性格は善良で思いやりがあり、そのため人々に愛され、部内で尊敬されていた。自由時間にはモータースポーツをし、アマチュア演芸サークルを創立した。

　ヴォロドゥィムィル・プラヴィクとヴィクトル・キベノクの運命は、あたかも1本に編み上げられているかのようだ。ほぼ同い年（ヴィクトルが1年若かった）で、2人ともチェルカスィ消防学校に学んだ。実質上同時に（5分違いで）火とのたたかいに姿を現わした。そしてまた同時に、彼らはこの世の人生から去った。それはあの5月11日の夜。さらに言えば、4月26日、火災が発生したその時。

　それでも2人の中尉は、全然似ていない独特の人間でもあった。プラヴィクがおとなしくて落ち着いた性格の持ち主であるとすれば、キベノクは、「世界一ゆかいな若者」に属していた。しかしそれと同時にヴィクトルは鉄のような意志と、並外れた体力を持っていた。たしかにこれらの特長すべては、全体において、真のリーダーの姿をつくっていた。しかし、このリーダーシップが、第1に発揮されたのは、同志たちを助ける準備の中であった。

　　A・クィバ上級中尉の思い出
　ぼくたちはそのとき、まだ学校で学んでいた。ちょうど新年で、生徒たちは家での短い休息のための支度をしていた。しかし、ひとりの生徒に、作業に出るようにとの命令が与えられた。この生徒当人は、母親が病気になったという知らせを受け取っていた。それで、皆に、代わってもらえないかと順々に頼み始めた。しかし、祝日に当直をしたいなどとだれが望むだろう。若者たちはうんざりするほどアイロンをかけ、ボタンやバックルを磨いていた。一方この若者は、水に突き落とされたようだった。ここにキベノクがやってきた。「どうしたの？」　かくかくしかじかと若者は説明するが、すでに希望を失った目をしていた。「いいよ。」とヴィクトルは言う。「行って、準備しろよ。ぼくがきみの代わりに立とう。」そして自分の通行許可書類を出しに行った。

　このチョルノブィリの4月に、彼は父親になることがわかっていた。彼の中には家族の感情が強くあった。彼は、祖父のクジマが30年以上火災を消してきたことを誇りに思っていた。

彼の父が火の中から運び出した人は、今もなお生きている。

　この23歳の中尉は、4号発電ユニットの炎に包まれた屋根に踏み込んでいくとき、何について考えていたのだろうか。燃えて、思いもかけず煮えたぎり始めたアスファルトが、熱く噴き出して衣服に飛び、駆け回っている長靴やミトンや焼けた皮膚を焼き尽くした。このヴィクトル・キベノクは、最も困難な場所、他人が疲れ果ててしまうような場所でこそ、成長してきたように思われた。火と放射線で汚れた顔に、タールのような汗があふれ出た。

　キベノクと彼の警備隊の若者たちは、火災現場に最も長時間いた。35分間、彼らはほとんど原子炉そのものの上で、炎とたたかった。火がおさまるまでたたかった。力の限り。この非常に若い中尉は、放射能の爆発の頂上に立ち上がりながら、何について考えていたのだろう。運命は、単に原子力発電所だけでなく、彼の仕事振りによっても決まるものだということを、知っていただろうか？　自分の最初の子供を、けっして見ることはないのだということを？　ヴィクトルはすでにモスクワの病院で、自分の矛盾した印象のことを、プラヴィクに次のように白状していたらしい。「もしかしたらぼくたちに何が起こらないとも限らないし、ここから出てゆけないかもしれない。でもあの夜、ぼくは自分の人生のかなりすばらしい数分間を体験した……。」

　父と母と妻のターニャが彼を見舞いに来た。彼らは不安と心痛を隠すことが出来なかった。黒くなった顔が、ほとんど彼とは識別できなかったからだ。

　みんな、心配しないで。何もかもうまくいくから。ぼくはすぐに出て行くよ。ヴィクトルはそう言って自分の病室にもどった。しかし、そこからはもう出てこなかった。心臓がもたなかった。

ムィコラ・ヴァシチュク
（履歴書から）

　プルィプヤチ市自主戦時体制消防分隊—6の部指揮官ムィコラ・ヴァスィリオヴィチ・ヴァシチュク軍曹は、1959年にジュィトムィル州オヴルツィ区ベルィケハイチ村で生まれた。ウクライナ人。オヴルツィ中等学校8年生を終え、その後クィイウ第10技術学校で学んだ。1976年から1978年まで「ビリショヴィク」工場で働き、その後2年軍務についた。1981年1月から8月の間、ジュィトムィル州の事業所間道路建設組織で、運転手として働いた。そこから集団派遣で、内務省組織の仕事にとられた。それ以来、消防士として職務についていた。仕事には勤勉な態度だった。火災や戦術上の教育において、決断力と大胆さと発意があった。そのため昇進した。すなわち、1983年3月、ムィコラ・ヴァシチュクは主任消防士になり、1985年2月からは、部の指揮官になった。

　火災現場に着くと、彼はすぐに状況を把握し、第1になすべき戦闘の遂行のために、自分の部のスタッフを迅速に組織した。彼の隊員たちは、自動はしごを3号と4号発電ユニットの

間に据えつけ、作業のためのホースラインを覆いの上に敷設した。異常に高い放射線レベルと高温と煙の充満する条件の下、非常に高い場所でホースを使いながら、ムィコラ・ヴァシチュクは個人的模範を示すことによって、友人たちを大胆で毅然とした行動に奮い立たせた。こうして、彼は自分の部とともに、火が3号発電ユニットへ移る道を遮断した。彼は核の火山の噴火口の上にいた。2時25分、交代の時には、立っているのがやっとだった。

5月14日、ムィコラ・ヴァシチュクはひどく苦しみながら死亡した。あそこ、モスクワの病院では、全部で6人の消防士が自らの死を迎えた。

死後に、赤旗勲章によって表彰された。後にレオニドゥ・テリャトゥヌィコウが非常に正当な考えを述べているので引用しよう。「私は人々のために自らのいのちをささげたヴァシチュク、イフナテンコ、トゥィテノク、トゥィシュラは、プラヴィクやキベノクと同様に、英雄の称号に値する、と確信するものである。彼ら6人すべてが、火と放射能の死に対して肩を並べて立ち向かったからである。彼らは同じ打撃、最も激しい打撃を自らに引き受け、最も気高い価値によって、自然の力に打ち勝った。」

ヴォロドゥィムィル・トゥィシュラ
（履歴書から）

自主戦時体制消防分隊—6の主任消防士ヴォロドゥィムィル・イヴァノヴィチ・トゥィシュラは、1959年にレニングラード州北ガッチナ区の宿場で生まれた。1974年にハバロフスク区の造船学校を卒業し、1977年にハバロフスク市の職業技術学校—30に入った。1977年7月から1978年4月までの間、ペトゥロパウロシクで軍部のパイプライン建設工として働いた。1978年から1980年5月までの間、ソビエト軍で部の指揮官として勤務した。予備役が解けたあと1980年6月から1981年6月までの間、プルィプヤチ市にある企業合同体「モススペツアトムエネルホ」の組立工として働いた。1981年6月から1982年10月までの間、チョルノブィリ地区間ガス事業生産局の取付け工であった。この団体の派遣で、1982年12月に消防士になり、その後自主戦時体制消防分隊—6の主任消防士になった。モータースポーツに熱中し、1等になった。自動車技術に特に通じていた。

彼はまた、運転中の原子炉部の故障時にも働いた。目的をはっきりさせて、自分の戦友たちと協調して、火と勇敢に戦った。困難な状況にあったとき、追加の消防兵士が到着してはじめて戦闘員からはずされた。モスクワの第6病院において、1昼夜に何回も石英ランプ照射をする無菌病室に横たわった。8階。そこにはまた、あのつらい放射線症の結果人生を終えたすべての消防士たちもいた。この悲しいリストに、ヴォロドゥィムィル・トゥィシュラは真っ先に名を挙げられた。

ヴァスィリ・イフナテンコ
（履歴書から）

　プルィプヤチ市自主戦時体制消防分隊—6の部指揮官ヴァスィリ・イヴァノヴィチ・イフナテンコ曹長は、1961年にゴメリ州ブラヒンシクィー区スペルィージャ村に生まれた。ビロルーシ人。1977年から1978年、ゴメリ市の第81技術学校で学んだ。その後2年、施肥用機械の工場で3級電気工として働いた。1980年4月から1982年の間、ソビエト軍に勤務した。内務省組織には、1982年8月25日から所属。スポーツを好んだ。第1四半期に、彼の課は、部内で第1位を獲得した。無口で、控えめで、内気だった。消防や戦術上の仕事においては大胆に、毅然として働いた。

　チョルノブィリ原発事故のときも、びくともしなかった。ヴァスィリ・イフナテンコは、消防自動車を3号と4号発電ユニットの間に止め、非常に高い場所で、消防ホースラインを敷設した。ヴォロドゥィムィル・トゥィシュラとムィコラ・ヴァシチュクは、放射能の打撃のために疲れ果てて、すでにはしごまで退いていた。

　決定的な瞬間に、ヴァスィリ・イフナテンコは、特別な呼吸をもって、またびっくりするような強い力で、いつも全力を尽くした。あるとき、消防模範スポーツ競技で、リレーレースがあって、彼は丸太から落ちて足にけがをした。落ちて、歯を食いしばっていた。そのような関節の外傷は、後になって医師たちが診断したように、痛みのショックをひき起こして、けがをした当人は起き上がらないものである。しかしヴァスィリは起き上がっただけでなく、ゴールに着いた。そのような意志の人は、あの火災の夜、まさにかけがえのない人であった。困難な瞬間に人々がいつもその肩に支えられる、というそのような人である。彼は5月13日に死亡した。

ムィコラ・トィテノク
（履歴書から）

　プルィプヤチ市防護の自主戦時体制消防分隊—6の消防士ムィコラ・イヴァノヴィチ・トゥィテノクは1962年にクィイウ州ポリシケ区ヴィリチ村に生まれた。ウクライナ人。既婚。

　中等学校のあと、1980年にただちにクロンシュタッド第42航海学校に入り、そこを卒業後、1981年6月から1984年10月までの間、海軍の海洋船隊に1等機関士として勤務した。勤務中、規律正しく勤勉であるところを見せていた。同僚や指揮官たちから、正当に権威づけられていた。頼まれたことの実行には、頭を働かせて、率先して、毅然とした態度を持って、誠実にあたった。内務省組織には、1984年12月から所属した。

テテャーナ・トゥィテノク（妻）の思い出

　私の思い出の中に、ムィコラは、私たちのデートのときの彼として残っている。ダリヤを持って、こちらに走ってくる。背中には白いシャツが帆のようにぴんと張っている。草原のあたり。緑色の草。カモミール。彼はダリヤの花束を持って、小道を走っている。彼はあらゆる手仕事の名人だった。私たちは既婚者として、プルィプヤチに、12平方メートルの部屋をもらった。向きも変えられないほど狭く、彼は1平方センチでも広くしようとした。いたるところに手製の小さな棚を作った。本棚、食器棚。何にでも手を出した。心地よいのであれば、何でもしたがった。私たちのところではセルヒィが育っていた。85年9月生まれだった。

　……彼は黄金の手を持っていただけではなかった。心も黄金だった。私に詩をささげてくれた。航海学校のあと、ポティで働いた。そこから手紙をもらった。格調高く、並ではない書き方だった。まるで19世紀に書かれたものであるように。「ぼくのエンジェル」「ぼくのパトロン」と話しかけている。5月4日にモスクワの病院で書いたのがこの手紙だ。

　「こんにちは、ぼくのいとしい妻とぼくの息子セルヒィ！

　今日は日曜日、5月4日だ。ぼくはここにもう1週間いる。基本的なことについて。ぼくの気分がどうかということについて。まあまあだ。ただ、飲んだり食べたりするときに、傷口がとてもとても痛い。しかし、何もかもまもなく通り過ぎる。1週間か2週間のうちに。胸にカテーテルを入れられた。つまり細い管だ。食物を入れるためのものだ。手の静脈は点滴のために腫れた。これらは、毎日付けかえられる。ベッドに横になって、とても静かに書いている。起き上がることは許されていない。さて、今度は最も主要なことについて。ぼくの息子ときみはどうしている？　元気か？　何んでもかんでも手紙に書いて欲しい。ぼくはきみたちの夢を見ている。ぼくの目の前にきみたちがいて、ぼくはいつもきみたちのことを思っている。ターニャ、2週間ほどあと、5月19〜20日に来てくれないか？　ぼくは待っている。ぼくは今横になっている。ぼくは病室からどこにも出してもらえないのだ。5月20日にはぼくは少し良くなって、きみたちとしばらく一緒に過ごしたり散歩したり出来るだろう。心配しないで欲しい。もう疲れた。頭も少し痛い。きみとセルヒィコに熱いくちづけを。みんなを強く抱きしめるよ。

　ムィコラ、きみの夫。1986年5月4日。」

　他の5人と同様、彼は最後の日まで、最悪のことについて考えないように努力した。生き残ることを信じた。妻への手紙の中で、散歩に出る日を示しさえした。もしかしたら、医者たちが病人たちの精神を高め、希望を抱かせるために危機は克服されると言ったのかもしれない。あるいは、おそらく、病人自身が、自分を元気づけるために、快方に向かっている境にいるのだと称したのだろう。ターニャは早めに来た。5月7日だった。ムィコラ・トゥィテノクが手紙を書いてから、3日しか経っていなかった。しかし、彼自身は、ずっと悪くなったように感じていた。病状は急速に進行していた。

ターニャが病室に行ったとき、彼は彼女を質問攻めにした。セルヒィコはどう？　きみはどう？　親類の人たちはどう？　それからちょっと黙ってから言った。できたらぼくに、プルィプヤチのクロウメモドキ油を送って欲しいのだけど。彼は町が避難させられたことを知らなかった。不安げに付け加えた。ぼくを家に連れて行って。ウクライナに。

　ベッドのそばの小机には、カレンダーが置いてあった。ムィコラはそれを取り上げた。あたかも何かを数えていたかのようにゆっくりと数字を指でなぞった。とうとう断言するように言った。16日に来て。ぼくを連れて帰って。5月16日、彼は死んだ……。

近くにいた人たち

救急処置

　はじめは、プルィプヤチ市の医療衛生部が患者たちを扱った。爆発の40分後にはすでに、彼らはここに車で運ばれ始めた。チョルノブィリにおける核惨事の特別な複雑さは、人体組織への放射線の作用が、強い外部被曝と内部被曝、熱による火傷と湿りによる皮膚の複雑な状態など、入り組んでいたことにある。

　作用と線量の実態は、医師のところに放射線分野の部局がなかったために、機能的には決定できなかった。強い紅斑（核焼け）、水腫、火傷、吐き気、だるさ、おう吐、何らかのショック状態などの被曝の初期反応だけが、作用が重いことを示していた。

　その上、チョルノブィリ原発を担当する医療衛生部には、必要な放射線計測装置が設備されておらず、医師たちはそのような患者の受け入れに対して、組織的な訓練を受けていなかった。そのような事件に対して非常に重要だとされる病気経過のタイプを被災者検診によって分類するということが、実施されていなかった。基本的な基準に照らして考えるなら、次のことが起こりうる結果として上げられる。

　1）回復不可能。または不確実。
　2）現代水準の治療機材と方法を用いるという条件下での、回復の可能性。
　3）確実な回復。
　4）保証された回復。

　このような分類は、人々が大量に被曝したときに、適切な助けをすれば生命を救うことができるような人を、出来る限り迅速に選び出す必要性が生じている場合に、特に大切である。このとき、非常に重要なのは、被曝はいつ始まったか、それはどのくらい続いたか、皮膚は乾いていたか湿っていたかを知ることである。湿気のために、放射性核種は、特に皮膚や、ショックを起こさせるような火傷や外傷を通して、内部に深く浸透するからである。

　患者たちは、急性放射線症の経過のタイプとしては分類されないまま、てんでに集まっていた。皮膚など表面の放射能は充分には除去されなかった。シャワーで洗浄する方法は、放射性核種が表皮の下の粒状層へ蓄積しつつ拡散するので、望ましい効果をもたらさない。

　重い初期反応を示している第1グループの患者（彼らは直ちに点滴をされた）と、熱によ

る急性の火傷を負った患者（消防士のシャシェノクとクルフズ）の治療に、主たる注意が集中した。

　事故後14時間経ってやっと、モスクワから飛行機で物理学者、放射線学治療士、血液学医師を構成員とする班が到着した。血液分析が行われ、事故後の臨床的現象や、患者の訴えや、白血球の数および白血球像の指摘とともに、外来診療所カルテの記入が行われた。

ヴィクトル・スマヒン：4号発電ユニットの運転当直主任
　われわれ5人ほどは、「救急車」に乗せられ、プルィプヤチの医療衛生部に送られた。放射線量計測器によって、各人の放射能が測定された。もう1度身体を洗われた。全員同じ放射能だった。医局には数人の臨床医がいたが、リュドムィラ・プルィレプシカが私を直ちに自分のところに引き取った。彼女の夫も同じく運転当直主任で、われわれは家族のように親しかった。ここで、私と他の若者たちに、おう吐が始まった。われわれはバケツだかごみ箱だかがあるのを見てそれをつかんだ。3人がそこに吐き始めた。

　プルィレプシカは、私が発電ユニットのどこにいたのか、そこの放射線の状態はどんなだったかを聞き出そうとした。彼女は、そこはいたるところ放射線があり、いたるところ汚染されていたということを、どうしても理解できなかった。私はおう吐の合間に、できるだけ話をした。私は、われわれがいた場所の放射線の状態のことは、正確には誰も知らないと言った。1秒当り1,000マイクロレントゲンで針が振り切れた。それがすべてだった。

　静脈に点滴をされた。2時間ほど経って、体に元気が出てきたのが感じられた。点滴が終わったとき、私は起き上がってタバコを探し始めた。病室にはもう2人いた。1つのベッドには、防衛隊の准尉がいた。「家へ逃げ帰りたい。妻や子供たちが心配している。私がどこにいるか知らないのだ。私もみんながどうしているのかわからない。」と何度もくり返していた。もう1つのベッドには、若い調整工が寝ていた。ヴォローヂャ・シャシェノクが朝死んだことを知ると、どうして彼が死んだことを隠していたのか、どうして自分に言わなかったのかと叫びだした。ヒステリー発作だった。彼はおびえていたようだ。もしシャシェノクが死んだのなら、自分も死ななければならないことになる。彼ははげしく叫び続けた。「みんなが隠しているんだ、隠しているんだ！……なぜぼくに言わなかったのか！」やがて彼は静かになったが、急にひっきりなしにしゃっくりをし始めた。

　医療衛生部もまた汚染されていた。計器は放射能を示していた。ピウデンアトムエネルホモンタージから女性たちが動員された。彼女たちは、廊下や病室の床を、ずっと洗い続けた。放射線監視員が来て、すべてを測定した。「洗っても、洗っても、どこもかしこも汚染されている……。」

　私はリオニ・トプトゥノウの病室をのぞいた。彼は横になっていた。全体が茶色だった。彼は口も唇も非常に腫れていた。歯も腫れていた。彼はしゃべるのが困難だった。全員を苦しめていたのは、1つの疑問だった。なぜ爆発したのか？　私は万一に備えて、かれの意見

を尋ねた。彼は「スカラ（集中制御系）」は制御棒18本を示していた、とかろうじて言った。しかし、スカラは多分うそをついていたのだろう。機械は時々うそをつく……。

ヴォローヂャ・シャシェノクは、朝の4時に、火傷と放射線のために死亡した。彼はすでに田舎の共同墓地に埋葬されていると思われる。

点滴のあと、ずいぶんよくなった。私は廊下で、プロスクリャコウとクドゥリャウツェウに会った。彼らは2人とも、胸に強く押しつけた手をにぎっていた。中央建屋で、原子炉の照射から手で体を守ったかのように、手は曲がった状態のままで、ひどい痛みのために、まっすぐに伸ばすことができなかった。

ヴァリエラ・ペレヴォズチェンコは、点滴のあとに起き上がらなかった。壁に向かって寝返りを打って、だまって横たわっていた。トーリャ・クルフズは、全身火ぶくれになっていた。皮膚が裂けて、ぼろのようにぶら下がっていた。顔と手はひどく腫れ、かさぶたでおおわれていた。表情が動くたびにかさぶたが破れた。そして恐ろしい痛み。原子の地獄からヴォローヂャ・シャシェノクを運び出したペーチャ・パラマルチュクもまた、このような状態にあった。

医師たち自身もまた、もちろん、被曝した。医療衛生部の空気や風は、放射能をおびていた。彼らは大量に被曝して、重症だった。というのも、彼らは放射性核種を内部にも皮膚にも取り込んでいたからだ。

よくなってきた人たちは皆、喫煙室に集まった。皆、ただ1つのことを考えた。どうして爆発したのだろう？　ここにサーシャ・アクィモウもいたが、沈んだようすで、非常に日焼けしていた。アナトリィ・ステパノヴィチ・ヂャトゥロウもいた。タバコを吸って、考え込んでいる。いつもの様子だ。誰かが尋ねた。「ステパノヴィチさん、どのくらいやられたのですか？」──「そ、そうですね、40レ、レントゲンくらいだと思いますが……、命はどうか……。」

彼はレベルを10倍間違えていた。モスクワの第6病院で、彼は400レントゲンであることがわかった。第3級の急性被曝症である。彼は発電ユニット周囲の燃料と黒鉛の上を歩き回ったため、足そのものが非常に焼け焦げた。

多くの人の考えの中に、「破壊工作」という言葉があった。だれでも何か説明のつかないことがあるときは、悪魔のことを考えるものだ。

夕方、モスクワの第6病院の医師班が来た。彼らは病室内を歩き回った。われわれを検診した。あごひげの生えた医師は、ヘオルヒィ・ドムィトゥロヴィチ・セリェドゥキンといい、モスクワへ緊急に送る最初の28人を選んでグループを作った。選抜は核焼けにしたがって行った。分析によるのではなかった。28人ほとんど全員が死にそうだった。

窓からは、事故を起こした発電ユニットがよく見えた。夜が迫り、黒鉛が燃えていた。巨大な炎が換気管のあたりでとぐろを巻いていた。見ているのが、恐ろしかった。

オレクサンドゥル・エサウロウ：プルィプヤチ市・市ソビエト執行委員会副議長

　昼食後、クィイウ州委員会第2秘書のＢ・マロムジが私を呼んで、モスクワへ送るために、最も重い患者をクィイウ空港へ避難させるよう委託した。

　国家の民間防衛本部からは、ソ連邦英雄のイヴァノウ大将が来ていた。彼は飛行機で来た。そしてこの飛行機を移送に使うために提供した。

　これらすべてが行なわれたのは、4月26日土曜日17：00過ぎだったと思う。

　縦列編成は簡単には行われなかった。ただ人を積めばよいというものではない。各々の書類に、病歴や分析の結果を記入しておかなければならなかった。主たる遅れは、彼らの履歴書の手続きそのものにあった。この期に及んですら、はんこが、原子力発電所のはんこが必要だった。われわれはこの問題を無視して、はんこ無しで送った。

　われわれは26人連れて行った。バス1台で、赤い長距離用の「イカルス」だった。しかし私は、バスを2台くれるように言った。可能性は少なかった。何らかの遅れが決してないように！「救急車」も欲しかった。30パーセントの火傷をおって担架にのせられた2人の重症患者がいたからだ。

　私はクィイウの中心部を通っていかないように頼んだ。バスに乗ったこれらの若者たちは皆、パジャマ姿だった。当然、とても奇妙な光景だったからだ。しかし、なぜか、フレシチャトゥイクを通って行った。その後ペトリウシクィー通りを左へ。——そしてボルィスピリを疾走した。門は閉じられていた。真夜中の3時から4時の初めころだった。われわれは合図する。やっと現れた。スリッパを履き馬もいないのに乗馬ズボンを着けた誰かが出てきて門を開けた。われわれはひたすら畑道を飛行場へと走った。そこでは乗務員がすでにエンジンを温めていた。

　私はいま、もう1つのエピソードを思い出した。パイロットが私のところに来た。そして「この若者たちはどのくらい食らったのかね？」と言う。私は「何のこと？」とたずねる。「レントゲンさ」。わたしは「充分にね。でも、それがどうかしましたか？」と言う。すると彼は私に言った。「私だって生きたいんですよ。余計なレントゲンは欲しくありません。私には妻がいるし、子供がいる。」

　わかりますね？

　彼らは飛んだ。私は別れを告げ、早く回復することを祈った。

　私たちはプルィプヤチに向けて疾走した。もう2日、私は眠っていなかったが、眠くならなかった。夜、われわれがまだボルィスピリへと走っていたとき、私はプルィプヤチへ向かうバスの列を見た。われわれの方に向かっていた。すでに町の避難が準備されていたのだ。

　4月27日、日曜日の朝になった。われわれは到着し、私は朝食をとり、マロムジのところに立ち寄った。私は報告した。彼は言った。「入院患者全員を避難させなければならない。」最初私は、最も重い人々を運び出した。しかし、たちまち、全員にしなければならなくなった。私がいなかった間に、人々がすでに来ていた。マロムジは私に、昼の12時にボルィスポ

リに居るようにと言った。しかし、会談が行われたのは、午前10時近くだ。実行不可能なことは明らかだった。すべての人に準備させて、すべての書類を作らなければならなかった。それに、最初のとき、私は26人を運んだのだけれど、すぐに、106人を運ばなければならなくなった。

　われわれはこれらすべての「代表団」を集め、全員が手続きをして、昼の12時に出発した。バス3台と予備4台だった。「イカルス」だ。ここには妻たちが立っていて、別れの挨拶をしたり、泣いたりしていた。若者たちは皆、パジャマ姿で歩き回っていた。私は「皆さん、皆さんを探すことにならないように、離れ離れにならないでください。」と頼んだ。バスが1台補充された。2台目、3台目、すでに全員が座席についている。私は派遣される車に走っていき、座り、5分、10分、15分と待つ。――3台目のバスがいない！

　3人が行動を起こしたことがわかった。やがて、さらに……。

　やっと出発した。ザリッサに停留所があった。ヘッドライトの点滅で合図することにしてあった。われわれはザリッサを行く。あれだ！　運転手が急ブレーキをかける。バスは止まった。最後尾のバスは80～90メートル後ろに止まった。そこから看護婦が1人とびだして、全速力で第1のバスに行った。こうして、すべてのバスに医療従事者がいるようになったが、医薬品は第1のバスで運ばれた。「患者の容態が悪い！」と駆け込んでくる。と同時に私はそのときビロコニを見た。実際そのとき私はまだ彼の苗字を知らなかった。後に、彼の姓はビロキニだと言われた。自分もパジャマのままで、彼は小さな袋を持って、助けを与えようと走ってきた。

　B・ビロキニの言：被災者の最初のグループは、26日の夜に出発した。11時ころだった。まっすぐクィイウに行った。オペレーターとプラヴィク、キベノク、テリャトゥヌィコウが運ばれた。われわれはその夜残った。27日の朝、私の医師が、きみは心配しなくていい、モスクワに飛ぶのだ、昼食までに連れて行くよう命令を受けた、と言う。われわれがバスに連れて行かれたとき、私は気分は悪くなかった。誰かが悪くなって、チョルノブィリの向こうのどこかで止まったときでさえ、私はとびだして、さらに、看護婦を助けようと努めた。

　O・エサウロウの言：ビロキニが走ってきた。彼はそこで手をつかまれた。「どこへ行く？きみは病気だよ。」　彼も同じように被災していたのだ……。袋を持って、疾走していた。そのうえ、非常におかしかったことに、彼は袋の中をかき回し始めたが、どうしても塩化アンモニウムを見つけ出すことができなかった。私はここでこのお供の活動家にたずねた。「あなたがたの薬局には塩化アンモニウムはありますか？」「あります。」われわれはひきかえす。バスに近づく。ビロキニはその若者にアンプル1本をとどけた。少し、軽くなった。

　もう1つのザリッサでの事件が思い出される。患者たちがバスから出てきた。盛んにタバコを吸う者、あちこちで体をほぐす者がいたが、突然、叫びながら大騒ぎして走ってくる女性がいる。このバスの中には、彼女の息子がいた。どうしようもない事態だ！　このような出会いを、皆理解できるだろうか？　彼女はどこから情報を得たのだろうか？　私にはわか

らなかった。彼は「ママ」、「ママ」と言って、母親をなだめていた。

　ボルィスピリの空港では、すでに飛行機がわれわれを待っていた。空港長のポルィヴァノウがいた。われわれは飛行機に近づくためにフィールドに出た。若者たちすべてがパジャマ姿だったからだ。4月で、暑くはなかった。われわれは門を通って、フィールドに行ったが、われわれの後ろでは、黄色の「ラフィク」(マイクロバス) が走り回り、許可なしで入ったことをののしっている。われわれは一向にその飛行機に近づけなかった。「ラフィク」がわれわれを連れて行った。

　こんな事件もあった。私はポルィヴァノウと座っている。快適だが、電話の洪水。患者の輸送に関する書類を作成している。私は彼らに、チョルノブィリ原子力発電所の名義で発行された受け取りと、ツポレフ-154の飛行に対して発電所が支払っていることを保証している手紙を渡した。かわいらしい女性が立ち寄って、コーヒーを勧める。彼女の目はイエス・キリストの目のようで、彼女はすでに何が問題なのか知っているようだった。彼女はダンテの地獄から逃れてきた者を見るように私を見る。もう2昼夜、私は眠っていなかった。恐ろしく疲れていた……。コーヒーをもらう。なんと小さなカップ。私はこの気取ったものをひと息で飲み干した。2杯目をもらう。コーヒーはおいしかった。われわれ皆は仕事を片付け、私は立ち上がる。すると彼女が言う。「56コペイカいただきます」。私は彼女を見つめる。──私は何もわかっていなかった。彼女が言う。「すみません。これはお金をいただく仕事でしているのです。」私はそれほど、金からも何からも遠ざかっていた……。あたかも、別世界から来たかのようだった。

　われわれは再びバスを洗い、シャワーを浴び、そして、プルィプヤチに向かった。われわれはボルィスポリを16：00ころ出発した。道路ですでにバスに会った……。

　彼らはプルィプヤチの人々を運び出していた。

　プルィプヤチに着いたが、すでに無人の町だった。

　4月27日、日曜日のことだった。

モスクワ第6臨床病院

　飛行場では、内側からプラスチックで覆いをした特別の車が彼らを出迎えた。それらは、被災者を病院に送り届けた。患者はまずアンヘリナ・フシコヴァ教授と、生物物理学研究所長でアカデミー会員のЛ・イリインが診た。すでに、おそらく2晩目だったが、専門家たちはおよそ30人が死亡する可能性があると予測していた。28人が死亡した。

　患者の救済には、アメリカ人の医師たちもま

た協力した。彼らはモスクワの人たちと共に、非常に困難な12の手術を行った。

その時のモスクワ第6臨床病院が心配していた雰囲気を伝えるために、ふたたび目撃者と、自らの上に放射線の死の息を感じた人々の証言にもどることは意味がある。この観点からすると、特にアルカディー・ウスコウの日誌には驚かされる。彼は事故のとき、1号発電ユニットで、原子炉施設運転員技術主任として勤務していた。そのとき彼は31歳だった。

アルカディー・ウスコウの日誌から

4月28日朝。モスクワ、第6臨床病院、第4部、第2ポスト、No.422病室。気分は普通。とはいえ、少し悪かった。指の血液はたいしたことはないが、静脈の血液はすでに非常によくはなかった。医師たちは定期的な仕事として、われわれの血液を毎日詳細に分析する必要がある。われわれのような状態の場合、まずは血液検査が行われる。了解。口の渇きがあった。何かを飲んでも足しにならない。あらゆるガラス瓶のうがい薬を取りに行った。上書きを見た。その1つに「リゾチーム」と書いてある。リゾチーム、リゾチーム……。どうもこれについては聞いたことがある。ああ、思い出した。犬が傷をなめるとき、その舌にまさにこのリゾチームが分泌されるのだ。それで傷は化膿しないで、すみやかに治る。となれば、われわれも傷をなめるというわけか。

上の階の男たちと知り合いになる。ありとあらゆる人がいた。4号発電ユニットのそばの自分の事務所を守った見張りと当直。導水路で魚を獲っていた漁師たち。昼夜当直の運転員。消防士のイヴァン・シャヴレィ、「ヒムザヒィストゥ」の化学防護班、チョルノブィリ原発保護の准尉。サーシャ・ネハイェウは隣の病室だ。皆赤く、頭痛を訴えている。

5月1～2日。祝日にもかかわらず、指から血を採られる。たまたまここにきた若者たちは、すでに分類されていた。たまたま見ていたというのは、漁師たちだった。気分はよい。狼のような食欲。われわれは給食を増やしてもらった。ジュースやミネラルウォーターが出た。もっとたくさん飲まなければ。出すのだ。出すのだ。出すのだ。

5月3日。今日われわれのところに、アナトリィ・アンドゥリィオヴィチ・スィトゥヌィコウがひげをそりに駆け込んできた。悪くないように見える。ひげをそって、少し居て、自分のところに帰った。彼は8階にいる。彼を見るのはこれが最後だったのだということを、私はまだ知らなかった。数日後、彼は急激に悪化し、もう起き上がらなかった。

5月4日。われわれの階は、少しずつ引き裂かれ始めた。われわれのところからチュフノウとユラ・トレフブが7階に取り上げられる。引越しは5月4日に決められ、朝には、病院に残っている全員がつるつるに髪を刈らなければならないと発表された。床屋がやってきて、急いで若者たちの頭を坊主刈りにした。私は最後に散髪した。私ははっきりした声で、短い髪型にするだけにしてもらいたいと言った。女性の理髪師は拒まなかった。各人は自分の髪の毛をセロファンの袋に集めた。髪の毛もまた、埋められる。私は髪を洗う時間がなかった。

われわれは時々、自分のなつかしい職場や、自分の村の人々を思い出す。えいっ、不意に

「飛び込んだ」のだ！　われわれの居場所は、すぐにもあそこになる。

きょうは、無菌区域の8階に行ってきた。何だか手の込んだアメリカ製の装置で、輸血に役立てる場合に備えて、われわれの血液からトロンボマスを選んでいた。2時間、台の上に寝ていた。目の前では、透明な細管の中を私の血液が円をなして循環していた。まるでわれわれがもっと悪くなるのを準備しているようだ……。

5月5〜6日。サーシャ・ネハイェウは悪い。彼は6階の個室に移された。チュフノウは、右のわき腹の火傷が露出していた。わき腹と背中一面に火傷を負ったペレヴォズチェンコも同様だった。ヂャトゥロウが立ち寄った。彼は顔に火傷が出ていて、右手と足の火傷がひどかった。事故の影響のことしか話さなかった。

私はとうとう病室で1人きりになった。残った人は皆、個室に寝ている。医師は、もうすぐ「潜伏」期間が終わると言う。

5月8〜9日。私は417号室に移った。サーシャ・ネハイェウはますます悪いが、今のところベッドに起き上がっている。私はヴィクトル・スマヒンに会う。今日すなわち5月8日、アナトリィ・クルフズが死んだ、と彼は言った。何と恐ろしい……。自分よりさきに。

われわれの階には全部で病室が12ある。すなわち、患者が12人だ。私の隣は、左がユラ・トレフブ、右は原子炉指揮上級技師のヴィクトル・プロスクリャコウだ。若者たちは手にひどい火傷をしていた。彼とサーシャ・ユウチェンコは、4号発電ユニットの破壊された中央建屋に通路をつけようと試みていた。ヴィーチャは廃墟の向こうから灯火で照らしていた。ひどい火傷をするのに、数秒で充分だった。

夜、祝日の礼砲が見えた。しかし喜びは少なかった。死んでいく若者はこれで終わりではないが、他の人すべてが生き残れるようにしたいとわれわれは思う。若く、力に満ちているときに死ぬのはつらいことだ……。

5月10〜11日。病室からはもう解放されない。各人のつきあいは終わった。チュフノウはますます悪い。彼は右手の指、手の先がひどく焼かれていた。わき腹の火傷は、ますます広がっている。自分たちも同様にものすごい量の錠剤を飲む。1日あたり30錠だ。連日血液をとられる。3日おきに、静脈から試験管4〜5本の血液をとられる。血液は静かに流れているが、静脈はにごった血液を流している。痛みをともなって。私は今のところ、指以外に目に見える影響はない。医師は私の前髪をたえず引っ張る。細い毛が抜けるかどうか点検しているのだ。今のところ、抜けない。ひょっとして、抜けずにすむか？

5月12日。抜けずにすんだ。今日、回診のとき、当直のテストで、オレクサンドラ・フェドリウナの手の中に、ぜんぶの髪の房が残った。つるつるに刈りに行かされる、ということだ。髪を剃られた。はげ頭で横になる。奴らなんかどうにでもなれ、毛の生えた奴らめ！しかし髪の毛の抜け落ちは、もっと悪い。高線量の、もう1つの兆候なのだ。

窓の向こうで木々が急速に枝を伸ばしている。戸外はすばらしい天気だ。病院の塀の向こうで、首都がざわめいている。トイレに行った。廊下には誰もいなかった。急いで7階に行った。広場で男たちとタバコをしこたま吸った。気分は落ち込み、多くの者が、いっそう

悪くなった。5月11日に、サーシャ・アクィモウと2人の消防士が死んだ……。

5月13日。病院に新しい付き添いたちが来た。非常に若い娘たちだった。彼女たちは直ちに病室を掃除する。（それまでは、病院の衣服に着替えた兵士が掃除していた。顔に包帯をし、手にはミトン、革の長靴をはいていた。防護は良いが、まるで期限内に仕上げなければ、というような床の洗い方だった。）娘たちは原子力発電所から来た。彼女たちに召集がかけられ、彼女たちは希望した。ここで若い奉仕員たちにとって、苦しいことなどあろうか。われわれの階は、コリスカヤ原発のナーヂャ・コロウキナだった。ターニャ・マカロヴァもコリスカヤ原発だった。ターニャ・ウホヴァはクルスカヤ原発からだった。娘たちは皆つきあいやすく、ユーモアがあった。病室はずっと楽しくなった。少なくとも、誰かと言葉を交わすことがある。それから、皆ひとりひとりフクロウのように横たわる。

5月14日。食欲は実質上ない。食べようと、非常に努力する。チュフノウはさらにずっと悪い。もうほとんど全部の看護婦を知っている。リューバとターニャは若い。残りは40代のなかばだ。みんな非常によく気がつき、すばらしい女性たちだ。彼女たちは暖かく親切だといつも感じる。いい人たちだ。彼女たちの肩に、最も困難な重荷がかかっていた。注射、点滴、体温測定、医者が決めた各種の処置、血液採取、その他いろいろ。病室内の清潔度は、無菌状態ないしそれに近いものだった。われわれには常時石英ランプが当てられている。それで私は、黒っぽい眼鏡をかけて寝ている。医師たちは感染を非常に心配している。われわれのような状態の場合、感染すれば実質上終わり、なのだ。娘たちのほかに、職員としての病院付き添いたちも働いている。モトゥロナ・ムィコライウナ・イェウラホヴァとイェウドキヤ・ペトゥリウナ・クルィヴォシェイェヴァだ。2人は年配の女性で、60歳前だった。見かけは、映画に出てくる昔の付き添いのよう。2人とも小柄で、丸っこくて、単純なロシア人の顔そのものだ。はっきりした、誠実な会話をした。2人とも看護婦に小声で、ぼそぼそ話すのを好んでいる。われわれの医師のオレクサンドゥラ・フェドリウナ・シャマルディナは、この階で争えない権威だ。皆が彼女を尊敬し、付き添いたちは少し恐れている。彼女は背が高くなく、やせている。非常に活発で気力がある。非常に愉快でいつも微笑んでいるが、意志の強い性格だ。

夜に、M・ゴルバチョウの声明を中央テレビで聞いた。7人が死亡。そのうち5人がわれわれの若者だった。ホデムチュク、シャシェノク、レレチェンコ、アクィモウ、クルフズ。消防士たちはどこか他の階に寝ているのだろう。われわれは彼らのことを何も知らない。私の右隣のヴィクトル・プロスクリャコウは非常に状態が悪い。彼は100%の火傷で、四六時中ひどく痛んでいる。実質上、ずっと意識がない。

気分は打ちひしがれている。災難があばれまくった……。

病院ではアメリカ人の教授が働いている。ロベルト・ゲイルとタラサキだ。彼らとは、トロンボマスの選択の後、8階の無菌区域で偶然に会った。私はすでに外に出ていたが、彼らはちょうど特別服を着たところだった。ゲイルは大きくなく、やせた若い男だ。普通の顔で、これといった特徴はない。タラサキ教授は背が高く、もっと若く見える。顔の特徴はヨー

ロッパ人だが、日本人の特長が認められる。

　アメリカ人たちは骨髄移植の専門家だ。8階には隔離病室があって、そこには最も重い患者が寝ている。すでに13件の骨髄移植が行われた。特に名を挙げれば、ペトゥロ・パラマルチュクとアナトリィ・アンドゥリィオヴィチ・スィトゥヌィコウだ。

　アメリカ人たちは持てるものすべて最高のものを持ってきた。設備、計器、機械、血清、医薬品。8階の隔離病室は、彼らが特別に注意している区域だ。まだ梱包されたままの設備をみる。公然と「第2戦線」としてある。

　チュフノウは非常に悪い。高熱で、胸と足の毛が抜けている。彼はザポリャルヤの岩のように不機嫌だ。茶は飲むが、タバコは吸いたがらない。「スィトゥヌィコウはどうしてる？」と聞いた。闘っている、と私は言った。チュフノウにトロンボマスが輸血され、抗生物質が与えられ始めた。ほとんど一晩中、彼の病室に明かりがついている……。重病人たちはみな、夜を恐れている……。

　5月14～16日。回診のときに、オレクサンドゥラ・フェドリウナが私に、今日赤血球の骨髄穿刺を受けさせられると言った。8階に連れて行かれた。うつぶせに寝かされた。ノボカイン注射。長くて曲がった針が体に打ち込まれた。医者は長い間やっていたが、穿刺はうまくいかない。もっと長い針にとりかえた。私はやっとのことで我慢している。動かないように、看護婦たちが頭と手をつかまえている。ついに採れた。不愉快な処置だ。言っておくけれど。

　マリーナ（妻）からのメモを受け取った。ノヴィコヴァ通りに面した開いている窓に近寄ってくれと言っている。マリーナを見たが、とても遠い……。これは廊下の窓だ。オレクサンドゥラ・フェドリウナに出くわした。彼女は私を病室に追い込んだ。お説教された。今度つかまえた時にはズボンを取り上げると言った。小さい子ならパンツなのだろう。私は言ってやった。ズボンをはかなければ、私の熱はすぐ上がる。オレクサンドゥラ・フェドリウナはこぶしを握って、「甘く見なさんな！」と腹を立てた。

　5月15日付の「コムソモルク」に私とチュフノウのことが書かれた。当然ながらいつものように、何もかもゆがめて伝えられていた。どんなジャッカルが彼らにわれわれの行動のことを述べ立てたのだろうか。この記事の廉で、記者は犯罪者のようにすぐに銃殺されなければならない。「コムソモルク」に電話して、奴らの仕事について自分の考えを述べた。マスコミについて言えば、一般に新聞記事のネタは、記者が書きたいように書いて、時としてでたらめだと感じられる。

　チュフノウ（私の上司）はよくない。ほとんど何も読まない。だまって横になっている。私は何とか気を引こうとしてみる。あまり成功しない。茶しか飲まない。彼がなるべくたくさん砂糖をとるようにしむけてみる。

　5月14日にサーシャ・クドゥリャウツェウとリオーニャ・トプトゥノウが死んだ。2人は原子炉第2工場の原子炉指揮上級技師だった。2人とも若い青年だった。何という運命……。何がわれわれを待っているのか？　このことについては考えないように努力している。チュフ

ノウには若者たちのことは言っていない。

　5月17日。　夜眠れない。心は憂鬱だ。看護婦が隣の病室のヴィーチャ・プロスクリャコウのところに、ひっきりなしに走っていく。予感ははずれなかった。この晩が、彼の人生の最後だった。ひどく痛々しく死んだ……。

　5月18〜19〜20日。今日われわれの娘たちがライラックを持ってきた。病室の1人1人にさしていった。花束はすばらしい！　香りをかごうとしてみた。洗濯石鹸のにおいがする？！　ひょっとして、誰かが作ったの？　いいえ、と彼女たちは言う。ライラックは本物だ。わたしのところのは、断る。粘膜がいたんでいる。ほとんど1日中寝ている。気分ははなはだよくない。サーシャ・ネハイェウは悪い。非常な大火傷だ。われわれは彼のことをとても心配している。私はほとんど何も食べていない。ブイヨンは何とか食べている。いつものように新聞がとどく。「コムソモルク」のサーシャ・ボチャロウ、ムィシュク・ブルィシュク、ネリャ・ペルコウシカのことについて喜んで読む。皆よく知っている人たちだ。彼らのことは嬉しい。彼らがねたましい。彼らは皆戦争に行っている。一方われわれは、多分、「燃えてしまった」。しかも非常に折悪しく……。チュフノウはいっそう悪い。鉄の男だ。どんな弱音もはかない。そしてわたしには、彼はまだ耐えているように思われる。4号発電ユニットの支援にわれわれを集めたことは正しかったのかと。

　回診で、オレクサンドゥラ・フェドリウナが、血液能力テストを縮小するだろうと予告した。これは何か新しいことだ。感じのいい女性のイルィナ・ヴィクトリウナがやってきた。われわれの血液からトロンボマスを選び出す仕事は、1人でやっていた。耳たぶに刺して、特別のナプキンの上に血液を集めた。長いことかかって、辛抱強く集めたが、血液は止まろうとしなかった。30分後、われわれはこの処置をやめた。すべて、明らかだった。通常の人の場合、血液は5分たてば止まる。血液中の血小板の激しい減少だ！

　1時間後、私に、このような場合に備えてあらかじめ用意されていた私のトロンボマスが注入された。黒い時間が始まった……。

モスクワ第6臨床病院部局長アンヘリナ・フシコヴァへのインタビュー

1986年5月28日

Q：アンヘリナ・コスチャントゥィニウナ（フシコヴァ）さん。あなたの病院には、現在、チョルノブィリ原発での放射線作用の被災者たちが特にたくさんいます。それで、事故炉のそばに最初にいた人々の健康状態について知ることが求められています……。

A：次のことは、前提にしましょう。現在のわれわれの患者は、きわめて重篤です。その中には、その人の生命について、われわれがほんとうに心配している人々がいます。それで、いいかげんに、不注意な言葉、とくに具体的な姓がわかるようなことは、強力なマイナスの因子になるだろうということです。加えて、いい加減な事前の推論は、狭い専門的な輪の中でさえ、場にそぐわぬものです。

Q：医師たちは事故後平穏になって真っ先に、被曝ゾーンで過ごした膨大な患者グループに会いました。あなたはどのような治療計画を立てていますか？

A：われわれが関係した急性の放射線症は、非常に複雑です。同時にそれは、人体の組織と系のすべての系列を冒しています。だからこそ、治療のために、きわめて多種多様なタイプの専門家から成る大きな輪を作ろうとしているのです。中でも主要なのは、血液の病気の専門家です。

Q：アメリカから来たゲイル博士があなたと共同で手術に参加したことは、よく知られていますが……。

A：私たちは私たちの病院で働いたアメリカの専門家の支援に感謝し、忘れません。彼らは仕事のきわめて重要な局面を保証しました。すなわち、血液細胞と胎生期の肝臓の移植の支援によって、不十分な造血を変換させることです。われわれの共同作業の範囲は、そのときにそのような手術が推奨された19人の患者に制限されました。当然ながら、世界的経験をもった専門家の参加は有益でした。アメリカ合衆国の同僚が来るまでに、われわれは6件の初歩的な移植をしていました。最初の1歩、最初の方法を用いたのは、特に、オレクサンドゥル・イェウレノヴィチ・バラノウです。アメリカの同僚と共に、われわれはこの仕事を続けました。

Q：あなたのところの専門家たちは、ほかに誰と接触を持って働いていますか？

A：支援しに来ようとして準備している人たちはたくさんいます。招かない理由があるでしょうか？　われわれにとって実際に有益であるとわかれば、たとえ1人でも、われわれは従います。たとえば、すでに移植に寄与した人々と将来も付き合うことは、直接の効果があります。残りの問題、つまり感染に対抗すること、出血予防、2次的な中毒現象の治療などは、われわれの専門家が完全に行っています。この分野においては、われわれの成績は海外に引けをとりません。

　さて、その他の補佐的な仕事についてお話しましょう。心臓病学研究所はその非常に高度に発達した生化学によって、血液学研究所はその本来の血液に関する業務によって、疫学および微生物学研究所は特別な診断学的医薬をわれわれのために製造したり、また、抗感染医薬の濃度を決定したりすることによって、われわれを支援し、腫瘍学センターは……。時にはきわめて意外な調合薬を生産する企業がわれわれと接触しています。たとえば、ラトビヤからは非常に有効な火傷治療用の医薬品を受け取っています……。普通の人々も、支援の電話をくれます。すべての申し出を、われわれはよく調べます。そして、少なくとも何か少しでも有益なものがあるなら、大きな感謝を持って取り入れます。しかし、われわれは患者に、世界で生産されるすべての薬を「試す」ことは出来ません。賢明に、そして節度を持って、確かな薬だけを与えています。

Q：事故後のあなた方の最初の日々を追ってみたいのですが。

A：われわれの病院は保健省によって、ただちにコンサルタントに参加させられました。4月26日16時30分に、私は市の医療機関と共に、直通電話連絡を受けました。16時に、腕

まくりをして救助班にて待機しました。最初にチョルノブィリに出発した人の中に、われわれの同僚が2人いました。テテャナ・ヴォロドゥィムィリウナ・トポルコヴァとヘオルヒィ・ドゥムィトゥロヴィチ・セリェドウキンです。彼らは患者の分類にたずさわりました。最初の1昼夜におよそ1,000の分析をし、それと同じだけ多数の人を診察したのです！

Q：第1の仕事、つまり「総括的」業務は、どのくらい重要でしたか？

A：想像してみてください。ひどい火傷をしたり、煙を「たくさん飲み込んだり」、ただ興奮しているばかりだったり、疲れていたりする膨大な数の人々の中で、特別な治療を必要とする人々を選ぶのが、どれほどやっかいなことであったか。チョルノブィリの医者とわれわれの医者はこれらすべてをやりとげ、重症患者のモスクワへの移送を確保しました。

Q：その後、あなたは直接治療を開始しましたね？

A：そうです。そして私は、大きくない臨床医の集団がこのような仕事の指導をなしえたということに、誇りを持っています。きのうまでバラノウの部の下っ端だった者たちが、10人の若者ですが、10の部の部長になりました。リュドゥムィラ・ペトゥロシャン、スヴィトゥラナ・プシュカリオヴァ、ムィハィロ・コンチャロウシクィー、ナタルカ・ダヌィロヴァ、エレオノラ・イェウスェイェヴァ……。この人たちはきちんとしていて、年齢的に上の人々とうまく付き合うことができましたが、これらの問題における経験者は少しでした。第1治療部はハルィナ・ハスティェヴァを先頭にした古強者でしたが、私はとくに彼らについて言っておきたいと思います。彼女も平均的な医療従事者です。彼らは最初の最も重い人々、つまり消防士たちを受け入れました。この部の看護婦たちと、アンジェリカ・バラバノヴァを先頭とする外科医グループが、危機的状況にある人々を受け入れました。われわれの職員の中では、部長で退役軍人のオレクサンドゥラ・シャマルディナがいます。彼女は、前線に行った人がそこで仕事が出来るように計らうときのように働きました。非常によく努力しているのは、ナタルカ・ナデジュィナです。若いにもかかわらず、彼女は私の第1の助手です。彼女の肩には、それなしでは成功が考えられないような感染防護体制のあらゆるきびしさとすべてのスケジュールがかかっています。

骨髄移植と血液学をむすぶすべてについては、オレクサンドゥル・バラノウが責任を持っています。輸血の確保は、ヘオルヒィ・セリェドウキンにゆだねられています。地区に事故があると、彼はなかなか自由にしてもらえないほど必要な存在でした。そのような輸血部門の専門家とその構成員がいなければ、われわれは何も出来ないのです。

Q：医師たちの仕事の体制はどうですか？

A：それは災難の大きさによって決まります。それで、規定というものは何もないのです。仕事のリズムのそのような変更を、みなよくわかって感じています。すべては、集中することや献身やよく準備して働くべきことに依存している、ということをみなよく悟っ

ていますから。
　　われわれのところには、各々の重症患者に即対応する24時間の専任の医師と看護婦がいます。「配置」は次の通りです。医師は3交代で、看護婦は4交代で、病院当直として、全部の部署で働いています。職員たちは親しい間柄でした。どんな小さな誤解や恨みも退けていました。私にとって、これらの日々は、時には強烈にきびしいものでした。議論というほどではなくても、人々とやりあうことがありました。もしかしたら、あとで何らかの恨みがあったかも…。しかし、状況は、審議にかけるには至らないようなものでした。ややこしさ無しではすみませんでした。ただちに、人々を望みどおりに割り当てることはできなくなりました。やがて、患者の一部を退院させ、残る人々を収容する可能性が出て、よくなりました。病室は、装備など徐々に整ってきました。

Q：医師たちは学びなおさなければならなくなったのではないですか。
A：はい、おそらくそうでした。時には新しい専門を獲得しなければならないことすらありました。われわれのところには、血液の分離器が1台ありました。現在は4台です。遠心分離機は1台でしたが、今は3台働いています。新しい技術を受け入れています。それを医師たちは直ちに習得します。夜、シェレメチイェヴォ空港にあった装置は、朝にはもう働いています。
　　医師たちは病人との接触を信頼しています。彼らと患者はすでに互いによく知り合っています。これは重要だと思います。われわれの海外の同僚たちは、このやり方を受け継ぎ、各々の患者に、彼らが目にした確かな腕のことを翻訳するように頼みました。われわれが患者たちに、アメリカ人の医師が来ると予告したときの彼らの反応は、また興味深いものでした。彼らは言いました。来させてあげたら……。あの人たちもまた勉強する必要があるのだから……。われわれにとってこのような言葉は、最高の自慢です。

Q：ゲイル教授との仕事は、具体的にどのように立てられましたか？
A：彼の到着は、繰り返しになりますが、重要かつ、好結果をもたらすものでした。同僚たちは、礼儀正しく、丁重に、仕事に参加しました。われわれにはもちろんのこと、くいちがいはありませんでした。あのとき、われわれは自分が必要だと思うことにしたがって動きました。議論になるとゲイル教授は言いました。「ストップ！　議論はやめましょう。あるじの言うように、われわれは仕事をします。」 もしわれわれが彼の病院にいるのだったら、多分そのように振舞うでしょう。

Q：現在あなたのところには、どのくらいの患者がいますか？
A：約200人はいっていました。約70人退院しました。おそらく120人が残っています。そのうち70〜80人のことを、われわれはいつも気にしています。現在、最も難しい時期が来ています。

Q：医師にとって、患者との接触はどのような危険がありましたか？
A：われわれの健康については、何もありません。たしかに放射線量の過剰は、われわれの同僚において記録されています。しかし、これはすべて、基準の境界線内に収まってい

ます。
Q：患者の容態が非常に悪化しているとき、あなたはどのような行動をとっていますか？
A：何かの方法を重要視するというのではなく、人々の苦しみを和らげる努力をしています。皆を元気付けようと努力しています。彼らと将来について語り合います。われわれにはこの先の人生のプランによって彼らの心をつかむことが、そのように重要なのです。もっとも、それだけではありませんが……。
Q：治療はどのくらい続きますか？
A：急性の放射線症には、特に注意すべき期間があります。2.5～3ヶ月です。その後医師たちを悩ませるのは、火傷と局部作用だけです。
Q：災難は春に襲いました。これは専門家にとって意味がありますか？
A：非常に暑くはなかったのは幸いでした。暑さは感染や熱病を起こしやすいですから。また、寒くもありませんでした。それで、患者の移動中に風邪をひかせることがありませんでした。
Q：あなたの治療を受けているのは、男性だけですか？
A：女性も少しいます。重症患者の中に2人います。寝ているのは、圧倒的に若い男性です。その中には医師が2人います。2人とも「救急医療」従事者です。彼らはわれわれに、状況をすっきりと話しました。彼らの話は、われわれにとって非常に重要でした。消防士たちが寝ています……。ヘリコプターの操縦士はいません。彼らは飛行において、充分に防御されていました。繰り返しましょう。患者は基本的に、職員または最初の数時間に火とたたかったり、4号発電ユニットにおいて被災者を探したりしていた人々です。

アンジェリカ・バラバノヴァ：外科医グループのリーダー
　ヴォローヂャ・プラヴィクですね。はい、名も姓も、チョルノブィリ原発における事故に際して苦しんだ最も重い被災患者のひとりとして、私は最初の日から記憶していました。彼の状態の重さは、ひと目見て、疑いを残さぬものでした。
　訴えはあまり述べませんでした。自分の仕事について、4月26日の夜にどのように働いたかについて、非常にはっきりと、何分間も語りました。消防士たちが向き合ったすべての事故の状況の複雑さを、医師が理解しやすいように、有益に詳しく述べました。
　その上、彼には、おそらく義務をはたしたという自覚によって生まれる、ある安らぎがにじみ出ていました。終いまでやった、ということです。
　自分の状態の悲劇性について、彼はそのあとで理解しました。かなり早くから、彼は同僚たちの状況を気にし始めました。患者間の接触をわれわれはたくさんの理由から制限していたのに、彼はすべてを知っていました。彼の同僚たちが日に日に、何もかも悪化しているということを知っていました。時々、責任は自分にある、との意見を述べていました。彼にはどんな責任もない、ということを立証する必要がありました。

患者としての彼は、非常に規律正しく、控えめでした。そのような重い状況のためにありがちな、気まぐれというよりは完全に八つ当たり的な非難も、まったくありませんでした。彼のそばに居ることを許可されていた母親がいっしょに居るときは、ことに控えめでした。この許可が、見込みがないという予測を暗示しているということを、理解していたのでしょうか？　多分わかっていたけれども、黙っていたのでしょう。彼はたいへん無口でした。あまりしゃべりませんでした。質問には、短く、はっきりと答えてくれました。そして、ずっと、はりつめて考え、その夜を生きのびていました。次から次へと自分の行動と、特に自分の出した命令の必要性と妥当性について、検討していました。自分は若者たちを危険な目にさらしたのではなかったか？

　彼の無言の、もの問いたげな目を見るのは、非常につらいことでした……。

ユリィ・シチェルバクとゲイル博士の対話から

Q：モスクワに着いて、チョルノブィリ原子力発電所事故の被災者を治療し始めるまで、あなたは放射線症の仕事をしていたのですか？

A：そうです。われわれにはしっかりした経験がありました。白血病の発症は、ある場合に骨髄移植が必要です。その場合われわれは、高線量の、ときには致死線量の境界線上にある放射線被曝患者に対して、意識的に適用します。放射線の巨大線量、およそ1,000レム（人体レントゲン当量）を被曝した患者について、われわれはかなりの経験を持っています。

Q：モスクワの患者の治療に関するあなたの予測は、実際の結果と一致しましたか？

A：一般的な蓋然性に関して、また、統計的な予測に関して言うなら、おおむね一致しました。しかし、個々別々の場合には、正確な予測をするのは、非常に困難です。一般的にこれは倫理上の問題であるだけではありません。苦しい重荷、すなわち予後の問題でもあります。私は、チョルノブィリ患者の治療結果を考えるに先だち、自分の病院の白血病患者の治療結果のことを考えます。われわれは、骨髄移植を必要とする患者が仮に100人いるとすれば、そのうち50%が生きながらえる、治療される、ということを知っています。しかし、死亡する人が50%あるということのために、満足は少ないのです。自分の治療によって、われわれは彼らの生命を短くするかもしれません。それで、われわれの治療のせいで寿命が縮まった患者が死亡するとき、私はそれに対する自分の個人的責任を感じます。私は彼らの死に責任を取らなければなりません。それ以外のやり方はわかりません。

　おそらく、移植を行わない、というのが最も簡単な話でしょう。しかしこの場合には、われわれは圧倒的多数の生きる権利のある患者を拒否することになります。

Q：ゲイル博士、モスクワの患者の中で、あなたは誰を最もよく思い出しますか？

A：私は彼ら1人1人を思い出します。人間として、個人として、思い出します。こう即答で

きます。しかし、ことのほか深い印象を残した人々もいます。とくに3人の患者が思い出されます。まず、医者です。この人は、原子炉のそばで、被災者を助けながら働きました。医師として彼は、あらゆる危険な状況を自覚していました。彼はすべてを理解していましたが、勇敢に振舞いました。2人目の患者は消防士です。私が始めてモスクワからクィイウに着いたとき、覚えていますね、6月のはじめですが、私が病院にいなかったのは3日間でした。帰ったとき彼は非常に怒って、私に尋ねました。「どこに居たんです？　なぜ行ったのです？」そして3人目もやはり消防士です。もしかしたら彼は、自分の上にどれほどの危険が差し迫っているのか理解していなかったかもしれませんが、もしかしたら理解していて、ひょっとしたら生命の危険のことを考えないようにするために、特にあらゆることをしていたのかもしれません。彼は非常に感動的に振舞いました。回診のとき、いつもこう聞くのでした。「先生、仕事の調子はいかがですか？　健康状態はいかがですか？」

　彼らのうち2人は亡くなり、1人が生き残りました……。

イヴァン・ブトゥルィメンコ

　夜、私はプラヴィクに別れを告げ、朝、私たちつまりテリャトゥヌィコウ少佐とヴァスィリ・ブラウと私もまた、モスクワへ行った。私たちは互いに見合う。手。立っている足。頭は非常に痛む。何か吐き気がするよう。しかしこれは過ぎ去る。そしてポンコツのTY-154（ツポレフ機）に着席し、飛ばなければならない。病院でわれわれはよく洗われ、上の階に連れて行かれた。私は183号病室、レオニドゥ・ペトゥロヴィチ（テリャトゥヌィコウ）は182号病室だった。私は心臓が悪い。私は寝ている。パウロヴィチが来る。何といっても日に3度、皆より頻繁に訪ねてくれた。私のそばに座る。呼吸は熱い。しかし目はほほえんでいる。ヴォローヂャは足の痛みが非常に強かった。私の甥も原発で警備隊の准尉として勤務していたが、ここに寝ていた。私のところに来るとき、ヴォローヂャは幌つき車に乗せられてきた。1日後、皆は甲状腺の検査に呼ばれる。ヴォローヂャは行かない。テリャトゥヌィコウが彼の代わりに行った。われわれはその検査に一緒に行った。互いに支えあって行った。駅でのように、鎖状に繋がって。

　皆は「ばらばらに」振り分けられ、自由にしてもらえない。しかし、私はパウロヴィチのところへ行くことに成功した。彼はひとりで、両手に包帯をしていた。私は立ち寄った。彼は尋ねる。「オレクシィオヴィチさん、あなたですか？　あまり会っていませんね」。少しひじで起き上がって言う。「オレクシィオヴィチさん、もし私が最後に一緒にいたときのあのテープレコーダーが見つかったら、ナーヂャか弟のヴィーチャに渡してください」。私は言う。「パウロヴィチさん、モスクワは私たちを死なせないでしょう！」　ここに看護婦が走ってきて、私はつれだされた……。

イヴァン・シャウレイ

　病院で私とヴォローヂャ・プルィシチェパは同じ病室にはいった。その後何日かして、われわれの血液検査結果により、それぞれ別々に移された。大線量の人は皆、隔離された。われわれは自分たちの指揮官に会いたいと思った。彼は9階で、われわれは4階だった。プルィシチェパはどこかでガーゼの包帯を手に入れてきた。われわれはエレベーターに乗り、看護婦が出て行くのを待つ。そして、わがプラヴィクのところに行く。彼のそばには母親がいて、彼のためにリンゴの皮をむき、小さなさじで食べさせていた。彼は非常に変わっていて、顔は非常に青白かった。われわれに微笑みかけようと努力して、頼むように言う。「きみたち、このリンゴを食べてくれよ。」これは彼のことばそのままだ。全部で2分間われわれは彼のところにいたが、看護婦がやってきて、われわれは扉へ、扉へ。われわれはやっとのことで言えた。「ヴォローヂャ、われわれはがんばります。聞こえていますか？　われわれは全員生きましょう！」

ユリィ・シチェルバク　（愛についての伝説）

　モスクワの第6病院に行った原発労働者のうちの1人の妻について、ある物語があった。この妻は、夫のそばにいることによって彼の苦しみを和らげようと、この病院に働きに来たらしい。夫の死後、彼女が病室を訪ね続けて、火傷をした人々や苦しんでいる人々を元気づけ続けたこと、夫が勇気を持ってがんばっているからあなた方も精神的に落ち込まずにきっとがんばれると語り続けたこと、しかし、若者たちは彼女の夫が死んだことをすでに知っていて、壁に向かって寝返って泣いた、という話が人々の間で語られていた。

　この話はまるで作り話のように聞こえたが、あとになって、この話が真実だということを私は知った。私はこの女性を探し、彼女の物語を書いた。

エリヴィラ・スィトゥヌィコヴァ：チョルノブィリ原発の線量計測機器技師

　私の夫のアナトリィ・アンドゥリィオヴィチ・スィトゥヌィコウは、この原子力発電所にあこがれていました。彼はこう言っていました。「きみ、想像してごらん、わが手に100万キロワットをつかむことを！」

　チョルノブィリ原発の建設が始まったとき、私は親戚のムィコラィのところに残りましたが、夫はあそこで、オルロウとともに寮生活をしていました。彼らがどんな暮らしをしていたか、それは信じがたいものでした。私は1度行ってみました。食うや食わずで、恐ろしい条件下の暮らしでした。しかし、彼らはかまわずに働いていました。1977年に私たちはプルィプヤチにアパートをもらい、私は娘といっしょに来て、いつでも彼らといっしょにいるようになりました。1号発電ユニットは、9月に操業開始になりました。彼は仕事からかえっ

てくると……壁にもたれかかり、目がぎらぎらしていることがよくありましたが、疲れから倒れこむようなことはほとんどありませんでした。彼は言います。「なんと、きょう、われわれはつかんだんだ。3分間、発電ユニットを握ったんだ。3年のような気がするよ！　われわれは発電ユニットを手にしたんだ！」

　そしてあの夜……。彼は起きて出かけました。いつものように、それが仕事だったのです。純粋に、兵士のやり方で。よくないことが起こった、行かなければならない、と私に言いました。それがすべてでした……。

　次の日の夜遅く、高線量の被曝をした人全員がモスクワへ連れて行かれたとき、私はバスのそばで彼に別れを告げて、尋ねました。「トーリャ、あなたはなぜ発電ユニットへ行ったの？」彼の答えはこうでした。「きみも知っているように、ぼくより発電ユニットのことをよく知っている人がいると思うかい？　若者たちを連れ出さなければならなかったんだ。もしぼくたちがあの事故を無視していたなら、ウクライナという国はまさに消滅していたんだよ。もしかしたら、ヨーロッパの半分も。」

　4月28日、私はすでにモスクワにいました。その次の日には、夫が入院している病院を見つけました。もちろん私はそこへ通してもらえませんでした。私は総管理局である動力・電化省に行って、助けを求めました。私は入場許可証を書いてもらいました。

　私は病院で働き始めました。若者たちに新聞を配ったり、彼らの注文を受けてあげたり、何か彼らに買ってきてあげたり、手紙を代筆してあげたりしました。そこでの私の生活が始まりました。夫は喜びました。彼自身、こう言いました。「きみは全員を回って、彼らを元気づけなくては。」　若者たちは笑って言いました。「あなたは、お袋みたいだ。プルィプヤチのことを思い出すよ……。」プルィプヤチにもどることを、彼らはどんなに待っていたことでしょう。どんなに待っていたことか……。

　私は滅菌した病院着に着替えて、病院中を回りました。私は看護士とみなされていたからです。病室に立ち寄ってごらんなさい。あそこではこんなことを言われます。「それをとってください。手を貸してください。彼に飲み物を上げてください。」　彼らはこんなにも、自分ですることができなかったのです……。彼らは死んでいたかのようでした……。夫には誰が死んだかは、内緒にしていました。彼が言います。「左隣で何も音がしないようだが。」私は言います。「あの人は階が変わったの……。」しかし彼はすべてを理解し、すべてを知っていました。また彼は、つぎから次へ場所を移されました。1階だったり、また他の階だったり。

　5月1日に、夫の姉が呼ばれて来ました。彼女は自分の骨髄を彼に与えました。私には、骨髄移植が早めた……というような印象があります。彼の組織はどんな干渉をも認めないのでした。最後の夜、私は彼と共に残りました。5月23日のことでした。彼は恐ろしく苦しみました。彼は肺に水腫がありました。「今何時？」と尋ねます。「10時半よ」「どうして帰らないの？」「急いで行くところなどないわ。見て、外がどんなか。」　彼は言います。「きみにはわかっているよね。いまやきみの人生はぼくのよりずっと重みがあるってことを。き

みは休まなくては。そして明日は若者たちのところへ行くのだ。彼らはきみを待っているよ。」「トーリャ、あなたの私は、鉄のように強いわ。私はあなたにも若者たちにも充分役に立つわ。わかるでしょ。」 彼はボタンを押して看護婦を呼ぶ。しかし、何もわかっていない。「ぼくの妻に説明してください。明日、若者たちのところをまわらなければならないことを。帰らせてください。この人は休まなければならないのです。」 私は12時半まで居ました。彼が寝入ったので、私は帰りました。

　朝、私は駆けつけて言います。「トーリャ、あなた、完全に熱病よ。」 彼は「大丈夫。若者たちのところに行って。新聞を持っていってあげて。」 私は新聞を配るだけにしました。彼は蘇生術に連れて行かれました。

　5月はじめのある日、彼の姉はまだ病院で寝ていましたが、私に言いました。「トーリャは髪の毛が抜け始めたことを、とても気にしているわ。ひと房かぶさっているだけ。」 私は彼のところに行って言います。「髪の毛のことくらいで、何で悩むの？　髪の毛があなたに必要？　映画にも行かないんだし、劇場にも行かないのよ。書斎に座っているときや、家で仕事をするときは、ベレー帽をかぶればいいでしょ。」 彼は私を見て、「きみは本気で言っているの？」「もちろん本気よ。大真面目よ。まず、はげ頭の男性が歩いているのを、横から見てごらんなさい。ひとりでに尊敬の念が起こるわ。賢そうに見えるし。第2に、私はあなたがわたしをとつぜん置き去りにすることを心配してきたけれど、ここにいるこんな好男子のあなたは、私以外に誰かを必要とするとでも言うの？」 彼はおおいに笑いました。それでも聞きました。「いや、本当かな？　でも子供たちはどうかな？」 私は言います。「おばかさんね。どの子もみんなあなたをとても愛しているわ。髪の毛が何だって言うの？」

　私は事故に関する考えからかれをそむけさせようと努力しました。「トーリャ、プルィプヤチに少し帰りましょう。暮らしを始めましょう。ラバソールの靴を買ってあげるわ。」彼は、「そうだね、プルィプヤチにちょっと帰ろう……。」 私は夫にすべての若者のことを語りました。アルカディー・ウスコウのこと。チュフノウやその他の人のこと。私は彼らの間の連絡係のようなものでした。近くにサーシャ・クドゥリャウツェウという若者がいました。彼はすでに快方に向かい始めていました。彼はひどい火傷でした。私が立ち寄ると、彼はアルコールで拭かれています。彼は恥ずかしがって、「来ないで」といいます。私は言います。「サーシェニカ、私が恥ずかしいの？　いいわ、あなたは生き延びたのよ。あなたのところには明日来るわね。今日の新聞を置いていきますよ。」 翌日行くと、私はこう言われるのです。「サーシャはいません。死にました。」 私はその後の数日間、やっとのことで出かけました。眠れず、食べられませんでした。

　で、その朝、夫が蘇生術に連れて行かれたとき、私はちょっとだけ病院から離れていましたが、帰ってみると、受け入れ室の看護婦が、私の夫が死んだ、と言うのです。

　アナトリィ・アンドゥリィオヴィチは朝10時に35歳で死にました。

　私は医師のところに跳んでいきました。「ヴァスィリ・ダヌィロヴィチ、あのひとは死んだのですか？　あのひとのところに行かなければ！」「出来ません。」「なぜ出来ないので

す？　あのひとは私の夫ですよ！」　医師は手招きをしました。「どうぞ行ってください。」私たちは行きました。私はベッドカバーを開け、彼の手と足に触れて言います。「トーリャ、あなたには権利がないわ、出来ないはずだわ！　してはいけなかったのだわ！　あなたは……。このあなたのおばかさんは、どれほどのエネルギーを失ったことか……。」わたしはもう、夫を失っているということを感じませんでした。私たちからそのような人が去っていくということ、そのことが、私には腹立たしいのでした。彼にはどれほどの可能性があったことか……。

　追悼の席で、ケドロウも言っています。「若者たちはあなたが病院に帰ってくるようにと願っています。彼らはすぐに感じました。何かが起こったんだ。それであなたがいないんだ。」

　「いいでしょう。」と私は言います。「3日だけ私にください。今は……。」　そして私は帰ってきました。

　夫の死後、私は病院で1ヶ月以上ずっと働きました。7月8日までです。事故で糾弾されているヂャトゥロウを訪ねました。彼は非常に苦しい状況にありました。私は彼とたくさん話をしました。後にヂャトゥロウのことを聞かれたとき、私はこう答えました。もし、すべてがはじめからくり返されるとしても、私はやはり彼のところに行くでしょう。なぜなら、私たちを結び付けている20年の歳月を、そんなに簡単に捨てるべきでしょうか？　それに彼は、何か厳罰を指摘されるようなことは、しなかったのです。彼を裁くことは、私の権限を越えています。医者はすべてのひとを治すものですし……。

　ムィトゥィンシクィー墓地に行くのは、とてもつらいことでした。あそこでは、はじめのころ、墓から花が取り払われることさえありました。供えても、2日後には、花はありません。こんな話がささやかれました。チョルノブィリの人の墓は、供える花さえ「汚らわしい」と。まるで花を取り去れというような命令があったかのようでした。それで、私は、ヴォロドゥィムィル・フバリェウのところに行きました。『石棺』を書いた人です。そしてこのことを彼に話しました。この後、花を取り去ることは止みました。

主はみずから地獄をつらぬいて彼を連れだした

（履歴書から）

　レオニドゥ・ペトゥロヴィチ・テリャトゥヌィコウ。1951年クスタナィスカヤ州ウヴェデンコ居住区生まれ。ロシア人。

　ソ連邦内務省上級消防技術学校を卒業。電気技術者としての仕事を始めた。1969年、スヴェルドゥロウシキー消防技術学校に入学。1982年、チョルノブィリ原発保護のための戦時体制消防分隊─2分隊長の職に推された。

　1級専門員だった。職務上および社会的政治的活動において、また火災における献身的な行為によって、1度ならず表彰された。

原発の火災処理のときは、現場責任者であり、火との決定的な戦闘方針を正しく定め、戦闘部署を臨機応変に組織し、現実の危険を顧みずに、高温と高放射線の条件下で、困難な場所における消火作業を指揮した。

個人的な模範と勇敢な行為により、Л.テリャトゥヌィコウは火災警備支隊を動員して、極端な条件下での困難な戦闘課題を遂行し、原発における火災処理を確保した。Л.テリャトゥヌィコウは高線量の放射線に被曝して、将来にわたる注意深い治療を受けるために、モスクワの専門病院に収容された。

チョルノブィリ原発火災処理における勇気と英雄的行為によって、レオニドゥ・テリャトゥヌィコウはソ連邦英雄の称号を授与されている。

彼は奇跡的に生き残った。生きることが可能な道と致死線量の被曝をした人々が通った道の境を越えて通じていた、あのすべての「細道」を通りぬけたのだ。

レオニドゥ・テリャトゥヌィコウはまだ休暇中だった。仕事に出なければならないのは、4月28日月曜日のはずだった。しかし、すでに1時46分には、少佐はチョルノブィリ原発にいた。そして、その職と称号の責任者として、消火の指揮に当たった。

後に、モスクワの臨床病院で、レオニドゥ・ペトゥロヴィチ（テリャトゥヌィコウ）は次のような説明的メモを書いている。「……4号発電ユニットの破壊された装置部……。4号発電ユニットの装置部の覆いも燃えていた。しかし、12.5メートルから71.5メートルまでと、高さの違いが大きい。外の階段から、私は機械建屋の覆いに上がった……。個々の隊員は献身的に働いた。説得したり、命令を繰り返したりする必要はなかった。彼らは言葉なかばで理解し、直ちに実行した……。」

一方、この消火指揮者－2はいつでも準備ができていた。彼は自分自身で、またはアンドゥリィ・ポロヴィンキンの連絡によって、第1および第2戦闘部署の消防士たちの作業を指揮した。彼は一生の間に何百という火災を見てきた。しかし、今回のようなのは初めてだった。

少し後になってテリャトゥヌィコウはこう言っている。「様々な高さの場所のあちこちで燃え盛っている炎を速やかに処理することと、また、建物内で同じく火災の危険のある場所を直ちに制御し、新たな火による燃焼を予防することが不可欠だった。これを考えて、私は全兵力と機材を配備した。異常な事態に対応して配置換えをすることは、はなはだ困難なことだった。消火を指揮するという私の役割は、同僚たちが状況を正しく理解したことによって、軽くなった。彼らは特殊な条件下で独自に行動するように教育されていた。そしてこれが、まさにこのときに非常に役に立っていた。消防士たちの英雄的努力の最前線が強化された。機械建屋の何トンもの潤滑油容量のために、危険性が増大していた。ここにはケーブル坑もあるのだ。それは発電所のすべてのプラントをつないでいる。それが焼けたならば、事態がどうなるか、予想もつかない。」

戦時体制消防分隊－2配車係の雑誌が残っている。そこにはあの悲劇的な夜の出来事の進行が記録されている。彼を連れて行ったのは、配車係のヴィクトル・ハルザだった。ここに、

事故現場にレオニドゥ・テリャトゥヌィコウが着いたときからはじまっている、少しだけのメモがある。

　1時50分。脱気装置の棚、60標識点、原子炉部、火災。
　1時56分。4号発電ユニットのディーゼル室、火災。プラヴィクが知らせる。
　2時00分。爆発のために、空の管が部分的に破壊された。
　2時54分。3号発電ユニット、止められる。屋根を消すためにブロックBに注目。サゾノウ。
　3時06分。班は15分ずつ働く。ザハロウ。
　3時15分。構内、非常に拡大。外部から消火。テリャトゥヌィコウ。
　　その出来事の時間経過を、少佐もまた記憶にとどめていた。
「状況を了解しようとして、装置部の上に上った。水圧は弱かった。2台の車に、空管系の水を用いるよう命令を出した……。」
　事態のこの進行の間に、観察した。それは、火よりも寒さがこたえた。
「中央建屋から、火事明かりないし発光がよく見えた。しかし、中央建屋の中には、原子炉の「5コペイカ」と荷積み荷下ろし機以外には何もなく、燃えるものはないはずだ……。」
　発光は原子炉の上から上がっていた。信じたくはなかったが、そうだった。
　彼は4時55分まで踏みとどまった。超高線量の放射線下で3時間以上働いたが、今のところ彼は、強さから見捨てられていない。
　モスクワの病院へ、彼はきわめて重い状態で行った。彼は親友の消防士たちの死について知っており、自分も最悪の場合の心構えをした。後になって彼の妻のラルィサ・イヴァニウナはこう語っている。「5月20日、レオニドゥは死にました。彼は奇跡によって生き返りました。」
　やがて彼のことが大きく取り上げられ、表彰された。イギリスの消防士たちはテリャトゥヌィコウを「勇気」のメダルで表彰し、新聞「スター」は「金の星」で表彰した。そして盛大なレセプションと褒め称える言葉があった。一方これらすべてを越えて、鎮まらない痛みがあった。これらの向こうに、帰らない人々があった。
　今日、彼は少将である。しかし、母なる歴史の上に、少佐のまま永久に残る。容赦ない火の中に行ったときの少佐テリャトゥヌィコウとして、プラヴィク、キベノク、トゥィシュラ、ヴァシチュク、トゥィテノク、イフナテンコらが知っていた彼として……。

12年後のまなざし　1

ヴァスィリ・メリヌィク
　　在クィイウ州ウクライナ内務省本局国家火災警備局局長　内務少将

われわれは若かったそして強かった

　私はその時、クィイウ管区火災警備局の、隊員および消火を準備する部の長として勤務していた。位は少佐だった。この部の最も重要な機能の1つに、防火作業の組織と、当然ながら、州および最大の工業会社たとえば生産連合「ビロツェルキウシチュィナ」、国のトゥルィピリシカ地域発電所、クィイウのカートン・ペーパー・コンビナート、オブヒウ生化学工場その他の施設、そしてもちろんチョルノブィリ原子力発電所の消火組織を統御することがあった。

　事故までにも、私はチョルノブィリ原発における業務の状況について、予防的な監督をしなければならなかった。原発は州内で最も重要な戦略施設であり、火災安全の考えの上で、特別の注意を要求するものであるということをわれわれは知っていた。

　発電所が火災だと知らせるベルがわれわれの中央火災連絡所に鳴ったのは、原子炉爆発の約1時間後だった。当直員はただちに、家にいた私に電話をしてきた。私は消火本部の作戦グループに命令を与え、すばやく着替えをした。7歳の娘が眠っている部屋をのぞいた。「原発で火災なの？　まあ、大変！」妻は眠っているヴィノフラダリの町の静けさの中で、私の足音のこだまにつづけて静かに両手をあわせた。玄関から出るや否や、最新の赤い「ヴォルハ」車が近づき、私は乗り込んだ。車の中には、運転手のほかに、消火本部メンバーのヴァスィリ・ヴァスィリオヴィチ・デヌィセンコ中佐、将校のレオニドゥ・オレクシィオヴィチ・オセツィクィーとスタニスラウ・ヴァスィリオヴィチ・ユズィシュィンがいた。

　原子炉の爆発について、われわれはまだ知らなかった。私のところに、機械建屋の火災についての報告が入った。それがどのようなものなのか、私にはよくわかった。長さ816メートルの巨大な建物を想像して欲しい。ターボ発電機、その冷却のために用いられる爆発の危険のある水素、何百トンもの潤滑油……。もし、適時にプラントを止めなければ、換気装置を止めなければ、火は数分のうちに上に向かってちぎれ飛び、覆いに達するだろう。地獄のような温度のために、丈夫な金属構造物が軟らかくなるだろう。そうなれば……。いや、そのことは考えないほうがよい。

　その時、4号および3号発電ユニットの屋根には、警報によって起こされた戦時体制消防分隊−2、自主戦時体制消防分隊−6の警備隊員たちが、すでに火との決闘におもむき、ポリシケ、ヴィリチ、イヴァンキウ、ドゥィメルその他近隣からの車がチョルノブィリ地区へと疾走していた。

　途上、私は、クィイウから追加の兵力を無線で呼び出し、警報を発して管理部の主任クラスを起こすように命令した。この時点でのチョルノブィリ原発からの情報は不正確で、誰も、何が起こったのか、正確には知らなかった。

　発電所を警備している我が戦時体制消防分隊−2が配置されている検問所−2の横から発電所に乗り入れた。門は閉まっていた。私は、警備の准尉が防虫服（化学防護服）と

呼ばれているЛ−1服を着ているのを見た。放射能が高まっているのがわかった。そのときまで、線量計のような計器がわれわれの車の中にはないということを、誰も一言も言わなかった。現在は、これらは全部ある。しかし、その時は、そのように恐ろしい惨事はありえないと思われていた。春の芳香のみなぎった月の夜はすばらしく、暖かく、静かで、どこも、何も燃えていなかった。原子炉の上に灰色の煙が上がり、火のようには見えない発光の、何か不思議な柱が立った。

　私は、あそこは燃えているのだろうね、とデヌィセンコにたずねる。ヴァスィリ・ヴァスィリオヴィチ（デヌィセンコ）自身驚いている。屋根の上では、赤々と燃えているアスファルトを、警備のプラヴィクとキベノクが消していた。そこにはそのほかに可燃性のものがあるはずはない。デヌィセンコは、このことを建設のときからすでに知っていた。技術標準に関する監督をしたからだ。あれは壊れた原子炉から発光しているのだ、という結論にわれわれは到達した。火の主な区域はすでに消えていた。隊員たちは、プルィプヤチの第126医療衛生部に送られた。彼らの代わりに、休み中の隊員が呼び出された。

　私は隊員と機械の配置換えをし、機械建屋の横に加えて、ポンプ場に戦闘隊員の指揮者としてペトゥロ・フメリを任命して置き、新しく到着する将校たちを戦闘部署に配置した。火災の状況について追加の偵察が行われた。

　朝方、4時30分に、ウクライナ内務省火災警備本局副局長のフリン大佐（ヴォロドゥィムィル・ムィハィロヴィチ）と、われわれの部署の副局長のコツュラ（イヴァン・ザハロヴィチ）が到着した。そして4時50分に、われわれはクィイウに、火災は局限化されたつまりもう広がらないだろう、ということを報告した。6時35分、われわれはすべての施設をさらに偵察し、火災は終わったと考えた。

　もちろん、わずかに煙が上がっている4号発電ユニットの壊れた建物を見るのは恐ろしかった。その時私はすでに、高レベルの放射能のことを知っていた。上級中尉のサゾノウ（Л.テリャトゥヌィコウ少佐の部下）を、ヨウ化カリウムの錠剤をもらいに行かせた。そして、私とともにいたすべての人に、それを飲むように強いた。よくわからないが、もしかしたらそれがわれわれの命を救ったのかもしれない。というのは、気分が急激に悪くなったのだ。たとえば、私とテリャトゥヌィコウは共和国火災警備局長のデシャトゥヌィコウ（プィルィプ・ムィコラィオヴィチ）将官に電話をしに出かけた。大通りで待っていた仲間と話をしたあと出て行くと、テリャトゥヌィコウはもういなかった。衛生部へ送られていた。状態が悪くなったからだった。

　私は発電所にもどった。発電所の運転員と他のエネルギー産業の従業員はすでに管理棟−1の下の地下シェルターに移動しており、そこから、3号発電ユニットの停止や、原子炉の下の部屋からの水の排出や、われわれの消防士たちも参加したその他の作業の命令を下していた。

　朝、プルィプヤチ市へ下がっているすべての兵力の配置換えをするようにとの指令

が来た。その土地の自主戦時体制消防分隊—6の基地には、火災警備の第1特別総合部隊が組織されており、その指揮をとっていたのは、オレクサンドゥル・イヴァノヴィチ・イェフィメンコ、実務に当たっていたのは名誉事務長のヴィクトル・キベノクだった。自分の任務がどのようなものになるのか、まだ誰も知らなかった。しかしこれらの人々は、必要なら直ちに実行に着手しなければならなかった。

政府委員会からは、非常にたくさんの課題がはいってきた。時として、非現実的ですらあった。たとえば、機械で動くはしごを支援するために、消防スリーブを壊れた屋根の上に上げ、原子炉の赤熱した内部へ水を注入するようにといった命令が来た。しかし、高レベルの放射能の中では、5分以上働くことはできない。一方、そのような仕事は、5分では片付かない。

穴のある大口径の巨大な溶接管を、ヘリコプターで原子炉の穴に投げかけることもまたやってみた。そのために、放水用消防スリーブが何本かつなげられた。しかし、風によって、それらはまるで空気のヘビのように上に上がり始め、ヘリコプターのプロペラに触れそうになった。後に専門家たちは、「この企てがうまくいかなかったことは幸いだった。さもなければ、水素爆弾の爆発のような、他の事態が起こったかもしれない。」と言った。

4月26日から27日にかけての夜に、内務省火災警備局副局長のB.フリン大佐は、冷却用水池、3号および4号発電ユニットの横、自動ポンプ場などへの隊の配置換えをすべきであるとの課題をわれわれの前に立てた。われわれはそのときの火災警備局副局長のコツュラ（イヴァン・ザハロヴィチは心筋梗塞のあと、現在、年金生活をしている）およびモスクワの放射線監視員と共に、そこへむけて偵察に出発した。車に水を引くためには、岸辺はどの場所もあまりに高い。モスクワの人は同意しなかった。「水を引きたくない、と決定してもらいたい。放射能があきれている。こんな放射能は見たこともない。ここでは基準より……。」

突然、爆発の音がした。宇宙がびくっとしたかと思われるような激しい音がした。それらはおどすように鳴り響いて、ただの換気装置や機械の管ではないようだった。白状するが、われわれは驚いて、小さな橋の下にかくれた。その後、これはどれかの発電ユニットを緊急に停止させ、事故時の蒸気発生制御バルブを働かせたのだ、ということがわかった。一方この瞬間、わが無頓着な放射線監視員は計器を一瞥して、真っ青になった。「できるだけ早く車へ！」彼は叫び声をあげて「ウアーズ」車へ向かって勢いよくとび出した。われわれは彼のすぐあとに続いて車に行った。線量計を見れば、針は右のほうに動きっぱなしだ。800、900、1,000……。プルィプヤチの手前の橋では1,200だった。何レントゲンなのか、何ミリレントゲンなのか、その時はわからなかった。それに、モスクワの人は何も言わなかった。

しかし、放射能のことを考えているひまはなかった。消火本部においても、総合消防部隊の組織下でも働かなければならず、また、政府委員会からの緊急の委託をも実行し

第2部　境を越えていった人々

なければならなかった。

　この時、自主戦時体制消防分隊-6に配置されていた州の総合部隊が戦闘当直に入り、プルィプヤチ市にある消火栓に給水栓を設置する仕事、および、人々が退去した建物までのホースラインの敷設に従事した（市には、36の消火栓があった）。

　4月28日21時に、クィイウ州総合部隊は、チョルノブィリ市の専門消防分隊-17の域内に配置換えされた。

　4月29日に、チョルノブィリ消防分隊の基地において、総合部隊の後方支援（機械洗浄場および隊員の更衣室）。このために、クィイウ州火災警備局の民間防衛本部の車ДДАが働いた。

　プルィプヤチ市の自主戦時体制消防分隊-6では、4月28日、29日、30日に州の総合部隊の2人の警備が戦闘当直に残った。

　4月30日に、われわれ、つまりクィイウの消防士12人とプルィプヤチの消防士20人は、医学的検査のために、バスでイヴァンキウへ送られた。診察いたします、それからお帰りください、と言われた。われわれの気分はどうだったかといえば、非常に疲れていた。夜、眠れないこともあったからだ。いささか退屈でもあった。われわれは若かったし強かった、ということで、おそらく救われたのだろう。

　ベレゾヴィー・ハイの内務省衛生処置拠点までイヴァンキウ線道路で帰った。そこでわれわれは洗われた。民警の職員には清潔な制服が支給された。一方われわれは言われた。自分の服はあの野原でほこりを払い落として、また着てください。火災警備の予備の衣服が必要になるとは、予測していなかったのです。

　私はグループの長として憤慨した。何たる差別だ。われわれは前線から来ているのに。私は怒って、制帽を野原の遠くへ投げ捨てた……。隊員たちのためにもくやしかった。

　イヴァンキウで私は、私たちをクィイウに行かせるよう医師たちを説得するのに成功した。そこでは、ジョウテニ病院の小さな放射線療法科が拡張されていた。そこではわれわれを待っていた。

　ドゥィメルの消防分隊ではサウナで体を洗い、スポーツ着に着替えた。靴下は、われわれのうちの7人にしかあたらなかった。それしか無かったのだ。そして、こんな奇妙な姿をして（夜だったからよかった）われわれは病院に着いた。そこでわれわれは診察され、1～2人が残された。残りは、帰宅の許しを得た。

　家で3時ころから少し寝て、予備の制服に着替えて、仕事に行った。5月2日、内務省部局の党委員会（私は党委員会のメンバーだった）の会合が終わると、党委員会秘書のプィルィプチュクが私に近づいて言う。「いったい、どうしたのです。顔色が悪い。送らせましょう。何があったのです？」「ああ、なに、大丈夫。」と私は言う。とはいえ、私は何だか大丈夫ではないように感じている。「いや、まあ、どうもありがとう……。」「座ってください、座って。」私は抱えられて、内務省病院へ。これがすべてだった。寝かされていた。そのような人は、私1人ではなかった。同僚たちの苗字を呼んでみた。

彼らみなが呼び出され、同様に入院させられていた。およそ4週間われわれはそこで治療を受けた。医者のおかげとすべきだろう。いままで生きている。全員ではない。もちろん。

　放射線監視員の計算によれば、私ははじめの日々に、80レム以上、つまり、軍の基準値の3倍以上の放射線に被曝していた。今後、数ヶ月、数年のうちに、さらに多量になるだろう。

　しかし、この本当に心配すべきときに、われわれはこのことについて思い浮かばなかった。そのような職業上の特殊性は、おそらく、次のようなものなのだろう。何か燃えているものを見ると、その人はハンターのような、スポーツマンのような、あるいは戦士のような熱心さで、それをきちんと片付けることによって、あらゆるものに打ち勝つのだ。なすべきことがあるなら……実行しなければならない。それによってわれわれは肩章もつけている。

　しかし、純粋に人間として言うなら、運命は家族を波立たせた。特に5月のはじめの日々には、風がクィイウへ方向を変え、首都の放射能レベルは著しく高くなった。私は妻に電話をした。5月の2日か3日に、病院からだったと思う。「リーダ、仕事をうっちゃって、ナターシュカをつれて逃げなさい。」しかし彼女は、「私はあなたをうっちゃったりしないわ。」と言った。

　どうすべきか？　妻の友人が、ポルタヴァの自分の両親のところへ行った。うちの娘をもかっさらって、電車で（かろうじて腰掛けて）ミィルホロドに着いた。すでにそこへは、ドネーチンに住んでいる妻の兄弟が車を差し向けていた。娘は夏中そこにいた。紐のようにやせた。……私たちがいなくてさびしかったのだ。私もリーダも、娘がいないのはつらかった。

　チョルノブィリ惨事の事後処理作業には、実質上国全体、かつてのソ連邦全体が参加した。しかし、事故の結果の主な重荷は、もちろん、チョルノブィリの近くに住んで働いている、働き者のクィイウの人々の上にかぶさった。特に、消防士たちに。どの州の人たちも、これほどの悲しみを体験してはいなかった。

　それに、経済的状況は、80年代の終わりから90年代の初めに著しく悪化し、働くことも暮らすことも困難になっていた。ことに、事故処理作業者で病気になった人と、死亡した人の家族がそうだった。私はこのことについてよく知っている。というのも、もう10年以上、州の火災警備の先頭に立っているし、連日、人間的問題や悲しみにかかわっているからだ。そして、できるだけ支援しようと努めている。自分の部下に、私はこのように目を向けている。われわれは、亡くなった同僚たちのことを思い、彼らの年老いた親たちや子供たちや妻たちが気がかりに思っていることを思い出さなければならない。残念ながら、現在、国の役所の多くにおいて、官僚主義がはびこり、国のきびしい経済状態について、偽善的にカモフラージュされたデマによる無関心が支配している。

　私はともに戦った戦争義兄弟の縁者の人々に言った。時間と力を無駄に費やさないで

ください。どこにも行かないで、私たちのところに来てください。共にがんばりましょう。しかし、あちこちに、1人で暮らしている人々があり、彼らの状況はいっそうきびしい。それでももう12年、彼らはわれわれのところを訪れて来ており、私は縁ある人々のところへ行っている。1986年にわれわれと共にチョルノブィリ事故の事後処理作業に参加し、大地が受け取ったわが英雄たち、モスクワ州の火災警備の仲間のところへも。

　チョルノブィリはわれわれに何を教えたか？　何がしかの技術と共に傷跡が「あなた方の上に」残るということを。友情と相互扶助を重んずべきことを。実は少しも大きくないわれわれの惑星を大切にし、愛すべきことを。そして、あまりに短い人生を重んずべきことを。それゆえ、善を創造するように急ぐべきことを。

12年後のまなざし　2

ヴォロドゥイムィル・フリン
　　ウクライナ内務省防火用品検定センター長　内務大佐

あるべきところに真実がない

　火災警備隊員たちの勇敢さと英雄的行為を正当に評価しつつ、しかし、私はあの数々の不備の前で立ち止まりたい。それらは、私の考えでは、チョルノブィリ原発における火災と事故結果の処理の際に存在していたものである。私はそれらについて、特別に唯一の目的を持って強調しようと思う。すなわち、それらが今後2度とくり返されないためである。

　最も極端な問題から始めたい。あれほど多くの消防士たちが、許容されない過剰の放射線を受け、そのうちの7人が亡くなったのはなぜか。そのような異常な出来事へのわれわれの備えのなさと、われわれの慎重さの欠如のせいでそれは起こったのだ、と私は固く信じている。実を言えば、原発における消防戦略教育の実施に際して、線量計測モニターの仕事が加わることは極めてまれであり、線量計測の計器もまたほとんど使われなかった。われわれはまた、指導的立場の人々に、この極めて重要な設備を火災現場に運び込むよう習慣づけることもできなかった。そして、その結果として、1986年4月26日、放射線モニターの計器無しに、個人用の線量計無しに、戦闘員たちは事故現場に到着した。そしてその戦闘において、危険区域にずっといながら、めいめいは自分が受けた線量も知らなかった。どのくらいの時間発電所にいてよいのか、時間的長さの限界も知らされなかった。あとで確認されたように、それまで隊員のほぼ90％が、ДП—5Bや線量計の使い方を知らなかった。たとえ使えたとしても、これが作業をやめるように勧告する

ということはなかっただろう。なぜなら、それらの計器の多くは作動しなかったからだ。

　続けよう。4時50分に火災の局限化が宣言され、すでに追加の兵力と消防用機材と戦闘員を満載した消防車の必要がなくなったにもかかわらず、これらすべてが次から次ぎに到着した。プルィプヤチ市の消防分隊が、彼らの集結場所になった。風がそこに向かって放射性元素の生成物をすばやく運んだ。隊員は1度ならず、被曝の可能性について警告を受けてはいたが、皆きわめて不注意に振舞った。戸外で時を過ごし、シャツを着なかったり帽子をかぶらなかったりしたままで出歩き、衛生やその他の規則に無頓着のまま食物を食べた。しかし、人々の宿泊と飲食物の問題が生じている以上、管理部の決定に従って、私は宿営地に支部を派遣する命令を4月26日に出した。

　私の考えでは、消火活動や内務省火災警備局および政府委員会の課題実施に際して、火災警備の指導者の幾人かは、隊員の安全を第1にする責任感にいつも満たされていたのではない。必要もないのに、部下の生命と健康を危険にさらしつつ、指図を実行させた。たとえば、泥炭層の消火には多数の隊員が参加したが、彼らは妥当な方法によって放射線から守られてはいなかった。ほこりだらけの消防士たちは、小さな火さえ1つ1つシャベルで掘り返して水をかけた。

　私もまた不適切な指図の実行に直接かかわったことを、自ら誤りであったと認める。ハルキウとリヴィウの消防技術学校の生徒たちを、換気用の管の広場から黒鉛を撤去するために差し向けることに同意したことを、痛み無しに思い出すことはできない。そこは放射能が超高レベルだったからだ。私は1度だって、生徒たちの勇気を過小評価したことはない。しかし、そのような若者たちの健康を危険にさらす価値があっただろうか。

　事故後の初めの日々、後方任務はきわめて長時間に延長された。そして、それは、消防士たちの適時の着替えと食事をいっそう難しくした、ということを言わなければならない。思い出そう。チョルノブィリ原発における火災処理のあと、**第一線**の隊員は、発電所職員の下着に着替えさせられ、行政部棟の下のシェルターに集められた。発電所の行政部は人々に食事をさせることができなかった。しかし、われわれとて同様だった。隊員に、制服に着替えさせることは成功しなかった。昼の2時まで、服を脱がされたひもじい人々は、シェルターの中でへとへとになっていた。そしてやっと2時に、彼らをバスに乗せてプルィプヤチ消防分隊に搬出する決定がなされ、そこから、だれだれはどこそこへとそれぞれの家へ散っていった。

　もう1つのエピソードも忘れられない。事故の日の17時過ぎ、壊れた原子炉のどこかから濃い煙がどっと上がった。思ったとおり、それは、垂れ下がったケーブルが赤熱の大きな塊に近づいたために起こったのだった。Б・シチェルブィナが議長を務めた政府委員会の会議では、原子炉の火災を消すべきである！との私の結論を実行することが採択された。しかし、結局、そのような企ては、モスクワの確認を待つことに決まった。それで、私とВ・メリヌィク少佐は科学者の結論を待った。そして、一方、В・クッパ中佐は、危険な命令を実行するために、装置と装備一式と2つの部をすでに準備していた。

われわれにとって幸いなことに（そしてわれわれだけでなく）、ついに、「撤退の合図が出された」。

さて、最後に、実際何によってこの大きな事件も終わるのか、ということについて申し述べたい。表彰についてである。残念ながら不注意無しにはすまなかったこともまた、きわめて悔やまれる。表彰状の準備にあたり、おのおのの貢献や、事故結果の処理作業参加者によって行われたさまざまなことがらや、実行された作業の大きさや、リスクの程度が常に考慮されたわけではなかった。それで政令が出た後、少なからぬ同僚たちが彼らの仕事に対する不公平な評価のために失望させられたが、おおむね、多くは人々の注目を集めた。

消防士たちの献身的な労働、偉業というべきにまでに高められた彼らの労働を、私のつらい思い出の数々は決しておろそかにはしないということを、もう1度強調したい。名前を挙げること、われわれの消防の名誉と栄光を形に表している名前を挙げることは可能だ。しかし、私は、注意を払ってしてさえもわれわれの中のひとりでも表彰からはずしてしまうことがありはしないかと恐れて、この仕事を敢行できないでいる。

12年後のまなざし　3

ヴァスィリ・デヌィセンコ
　　内務大佐

原子炉のかたわらの半日

クィイウ州執行委員会の内務省火災警備局技術標準部長だった私は、4月25日から26日に、事務所の当直責任者の任務を与えられた。その日クィイウ州では、民間防衛の演習が公表されたのだが、そのため私は仕事場に23時まで残っていた。そのあと私はイヴァン・コツュラと共に家に帰った。しかし、休息できないことになった。夜の1時30分に中央火災連絡所の配車係から、チョルノブィリ原発火災についての情報が入ってきた。B・メリヌィク、Л・オセツィクィー、C・ユズィシュインも加わった作戦グループの構成員として、われわれは真っ先にクィイウから事故現場に到着した。3時22分だった。状況は理解しがたいものだった。私は4号発電ユニットへ車で乗り入れる道路のことも、火災のときに最も危険な技術的ユニットのことも、火災の自動的検知や消火のシステムのこともかなりよく知っていた。要するに、少なくとも1983年までは、わたしにとって4号発電ユニットには特別な秘密はなかった。私は組立作業とテスト作業の時に居合わせていた。そのときはまた、労働者と国の委員会との協定が調印されたときだった。しかし、あの夜は、なにもかも恐ろしい感じがした。機械建屋に近づくことは、管理室の向こうからしかできないようだった。あたりには壊れた建造物の瓦礫の山

が、ひっきりなしに出来ていたからだ。

　われわれは追加の火災偵察を実施し、第1に機械建屋を調べた。というのは、その覆いの上には、発泡ポリスチロールで出来た可燃性の断熱材があったからだ。グループの構成員としては、自主戦時体制消防分隊−2副分隊長のフルィホリィ・レオネンコも参加させられていた。発電所敷地内には、自主戦時体制消防分隊、専門消防分隊、消防義勇隊および火の見やぐら警備の20台の消防車が集結していた。おそらく4時近くだったが、機械建屋の覆いの上での作業を実施したあと、レオニドゥ・テリャトゥヌィコウは状況を報告した。しかし、まもなく彼は医療衛生部に送られた。放射能の危険性の胸騒ぎが増した。

　何時間かの後、最初の放射線監視員たちが来た。彼らは、原子炉部の近くにいた人すべてに、敷地内から出て部屋の中にいるように命じた。火災警備隊員の一部は管理棟の防空壕に退避し、一部は残って当直を勤めた。残念ながら、誰も、放射線から身を守るどんなものをも持っていなかったし、個人用の線量モニター計器もなかった。しかし、これについては、実を言えば、だれも考えもしなかったのだ。

　発電所の敷地内にわれわれは16時までいたが、その後、プルィプヤチ市の自主戦時体制消防分隊−6に配置換えになった。

　4月27日、プルィプヤチ住民の避難を確保するよう命令が来て、そのために、バスのそれぞれの縦列に、消防車と同行のための隊員が選ばれた。人々を分散居住させた後、支隊は課題を実行した旨報告した。避難は計画通りに行われ、異常な事態は起こらなかった。

　夜に私はウクライナ内務省火災警備局副局長のスタニスラウ・フルィパスと共にプルィプヤチ市にある料理店に夕食をとりに行った。そこでは火災警備隊員のための飲食物も手配されていた。料理店のサービス係は、まだ避難していなかった。夕食後、スタニスラウ・アントノヴィチ（フルィパス）が率先して、発電所における火災の状況を知るために、壊れた原子炉の上をヘリコプターで飛んだ。彼の言によれば、原子炉の中では、暗桃色の炎が荒れ狂っていた。状況は緊迫しており、かつ、不可解なままだった。クィイウとの連絡は、放送局を通じて、あるいはチョルノブィリ地域で首都からの長距離連絡が開通したときだけ、やっと電話で実現された。

　4月28日午後に、火災警備の総合部隊はチョルノブィリへ配置換えになった。一方、プルィプヤチ市の消防分隊−6には、支隊の当直員だけが残った。私は22時ころにプルィプヤチを出発した。まだチョルノブィリの火災警備本局代表のＢ・ルブツォウに手紙を送る仕事があったからだ。次の日の朝、原発の敷地内にいた全員を地区の診療所での血液検査に引き渡すよう指図が来た。クィイウからわれわれのところにバスが到着して、隊員の一部がイヴァンキウ地区の病院で検査を受ける、ということが取り決められた。Ｃ・フルィパスは私を30人のグループの長に任命し、決定どおり全員を届けるように委託した。

イヴァンキウ地区へ向かっているとき、われわれのバスは国家車両検査所の職員に止められて、衛生処置を通過するように言われた。衛生処置拠点は、周知のように、ベレゾブィ（カバノキ）林に開設されていた。このときここには、ウクライナ内務副大臣、内務省党委員会書記官およびその他の責任ある職の人々がいた。衛生処置の後、私は彼らのところに行って、われわれのグループの着替えをさせるよう命令を出して欲しいと頼んだ。回答は短く、次のようだった。「審議するには及ばない。衣服を風の中で振り払って着用せよ。」

われわれはイヴァンキウの地区病院に隊員の一部（圧倒的にプルィプヤチ市からだった）を残して、自分たちは火災警備局に連絡して、ドゥィメルに出かけた。ここでシャワーを浴び、スポーツ着に着替えた。真夜中ころクィイウへ出発した。そしてすぐに、ジョウテニ病院へ。そこで何回かシャワーを浴び、われわれは常設の施設で寝るよう勧められた。しかし、ほとんどの人はあちこちの自宅に帰っていった。5月2日になってやっと、われわれはウクライナ内務省の軍病院に収容された。

4月26～29日……なんという4日間。負けたのだ。生命が。未知に立ち向かうという脅迫の中で、万に一つの運命のやさしさを期待した1時間は、何に値するのだろうか？

❖ 文学作品より

スヴィトゥラナ・イオヴェンコ
「爆発」（詩の一節より）

＊＊＊
何も考えずに暮らしてきた、
はてしなく暮らしてきた、
だが、爆発がわれわれをとらえる――
　　　　火事だ！
庭は目を見張る花のよそおい、
心さわぐ、
鳴り響く風の中で、――
　　　　火事だ！
まだ夜が暁の塔の上に
夢うつつの詩人たちを引き上げ、
　　　　怠け者たちはうとうとし、
われわれの空想は

　　　　　　街道の上できりがなく、
目は火を追跡する——
　　　　　すべてを！
無思慮、
無気力、
怠け心、
己が無作法
（自殺のことだ）
社会の無力、
国家のくだらなさ、
誰があそこで
　　　　誰に
　　　　　不満なのか？！
見よ、自らを！——
丸さを、
眠さを、
自らの市民性に
限りない小ささを、
開けていない、無限の、
精神の原野に、——
心臓を打たせよ
　　　　　火事に！

　＊＊＊

走り去る！　逃げる！
烙印をおされた人々、ときには。
上になる人、下になる人、
汗する人、
四つんばいになる人——
走り去る、逃げる
無用のものすべて、祖国のない人、
走り去る！……
民族は——守られる。
彼らは——
　　　　知らない、

あの人々を
　　　　　大地が死の中に置き去りにしたのを！

　＊＊＊

大地はカモメの声で叫んだ。
　───息子を、守れ！　守れ！
母は悲しみのイコンとともに言う。
　───行きなさい、息子よ。誰？　もしやおまえか？
天が燃え上がった、十字架になって落ちた。
　───息子を、守れ！　守れ！
妻が出て行った、無言のやさしさで。
　───行きなさい、いとしい人。誰なの？　もしやあなた？
……そしてもう、息子はいない。夫はいない。
何里も耕されていない原野だけ……
肩を並べて、痛みと勇気が現れた。
精神と意志、天と地。

　＊＊＊

私は感じる、知る、知る力がなくても。
邪悪な草が死の汁を放ったということを。
死の原野に死者の母が出て行く。
そしてカモメの叫びをよみがえらせる。

───息子よ、息子、わが血を分けた子よ、
私はおまえを昼となく夜となく見つめている！
おまえは来ない───せめて夢に現れて、息子よ、
幼いその顔で私を一目見て欲しい。
私はおまえを、幼いおまえを、ゆりかごでゆすった
おまえが煙の中に吹き飛んで消えるなどとは思わずに、
あんなにもたくさんの息子たちを大地に与えるなどとは思わずに、
おまえ、私の、息子、ただ一人の！

……私は感じる、知る、知る力がなくても
草はどこ　───行かないで　───森が起き上がる！

夫を失ったものが太古の原野に刈りいれに行く、
柴の束を作るのではなく、とめどなく涙を流すために……

——愛するひとよ、わが安らぎよ、わが希望よ、
私はあなたを夜となく昼となく見つめている！
あなたは来ない——せめて夢にあらわれて、いとしいひとよ！
ぴったり寄り添おう——せめて夢の中で！
わたしはあなたを車の両輪のように
愛したのではなかったか？
わが悲しみ、帰ってきて、いとしいひとよ！
あなた、わたしたちのかけがえのないひとよ！

……私は感じる、知る、知る力がなくても
ヒバリは紙つぶてになって大地に落ちた。
子供は黒い花を摘みに行った——
黒い風が小さな手をいっぱいにした……

イヴァン・ドラチュ
炎の十字架
　　詩「チョルノブィリのマドンナ」より

　　＊＊＊
隠すな！　わたしを火から隠すな！
おお夜よ、私に一夜の休みを！　私を一日休ませて、昼間よ！
どこにも行かない私は、黒毛の馬
炎のような十字架が私に追いつく。
熱い。空全体が赤々と燃え、
そこから火の露が落ちる。
空は引き裂かれ、思いも引き裂かれ、
おそらく、死にかけている。
その炎の十字架は、わが息子の上で、その中で、燃えている。
わが息子は、火の輪の中であかあかと燃えている。
原子の釘が手に突き立てられているから……
唇が地獄の苦しみに燃えているから……

私はその中に行こうと試みるが、たちまち
それは想像も出来ない世界の向こうへ走り去る。
私は息子を引きとめようとするが、たちまち
火の吹雪が彼を苦しめる。
私は彼を探し、彼は私を探し
火のかたわらで光輪からあふれ出し……
そのとき私は彼から立ち去り、そして彼は
私の後を追いかけて十字架と結ばれる。
どこにも行かない私、黒毛の馬のよう。
あの炎の十字架が私に追いつき、
フクロウがなき、ひづめがおどろきの音をたて、
涙で壊れた道が寸断されて、
突き刺され苦しい涙で釘付けにされている……
永遠の磔の道の上で私たちは……
＊＊＊
融けたアスファルトの火山岩。
炎が煮えたぎる。煙がよごす。
そして言葉はかってに破られている。
　　　　　死ななければならない、まだ若いのに！

夜鳴き鶯が光り輝き、月がさえずる。
火は狂ったように鼓動し、
心臓が赤々と燃える。
　　　　　死ななければならない、まだ若いのに！

プルィプヤチの静けさに響くひき蛙のコーラス……
凶悪な時間のおろかさの中で臭い煙がはきだされる。
若者の命によって、もう一度助けられた世界が、
愚かにふるまう、せめて上のほうは賢くならないものか。

無限の混沌のために、出世と賞のために、
あたかも戦争のときのように、
世界中のおろかなアカデミー会員たちが知恵を求める。
永遠なる若者のいのちを代償にして……

ヴォロドゥイムィル・ヤヴォリウシクィー
死の開口部で
小説「世紀末のヨモギのマリア」より

　爆発のために粉々に飛び散った屋根に、アスファルトがあふれ、地面へと溶け出した。罪深い世紀の黒い涙のようだった。
　原子炉の廃墟から、火柱や、蒸気や、床と天井の壊れた破片や、ぎらぎら光る管や、炎をあげる黒鉛の破片が、空へと飛び出していった。火柱は幻想的な打ち上げ花火のようだった。原発の本体や、ヤナギや、両岸に漁師の静かな焚き火のある川を険しく照らしつつ空に上り、町の建物の端や、「悪魔の車」（遊園地の観覧車）の半円や、古い小舟のある人気のない岸辺を照らす……。
　火柱は、1.5キロメートルの高さで消え、その上部には、かがやく球ができ、まるでこの奇怪な木の幹を自分の中に吸い込んでいるかのようだ。その中では、何かがかき混ぜられ、かき集められ、立ち上がっている。それはまるで、血で染めたような、淡紅色の巨大な作り物のモミノキのような姿をして、夜の大地の上で自分を支えている。無風の夜。この柱は立っている。天と地の間で、低くもならず高くもならずに。まるで自分の大きな根をどこに張るべきか、ためらっているかのようだ。
　……消防分隊からは、サイレンを鳴らし、濃青色の光を放つ閃光式信号灯をともして、最初の消防車がとびだす。急停車する。私服のベルベットジーンズと、ブレザーコートの下にモダンなスタンドカラーの白いシャツを着たままのフルィホリィが、かろうじて、大きなブーツとヘルメットを着用して、運転席にとび乗る。消防車のステップから、彼は指令を出す。
　――ソブコ中尉！　残りの乗務員を集めて。発電所へ。無線で連絡！
　小さな扉が音を立ててしまり、最初の4台の自動車が、人気のない大通りを、町の向こうの原子力発電所のあるところへ向かって疾走した。
　フルィホリィはタバコを吸い始め、がむしゃらに任務をこなし、運転手に言った。
　――あわれな結婚の夜は短い。昔の人は賢いことを考えたものだ。
　その運転手はハンドルを持つ手に火傷をしていたが、隊長が意気盛んで、まるでゲームか学校の遠足ででもあるように振舞っているということだけはわかった。これがすでに現実なのだ。車がコンクリート道路にとび出したとき、運転手はようやく力を抜いて答えた。
　――消しましょう。隊長。石油燃料基地だ。燃え上がった。注意して。ぬれた袋で覆うのだ。放水するぞ。さあ。上々だ。

　……繰り出し式のはしごを伝って、ヘルメットをかむった消防士たちが、爆発でこわれたブロックの壁にのぼった。黒鉛の炎がヘルメットを不吉に暗赤色に染めている。

火の炸裂音や蒸気のしゅうしゅういう音を通して、すっかりかすれた消防士たちの声が聞こえてくる。
　──行け！　行くのだ！
　──ホースを締めろ！
　──早くスリーブをつなげ！
　──熱いタールがカラーに入った！　放射線なんか知るか。タールが焼きついた！ 厄病神め！　火だ！　タールだ！
　──水をくれ！　お前のホースの水は出たか、ヴォロジコ？　俺のをやろう。ほら消すぞ！　これは、すでに原子炉の壁の上端に跳び移ったフルィホリィ・ムィロヴィチの声だった。
　ドゥムィトゥロは消防士たちに、原子炉の大穴に入り込むな、火をＡブロックから遮断しろ、と叫ぼうとするが、のどは痛そうな叫び声をあげるのが精一杯だった。彼は広場のようなところに立っている。作業服の上ポケットから、ぎらぎら光る鉛筆型線量計が落ちて、階段を転げ落ちていく。
　ドゥムィトゥロの手は壁の裂け目を感じとり、指はとがった出っ張りにつかまる。そして彼は、ゆっくりと足で立ち上がり、咳をして、空気をつかもうと努力する。耐え難いむかつきがやってくるからだ。しかし、放射性ヨウ素は、苦しみをいっそう強める。
　原子炉のふたが崩れ落ち、黒鉛の棒がむき出しになる。壁の上端であたふたしている消防士たちが炎を消そうとして、黒鉛の火の大穴に水を注入している。彼は開口部越しにそれを見る。
　──おまえたち何をしている？！　自殺行為だ。蛮勇だ。彼は全力を振り絞った。彼の声は叫んでいた。とその時、声が聞こえてきた。かすかに、訴えるように。──放射線だ！　くそっ！　３号から火をちょん切れ！　さん・ごう・から・だぞう！
　原子炉のコンクリートの壁は、鈍く、最後のことばを投げて、石の混じった瓦礫を放出した。
　ドゥムィトゥロは力なくクレーンにそってぶら下がっている。手すりを手でつかんで、長い間宙吊りになり、転げ落ち、出っ張りにぶつかりながら、また体がゆがむ。彼は吐きそうになる。のどは焼け、頭がぼやける。
　壁につかまりながら、緊急電話の屋根にやっと着いて、レバーからラッパをはずし、受話器を持たずに太いひもにぶら下げたまま叫んだ。
　交換手さん！　伝えて・くれ！　原子炉の屋根が……壊れて無くなっている……埋まっている。空気中には、放射性の蒸気……ウラン……黒鉛……ガスが出ている。ゾーンの中の放射能は致命的だ。直接の被曝は……
　受話器は手から滑り落ち、彼は電話ボックスの中でくずれるように倒れる。彼の手は黒ずみ、顔は土気色になり、目だけがきらめいている。──だがそれは、事故の火

が一瞬廊下に燃え上がったからだった。

7人
（叙事詩からの抜粋）
ボルィス・オリィヌィク

　　＊＊＊
　——しりぞけ、サタンよ！　——私は世界に向かって3回叫ぶ、
私はおまえの凶暴な予言をかろうじて信じなかった、
作業服の6人は、法衣をまとっているかのように、ほこりの中から立ち上がる、
彼ら使徒による輝きの中で原子炉は消えてゆく。

伝説に現れ、また退く
新約の預言者たち。
彼らの法衣は防水布、
彼らの後光はヘルメット。

彼らの瞳は千の太陽になって
光の力をもたらす。
鉛の霊屋でさえ
その行く道をさえぎることは出来ない。

見よ、彼らの顔を！
……あいつ、赤いケナガイタチは、まずはおびえて言う。
——知っているくせに、ずるいやつめ、
私はこの世に生まれてからこのかた
太陽を見ることは出来ないのだ。

だが……そういうおまえは、
千の太陽よりも、もっと明るく、光を発し、見る者を焼き払う。

おまえは自分の罪を覆いかくし、
ふたたび勇者たちを自分の前につれだす。
今でもおまえはわかっていないのか、ずるがしこいやつ、

おまえ自身そのおかげで永らえているということを？
勇者たち——彼らは例外。彼らは——特別。
例外規則はもう一度断言する、
おまえたちはなんとまあこんなにもいやしく転落したことよ！

　　＊＊＊

あの光には国境も立入り禁止も関係ない。
その光は軍服にも、皮膚にも、灰にも、侵入する。
そして悲しみで黒ずんだチョルノブィリに重苦しくやってくる、
ろうのように、コンクリートの石棺のなかに滲んでいきながら。

そして残忍なその手指は指し示す、
4号炉の後ろにはっきりと現れる絶望の境界線を。
そこでは核の冬が白い亡霊となって揺れ動き、
そこでは最後のけだものの足が氷の中に凍りつき、
そのときには人類がなおも……崩れ落ちていく。

——踏みとどまれ、人々よ！
雷が鳴っている、破滅のかなたから
殺せ、衰退を！　解放の壁は、失われたとりでの上に立ち上がる、
最も新しいあなたがた6人の勇者、その血と肉の輝きを表している開放の壁！

第3部

あからさまに そして 完全に秘密に

上からのやり方

　チョルノブィリ惨事に関連して、国際的レベルで一連の専門管理班がつくられ、そこに、事故結果の処理について指図する機能が置かれた。すでに、1986年4月26日の午前中に、事故原因の全面調査の政府委員会が、ソ連邦閣僚会議副議長Б・シチェルブィナを先頭にして形成された。この委員会は、爆発の原因の調査に加えて、惨事の規模を決定することや事故結果を局所化して処理することに関して、そして住民への健康保護と全面的支援の供与に関して、措置を講じて実施しなければならなかった。

　政府委員会の仕事は、問題の複雑さと予想のつかなさと、このような状況における経験のなさとによって生じた極端な条件下で行われていった。はじめ委員会は、プルィプヤチに陣取ったが、4月29日にチョルノブィリに移った。放射能の危険のある作業条件を考慮して、その構成メンバーは、周期的に入れ替えられた。チョルノブィリで交代制の委員会を直接指導したのは、ソ連邦閣僚会議副議長のI・スィライェウ、Л・ヴォロニン、Ю・マスリュコウ、В・フスィェウ、Г・ヴェデルニコウ、それにソ連邦閣僚会議軍務副局長のЮ・セメノウだった。このメンバー交代制委員会の活動は、いつもその委員長のБ・シチェルブィナが統制した。

　すでに学者と専門家の最初の結論と評価によって、事故の性質が異常であることと、医学的および生態学的影響が重大であることが証明されていた。この状況のため、経済的および科学技術的対応を含んだ、全国的な即時かつ広範囲な措置が要求された。

　モスクワにおいて、4月29日から、チョルノブィリ原発事故の後処理問題について、ソ連邦共産党中央委員会政治局作戦グループが作業を開始した。その先頭に立ったのは、ソ連邦共産党中央委員会政治局メンバーのM・ルィジコウだった。

5月18日、事故後処理の全作業を、ソ連邦中型機械省に委託することが決定された。これは動力・電化省が熱電供給発電所と水力発電所同様、原子力発電所をも管轄するためにとられた措置だった。

その日、発電所に、中型機械省のE・スラウシクィーが来た。そして、作戦スタッフが働き始めた。それには、さまざまな研究所、組織、省、部局が加わっていた。

中型機械省はまた、壊れた原子炉の上に、特別な保護のための物体「掩蔽構造物」を作る問題をも委託された。

政府委員会は、4月27日12時に、プルィプヤチ住民の即時避難について決定を下した。4月26日夕方までに、地域の境における放射線レベルは、1時間当り100ミリレントゲンに達していたからである。避難はその日の14時に開始された。まだ4月26日から27日にかけての夜のうちに、町には1,500ヶ所へ行く1,100台のバスと、3輌の特別な鉄道列車が急遽集められていた。

事故後の最初の日々に、放射能状態の悪化に関連して、委員会は、チョルノブィリ原発近くの10キロメートルゾーンから住民を避難させる決定を決議した（期間は、5月2日18：00～5月3日19：00）。

5月4日に、ウクライナとビロルーシの居住区を含む30キロメートルゾーンからの住民の段階的避難が開始された。

ソ連邦共産党中央委員会政治局の作戦グループでは、最初の会議の1つにおいて、クィウの放射能状況とそこの住民の予測される被曝線量についての問題が審議された。ソ連邦保健省の専門家たちは、ウクライナの首都の放射能の状態は、その住民にとって危険であると証言した。

一般的に言って、チョルノブィリ原発の事件は、膨大な数の人々が、その生命と健康への直接の危険ともども無理に連れ出されるという、極端な状況の例である。その上、事故処理作業者だけでなく、広範な住民層に関する問題がある。彼らは、大なり小なりの放射線被曝の影響と、客観的な情報や基本的な防護策がないことからくる、長く続くストレスとを体験しているからである。

汚染スポット地図

チョルノブィリ原発敷地内とそれに隣接する区域における放射線状況の管理は、原発外部の放射線監視業務と発電所民間防衛の支部とが実施した。しかし事故後の最初の時期、この職務への準備の低さのために、チョルノブィリ原発は管理されなかったし、放射線状態の変化に対応するための、正しい情報に基づくいっそう高度な組織も作られていなかった。

事故を起こした発電所を支援するため、1986年4月26日14時ころ、最初の官庁間専門家班がプルィプヤチに到着した。その班はただちに、放射能状態の検査を開始した（動力・電化省、保健省、ソ連邦国防省の代表者）。4月26日のおわりまでに、プルィプヤチの放射能レベ

ルは14～130ミリレントゲン／時になり、4月27日の朝には、180～500ミリレントゲン／時になった。4月27日の夜近くには、それはさらに激しく増大し、市のさまざまな地区で、400～1,000ミリレントゲン／時に達し、場所によっては、1.5レントゲン／時にまで達した。

チョルノブィリでは1986年5月1日に、24ミリレントゲン／時だった。放射線管理の仕事の調整を改善する目的で、ゾーン近くの放射能検査の確保についてはソ連邦国防省化学軍主任の義務、その境界を越えたところについてはソ連邦国家水質・環境管理委員会の義務とする決議が、4月29日に採択された。すでにチョルノブィリ原発工場敷地のガンマ線放射の最初の出力線量測定は、1,000レントゲン／時までの値を記録した。チョルノブィリ原発の工場敷地と建物と部屋および覆いの天井の除染の程度については、放射能の状況は改善されて、被曝線量率の値は、1レントゲン／時まで減少し、さらに徐々に低下した。

10キロメートルゾーンの境を越えた近接域の初期の放射能の最高レベルは、ソ連邦国家水質・環境管理委員会の観測網と航空機材によって、クィイウ州とジュイトムィル州の区、ビロルーシのゴメリとモギリョフ、ロシアのブリャンスカヤ、トゥリスカヤ、カルジスカヤ、オルロフスカヤの各州で記録された。

ソ連邦国家水質・環境管理委員会の最初の報告（1986年4月27日）に、北および北西方向への気体の流れ（放射能レベル2～5ミリレントゲン／時）の長さは40～50キロメートル、幅は15～20キロメートルであったと報じられた。また、その後さらに、事故域の空気の塊の広がりが、北および北西に予想されるということも指摘された。4月28日、気象状況全般に関する状態が変わり、事故域の空気の塊の移動が東方向と、さらに北向きの回転をともなった南東方向に生じた。

ガス－エアロゾルの流れの効果と地域的な汚染の決定が可能になったあとの1986年5月3日に、最初の汚染地図が政府委員会に提出された。

1986年4月30日から5月7日までの航空撮影の結果により、国のヨーロッパ領域全体の放射能レベルの地図が作られた。

毎日実施された航空撮影と測定の結果は、1986年5月10日までに準備されたガンマ線被曝の被曝線量率の基本的な総括的地図になった。この地図は、住民の避難を実施するための基礎になった。

ソ連邦保健省と国家水質・環境管理委員会の提案により、この時期の接収ゾーンとしてはガンマ線被曝線量率が20ミリレントゲン／時までの地域が、避難ゾーンとしては5ミリレン

トゲン／時までの地域が、子供および妊婦の一時的避難を厳格にする管理ゾーンとしては3〜5ミリレントゲン／時の地域が採用された。

Cs（セシウム）137、Sr（ストロンチウム）90、Pu（プルトニウム）240による放射能汚染地域の最初の密度地図は、ソ連邦国家水質・環境管理委員会による居住区内の大規模測定シリーズでの記入と、相当する領域で1986年6月に行われた航空ガンマ分光測定の撮影に基づいて準備された。

汚染地域の著しい広さと、その「しみのついた」構造を考慮に入れて、その後引き続きこの最初の地図は細部が検討され、いっそう明確にされた。

アカデミー会員の臨終の告白

政府委員会にはソ連の学界の大御所たちも入った。彼らの課題は、惨事を局所化するためのすみやかな措置を実行することにあった。彼らの中に、今日広く知られているアカデミー会員のヴァレリィ・レハソウ（レガソフ）がいた。彼はクルチャトフ名称原子エネルギー研究所の初代副所長だった。チョルノブィリの爆発のちょうど2年後、この学者は、1つの解きがたい秘密をこの世に残して、みずから人生を終わらせた。死の前にヴァレリィ・レハソウは手記を書いていて、チョルノブィリ悲劇の「解剖」の意味づけを試みていた。そこでは、「これについて語る私の義務」という表題の下に、この学者の死後の世界の、決着のつかない様子が予見されていた。この手記は、事故直後のチョルノブィリ事件および原子力産業一般の問題に光を当てていることに加えて、消防士たちの行動を専門的に評価している点でも、われわれにとって価値がある。この学者は、消防士たちのまれに見る勇気だけではなく、高い専門職性についても指摘している。

B・レハソウの手記から

私は人生において、50年を生きたまさにその時点で、回想録を書き上げることになろうと考えたことは1度も無かった。しかし、あのような事件が起こったのだ。あのような規模、そして矛盾した興味を持ったあのような多数の人々の参加があり、どうしてそれが起こったのかについて、あれほどたくさんのさまざまな解釈のある事件だ。これは、私が知っていることについてや、起こった事件を私がどのように理解したり見たりしたかについて、何らかの程度で語るべき私の責任がある事件であろう。

1986年4月26日、土曜日で、良い日だった。私は大学の自分の研究室に行くべきか（土曜日は私の通常の出勤日だ）、朝の10時に定められている党の農場の活動に行くべきか、あるいは全部やめて、妻のマルガリィタ・ムィハイリウナや友人と共に、どこかで休息して時間をつぶすべきか、思いをめぐらせていた。もちろん自分の性格から、そして年来の礼儀正しい習慣から、私は党の農場の活動に行った。

その活動開始の前に、私は、チョルノブィリ原子力発電所で事故が発生したということを

聞いた。われわれの研究所が属している総管理局の局長が、これについて私に知らせた。いまいましげではあったが、充分落ち着いて知らせてきた。

　報告が始まった。率直に言って、報告は形式的なおもしろくないものだった。われわれの部局ではすべてすばらしく、良い実績で計画された課題が実行されているという言い方に、われわれはすでに慣れていた。報告は、勝利者の戦況報告の性質を持っていた。原子エネルギー産業が到達した大成功によって、これを賛美する歌をうたいつつ、報告者は早口で、チョルノブィリ（チョルノブィリ発電所は動力・電化省に属していた）で何かの事故が起こったと言った。「あそこで何か良くない事故のようなことが起こったが、原子エネルギー産業体制の発展途上に影響はない・・・。」

　12時ころ中止が発表された。私は2階の研究者秘書室に上がった。そこで政府委員会が作られ、私もそのメンバーに入るということを知った。委員会は午後の4時にヴヌコヴォ空港に集合しなければならない。私はただちに自分の研究室に行った。そこで、だれか原子炉の専門家がいないか探してみた。やっとのことで、部長を探し出すことができた。その人はチョルノブィリ原子力発電所に設置されたРБМК原子炉の発電所を立案して指導した、オレクサンドゥル・コスチャントゥィノヴィチ・カルヒンである。発電所から夜に「1、2、3、4」というシグナルが来ていたので、彼はすでに事故のことを知っていた。このシグナルは次のことを意味した。すなわち、発電所において、核、放射能、火災、そして爆発、すなわちすべての種類の危険状態が発生したのだ。

　研究所を後にして、すぐ家に帰った。妻は大急ぎで仕事からもどった。私は、出張に出かけるが状況はよくわからない、どのくらいの期間になるのか私にはわからない、と言った。

　ヴヌコヴォ空港で私は、政府委員会のリーダーはソ連邦閣僚会議副議長のボルィス・イェウドクィモヴィチ・シチェルブィナに決まったことと、彼は燃料エネルギーコンプレックスの事務局長であることを告げられた。彼はこのとき、モスクワ市のはずれで、党の農場の活動をしていた。彼が来るとすぐに、われわれはすでに準備されていた飛行機に着席して、事件現場に車で出かけるための出発地となるクィイウへ飛ばなければならなかった。

　飛行の間、会話は不安に満ちていた。私はボルィス・イェウドクィモヴィチ（シチェルブィナ）に、1979年にアメリカ合衆国で起こった「スリーマイル島」の事故について話した。最も確実なのは、この事故をもたらした原因が、装置の構造が原理的に違うため、チョルノブィリ事件には何の関係もないということだった。議論したり推測したりして、飛行の時間が過ぎた。

　クィイウで飛行機から出たとき、まず目に入ったのは、政府の黒い自動車が行進する大きな集団と、不安そうなウクライナの指導者の集団だった。彼らは正確な情報を持っていなかった。しかし、事態は悪い、と言っていた。われわれは急いで車に乗り、原子力発電所に向かった。白状するが、私にはそのとき、われわれは地球規模の事件、おそらく永久に人類の歴史に刻まれるような事件、ポンペイの滅亡か何かそのような有名な火山噴火のような事件に向かって前進している、という考えは起こらなかった。

発電所はチョルノブィリという名称であるが、その市街地から18キロメートルはなれて設置されており、非常に緑豊かな気持ちのよい田舎である。その町は、そのような印象をわれわれに与えた。そこでは、静かで落ち着いた平凡な暮らしが続いていた。しかし、プルィプヤチではすでに不安が感じられた。われわれはただちに、中央広場にある町の党委員会の建物に近づいた。ここでわれわれは地元組織の指導者と会った。発電所の4号発電ユニットで、自由な運行体制で運転中のタービンプラントの臨時テストが実施されていたが、その最中に、連続的な2度の爆発が起こったことが知らされた。原子炉室の建物が破壊され、何百人もの人が、放射線の作用を受けた。2人が死亡し、ほかの人たちは町の病院に入れられたこと、4号発電ユニットの放射能レベルは非常に複雑であることもまた報告された。プルィプヤチにおける放射能レベルは、本質的に正常値とは違うが、人々にとって非常に危険だというものではなかった。

　政府委員会はその会議のやり方が特別エネルギッシュで、率いていたシチェルブィナは、ただちにすべての政府委員会メンバーをグループに分けた。各人が自分の課題を解決しなければならなかった。

　私は、事故を局所化するための措置をいかに遂行すべきか、という課題のグループの先頭に立つことになった。

　われわれが発電所に近づいたときの空の様子は驚くべきものだった。発電所からまだ8～10キロメートルも離れているのに、深紅色の火事明かりが見えた。原子力発電所は、その建物や、目に見えるものは何も流れ出ていないパイプのために、非常に清潔できれいな建造物として知られている。しかし、ここに急に、鉄工所か巨大な化学企業のように、深紅色の火事明かりの空が発電所の上に現れた。すぐに、発電所の指導部とそこに居合わせていた動力・電化省の指導部が、全体として矛盾した振る舞いをするのが目に入った。ある側面からいえば、職員の多数と発電所の管理者と動力・電化省の指導部は、大胆に行動した。1号と2号発電ユニットのオペレーターたちは、自分の持ち場を放棄しなかった。3号発電ユニットの従業員たちも、自分の場所を放り出さなかった。4号でも、さまざまな任務が遂行される準備態勢にあり、何かの人をさがして何かをまかせることが可能になっていた（そしてそれらは実行された）。しかし、どのような命令を与えるべきか、何をまかせるべきか、どのように正確に状況を評価すべきか？　4月26日の朝8時に、政府委員会が到着するまで、意味のある計画は存在しなかった。すべてのことを、委員会がしなければならないことになった。

　まず、3号発電ユニットが原子炉停止の命令を受け取り、冷却され始めた。1号と2号発電ユニットは、その内部の部屋がすでに充分高いレベルに放射能汚染されていたにもかかわらず、運転され続けた。1号と2号発電ユニット内部の汚染は、事故の瞬間にすぐには解列されなかった換気が流れ着いたことと、チョルノブィリ原発敷地の汚れた空気が、1号と2号発電ユニットの室内に入ったことによって起こった。

　Б・シチェルブィナはただちに化学軍を呼び出した。ピカロウ将官を先頭に、非常に機動的に到着した。またヘリコプター部も呼び出した。ヘリコプター操縦士のグループは、アン

トシキン将官が指揮をとった。ヘリコプターを飛行させ、4号発電ユニットの状態を外から調査し始めた。最初の飛行のときに、原子炉は完全に破壊され、原子炉室を密閉する上部のプレートはほとんど垂直の状態になっているが、まだたしかに存在しているのが見られた。それはかろうじて持ちこたえているようだった。原子炉建屋の上部はすっかり破壊され、機械建屋の覆いや敷地は、黒鉛のブロックのかけらやそのこわれたもので汚れていた。破壊の性質として、容積の大きな爆発が起こったのだと、私は理解した。原子炉の噴火口から何百メートルかの高さに、白い燃焼生成物の柱がたえず上っていたが、おそらく黒鉛だろう。一方、原子炉空間の内側には、別の大きな強い深紅色の発光のかたまりが見えた。この際、発光の原因が、黒鉛ブロックが赤く輝いているのか、それとも黒鉛が燃えているのかを明確に言うことは困難だった。というのは、黒鉛は白っぽい化学反応生成物と炭素酸化物の合計とを均等に出しながら燃えるが、一方、空に反射した色は、燃えている黒鉛の温度や黒鉛ブロックの強い輝きによるものだったからである。

われわれ皆が第1に心配した問題は、原子炉またはその一部が活動しているかいないか、つまり、短期寿命の放射性同位元素の生成過程が続いているかどうか、ということに関する問題だった。最初の測定は、あたかも強い中性子放射の存在を証明しているかのような状態であった。これは原子炉が動いていることを意味しているのかもしれなかった。私は装甲車に乗ってそこに近づき、それらがないことを確かめることになった。

4月26日の夕方までに、域内への水の注入について、可能性のあるすべての方法が試みられたが、それらは何の効果ももたらさなかった。高温の蒸気の生成に加えて、さまざまな輸送の通路を通じて、水は近隣のブロックへ溢れ出した。

消防士たちは最初の夜、機械建屋の火災中心の処置をした。それは非常にきびきびとして、正確な作業だった。消防士の一部は、新しい火災中心が生じないか、見たり待ったりするための場所に立っていたので、高い当量の被曝をしたのだ、という人たちが時々ある。これは違う。機械建屋の中には、オイルや発電機の中の水素や、火災ばかりではなく3号発電ユニットの破壊につながりかねないたくさんの爆発原因の源もあったので、起こりうる事故の拡大を局所化するために、彼らは最初の正確な措置を確保したのだ。この具体的な条件における消防士たちの行為は、単に英雄的であっただけでなく、正当であり、手落ちなく、効果的であった。

4号の破壊されたブロックのクレーターから、エアロゾルガスの非常に強い放射能の流れが出ているのがわかり始めたのはいつか、という次の問題があった。黒鉛は燃えた。そして、その1つ1つのかけらは、相当高い量の放射能源になった。やっかいな課題が生じた。黒鉛の通常の燃焼速度は1時間当りおよそ1トンである。4号発電ユニットには、およそ2,500トンの黒鉛があった。それゆえ、通常の燃焼が240時間続けば放射能は広い領域にひろがる可能性があり、そこでは、さまざまな放射性核種の集中的な汚染があるはずだった。

効果的な行動が許されるのは、放射能があるという状態のゆえに、空中の、それも原子炉の上200メートルより低くない高さのときだけになる。水や泡やその他の方法を用いて、伝

統的な方法で黒鉛の燃焼を終わらせることの出来るうまい技術はなかった。伝統的でない解決法を探す必要が生じた。われわれはこのことについて考え始めた。われわれはいつものようにモスクワと相談しなければならなかった。モスクワの電話のそばには、原子エネルギー研究所の同僚で動力・電化省の専門家であるA・アレクサンドゥロウがいた。早くも翌日には、たくさんの電報がついた。赤く燃えている黒鉛に関する外国の権威からの提案で、さまざまな物質を用いるいろいろなバリエーションがあった。

温度安定装置についての審議と相談の後、2つの組成が選ばれた。鉛とドロマイトである。

政府委員会が解決すべきいっそう重要な問題は、プルィプヤチ市の運命についての問題だった。4月26日の夜、そこにおける放射能の状態は、大なり小なり標準に近かった。それは1時間当り1ミリレントゲンから、1時間当り10ミリレントゲンであった。もちろんこれは不健康な状況ではあるが、まだ、何らかの考えの余地があった。医療は指示書によって行為に制限があり、もし民間の住民にとって1時間当り25生物学的レントゲンを受ける危険が存在するなら、その場合にだけ開始されるような避難にあわせるように決められている。被災地域に1時間滞在した場合に75生物学的レントゲンの被曝をする危険が生じたときは、必然的に避難が開始される。25から75レントゲンの間の場合は、避難の決定を決議する権利は、地方組織にあった。このような条件を前提にして議論が続いた。

物理学者たちは、事態はよい方向には向いていないことを予感し、必然的な避難を主張した。医学者たちはこの際物理学者たちに譲歩したかのようだった。4月26日の夜10時か11時ころに、ボルィス・イェウドクィモヴィチはわれわれの議論をきいたのち、われわれのプログラムを信頼して、必然的避難についての決定を採った。

避難は翌日に行われなければならなかった。遺憾ながら、この情報は口頭で建物の入り口でふれたり、掲示したりという方法で伝えられた。そして、多分、全員には届かなかった。それで、4月27日の朝、町の大通りには、乳母車を押して行く母親たちや、大通りで遊んでいる子供たちや、一般的な普通の日曜日のくらしを見ることが出来た。

朝の11時に、全市が避難の対象になるということが公式に発表された。14時までにすべての必要な乗り物がすっかり集められて、通行のコースが決定された。避難は、普通でない条件のため、いくつかの誤算と不正確さがあった中で行われたにもかかわらず、かなり静かに、速やかに、正確に行われた。たとえば、1,000人もの数の市民が集団をなして、個人の車に乗って避難させて欲しいという要望を持って政府委員会に言いにきた。多少の検討の末、そのような許可が与えられた。とはいえ、これはおそらく正しくなかった。車の一部は汚染されていたし、それらの汚染度のレベルをチェックする線量計測点と洗浄場は、それよりおくれて組織されたのだから。しかし私は、避難は市の汚染レベルがまだ高くないときに行われたということをくり返し言っておきたい。実際、事故のときに当該の発電所にいなかった約5万人の市民は、誰も、自分の健康にとっての本質的な何らかの損失を体験しはしなかった、ということがあとでわかった。

その後の方策は、国家水質・環境管理委員会の班や、ピカロウ将官の班や、発電所の班や、

物理学者の班によって組織される、より綿密なモニターに向けられた。同位元素の性質が、いっそう綿密に研究された。軍の線量計測班はよく働いたが、同位元素の性質と放射能の分配の性質についての最も正確な情報は、被災地域の研究室における詳細から得た。決定を採択するときは、われわれは彼らのデータを基礎にした。

　最初の日は、状況は何もかも常に変動していたということがわかった。空気のかたまりの動きの性質が変化したことと、原子炉に落ち込んだ物体を「吐き出していた」4号発電ユニット領域におけるほこりのためだった。

　この時間経過の間の、個人的印象を若干述べておこう。

　発電所の職員について。われわれは、何らかの条件において何らかの行為の用意の出来た人々に出会った。しかし、作業を計画したり組織したりするといった、この状況においてなすべきであった行為は、何もなされなかった。ここでは、発電所の所有者や動力・電化省の責任者へどんな働きかけをすべきか、何もわかっていなかった。あらかじめ教えられたり学んだりしてきたことの中や、簡単に思いつくそのバリエーションの中に何もなかったのだ。情勢を見極め、不可欠の行為を遂行する機能を、政府委員会自らが持たなければならないことになった。

　些細なことに対してさえ、大あわての感があった。当初、委員会がプルィプヤチにいたとき、防毒マスクや個人用線量計や、非常に欲しいというわけではないが「鉛筆」のようなものが、全員のための必要数を満たしていなかったことを私は思い出す。

　発電所には、半径数キロメートルの放射能の状態に関して、自動的にデータを電送する自動外部線量計測装置がなかった。それで、多人数の人間を調査作業に組織しなければならなかった。線量計測用計器を装備した無線制御の飛行機がなかった。それで、測定と調査の作業のために、多数のパイロットとヘリコプター操縦士が必要になった。せめてもの当たり前の衛生設備も、当初はなかった。プルィプヤチ市では、すでに4月27日、28日、29日に住宅はかなり汚染されていたが、ソーセージ、きゅうり、ペプシコーラや果汁のガラス瓶などの食品が運ばれたとき、これらはすべてすぐに室内にならべられ、ここで人々はそれらを素手でつかんで刻んだりした。これはもっと後のことになるが、数日後、多かれ少なかれすべてが標準化したとき、衛生条件に合致した食堂やテントが出現した。その条件は、はなはだ初歩的なものであるが、それでもそれによって、手や何らかの汚染が見てとれる食物を管理しうるものだった。5月2日、政府委員会がチョルノビリにいたとき、域内にムィコラ・イヴァノヴィチ・ルィジコウとイェホル・クズィモヴィチ・リハチョウが着いた。彼らが到着したことは大きな意味があった。彼らは、チョルノビリ地区の党において会議を行った。われわれの報告から（主な報告者として私が報告した）、それらは何らかの事件ではなく、予想される困難な作業が長期にわたるような、大規模な事故であることは明らかだった。

　報告のあと、われわれが状況を説明し、皆がそれなりの理解をした後、将来の全期間にむけての作業を組織するスケジュールや、この作業の規模や、すべての部局とわが国の企業がそれらにどのように対応するかを決めるという、最も重要な決定が採択された。ソ連邦の全

企業を動かし始めているＭ・Ｉ・ルィジコウの指導の下に、作業グループが作られた。

　軍隊についていくつか。軍の仕事量は非常に大きかった。化学軍はまず、調査の仕事と、汚染地域の決定にかからなければならなかった。軍隊は、発電所そのものの中でも、30キロメートルゾーンの中でも、居住区や道路の除染のために働くことになった。兵士たちは、プルィプヤチ市の除染という大きな作業を行った。

　私は、軍の専門家や兵士やあるいは軍人ではない人が、何か自分の仕事を怠ろうとしたり、苦しくて危険な仕事に無理やり引きずり込まれていると感じていたりしている場合の目撃者になったことは1度もない。おそらくそのような事例というものがあるにはあったであろうが、私は1度も見る羽目になったことはない。私自身、かなり危険な4号発電ユニットの部署に、何回か行ったことがある。私は人々に彼らが働くことになる条件を説明して、自発的に私の手助けをしてくれる人と一緒に仕事をしたいと言った。そして、これを言われた誰かが、隊列からはずれたり、進んで行うことがなかったりするようなことは1度もなかった。

　情報の任務について。わが国には原子エネルギー供給公社と医学の出版社と協同組合「知識」があるとはいえ、住民に速やかに適用されるべき既成の文献はなかった。また、どの程度の線量を受けることが人々にとって比較的ましであるのか、どの程度が非常に危険であるのか、つまり放射能が増大している地域においてはどのように振舞うべきかを、人々によくわかるように説明するための既存の文献がなかった。何を測定するのか、どのように測定するのか、くだものその他をどのように扱うべきかについて、正しい提言を与えるための文献が必要だった。たくさんの、分厚くて、文法的に正しくて、専門家にとって正しい本があったが、今まさに必要な小冊子やパンフレットが、国内には実質的になかったのだ。

　もしかしたら、どのような「側面」によって私がこの歴史に入り込んだのか、どのようにそれに結び付けられたのか、どのように歴史と原子力エネルギー産業の発達の質を理解したのか、そしてどのように今私がこれを理解しているのか、ということについての何がしかの個人的な意見を述べることが出来る、今まさにその時になったのかもしれない。われわれの誰かが、ほんとうに率直に、そして正しく、その原因を述べたことはまれだった。

　私は、Д・Ｉ・メンデレーエフ名称モスクワ化学技術大学の、技術物理化学部を卒業した。この学部は、原子力産業の技術部門で働かなければならない専門家、主に研究者を準備した。つまり、アイソトープを分離できること、放射性物質を使った仕事ができること、鉱石からウランを抽出できること、それを必要な濃度にもっていけること、それから核燃料を作りだせること、すでに原子炉の中にあって有用な生産物を生産するための強力な放射性成分を含んでいる一方、危険で有害な成分も同じように出しているような核燃料を加工できること、それらを圧縮できること、それらが人々を害することがないように埋めるなどできることが求められた。また、放射能源のどの部分を国民経済のために、あるいは医学のために応用すべきかなども含めて、私はこれらの専門的問題の分野で訓練を受けた。

　その後、私はクルチャトフ大学で、核燃料加工部門の証書を授与された。アカデミー会員

のＩ・Ｋ・キコインは、私に大学院に残るように言った。彼は私の卒業研究が気に入っていたのだ。しかし、私と友人は、将来われわれの研究の対称になるこの部門における確実で実質的な技能を得るために、ある期間ある原子力企業の部門の1つで働くことにしていた。およそ2年、私はこの工場で働いたが、その後、あのクルチャトフ大学の大学院に「引き抜かれた」……。

　私は技術プロセス系を研究した。博士候補になり、その学位論文の公開審査を受けた。ソ連邦科学アカデミーに選ばれた。仕事の科学的部分に対して、国家の賞が指摘された。これらすべては、私の職業上の活動である。その活動にむけて、幸運にも、良い学歴と理解をそなえた関心のある若い人々を引き寄せることができ、今までこの化学物理部門を発展させている。

　おそらくこの部門の活動の成功が注目されたのだろう。私は大学の副学長になった。これにより、私の学問上の機能は、個人的な科学研究に制限された。今までの、また今もある任務分担として、化学物理や核化学の課題や、技術サイクルのための核およびプラズマ源の使用の課題があった。Ａ・アレクサンドゥロウがソ連邦科学アカデミーの総裁に選ばれたとき、彼は私を最初の研究所副所長に推薦した。

　原子力エネルギー産業のどの部分がどんな理由から、国のエネルギー産業に一般的に参画しなければならないのか、私には興味があった。特定の目的を持った決定によって、どのようなタイプの発電所を建てなければならないのか、どのようにそれらを合理的に使用すべきか、それらは電気エネルギーだけを生産すべきか、それともその他のエネルギー源ことに水素をも生産すべきか、などに関連した研究システムを組織するのに成功した。水素エネルギー産業は、私の特別注目する対象になった。これらすべては、原子力エネルギー産業につけ加えられた、普通ではない問題だった。

　核エネルギー産業の安全の問題は、世界のさまざまな分野の市民レベルの議論において、鋭い対立点があった。それで私は、原子力エネルギー産業が自らの中に抱えている現実の危険性を、他のエネルギーシステムの危険と対比することに興味があった。これによって私はまた、主として、原子力産業に代わるエネルギー源における別の危険性を探し出すことにも関心を持った。

　研究所の科学技術会議では、原子エネルギー産業の発展の概念的な問題は充分に検討したが、原子力産業の質またはその原子炉の質や燃料の質というような技術面に目を向けることは、非常に少なかった。これらの問題を、科学技術会議は審議した。にもかかわらず、私が手に入れた情報は、原子力エネルギー産業発展の仕事にとって、全部が良いとは思われなかった。見たところ、われわれの装置と西側のものとは、たとえばその基本理念などの違いは基本的に小さく、ある問題においては、われわれが彼らに先んじてさえいた。しかし、信頼できる操作のシステムや診断のシステムに偏りがあった。アメリカ人のラスムッセンは、原子力発電所の分析を行い、そこで、起こりうる事故の原因になるすべての不具合の源を探し出し続け、それらを体系づけ、事件の確実な評価と、どのような可能性と共にその事故は

出口につながるのか、たとえば外部への放射活性の問題に至るのか、ということを評価した。われわれはこれについて外国の情報源から知った。これらの問題を適切に立ててよく調べるという集団を、私はソ連邦の中で見たことがなかった。わが国で原子力エネルギー産業における安全について最も活発だったのは、B・スィドレンコだった。彼のやり方は、私にはまじめなものに思われた。彼は、発電所の稼動と設備の質と時々起こっていたその不具合に関連した全貌を、実際に知っていた。しかしながら上層部は、彼が次の3つのやり方でこの不具合を除く努力をするように仕向けた。第1は組織的な措置、第2は発電所や設計者の側の書類の改善システム、そして第3に彼が便宜を図って状況管理監督組織をつくること。

発電所に設置された設備の質について、彼とその支持者は大きな不安を持っていた。原子力発電所を設計し、実現させ、運転する人員の教育と訓練をどのようなものにもっていくかについて、最終的には、われわれは皆いっしょに心配になり始めた。対象となる施設の数は急激に増大したのに、この専門的なことにたずさわる人員の訓練の水準は低下していたからである。この問題の周辺では、B・スィドレンコがリーダーだった。残念ながら彼には専属の支援がなかった。文書類はまちまちで、個々の措置が困難と共に与えられた。

心理学的な解釈はできる。われわれが働いていた部局は、何かの操作に直接関係している人々の、最高の資質と最高の責任という原則の上に成り立っていたからだ。資格のある人々の手の中で、われわれの装置はほんとうに期待通り、かつ運転において安全であると思われた。原子力発電所の安全性向上についての心配は、不自然であるように見えた。高い資格のある専門家のいる環境だったし、彼らは安全の問題を特別な専門的レベルと職員の指令の正確さによって解決していると固く信じられていたからである。

人的資源のかなり大きな量が、原子力エネルギー産業には直接関係のない計画を作ることに費やされた。核燃料製造の生産施設や金属学施設の計画がつくられ、大量の建築資源が、部局のテーマに何の関係もない施設をつくるために費やされた。かつて国の中で最も強力であった科学の組織が弱体化し始めた。現代の設備による装備の水準を失い始め、職員は老化し始め、新しいやり方にすこぶる合わなくなった。作業のリズムは徐々に慣れが支配し、問題を解決するときも慣れが支配するようになった。私はこれらすべてを見たが、真に専門的にこの過程に介入するのは困難だった。一方こういうことに対して出された一般的な文書は、敵対的に理解された。専門家でない者が何らかの自分の理解を押し付けるというようなことは、容認される可能性がないに決まっていた。

自分の仕事を理解していた資格のある技術者の世代は増加したが、装置そのものや、その安全システムに批判的に向き合うことはなかった……。疑惑が私を苦しめた。というのは、私の専門的な見方からすれば、何か新しいことをしたり、横へ避けることを試みたり、別のことをすべきであるように思われたからだ。

私は非常に危ない橋を渡っていた。私は10の科学研究上のプロジェクトをすすめなければならなかった。そのうちの5つでは、完全な失敗を体験した。これによって、私はおよそ2,500万カルボヴァネツィの国家的損失をひき起こした。それらはそもそもの始めから正し

くなかったから消え失せたのではない。それらは魅力があり、興味深かったが、次のようなことが判明した。つまり、必要な資材がなかったし、特別なコンプレッサーや特別な熱交換器などの立案にかかわる組織がなかった。その結果、それらの設計の実現のための魅力ある考えは、非常に高価でありかさばることがわかり、実施すべきものとしては採用されなかった。

10のプロジェクトのうち2つは、遺憾ながら、そういった原因に基づく当然の運命を待っている。一方、3つのプロジェクトは、大いに成功している。つまりわれわれは、よいパートナーを見つけたのだ。そして、実施された3つの仕事のうちの1つは、（それのためにわれわれは1,700万カルボヴァネツィを費やしたのだが）、毎年かなりの利益をもたらし始めた。それは剰余と共に、あの2,500万の、今まで成功しなかった科学研究への費用をカバーした。しかし、私の仕事におけるリスクの程度は非常に高く、50～70パーセントだった。

原子炉の方向性においては、このようなことを経験しなかった……。

伝統的な原子炉を建設することについて、私は何か少ししか興味がなかった。もちろん、その時期におけるその危険性の程度を、わたしは予想していなかった。不安の感覚は残ったが、そこには「クジラたち」がいた。私にとって、彼らが災難を許すとは思われない、そのような偉大な経験ある人々だ。西側の装置とわれわれのとを比較して、私は次のように結論した。すなわち、現在の装置の安全性に関連した問題が少なからずあるとはいえ、それらは、膨大な数の厄介な物質と炭酸ガスの層を伴って空気中に放射能を捨てる、伝統的なエネルギー産業よりは危険が小さいという結論である。

РБМК原子炉についていえば、それは出来の悪さが専門家の間で注意を引いた。安全の見地からというより、取り扱われかたが悪かった。それは審議のときには、かなりよいものとして選ばれるということさえあった。РБМК原子炉は、経済学的な点から見て、出来が悪いとみなされていた。つまり、燃料費が大きい点、資本の消費が大きい点、その建設の工業的基礎の点においてである。化学者としての私は、この装置に大量の黒鉛とジルコニウムと水が装荷されるということもまた心配だった。並みではない、極端だ、と私には思われる状況において働く保護システムも、不完全に設計されており、私は心配だった。すなわち、オペレーターだけが、変換器による自動または手動によって、緊急防護の棒を扱うことが出来たのである。機械は良くも悪くも働くことが出来たが、装置領域の状態に従って特別な操作をしたオペレーターから独立しているような、他の保護システムはなかった。専門家たちが設計者に、緊急防護システムを変更するように提案したということについて、私はたくさん聞いていた。しかし、これらの提案は反故にされはしなかったとはいえ、非常に悠長に検討された……。

М・ルィジコウは、6月14日の会議で、チョルノブィリ原発の事故は偶然ではなく、原子力エネルギー産業は、確実に起こりうる重大事件の前に突き出されたのだとする自分の考えを述べた。そのとき私自身は、彼のこの考えを、このように明確に表現することは出来なかった。しかし、これらの言葉は、それ自体の正しさによって、私に一撃を加えた。私はす

ぐに、ある原子力発電所の事件を思い出した。この原発では、主要なパイプラインの継ぎ目を溶接する際に、正しい溶接がなされなかった。この仕事の「マイスター」は、かろうじてそのうわっつらを加熱して、単に電極を置いただけだったのだ。恐ろしい事故、すなわち、大きなパイプラインの破裂や、冷却材の完全な喪失や、炉心部の溶融その他をともなうBBEP装置（軽水型動力炉）の事故が起こる可能性があった。職員が教育を受けていて、注意深く、正確であったのはよかった。穴があることはオペレーターによって明らかにされたが、それは顕微鏡では見えないのだ。事態がどのようにして起こったのか、調査が始まった。そして、これはかなりありふれた、間の抜けた失敗であることがわかった。書類の見直しが始まった。そこには必要な署名はすべてあった。すなわち、継ぎ目を良好に溶接した溶接工や、もともと存在しなかった継ぎ目をチェックしたとするガンマ線探傷士の署名すべてである。これらの仕事は、よりたくさんの継ぎ目を溶接すべきであるという作業能率の名の下に行われていた。このような初歩的な失敗は、われわれの空想に一撃を加えた。その後、多くの発電所において、類似の部分のチェックが行われた。どこもかしこもすべて悪かったわけではなかった。

　送油その他の重要な補給路にたびたび穴があき、仕切り弁の働きは悪く、РБМК原子炉の諸々の管は故障する。どれも、毎年生じていた。トレーニングについての10年ごとの話し合いや、設備の状態を診断するシステムを作ることについての5年ごとの話し合いは、単なる話し合いに終わり、何もなされなかった。原子力発電所を運転していた技術者その他の職員の水準が徐々に低下していったことが思い出された。原発の建物をたびたび訪れた人は皆、出来の悪い普通の建物よりもっと悪いこの責任ある施設で、どのように働くことが出来るかを頭でつかんだ。われわれはこれらすべてを個々のエピソードとして覚えていたが、M・ルィジコウが、原子力エネルギー産業はチョルノブィリに行き着いた、と言ったとき、私の目の前にこれらすべての絵が現れた。私の目の前に、原子力発電所建設の分野で起こったことすべてを、非常に具体的にかつ非常によく知って理解していた、われわれの研究所の専門家たちが立ち現れた。

　自分の性格的特長のせいだが、私はこの問題をいっそう注意深く研究したり、いっそう活発なポジションをあちこちに占めたり、新しい世代のもっと安全な高温ガス炉とか溶融塩炉が必要であると言ったりし始めた。これは、例のない憤激の波を呼び起こした。彼らは、これはまったくの別問題だ、私は無知だ、自分だけの仕事の中に埋没している、原子炉の1つの型を他のものと比較することはまったく出来ないのだと言った。状況はそのように複雑だった。代わりの原子炉について、こっそりと仕事がなされ、ひそかに有効な改善がなされ、そして最も悲しむべきことに、まじめな、客観的な、科学的な、物の真の状態の分析は何も準備されることがなかった。事件のすべての鎖を組み立てることも、起こりうるすべての不具合を科学的に分析することも、それらをどのように回避するかの方策を探すこともできなかった。

　チョルノブィリ事件の直前には、このようなことすべてがさらに進行した。しかも、種々

の部品や原子力発電所のプラントの準備を委託された企業の数は増加した。
　アトムマシュの建設が始まった。そこには若者がたくさんいた。工場建設は非常に不出来だった。自分の専門性を習得しているはずの専門家の水準は、低いままだった。これは、発電所においても、同じだった。
　チョルノブィリ発電所を訪問した後、私は1つの結論に達した。この惨事は、原子力の神格化の上に10年の長きにわたって実践された、わが国のすべての正しくない経済運営の頂点である。もちろん、チョルノブィリにおいて起こったことには、抽象的ではない具体的な責任者がいる。この原子炉の防護を操作するシステムに欠陥があったことや、これについて科学研究者たちがいくつかの提案を受けたり、いかにこの欠陥を除くべきかの情報を得たりしていたということを、われわれは今日すでに知っている。設計者は緊急の追加作業を望まなかったので、保護システムの修正作業を急がなかった。われわれはまた、チョルノブィリ発電所そのもので、長年にわたって実験が行われていたこと、そのプログラムは異常な不注意さで拙速に組み立てられていたこと、起こりうる状況を何1つ見込んでいなかったことなども知っている。設計者と科学上の指導者の考えによって無視されたことがらについてもまったく同様で、すべての技術的体制を実行するための正当性は、たたかいとらなければならないことになった。計器やプラントの状態に注意することや、計画的に予定された修理に注意することは何もなかった。ある発電所長はあからさまにこう言った。「いったい、あなたは何を心配しているのですか。原子炉というのはサモワールですよ。これは火力発電所と比べれば、単純すぎるくらいです。われわれのところには経験豊かな職員がいて、1度も何事も起こったことはありません。」
　事件の小さな鎖を追跡するとき、なぜある人はそのように行い、他の人はあのように行ったかなどと調べるが、唯一の責任者や、犯罪にいたらしめた事件の発端を名指しすることは出来ない。われわれは、閉じた円の中にいるからである。オペレーターたちは間違いを犯した。というのは、実験をかならず終わらせたいと思ったからである。彼らは実験を「名誉の仕事」とみなしていた。実験の計画は、この作業にたずさわる専門家たちもそれを承認していなかったほど、きわめて悪質に、表面的に立てられていた。
　私のところの耐火金庫には、事故の前の、オペレーターの電話のやりとりのメモが保存してある。それらのメモを読むと、からだが震える。1人のオペレーターがもう1人に電話で尋ねている。「ここのプログラムには何をなすべきかが書いてあるが、そのあとたくさん消してあるのだけど。ぼくは何をしたらいいのだろう？！」話し相手は少し考えてから言う。「きみはその消してある部分にしたがって働くんだ。」原子力発電所のような、あのような施設における重要な書類の準備のレベルは、この程度のものだ。誰かが何かを消した。オペレーターは、正しく消されたのか、誤って消されたのかを解釈することが出来た。自分の判断で働いても良かった。しかしすべての責任の重荷を、オペレーターにかぶせることは出来ない。その計画を立てた人がいて、その中に書かれたことがあって、これらすべてにサインした人がいて、それを調べなかった人がいるのだから。発電所の職員が何かの行為を独立に

なしえたという事実自体、専門家たちは承服できない。これはすでに、この発電所の専門家の相互関係の欠陥である。一方、発電所には、国家原子エネルギー監督局の代表者が居合わせたが、実験の本質を知らず、計画を知らなかった。これは発電所の歴史には残されていない事実である。

　ふたたびチョルノブィリ事件にもどろう。空軍や、ヘリコプター班は、非常にきちんと働いた。これは、高い組織性の模範である。袋に砂を詰めよという命令があった。地区政権は、袋や砂を準備するための充分な人数を、すぐに動員することがなぜか出来なかった。そして、私は、隊員の若い将校たちが、砂の入った袋をヘリコプターに積み込み、飛び、それらを的に投げ落とし、ふたたび引き返し、この作業を繰り返していたのを自分の目で見た。私の記憶に間違いがないとすれば、数字は次のようだった。最初の1昼夜に10トンが投げ落とされた。その後の2〜3日に、100トン、そして、最後に、1昼夜に1,000トンが投げ落とされたと、アントシキン将官が夜に報告した。5月2日までに、実質的に原子炉は「塞がれた」。そして、この日から、第4胃（4号発電ユニット）からの放射性同位元素の全般的な放出は、目立って減少した。
　5月9日ころ、われわれには、4号発電ユニットは呼吸を止め、燃えるのを止め、生きているのを止め、外見上落ち着いたように思われた。そしてわれわれは戦勝記念日を祝して、夜にこの日を祝いたいと思った。しかし、残念ながら、まさにそのとき、われわれは、4号発電ユニットの内側に、大きくはないが深紅色のかたまりを発見した。鉛や他の物質をつけて投げ落としていたパラシュートが燃えているのか、それとも、何か別のものか、見分けるのは困難だった。砂や粘土やそこに投げ落とされたすべてのものが燃えて、赤いかたまりになっていた。祝日はおじゃんになった。そして、原子炉の穴に、80トンの鉛を追加で入れることが決められた。この後、発光はおさまった。
　あの大変な日々に、すでにそのときに、われわれは矛盾した意気高らかな気分を持ったように思われた。それは、われわれがそのような悲劇的な出来事の後処理に参加していることに関係しているのではなかった。悲劇性は基本的な背景だった。すべてがその上に行き着くのだった。確かな気分の高まりを作ったのは、人々がいかに働いたか、われわれの依頼に対して彼らがいかに迅速に応えたか、さまざまな技術の変形がいかに速く誤算したかということであり、また、あの現場でわれわれはすでに、壊れた発電ユニットの上に丸屋根を建設するという最初の案を出し始めたということだった……。

疎開避難

　政府委員会とウクライナ閣僚会議の決定に従って、クィイウ州とジュィトムィル州の放射能汚染地区住民の避難が、段階的に実施された。最初に、プルィプヤチ市住民の避難についての決定が受け入れられた。

1986年4月26日20時00分に政府委員会は、ウクライナ共和国内務省作戦グループ（指導者は副大臣のΓ・ベルドウ）に、プルィプヤチ市からの住民避難の、予想される組織秩序について、提案を受け入れて最短期間でそれを実施する計画を立てるよう任せた。

　定められた課題を夜のうちに解決して、ウクライナ共和国内務省作戦グループとクィイウ州執行委員会の避難委員会が出来上がり、次のような事態は解消された。

1. 原発の4号発電ユニットにおける事故は、休日の前日に起こった。役所や企業や組織の管理職も含めて、多数の住民が郊外の地区へ出かけていた。それで、必要な予定を立てるための、企業や公共事業の動員計画を迅速に準備する可能性がなかった。

2. 避難のための集合場所をつくることは、民間防衛の計画によって予測されたように、かなりの時間を要求した。そして必然的に、膨大な量の人が公共の土地にたまることになった。こういうことすべては、交通機関に乗せるときに、パニック的気分をもたらす恐れがあった。そのほかに、段階的な住民の運び出しは、直接的な放射線影響を与える恐れがあった。

3. プルィプヤチ市におけるこの時点での放射線レベルは、1時間当り0.5～1.0レントゲンだった。そして、人々ことに子供が町を勝手に移動するのは、きわめて危険だった。

　これらの場合を考慮して、内務省作戦グループは、民間防衛の計画によって予測された避難の実施秩序を断念して、避難のための集合場所はつくらずに、住宅の玄関から直接実施することが適切であると考えた。

　そのような決定のために、あらかじめ避難の対象となる人の正確な人数の計算を実施し、自動車輸送縦列のはっきりした行動決定をしなければならなかった。

　これには、プルィプヤチ市の内務省民警部に保存されていた居住証明書業務のデータその他の書類が使用された。居住証明機関の職員や民警の地域調査員や国家車両検査所その他の業務の職員からなるグループによって、4月27日の夜に、すべての必要な計算が完了し、1つ1つの玄関ごとに住んでいる人の数が確定し、市内164の建物それぞれに対する特別な図面が作られた。そのほかに、遅滞と渋滞の予防に、建物まで車で乗り入れる道路地図と、人々を乗せる乗り物の発送の図が作られた。

　同時に、市内は（住宅維持管理事務所と内務部の地区代表委員の数にしたがって）便宜上5つの地区に区分された。避難の計画を直接実行するために、玄関と特別計画住宅の数によって、玄関あたり1～2人の計算で、民警の職員の絶対必要数が決められた。各々の地区には、内務省、内務省部局の職員と、プルィプヤチの内務省民警部民警の地区調査員の中から長が任命された。また同様に、ポータブルラジオ局の必要数が計上された。それによって、地区の警備司令官と内務省作戦グループに、実際の兵力と機材による移動局が保証された。

　地区ごとの作業命令の割り当ては、内務省部局社会秩序保護部部長のΠ・ビロウスと、プルィプヤチ市内務省民警部副部長のЮ・ポミンチュクが実行した。

　同時に、分散移住地域の人々の搬送と割り当ての問題が解決し、医療用品・機器類の確保についての措置と、市民の秩序保護の予定が立てられた。

4月26日から27日にかけての夜に、クィイウ市とクィイウ州の自動車企業は、バスと貨物用の車の隊列を、事故の地区へ差し向けた。運転手への放射線作用と交通手段の汚染を許さないこと、原発敷地内に到着した特殊な機械をスムーズに確実に通行させることなどが必要だった。そのため、特別な指令によって、避難用輸送手段は、イヴァンキウの居住区とチョルノブィリの間の迂回路と野原の道に集められた。
　4月27日の7時00分までに、1,100台のバスと船に乗せる200台の自動車が到着し、また、ヤノウ駅には1,500座席の2両のディーゼル列車が編成された。
　その時までに、副大臣のヴォシュキン民警部少将は、事故現場に着いたウクライナ共和国内務省の設備と、クィイウ州執行委員会の内務省部局と、クィイウにあるソ連邦内務省高等教育機関など、総数およそ800の一般人の総合部隊を準備体制にもっていった。彼らは、地区の管理責任者、検問所の主任、作戦援護部隊などの間に振り分けられ、市民を分散移住地へ送るために編成された。そのほかに、ウクライナ共和国内務省に1,000人の隊員の予備隊が直接集められ、情勢の複雑化の場合にプルィプヤチ市に出発する準備がなされた。
　避難者の分散移住は、民間防衛本部の計画に従って、ポリシケとイヴァンキウ地区の居住区で実施する予定になった。
　政府委員会により4月27日14時00分の避難開始についての最終決定が採択された後、内務省作戦グループは完成したプランに従って、措置の実行に着手した。
　12時20分に、副大臣のЮ・ヴォシュキンと社会秩序保護局局長のО・ヴォイツェヒウシクィーは、地区の主任および作業命令の代理と主任に指示を出した。また、13時00分には、避難実施のために任命されたすべての隊員に指示を出した。法秩序を必ず厳しく守ること、市民には親切で丁寧な態度をとること、いかなる紛争状態も許されないことなどに、特別の注意が向けられた。
　13時10分に市のラジオを通じて、プルィプヤチ市ソビエト執行委員会の、避難についての知らせが放送された。（これは、内務省作戦スタッフ職員によって準備された。）この前に、内務組織の職員たちはすでに出口の境界線に呼び出され、フラット単位の巡回を始めていた。彼らは住民の数を数え、居住者リストを確かめ、住民に避難のスケジュールを説明した。人々は、窓とバルコニーを閉じ、日常生活の電気器具のスイッチを切り、水道とガスのコックを止め、個人の必需品と貴重品と書類を持ち出すように言われた。
　一方その間、国家車両検査所の特別自動車にともなわれて、バスの列が町にはいった。
　乗り入れに際して、交通手段が地区に振り分けられ、次に民警の職員たちがそれを住宅の玄関まで運んだ。№1地区には280台、№2は320台、№3は200台、№4は261台、№5は150台のバスが保証された。その他に、内務省作戦グループの指令のもと、100台のバスが予備の交通手段とされた。避難させられる人々が乗り心地悪くならないように、バスは座席と家族の構成員数を計算して、満席になるようにはからわれた。
　避難は驚くほどきちんと組織的に迅速に終わった。（これは、その日に専門家によって指摘されていた。）しかし、バスの必要数の計算が非常に多めになされたので（100台のオー

ダー)、このことは、バスの無用な汚染とウクライナ全土への放射性元素の運び出しをもたらした。かなりの数の運転手が、放射線被曝を免れなかった。

30分ごとに、内務省作戦グループは必要なデータを受け取り、パニックと無秩序の発生に警戒しつつ、適時に住民に説明する仕事を実行することができた。

13時50分に、市の住民は建物の玄関の脇に集合した。14時に、ここにバスが到着し始めた。玄関に割り当てられた民警の職員は避難者への対応に当たり、縦列形成の場所へ確実に送った。バスに同行する人々は、あらかじめ作成された交通ルートと縦列の集合場所と避難させられる市民の分散居住区の場所の地図を持った。バスには、イヴァンキウとヴィシュゴロド地区に配置された整理地点まで、国家車両検査所の特殊車両も同行した。そこから先、彼らは居住区まで歩いていった。

16時30分ころ、プルィプヤチ市の住民の避難は実質上終わった。

何らかの理由で町に残っている人や、閉まっていない部屋を見つける目的で、18時から20時に、フラット単位の巡回が再度実施された。町に残っていた住民は、内務の地域部局まで送られ、その後避難先の居住区に移された。

内務省作戦グループの指揮者Γ・ベルドゥの指示により、避難措置の実施と同時に、プルィプヤチ川の船の運航が中止され、旅客輸送のためのヤノウ鉄道駅が閉鎖された。4月27日の18時までに、町の疎開避難は完全に終わった。

プルィプヤチ市内務省民警部の元居住証明課長の思い出：ハルィナ・ポミンチュク

……1986年4月26日10時に、私は都市局長のクチェレンコとともに、州委員会の副書記官マロムジが司会していた市の党委員会の会議に着席した。彼の次の言葉は一生忘れられない。「人々の健康や生命を脅かすような恐ろしいことは、何も起こらなかった。放射能汚染のレベルは、許容基準の範囲内で、市内で計画されているすべての活動に変更はない。」そして、実際にその言葉のように行われた。子供たちは学校に行った。私も自分の娘を送っていった。しかし、子供たちはすぐに軍に呼び出され、市ソビエト委員会に連れて行かれた。たしかに

その時私は、「上級党員」であるという自覚のためにおじけづいていた。だが、早くもその後1ヶ月たった時、娘の頭には頭髪が半分以下しか残っていなかった。

14時00分に市内にバスの縦列が到着し、避難が始まった。すべてが立派に実行された。全員のためにバスの座席があった。乗客リストはきびしく点検された。1冊は主任のバスに残され、もう1冊は作戦グループに残された。

私は第8中等農業専門学校の生徒たちの避難を任された。われわれは彼らをヤノウ駅まで連れて行ったが、そこには長い時間列車がなかった。しかし、子供たちは、駅舎の中で待とうとせず、耐えられないほどの暑さの中で立っていた。そして、われわれが駅ですごした2時間は、明らかに彼らの健康状態に悪影響を与えた（この地区は放射能の影響を非常に強く受けていた）。

避難の後1昼夜たって、市内には多数の高齢者が残っていることがはっきりした。彼らは出て行きたがらなかった。それで、4月30日まで、都市課の職員がプリピヤチ市内で仕事をし、これらの人々のことにかかわったが、やがてそれでも、彼らは避難させられた……。

プリピヤチ市内務省民警部部長の思い出：ヴァスィリ・クチェレンコ

およそ2,000台のバスと膨大な人数の民警職員が動き始めていた避難の過程そのものが、私の記憶の中に残っている。避難に直接かかわったのは、民警のＢ・ヴォロディン大佐だった。市内の放射能レベルが高いことを知ってはいたが、われわれの職員の中には、どこかで離れて立っている者や、他人の背後に隠れる者はいなかった。

市内には事故の後処理に参加していた5,000人の原発労働者と、作戦グループと省や部局の本部が残っていたのだが、そこでの放射線状態の悪化のため、政府委員会は、4月28日に、労働者を郊外の地域へ移し変えたり、休息基地およびピオネールキャンプへ配置したりすることを実行する決定を採択した。作戦グループと本部は、チョルノブィリ市に配置換えされた。同時に、人々の避難を拡大する問題が生じた。

5月3日10時に、10キロメートルゾーンと30キロメートルゾーンの一部の居住区域からの避難が始まった。避難は5月4日に終わった。10キロメートルゾーン内にあった居住区からは、10,770人の住民と、およそ10,000頭の大型有角獣（ウシ、スイギュウ）が連れ出された。

チョルノブィリとポリシケ地区の居住区の多くで高い放射能レベルが続いているので（0.06〜0.03レントゲン／時）、政府委員会は、チョルノブィリ市と30キロメートルゾーン内の居住区から、住民と家畜を避難させる決定をした。避難は5月4日15時30分に実施すると決定された。避難の対象になったのは、およそ27,000人が住んでいた33居住区であった。

チョルノブィリ市に関しては、住民の避難実施に困難がともなった。建物の多くは個人住宅や国家の住宅基金のものであり、道路が狭くて、全市に交通手段を能率的に配置することが出来なかった。このため住民を中央広場と、市の大通りに作った集合場所から避難させるという決定がなされた。

1986年5月6日7時現在、チョルノブィリ市と30キロメートルゾーン（51村）内の居住区か

ら、30,136人が避難させられた。そのうち12,081人はマカリウシクィー地区の17の居住区に振り分けられ、残りはウクライナの他の州に行った。

37,017頭の大型有角獣、8,400頭のブタ、4,400頭のヒツジ、500頭のウマが連れ出された。

5月4日、チョルノブィリ市と地区の村から、国立銀行の部課がクィイウに移され、14の貯金局カウンターと30の郵便局が、陸空海軍後援会の部隊によって運び出された。

避難させられた住民の中には、体調が悪いと訴えた人が1,500人いたことが、保健組織によって明らかにされた。そのうち244人は子供である。189人が「放射線症」の症状を見せ、そのうち19人が子供である。14人の患者は重症であった。

ウクライナの内務省の総合的データによれば、5月8日7時に、30キロメートルゾーンからの住民の避難と家畜の連れ出しが、最終的に完了した。全体として、プルィプヤチ市と居住区から、90,275人が避難させられた。

5月7日、事故結果の後処理目的以外の人と車は30キロメートルゾーンへの立ち入りを禁止する、追加の制限措置がとられた。このために内務組織は、針金の柵を作り、警備用警報装置を取り付け、その土地が放射能汚染されていることを知らせる広報板を設置した。車、装甲車、ヘリコプターの上から、避難させられた住民の居住区のパトロールが実施された。危険区域への通行のためには、通行許可証体制が確立された。

クィイウ州ソビエト委員会の決定に従って、5月14日、ポリシケ地区のヴァロヴィチ村の避難が実施された。940人の住民と1,630頭の大型有角獣が連れ出された。

政府委員会の決定により、5月17日、放射能の状態が6時から17時の間に悪化したポリシケ地区のヴォロドゥィムィリウク村（チョルノブィリから60キロメートル西方）の住民260人が避難させられた。彼らは隣のタラス村とジョウトネウ村に移住させられた。

5月25日に、ジュイトムィル州のナロディチ地区とオヴルツィ地区のいくつかの居住区からの避難の実施スケジュールが決定された。

元クィイウ州内務省部局長の思い出：ヴォロドゥィムィル・コルニィチュク

避難は2〜3日で計画された。そして、人々から悲劇の真の結果を隠すために、「みなさん

は自分の家に数日間とどまっていてください。持ち物は軽いものであっても持ち出さないでください。」と報じられた。プルィプヤチと隣接の居住区の住民は、バスまで、室内用スリッパや部屋着のまま、小銭すら持たずに出て行った。

　専門家たちがわが国の指導者たちに、近々ゾーンに戻ることは不可能である、と報告していたことを私はすでに知っていた。人々はだまされた。必要な血液や、後に手に入ったまだ放射能に汚染されていないものなどを与えられなかった。大目的は、ソ連邦共産党中央委員会に安心してもらえるように、5月の祭日までに避難を実施することだった。

　2〜3ヶ月後になって、人々（まずプルィプヤチの住民）が自宅へ（最も必要な物やことがらのために）帰還するという問題が生じた。ウクライナ共産党中央委員会にも閣僚会議にも最高会議にも、この問題を解決するために指導責任を引き受ける者は誰もいなかった。答えは1つ、自分の判断で行動せよ、ということだった。私は、人々がまだ使えるものなどを集めることが出来るよう、彼らをゾーンに行かせることに決めた。

　9月に、プルィプヤチとその隣接地区の住民が、汚染地域へ入場することについて取り扱うための部署が準備された。たくさんの物を運び出すことを市民に許可することは、残念ながらわれわれには出来なかった。物の「カウント」は3ヶ月たって、放射性核種が蓄積して、許容基準をかなり超過していた。多くの人がヒステリックに、自分の家具やテレビやテープレコーダーを斧で叩き割った。市民をしずめるために、彼らに医学的助けを与えることになった。

　悲劇後1年たって、国民が「墓参り」と名づけている宗教的祭日の前夜に、ゾーンのすべての住民は、自分たちの身近な人々の葬儀の場所にちょっと行って、親の墓を整えたいという希望を示した。私は許可を受けるために、政府委員会と最高会議とウクライナ閣僚会議に行った。すべての場所で、否定的な回答や、すでにそのときうんざりしていた「自分の判断で行動してよい」という言葉を受け取った。

　私は墓地の放射能レベルをチェックするように命じて、許可した場所については、おそれとリスクを自分に引き受けて、人々をふたたびゾーンに入れてやった。地区の元住民による墓の掃除を許可しなかった放射能レベルのところでは、死者に対する義務は、特別な防護服を着た兵士たちが行なった。地区の住民がゾーンの中へ非合法的に入り込んでいったにちがいないということは、容易に想像できる。

　残念ながら、公式の許可をもらった人々がゾーンを訪問するだけではない。ここには、サモセル（勝手に住む人）といわれている人々が住み続けている。民警は彼らをゾーンから1度ならず立ち退かせたが、サモセルの数は、減らないどころか増加すらした。こうして1986年10月3日に、30キロメートルゾーン内の16の居住区に201人が住んでいたのが、1995年3月にはサモセルの数は、828人になっていた。

　人々はこのように苦しい条件にもかかわらず、なぜ残って住もうとするのだろうか。

　特別委員会がこの問題を研究した。この委員会は、1987年10月8日に、この時点で77人が住んでいたオパチュィチ村にやってきた。

話し合いのとき村人たちは、次のように動機を述べて、出て行くことを断固として拒否した。

——オパチュィチ村は彼らにとって祖国である。彼らの両親、祖父母、祖先の大地であり、大祖国戦争のときにも、彼らが勝手に棄てずに耐え抜いた大地である。
——放射線状態は改善している、住民の避難先からの復帰は可能である、との中央の新聞やラジオやテレビの報道がこの年の春にあった。
——放射能研究のデータにより、村内の状態は、人々が住んでいる30キロメートルゾーンの向こうの村（ドゥィチャトクィ村やホルノスタィポリ村）の状態に似ている。
——村には居住の安全確保のために、軍の部隊や軍病院の本部が配置されている。
——そばにはイヴァンキウ、ボロヂャンシカ、ポリシケ地区の集団農場コルホスプが活動しており、オパチュィチの近くに乾し草を蓄えている。また、トロクニ村の魚のコルホスプは、州の住民へ販売するために魚を捕獲している。
——居住者の人体には、地域の放射能汚染が原因であるような変化は、何ら現れていない。集団避難のときに村から出て行かなかった人も何人かいる。
——新しい生活の場所では、暮らしの条件は悪いし、彼らに対する地区政権指導者の態度は無愛想である（ことに高齢者に対して）。
——村の住民の間に、長期間の共同生活によって、友情や連帯感や相互理解が生まれた。それらは、彼らにすべての困難を乗り越える助けをしている。こういったことは避難先ではなかった心理的状態である。

　チョルノブィリ悲劇後の10年を特に取り出して捉えてみたが、放射性核種によって汚染されている地域に住むことは危険である、ということを理解していない住民を、強制移住させることについてのウクライナ法を、民警は持っていない。
　問題はあからさまになったまま残っている。

完全秘密

　ウクライナでは多少の遅れがあったとはいえ、「事故処理作業者機構」の制度も作られた。5月3日、ウクライナ共産党中央委員会の作戦グループは、モスクワと同調した仕事の作業を始めた。
　共和国の指導努力の価値を軽視するわけではないが、多くの書類には容赦なく「秘密」と

か「完全秘密」の印がおされていることに、注意を払う必要がある。その上、これら秘密にされる通達は、せっかちで不正確な、そしてまた正確な行動のための障害物になりうるあからさまに「間違った」情報をもたらすことが多い。その例として、チョルノブィリ原発4号発電ユニットにおける爆発についての、ウクライナ共産党中央委員会のためのクィイウ州委員会の情報を取り上げよう。その原文の言葉（ロシア語）を引用する。

　　No.49c/5　1986年4月26日　ソ連邦秘扱い
　　ウクライナ共産党中央委員会
　　1986年4月26日1時25分、出力100万キロワットのチェルノブィリ原発4号発電ユニットで爆発が起こった。爆発は、予定されていた計画修理の試験中、原子炉停止の30秒後に、続けて起こった。爆発の正確な場所と原因は、今のところはっきりしていない。建造物、屋根、原子炉部の壁の上部、機械建屋の一部が破壊されている。火災が発生したが、現時点では、消防支隊によって局所化されている。
　　強制多重循環回路の回路断絶が原因で、汚水の一部が発電所の敷地にふきだしたと想像される。6時50分の放射能のカウントは、発電所の敷地内で100マイクロレントゲン／秒、プリピャティ市で2〜4マイクロレントゲンである。市の住民にとっての危険性はない。
　　発電所の医療衛生部に43人が運び込まれた。火傷により1名が死亡、3名が深刻な状態にあり、残りの人は検査を受けている。
　　事故に関連して、3号発電ユニットは停止され、1号と2号発電ユニットは定常運転されている。
　　党、ソビエト、州の経済機関によって、爆発結果の処理策がとられている。
　　　　　　　　　　　　　　ウクライナ共産党キエフ州書記　Г・リェヴィェンコ

　党上層部における惨事の状態についての表面的理解は、貯水池の放射能の状態についての保健省の情報の欄外に、В・シチェルブィツィキーの手によって書かれた語句に見える。ドゥニプロウシク地区の貯水池において水の放射能汚染は、1986年5月2日に上昇し、自然のレベルを100〜1,000倍超過している。まさにそれを記述した場所で、ウクライナ共産党中央委員会の第1書記は、「これはどういう意味？」と自筆で書いているのだ。
　不幸なことに、共産党の古くさい計器のせいで、クィイウの人たちは子供を含めて、すでにメーデーのデモに連れ出されていた。
　5月3日に行われた、ウクライナ共産党中央委員会政治局作戦グループの会議速記録（これも完全秘密）にざっと目を通そう。
　　カチャロフスキー同志：「キエフの住民についてはどうしますか？　ヨウ素を与えますか、与えませんか？」
　　ロマネンコ同志：「キエフ市についてはですね。われわれは受け取りました。10日分の

包みを与えています。しかし、キエフの住民のためだけです。イリイン同志は、もしわれわれが今与え始めるなら、与え始めるのが早すぎることになるだろうと言っています。われわれとしては、住民に本当のことを言う必要があります。それから、この問題から身を引くのです。」
リャシコ同志：「明日10時にみなさんは自分の考えと提案を発表してください。われわれが通告するか地域の医師たちが行うか、われわれは委員会と打ち合わせます。」
オルリク同志：「われわれはイリイン同志に同意しました。彼は、住民に今与えることに反対しています。そのうちに進行の度合いが高まるでしょう。そうなったときに与えましょう。10日間服用する必要があります。かれは、後のために残しておかなければならないと言っています。今われわれが与えれば、われわれは先走ることになります。そして、本当に与えなければならないときに、与えることが出来なくなる……。」
グレンコ同志：「ボンダレンコ同志が暗号文を方々へ送付しました。そこには住民と共に仕事を始めるべきだと書かれています。問題はどのように始めるかですが。」
リャシコ同志：「私が彼に指示を与えたのですが、彼は聞き漏らしたまま指示を送ったのです。理解していない指示を。」
リェヴィエンコ同志：「私はこの暗号文を見ましたが、ひどいものでした。」
ロマネンコ同志：「昨日から第4局の外来病院で、放射線監視員と医師が当直を勤めています。全党員は一定の秩序で時間を作って、検査を受けなければなりません……。」

　とうとう！！！
　問題は、党の専従職員の第4局専門外来病院において、彼らを検査することに及んだ。そして、ここではもちろん、何の問題もないのだ。
　この続き？　この続きはまたしても、あいまいさと中途半端な真実だ。

ムハ同志：「不平の訴えがあります。1週間かけてどうにかして連れ出しましたが（明らかに避難させられた人々のこと）、今まで検査はされていません。」
カチャロフスキー同志：「作業予定表を作り、日誌を定め、連れ出した人々をどのように検査するのか、はっきり言わなければなりません。」
リェヴィエンコ同志：「みんなの何を検査したのかを報告することが、最も重要です。うそに対してはきびしく罰する必要があります。」

罰する？　誰を？
　ウクライナ科学アカデミー植物学研究所の生物物理学・放射線生物学部長でアカデミー会員のドゥムィトゥル・フロズィンシキーのつぎの証言で充分ではないだろうか？
　　チョルノブィリ事故が起こったとたんに、私の研究室の計数器は、たちまち放射能の増加を示した。われわれはそのとき、いったい何が起こったのだろう、と問うことしかできなかった。あきれたことに、われわれ放射線学者に何が起こったのか説明する代わりに、われわれの計数器は封印されたのだ。われわれが住民に、事故後の早い時期にいかに振舞うべきかの正しい忠告を与えることが出来るようにというわけだ。チョルノブィリで何が起こったのかは完全に秘密だ、とわれわれは言われた。
　　政権によって無知にされた人々に対して、このようなことが行われたのだ。
　　……さて私の前には、「1986年5月のフィンランドにおける放射能状態についての内部報告、第2号」というパンフレットがある。事故後ほんの数日経過しただけで、フィンランドの人たちはすでに広報の第2号を出していた。その中で、汚染地域の人々はどのように振舞わなければならないかが、白地に黒ではっきりと書かれている。ここにはまた、子供たちをどこで遊ばせてもいいか、いつ、どのくらい、そしてどの地区で家畜を放牧すべきか、何を食べ、何を飲むべきか等々の助言がある。わが国ではこのようなものは何も印刷されていないのだ。そして「秘密」が保たれてきた。そのために、さまざまな風説が流れた。たとえば、ある人は、ヨウ素を小瓶から直接飲み始めた。粘膜が焼かれた。
　　論理は単純だ。つまり、人々はすでに放射線のある量を受けている。パニックにならないように、これ以上は何もしないで、すべて秘密にしておくほうが良い、というわけだ。

　これは何か？　おろかさか？　仮にこれがおろかさであるなら、なぜこれは、おえらいさんたちが自分の子供をクィイウからもっと遠くへと連れ出すことを邪魔しなかったのか。
　わが国の災難の実像にはほとんど触れることのない西側諸国が大騒ぎしないように、いつまで、どの程度まで、全地球的な惨事の規模が隠されていたのかはよくわからない。
　しかし、惨事はさまざまな形をとり、もはや誰もそれを隠すことが出来ないほど、多岐にわたっていった。
　出口はただ1つ、たたかうことだった。そして人々は、気力も健康も顧みずに、自己犠牲の限界のところで、くたくたになって自然の力との闘いを続けた。消防士、軍人、建設工事従事者、民警の職員、技術者、教員、自発的なありとあらゆる専門家、運転手、化学者、医者……。医者を思い出すなら、モスクワの医者につづいてクィイウの医者に注目しないわけにはいかない。彼らは、チョルノブィリ被災者の生命のために、きわめて献身的にたたかった。それに、ウクライナの医師たちの仕事は、まさにあの時、あの無茶な「秘密」のもとでなされたのだし。その仕事は、正当な尊敬に値するだけでなく、今日なお説明がつかないよ

うな驚きでもある。驚くべきことであるとはいえ、唯一個々の事実の上に光を注いでいるのは、ウクライナ科学研究所の腫瘍学・放射線学の系統腫瘍発症科学研究部長であるЛ・キンゼリシクィー教授の次のような話である。

話すことを禁じられた真実

　1986年4月26日、私は放射線学の主任だったが、事故の初期から、私の事故に対する見方は、モスクワによってわれわれに押し付けられた方針とは、激しい不一致を示した。モスクワはかたくなに、そしてひっきりなしに、われわれの中央委員会やわれわれの保健省に、恐ろしいことは何も起こらなかったということを認めさせようとした。すべての障害を迂回して、私はたくさんの医師たちと共に、避難した人全員とゾーンの住民を総合的に検査する組織をつくった。われわれは診断をつけ、ただちに治療を始めた。

　非常に高い線量の放射線を受けていた人の一部は、ただちにモスクワに避難させられた。一方モスクワは、非常に重症の患者が、腫瘍学研究所のわれわれの部局に入院しているということを口外してはならない、とわれわれに命じた。尤もこのことは今ではすっかり知られている。

　モスクワへはそのとき212人が送られたが、そのうち107人は急性の放射線症だった。クィイウのわれわれのところには、常設の施設に115人が入院していた。これはさまざまな人たちだった。消防士、運転手、発電所の職員……。

　重苦しい日々だった。たくさんの空騒ぎは、パニックのせいだった。情報は与えられなかった。電話は足りなかった。ほとんどすべての時間、私はチョルノブィリとプルィプヤチで過ごした。あの暑い夏、家で夜を過ごすことが出来たのは数回だけだった。すでに初期に、危険性はこれについて語ることが許されないほどあまりにも大きい、という結論に私は達していた。分析によって、われわれの体には長期寿命のアイソトープがあることが示されていた。これは、火災や蒸気の噴出が起こったからではなく、原子炉の強烈な爆発が起こったからだ、ということを意味していた。

　すでにそのとき私は、ヨーロッパでもアメリカでも真相を知った、という資料を受け取っていた。アメリカではそのころ、廃墟になった原子炉の恐ろしい写真がかけめぐっていた。彼らは、あまりにも多い――つまり55万キュリーものアイソトープが大気中に噴出し、さまざまな地域に飛散したというデータを持っていた。ちなみにこの数値は、この日までにヨーロッパにおいて得られたものである。わが国の恐ろしい無情報状態からさえ、この惨事についての別の評価が、どこからか流れ出たのだ。

　もっと言えば、少なからぬ人々がその時、真実の評価、真実の情報の中で苦しんでいた。たとえばクルチャトフ研究所のスィニコウ教授は、事故後の夏にすでに、30億キュリー以上噴出したと評価していた。このことのせいで、彼は3年間、精神病院に入った。

　私の診療所に入院していた放射線症患者の115人についてはどうか？　そのような病気の人はわれわれのところにはいないことにするよう、あからさまな指示があった。だがわれわ

れは彼らを治療した。そして、治療はうまくいった。私は自分の大きな成功によって、彼らのうちの114人が今まで生存していることを誇りに思う。死亡したのは、レレチェンコだけである。彼は全身に放射線を受けた。残念ながら、彼を救うことはどうしても出来なかった。

私のところには、患者のレオニドゥ・シャウレィがいた。彼は火に向かってとびだしていった消防士の最初の班にいた。かれは第3級の急性放射線症だった。そしてわれわれは彼を救った。

その年われわれはアメリカの放射線学者で外科医であるゲイルとすばらしい関係を作った。彼は長い間、クィイウにわれわれが骨髄移植した患者がいる、とは思っていなかった。モスクワでしかこの難しい手術は行っていないというように彼は聞いていた。彼は再度モスクワにやってきたとき、クィイウには急性放射線症はない、ということを納得するためにクィイウを訪問した。今でも私が覚えている彼の到着の日付は、1986年6月21日だ。われわれはすでにそのとき、11人の患者に骨髄移植をおこなっていた。われわれのところには、切迫した問題はなかった。骨髄移植を受けた人は、すべて生存している。ちなみにモスクワでは、移植を受けた13人がほとんど全員、すぐに死亡した。

われわれはそのときに、つまり1986年にあらゆることを行ったのか？　残念ながらそうではない。われわれはまたしても、あの情報提供の悪さと当時の政府の有害な政治のせいで、事故の被害にあったすべての人を検診したり治療したりする可能性を持っていなかった。それに、ゾーンの人々はウクライナ全土に分散した。放射分析の検査のためには彼らを探し出さなければならなかった。一方、われわれが自分の自由に出来る線量計は充分ではなかった。このことについて、私はそのとき管理部に言った。私の言うことは聞き入れられて、われわれはすべての線量計を放射線計測の体制に移した。

年々チョルノブィリの問題への関心が消えていき続けていることが、私には非常にいまいましい。あの時起こった惨事が、われわれから離れてどこかに行くことはまったく無いのだ。惨事とそれによってひき起こされた問題は、今なおわれわれと共にある。

じゃじゃ馬馴らし

事故は、原子炉炉心部の部分的破壊と、その冷却系の完全破壊をもたらした。これらの条件のとき、原子炉立坑内の環境状態は、次のようなプロセスによって決定される。
——分裂生成物の崩壊による燃料の残留発熱。
——原子炉立坑内で生じるさまざまな化学反応（水素の燃焼、黒鉛およびジルコニウムその他の酸化）の結果の発熱。
——炉心部をかこんで（事故のときまで）密封していたカバーにできた孔が原因の空気流により冷却が犠牲になり、原子炉立坑が発熱。

事故の拡大を警告し、事故結果を局限化するために、当初は、燃料の状態とそれが時間とともにどのように変化する可能性があるかを判断することに、かなりの努力がむけられた。

このためには、次のような研究を実行することが必要不可欠であった。
——原子炉立坑内にある燃料の、（残留発熱による）溶解可能な規模を評価すること。
——溶けた燃料と、原子炉の建築材料（金属、フェトンその他）との相互作用の過程を研究すること。
——燃料の発熱作用によって、原子炉とその立坑の建築材料が溶解する可能性を評価すること。

まず、原子炉立坑内の燃料状態の評価の計算が、事故の瞬間から、経過した時間に従った崩壊産物の流れを考慮して実施された。

事故後初期の、原子炉からの崩壊産物の流出の動力学の研究により、時間経過にともなう燃料の温度変化は、単調ではない性質を有しているということが示された。燃料の温度状態には、若干の段階があると推測することができた。爆発に際しては、燃料の温度上昇が起こった。

関係する放射性ヨウ素の流出（この時点での燃料の全性質によって燃料から流出するアイソトープの一部）の規模から温度を評価すると、原子炉内に残っていた燃料の実効温度は、爆発のあと、1,600〜1,800°Kであったということがわかった。次の何十分かのうちに、黒鉛パイルと原子炉構造物の熱の放射のおかげで、燃料の温度は下がった。それに応じて、燃料からの浮遊性崩壊産物の流出が少なくなった。

この際、原子炉立坑から出る崩壊産物の噴出規模は、主にこの期間に、黒鉛の燃焼過程と、原子炉爆発事故の結果黒鉛を透過してきた微粒子状に分散する燃料と崩壊産物の移動の過程との関係によって決まったことが考慮に入れられた。残留発熱による燃料の温度は、そのあと上昇し始めた。その結果、燃料からの浮遊性放射性核種（不活性ガス、ヨウ素、テルル、セシウム）の流出も増加した。その後の燃料温度の高まりによって、いわゆる「不揮発性の」放射性核種のような、その他の流出が起こった。5月4日〜5日までに、原子炉ブロックの燃料の実効温度は安定し、やがて下がり始めた。

計算によって、つぎのことが示された。
——燃料の最高温度は、その融解温度に達していない。
——崩壊産物は、一定量ずつ燃料の表面に出て行く。それは、燃料と環境の境における局所的な過熱だけをもたらしうる。

燃料から出た崩壊産物は、それ自身の凝縮と沈殿の温度にしたがって、原子炉ブロック内で原子炉をとりまいている構造物その他の物体のところに行く。この際、クリプトンとキセノンの放射性核種は、実質上完全に、原子炉ブロックの境界に出て行く。浮遊性の崩壊産物（ヨウ素、セシウム）は一部分で、残りは実質上完全に、原子炉構造物の境に残っている。

こうして、崩壊産物のエネルギーの拡散が、原子炉ブロックの全体にわたって起こる。

この要因のために、燃料を取り囲んでいる周囲の溶融も、燃料の動きも、起こりにくくなっている。

溶融した燃料の一部が濃縮されたり、臨界質量が形成されたり、自発的な連鎖反応が進行

する条件が出来たりする潜在的な可能性があるため、この危険性に対する措置をとることが要求された。その上、壊れた原子炉は、周囲の環境へかなりの量の放射能を噴出する直接の源泉であった。

事故のすぐ後、原子炉立坑内の温度を下げ、炉心部の空間に送水するための緊急用給水ポンプと補助用給水ポンプを用いて黒鉛パイルの発火を防止しよう、という試みがあった。この試みは無効だということがわかった。

次の2つのうちの1つを採用することが不可欠であった。

――熱伝導性およびろ過性の物質で原子炉立坑を埋めることによって、事故による火災を局所化すること。

――原子炉立坑内の燃焼プロセスに、それが自然に止まる可能性を与えること。

第2の方法は、かなりの地域を放射能で汚染させ、大都市住民の健康への危険状態を作るので、第1の方法が採用された。

専門家のグループが軍のヘリコプターに乗って、事故原子炉にホウ素、ドロマイト、砂、粘土、鉛などの混合物を投入し始めた。4月27日から5月10日まで、全部で5,000トンの物質が投入された。そのうちの大部分は、4月28日から5月2日に行われた。この作業の結果、原子炉立坑は、エアロゾル部分を効果的に吸着する粒状の物体の層で覆われた。5月6日までに、放射能の噴出は100程度に下がり、月末までに、1昼夜あたり10キュリーになった。

同時に、燃料の温度上昇を抑える問題に、思い切って取り組むことになった。温度を低め、原子炉立坑のスペースの酸素濃度を低めるために、発電所のコンプレッサーから窒素が供給された。

5月6日に、原子炉立坑内の温度は上昇しなくなった。炉心域を通って大気中に流れる空気の、安定した対流の形成にともなって、温度の低下が始まった。

信じがたいが事故後の初期に起こりうる、建造物の下の階の崩壊を予防する目的で、建物の土台の上に、コンクリートプレート上の平らな熱交換器のかたちをした、人工の熱伝導性の水平面を緊急に作ることが決定された。この仕事は、6月のおわりまでに完成した。

原発の1号～3号ブロックの設備と建物は、かなり放射能汚染していたが、これは事故後もしばらく運転が続いていた換気システムを通って、放射性物質が入ってきたことが原因である。

機械建屋のいくつかの区域でも、高い放射能レベルがあったが、これは、発電ユニットの覆いがこわれたために、汚染が生じたのである。

政府委員会は、1号～3号ブロックにおいて、除染その他の作業を遂行するという課題をたてた。目標は、ブロックを操業開始および運転にまでもっていく準備をすることである。

除染を実行するために、かなりの量の火災警備兵力と機材の準備がなされた。消防士たちは、自分の本来の課題を遂行することに加えて、政府委員会の決定に従って、事故の局所化という別の問題の解決にも参加した。彼らは、特別の方法を準備した。すなわち、原子炉

の冷却のために、+45.0メートル標識点に水を供給するさまざまな方法を立案した。たとえば、爆発の後、壊れた原子炉の上にぶら下がっていた空の管を用いて。また、架台式筒先によってその上に確保されている機械的に動くはしごを使って。また、原子炉に、気球またはヘリコプターから下ろされる特別な管状環を用いて（ホースは長さ1キロメートルまで達する）。また、ヘリコプター上にすえられたモーターポンプによって水が供給される架台式筒先を用いて。

第1になすべき措置のこの無味乾燥なリストに従って、骨の折れる、疲労困憊させられる、作業者たちの健康に直接脅威となる事故処理作業が、事故がこれ以上拡大するのを予防するために集中させられた。損傷した原子炉のクレーターからは、超強力な放射線の流れが噴出していた。

この火山を埋めることは、クィイウ軍管区のパイロットに委ねられた。すでに4月26日の午後に、ヘリコプターから砂やホウ素や鉛を投下して、原子炉を埋める最初の試みが実施された。

しかし、この日、原子炉内部の高い温度のために、袋は目標に達しなかった。過熱された風の流れによって、原子炉に投げ落とされた物体は、再び放射能と共に空中に舞い上がった。事故の原子炉に水を注入する試みも失敗した。

その後の日々、原子炉を埋めることは、比較的効果をあげていった。

ヘリコプターによる大攻撃のすえ、核の発電炉は部分的に埋まった。このときまで、人々や周囲の環境にとって、そのように危険な作業を遂行するのが妥当かどうかについて、議論があった。1つのことがわかった。つまり、原子炉に1回投下するごとに、大気中への放射性物質の噴出が増加するのだった。ヘリコプターから物体を投下したときに、黒鉛の一部が燃え尽きて空洞ができ、状況はいっそう難しくなっていた。その空洞には、1986年5月9日20時30分ごろまでに、全部で5,000トンの重さの砂、粘土、カーバイド、ホウ素が投入された。厖大な量の核の灰は、その下に埋まった。こうした作業によって、チョルノブィリ原発やプルィプヤチ市や30キロメートルゾーンの放射能のカウントが、激しく上昇することになった。しかも放射能は、壊れた原子炉から60キロメートル離れたところでさえ感知された。

しかし、「遅れた英知」によるすべての議論とは別に、言わなければならないことがある。それは、パイロットの仕事も、世界の実例において類の無いものであり、感嘆にのみ値する

ものだ、ということである。

ムィコラ・ヴォルコズブの話：軍の狙撃飛行士。ヘリコプター・スポーツマスター

われわれヘリコプター操縦士27人は、暗闇が迫るまで、袋を投下した。政府委員会に――正確には覚えていないが――80個より少し多いと思われる袋を投下したと報告した。委員長のボルィス・イェウドクィモヴィチ・シチェルブィナは、これはあまりにも少ない、大海の1滴だ、と言った。少なすぎる、ここには何トンも必要だと。

われわれは基地へ飛んで帰って、考え込んだ。何という仕事だろう。疑問は、パイロットと技術者全員の審議に付された。袋を手で投下すること。これは能率が悪いし、危険である。航空機関士1人が、どのくらい投下することになるのか？　皆は、4月27日の夜から28日に、どのような作業をするのがより良いかを考えた。MI-8機（ミル設計のヘリコプター）の外部懸架装置は、原則として2.5トン保持することができる。その夜、1つの考えが生まれた。外部懸架装置に貨物を吊り下げるのだ。袋を戦闘機のパラシュートのブレーキにつける。それらは非常に丈夫だ。そして、ぶら下げる。ヘリコプターには貨物をはずすための特別な装置がある。ボタンを押して、放す。そして、そのように行った。はじめはMI-8機の上で働いた。それから、さらに強力な機械をつないだ。

われわれの司令部は、プルィプヤチの中心にあるホテル「ポリーシャ」の屋根に作られた。そこから発電所は手に取るように見えた。広場から飛び立ったヘリコプターが、どのようにして貨物の投下のために戦闘体制にはいるかが見えたので、それを見て指揮することが出来た。われわれには、外部懸架装置や機械からぶら下がっている袋の山の投下に必要な、特別な照準器が無かった。それは、ことを複雑にした。飛行方式を完成させるなかで、乗組員は200メートルの飛行高度を保つべきである、と定められた。放射能があるため、それより低くてはいけない。あそこには排気管がおよそ140～150メートルの高さにあった。良い具合にごく近い。管に近づく必要がある。これは主要な目印になる。わたしはずっとそれを見ていた。おそらく、一生記憶に残るだろう。

管制官は経緯儀とともにパイロットを見守った。点が定められ、ヘリコプターがその点に来ると、「投下！」という命令が下った。壊れた原子炉にだけ全部命中するように、作業が行われた。その後、ヘリコプターを少し高く静止させ、正確に命中できるようにした。写真撮影を実施し、1日のおわりに命中度の正確さを調べた。

その後、もう1つの改良が考え出された。パラシュートは残って、袋は下に落ちるようにするというものだった。パラシュートの端が2つほどかれた。その後、より強力なヘリコプターの上で作業して、鉛の地金を投下したときには、軍技術者のパラシュート投下のために定められた貨物輸送パラシュートにそれらをのせて投下した。

何日か経って、われわれはコパチ村に広場を作った。これも原発から遠くないところにあったが、そこの放射能レベルはいくらか低かった。

放射能には味がなく、色が無く、臭いがない。このことは、なんといっても、危険に対す

る意識を鈍らせた。誰も、放射能のことを考えなかった。ほこりのことにも、何にも。われわれは力の限り働いた。ガスマスクはあったが、実際には、袋を投下していた兵士たちは、ガスマスクをまるで接眼レンズででもあるかのように額の上にあげて、作業をしていた……。

あとでこのことがわかったとき、指令が出され、軍における医療が行われ、処罰が始められた。

その後風がコパチに向かってきて、放射能レベルが著しく高まったとき、広場は変更され、われわれはチョルノブィリに行った。

これらの飛行で私は乗組員の態勢を整え、彼らに貨物の投下方法を説明した。われわれを支援するために、他の部から乗組員が到着し始めた。われわれはすでに、確かな経験を持っていた。それで、われわれのところに到着した個々の乗組員に対して、最初に丁寧に教えた。貨物の吊り下げ方、飛行の仕方、投下の仕方についての図面が練り上げられた。完全に、何もかも。指示書と準備の検査を実施し、別のパイロットを座らせ、もう1度その方法を行う。そのあと、彼らはもう自分で飛び始めるのだ。

飛行の後、衛生処置とヘリコプターの除染が行われた。

5月7日、われわれは原子炉の埋め立てを中止した。

ダモクレスの剣の下で

原子炉へさらに攻撃をかける前に、まず、事故のときに原子炉冷却系から急速に送りこまれて部屋中いっぱいになっている、水の問題を解決する必要があった。この汚染水は、人々が作業するのを妨げる上、並外れた不愉快さによって作業者たちを脅した。パイロットが上から投下した何千トンもの砂の下で、原子炉が徐々に沈下する可能性があったからだ。その赤熱のクレーターが厚い水の層に近づくだけで、いったい何が起こるか？

緊急の課題が生じた。そのことを想定した特別の貯水槽に、ポンプで水を排出しなければならない。しかし、どのようにして？

いくつかの案が同時に審議された。下からコンクリートの床に穴をあけ、この穴から水を脇へ引き、消防ホースによってそれを部屋から取り除く。しかし、これらすべてには多大な時間がかかる。一方ここでは、事態は文字通り分刻みで進行していた。

より簡単な方法を用いて行うということで一致した。つまり、事故による洪水を想定して特別につくられている弁のある部屋に何とか到着して、それを開くこと。そのときには、水はおのずと行くべきところに行く。

しかし、そこには障害があった。弁のある部屋には完全に水が入り込んでおり、一方、そこへ通じる道は、放射能が高すぎる原子炉の真下を通過しているのだ。

政府委員会は、この課題は消防士によって実行されるべきだと決めた。これを実施するために、クィイウの火災警備の仲間たち（Ю・ヘツィ、А・ドブルィニ、В・トゥルィニス、І・フドリィ、А・ネムィロウシクィー）とクィイウ州ビラ・ツェルクヴァ村の火災警備の

仲間たち（Γ・ナハイェウシクィー、Π・ヴォイツェヒウシクィー、М・パウレンコ、М・ヂャチェンコ、С・ボウトゥ）が参加させられた。

状況を把握し、同僚たちと相談して、彼らは委員会に言明した。「われわれは、課題遂行の準備ができている。」

放射能の研究データを分析した医師たちは、原子炉の下の部屋の危険性を考慮すれば、7分以下しか滞在できない、と報告した。この計算は、作戦を遂行する基本的準備にも、条件をつけることになった。

まず、グループの指導者たちは、経験ある専門家の監督の下に、最も単純で最も安全な、原子炉への（より正確にいえば、生産工程の通路の門への）進入路を選びつつ、製図された図面に没頭した。彼らは、その進入路から弁のある部屋へポンプステーションを「入れて」、そこで、それを作動させなければならないのだった。

さらに、ポンプステーションを展開して、ホースラインを敷設する計画が完成した。

作戦行動は、5月6日20時00分に始まった。3台の消防ホース車と、2基の消防ポンプステーションによる縦列が、放射線監視員たちをともなって、原子炉との戦闘に出発した。そして、いまや彼らは、生産工程トンネルの門のところにいる。全員が知っている。ここではまだ比較的安全だが、すぐに、正反対の、超強力な放射線野になる。

ヘオルヒィ・ナハイェウシクィーは、門のノブを指でゆっくりさわり、ぎゅっとつかみ、自分のほうに力いっぱい引いた。重い大きな門はゆっくりと開いた。ペトゥロ・ヴォイツェヒウシクィーは気体にぶつかる。車が急いで発車して、大胆不敵の人々が近くに走る。十数メートルほど。彼らは部屋のすぐ近くにいる。慣れた、よく訓練された動きによって、消防ポンプステーションは稼動に向けて準備される。ステーションを展開して、それが正しい体制で働くことを確かめてから（これは、水圧でホースが脈打つことによってわかる）、人々は原子炉の下から出口へと、同じように走った。

そして、損傷した発電ユニットからはなれたところにとめられた装甲車の中で、運転手から、すべての作戦行動は7分かかったが、そのうち原子炉の下の部屋にいることが出来たのは5分間だけだったということを知らされた。ポンプステーションは、基準の3倍の速度にセットされていた。

帰還すると、同志たちは手を握りしめ原子力の専門家たちは抱きしめて、かれらを英雄と呼んだ。若手の消防士たちは、再び順番に、原子炉の下の自分の道をくり返し、ポンプステーションの働きを制御しながら、何度も何度もそれを始動させた。

ポンプステーションに燃料を補給し、オイルを交換し、状況を見守る必要があった。駆け足で、全速力で、そこへ。駆け足で、後ろへ。夜には、最も放射能の高い場所で。「ポンプステーションなんか働かなければいいのに……。」どの人も、こめかみがずきずきした。彼らは、金属のことを心配した。

一方、災いは、別の側からではあるが、再びこっそりやってきた。放射線の偵察を実施していた装甲車が、ホースを横切り、破ったのだ。穴があいたので、汚染水が大地に脈打つよ

うに流れ出した。絶望的だった。と、突然、消防士のムィコラ・パウレンコとセルヒィ・ボウトゥが燃料貯蔵庫から急いで出てきて、全速力で走った。彼らは手に、金属箔を巻いた破れたホースをもっていた。

　手だ！手を大事にしろ。ナハイェウシクィー少佐がやっとのことで叫んだ。

　この15分間に、パウレンコ軍曹とボウトゥ軍曹は走っていって、やがてホースを修理したのだが、彼らの行為を見守っていた人たちのために、永遠の敗北を喫した。彼らはミトンをはめていたので、素早く働くことができなかった。それで、それらを脱ぎ捨てて、放射能をおびた水の中をひざで這って動きながら、自分の困難な仕事にあたった。

　そして、散々苦労したあげく、ポンプステーションはまったく働かなくなった。14時間後のことだった。別のやり方の攻撃が始まった。

　放射性の水との格闘は、全部で20時間続いた。5月8日、ソ連邦閣僚会議副議長のイヴァン・スィライェウは報道陣に対して次のように語った。「今日、事故結果の後処理作業の仕事における新たな段階について、確信を持って言うことができる。主たる危険は除かれた。平静に働くことができる。惨事の可能性は、それについて西側のマスコミがたくさん書きたてているが、現在、排除されている……。」

　こうして、名誉の消防士たちは、普通ではない困難な課題を遂行したのだった。しかし、今後は平静に働くことが出来るという言葉、これはもちろん誇張だった。ここでは、平静ということは事故処理作業者にとっては夢の中だけの話である、と形式的に語ることすら難しい。5月の事件のあとの極限状態の条件下で、彼らには、眠りもなかったのだから。

　チョルノブィリ原発の敷地を除染する作業が展開された。万能のクレーン装備や人間の手の形をしたマニピュレーターを備えた工学的な仕切りの機械が設置された。この機械の操作員の被曝を少なくするために、それらの内側は、鉛の箔で被覆された。

　ロボット技術に大きな期待がかけられた。そして、特別危険な区域に、何台かのロボットが送り込まれた。しかし、高レベルの放射線には、エレクトロニクスさえ耐えられなかった。その技術は、作業を拒絶した。

　発電所の敷地の除染には、特別に準備されたらせん状の「ころ」と、国産および外国製のブルドーザーロボットその他の技術が使用された。しかし、最も危険な場所、たとえば3号発電ユニットの覆いとかチョルノブィリ原発の主換気管スペースの清掃のときにそれを適用することは、ほとんど不可能だった。チョルノブィリ原発では、大

量の黒鉛の破片や、発熱しているかたまりや、循環管その他の、4号発電ユニットの高レベル放射性物質がたまっていた。

先回りして言えば、この問題は、9月16日に行われた政府委員会の会議で、審議の対象になった。たくさんの考えうる案を検討したのち、会議の参加者たちは、この危険な作業の実行は、最も簡単な機械化の方法をともなった、軍の戦士たちに委託するという1つの案に決めた。

この会議を支配していた雰囲気はどうだったかといえば、全員が重い沈黙に沈んでいた。この仕事に参加する者たちにとってこれがどれほど危険なものであるか、各人は理解していた。これは、1にも2にも、困難な時期に技術的方法がなく、そのような作業を実施する方法もなかった、そんな技術進歩の世紀をわれわれが生き抜いたということである……。その後、委員会の長は、Б・プルィシェウシクィー将官に向かって言った。「私は、ソビエト軍の戦士たちを合併させるという政府の決定に署名しようと思います。」ボルィス・オレクシィオヴィチ・プルィシェウシクィーは一言だけ言った。「軍のことには、国防大臣の命令が必要だ。」Б・シチェルブィナは、自分で国防大臣と交渉すると答えた。大臣の「よし」が、この作戦における軍の部隊に与えられた。

除染作業の実施の間、どれほど多く手作業で努力が払われたか、それは言うのも苦しい。機械ではなく手によって、工兵たちのシャベルによって、汚染された地層も取り除かれた。それは手で、車に積み込まれた。そしてまた同様に、手で放射性廃棄物の埋設地に投げ込まれた。ダンプカーと自動積み込み機が、原子力・宇宙超大国には足りなかったのだ。

「兵士たちの目を見るのが恥ずかしかった。」と、この仕事の組織者の一人であるタラカノウ将官は白状する。「私は個人的には、そのことを隠したりごまかしたりすることを望まなかったが、あたかもそれらが全部実際に存在するかのように、彼らに語った。」

しかし、あらゆる不運と困難にもかかわらず、賢明な人々は緊急の課題にとりくみ、それらの重大さを認識し、核の自然力への、目的のはっきりした攻撃を続けた。常に注目を集めたのも、消防士たちだった。彼らは、自分たちの労働の専門性や専門的な手段をはるかに超えている、事故の後処理にかかわる作業の特殊性に責任を持った。

一方、彼らが自分の本来の義務を遂行しなければならない、そのような瞬間もまたやってきた。誰も彼らに取って代わることの出来ないその場所で、火とのたたかいの場で。

ケーブルトンネル内の火災

　1986年5月23日、原子炉施設の運転当直主任のＣ・レベディェウは、発電所の部屋で線量計測調査をしていた。1時40分に、4号発電ユニットの側から来た濃い煙に気づいた。このことについて、発電所の消火本部に知らせた。火災の発生まで、施設はどのような状況だったのか。

4号発電ユニットにおけるケーブル発火全面調査の調書から

　　　チョルノブィリ原発4号ブロックの装置部は、大きく破壊されている。装置部に隣接する建物部分と、設備その他の工学的な電源（パイプライン、ケーブル、供給源、バッテリー）は、さまざまなレベルで損傷している。装置部室内の放射線強度は、50〜500レントゲン／時である。402/3室（発火場所）の放射線強度は、50〜200以上レントゲン／時である。4号ブロック設備の状況検査は行われていない。ブロックの個々の使用者が使用する電源はすべて、圧力自動調節と線量計測の装置を含めて、1986年4月26日〜28日にスイッチが切られている。制御保護系のバッテリーと定常電流のパネルは、大きく破壊された区域にあり、そこまで行って検査することはできない。

　2時10分に、消火本部からチョルノブィリ市の消防分隊へ情報が届いた。信号を受け取った後、火災警備支隊は、この施設の消火のために練られた計画を行動に移した。消火計画に従って、9部の総数138人が派遣された。これに加えて、消火には、в／ч6184（民間防衛防火班ハルキウ大隊）から64人、в／ч6183（チェルニヒウ大隊）から24人、ジュイトムィル州執行委員会内務省部局支隊から21人、クィイウ市消防支隊から35人が参加した。全部で282人の隊員たちと60人の消防技術者たちだった。

全面調査の調書から

　　　2時15分に、402/3室内のケーブルのかごで、ケーブルの燃焼が発見された。かごの一部は、赤く発光するまでに燃えていた。2時30分に、作戦グループと消防支隊が原発に到着した。

　当直には、4つの部隊からなる警備があたった。クィイウ市の戦時体制消防分隊－10、17、26とジュイトムィル市の戦時体制消防分隊－1で、総合部長のＢ・チュハリェウ（レニングラード原発）とクィイウ市の戦時体制消防分隊－26主任警備のＯ・ムィロネンコ上級中尉が先頭に立った。

　火災現場には、当直の警備と共に、ソ連邦内務省火災警備本局作戦戦略部長のＢ・マクスィムチュク中佐（故人）、リウネンシク州内務省部局戦時体制火災警備局長のＢ・トゥカチェンコ内務中佐、ドゥニプロペトゥロシク州内務省火災警備局局長のФ・コヴァレンコ内

第3部　あからさまにそして完全に秘密に

務中佐、ソ連邦内務省火災警備本局上級技師のA・フドゥコウ内務大尉が到着した。

　現場に到着すると、マクスィムチュクは火災の調査を組織した。4号ブロックの2箇所の主循環ポンプ内で、動力ケーブル束が燃え、3号ブロックへ火災が広がる恐れが生じていたことが明らかになった。

　放射能レベルの高さを考慮して、マクスィムチュクは、5人という小人数で消火を実行する決定を採った。最初の5人組の仕事には、O・フドゥコウ（ソ連邦内務省火災警備本局）、B・マトゥロソウ（ウクライナ共和国内務省火災警備局）、C・ボハトゥィレンコ（ドネツィク州）そして放射線監視員と運転手が加わった。彼らは+12メートル標識点のケーブルトンネルの金属のかごを切って、筒先「Б」を出したが、その作業に18分かかった。第2の5人組が彼らに代わり、クィイウ市の火災警備隊員が到着するまで、作業はこのように続けられた。

　クィイウ市の戦時体制消防分隊-26は、B・ムィチク軍曹を先頭にして、2本のホースにホースライン幹線敷設を実施し、筒先「Б」を消火に使えるようにした。ジュィトムィル市の戦時体制消防分隊-1（主任は部の管理責任者B・シチュィルィー軍曹）は、幹線を敷設して筒先「Б」を消火に使えるようにするという命令を受けて実行した。

　クィイウ市従属的戦時体制消防分隊-10の隊員は、部の管理責任者M・スクリャル伍長の指揮の下、タンクローリーを消火栓に据えて、幹線を敷設し、それを戦時体制消防分隊-26の幹線につないだ。ケーブルトンネルのさまざまな場所における消火の筒先は、同時に導入された。

　マクスィムチュクの指図に従って、当直についていた消防支隊に加えて、ハルキウとチェルニヒウの戦時体制火災警備部大隊の隊員による、戦闘員の補充が緊急に始まった。この作業を上首尾に実施したのは、M・ポズニャコウ内務中佐、ポルタヴァ州内務省部局戦時体制火災警備部副部長のB・コロリ内務中佐、ウクライナ共和国内務省火災警備局上級技師のM・ノヴォセリツェウ内務少佐、そしてΓ・ヴェレソツィクィー内務少佐であった。

　高レベル線量被曝を受けて、B・マクスィムチュクは9時近くに病院に送られ、消火の指揮は、B・トゥカチェンコ内務中佐が引き受けた。

　13時00分ころ、チョルノブィリに、戦時体制火災警備副主任のΠ・メリホウ内務中佐を先

頭にして、ヴィンヌィツャ州の総合部隊が到着した。火災現場には、直ちに、2部隊が差し向けられた。彼らと共に、П・メリホウ内務中佐と、ドゥニプロペトゥロウシク州の内務省火災警備局局長のА・イェロフェイェウ大佐が出発し、消火に参加した。

放射能が上昇している区域で、すでに長時間消火作業が続いていたことを考慮して、2号発電ユニットの区域で働いていて、発火場所での筒先を守り通していたすべての隊員を連れ出す決定がなされた。

一方、この火災の消火を支援するために、クィイウ市のウクライナ内務省火災警備局局長П・デスャトゥヌィコウ少将の命令に従って、基本および特殊消防技術の10の部からなる部隊が組織された。部隊には、М・スクィダン中佐を先頭とする自主戦時体制消防分隊—戦時体制消防分隊—3、4、5、6、7、8、9、14、16、18が加わっていた。

縦隊列は、6時15分に、チョルノブィリ市の消防分隊に着いた。原発敷地内のケーブルトンネルの消火のために、次の部隊を構成員とする5部が差し向けられた。自主戦時体制消防分隊—4（責任者は主任警備のО・ムルズィン上級中尉）、自主戦時体制消防分隊—6（責任者は部局副部局長のВ・ホロタ上級中尉）、戦時体制消防分隊—7（責任者は部局副部局長のМ・フレベニュク上級中尉）、戦時体制消防分隊—14（責任者はМ・カムィシャンシクィー上級中尉）。

6時46分に、指名された支隊は原発に到着し、本部長（リウニ市戦時体制火災警備部長のトゥカチェンコ中佐）から、+12.5メートル標識点のケーブルトンネル内の消火の命令を受け取った。そのために、前にВ・マトゥロソウとС・ボハトゥィレンコによって敷設されたホースラインを用いて、ホース車と消防ポンプステーション（ПНС–110）を利用することとされた。

追加の兵力が4つのグループに振り分けられ、順番に作業の実行のために派遣された。滞在時間の計算に従えば、危険区域内で各グループは、10～12分以上居てはならない。放射能レベルが高いからである。

第1グループは自主戦時体制消防分隊—4で、隊長のВ・オスィポウを先頭に、主任警備のО・ムルズィン、消防士のЛ・シチェルバニャ、М・ポノマレンコ、І・プロツェンコ、О・ヴェルブィツィキー、В・ナウロツィキーがメンバーだった。グループは前もって敷設されているホースラインに沿って火災中心に行って、そこで処理作業をするという課題を受け取った。危険区域での滞在時間を短縮するために、放射線監視員はグループに入れないこと、歩行通路の放射能レベル

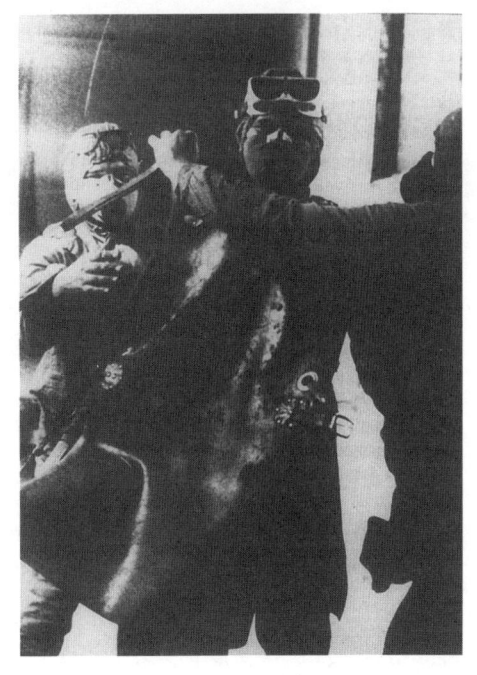

の測定は実施しないことが決められた。グループのメンバーは、それぞれ、巻いた消防ホース、筒先、ホースの止め具その他、消防技術に必要不可欠な消防技術装備を身に着けて、火災中心へと駆け足で出かけた。

グループは、402室の真ん中で、残りおよそ4分だということがわかった。ケーブルトンネルの隙間を通して、ケーブルの絶縁体が燃えているのが見えた。筒先が鉄骨にワイヤーで結び付けられた。消防士たちは筒先を離れて、4分間火の処理をした。

隣り合っている401室と403室の中では、どのように作業がなされたのだろうか？ オスィポウは偵察に出かけ、赤く燃えているケーブルのかごを、401室の中にも見つけた。彼のグループは、直ちに火を処理した。後退しているとき、オスィポウは下で誰かが助けを求めて叫んだのを聞いた。9.2メートル標識点で戦時体制火災警備部隊の兵士がマンホールに落ちていた。彼の足は折れていた。オスィポウと仲間たちは彼を12.5メートル標識点に引き上げ、そのあと安全な場所に運び出した。

残念ながら、やはりケーブルが燃えていた403室内でも火災は猛威を振るい続けていた。それを消すためには、消防ホースラインを伸ばす必要があった。それで、オスィポウは自分の同僚たちと共に再び働いた。

グループの退出後、オスィポウは、課題の遂行と状況について報告した。ケーブルの再燃と3号原子炉への火災の拡大を許さないために、ケーブルトンネルを泡で充満させる方法が決定された。

この課題の実施の前に、自主戦時体制消防分隊-6と戦時体制消防分隊-7のタンクローリーから水が流され、泡発生器が準備された。

戦時体制消防分隊-7副分隊長のグレベニュク上級中尉、自主戦時体制消防分隊-9の主任警備のトウステンコと自主戦時体制消防分隊-6と戦時体制消防分隊-9の運転手たちソブチェンコとシェレメチイェウを構成員とするグループは、3号と4号発電ユニットの間の輸送トンネル内に配置されている泡発生器を備えた消防タンクローリーを、ホースから水を出すためのタンクローリーに近づけて据え付けた。泡剤混合（櫛形装置）のあと、それらは幹線ホースラインにつながれた。

少なからぬ責任ある課題が、自主戦時体制消防分隊-6副分隊長Ｂ・ホロトゥ（主任）、上級消防士のＯ・バルトゥチャク、それに消防士のＢ・ズィモウチェンコを構成員とするグループに任された。ホースラインを拡張して、筒先「Б」を泡発生器筒先ГПС-600に取り替えて、それらを守り通し、泡が出て行くまで待って、トンネルからもどらなければならなかった。

この課題の実行に際して、予想していなかった困難が不意に生じた。長時間の放水の作業のために、輸送用トンネルの床が、およそ40センチの深さの水の層でおおわれてしまったのだ。泡発生器を備えたタンクローリーの据え付けの間に、幹線のホースラインがすべて押しつぶされた。隊員がそれを全長にわたって点検することになった。そして、損傷を除去した後、やっと、ケーブルトンネルを泡で満たすことが出来た。

専門的な正しい決定のおかげで、初期に局所化して損失を最小に食い止め、その後の火災処理を最短時間ですることができた。発火の拡大はなかった。

消火は、高い放射能レベルと、部屋の複雑な設計と、ケーブルトラスの敷設作業と、さらには防火用水道の不備のために複雑にされた。水を絶えず供給するために、幹線ラインが1.5キロメートルにわたって敷設され、これによって火災現場への水の供給が確保された。

全面調査の調書から

発火は2方向から消された。消防自動車が駐車していた3号ブロックの輸送用通路の側からと、+10.0メートル標識点の4号ブロック覆い施設棟通路の側からである。発火場所には、2つの筒先「Б」と2つのГПС-600型泡発生器筒先が使用されることになった。小火の消火と同時に、チョルノブィリ原発職員の各防火委員は、火災の拡大を阻止するために、ケーブルの束のある電気室の消防ホースを、3号と4号ブロックの境まで敷設した。事故処理の後、ケーブルの坑は、正規の点検を受けた。発火中心ではなかった。発電所職員と共同で、当直が組織された。

隊員は火災現場まで往復装甲車で運ばれた。隊員の安全性の改善を目的に、すべての戦闘員は防護服を着て作業し、各班に放射線監視員がメンバーとして入った。戦闘員たちの先頭には将校がついた。行動が規則正しく組織されたので、4分のうちに、火災の局所化およびその後の処理が可能になった。この際に、隊員の衛生上の不当な被害と大きな物質的損害はなかった。

ちなみに、1986年5月23日にチョルノブィリ原発のケーブルトンネルで広がった火災は、長期間、「完全秘密」に属していた。もちろん、それについての報道は、非常に早く市民に到達したが、しかし、そのような場合によくあるように、大部分はすでに、信じがたいようなうわさと憶測のハレーションの中にあった。

「チョルノブィリ」を隠蔽することは、現代の検閲機関の横暴が最も醜く現れたものであった。それらこそ、後になって、容赦ない真実を求めるジャーナリストのペンが、チョルノブィリ・テーマの中で水をかけて発芽を促したいわゆる「クロタネソウ」だった。

小説家ヴァレリィ・ネチュィポレンコの証言

私がゾーンに滞在していたときに、あの5月23日の火災が発生した。その夜、われわれの大きなテントでは、次の夜まで眠らなかったのを思い出す。タバコを吸い、しゃべって、飲んで、夢のような日の緊張を取り除いた。アネクドートを話した。私は、雌狐に小さなまるパンと間違えられたチョルノブィリのはげた針鼠のことを思い出した。

2時に私は、支給された非常に長い外套の下で眠り込んだ。やがて、テントの中のすべて

の電球がついたために目が覚めた。人々はどこかへ心配げに集まっていった。私自身も急いで外套を脱ぎ捨てた。

「警報だ。われわれを原子力へ呼び出している。」と若者たちが説明した。

私はみんなのほうに走り出した。そして1つの車のステップに足をかけた。しかし、誰かが私の外套のベルトを持って引き戻した。それは、われわれの後方部隊の副隊長で、ポプィクという姓の人だった。「いったいどこへ行くんです？　記者さん。よじ登ろうというんですか。」とかれは私に向かって叫んだ。「あそこは足の下がぐちゃぐちゃで、ホースのためにけがをする……。」

車は私を乗せないで出発した。私はそのときポプィクに対しておそろしく腹を立てたが、今は感謝でいっぱいだ。彼のおかげで私は何レントゲンも節約できたのだから！

空のキャンプにわれわれ3人、つまり後方部隊の副隊長と無線通信士それに私が残った。本部の有蓋トラックの中に座って、ラジオを聴いた。そこでは政府のものは聞こえなかったが、ゾーン内にとどいたほとんどすべての無線交信が聞こえた。長い間ごくありふれた言葉ががりがり言い、ざわざわし、急に声高に威圧的な声。

——見えることをすぐに取り次ぎなさい。

するともう1つの声。

——3号原子炉の区域に火が見えます。

その瞬間、私は自分の頭の毛が波立つのを感じた。今まで私は、このようなことはめったに起こらない、これはわが同胞作家のきれいな作りごとだと思っていた。

——まさかまだ犠牲者は少ないでしょうね？！　ポプィクは思わず叫んだ。そして私はあとになってやっと、彼がチョルノブィリ原発のことを考えているのだということがわかった。

ラジオでは「危険」信号に従って発電所に急行している消防部隊の報告を、その威圧的な声ですでに放送していた。わがジュィトムィル部隊はすでにそこへ近づいていた。いったい何が燃えていたのか、私は今でもわからない。しかし、ジュィトムィル州の消防士たちの「平日」についての私のルポルタージュからは、あそこで何かが燃えたという言及さえ削除された。その上、私のルポルタージュが載った新聞の号が出たとき、その中に、チョルノブィリボランティアの半数は共産党員と共産青年同盟員だったという2つの小さな記事を発見して驚いた。だれが、どこで、一連の新聞製作のどの段階で、これらの儀式ばった党へのおべっかが出現したのか、私は今でもわからない。その時分としては、よくあることだった。私は削除を残念に思わなかったし、今も残念だと思ってはいない。いずれにせよ、消防士たちの英雄的行為について、私はちゃんと語ったのだから。まさに英雄的行為だった！　もし、ゾーン内での消防士たちの行為を英雄的行為と言わないのなら、いったいこの英雄的という言葉は何を意味することになるだろうか？　とはいえ、ジュィトムィル州の新聞の私のかつての同僚の1人で、その後代議士になった有名なモスクワの女性は、『コザ』紙の中で、私があのルポルタージュの中で何も真実を語っていないといって、私をとがめた。先生はお忘れなのだ。あのとき、検閲機関は私に真実を語ることを許さなかった、ということを。そのと

き、惨事の年に、チョルノブィリの報道機関の鏡はゆがみ続け、メジャー以外は何も写さなかった。

それなのに、1986年にチョルノブィリに行ってきた私を含めたすべての人を、我がジャーナリスト仲間は批判した。ちなみに彼らは1度もゾーンに行ったことがなかった。そして、これはまた、当たり前といえば当たり前のことだった。検閲は無制限になった。多くの人が真実を語ろうとあせった。しかし、チョルノブィリにいくらかでも直接関係した人は、1人残らず直ちに平手打ちを加えられた。加えたほうの人たちは、かん・けー・ないのだから。それで、新聞報道においては、当時「クロタネソウ」といわれた全面否定（真実の隠蔽）に水がかけられた。チョルノブィリのゆがんだ鏡は、ゆがみは残ったが、もう一方の側に反転した。もしあのとき虚勢が勝っていたなら、その後チョルノブィリにおいて起こったことすべてとマスコミの方法は、暗いトーンの中に示されるだけになっていただろう。

私もまた、この影響を回避しなかったのは誤りであったと認める。あとになって私が公表したものの中には、たくさんの苦しい真実があるとはいえ、真実全部ではないのだから。「クロタネソウ」に群がりながら、われわれはそのとき、お上のことを忘れていたのだから。核のモンスターはどのみちおとなしくさせられたのだから。そしてこの中には、事故結果処理作業の指揮をとった人や、この作業を実行した人の知恵があった。最も恐ろしい場所にいたのは、若手消防士だった。彼らこそ真の英雄だと私は言った。今も言っている。これからも言うだろう。石棺の上にさらにもう1つの石棺が建てられることがあろうとも、われわれはこのことを忘れない。

12年後のまなざし　4

ウヤチェスラウ・ルブツォウ
　　モスクワ州内務省本局国家火災警備局局長　内務少将

あのときの責任

1986年4月26日、私はソ連邦内務省火災警備本局の副局長だったが、警報によって、特別便でチョルノブィリ原発に飛来した。内務副大臣のＢ・ドゥルホウと、火災警備本局の下にある原子力施設の監督者だった総管理局職員のＢ・ザハロウ少佐と、その他の責任者たちが一緒だった。悲劇の報道によって、われわれはすでに、4号発電ユニットにおける爆発や、そこで起こった事件について、多くのことを知っていた。しかし、事故現場で直面することになったものは、われわれの最も恐ろしい予測をすべて上回っていた。

運命に感謝すべきことに、原子力発電所の保護にあたっていた戦時体制消防分隊−2

や、プルィプヤチ市の自主戦時体制消防分隊-6やチョルノブィリ市の消防分隊-17の第一英雄消防士たちは、できることすべてをおこなった上、普通の人間の力以上のことすらおこなった。生命と健康のすべてをかけて、彼らは人類全体を脅かす不幸がさらに拡大しないようにして、世界を救った。彼ら亡くなった人々を永遠に記憶し、今日まで生き残った者として忘れてはならない彼らへの感謝と礼をつくすことによって、各人は自分の中に核の打撃の恐ろしい切り傷をつけている。

　チョルノブィリ消防士と、原子力惨事の後処理に当たったその他の作業者たちの偉業については、たくさん語られている。しかしそれでもなお、彼らによってなされたことが、現在および未来の世代の記憶の中に永遠に残るように、もっともっと語るべきである。記憶——これは、このような不幸が2度とわれわれを襲わないための、もっとも確実な保証だからである。

　火災警備の総合力によって核の自然力とたたかうという、最初のもっとも重大な8つの行為を指揮することが、偶然にも私の運命に与えられた。見て、耐えたあの8日間の印象はあまりにも多く、何年間も消えないほどだった。彼らを短い思い出の中に置いてはならない。そのようなことをすれば、あの劇的な長編叙事詩の個々のエピソードに過ぎなくなってしまう。

　政府委員会の会議は、4月26日から27日にかけての夜に、Б・シチェルブィナを議長として、党のプルィプヤチ市委員会で行われた。そのときはすでに、委員会のメンバーの姓は、В・ドゥルホウ将官をも含めて、皆の間に伝わっていた。

　惨事の最初の1時間は、火との闘いに主な努力が向けられたが、危険は去らなかったということが、出席者に告げられた。私は自分自身でヘリコプターから見た。壊れた原子炉は、灰色の煙を吐き続けていた。その下には、大きくて赤い炎が見えた。

　委員会の議長がドゥルホウに話しかけた。
——火災警備からは誰が出席していますか？
——ルブツォウ大佐です。

　私はすぐに立ち上がり、10個の視線を感じた。
——消防士は何を提案しますか？
とボルィス・イェウドクィモヴィチ（シチェルブィナ）がたずねた。

　質問は「正面攻撃」で出された。逃げ出したり、他人の背中の後ろにかくれたりできない。背中はそもそも一時しのぎだ！　時間がすべてを引き受ける。政府委員会に対しても、国家に対しても。1,000人の運命、さらには100万人の運命に対する責任は、まだ意味づけされていない予測のつかない脅しを回避させるという責任である。
——われわれは原子炉の冷却を支援します！
と私は軍隊式に早口で言った。

　それをどのように冷却すべきか——神のみぞ知る、とも言った。そのような状況における行為の経験を表現するのは不可能なのだ。「水はすべての王、火も水を恐れる」と

いう有名な成句も、この場合当てはまらない。この事件は特殊なのだ。聖なる水によってさえ、核反応を「消すこと」は、予測できないいっそう大きな結果をもたらす可能性がある。

しかし、いわれているように原子炉が土鍋であるのなら、かまどの中にもぐりこまなければならない。さしあたり、少なからず重要で急を要する問題など、他の問題のダイナミックな審議が続き、私は頭がくらくらした。会議が終り、がたがたと椅子を押し込んでいた出席者たちが別れていったとき、シチェルブィナが私をひきとめた。

――大佐、お待ちください！（私が将官の称号を得たのは、チョルノブィリ事件の後である。）

鋭いボルィス・イェウドクィモヴィチ（シチェルブィナ）は、どのような考えが消防士の指導者の頭をめぐっているのか理解した。そして、提案した。

――明け方にヘリコプターに乗って、もう1度原子炉のまわりを飛んでください。われわれが出口を発見しないようなことが無いように。よく、お考えください、大佐。

そして、シチェルブィナが予見したように、すぐにではなかったが、われわれはまさにそれを探し出した。砂や粘土や鉛やドロマイト……などの吸収剤によって、空気の入った原子炉を「止める」ことが決定された。これは、惨事の後処理作業者たちの、もう1つの人海戦術的偉業だった。ヘリコプター操縦士と消防士たちをも含めて、その他の職業の、素手に近い人々が、古風な、旧式なやり方でそれらを原子炉に投げ入れた。たとえば内務少佐のＢ・ザハロウは、ヘリコプター操縦士たちと共に17回（最多！）も原子炉への飛行をおこない、その他の少なからず危険だがきわめて重要な多くの課題を実行した。

一兵卒であれ指揮者であれ、その他の事故処理作業者たちについても、まさにこれと同じことが言える。Ｂ・ドゥルホウ将官の肩には、非常に責任の重い仕事がかかっていた。彼は内務省の全兵力の行動を調整し、全体像をつかめないほど多くのことを見たり体験したりした。昼にも夜にも警報を鳴らしっぱなしにするというような、基準に合わない決定を自ら下さなければならなかった。

惨事の後処理作業に、ただちに、1万人が投入された。兵士、化学者、パイロット、鉱山労働者、建設工事従事者などさまざまな職業の人たちだった。しかし、なんといっても、どこでも、消防士たちが圧倒的だった。しかもウクライナの人だけでなく、より遠い地方ことにモスクワ近郊からの人々だった。防火班の前衛的な役割は、第1に、火災や自然災害とたたかう手腕による彼らの可動性にある。彼らは最高に危険な区域で働いた。そこでは勇気とリスク、現実に対する感覚と並外れた忍耐が要求された。

ひとりずつ名前を挙げていこう。Ｂ・ビルクンは、Ｊ・テリャトゥヌィコウの伝説的な戦時体制消防分隊－2のメンバーで、4月26日、4号発電ユニットの消火に参加した。彼は赤旗勲章と……放射線症を受けた。その後、ヴィクトル・セメノヴィチ（ビルクン）はモスクワ郊外のロブニ市の自主戦時体制消防分隊－82で仕事を続けた。最も温かい

言葉に値するのは、M・ボチャルヌィコウ、M・タラソウ、シャトゥラのΓ・ヤスコウ、セルヒイウシクィー・ポサドゥのI・フロモウ、ヒムカのB・イウキンである。彼らはみな、壊れた原子炉の下からポンプで水をかい出した。水は生き物ではなく死者の息を吐いた。

M・ボチャルヌィコウは最後まで火の中炎の中に行った。当直をしていたが、5月23日に燃え上がった3号発電ユニットの危険な火災との決死のたたかいに、最初に加わった。宿命的な爆発後、1ヶ月足らずのことだ。

B・ハチイェウは、放射能汚染した156メートルの排出管の清掃という特別な作業に参加した。モスクワ近郊のチョルノブィリ消防士たちについても、このような例を挙げることが出来る。

惨事結果の後処理の間、すべてがスムーズに首尾よく、その時代の報道機関が「賛歌で賛美した」ように進んだわけではない、ということを残念ながら認めなければならない。そのとき、われわれ事故処理作業者たちは、たくさんの誤算と不手際に直面したが、作業を進めながらそれらに打ち勝っていかざるを得なかった。いまここではモスクワ郊外のチョルノブィリ作業者たちについて語ったが、その他の事故処理作業者たちの役割をけっして軽視してはならないと思っている。軽視どころか、災難の最大の重荷がウクライナの消防士たちの運命の上に落ちたということを皆にわかってもらいたいと思っている。立派な言葉でΠ・デスャトゥヌィコウを思い出したい。彼は当時ウクライナ内務省火災警備局局長だった。私と彼はチョルノブィリや彼の助手たちと強く結びついていた。それは特別な性格の人々であり、高い任務と名誉の人々であった。

そして、ロシアの消防士のことを述べようとするかぎり、ふたたびあの人たちについて語らなければならない。たしかにわれわれはウクライナから遠い。しかし、チョルノブィリはわれわれにとっても世界にとっても耐え難い出来事だ。モスクワ近郊の消防士たちは、やすらかに眠った第一英雄のチョルノブィリ作業者たちと、チョルノブィリ原発の運転員たちについての記憶を、非常に大事にしている。毎年4月26日にわれわれは集団でムィトゥィンシクィー墓地を訪れて、墓に生花を供える。クラスノゴルスク国家火災監視局の隊員は、その局長のЮ・ビチュコウを先頭に、これまで毎年心を込

めた墓参りをずっと続けている。そうすることで、われわれのウクライナの友人たちは、1年に1度この必然的な哀悼の場にわれわれを来させることによって、納得することができるのだった。

12年後のまなざし 5

レオニドゥ・アントニュク
　　在ジュィトムィル州ウクライナ内務省部局国家火災警備局局長　内務大佐

不浄の水がまかれた

　1986年の5月は、私にとって、「重い」水の合図で始まった。緊張は信じがたいものだった。あの夢のような現実の中から、何を見分けるべきか？
　……5月6日の朝、われわれジュィトムィルの人、クィイウの人、およびビラ・ツェルクヴァの若者たち（車2台）は、あらたに特別の任務に呼び出された。出動の前にわれわれは新しい制服を要求してみたが、支給されなかった。無かったのだ。下着としての穴のあいたストッキングがあったのはよかった。われわれはそれを頭にかぶって出かけた。
　われわれはソコロウ少将に会った。彼は、われわれは原子炉の下から水を汲み出さなければならないと説明した。車の準備が始められた。しかし、われわれの車は、まるでわざとのように、2本の消防ホースの中に水を吸い取るのを「嫌がった」。われわれはモーターの不調を探すのだが、車の半分も点検できない。幸い、モスクワのプロが助けてくれた。どうやら小さなパッキングが、工場で正しく取り付けられていなかったようだ。整備して調子よくして、民間防衛の作業者の指示に従って、川に行って練習した。そこでまた将官がわれわれを見つけ出し、しかりつけ、後方の分隊に送った。一方私は、民間防衛の本部に状況に関するデータを求めた。そのデータは夜に届いた。車が行くことになっているあそこは、70レントゲンである。これは門ならば閉じるべき値だ。一方、戸外は、15メートルはなれたところが1,200レントゲンで、光ってさえいた。ソコロウ将官はわれわれを整列させて、5台の車に5人の運転手が乗って出かけ水をくみ上げること、20人の兵士が1.5キロメートルのホースを敷設すること、という作業を課した。将校たちは残るように、と彼は言った。しかし、われわれは残らないで、自分の運転手たちと共に行く、と将官に告げた。
　装甲輸送車の後ろから、われわれはチョルノブィリ原発の表玄関に簡単に近づき、本部が置かれている燃料貯蔵庫に降りた。コンクリートの床に、10個の腰掛があった。医師はわれわれに錠剤を配り、アルコールを飲むように忠言を与え、みなは思い思いに心を鎮め、原子炉へと車を進めた。

ビラ・ツェルクヴァの若者たちが、最初に自分たちの車を1つにまとめた。水は浄化用の建物へ行った。しかし、門が閉じ、車は部屋の中でちょっと作動して、音がしなくなった。ここのどこかで、われわれの運転手もいなくなった。後になってわかったのだが、「救急」が、気絶した人を運び去ったのだった。こうなるのも当たり前だ。ビスケットとえんどう豆のトマトソース煮の食事だけで、水はまったく無し、10日前のケフィール（発酵牛乳）だけだったのだから……。

　われわれはズボロウシクィー大尉と共に、原子炉の下の真っ暗なトンネルを走って、やっと車にたどり着いたが、長い間、なぜ車が働かないのか理解できなかった。やがて、ビラ・ツェルクヴァのヂャチェンコが見破って、門を開けた。しかし、車はすでに、交換しなければならないも同然だった。これは、われわれの車に順番が来たということを意味した。そして、全部をつなぎなおさなければならない。原子炉は何分間か水に落ちる可能性があった。それならば、これは、水素爆弾だ。半径300キロメートル内に、生き残るものは何もないことになる。将官もわれわれにそう説明した。さらに次のようにも言った。40分ごとに、政府委員会はゴルバチョウの方針の状況を報告する。

　私は兵士たちと、すべて新たにやってみた。車は働く。4時間ごとにディーゼル用軽油を注ぎ足さなければならないだけだ。少し休息した。しかし、エンジンはすぐに過熱して、動かなくなった。われわれは置き去りにされた車から、工具と明かりを取り、ふたたびトンネルに入っていった。壊れた管づたいに、ラジエーター用の水を探し、やっとのことでバケツに受けた。少しだ。それで、バケツをロープにつないで汲みだした。放射能を帯びた水を集めて注いだ。準備完了と思われた。燃料貯蔵庫に戻り、軽食をとり、ひと風呂浴びたが、ここでふたたび警報。だれかが装甲車でホースの上を通り、ホースは押しつぶされた。修理しなければならなくなった。われわれ全員が、放射能を帯びた水にぬれた。

　投げ捨てられていた服の山から、線量計を用いて、乾いた特別服を選んだ。2レントゲンは着ても良い。5レントゲンは棄てる。

　5月8日の夜中の2時に、ようやく交代が到着した。われわれは装甲車でチョルノブィリに運ばれた。そこで、床に倒れるようにして眠った。

　朝、われわれは整列させられ、ねぎらわれた。軍曹には1,000カルボヴァネツィずつ与えられ、将校には星章が約束された。実際には、われわれはその後も忘れられたのだ。というのも、私は少佐だったが、やっと1年後に、他の名目で受け取ったのだから……。一方、イヴァンキウではすべての病院がわれわれを涙で迎え、花束が胸いっぱいになった。人々は何が起こりうるのか知っていた。われわれには充分な食事が出され、シャンパンやコニャックがたくさん運び込まれた。検査や分析はたしかに行われた。その後われわれは自分たちのキャンプ地に到着したが、そこではすでに、私は死んだものと思われていた。その日、私は、気絶したわれわれの運転手について、彼は決して職場放棄したのではなく、ただ病気だったのだという情報をも得た。彼は夜にはすでにジュィト

ムィルにいた。われわれの病院に1ヶ月入院して、さらに1ヶ月モスクワにいて、その後は……。

私は健康がすぐれない。果たしてあのとき、われわれはちゃんと診てもらったのだろうか？　あそこにあったのは1つの考えだった。任務のことだけだった。火災のときと同じだ。もっと速く！もっと速く！より速く！　これがすべてだった。しかし、いまそれを悔やんでもしかたがない。異常事態だったのだ。いずれにせよ。惨事は犠牲を求め、われわれは自覚してそこに赴いた。

12年後のまなざし　6

ヴォロドゥィムィル・マトゥロソウ
　　在ジュィトムィル州　ウクライナ内務省部局国家火災警備局副局長、内務大佐

われわれは自分たちだけで原子炉の口をふさぐことが出来た

悲しい、そして一生にわたるような事件がそれぞれの人に起こった。あたかもダモクレスの剣のような脅迫が全員の上に迫っていたあの悲劇的な日々、熱くて恐ろしい日々の中から、私は何を思い出すか？　4号で原子炉をやっと消しもした。その下から水をポンプでくみ出しもした……。だがここで、再び。再び、「平和の」と名づけられた原子力の致命的な脅迫。

チョルノブィリに私は5月なかばに行った。他の人と交代する順番が来たからだった。私は、技術者と、通信機材を携えたスタッフの副主任として任命された。しかし、このことは、仕事をしなければならないことになった、というだけではなかった。4月26日以来、発電所域内に残っていた機械工の女性を呼んで、撤退させた。当然ながら彼女は、放射線をたっぷり浴びていた。しかし、彼女を見捨てずに見守らなくてはならない。彼女は、チョルノブィリの「シリホスプヒミヤ」基地に連れて行かれた。われわれのグループはそのとき賞をもらった。しかし、われわれは嬉しくなかった。いのちが問題であるときに、金が何だというのか。

本部にもどった。5月23日の夜に当直をした。長時間の会議をし、真夜中をはるかに過ぎて散会した。神経が緊張していた。何かの災難の予感に苦しめられた。予感は当たった。

──原発で火災発生。全員集合！全員集合！全員集合！　4号と3号のブロックでケーブルが燃えている、とラジオから聞こえてきた。

直ちに皆を起こした。マクスィムチュク中佐は、われわれの上級官だったが、志願兵と共にベーテーエル（装甲車）に乗って事件の中心に出かけた。

火災はきわめて危険だった。仮に火が機械建屋に達すれば、4号ブロックの原子炉爆

発よりもっと恐ろしい惨事になる。そこには、何トンものオイルがあふれ、水の下にはタービンがあるからだ。

　偵察のマクスィムチュクを待たずに、私は5人組を組織し始めた。将校、運転手、放射線監視員、消防士たち、そして車。最終的には10人がそれぞれ座った。

　現場では、そこで何が燃えているのか、すぐによく調べた。まず、ケーブルのかごを冷却し（それらは金属製で、太陽の色にまで熱せられていた）、それらを打ち破って、中に入っていかなければならなかった。そこではすでに、消火やケーブルの切断など、状況にしたがって行動がとられていた。

　車には、4号ブロック近くの運河の水が供給された。ということは、時間が失われたということだ。そして、原子炉の息の下に、人々を派遣することになった。マクスィムチュク中佐は私に、ホースを伸ばすように頼んだ（命令したのではない）。10分後、ホースラインはすでに働いていた。最も危険だったのは、12.5メートルの高さの402室内だった。第1の5人組は、最も経験ある人々で構成された。そのグループに私も入った。

　4号ブロックまで、ベーテーエルに乗って行った。部屋に行く用意をしていたとき、ちょうど、ラウドスピーカーから音が聞こえた。

　――緊急連絡！緊急連絡！　消防士は全員火災現場をただちに放棄すること。

　誰がそのような命令を出したのだろう？　われわれは誰もがそう思った。――火災を消すのは誰だというのか？　われわれには10分割り当てられていた。まだあるが、放射能はすでに極度に浴びていた。それらは50から80レントゲンの間で振れていた。

　10分が過ぎたが、われわれはまだかごを壊すことに成功していなかった。かごは、防護服の上から体を焼いた。何という作業だ。かごをこのままにして行くべきか？　つぎの交代がここに来て仕事を始めるまでの間に、かごはいっそう熱くなる。そうなればすべてはゼロからやり直さなければならない。それで、結局、かごを壊して、ケーブルトンネルにホースを差し込むことに決めた。このために、「余分な」10分が過ぎた。

　交代して、除染のために風呂に出かけた。体を洗うや否や、私のほうにマクスィムチュク中佐が走ってくるのが見える。

　――ヴォロドゥィムィル！　ホースから水が出てこない！　きみは敷設した。あそこではそこまでだ。気にするな。

　私はボハトゥィレンコと共に走った（ホースは彼と共に敷設したのだ）。道で原因がわかった。何かのベーテーエルが民間防衛本部の全員より早くホースを通過して、それらをずたずたにしたのだ。憤慨する間もなく、すぐに修理にかかった。

　本部に戻って、何があそこで起こっていたかをマクスィムチュクに話し始めると、彼はぎくっとして声を上げた。

　中佐！　5人組を補充する人員がない。もう全員あそこに行っている。私は言った。

　われわれが行こう！　中佐は静かに答えてわれわれを見た。火災は実質上ほとんど局所化されていたが、まだトンネルを点検して、のこりの火を消す必要があった。われわ

れは再び出かけた。すでに施設に行ってきた人を含む新しい5人組が、われわれに従った。人を強制するものは誰もいなかった。皆が自発的に出かけた。余計なおしゃべりや気ぜわしさはなかった。

　…すでに発電所の上に夜明けが訪れていたが、まだ暗闇は消えていなかったとき、車の縦列が見えた。クィイウの支援が来たのだった。

　皆うれしそうに興奮していて、冗談さえ言っていた。チョルノブィリに着いて、除染を終えたとき、とてつもない疲労感を感じた。具合も悪くなった。私はただちに病院に入れられた。やがて被曝線量が調べられた。それは私が実際に受けたものとはかけ離れていた。それに、私ひとりだけではなかった。しかし、私が言いたいのは、このことについてではない。健康はもどらないし、金では買えない。私は、人々のこと、政権のことを言いたい。チョルノブィリはあたかもなかったかのようだ。それについて彼らが思い出すのは、実際に犠牲になった人や、今まで生きていて、この危険区域で働いている人のことだけである。

　あの時われわれは、自ら原子炉の口をふさぐべきであると理解した。今現在、事故処理作業者たちも同じように地獄へと歩いているのかどうか、私にはよくわからない。彼らは無気力にとらわれているのだ。議会で官僚主義者が事故処理作業者に、自分はあなたをチョルノブィリには送らなかった……、などと言っているときの彼らの心情を想像してみて欲しい。

　先ごろ、「読売新聞」という日本最大の新聞社の白水忠隆記者がわれわれのところを訪問した。彼はわれわれの説明を聞いて結論を出した。

　——日本では、あなた方のような働きかたをしようとする消防士はきっといないでしょう。彼らの装備はあなた方のよりも良いけれども。あなたがたはいったい何という人々なのでしょう。

　何と答えるべきか？

　何という人…ごく普通の人。

　残念ながら、普通の人ばかりではないのだが。

12年後のまなざし　7

ヴァスィリ・トゥカチェンコ
　　内務大佐

語られなかった偉業

　4月25日から26日にかけての悲劇の夜については、全世界が知っている。しかし、チョルノブィリ長編叙事詩の中には、長い間隠されていた事件があり、輝かしいグラスノス

チの時代においてさえ、それについてはひそひそ声で、狭い輪の中だけで思い出されていた。そして、その中に、大きな不公平があった。なによりも、同じく自分の生命の危険をおかしつつ偉業を成し遂げたにもかかわらず、闇に葬られた人々がいるということがある。宿命的な爆発のほんの1ヶ月あとで燃え上がったチョルノブィリ原発の火災は、何と言っても、そのような出来事の1つである。そして、みずからに、何年もそれについて考えなければならない規模の危険をもたらした。

　それは5月22日から23日にかけての夜に発生した。火は、発電所の3号と4号ブロックの間にあるケーブルトンネルをとらえた。それを克服するために、多大な兵力、実質上すべての支隊がかかわって区域内に配置されたのに、この火災を人々から隠すことに努力が払われた。ハルキウとチェルニヒウの大隊、ジュイトムィルのまとまった部隊、チョルノブィリ市とクィイウ市およびクィイウ州支隊の軍消防分隊連合……。全部で300人以上だった。しかし、この事件についてマスコミでとりあげられるまでに、ほとんど2年が経過した。5月23日の火災についての最初の記事は、雑誌『冷静と文化』誌(1988年No.1)に公表され、その年に、これについて『消防事業』誌が言及した。

　しかし、われわれは1986年5月に戻ろう。夜中の2時11分に、チョルノブィリ原発における火災の情報を受け取って、域内の消防隊員と装備を管理するB・マクスィムチュク中佐と、当時は本部長だった私と、ソ連邦内務省火災警備本局検査技師のA・フドゥコウ大尉と、技術関係の本部長補佐のB・マトゥロソウ大尉を構成員とする作戦グループは、事件現場へ出発した（もはや装甲車には入りきらなかった）。部長のB・チュハリェウは当直の衛兵と共に直ちに出かけた。途中マクスィムチュクは、すべての機械と隊員は、原発の管理棟の近くに集結して指令を待つように、との命令を携帯無線機で与えた。

　われわれは原発に2時30分に到着した。マクスィムチュクとフドゥコウと私は発電所の本部に行ったが、火災について誰もわれわれに要領よく答えることができなかった。われわれは中央の操作パネルに上がった。原子炉系の運転当直主任のセルヒィ・レベディェウが、1時40分に+27標識点で4号ブロックの方に濃い煙を発見し、ただちに3号と4号ブロックのトンネル内でケーブルが燃えているのを発見した、と発電所の運転当直主任が語った。火災が3号ブロックの機械建屋に広がる恐れがある。あそこには何トンものオイルがあるのだ！　このときラウドスピーカーの放送が始まった。「緊急連絡！　緊急連絡！　火災の区域では200レントゲン。火災の区域で作業中の人は、全員持ち場を離れること！」「消防の指揮者は、消火についての決定を下すこと！」そしてこれは10分ごとに放送された。それでわれわれは皆、大変な地獄に行くことになることを知った。

　B・マクスィムチュクは偵察を実施する決定を下した。チュハリィェウ大尉に与えられたのは、輸送用通路を通って火災現場まで行って開き、そこで自動設備を解除し、戦闘員と共にもどるという課題だった。彼には、装甲車とタンクローリーが与えられた。一方マクスィムチュク自身は、放射線監視員のB・ロマニュクと共に内部の通路を通っ

て、火災現場に行った。偵察から帰ったあと、ケーブルが燃えていた場所とそこへのルートを図面に記した。

マクスィムチュクは私に、連続的な水の供給を確保し（輸送用通路の区域にある2つの用水は不調であったので）、放射線計測を組織し、火災現場へ戦闘隊員を補充確保することを任せた。私はタンクローリーによって水を導き、同時に、1.5キロメートル先の運河に設置されていたポンプステーションから、直径150ミリの幹線ホースラインを敷設する決定を下した。私はこの課題をマトゥロソウ大尉に任せた。かれは、作業の過程で装甲車がホースラインを断裂させたにもかかわらず、この仕事をうまく進めた。

火災域と隣接の地域において、放射能レベルがあまりにも高かった（発表によれば200レントゲン）ことを考慮して、かならず将校と放射線監視員と運転手と消防士によって戦闘員を補充すべきことと、火災域における作業時間は10分に制限すべきことが決定された。隊員たちは火災現場へ装甲車に乗って往復した。装甲車は私の依頼で、国防省の代表者によってあてがわれた。

隊員は消火に出かける前に医務室で薬を飲み、すでに火災現場からもどっていた先輩の参加者から詳しく指令を受けた。戦闘を遂行したあと、隊員はふたたび医務室に向かい、衛生処理を終え、その後バスで、部隊の配置地であるチョルノブィリに出発した。

最初に戦闘に出かけたのは、A・グドゥコウと、B・マトゥロソウと、C・ボハトゥィレンコだった。しかも、彼らはあの地獄に2度行ってきた。5月23日の朝7時までに、火災は事実上消された。4号ブロックの壊れた坑内でケーブルがくすぶっているだけだった。それを泡で消すことが決まり、この作業は、スクィダン大佐を先頭に到着したクィイウの人々がやり遂げた。8時30分に火災は処理された。

監視の組織のために、私はなお17時まで発電所に残った。A・イェロフェイェウ中佐が私に代わった。火災の処理が終わったときまで、内務副大臣のカタルヒンがM・ポズニャコウと共にいた。また彼に従って、クィイウ州火災警備局局長のB・トゥルィプティンが副局長と共にいた。管理棟の張り出し玄関にちょっと立ち止まってから出かけた。

ケーブルトンネルの火災を消した人々は、勇敢に、専門的に行動した。それは非常に稀有なことだということを意味している。どこからあの超自然的な精神力がもたらされたのか、私にはわからない。人間の本質の深みから、われわれにまれに与えられるものを知るべきなのだろう。

❖ 文学作品より

ヴァレリィ・ネチュィポレンコ
きみはぼくが好きになる
　　　（手紙と証明書の形式による短編小説）

「こんにちは、いとしい人！
　ぼくはいつもきみのことを思い出している。きみの声は毎日ぼくにひびき、きみの目は光を放ち、そして、こんなふうに思われる。すぐにもあたりを見回さなければ。そしてぼくはきみを見る。きみの髪のにおいを感じ、きみの両手に触れる。きみはぼくの中にいる。ぼくの周りにいる。
　もし事故がなかったなら、ぼくたちは今まで一緒にいられたのに。
　夜にぼくは月を見る。ぼくには、ぼくたちのまなざしがあそこで出会うように思われる。ぼくは月の光になりたい。きみの目の中にはいっていけるように。
　ぼくにはまるで見えているようなときがある。ほら、きみは道を歩いている。風がきみの髪の毛に触れる。ぼくは風になりたい。
　ほら、きみはトロリーバスに座っている。ぼくはトロリーバスになりたい（ほんとうだよ、想像してごらん！）。ぼくは気をつけてきみを運んだ。どこにも止まらずに。ぼくはトロリーのワイヤーからはずれた。そしてきみをこちらに運んできた。まっすぐぼくらのキャンプへ。でも、ごめん。何のためにきみはここにいなければならないのだろう。ぼくらの中に。このいつも危険な只中に。」

＊＊＊

「こんにちは、ぼくの愛する人！
　ぼくはすぐに第3ポストに行く。平穏な当直だ。でもぼくはどうしても落ち着くことができない。ぼくの相棒は病気になり、病院に連れて行かれた。昨日だ。で、今日、「通りがかりの」将官がいきなりぼくに向かって怒鳴った。彼はもっと遠くに遣られたらしい……。
　ところで、あのね、きみに会って以来、ぼくはなぜか立派でありたいと思っている。もしこれらの「通りすがりの」副官たちがいなかったら、そうなっていただろう。彼らは1～2日飛来して、歩き回り、指示を与えている。救済者たちだよ。おとといは、こんな指示を受けたと若者たちが言っていた。そいつに上からゴムを投げ落とせ。まるであいつを閉じ込めでもするかのようだ。ヘリコプターはもう飛ぶ余裕がない。あえいでいる。操縦士たちはむなしく被曝した。
　これについてはこれだけ。ところで、ぼくがきょう昼に食べたものが何かわかる？
　缶詰のアヒルの肉だよ。ほかにも似たようなものを！　以前は、缶詰にもこんなに

うまいものがあるなんて、食べたことがないから知らなかった。ここの缶詰は、まるでクレムリンの内緒の場所からの直送品のようだ。ぼくは、コンポートではなく、瓶から直接たてつづけに何かを飲んでいるんだけれど、わかる？「カベルネ」だよ。なんとまあ。聞こえたでしょ、たしかに。あいつがまたぐいと引けば「カベルネ」は……

　このあいだ、ぼくはサーカスの芸人に会った……。ぼくらはとっくにリオ・デ・ジャネイロで、1812年に知り合っていた。このサーカスの芸人は、おもしろいことを言った。トラはその調教師がどこかに出発するときには、とても悲しむそうだ。ね！　どう！　きみはまた角を出して言うだろう。ぼくの冗談だと……。これでおしまい。もう黙るよ。ぼくらは数日休暇をもらうことになっている……。」

＊＊＊
「こんにちは、ぼくの恋人、
　残念ながら、ぼくらには休暇はなかった。交代がなかったのだ。今、ここは、夜だ。長い。寒い。曇っている。木々はざわめき、風に揺れている。まるでそのまわりに紺色の夕暮れを圧縮しつつあるかのようだ。で、たとえば、長いあいだ暗闇を見ているとするなら、ただちにそこから、きみが白いワンピースを着て、両手を差し伸べながらでてきて、暗闇と孤独をすっかり消すような気がする。あるともだちは、目覚めの最初のほんの一瞬、壁の上に自分の恋人の顔が見えたほどの恋をした（と後になってぼくにそう言った）。ぼくは今日、そいつのことを思い出した。急に、きみのやさしい手が、ぼくの髪をくしゃくしゃにするように思われたときに。でも、それは、ただ、風だった。風は雷雨をつれてきた。窓の外で、雨の音がする。ぼくらのスポーツホールは（そこでぼくらはすぐに眠るんだ）空っぽで、静かだ。ほとんど全員が、当直についていた。残っているものたちは、なぜかきょうはざわざわしていない。静かだ。きのうはサッカーをやった。消防車から庭に水をまいた。ほこりが立たないように。そして思いついたのがサッカーだ。ぼくらには、解説者すらいた。なんとおかしな解説者だったことか……。楽しかった。
　今日、雨はざあざあ、ざあざあ降っている。雨は、ここでは役に立つ。放射能を洗い落とす。もし、それが……。
　あの雨のグレーの壁の向こうのどこかに、きみがいる。ぼくはずっとこのことを思っている。ぼくはここに長くいればいるほど、本当はきみがいないように思われ、きみは夢の中やおとぎ話の中だけにいるように思われるものだから。
　でもきみはいるのだ。ぼくはきみのまなざしを思い出す。光を放射する（この言葉は今となっては悪くない。だって、頭の中に放射線の病気がもぐりこんでいるのだもの。）きみの目、火花を散らすきみの目、きみの笑い、きみの手、きみのすべてを。ぼくは思い出す。そして、きみが遠いという思いに、しつこく苦しめられる。きみが

遠いこと、それはかまわない。でも、あまりにも遠くて、ぼくたちがすぐに会えないこと、それはとても残念だ。ぼくの目は、100回きみの気配を探すだろう。1,000回、ぼくは悲しみに耐えられない。大地はぼくたちの悲しみのために、何年も老けてしまう。そして、そのときになってぼくたちの指揮官が来て言うのだ。「諸君、われわれの交代は終わった。」いや、ぼくは期待しないだろう。今のところ彼らは皆親しくなり、持ち物を譲り、バスにずっと座っている。

　ぼくは通り過ぎていく最初の車に別れを告げ、きみを思って過ごす。

　ねえ、ひょっとして、きみはまた住所を変えたの？　ぼくがきみに書いた手紙は、多分届かないのかな？　きみはどこ？どこ？！！！

　雨はとっくに静かになっている。しずくがいっそうゆっくり落ちている。落ちている。落ちている。そしてしずくの一粒ずつは、過去の一瞬一瞬だ。そしてこの瞬間に、ぼくたちの離れ離れの時間はいっそう短くなる。時計に耳を当ててごらん。聞こえるか？　かちかちと音を立てているのが。ぼくたちの離れ離れの時間は、いっそう短くなる。

　ぼくは出かけよう。そして、きみといっしょになろう。」

＊＊＊

「こんにちは、いとしいひと！

　ぼくらのところにはなぜか明かりがない。どこか遠くでまた野良犬がほえる。窓敷居に腰掛けて、ほとんど手探りで、きみに書いている。一日中ぼくらは皆、眠っていた。まるで死人みたいに。夜は苦しかった。もしかしたら、この手紙がきみに着くより前に、きみはもうここで何が起こったのか、知っているかもしれない。ここで第2の火災があった。多分、例によって、きみたちにはなにも語られていないだろう。そのとき、この手紙は念のために眠らされる。ぼくらはここで約束させられていたのだから……。ぼくらは警報によって、2時ごろに起こされた。1時まで、ぼくらは眠っていなかった。飲んで、しゃべっていた。だから、寝る時間がなかった。ラッパがあざ笑う！　ぼくは最後の車で出発しなければならなかった。それで、無線機のそばにちょっと立つ時間があった。ぼくは、誰かが早口で放送しているのを聞いた。「3号ブロック域の火災のフレアを観測しています。」ぼくらの無線通信士はののしって言った。「また3号が爆発しているというのなら、われわれは皆、お釈迦だ。」

　しかし、ぼくらは出かけた。みちみちぼくは確信した。そんなことはありえない。また3号で爆発だなんて、ありえない。それは、あんまりだ。ありえない。

　3号ブロックのそばは、本当に燃えていた。その火はそれほど大きくはなく、そのあたりは薄ぼんやりしていた。金属の長い絶縁カバーの内側で、ケーブルがくすぶっていた。あそこ、あの中央で、消火。だがまだ暗い。それに、われわれはあまりにたくさん集められていた。無用の気苦労。ホースがもつれる。動き回ることになった。

ぼくは歩いた。不注意だった。何かの穴に落ちた。およそ2メートル跳んだ。しかし、幸いにも、何かにジャンパーがひっかかった。背中がすりむけたが、持ちこたえた。そして、大事なことだが、だれもぼくが落ちたのを見ていなかった。ぼくはみんなに暗闇の中から叫んだ。「おーい。ぼくは原子炉に落ちた！」彼らが笑っているのが聞こえる。「原子炉なら叫んだり出来ないさ。」彼らが照らしてくれた。ぼくはすぐそばにいたのだった。まるで、遠くに落ちたように思われた。彼らは引きずりあげてくれた。すぐに、背中じゅうにヨードが塗られた。「われわれの予備のヨードは全部きみのために使った。われわれは茶でも飲むか。」と彼らは冗談を言った。

　ねえ、何という散文的なことをぼくはきみに書いているんだろう。もっと違うことを書きたいものだ。きみに優しい言葉を書きたいものだ。きみに会って以来、ぼくはより良いほうに変わってきた。自分でもわかるほど早く。ぼくは親切になってきている。ずっと良く微笑んでいる。ぼくは今、ずっとずっと落ち着いている。これはみんな、きみがいるからだ。以前ぼくは、いろいろなセンチメンタルなことや優しさが好きではなかった。でも今は、ぼくはきみに対して優しくありたいと思う。そして、きみを太陽と呼びたい。何でこのような個性のない言葉で？　ぼくにはわからない。多分、きみを思い出していると、ぼくは自分の心に、木漏れ日が走り回るように感じるからだろう。

　手紙を書いて欲しい。
　ここではみんな、とても手紙を待っている。」

＊＊＊
「こんにちは、ぼくのかわいいひと！
　意外なことはもう決して起こらない。まもなくぼくらの交代は終わる。だいたい、ぼくはもう長い間出かけることができていない。ぼくら皆が送られたとき、だれもぼくを到着した人たちと一緒に残れとは強制しなかった。でもぼくは、この交代を、全部おわりまでやろうと決めた。あそこのことはもうほかの人々に守らせておこう。あの地獄のことは。
　まもなく、ぼくたちは会う。会ったら、たくさんのことをきみに話そう。きみはきっとぼくへの疑いの気持ちがなくなり、ぼくを好きになるよ。ぼくはとてもきみが恋しい。そして、そのような強い感じは、必ず相互的なものだとわかるにちがいない。きみはぼくを好きになるよ。ぼくをここから早く出して欲しい。ぼくはきみに優しい言葉で呪文をかける。そうして、きみを腕に抱こう。きみがぼくを愛するといってくれるまで。
　ぼくたちは幸せになる。」

第3部　あからさまにそして完全に秘密に

　　＊＊＊
　「尊敬するご両親様！
　悲しみと哀惜の情をもってお知らせいたします。あなた方のご子息
　　　セルゲイ・ステパノヴィチ・ジュルベンコ
は、軍病院において肺炎のため、急逝なさいました。腎臓の激痛のため治療が困難となり、肺炎が急激に進行しました。チェルノブィリ原発における事故結果処理作業に際して、勇敢さと判断力を発揮されたあなた方のご子息についての記憶は、私どもの心の中に、永遠に残っています。
　臨時病院　医師副主任（サイン）　M・ストウバ
　混成消防分遣隊　政治局代理（サイン）　M・クィリヤク　」（ロシア語の文書）

　　＊＊＊
　「こんにちは、お友だち！
　うれしいことがあります。私たちはやっと避難が認められ、トロイェシチニにアパートをもらうことになりました。冬まで、建物を賃貸しすると言われました。私はもう、アパートの部屋番号を知っているんですよ。97号です。おかしい？　あなたはクィイウに空しく残ることはなかったのでしたね。なんとまあ、残らないように、とわたしたちは言われたのですよ。彼らはどこへ逃げたのでしょう。わが国ではいつでもこうですね。まず、「ダメ」。それから、「よろしい」。
　もう一つお知らせがあります。セルヒィが死にました。ね、覚えているでしょう？　あのおかしな将校。ちょうど事故の直前に私に興味を持ち始めた消防士でした。思い出すでしょう？　でも、彼は死んだのです。私たちが避難させられたとき、彼は残りました。到着して、原発に。自分で望みました。志願兵です。私に手紙をくれました。なんておもしろい手紙だったことでしょう。いろいろやさしいことを書いてきました。なんとすばらしい手紙だったことでしょう。ほとんど毎日、私は彼から手紙をもらいました。おもしろい手紙でした。まだ交代の終わる前に、到着したらすぐに結婚しようと書いてきました。あそこでどんな結婚？　病院に雷が鳴り出したよう……。3ヶ月あそこにぼろぼろの状態でいて、それから、この間、死にました。かわいそうな青年。親切でした。私にこんなにたくさんの手紙をくれた人はいません。サシュコだけしか嫉妬できない……。
　ね、たびたび訪ねてください！
　新居にぜひ来て。
　あなたのスヴェトゥカ」

＊＊＊
「この証明書は、ジュルベンコ、セルヒィ・ステパノヴィチを死に至らしめた病気は、チョルノブィリ原発における事故結果処理作業の短時間の労働の間に、当人がさらされた（と書類にある）制限線量の透過放射線が、その組織へ影響したために発症した可能性がある、との委員会の一致した結論に基づいて発行される。
　証明書は、居住区に提示するために出されている。
　委員会委員…」
（署名、円形の印鑑）

第4部

接収ゾーンで

地上のいのちのために

　チョルノブィリ原発における事故と火災についての通報は、クィイウ州の火災警備局当直部から、1時30分に、クィイウ市火災警備局の自動化システムセンターに届いた。

　共和国の消火プランに従って、さらに内務省火災警備局指揮者の指図によって、クィイウ市火災警備局副局長のM・ズィネンコは、クィイウ州の支隊を支援するために機動的に編成された部隊を送った。（83人の消防士が、基本的、専門的かつ補助的な技術における10の作戦部の構成員となった。）先頭に立ったのは、軍務部副部長のC・ホホリ内務大尉心得だった。

　構成員として加わっていた部隊は次の通りである。

——タンクローリー4台：自主戦時体制消防分隊-6（隊員6人。長は、主任警備のC・クィルィチェンコ中尉）、戦時体制消防分隊-7（6人。長は、戦時体制火災警備-4副部隊長M・ルンチェンコ大尉）、自主戦時体制消防分隊-9（6人。長は、警備長のM・マシチェンコ中尉）、戦時体制消防分隊-14（7人。長は、戦時体制消防分隊-14副分隊長のO・ヴィフルィストゥ）。

——自動はしご2台：自主戦時体制消防分隊-9（2人）、戦時体制消防分隊-25（3人）。

——防ガス・防煙班教育センターの自動車2台（11人）、戦時体制消防分隊特別機械班-27（7人。長は、消防分署輸送技術部部長のB・ハラベルダ大尉）。

——消防ホースステーション-110　戦時体制消防分隊特別機械班-27（3人）。

——ホース車AP-2　戦時体制消防分隊特別機械班-27（2人）。

——教育センターのバス（29人。長は、教育センター副所長のA・ロジコウ少佐）。

　自動車に燃料を補給したあと、安全技術について隊員への追加の指令があり、部隊は2時

55分にチョルノブィリ原発にむけて出発し、4月26日5時00分にそこに到着した。

発電所敷地近くで、縦列は、クィイウ州火災警備局国家火災監視所副部長のA・ボンダレンコ少佐に会った。彼は、クィイウ部隊の配置場所を示した。

C・ホホリ大尉は、クィイウの縦列が到着したことを消火本部に報告し、部隊を発電所域内からプルィプヤチ市の自主戦時体制消防分隊-6地区へ配置換えするように命令を受けた。そこでは、完全な戦闘準備をした隊員が予備隊に待機して、次の指示を待っていた。

4月26日13時15分に、5台の自動車とクィイウの部隊に属する隊員部分の派遣についての指令が受け取られた。そして、2台の自動はしご（自主戦時体制消防分隊-9、戦時体制消防分隊-25）、乗員と教育センターのバスをともなった消防ポンプステーション（戦時体制消防分隊特別機械班-27）（全部で43人の同僚たち）が、帰りの方向に出て行った。

17時30分に、残りの隊員とクィイウ市火災警備局技術者たちが配置場所へ帰還するよう指図が入ってきた。

4月26日、プルィプヤチ市に到着したときに、クィイウ市の火災警備局支隊の首脳部のメンバーは、情報収集と整理、職務上の書類の準備、その他の組織の問題の面などで、事故処理本部を手伝った。すべての委託と指図は、きちんと良い状態に、そして適時に遂行された。

プルィプヤチ市への行き帰りの縦列の移動は、技術的なトラブルや異常な事件無しに組織的に終わった。

4月29日、内務副大臣のЮ・ヴォシキンは、衛生処置拠点を拡張するよう、火災警備局局長のП・デシャトゥヌィコウに指令を与えた。デシャトゥヌィコウ少将の指示に従って、クィイウ市内務省火災警備局のイヴァンキウ地区スカチ村にある衛生処置拠点の作業組織のために、次のものが差し向けられた。ДДА車2台、8Т311М車2台、指令車、荷物積載用の車2台、バス、消防用タンクローリー2台、それに通信照明車で、全部で11台の装備一式であった。

この拠点の拡張のために、火災警備局局長のM・ズィンエンコ内務大佐を先頭にした32人のクィイウ市火災警備局の指導部と特別自動車戦闘員の隊員が追加された。拠点のプラントに全部で49人の同僚が追加された。

この日、衛生処置拠点は隊員の受け入れ準備ができた。

4月29日18時から4月30日18時までに、拠点では、内務省―内務省部局の同僚690人の総合衛生処置が行われた。

綿密な衛生処置を必要としていた内務省支隊の同僚たちが常時チョルノブィリ原発ゾーンから到着していたので、この作業は拠点において、実質的にひっきりなしの体制で、最大の兵力を集中して、隊員によって実行された。

5月5日、チョルノブィリ市に、自主戦時体制消防分隊-2副分隊長のO・ドロシェンコ内務上級中尉の6つの消防部から、タンクローリーの車列が形成されて派遣された。

その仕事に加わっていたのはつぎのとおりである。戦時体制消防分隊-1（6人。長は主任警備のC・ザィツェウ中尉）、自主戦時体制消防分隊-2（7人）、自主戦時体制消防分隊-3（7人。長は副部長のП・マンデブラ上級中尉）、自主戦時体制消防分隊-5（7人。長は副部長

のВ・ネロズナク大尉)、自主戦時体制消防分隊-16（3人。長は副部長のО・トパル大尉)。全部で35人の消防士たちだった。

14時30分に、縦列はチョルノブィリ市の専門消防分隊-17の配置場所に到着した。その基地では、П・アファナシイェウ内務中佐を先頭にして、クィイウの総合部隊が編成されていた。

その日、隊員が戦闘の当直にやってきた。18時30分に警報のシグナル音が聞こえ、自主戦時体制消防分隊-3と自主戦時体制消防分隊-13の車がプルィプヤチ市の近くの森林火災の消火に出て行った。420平方メートルの広さの火災は、1時間で処理された。

5月6日9時30分、自主戦時体制消防分隊-5は、モスクワの専門的な化学者グループの指図にゆだねられた。同時に彼らは、発電所建物の「乾式除染」の訓練と、消防筒先を用いた、特別な化学溶液による訓練を実施した。

「農業技術」域においては、自主戦時体制消防分隊-18の隊員が、少なからぬ責任ある課題を実行した。そこでは、屋根の上や発電所の建物の壁に液状ガラスを塗る実技が行われた。

18時過ぎに、自主戦時体制消防分隊-3、5の消防士たちが放射線監視員をともなって、管理棟を除染するために出かけた。

この日、ウクライナ共和国内務省火災警備局局長のП・デスャトゥヌィコウ少将の命令に従って、13時15分に、チョルノブィリ市に2台のポンプステーション（ПНС-110）と2台のホース車（AP-2）が派遣された。特殊自動車の自動車隊列長には、戦時体制消防分隊特別機械班-27分隊長のЮ・ヘツィ少佐と戦時体制消防分隊-32主任警備のФ・ポプラウシキー中尉が任命された。彼らは放射能を帯びた水をポンプで排出するために追加された。

5月7日、自主戦時体制消防分隊-3、5、18は、ふたたび発電所域に出かけ、放射能レベルが上昇している条件下で、除染作業を続けた。迅速かつ専門的に、自主戦時体制消防分隊-3の運転手Л・コヴァレンコ曹長、上級消防士М・ルィトゥヴィネンコ曹長、自主戦時体制消防分隊-5の上級消防士М・イヴァノウ伍長が働いた。

5月8日朝8時過ぎに、自主戦時体制消防分隊-3、5の支隊とクィイウ市の戦時体制消防分隊-1とチェルニヒウ市の自主戦時体制消防分隊-1が、製造本館の除染作業に派遣され、自主戦時体制消防分隊-12、18が1、2、3号発電ユニットの除染作業を実行した。消防車には、1日に何回も、特別な化学溶液と液状ガラスが供給された。

隊員は、5月6日から8日に、面積にして30,000平方メートル以上の建物の除染作業を実施した。高度の専門性と、忍耐と、勇気を発揮したのは次の人々だった。戦時体制消防分隊-1消防士のI・ツィオムカ軍曹、戦時体制消防分隊-1運転手のВ・ネボラク曹長、戦時体制消防分隊-1消防士のО・スィソィ軍曹、上級消防士のП・ヂャチェンコ、自主戦時体制消防分隊-2管理責任者のВ・フニツァ曹長、兵卒消防士のО・ルィトゥヴィンである。

5月9日10時20分に、クィイウ市自主戦時体制消防分隊-2、3、15の消防士とチェルニヒウ市自主戦時体制消防分隊-11の消防士が、4号発電ユニット近くの経済施設の除染作業に出発した。放射能レベルは許容基準を超えていた。隊員は高所において、Л-1防護服、ガスマ

スク、防護めがねを着用して、消防技術設備とホースを1つの覆いからもう1つへと運び出しつつ働いた。課題遂行の後、すべての部は総合部隊に帰った。

　5月10日、部局責任者のM・ククス曹長、兵卒のC・ウユシコウ、運転手のB・ホメンコを構成員とするクィイウ市戦時体制消防分隊-7グループは、3時間半のうちに、発電所の3号と4号発電ユニット域内でほこりを洗い落とす仕事を遂行した。これらの作業を実行するにあたり、上記の同僚たちは、献身的に英雄的に行動した。

　8つの消防部（27人）が、特別な溶液を、建物の表面とチョルノブィリ原発の敷地に勢いよくぶつけた。

　ウクライナ共和国内務省火災警備局局長のΠ・デスャトゥヌィコウ少将の指図に従って、5月19日にチョルノブィリ市の消防分隊に、3つの部が当直の交代にやってきた。戦時体制火災警備部隊-3の副隊長M・フルィクン少佐が指揮するクィイウ市火災警備局の戦時体制消防分隊-10、17、および26である。彼らの課題には、消火と、事故復興作業の防火確保と、チョルノブィリ原発域における警備遂行があった。

　部局が配置されていた消防分隊においては、隊員の兵力によって、標準的な長期勤務と同僚たちの休息のための、妥当な生活条件が作られた。この仕事の中で、クィイウ市の消防士たちも全力を尽くした。

　5月22日、4つの部を構成員とする警備に、交代の当直がやってきた。戦時体制消防分隊-26主任警備O・ムィロネンコ中尉を先頭に、クィイウ市の戦時体制消防分隊-10、17、26と、ジュィトムィル市の戦時体制消防分隊-1だった。5月23日の2時20分に、彼らはケーブルトンネルの火災を消した。

　1991年10月11日20時30分、クィイウ州中央火災連絡所は、クィイウ市自動化システムセンターへチョルノブィリ原発3号発電ユニットの火災について報じた。クィイウ市火災警備局指導部は支援要請をした。

　クィイウ市火災警備局局長のM・ホロショク大佐は、技術予備隊を戦闘員に入れた部隊を形成する命令を与えた。この課題を遂行するために、警備隊の中に隊員と主任級隊員の集合体が発表された。

　21時16分に、追加の指令があり、個人用防護策と、線量計測モニターによって隊員の安全をはかったあと、火災警備局局長のM・ホロショクを先頭とする隊列は、機材が運ばれていたシェウチェンコ広場からチョルノブィリ原発の方向に出発した。

　部隊に加わっていたのは、次の通りである。戦時体制消防分隊-1、14、15、自主戦時体制消防分隊-3、4（タンクローリー1台）、戦時体制消防分隊-7、25（タンクローリー2台）、教育センター(バス)、放射線防護班（消防自動車、通信照明車、医療自動車）。

　21時54分、クィイウ市火災警備局副局長のД・ウラセンコ大佐はウクライナ共和国内務省火災警備局局長に、チョルノブィリ原発への機材および隊員の派遣について報告した。状況を評価した後、Π・デスャトゥヌィコウ少将は追加としてさらに10部を派遣する指図を与え

た。

　22時13分、シェウチェンコ広場で、もう1つの隊列が形成された。先頭は、副局長のＢ・ヴァジク大佐だった。

　これに加わったのは、次の通りである。戦時体制消防分隊-2、15、18（タンクローリー1台）、放射線防護班（タンクローリー1台、放射線化学防護の事故救助車）。

　24時に火災は処理されたが、事故結果の除去の仕事が続いた。

　10月12日00時20分ごろ、Ｍ・ホロショク大佐の命令に従って、タンクローリーに乗った4つの部（戦時体制消防分隊-2、7、14、25）が、将校（班長は技術部副部長のＭ・オレシチェンコ中佐）を先頭に、火災中心の処理と、2号発電ユニットの機械建屋内の過熱した金属構造物を冷却するために派遣された。

　00時30分に、24人の隊員がこの仕事を実行し始めた。放水は2台の架台式筒先と、2つの手動式筒先「Ａ」と、内部の消火用蛇口からの筒先を用いて行われた。

　部の先頭に立ったのは、次の通りである。戦時体制消防分隊-2：部局副局長のＣ・ボルィソウ大尉、戦時体制消防分隊-7：主任警備のＭ・ジュイフン上級中尉、戦時体制消防分隊-14：主任警備のＡ・チェルメルィス上級中尉、戦時体制消防分隊-25：部局副局長のＭ・フレベニュク大尉。

　作業開始に先立って、隊員には安全技術の追加の指令があった。作業は2交代に組織された（1時間作業―1時間休み）。

　7時30分に、これらの行動は中断され、隊員は発電所と保護ゾーンに沿った戦時体制消防分隊―16の建物との境に連れ出された。

　12時15分に、機材とクィイウ市火災警備局の隊員は、線量計測モニタリング実施後、首都に送られた。

　チョルノブィリ原発事故処理に際しての、クィイウ市消防局の献身的な行為に対して、121人の協力者が勲章とメダルで表彰された。それらの中で、「赤い星」勲章で表彰された26人の中には、ю・ヘツィ、Ф・ポプラウシクィー、Ｂ・フルィパス、Ａ・ドブルィニ、Ｏ・ネムィロウシクィー、Ｍ・フルィクン、Ｏ・ムルズィン、Ｏ・トウステンコ、Ｂ・ホロタ、Ｍ・ポノマレンコ……などがいる。「栄誉勲章」によって表彰された者は26人、50人は「火災に対する勇気」のメダルを受けた。

攻撃において――総合部隊

　事故の瞬間からわずかの間に、消火活動は、組織的作業の最適な形で実施された。そして、このことによって、消防士たちの前に現れた課題は、きちんと実行されることが確保された。

　この作業には全体として、2つの基本的な方針があった。第1は、国民経済施設と事故域にある居住区の防火保護を確保すること。第2は、政府委員会が立てた事故結果処理の課題をまず実行すること。

この職務を遂行するためには、急な措置に対応できる幅広い複合体が要求される。すでに4月26日17時00分に、防火作業のチョルノブィリ総合部隊が拡張されていた。4月29日までこの部隊はプルィプヤチ市にある自主戦時体制消防分隊-6域にいたが、その後チョルノブィリに配置換えになった。
　政府委員会が作られたのとほとんど同時に、火災警備本局防火班本部と、ウクライナ共和国内務省火災警備局防火班本部を含むソ連邦内務省作戦本部が形成された。チョルノブィリ原発域内の防火班の兵力は、ソ連邦内務省の責任ある消防代表者たちが指揮を執った。
　ソ連邦内務省火災警備本局作戦本部には14人が加わり、この局の副局長B・ソコロウ少将が指揮を執った。直ちに本部の仕事を厳密に規定する指示書が作成された。
　ウクライナ共和国内務省火災警備局防火班作戦本部には、次のような課題が与えられた。
　──戦闘準備体制にある兵力と、共和国の消防機材の統制。
　──事故域内での作業遂行のために作られる特別編成部隊および総合部隊の補充の設定と秩序の確認。
　──事故現場および隣接域における個人保護策と、支隊における線量計測モニターの完全な準備体制の実行。
　──作戦体制域および隣接地区の火災および放射線状況に応じた統制。
　──予備隊の創設と、総合部隊の交代秩序の割り当てと、防火班の特別編成。
　──作戦体制域における予防的作業の組織。
　──防火班が実行する作業の種類と対象についてのデータを毎日計算し、統括すること。
　──隊員および機械の喪失を毎日計算すること。
　──作業の物質的・技術的確保と組織化および実施のための統制に関して、事故地から申請される提案を統括すること。
　──他の共和国の職務本部との相互関係。
　──本部の文書作成の実施。
　──責任ある公式報告の準備と提供。
　ウクライナ共和国内務省火災警備局防火班作戦本部は、作戦体制域における防火班の総合部隊の構成を立案した。この構成にしたがって、事故結果処理作業に途切れなく参加する総合部隊と、チェルニヒウ州とハルキウ州のソ連邦内務省戦時体制火災警備大隊の作業も組織された。それらの隊員は、戦時にハルキウ、チェルニヒウ、テルノピリ、イヴァノ-フランキウシク、ドネツィクの各州から戦時体制火災警備に編入された兵役義務者と入れ替えられた。
　ウクライナ内務省火災警備局が70年代から、消火のための拠点と総合部隊を創設していることは、指摘する必要がある。この目的とともに、1985年、チェルニヒウ州において、防火班総合部隊の拡張をともなった模範的な火災戦略教育が実施された。それには、ウクライナ民間防衛本部長のクィルィリュク大将、州の内務省部局局長のヴォシュキン少将、ウクライナ内務省火災警備局局長のデシャトゥヌィコウ少将が列席した。これが決定的要素になって、クィイウ管区の消防士のあと、まずチェルニヒウの人々が事故処理作業に派遣されることに

なったのは明らかである。

　ウクライナ内務省火災警備局の隊員は、チョルノブィリ原発における事故の後、まる1昼夜の勤務への配転があった。このために、火災警備局の中に寝室が設備され、そこでは勤務につかない作業者が日中休息した。局長のΠ・デスャトゥヌィコウ自身、事故の日、緊急に出張からもどり、すでに15時には他の責任者とともにゾーンに到着した。

チョルノブィリ市の民間防衛防火班総合部隊と
オラネ村およびイヴァンキウ市のソ連邦内務省戦時体制火災警備大隊の勤務時間表

総合部隊・大隊の名称	勤務期間	兵員数・人単位	機械数
クィイウ	26.04.86—03.05.86	240	81
チェルニヒウ	03.05.86—10.05.86	192	21
ジュィトムィル	10.05.86—23.05.86	162	22
ヴィンヌィツャ	23.05.86—06.06.86	221	34
チェルカスィ	06.06.86—25.06.86	203	32
ドゥニプロペトゥロウシク	25.06.86—25.07.86	206	32
ポルタヴァ	25.07.86—25.08.86	166	32
ルハンシク	25.08.86—03.10.86	212	32
オデサ	03.10.86—09.11.86	187	32
リヴィウ	09.11.86—13.12.86	164	32
クルィム	13.12.86—15.01.87	167	32
(オラネ村の大隊)			
チェルニヒウ	09.05.86—07.06.86	308	52
テルノピリ	07.06.86—18.07.86	264	52
イヴァノーフランキウシク	18.07.86—03.09.86	259	52
(イヴァンキウ市の大隊)			
ハルキウ	09.05.86—06.06.86	308	52
ハルキウ	06.06.86—18.07.86	288	52
ドネツィク	18.07.86—03.09.86	294	52

　作戦グループと総合部隊の交代は、基本的に、ウクライナ内務省の命令に従って、期限をきびしく定めて実施された。

　防火班は、自分たちの本来の職務のほかに、消防機器と散水ループを用いて原子炉を冷却

するという、別の仕事を短時間でやりぬいた。防火用水に据えられたタンクローリーによって、4号発電ユニットの自家用水道への給水も組織された。共和国の州から粉末消火剤が集められて届き、ヘリコプターから原子炉に投入された。高い放射能と瓦礫の山という条件の中で場所の偵察が実施され、消防ポンプステーションが据えられた。住民の避難過程で消防士たちの肩にかかっていたこの活動を再評価するのは容易ではない。ここでは防火措置こそ主要ではあったが、仕事は単にそれに限られてはいなかったのだ。

ソ連邦内務省火災警備本局副局長ヴィクトル・ソコロウの思い出

政府委員会は、故障した原子炉に直接水をかけることによって、大気への放射能噴出を減らすべきであるという課題を、学者と防火班の前においた。

直径500ミリの管が溶接され、直径7メートルのループが作られた。管の中は（学者の計算に従えば）、800リットル／分の一般消費の水の穴が開いている。20の消防ホースのホースラインに取り付けられたこのループを、ヘリコプターで発電ユニットの上200メートル近くの高さに持ち上げ、原子炉の噴火口に下ろす予定だった。われわれは、消防ホースやヘッドやその結び目が、そのような高さとホースラインの重さに耐え抜くかどうか点検し、そのような作戦行動を実行するヘリコプターの可能性を見極めるよう委託された。

点検は、野外の条件で行われた。ヘリコプターで200メートルの高さまで持ち上げられたホースラインは何の損傷もなかったが、ヘリコプターの水平運動の間、ホースが上向きの円弧に持ち上げられて、ホースラインのいわゆる帆の総面積が作られるということがうまく確かめられた。このラインは、ヘリコプターのプロペラの旋回域に危うく引っかかりそうになるときがあった。ヘリコプターの水平運動の速度を下げることによって、不都合は避けることが出来た。

防火班は、原子炉域に水をかけるという作業を実行する準備が大筋においてできていたが、後になってこの考えそのものが断念させられた。中型機械省の専門家たちは、放射能のほこりが、まだ汚染されていない領域に移動するのを制限する方法や、そのために使用する機材を探した。彼らは、ポンプ一式を備えた容量4～5立方メートルの消防用タンクローリー5台を出してもらう依頼を持って、内務省防火班にもどった。そのような機材が、戦闘員とともに、彼らのために運び出された。それで、5月5日から防火班の兵力は、原発の施設と領域の除染に積極的に参加した。この作業は、人々への放射能の影響レベルをある程度下げたのだから、すべてのチョルノブィリの人にとって特別の意味があった。

さて、原発とその近くにおける火災について話をしよう。

5月2日から8日の間に、原発のいくつかの施設、プルィプヤチ市内や森の中、道の近くなどで、いくつかの焼けこげ事件があった。それらはすべて消防支隊によって適時に処理され、防火班の追加の兵力が送り出されるという事態はなかった。このことは、われわれの支隊の、異常事態における高い戦闘準備と作戦を証明している。

第4部　接収ゾーンで

　5月8日、私は自分の担当域を、ソ連邦内務省火災警備本局副局長のI・キムスタチにわたした。朝の政府委員会会議において、I・スィライェウが感謝とともに防火班の作業について評したのを聞いて、うれしかった。

　一方、すでに5月16日から23日に、この責務はソ連邦内務省火災警備本局局長のB・マクスィムチュクが引き受けた。彼を支援して6月3日までゾーン内で仕事をしたのは、ドゥニプロペトゥロウシク州内務省火災警備局部長のΦ・コヴァレンコ内務中佐とクィイウ州火災警備局のC・トゥロヒィメンコ内務少佐である。
　この間に、放射能を帯びた水をポンプで排出する作業が続けられた。液状コンクリートを作るための10のプラントに、水が絶え間なく供給され、散水洗浄車と除染設備がいつでも使えるように準備された。電気溶接作業中の防火安全については、特別の入念さが要求された。同時に火災警備支隊は、1度ならず、森林地帯と泥炭地帯の火災を消した。
　6月4日から27日、ゾーンにおける防火班は、ウクライナ内務省火災警備局局長のΠ・デスャトゥヌィコウ内務少将が指導した。彼とともにソ連邦内務省火災警備本局局長の€・キリュハンツェウ内務大佐が働いた。州からは、A・パリュハ内務少佐、それに当時イヴァノーフランキウシク州内務省部局戦時体制火災警備部長だったM・イシュィチキン内務中佐であった。

　この間、原発域内に、4人の戦闘員の丸1昼夜の当直が組織され、火災時に接近しにくい発電所内の場所が調べられ、地図が作られた。発電所における仕事の規模を拡大することに関連して、国家火災監視局のグループが30人までに増員された。第2番目の運転当直は、クルスカヤ原発での教育を経てきた。
　火災警備の兵力によって、発電所の敷地と建物の除染が続けられた。軍の支隊の支援を受けて、21件の火災が消された。その中には、原発内のそれほど大きくない4件と、居住区での2件とその他森林や泥炭地におけるものが含まれる。
　時間表にしたがって、原発事故処理参加者の居住区と、物的財産の保管と、30キロメートルゾーンの居住区の消防技術的検査が実施された。
　チョルノブィリ市のクラブでは、事故処理作業者のために予防目的で、防火をテーマにした短編映画が上映されていた。
　森林経済省とともに国防省も、森林における一般活動のプランを立案した。また、放射能

で汚染した「赤茶色の森」の火災を警告することについての提案を準備した。

冬期の火災警備総合部隊を配置するために、イヴァンキウの消防署の再建と強化の作業が始められた。

原発での戦時体制火災警備隊員の人数を増加することと、チョルノブィリ市とヴィシホロドゥ市の中型機械省施設における支隊を組織することについて、ソ連邦内務省まで提案が送られた。

プルィプヤチ市と原発の警備防火班では隊員が許容基準より高い放射線量を受けた。それでその戦闘能力復旧のために方策が考えられた。

6月25日から7月25日の間、防火班はソ連邦内務省火災警備本局局長のM・クレポソノウ内務大佐の指揮下にあった。彼を補佐したのは、ウクライナ内務省火災警備局副局長のB・マルテュク内務中佐だった。

この間、火災警備の作業者によって、4,614の施設、建物、発電所の部署が調査され、2,028の消防安全規則違反が発見され、うち1,150はその場で撤去された。

原発の139の建物にある不具合のある送電網施設の運転が一時的に中断され、消防安全規則違反により、37人の公的人物に罰金が科せられた。

30キロメートルゾーン内では、165の施設の防火状態が点検され、火災危険のある5棟の建物と、37のプラントと、211の送電網施設の運転が中止された。森林および泥炭湿原において、50件の火災が消された。焼失面積は74.4ヘクタールである。

政府委員会の委託により、原発から南西方向に位置する地帯にある森林の伐採と防火保護を、消防隊員（6人）が確保し、排水作業を実施した。

この間、消防自動車、輸送トラック、乗用車など116台が除染された。消防自動車26台が修理された。

イヴァンキウ市の消防署の建設が続けられ、チョルノブィリ市の消防部の近くで、隊員の衛生処理拠点の業務が実施された。

7月9日付政府委員会決定No.44を実行しつつ、ウクライナ共和国内務省は「ゼレヌィ・ムィス」居住地区近くのディーゼル船配置地区に、丸1昼夜勤務の消防支隊を1台の消防自動車の上に作った（1台は予備隊にあった）。

事故処理作業者たちが居住するディーゼル船で火災があった場合の消火の問題は、ウクライナホロウリチフロトゥ艦船を用いて訓練が行われた。

7月24日から8月25日まで、ゾーンの火災警備支隊をソ連邦内務省火災警備本局副局長のB・クリュキンが指導した。彼を補佐したのは、ウクライナ内務省火災警備局上級技官のB・クラウチェンコ内務少佐だった。州の火災警備局からは、Γ・ルィセンコ内務中尉が任

務を遂行した。

　隊員は、以前同様、原発、プルィプヤチ市、チョルノブィリ市、30キロメートルゾーンなどの居住区の防火警備を確保した。

　1ヶ月間の作業の間に、発電所の建物や部屋の防火状態の点検が5,226件実行され、接収ゾーン域内の35の施設が調査された。

　防火安全規則違反により、指導者と公的人物98人が罰金を科せられ、1,319の送電網の部署のスイッチが切られ、防火上危険な状態で稼動していた270のプラントの操業が止められた。1,041ヶ所で、電気溶接の実施のために、丸1昼夜のモニタリングが行われた。

　政府委員会の委託にしたがってヴィリチ鉄道駅では、毎日17人の隊員が専門的な作業を実行しつつ水槽の上で働いた。

　8月25日から9月25日まで、火災警備支隊を指導したのは、I・ウヤゼウとB・シャバニンなどソ連邦内務省火災警備本局の代表者たちである。彼らをウクライナ内務省火災警備局上級技官のA・オライェウシクィー内務大尉とB・シパク内務少佐が補佐した。州の火災警備局からは、O・アンヘリン内務中尉が任務を遂行した。

　この間、火災警備の作業者は、原発の5,441の施設を調査して、1,753の火災安全規則違反を発見した。うち1,313は、その場で撤去された。244人の公的人物に罰金が科せられた。

　火災警備と軍の支隊の連携の改善措置が立案された。

　事故結果処理作業には、732人の火災警備の同僚が参加し、76台の消防自動車が働いた。

　1986年8月29日、政府委員会は、第327ドネツィク防火班大隊と第329イヴァノ－フランキウシク防火班大隊を解散する決定を採択した。それらが担っていた機能は、チョルノブィリ市に配置されたルハンシク火災警備総合部隊がひきついだ。

　9月27日、4号発電ユニットで、溶接作業の実施中に起こったライニングの焼け焦げ2件が処理された。

　1986年9月25日から11月10日まで、防火班の兵力と機材は、ソ連邦内務省火災警備本局局長のΦ・デムィドウ内務中佐が指導した。彼を補佐したのは、ウクライナ共和国内務省火災警備局の軍上級代表B・シパク内務少佐、部局上級技官のB・ペトゥレンコ内務少佐とC・コルニイェンコ内務少佐だった。州の火災警備局からはB・ポリシチュク少佐とB・フルショウヌィー少佐が任務を遂行した。

　防火警備は、10月3日からルハンシク州総合部隊が、その交代にオデサ州総合部隊が、そして11月3日からはリヴィウ州総合部隊が担った。

　1986年6月4日付ウクライナ共和国森林経済省の命令No.8に従って、週に2回、航空小隊とともに、規制ゾーン内の森林地帯の航空偵察が実施された。

　当直の居住区「白い船」での異常事態時の火災警備を含めて、ヴォルハ汽船の船長やドゥニプロ汽船の船長と火災警備との連携の問題が検討された。

　原発へ放水するための防火用水がチェックされた。4号発電ユニット域内での防火用水送

水管の復旧についての、政府委員会1986年10月7日付No.215決定を実施するための方策がとられた。

10月1日10時から14時に、ハルキウとリヴィウの消防技術学校の生徒たち（21名）が、3号と4号発電ユニットの+94メートル〜+130メートル標識点で、放射能噴出のあった換気管スペースを掃除した。

……金属の骨組みに囲まれて、チョルノブィリ原発の換気管が、各発電ユニットに1つずつ対になって、悪天候にもかかわらず遠いところに見える。彼らは、屋根の上70メートルの高さへ登った。それで、各管から最も高い標識点は、地面の上150メートルもの高さになった！　それぞれには、金属のはしごが結び付けられた6つの円形のスペースがある。

3号と4号発電ユニットの換気管スペースは、爆発による黒鉛のかけらで埋まっていて、恐ろしい放射線バックグラウンドをなしていた。この致死的な塵は、きれいに掃除しなければならなかったが、ここでは機械は役に立たないことがわかった。それで、人間が上に上らなければならなかったのだ……。

9月30日、選ばれた志願兵グループから、まず放射線監視員が調査に行かなければならなくなった。このきわめて難しい課題は、ハルキウの人ヴィクトル・ソロキンに委託することが決まった。まず彼には装備がつけられた。鉛をかぶせたミトン。鉛の板でできた21キログラムの重さの服。放射線計測機器。無線機……。まもなくグループの誰もがこのような防護のカバーで厚着するようになるが、ヴィクトルが最初だった……。テレモニターの画面で、彼に道が示された……。

ヴィクトル・ソロキンは語る

——強い風が、それでなくても難しい上昇をいっそう難しくした。慣れないせいで、ひとつひとつの動きがぎこちなかった。1回転するたびに、管に無線機がぶつかり、無線機は黙ってしまった……。あらかじめの会議で、われわれはこのような場合のこともまた「リハーサル」してあったのはよかった。どうせ先に進まなければならないとはわかっていたが、今はなにしろ、あとで報告するために、線量計の小針の各々の傾きをひたすら記憶する。私はそのように働いた。

……その日9月30日のすべての残り時間に、放射線の専門家たちはソロキンが報告した計算書を検討して、それぞれのスペースでの作業の最大推定時間を計算した。

これらの作業には、内務省ハルキウ消防技術学校生徒のホルベンコとクシホウが取りかかった。彼らは、22分のうちに、5つのスペースを掃除した。下のほうの別のスペースに行き着いてからも、彼らはサイレンが鳴るまでそこで働くことにした。4号の管のスペースは、生徒のフロロウとズバリェウが20分間で除染した。

3号のスペースの除染のためには、15分間隔で、つぎつぎにグループが派遣された。こ

第4部　接収ゾーンで

の区域での1時間半の危険な仕事を遂行したのは、ハルキウ学校生徒のコソホロウ、コツュバ、ロボウ、ルコヴェツィおよびリヴィウ学校生徒のブラシコとスヴェントゥィツィクィーであった。

2号のスペースの除染については、リヴィウ学校生徒のプルイドゥィウス、サウリャク、ドゥレムリュハ、イルリュクがやり遂げた。

最後の仕事を遂行したのは、スドゥヌィツィン少佐と生徒のアウラメンコだった。

これらすべては、午前中に行われた。一方、管のスペースから投げ落とされた放射性物質を一掃する地上作業は、民間防衛戦士たちが午後に行った。

プルィプヤチ市の住宅のバルコニーの汚染された家財道具を撤去する作業には、消防士と現役軍人が同様に大きな働きをした。このために、14台の自動はしごが使用された。

国家火災監視局の職員たちは、2,048箇所で、火災に関する仕事の遂行を監督した。

この間、事故結果処理作業に、火災警備の同僚208人が参加した。

11月11日から12月10日、火災警備の支隊をソ連邦内務省火災警備本局の代表者Ю・コンドラシュィンとA・ゼレンコが指揮し、彼らをウクライナ共和国内務省火災警備局の上級技師В・トゥロヒィメンコ内務少佐とВ・イェムツォウ内務少佐が補佐した。州の火災警備局からは、В・ポリシチュク内務少佐とВ・フルショウヌィー内務少佐が任務を遂行した。

11月14日、火災警備支隊によって、4号発電ユニットの近くに配置されたチョルノブィリ原発建築局を含む大きな火災が消された。このときまでに、30キロメートルゾーン内の4件の火災が処理された。

12月10日から28日、火災警備支隊を指揮したのは、ソ連邦内務省火災警備本局副局長のЛ・クラヒン内務大佐とリヴィウ州内務省部局火災警備局副局長のБ・クルィシタリシクィー内務中佐で、ウクライナ共和国内務省火災警備局の上級技師В・トゥロヒィメンコ内務少佐が彼らを補佐した。

ゾーン内では、242人の火災警備作業者が働いた。1986年12月28日、ウクライナ共和国内務省作戦グループは、その機能を、相当する法令の手続きとともに、クィイウ州内務省部局作戦グループに渡した。とはいえ、ウクライナ共和国内務省火災警備局はクィイウ州の内務省部局火災警備局を長期にわたって支援し続けた。

州の火災警備局指導者たちが高い放射線量を受けて治療に行ったので、すでに1986年5月に、火災警備局の最も訓練された作業者たちによって、すなわち共和国の州の内務省部局戦

時体制火災警備によって新しい指導部が編成された。しばらくの間、クィイウ州内務省部局火災警備局局長の職務は、リヴィウ州内務省部局火災警備局副局長のＢ・マホルトウ内務大佐、ドゥニプロペトゥロウシク州内務省部局火災警備局局長のＡ・イェロフェイェウ内務大佐と彼の代理のＢ・マルンケヴィチ内務大佐と、ドネツィク州内務省部局火災警備局の国家火災監視局長のＢ・イウチェンコ内務大佐などが負った。

州部局の部長職では、ドネツィク州内務省部局火災警備局局長Ｂ・ロマコ内務中佐と、リヴィウ州内務省部局火災警備局部長のＡ・アントニュク内務中佐と、ヘルソン州内務省部局戦時体制火災警備部長のＭ・メリヌィチェンコ内務少佐が任務を遂行した。

直接チョルノブィリ原発における任務に着くために、南ウクライナ原発防衛の消防分隊長Ｂ・マイェウシクィー内務中佐が参加し、同様に、レニングラード原発防衛の戦時体制消防分隊長のＢ・チュハリェウと、クルシキィ原発防衛の戦時体制消防分隊上級技師Ｍ・マルコウも参加した。彼らは原子力発電所の火災安全の特性についてよく知っていた。

その他に、ウクライナ共和国内務省火災警備局はチョルノブィリ原発での仕事のために、常時、経験のある国家火災監視局の職員を補充し、派遣していた。

ウクライナ共和国内務省火災警備局では42人の同僚が、自らの職責を献身的に全うしつつ、チョルノブィリ原発の事故域でその事故結果処理をした。彼らは皆、国家の表彰またはソ連邦内務省とウクライナ共和国内務省の命令によって顕彰されている。

ウクライナ共和国内務省火災警備局は、隊員の任務遂行と休息のための妥当な条件を作り出すことに、いつも注意を払っていた。

技術機材、消火用物品、保護および偵察用機材、仕入れた物資や飲食用生産物などを備えた防火班総合部隊支隊を適時に完全に確保する目的で、物資と機材確保の職務が組織された。

仕入れた物資を受け入れて維持し、イヴァンキウ市の支隊にそれらを引渡すために基地が組織され、チョルノブィリ市の専門消防分隊−17には、防火班総合部隊の倉庫が組織された。

事故後の最初の1昼夜の間だけで、放射能汚染が許容境界を越えたレベルに達したため、防火班は、消火に加わっていた19の基本的かつ専門的な作戦用機材を失った。というのは、それまで自由だった作戦ゾーンへの技術的機材の乗り入れが禁じられたからである。汚染ゾーン内での作業の防火安全化のために、技術機材で確実に使用できるグループが選び出され、ほどほどの放射能バックグラウンドレベルの予備のものが地区内（イヴァンキウ市）に置かれた。

機材の修理は、主としてユニット方式で実行された。つまり、役に立たないユニット、部品、計器などを、新しいものまたは前もって修理済みのものと交換する方法である。修理は、総合部隊配置場所において実施された。そこには、防火班総合部隊に配属された機械部の部長（副部長）の指導下にある3〜4人をメンバーとする機械修理部（グループ）が創設されていた。

クィイウ州内務省部局火災警備局軍用機械部隊長
ムィコラ・アンドゥルセンコ内務大佐の思い出

　拠点警備長のＢ・カリムリン大尉は、州の通信センターから、チョルノブィリ原発での「第3級火災」のシグナルを受け取った。このシグナルのときは、拠点の兵力と機材は、最短時間で事故現場に出動する義務がある。カリムリンはただちに私に自動車を送った。わたしは自分の副官のБ・オヴァデンコと戦時体制消防分隊－7部長のＢ・マニシュィンとその副官のＡ・アリオンキンを乗せて部隊に着いた。

　正式通告の図面に従って部隊の隊員が集められ、原発へ出発するための拠点が準備された。

　まもなく、戦時体制消防分隊－9部長のＡ・テルヌィツィクィー内務大尉指導下の拠点がチョルノブィリへ出発した。155キロメートルの距離を2時間10分の速度で走りぬけた。

　8時に、州の火災警備局部長のＴ・カルプクから、事故域における作業のための後方グループを緊急に準備し、火災警備の全隊員（245人）分の食料品と特別服を確保するように、との指示が入った。このたやすくない課題は、1986年4月26日14時30分に事故域に到着したヴォィテンコ、アリオンキン、オフロブリャによって首尾よく行われた。原発の火災はすでに消され、その後処理作業について、措置がとられていた。人々、そして機械すら耐えられなかった。人々を治療することと、事故域で機械を修理することが必要不可欠だった。

　機械修理の出張班をオヴァデンコがゾーンにおいて直接指導し、その後は交代のマニシュィンが指揮した。

　その後デスャトゥヌィコウ将官は、すでにゾーン内に行った物の中から11台の消防はしご自動車を選んで、プルィプヤチ市に差し向けるよう依頼した。さまざまな不用品や放射能汚染の住宅バルコニーをきれいにするためであった。この課題の実行を指揮したのは私だったが、すぐに仕事が終わったのにはびっくりした。機械がほとんど役に立たず、仕事をつづけることが出来なかったのだ。

　汚染された機械を貯水池区域に撤収することは、除染措置が効果を示さなかった場合にのみ行われた。

　防火班総合部隊の修理グループによって、自動的に移動する修理工作場が供与された。

ウクライナ内務省火災警備局副局長Γ・レメシコの思い出

　修理グループが作られた最初の日（1986年4月26日）から、24時間働かなければならないことになった。私のほかに信頼すべき戦友が、さまざまな時間帯にグループに入った。B・リオヴォチキン、I・ニキティン、C・コルニイェンコ、B・シパクその他である。

　その時期におけるわれわれの主たる課題は、消防機械とスペアパーツ、消火機材と仕入れた物品、放射線計測モニター用計器と高まる放射能から守るための計器などを、ゾーンに確保することだった。そのために、他の事故処理部局や配給機関のスタッフ、防火設備や機械を生産する企業などとの事務的な関係がすぐに生じた。

　この困難な日々に、これらすべての部局と企業が、能率的にまた最大限に、ウクライナ内務省火災警備局のすべての要求に応えた、ということを指摘しておく必要がある。

　特別な消防機械（消防ポンプステーション、消防ホース車、自動はしご、8T311M車、ДДА車、通信照明車）が、倉庫と火災警備局の予備すなわちウクライナの州の戦時体制火災警備から届き、モスクワの警備隊からも若干届いた。全体で250点以上の消防用機械が集められた。

　機械の除染関係で言えば、そのための広場を最初に設営した部局の1つは、クィイウ市内務省部局火災警備局だった。ここスカチ村の近くで、機械は入念に除染された。一方隊員は、綿密な衛生処理を受けた。ゾーン内の事故処理作業者のために、住宅、食堂、風呂場などの建設も行われた。

　防火班総合部隊に医療班が組織された。この仕事には、医師、准医師および付き添い運転手が入った。その補充は、ウクライナ共和国内務省の医療班によって実施された。

　医療部隊は次のような仕事をすることになっていた。
　——隊員の個人衛生を正しく保つこと。
　——総合部隊の配置場所において、地域と建物の妥当な衛生状態を維持すること。
　——水質と食料品の品質について衛生管理すること。
　——隊員の定期的医学診断と体系的血液分析を実施すること。
　——放射線症の予防のために、医薬品によって隊員の安全化を図ること。

　総合部隊のすべての隊員のために、衛生検査が義務化された。この目的で、チョルノブィリ市内にДДА車と8T311M車を使用した消毒シャワー設備が開設された。服を脱いで、洗って、服を着る部屋は、УСБ-56型テントに配置された。

　防火班総合部隊隊員の力によって、寒冷期の衛生処理に用いるためのシャワーつき風呂も建設された。

　安全策は、放射能汚染の許容レベルとソ連邦国家衛生医師団議長の認証がよりどころとされた。

　専門消防分隊-17（チョルノブィリ市）と専門消防分隊-22（イヴァンキウ市）域内に配置された防火班総合部隊の兵力と機械は、専門消防分隊と全国共通一般学校と中等農業専門学校の寮の室内に配置された。

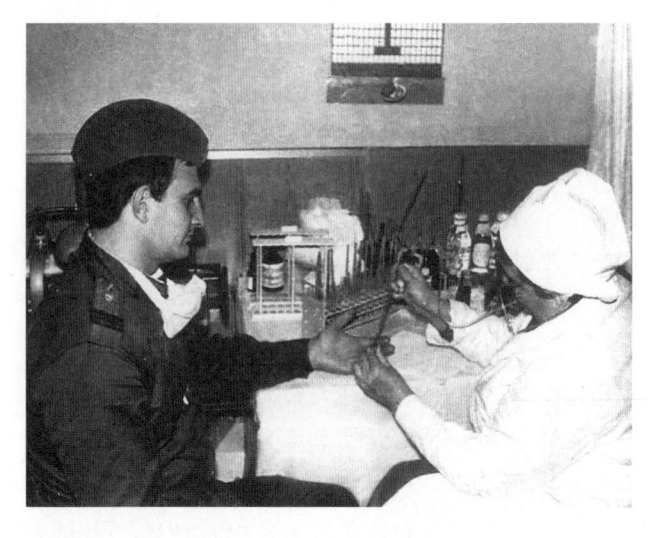

冬期の任務遂行条件を準備している間、隊員は次のような仕事にも携わった。4つの組み立て・分解式兵舎（各々400㎡）、機械を保管するための4つの格納庫式の倉庫（各々400㎡）、チョルノブィリとイヴァンキウの専門消防分隊域内の生活用の部屋、「ゼレヌィ・ムィス」当直居住区の4つの出口の消防署、УБ–605基地の4つの出口の消防署などを1箇所にまとめる仕事である。

作戦体制ゾーンにおける任務遂行の全時間内に、隊員は1日3回の飲食物を保証された。事故当初の日々には、食料品は缶入りや瓶入り、あるいはセロファンの袋入りの乾燥した給食として支給された。やがて、熱い食物も作られるようになった。食物は、イヴァンキウ市の30キロメートルゾーン境界の外側にある市の地区食料品店の食堂で、認証された基準に従って準備された。食物は、さまざまな使用にあわせた大きさの魔法瓶に入れられて配達された。飲料用には、アルミ缶詰めのミネラルウォーターと普通の水が用いられた。市の水源からの水は、機械や衛生の必要の場合にだけ用いられた。

放射線計測モニタリング

事故結果処理作業ゾーンで働いていたすべての防火班総合部隊において、放射線計測モニタリングの仕事が創設され、その機能には次のことが含まれた。
　——新しく到着したすべての人に実施される放射線安全策に関して、記録し、指示すること。
　——隊員の放射線被曝線量計算を毎日行い、被曝線量計算のカルテの手続きをして、支給すること。
　——人々が被曝した最小被曝線量を考慮して、隊員の作業安全のためのモニタリングを実施すること。
　——総合部隊が配置されている場所において、地域と部屋、消防用機械とその他の機械、特別作業の間の移動コースなどの放射線レベルの測定を組織すること。
　——作業のための放射線計測モニタリング計器類を適正にチェックして交換すること。
　——作業の結果を毎日確かめて、定められた形式に基づいて防火班本部に公式報告すること。

放射線計測モニタリングの仕事を確保するために、ウクライナ共和国内務省火災警備局

防火班本部は、すみやかに総合部隊の隊員の線量計ДПГ–02とДПГ–03を1,260台、個人用防護用品（軽度防護服Л–1とガスマスク）、作業の季節性を考慮した替えの軍服など装備一式の問題を、どうしても解決しなければならなかった。

　防火班総合部隊本部の偵察を作戦的に実施するために、装甲車と軍用偵察監視用自動車が供与された。この自動車には、放射線調査計器デペシュクДП–63АとДП–5Аが装備されていた。

　30キロメートルゾーンとチョルノブィリ原発における軍事的課題を遂行するために派遣された消防自動車は、放射線計測レントゲンメーターДП–5Аで装備された。

　放射線計測モニタリングは、防火班総合部隊当直交代の予防官グループが次のように行った。

　——原発への入り口で、発電所の当直交代の放射線計測モニタリング職が、個人用の積算線量計一式を供与した。仕事が終わったあと、隊員が被曝したと思われる線量値のデータを取った。
　——交代の長さは、チョルノブィリ原発における放射線状況に従って定められた。
　——各々の当直交代予防官の仕事場所は、すでに受けた被曝線量を考慮して定められた。
　——予防官のグループ長と隊員は、チョルノブィリ原発の室内での仕事には従事せず、除染された部屋に配置された。

人々と軍服の名誉はいかに「大事にされたか」

　チョルノブィリ事件についての所轄官庁間の報告書は、健全でないことが多い。それは、むきだしの先入観のせいである。あるいはまた、「製造過程」に事実を否定する何がしかの段階があるために、説明が一面的になっているせいである。それらについての批判は少しも深化することがない。述べられた事柄の多くは現実に適合しているにもかかわらず、われわれは再三そのような中途半端な事実を相手にさせられる。だから、ほんとうに有能で、しかもチョルノブィリのテーマに直接関係している、独立の著者の研究に注目することは、大いに意味がある。「個人の問題ではない」（「ウクライナ文学」1986年3月27日）という記事の記者であるリュボウ・コヴァレウシカの言葉は、惨事の1ヶ月前のものであるが、突然、職業的な、不幸の予感となった。その後、Л・コヴァレウシカは『チョルノブィリ「部外秘」』と

いう本を出した。その中で、チョルノブィリ後の時期の、最も醜い出来事の分析を試みている。この研究（著者の表題によれば）の引用は、権威ある証言の連作をなしている。

「私自身は、チョルノブィリ原発の建物での新聞の仕事の間、原子力発電所に関する情報の膨大な禁止リストを研究した。ソ連邦国家原子力委員会と動力・電化省だけでなく、ソ連邦検閲総局も検閲を行っていた。そして、もちろん、すでに1985年5月19日に命令No.391「職務上の使用のために」に署名したミャオレツィ大臣自身も。この命令の中には、次のような条項がある。すなわち、「エネルギー施設が、環境に与える生態学的影響（電磁場、被曝、大気・水・大地汚染などの影響）の都合の悪い結果についての情報は、定期刊行物やラジオ・テレビによる公表の対象にならない。」 事故後、この1節は、命令No.90によって、1986年6月18日付「マル秘」に移った。

ミャオレツィの行為の中の不連続性に気づく必要はない。彼は、昔からの問題を抱えた原子力発電所より、客好きなプルィプヤチの「ラスティウカ」ホテルのほうをずっと好んだ以前のソ連邦大臣ネポロジニィの伝統を継承した。

自分の行為に連続性を保ったのは、ソ連邦閣僚会議副議長のボルィス・シチェルブィナである。彼は、事故処理作業の政府委員会を指導するために、1986年4月26日の夜にプルィプヤチに着いた。住民の避難は、彼に依存した！ ソ連邦動力・電化省「全ソ電気組立て公団」副部長のヴォロドゥィムィル・シュィシキンが証言しているように、「プルィプヤチの各々の住民と政府委員会のメンバーが被曝した合計線量は、4月27日までに平均40～50ラドになった。これは避難すべき時期だということである。知られているように、プルィプヤチのバックグラウンドは1時間に1レントゲンかそれ以上上昇し、街路やアスファルトから1センチのレベルの放射活性は、1時間当り30～50レントゲンに達した。しかし、不機嫌な時間にシチェルブィナは、原子炉は無傷だ、だから、計算された放射活性は数日たてば分散し、チョルノブィリ原発においても分散し、すべては正常になると信じようとした。秘密・極秘にしておくのだ。しかしながら、4月27日、放射線量計測モニタリングは毎時間の状況を報告し、それは悪化していた。原子炉の健全さについても、幻想は残らなかった。そして、遅ればせの避難の命令があった。成人にも子供にも、健康と生命の負担をかけた。

しかし、5月6日、記者会見においてシチェルブィナは、市内だけでなく、壊れた原子炉の周囲においても放射能のレベルは低いと、自信たっぷりにうそを言った。

稼動中の原子炉における放射活性は、30,000レントゲンに上昇していた。それほどのものが、破壊された原子炉の第4胃から噴出していたと言っていい。」

「1986年5月7日、プルィプヤチとチョルノブィリの原子力発電所周辺地域の放射能状態について、チョルノブィリから高周波電話で電報が送られた。発電ユニットのまわりの瓦礫の山の脇のバックグラウンドは、1,200レントゲン／時、放射性廃棄物保管庫の覆いで400レントゲン／時、黒鉛から2,000レントゲン／時、燃料からは1,500レントゲン／時までであった。

プルィプヤチの大気は、1時間当り1レントゲンまで、チョルノブィリでは1時間当り15ミリレントゲン、街路とアスファルトはそれぞれ1時間当り60レントゲンまでと、1時間当り20

レントゲンまでだった。」

「壊れたブロックにおける体系的な作業が始まった1986年6月20日まで、試験的作業や誤った方法によって、人々は過剰被爆したりあちこちに火傷を負ったりした。運転員は機械建屋の中で、消防士は覆いの上で、生命をかけて消火にあたった。若い兵士たちは、放射能を帯びた黒鉛（第1次装荷1,700トンのうち700トン近くが噴出した）と、発電所近くの地域、プラント、補助建物の屋根材、変電所の母線やトランスなどから、燃料のかけら（噴出した燃料の放射能は20,000レントゲン／時に達した）を手で集めた。残っていた3つのブロックの停止の後、原子力発電所の労働者の分隊は、原子炉を冷却した（3号ブロックの部屋の中は、たとえば、放射能レベルが2レントゲン以上／時に達していた）。壊れた原子炉を「爆撃する」ことに決定した後、分隊は、ヘリコプターから原子炉のクレーターに投げ入れるための砂袋、鉛、ホウ素などを積み込んだ（積荷係もパイロットも被曝した）。全部でおよそ5,000トンが投下された。

燃料と黒鉛の粒子を含んだ放射能の塵は、それぞれの「袋投げ」の後、風によってこの世のすべての方向に急速に広がった。それらをとどめたのは森林だけだった。事故処理作業者たちは、呼吸や食物とともに吸い込んだ。」

「車列は、土の道をほこりっぽいぬかるみにした。ほこりからの放射能は、事故ゾーンにより近いところで、30レントゲン／時に、「幹線」居住区では、10～15レントゲン／時に達した。自動車の除染モニタリングは、初期の日々には実施されなかった。それらの汚染は、許容規準を超えていた。

5月3日、原子炉上の鉛の山から、不意に放射能の噴出があった。5月9日、砂と粘土とホウ素をおよそ5,000トン、黒鉛が燃え尽きたために出来た下のほうの空洞に振り落とした。そして、灰の黒い雲が天の半分を覆った。」

「すでに4月29日に、高い放射能バックグラウンドのために、政府委員会はプルィプヤチからチョルノブィリに移動していた……。5月9日、戦勝記念の日に、黒い灰がどちらに飛んでいくかが依存する気象条件について、委員会に報告があった。我が国の「風配図」は、どこかに偏ることなく全面的に黒かった。

不意の噴出は、その後もさらに続いた。たとえば、私が書類に従ってプルィプヤチに行った6月2日、志願兵の運転手は当直のベーテーエル（装甲車）に突然出あうのを恐れて、空の街路を通って車を駆り立てた。車は国家のものだった。許容規準を長い間検討したが、われわれは道徳的につまり「ガスマスク」に守られた。その日は、住民には禁じられていたたくさんの秘密を知っている少なからぬ知り合いに会い、放射線監視員たちの雑誌をめくり、抜書きを作った。しかし、出所を明らかにすることは、正直な人々に刑罰で報いることを意味した。「秘密」には次のようなことが属していた。つまり、4号発電ユニットのそばには、使用済み核燃料貯蔵庫は建設されていないこと、高い放射能条件をおかしてそれを建設しなければならないことなどであった。

一方、「プラウダ」は6月19日に次のように書いた。「発電所のゾーン内には、『人々を大事

にすること』という不文律がずっと存在している。」

　内務省のプルィプヤチ市部の1986年8月26日付照会によって、放射能レベルは、民警とソ連邦国防省の支隊による市周囲のパトロールルートにおいて、17～95ミリレントゲン／時、原子炉では平均400レントゲン／時、発電所域内では境界線において0.07～40レントゲン／時であったことを知ることができる。

　運転員の1昼夜分の線量は、17ミリレントゲン（住民の場合は1.3ミリレントゲン）である。しかし、この線量は100倍も1,000倍も超過した。

　このようなことは、4号発電ユニットだけだったとするのは、ナイーヴな考えだ。ここに衛生職当直グループのB・イゼルヒン医師の照会の抜書きがある。「1986年9月～10月に実施された測定。職員が通常滞在する部屋の線量率は、2.5～100ミリレントゲン／時、表面のベータ汚染は、100～5,000ベータ粒子／平方センチ・分であった。職員が周期的に滞在する部屋の線量率は、2,000～45,000ベータ粒子／平方センチ・分であった。」

　第1系列（1号および2号発電ユニット）の生産室における労働条件について、1986年12月24日付衛生検査調書は、次のように述べていた。3号ターボ発電機の機関士キャビン近くの機械建屋におけるガンマ線放射の被曝線量率測定のとき、消防ホースの被曝線量率レベルは、20～30ミリレントゲン／時を示した（機関士の平日8～12時間の勤務で掛け算してみて欲しい）。ここでは移動ポンプの被曝線量率レベルは、10～100ミリレントゲン／時であった。ターボ発電機機関士キャビンには、生物防護壁がなかった。そして、被曝線量率は7.5～15ミリレントゲン／時の範囲で振れていた。」

　「そのような条件の中で、事故処理作業者たちは仕事に取りかかった。

　1986年8月6日、衛生医師副主任のクロチキンは、クィイウ労働者供給局長のところに「怒鳴り込む」ことを試みた。「当直総合部隊『白い汽船』のために衛生上の監督を実行する衛生疫学部は、貴職に報告いたします。事故結果処理作業遂行のために、質のよくない割り当て食料が供給されている事実があります。」　酸味の出たサワークリームやジュースについてや、半生で「どろどろして黒や白や緑のカビの膜で」覆われた燻製のソーセージを配達するNo.636商店船について、慇懃にこのように「叫んだ」。すべての質の悪いものの事情に通じた当直総合部隊のトゥルチャニノウ隊長は、悪いのは、当直総合部隊「白い汽船」の供給主任のツムラスだと断言した。

　「ソ連邦検察庁ポベジュィムィー同志へ、政府委員会Є・リュブチャンシクィー委員より……1987年7月30日、以下のことが明らかになった。ディーゼル船「クィルフィズィヤ」上で、浄化も消毒もされていない川水が用いられていた。これは、許しがたい防疫規則違反であり、感染症流行発生の可能性がある。責任者は、第1機関士助手B・ロマシュィンとB・マルコチェウ船長である……」。

　拠点野営「カズコヴィー」主任のI・レルネル宛、衛生医師O・コチェトゥコウ、1986年6月14日（No.119）：「……飲料水は、規準に適合していない……」。

　政府委員会委員長Ю・マスリュコウ宛、委員B・カシチェイェウ教授：「再三の警告にも

かかわらず、1986年7月7日の検査で、全ソ専門家連合「ヒドゥロスペツブドゥ」のための寮の居住用の部屋と一般使用の場所は、引き続き不十分な状態のままになっていることが明らかになった。」

　ソ連邦動力・電化省へ、B・カシチェイェウ：「チョルノブィリ原発の30キロメートルゾーンにおける疫学的放射線学的状態の危険性に鑑み、次のことが禁止された。あらかじめ放射線量計測を受けていなかったり、ポリエチレンの袋に包装されていなかったりするすべての食糧を食物準備場所へ輸送すること。」

　カシチェイェウは、食物の線量検査はめったに実施されず、食堂の中も良好ではなかったことを知っていた。原発労働者のための400箇所の食堂を調査したシュルポウ、ロバチ、クディノウら医師の調書（1986年6月21日）から、例を挙げることが出来る。第1に、彼らのほかにそこでは、およそ300人の軍関係者が食事をしていた。第2に、食品の線量検査証明書がなかった。そして第3に、ゾーン内の一般のバックグラウンドはおよそ3ミリレントゲン／時、昼食用の机と椅子はおよそ2ミリレントゲン／時、パン切り機の机は1.4ミリレントゲン／時、出口近くの床は3ミリレントゲンまで／時だった。似たような状態は、食餌療法者用食堂においても存在した。

　この調書からは、チョルノブィリ原発の保健所についても知ることができる。

　「非汚染労働者と汚染労働者が行き合わないための経路は、妥当な線量計測モニタリングがないために混乱している。衛生放射線学的状態は、軍の化学防護班（B・ピカロウ将官）が監視していた。」

　しかし、言葉は言葉。ミリレントゲンはミリレントゲン。保健所については、非汚染ゾーンの職員の通行する道は、1.8ミリレントゲン／時、床は1ミリレントゲン／時、窓際は36ミリレントゲンまで／時であった。

　原発域内における定常的な放射線モニタリングは、「ラジオと電話連絡」によりガンマ線放射測定の特別なトランスヂューサーを用いて実施された。設計図では14台のトランスヂューサーがあったが、たとえば1986年8月9日、稼動状態にあったものは7台だった。それらは0.6レントゲン／時から2.34レントゲン／時の間を示した。モニタリングは8月2日から7日までのように、発電ユニット電源が不調のときは数日実施されないことが往々にしてあった。他の技術上の原因や、政治的判断によって実施されないこともありえた。

　「人々を大事にすること」。これはある1つのことを意味していた。つまり、彼らを働かせるためになるべく長くゾーンに引き止めることであった。そしてまた、労賃の高まりにもかかわらず、人々を安上がりな労働力とするために、大事にする、のであった。」

もう一度総合部隊について

参加者の言葉から

　すでに述べられたように、1986年5月1日、総合部隊はイヴァンキウ市に配置換えになった。

一方、チョルノブィリには、タンクローリーの部署4つに総数27人が残された。
　同時に、次のような指示が渡された。
　　——ソ連邦国防省戦時体制火災警備ハルキウ大隊を308人にまで拡大することについて（各大隊には、52組の機械が供与された）。
　　——チェルニヒウ州執行委員会の内務省部局戦時体制火災警備基地の最も近い予備隊に、防火班総合部隊交代の目的で隊員192人および21組の機械を備えた兵力を準備することについて。
　　——フメリヌィツィクィー防火班総合部隊（150人と10組の機械）は5月10日までに、チェルカスィ（180人と42組の機械）とヴィンヌィツャ（151人と32組の機械）は5月12日までに。
　まもなく、遠方の予備の総合部隊兵力が多数交代し、境界上には203人の隊員と20組の消防機械が置かれた。防火班の遠方予備兵力隊員に含まれたのは、チェルカスィ、ヴィンヌィツャ、ポルタヴァ、ドゥニプロペトゥロウシク、ヴォロシュィロウフラツィク（ルハンシク）およびドネツィクの総合部隊であった。彼らのためにはきっちりした当直交代を置かないことが決められた。遠方の予備隊のためには、5月21日という共通の準備期間が設定された。
　作戦的な予備隊には、リヴィウとハルキウの消防技術学校の軍学校生徒隊員も総数450人が加わり、同じくチェルカスィ消防技術学校からは350人が加わった。防火班総合部隊の活動では、1号と2号発電ユニットの運転開始まで、予防的に防火保護をする作業が特別な部分を占めた。
　総合部隊の肩にかかっていたその仕事の巨大な大きさは、たとえ一般の無味乾燥な記録によってであっても推し量ることが出来る。
　　——第1系列の発電ユニットの部屋と、送電・送油などの連絡補給路の火災警備を保証し、（火災の場合の）3号発電ユニットへの火の通路およびその逆の火の通路の可能性を防止する組織的技術的方法が立案された。同様に、技術系と連絡網を含めて、発電所の第1および第2系列の運転ゾーンが、敷地と管理棟に沿って境界策定された（囲いを作る、防火的建て増しをするなど）。
　　——自動火災警備システムの状態が点検され、消火設備の審査と試験、それらを自動的な作業体制に移すこと、などが実施された。
　　——火災警備作業者の予備グループ（40人）と、クルスカヤ原発基地にあるソ連邦原子エネルギー省の教育が組織された。
　　——1号および2号発電ユニットのケーブルの束がОПК耐火ペーストによって処理されて、防火被膜つきケーブルになった。
　　——自動消火システムの鋳鉄製部品が鋼鉄製に交換された。
　　——耐火度を1.5時間まで延長することを目的に、ケーブル室の扉と梁が作り直された。
　　——火が近隣の部屋に拡大するのを許さないように、ケーブルの経路が設計された。

——ローカル制御盤と中央制御盤に、空気遮断システムが作られた。

それに加えて、少なからぬ努力が、「ソ連邦原子エネルギー省原発の火災安全向上の方策」の遂行に払われた。

——古い火災警報装置が作り変えられた。トランスヂューサーつきの受信計器が、現代式のシステムに交換された。

——可燃性の断熱材が使われていた原発の機械建屋の屋根ふき用パネルが作り変えられた。

——1号、2号、3号発電ユニットの機械建屋内に、特殊な排煙システムが作られた。

——設計の組織化と同時に、動力源ケーブルとケーブル局および警報装置の分配に関する問題が解決された。

また、3号発電ユニットの警報装置と火災防護システムの復旧も実施された。それらの計器盤は、第1系列の中央制御盤に移された。

ドゥニプロペトゥロウシク総合部隊の予防グループは、床とターボ発電機の除染に、蒸発して爆発の危険のあるポリヴィニルブチロールが用いてあることに気づいた。この不都合は取り除かれた。

総合部隊はウクライナ共和国内務省火災警備局とクィイウ州執行委員会内務省部局火災警備局と共同で、当直居住区の「ゼレヌィ・ムィス」とディーゼル船上とピオネールキャンプ「おとぎ話」基地とにある原発労働者の居住区の火災防護の確保の問題を解決した。プルィプヤチ市とチョルノブィリ市の火災安全について、全体的な方策が作られた。

4月から1986年の夏の間ずっと、チョルノブィリおよび隣接の地区は乾燥した熱暑の天候で、作戦体制ゾーンにおける火災状態が目立った。全体として、9月17日までに総合部隊は、チョルノブィリ原発において2件の火災を、30キロメートルゾーン内の他の地点で12件を、また、森林と泥炭湿原の811件の火災を処理した。

総合部隊の活動についての理解を深めるために、さまざまな州の代表者による記録された証言に立ち返ることは大いに意味がある。

チェルニヒウ州内務省部局火災警備局局長　M・シュカラブルィ内務大佐の公式報告から

1986年5月2日、共和国内務省の命令に従って、州の民間防衛防火班総合部隊の編成が始まった。それは最短期間で作られた。隊員は195人、消防用機械は22組になった。早くも5月2日23時30分に、総合部隊は定められた場所にむけて出発した。総合部隊に構成員として入ったのは、チェルニヒウ、プルィルク、ニジュイン、メナ、その他若干の州支隊の火災警備隊員だった。

さらに、到着と戦闘部隊配置についての詳細のあと、驚くべき数字が続く。事故結果処理作業に参加した火災警備隊員90人は、25レム以上の線量を被曝したのだ。

チェルニヒウ管区の火災警備員たちの活動は、政府や州の内務省および内務省部局の高い評価を得て、42人の事故処理作業者が政府の署名によって表彰された。

火災警備の主要支隊は、6月8日にチョルノブィリ原発ゾーン内での作業を終えた。全体と

第 4 部　接収ゾーンで

して事故処理作業にチェルニヒウ管区から参加したのは、戦時体制火災警備219人と、専門的（当時）火災警備70人だった。

　5月9日の夜に、308人と52組の消防用機械を持ったチェルニヒウの戦時体制火災警備大隊も、事故域に到着した。この支隊はオラネ村に陣取り、原発域内およびプルィプヤチ市の除染作業を実行した。

元ジュイトムィル州総合部隊主任のＡ・マズルケヴィチ内務中佐の思い出

　事故について知った最初の日から、火災警備の機関と支隊の作業者たちは、早くも戦時体制下に過ごした。

　1986年5月2日から8日、チョルノブィリ原発における事故結果処理作業に参加するコロステン拠点支隊を準備する問題で、私はコロステン市の自主戦時体制消防分隊-8に出張していた。マルィン市専門消防分隊-18とオヴルチ市専門消防分隊-20の戦闘員が、編成とチョルノブィリ市への派遣に参加した。

　5月9日12時ころ、中央火災連絡所から電話で、火災警備部への集合について連絡があった。

　戦時体制火災警備に着いたとき、ジュイトムィル市で総合部隊の編成が17時に始まったことを知った。私はその隊長に任命された。

　1986年5月10日2時50分に、総合部隊はクィイウ州イヴァンキウ市に派遣された。内務省部局戦時体制火災警備副局長のＡ・シュリャチェンコ内務中佐が縦列に同行した。彼は、クィイウ州との境界で、消防分隊に警備主任が足りないことを知らせた。

　7時に総合部隊はイヴァンキウ市に到着した。ここで総合部隊には、フメリヌィツィクィー、スムィ、ヴィンヌィツャ、チェルニウツィ、クィイウその他の州の火災警備支隊の隊員が統合された。

　われわれが交代したチェルニヒウ総合部隊は、われわれのための命令や指令が届き始めても、まだテントや守備域を明け渡さなかった。

　ただちに編成を終え、12時にはチョルノブィリ専門消防分隊に派遣された。そこにはソ連邦内務省火災警備本局本部と15の作戦部があった。

　部隊は戦時体制火災警備と専門火災警備の隊員総数239人によって補充されていた。彼らは、1つの特別機械部を含む7つの総合消防分隊に分けられていた。

　最初の日から解散（1986年5月23日）まで、すべての隊員はチョルノブィリ原発の事故結果処理の課題を、プルィプヤチとチョルノブィリと30キロメートルゾーン域内で行った。

　5月10日から13日の間に、火災警備の隊員は、プルィプヤチとチョルノブィリを除染する課題を遂行した。その後、部隊指導部の現役予備隊に滞在した。専門火災警備の作業者たちは、チョルノブィリ原発からイヴァンキウに到着する機械の除染に毎日取り組んだ。たった2週間の間に、部隊の支隊は、イヴァンキウ地区で3件、30キロメートルゾーンの泥炭湿原で4件、森林で2件、軍用テント村で3件の火災を処理した。

総合部隊の戦時体制火災警備の隊員は、チョルノブィリ原発、プルィプヤチ市、チョルノブィリ市などで直接仕事をした。
　ゾーン滞在の初日から、火災警備支隊は、彼らには不慣れな課題を実行することになるだろうということを了解した。たしかに、10日間、隊員はコンクリート溶液を準備するために、チェルヌィシ内務大尉とホルシカリオウ内務上級中尉の指導の下に、消防ポンプステーションПНС-110を使って、原発敷地への丸1昼夜ぶっ続けの給水を確保した。作業は高い放射能レベルの域内で実施された。隊員への影響を少なくするために、チェルヌィシ大尉とホルシカリオウ上級中尉とフメリヌィツィクィー市の自主戦時体制消防分隊-1から来たビリュク中尉は、鉛のシートと棒で出来た二股の被いを考案した。それらは消防ポンプステーション広場の除染にも導入された。
　部隊には、ソ連邦内務省火災警備本局本部との確かな無線電話の連絡方法がなかった。それで、すべての指令は、イヴァンキウ専門消防分隊に滞在していたグループを経て入ってきた。それらはそこから、なぜか、適時には伝達されなかった。ドゥニプロペトゥロウシク州執行委員会の内務省部局火災警備局局長のイェロフェイェウ内務大佐がグループを指導したときに、すべてが変わった。指令はすべて適時に与えられ伝えられた。人々と機械を準備すること、課題遂行のための必需品をすべて確保することが許可された。
　隊員はさまざまな支隊（戦時体制火災警備と専門火災警備）や州から来ていたにもかかわらず、規律違反や課題の不履行はなかった。初期に、まだ全員がゾーンを体験していなかったとき、人々はやってきて、私と私の副官たちに、チョルノブィリ原発に自分たちを派遣して欲しいと要求した。
　5月22日の夕方に、内務省部局戦時体制火災警備部長のБ・チュマク内務中佐が「ジュィトムィル管区評議会」紙の記者とともに到着し、われわれの交代としてヴィンヌィツャから総合部隊が出発したことを知らせた。
　……夜、ケーブルトンネルで火災が発生した。しばらくソ連邦内務省火災警備本局の予備本部に滞在していた兵力と機械部隊が、それの処理に派遣された。この火災の消火に直接参加したのは、ジュィトムィル市自主戦時体制消防分隊—1の作業者たちで、この夜、チョルノブィリ市の消防署の当直だったВ・ツィルィー管理責任者、運転手のГ・カラウリヌィー、消防士のО・ポリャコウとЕ・メルィチュィンである。部隊の作業者を補佐する作業は、Ю・ホンチャレンコ大尉とЮ・ムィスルィヴィー大尉の指導によって遂行された。
　このときわれわれの中には、褒美や特典のことを考える者は誰もいなかった。
　1986年6月、部隊編成を終え、いつもの職務場所へ到着した後、ウクライナ共和国内務省火災警備局の指示にしたがって、総合部隊の作業を具体的に示した書類をクィイウ市に送った。1992年〜1993年にそれらをそこで探したが、残念ながら見つからなかった……。
　総合部隊のすべての隊員がチョルノブィリ原発の事故結果処理作業に参加したことを、若干の官僚たちに対して証明するために、ほぼ1年が必要だった。

第4部　接収ゾーンで

　ジュィトムィルの消防士たちはヴィンヌィツャの人々と交代した。ヴィンヌィツャ州火災警備の警備隊総合部隊の仕事を証明する文書は、この連続を適切に記述している。以下は、B・バブキン内務大佐の文である。

　すでに5月22日に、総数217人の総合部隊および防火班の兵力（10人）と機材の本部が編成され、チョルノブィリ原発の作戦体制ゾーンへ出発した。構成は、内務省部局火災警備部の同僚、州地区の内務省地区局国家火災監視局の部、検査官、そしてヴィンヌィツャ戦時体制火災警備と専門火災警備である。到着したとき、ここには、ヴィンヌィツャ総合部隊のほかに、戦時体制火災警備ハルキウ大隊の将校、装甲車の運転手がおり、他の州からの消防用機械が置かれていた。

　防火班の兵力機材本部部長には、内務省部局戦時体制火災警備副局長のメリホウ内務中佐が、総合部隊の指揮官には前の内務省部局戦時体制火災警備局長のバブキン内務中佐がそれぞれ任命された。

　5月23日、イヴァンキウ地区中心部の事件現場に到着したあと、発電所の3号と4号発電ユニットの間のトンネルで発生した火災を消しているジュィトムィル総合部隊を支援するために、20人の将校の部隊の支隊が編成された。

　次の1昼夜のうちに、総合部隊はイヴァンキウからチョルノブィリに移された。そこで、市の消防分隊と中等学校の部屋を割り当てられた。

　このとき部隊には次のものが編成された。

　——チョルノブィリ原発警備の総合消防分隊。
　——チョルノブィリ市、プルィプヤチ市、30キロメートル接収ゾーンの一連の居住区の消防分隊および「カズコヴィー」キャンプの警備のための個別拠点。
　——職務は放射線量計測、衛生処理、給食、物品の確保など。

　仕事の大部分は、高まる放射能条件下で行われた。

　総合部隊本部や他の支隊の隊員は、献身的で勇敢で大胆だった。規律違反や、このような極端な条件の下での作業遂行を拒否するような事件はなかった。

　……消火は成功し、部隊の11人の同僚は、彼らが示した勇気と専門家的技量に対して、「火災に対する勇気」メダルと「特別労働」メダルによって表彰された。

前ヴィンヌィツャ消防士総合部隊副指揮官ムィハイロ・ヤストゥレムシクィーの思い出

　あの悲劇の1986年5月23日から6月7日の15昼夜、われわれの専門的能力と勇気に対する試練が続いた。なかでもきわめて衝撃的だったものを選んで思い出してみよう。

　目の前を、コンクリート、砂、レンガ、プレートを積んだ車の列が、ものすごいスピードの途切れない流れを成して疾走する……。機械の側面には、ウクライナ、ウラル、シベリア、リトアニア、ビロルーシ、モルダヴィアの州の番号があり、「至急」、「チョルノブィリ行き」と書かれてあった。いたるところに膨大な数の消防自動車、戦闘服の人々がいて、野

原には見渡す限り兵士たちのテントがあった。

　異常な、今まで味わったことのない人気のなさが心をさいなむ。空っぽの村、野原、農場、花の咲いている庭、野生化した動物たちは見るに忍びなかった。そして、自然の力の前の無力感。

　政府委員会や火災警備の指導部からわれわれの部隊の前に示された課題は、すべて特別重かった。それをうまく遂行できるかどうかは、人々の実際の作業や、必要不可欠な条件作りや、生命の安全を保障することや、支援を必要とする人へそれを提供することなどに依存した。どれほど極端な状況が来ているのかを知っていたり、見抜いていたりした者は、われわれの中に少なかったと思う。

　隊員の活動は、経験がなかったために、しばしば次のような異常な条件下で働くことになった。つまり、高レベルの放射線被曝、放射能や作戦状況の変化が早いことによる心理的負担、突然起こる事態がもたらす心理的影響、課題遂行の期限が短いこと、はっきりした情報がなかったこと、情報がしばしば不正確であったこと、などである。

　5月23日、部隊がイヴァンキウ市に到着したとき、3号原子炉のケーブルトンネル内の火災を消すために至急チョルノブィリ原発へグループを派遣せよ、という突然の指令があったが、これだけはどういうわけか本当のことだった。全員準備を整え、2台のバスの運転手と原子力発電所へ出かける打ち合わせをし、定められた40人構成のグループが直ちに現場に到着した。夜火事の煙が上がっているのがはっきりわかった。原子炉のコントロールがいっそう悪くなることを予想して、人々は建屋の扉のそばで不安な4時間を過ごした。

　危険は激烈であるのに、外面的には形も味もにおいもないという不条理な状況の中で、人間の意識をしずめるのは困難だった。これは、ある者には恐怖の感覚と自己防衛の反応を強め、他の者には無分別な態度をとらせた。隊員へより完全な通報をするために、この時点でチョルノブィリにいた、高い資格を持つさまざまな階級の専門家たちが参加した。災難との戦いの進行状況をはっきりさせるための大量情報を、どのような物質的方策で確保するかを検討することが非常に大切になった。しばしばわれわれの部隊を訪れたのは、戦闘支隊の代表者たちだった。彼らは、「われわれではないなら、誰が？」というウクライナ内務省火災警備局の同僚O・プロコフイェウの書いた詩の載っているパンフレットを持ってきた。われわれはすぐにそれらをイヴァンキウの印刷所で「刊行」した。

　5月25日、B・オホレンコ、I・ゾズリャ、П・フルィホラシたち同僚グループが、B・ヴィンヌィツィクィー大尉とB・フィノヘノウ大尉の指揮の下に、「汚い」水をポンプで排出するために消防ポンプステーションを据えつけて、責任ある課題を遂行した。5月29日から30日にかけての夜、森林の夜火事の消火に際して、消防士のグループは、B・バブキン大

尉（現在は州の国家火災警備局局長、大佐）の指揮の下に、勇敢に仕事をした。夜、森林や泥炭湿原が燃え、車の車輪は脱輪し、複雑な放射能の状態、人気のない村、道路。ぞっとする光景だった。

　原子炉の壁の下から戦闘用の機械を撤収するときには、B・プルィダトク大尉（現在は州の国家火災警備局副局長、中佐）の警備隊が勇敢な働きをした。その中には、英雄B・キベノク中尉の車があった。消防士Ю・ヴォンソウシクィー、П・フジ、M・プズラノウシクィー、A・ズレンコ、B・ドブロヴォリシクィー、M・クドゥルイクたちは感謝の言葉に値する。彼らは自発的に発電所の域内で、バイパス水路の除染を実施した。A・ヴェルブィツィクィー大尉（現在は中佐、機械部局副部隊長）は能率の良さを示し、短時間の間に機械の適性を見分けて、以前に避難させられていた13台の車を作業に必要な状態に持っていった。

　チョルノブィリ原発の事故は、われわれの州の火災警備の同僚たちにとって、深刻な試練となった。

　いったい何が私の仲間たちを動かし、献身へと駆り立てたのだろうか？　それは、人々に対する、そしてわが国の運命に対する大きな責任への深い理解である。それは核という自然の力の打撃を最初にわが身に受けた英雄消防士によって示された模範である。

　ヴィンヌィツャの人の部隊は、原子炉の土台のコンクリート打ちのために途切れない給水を確保し、森林火災の消火に参加し、除染を実行し、ホースラインを敷設し、「汚れた」水をポンプで排出し、原子炉の壁の下から消防用機械を避難させる作業を実行した。

　10年以上、われわれはこの悲しい事件から遠ざかっている。発病者の数は、特に事故処理作業者の中で増加している。他者を救済するために自らの健康や生命を投げ出した人のことを思い出すとき、哀悼の心がわれわれすべてをとらえる。すでにП・メリホウ大佐、A・ベリメソウ中佐、B・コロストゥィリオウ少佐、B・ベズディトゥヌィ、B・ヤレムチュク、П・ヴォイトゥクはわれわれの中にいない。犠牲者と英雄の前に、われわれは頭を下げる。彼らが安らかに眠らんことを。そして永遠の記憶を！

　ヴィンヌィツャの消防士の交代として、チェルカスィの人々が到着した。彼らの仕事を証明する文書は、当時のチェルカスィ州火災警備局局長で現在はウクライナ内務省国家火災警備本局局長のボルィス・ヒジニャク少将が出した。

　「1986年6月6日から25日の期間に、チェルカスィ州防火班総合部隊の兵力と機械によって、原発敷地内の建造物6件の火災が消された。その中には、変電所におけるものと、5号と6号発電ユニット域の生活用室内のものが含まれる。居住区と穀物地帯と森林で、36件の火災が処理された。

　6月11日から20日の期間、総合部隊の隊員は、高い放射能とひどい水不足の条件下で、250ヘクタールの一般地の火災を消す作業を実行した。それらはイルリンツ、マシェウ、クラスノ、ウソウ、ズィモヴィシチなどの村の9箇所の泥炭湿原だった。部隊の隊員は発生した課題を首尾よく片付けた。

消火に加えて、総合部隊は他の仕事も行った。チョルノブィリ市の中央水道と運河網の事故処理において、実質的な支援をした。
　原発の生産ゾーンの外部消防用水道の放水能力テストを実施した。
　チョルノブィリ原発の警備当直交代によって、事故原子炉の下のコンクリートを準備するために、消防ポンプステーションから18,605立方メートルの水が供給された。ボーリングプラント作業を確保するために、440立方メートルの水が供給された。そのために、発電所域内に、直径77ミリ、全長310メートルの幹線ライン3本が敷設された。4号発電ユニットの室内から、約4,000トン以上の「重い水」がポンプで排出された。
　部隊の隊員は、69,900平方メートルの原発域内と室内、チョルノブィリ市やプルィプヤチ市の消防分隊の除染を実施し、3,665組の機械を水で洗って、いつでも使えるようにした。土地の除染のために、120トンの特別溶液の移送と配送が組織された。
　原発域内から、高レベルに放射能汚染した5組の消防機械が運び出され、除染が実施され、その後戦闘員に返却された。
　隊員がチョルノブィリゾーンに滞在している間に、53組の消防用機械と補助的な機械の修理が行われ、写真暗室と、視覚に訴える宣伝を全面的に展開するための部屋が設備された。
　事故結果処理においてチェルカスィ州火災警備部隊の行った仕事は、政府やソ連邦内務省やウクライナ内務省指導部の高い評価を得た。92人の同僚が、ソ連邦とウクライナの内務大臣の命令によって激励された。内訳は次の通りである。「火災警備優良職員賞」による表彰が31人。価値の高い品物が31人。「内務省における職務優秀賞」が2人。I・ヤルモレンコは「赤い星」勲章によって表彰され、A・パンチェンコは「尊敬」勲章により表彰され、A・バルズンとД・シチェペツィは「労働勇気」メダルを受け、「火災に対する勇気」メダルは15人に授与された。

志願兵たちだけ

　ドゥニプロペトゥロウシク州総合部隊は、6月25日に当直交代にやってきて、きっかり1ヵ月後の1986年7月25日に終えた。
　火災警備支隊の戦闘員205人は、チョルノブィリ原子力発電所、国民経済の施設、30キロメートル作戦ゾーン内の居住区などの防火に携わった。
　防火班部隊は、全員志願兵で編成されていた。編成に際しては、その強固な意志と専門性の質と健康状態に注意が集められた。チョルノブィリへ出発する前に、すべての隊員が、放射能汚染ゾーンでの作業のための特別な準備をひと通り終えた。
　部隊には2つの支隊が入った。チョルノブィリ原発警備の戦時体制消防分隊-1とプルィプヤチ市と30キロメートルゾーンを警備する戦時体制消防分隊-2である。予防的なグループがあった。操作と修理のグループである。部隊の隊員は作業過程において、エネルギー産業従業員の休息基地「カズコヴィー」と居住区「ゼレヌィ・ムィス」の警備にも参加した。

第4部　接収ゾーンで

　1986年7月9日、発電所の事故後初めて、チョルノブィリ原発機械建屋において、24時間の当直が復活した。高まる放射能の条件下、7月19日（4号発電ユニット地区の坑道のひさし）と7月24日（仕切りの工学的機械）の火災の処理を、最短時間で行った。

　ハルキウ大隊を追加した戦時体制消防分隊−2兵力によって、森林および泥炭湿原の火災が処理された。火災は一般地74.4ヘクタールの50件と、チョルノブィリ市の1件と、ロズソフ村の1件だった。

　部隊配属の運転手の力により、116組の消防用機械と自動車の除染が実行され、26組が修理された。彼らのうちの20人は、30キロメートルゾーンの境界の外に連れ出され、5人は共和国の支隊に送られた。ドゥニプロペトゥロウシク総合部隊の放射線量計測の職務は、チョルノブィリ原発での作業に際して、隊員の被曝線量と部隊が置かれた地域内の放射能レベルのモニタリングを実施し、戦闘部隊と予備隊において機械の状態を監視した。

　チョルノブィリ原発の事故結果処理の課題遂行時における勇気と毅然とした行為に対して、ソ連邦内務省とウクライナ共和国内務省の命令により、総合部隊のすべての同僚は、価値の高い品物、名入りの時計、賞金、名誉の賞状によって表彰され、29人の消防士には「火災に対する勇気」メダルが授与された。

幾多の熱い昼そして……夜

内務中佐 B・ビロウスの思い出

　ポルタヴァ州火災警備総合部隊は、1986年7月25日から8月25日まで、事故結果処理作業を遂行した。私はその一員だった。本部の指揮者とともに、7月23日にチョルノブィリに到着した。

　最も驚いたものは、町そのものだった。あたりは荒廃していて、街路で綿入れの服を着た事故処理作業者たちに会う。顔はガスマスクに隠れている。話し声1つ聞こえず、笑いもなく、ほとんど絶え間ない貨物車の轟音だけだった。中でもコンクリート撹拌機が最も多かった。

　発電所で、「石棺」と生物防護壁の建設が始まった。扉の中やバルコニーの上に、白い布がぶら下がっている。それは3ヶ月間で、ぼろきれに変わっていた。国の施設の建物には、メーデーの旗と標語が日に焼けて色あせている……。果樹園の垣を越えて、リンゴ、ナシ、プラムの枝がしなっていて、庭には雑草が生い茂っていた。

　発電所で作業をしているうちに、チョルノブィリ原発の応接係と付き合うようになった。彼らは、4号発電ユニットの火災のときにそれを消して、とうとう自分の生命を犠牲にしてまで破滅から救ってくれたチョルノブィリの消防士たちのことを、温かさと感謝の念で語った。すでに3ヶ月間に、プラヴィク、キベノク、テリャトゥヌィコウ、ヴァシチュク、イフナテンコ、トゥィシュラ、トゥィテノクについてたくさん書かれ、ラジオやテレビで語られたが、ここ発電所にいるだけで、もし、これらの若者が4号発電ユニットの炎を消さなかっ

たなら何が起こっていたはずなのかを、私はことごとく理解することが出来た。

　私の交代班に、8人の予防措置要員が入った。私は9番目だ。私の仲間のほとんどすべては、クレメンチュツィクィー石油加工工場を警備していた戦時体制火災警備部隊からだったが、ポルタヴァ、ホロル、コベリの予防措置要員がいた。彼らは皆、消防の仕事をよく知っており、さまざまな工業企業の警備の仕事において、かなりの経験があった。しかし、それにもかかわらず、最初は非常に困難だった。不慣れな、非常に複雑な施設、火を相手の膨大な作業の実施、高まる放射能レベル。相互支援と相互信頼は、われわれが困難を克服する助けとなった。私はあの熱い1986年の昼と夜、発電所、そして自分の交代班をよく思い出す。B・ツェリシチェウ、M・ドゥムィトゥレンコ、Є・ブラトゥ、A・ヴォィノウ、B・フレベニュク、A・マズル、C・マルティヤン、O・アントネンコ。このような同志と一緒だったので、偵察だけでなく、4号発電ユニットでもかまわなかった！　ありがとう、みんな、若者たち、そして、どうかみんな元気で！……

ヘリコプターが落ちたときも……

ルハンシク管区戦時体制火災警備総合部隊の作業に関する公式報告より

　1986年8月25日から10月3日まで、部隊は接収された30キロメートルゾーンを警備した。隊員は、プルィプヤチ市にある専門火災警備第11部隊の基地と、「ゼレヌィ・ムィス」に配置された。

　ルハンシク州内務省部局火災警備局局長のA・コリバブチュク内務大佐の指揮の下に、ウクライナ内務省本部が彼らに与えたすべての課題が遂行された。プルィプヤチ市と発電所そのものの建物の除染が実施され、国の施設の財産とプルィプヤチのチョルノブィリ原発労働者の避難が実現した。

　隊員は放射線量計測調査を行い、プルィプヤチ、チョルノブィリ、チョルノブィリ原発の放射能バックグラウンド地図を作った。部隊の戦闘員たちが受けた被曝線量の計算と、それぞれの消防士の健康状態の監視が常時行われた。

　チョルノブィリの地区農業機械基地に修理基地を作った。それによって、すべての職務遂行の間、消防用機械とプラントの順調な稼動を確保することが出来た。

　通信グループによって、膨大な仕事がなされた。

　ルハンシク州部隊の隊員は、派遣の間に、4号発電ユニットで4件もの（！）焼け焦げを消した。

　　——機械建屋の屋根（＋35メートル標識点）の建築廃棄物：A・プィルィペンコ警備長。
　　——機械建屋のオイルブロック（指揮は同上）。
　　——木製の内張り（＋39メートル標識点）：P・アルダルキン警備長。
　　——「石棺」の壁に落ちたヘリコプター：ふたたびA・プィルィペンコ警備長。

　施設とゾーンの居住区で7件の火災が首尾よく処理された。

第4部　接収ゾーンで

　ルハンシク管区の総合部隊本部は、30キロメートルゾーン内の給水システムの点検と修理の仕事を組織した。それによって、消防分隊の高度な戦闘準備を支援することになった。

　部隊の多数の戦士が、ウクライナ内務省とルハンシク州内務省部局の命令により、またプルィプヤチ市議会とチョルノブィリ市議会の決定により激励された。これらの場所は、事故処理作業戦士たちの記憶に長く残った。

1週間、さらなる課題

オデサ管区総合部隊長Ａ・サヴィツィクィーの公式報告より

　われわれが当直をした期間（1986年10月3日から11月3日まで）は、1号発電ユニットの操業開始、および2号発電ユニットの操業開始準備に一致する。状況は極めて緊迫していた。オデサの人には、指揮者から一兵卒の消防士に至るまで、各人に与えられた重い責任があった。各人は自分の義務を知っており、規律はおおむね高いレベルにあった。戦闘当直のあとの精神的な緊張をある程度とりのぞいてくれたのは、映画鑑賞や、チョルノブィリ原発での支援をしていた演芸グループのコンサートだった。そのことに対して、われわれは彼らに深く感謝している。

　出張の終りまであと2日だと考えていた10月30日が思い出される。あそこで、家族のそばでの祭り、正当な休息……。

　とはいえ、交代の具体的期限の決定命令がなかったことに不審の念を抱いた。要するに、われわれの出張は、共和国火災警備局の指導によって、もう一週間継続されたのだった。しかし、そのような決定のための理由は、明らかに重要だった。11月3日は2号発電ユニットの試験運転開始。そのために、休日。われわれの交代（リヴィウ総合部隊）がチョルノブィリ原発事故のコースに加わることは困難だった。このことを考慮して、われわれの部隊の戦闘員たちは、自分の仕事を継続した。

見えない敵の捕虜として

在クルィム　ウクライナ内務省本局国家火災警備局副局長
**　　　　　　　　　　Ｂ・トゥイモフィエイェウ内務大佐の思い出**

　私にとってチョルノブィリは、それをテレビ放送で見ただけの人とは違って、苦しい痛みである。今はからっぽのその町に、私は原発事故の半年後に、より正確に言えば、1986年11月に行った。まさにその時、クルィムのウクライナ内務省の指図で、チョルノブィリ原発事故処理の防火班総合部隊が編成された。われわれは、クルィム火災警備の、最も健康で経験のある同僚によって、それを編成した。186人になった。しかし、部隊をそこに連れて行く前に、私も所属していた12人で構成されるグループが、その場所つまり原発の状況を前もって調査するために出かけた。部隊の配置と仕事の成果のために、必要不可欠なことすべてを

準備するためである。われわれのグループのこの最初の12人のうち、現在6人がすでに障害のために年金生活を送っていることを、あらかじめ述べておこう。彼らは、チョルノブィリまでは、われわれ防火班の中で最も健康だった。

　到着したとき目に飛び込んできたのは、空っぽの町だった。バルコニーには、急いで出て行った住民のシーツ類が、風のためにずたずたに裂けてぶら下がっていた。われわれは洗浄された歩道だけを歩き、道路の端や草の上を歩くことを恐れた。それらは生命に危険な放射能レベルだった。

　われわれはここのすべてに驚いた。木に座っていた特別大きなニワトリ。さらに、時期を過ぎて熟れすぎたリンゴ。閉じた扉や窓。

　地域は3つに区分けされていた。チョルノブィリ、プルィプヤチ、そして原発である。それらの放射能レベルはまちまちだったが、どこもかしこも危険だった。われわれは特別服を着た。それほど汚染していない他の場所から、風呂と住む部屋の暖房用に薪も運んできた。われわれの主要な課題の1つに、放射能レベルのモニタリングがあった。しかし、この放射能の分厚い包囲の中で暮らしたり、汚染された空気を呼吸したり、畑を通り過ぎたり、放射性核種が侵入した台地を歩き回ったりして、助かるものなのだろうか？

　自分の健康へのこのような定常的な危険にもかかわらず、われわれはゾーン内をあちこち走り回り、部隊の到着までに、部屋、機械、測定機器など必要不可欠なものすべてを準備し、職務や、作業や、食事や、休息の準備を完成させた。

　地獄のような放射能の影響を、私は早くも丸4日で実感した。夜はよく眠れなかった。朝は脇腹と首が痛かった。日中は疲れて眠気がさした。おそらく私の同志たちも同じように感じていたのだろうが、誰かに不平を言うことはなかった。そうしても何になっただろうか？それほどわれわれは仕事に追い立てられた。クルィムからチョルノブィリへ部隊は出発した。われわれはこのように、誰もわれわれに代わってわれわれの仕事をするものはいないのだということを理解しつつ、朝から夜まで回転した。

　せめて、何か悲しみや沈んだ気分を吹き飛ばそうと、われわれのところに当直に来たリヴィウ部隊の兵力により、小さなアマチュアのコンサートが催された。おそらく少なくとも我が民族は、このような条件においても、歌ったり踊ったり出来るのだろう。私もまたそのようなコンサートの1つに行って、いくらか気分を晴らし、アマチュア演奏家たちの生命への愛情と楽天主義に、どれほど驚いたことか。我が民族の精神力は、私にもまた力を与えた。

　4日目にわれわれの部隊が到着し、放射能の捕虜としての35日間の当直が始まった。若者たちは直ちに仕事に没頭した。旅で疲れていたが、多くの人にとっての初日は、早くも「戦闘」の洗礼をうけることとなった。というのも、彼らは「重い」水をチョルノブィリ原発の下からポンプで排水したのだった。

　クルィム総合部隊の隊員は、1986年12月7日から1987年1月15日までゾーンに滞在した。

第4部　接収ゾーンで

クルィム（ウクライナの南端）からカルパッチャ（ウクライナの西端）まで

　チョルノブィリゾーンにおいてはいつもどこかの州の総合部隊が行動していたので、事故処理作業者の中の誰かしらがある地方の代表者といってよかった。もう1つの書類に注意を払おう。それはチョルノブィリ災難との戦いの「全国的規模」に光を注いでいる。

　「1986年から1990年の期間に、チョルノブィリ原発の事故結果処理作業に、ザカルパッチャ州の火災警備は59人参加した。戦時体制火災警備の数が小さいために、州の総合部隊は編成されなかった。

　ザカルパッチャの火災警備たちは、ウクライナ内務省火災警備局の指令に従って事故処理に出発し、そこで当直の目的で働いた。

　1986年に最初の1人として事故処理に参加したのは、ムカチェヴェ市自主戦時体制消防分隊-4のО・ホブルィク内務曹長およびフスト市専門消防分隊-7の運転手のВ・ドゾルツェウだった。彼らはАД-30車に乗って、プルィプヤチ市の除染をした。消防分隊の「ゼレヌィ・ムィス」で当直をしたのは、ウジゴロド市自主戦時体制消防分隊-1の特別機械運転士のЮ・サボウチュイク内務准尉だった。専門消防分隊運転手のЮ・ドゥレニジャン、М・ブレケラ、П・モヒシは、他の部局によってチョルノブィリの災難ゾーンに派遣された。

　1987年に、州の火災警備の15人から作業者が、惨事結果処理に参加した。彼らの中には、現在は年金生活者で、もとはラヒウ内務省地区局の検査官だったモイシュク内務大尉がいるが、彼は4当直をチョルノブィリ原発警備の検査官として働き続けた。チョプ市自主戦時体制消防分隊-7の無線電話技師のО・ドゥボヴィチ内務軍曹は、1987年から1991年まで戦時体制消防分隊-2において、プルィプヤチ市警備の責任を遂行した。1987年に作戦体制ゾーン防火班指導者の役割を担って、州の火災警備部長В・ザハルチェンコ内務大佐は3当直の義務を果たした……。

　チョルノブィリ原発事故結果処理に参加した火災警備の2人の同僚は、健康状態のせいで内務組織を解雇された。内務少佐のС・ムィロニュクは第Ⅱグループ障害者、内務准尉のІ・ヘルツは第Ⅰグループの障害者である。2人は労働能力を失った。6人が事故処理作業に関連してさまざまな難しい病気にかかっているが、州の火災警備支隊において働き続けている。その他に、1986年に、クィウ州での建築に32人の火災警備員の2つの班が派遣された。

　ザカルパッチャの多数の人が立派に課題を遂行した。彼らはプルィプヤチ市とチョルノブィリ市の除染や、30キロメートルゾーンと発電所の消火に活発に参加し、さまざまな施設の予防的作業を遂行した。

大隊は戦闘に行く

　消防支隊のこの軍隊的な表題は、「大隊は火を呼ぶ」という有名な映画のタイトルを自然

と連想させる。とはいえ、火災警備の大隊が火を望んだなどということはいまだかつてない。自らの使命のために闘いに赴くだけだった。加えて、接収ゾーンでは、特殊な専門的義務に関係なく、しばしば彼らの運命に特別な使命が与えられた。

すでに述べたように、チョルノブィリに最初に出かけたのはチェルニヒウとハルキウの戦時体制火災警備大隊で、少しあとに、他の地方の支隊が出発した。

テルノピリ火災警備大隊によってなされた作業評価証明書
(1986年6月7日～7月18日)
　主要な努力は域内と接収ゾーンの中央にある施設の除染に集中した。
　——化学ブロック「B」。
　——原発の3号発電ユニット機械建屋とその屋根。
　——プルィプヤチ市内と建物。
　——ブロック「B」通路の覆い。
　——チョルノブィリ駅の自動交換局。
　——港湾地区。
　——チョルノブィリ原発の消防分隊の建物。
　——管理棟、特殊洗濯施設その他の施設。
この仕事がどれほど重要であったか、そしてどれほど危険であったかについては、強調するに及ばない。テルノピリの人は、出発のそのときまで、ぶっ続けでそれに携わった。大隊の戦闘員たちはゾーンに少し居残りさえして、自分の課題をかなり超過して遂行した。隊員264人全員は、軍律と特殊な状況へ真に深い理解を示した。彼らの活動はそれに対する責任の表れだった。

イヴァノ－フランキウシク大隊（в／ч6033）も、たくさんの隊員によって、接収ゾーンにおける職務に着手した。彼らはここで、1986年7月18日から9月3日まで働いた。その課題には次のことが入っていた。
　——第2原子炉施設の部屋とプラント、3号および4号発電ユニットの除染。
　——「石棺」の建設と3号および4号発電ユニットの間を分離する壁を建設するために、コンクリート溶液を供給するポンプ、ベルトコンベアを途切れなく稼動させること。
　——チョルノブィリ原発、30キロメートルゾーンおよびイヴァンキウ地区の消火。

当該の隊員は、常勤将校—12人、兵卒—1人、予備将校—32人、予備の兵卒、および軍曹—219人。

機械およびその状態

防火班テルノピリ大隊で使用されたものは全部で51組。内訳は次の通り。

機械の種類	良	不良	汚染	用途
タンクローリー	2	—	—	飲料水の運搬用
〃	—	—	4	衛生処置拠点への補充用
〃	4	—	8	原発および30キロメートルゾーンの消火用
〃	4	—	—	チョルノブィリ原発における作業用
〃	—	5	—	不良
特殊自動車	8	—	—	
積荷機	9	2	—	
乗用車	4	1	—	

大隊の仕事をチェックし、監視したのは、内務省、火災警備本局、ウクライナおよび以前のソ連邦内務省火災警備局などの本部の指導者と作業者、さらにまた、国防省の25の化学防護班の司令部と保健省の職員だった。

チョルノブィリ原発事故結果処理の課題遂行の期間、病気のために12人の登録隊員が、居住区へ送られた。彼らの代わりを、州の地区徴兵司令部が保証した。

大隊副指揮Я・ヴァスィリュクの思い出

……この場所は特別だ。クィイウ州の中でも、おそらく最高だ。木々はエメラルド色に、華やかに立っている。道路はあたかも廊下のように、濃い緑の中を貫いている。そして突然──無言の村！　木々は熟した果実の重みで曲がっている。リンゴ、ナシ、スモモのこのような実りは、以前には見たことがないように思われた。

そしてあれがある。原子炉だ。巨大な150メートルの煙突の少し左手に。直角になっている。上部を破り取られた箱のよう。鉤の様に曲がった鉄骨や、コンクリートの内張りのかけらの混じった、焼けたアスファルトがあふれている。穴だ。火山の噴火口のようだ。右手には、1号と2号ブロックの黒い平行六面体と管理棟。帰り道ですぐに5号と6号ブロックの新築棟と巨大な冷却塔に気づく。すべての注目が4号ブロックに集中させられる。目をむけるところにはどこにでも、膨大な数の自動車や装甲車が見つかる。ヴォロシュィロウフラドゥ、オデサ、ジュィトムィル、トゥラ、リャザニ、ウラドゥィヴォストク、クィルグィズィヤなどの記号が、そばを通り過ぎていく自動車に見え隠れする。

イヴァンキウ地区のオラネ村近くにテント村を配置して、われわれは直ちに他の部とともに特別ゾーンと発電所の火災警備を確保した。第2原子炉系列と、3号と4号発電ユニットの部屋およびプラントの除染をした。全員が働くことになった。重いコンクリートミキサー車

を洗った。放射性廃棄物埋設地および3号と4号発電ユニットの間の隔壁を建設するために、コンクリートを供給するコンクリートポンプと、ベルトコンベアを休みなく稼動させた。車寄せの道路を舗装した。その他、真に男性的な沢山の仕事をした。

ごくありふれた仕事だ。それについて、火災警備部技師のヴォロドゥィムィル・モィスィシュィン上級中尉は日常的にそう言った。一方彼自身は、戦時体制独立消防分隊-8主任警備のコロムィヤのムィハイロ・ロスィンシクィーとともに、3日続けて4号発電ユニットの部屋の除染をする班の仕事を指導した。

われわれにとって特に忘れられないのは、発電所に始めて入ったときのことだ。志願兵なのだから撤退はなかったが、各人は確かに最初の交代を望んでいた。発電所で働く権利と考えて、秘密の競争さえやった。ここにある会議の1つで最初に発せられた命令がある。「チョルノブィリ原発事故結果処理という戦闘課題遂行のために、第1の交代を決定した。……」

班を指導したのは、P・アントニュクおよびB・パウロヴィチだった。非常に立派だった人の中に、次の人々がいた。火災警備部教育拠点主任のБ・コスティウ大尉、イヴァノ-フランキウシク微細有機合成工場防護の戦時体制消防分隊-6隊長В・ツィオク、機械化作業の特殊部機械工長В・サハコウ、生産同盟「フロルヴィニル」の機械工—技師主任のВ・チョリー……。彼らは自ら模範を示して、人々をいっそう困難なところへともなった。

コンクリート打ちを首尾よく行うために、水が、それも膨大な量の水が必要だった。さもなければ、補給路がふさがって、コンベアやポンプが止まり、すべての作業が吹き飛んでしまう。水は船橋から発電所域内の運河を通して、消防自動車によって集めることになった。後ろには、消防軍隊の自動散水ステーションの列。そのほかに主要な敵——放射能。皆、1秒を惜しんで働いた。

ゾーン滞在の最初の日から、消火の当直警備が戦闘当直に代わった。最初の警報が7月28日の真夜中に鳴った。テレハ村にある仮設の建物が燃えていた。火災現場に到着すると、強い雷雨と風のために状況はかなり困難だったが、当直警備は兵士の協力を得て非常に迅速に小火を消した。その後には、ホチェウ村の住宅や、イヴァンキウ地区のカリーニン名称コルホスプの亜麻と穀物の倉庫や、コロホドゥ村近くの森林火災の消火への出動があった。

特に際立っていたのは、倉庫の消火に際しての支隊の戦闘だった。火は、800平方メートルの面積であかあかと燃えていた。消火と同時に、穀物を助け出すことになり、70キログラムある袋を運び出した。全部でお

よそ1万トンの穀物が助かり、倉庫の損害は最小に抑えられた。

　最も重要で最も責任ある部門の放射線量計測モニタリングは、B・ボルトウが指導した。彼とムィハィル・ルシチャクおよびセルヒィ・フェセンコの両軍曹は、放射能調査や放射線量計測モニタリングの実施やグループの指導のために再三発電所に出かけた。すでに初期に、プルィカルパッチャの人たちは、30人以上の定員外の放射線監視員を準備し、彼らに専門技術試験を実施して、発電所で自立して働く資格を与えた……。

死のゾーンにおけるどっちつかずの期間

　実質的に2つの連続当直義務をはたした（1986年5月9日から7月18日まで）戦時体制火災警備ハルキウ大隊の、チョルノブィリ惨事結果処理における役割は特別である。

ハルキウ大隊指揮ヴォロドゥィムィル・ズュバン内務少佐の公式報告から

　1986年5月9日のおよそ21時に、大隊の隊員は、指令された場所であるイヴァンキウ市に到着した。ここには、テントのキャンプと、消防用機械のための駐車場があちこちに配置されていた。どれも野外条件で人々が暮らすために必要不可欠だった。市の行政機関がその整備に大きな支援を与えた。やがて、組み立てられた作戦上の状況に慣れると、大隊は自らの直接の戦闘課題に着手した。これらには、発電所域内の水をポンプで排出する課題、溶液のユニットに水を供給すること、消防用機械の修理、30キロメートルゾーンにおける消火などが含まれた。

　戦時体制火災警備ハルキウ大隊戦闘員の働きは、すべてのレベルの指揮面で評価が高かった。大隊をたびたび訪れたのは、ウクライナ共和国内務省火災警備局長のデスャトゥヌィコウ少将、ソ連邦内務省火災警備本局長のミケイェウ中将、そして残念ながらすでに故人となった火災警備本局作戦・戦術部部長のマクスィムチュク内務大佐だった。彼らの勧告と指令は非常に適切だった。何と言っても、ハルキウ大隊はチョルノブィリ原発に、ある意味で、初めて行ったのだから。チョルノブィリ当直を立派に働き通し、国家の名誉賞状および胸章とメダルで表彰されたおよそ100人の隊員（また同様に4人の「赤い星」勲章所持者）がいる戦時体制火災警備ハルキウ大隊は、次の職務をつとめるために、家へと出発した。

もう一人のハルキウの人C・シュクレンコ内務少佐の思い出

　特別厄介なことなしに過ぎた日だった。そして24時ちょうどに、われわれの消防分隊に「撤退」が与えられた。しかし、ちょっとの間だけだった。早くも夜中の2時過ぎに──「警報だ！」　チョルノブィリ原発のトンネル内でケーブルが燃えた！　2つの部からなる私の警備隊の戦闘員たちは、急いでЛ-1服を身に着けて、事件現場に出かけた。

　各支隊は、発電ユニットのさまざまな高さにおける作業に関して、具体的な課題を受け取った。放射能の高まるゾーンの入り口の前に、3人の戦闘員からなる部を残して、私は放

射線監視員とともに焼け焦げの場所へ出かけた。すでに遠くから、深さ6メートルにある立坑の中の火が見えた。線量計は、1時間当り500レントゲンを示した。自分の部に戻ると、私は消火の指導者を探して報告した。放射能のバックグラウンドを計算しなおした後、火災現場までのホースラインを3分のうちに敷設し、筒先を守り通し、ゾーンをあとにすることに成功する必要があることがはっきりした。私は同志たちとともにこの課題を実施してみて、急いで任務を決定して割り当て、その実行に着手した。

10本のホースを1本ずつ連結して、それを焼け焦げ現場に引っぱっていき、筒先を取り付け、水をかけた……。ここでホースの1本が、水圧に耐え切れず破裂した。さらに20〜30分、それの交換に費やし、それから筒先の流れの向きが変わっていないかをチェックしに、ふたたび焼け焦げ現場に走っていくことになった……。

指導部に課題遂行について報告し、われわれは発電ユニットでの仕事の終了についての指令を受けた。

除染と物品の交換を終え、チョルノブィリ市にある消防分隊に帰った。3号発電ユニットの別の高さのところで、何かわれわれとは違う課題を実行しているときに、われわれの戦友のБ・モルフン大尉とB・ブルドウ少佐が、難しい状況におちいったということを、そこではじめて知った。被災した人たちは直ちにクィイウ病院に送られた……。私自身がチョルノブィリ原発ゾーンに滞在している間に受けたのは、49.9レントゲンになった。

くたくたになるまで

1986年7月17日、イヴァンキウ市に、ハルキウの戦闘部と入れ替わって、ドネツィク州火災警備総合大隊が到着した。

マキイウカ市戦時体制火災警備副局長、I・タタルチュク内務中佐の公式報告から

ドネツィクの消防士の前におかれた主要な課題は、森林や泥炭湿原、そして接収ゾーン内の居住区の火災を消すことだった。

小さな村に、たちまち、食堂、炊事場、クラブ、運動場さえ備えたキャンプが姿を現した。厳格な規律のおかげで、若者は比較的容易に、きちんとした軍務のリズムにはいっていくことが出来た。

火災警備の常勤の仲間の支援を受けて、予備の将校たちも、徐々に、日常生活と教育の組織化に参加していった。私は、自分の交代要員だった中隊司令官予備上級中尉のプラスホツィクィーを、尊敬と感謝とともに思い出す。彼は、主要な中隊つまり消火中隊によって、大隊指揮のあらゆる困難を私と分け合った。

イヴァンキウ市の火災警備基地を強化する目的で、私は中隊の隊員から建築班を選び出した。これに先立ち、戦闘員のアンケート結果を詳細に検討し、個別の話し合いをし、建築職の真の専門家を探した。しかし、残念ながら、それほど沢山は居なかった。そのとき私は、

若い未婚の青年たちを選んだ。彼らが、「真に男性的な仕事」からはずされたことに腹を立てつつ、どれほど「戦闘の中で」ぼろぼろになっていったかを私は思い出す。しかし、あのときからすでに何年も過ぎた。彼らは今でも私に感謝している。

毎日のように、支隊は30キロメートルゾーンの泥炭地に消火に出かけた。くたくたになるまで働いた。作業はきわめて平凡なことだった。シャベルを大事に使え、掘れ、水をまけ、など。長時間、熱暑の中、ガスマスクをして……。

予備の部は、イヴァンキウの民生施設の除染を行った。幼稚園、学校、商店、住宅などである。

チョルノブィリ原発と30キロメートルゾーンで過ごした当直の日々は、誠実で、友好的で、相互的なものだった、と今でも思い出される。

チョルノブィリは、すべての人を点検し、教育し、鍛えた。

そのとおりだ。チョルノブィリは、すべての人に、残酷な教訓を与えた。しかし、それらは各人に、一様でない、さまざまな価値を与えた。

12年後のまなざし　8

ヴァレントゥイン・ストイェツィクィー　　　内務大佐

この辛く苦しい体験

1986年4月24〜25日、ハルキウにおいて、州火災警備局−内務省火災警備局の共和国局長会議が行われた。4月25日の夜に、われわれは列車でクィイウへと出発した。私と共に、副部長のС・フルィパス大佐（故人）および国家火災監視局局長のО・スコベリェウ大佐がいた。朝、鉄道の駅で、公用バスがわれわれを出迎えた。ちょうど、放送局が仕事を始めたときだった。仕事に出かけるよう命令が入った。局長の書斎では、技術標準に関する部の部長Ｂ・ムシィチュク中佐（故人）が当直をしていてチョルノブィリ原子力発電所の「イスクラ」と連絡を取っていた。彼は、4号発電ユニットで爆発がおき、火災が発生したと語った。そこへはすでに、クィイウ州とクィイウ市の消防支隊が送られていた。われわれはここの技術図書室で便覧を見つけ、原子力発電所の技術を学び始めた。

マスメディアは沈黙し、特別な警報はなかった。夜、局の制作本部以外の全員は家に帰された。4月27日の夜明けに、警報に従って、内務省火災警備局の同僚たちが起こされた。局長のП・デサトゥヌィコウは、С・フルィパス、Ｂ・コウシュン内務中佐、そして私が加わっていた作戦グループに対して、直ちにプルィプヤチに出発するよう命令した。

われわれは自主戦時体制消防分隊-2で止まって、ウクライナ内務省火災警備局局長のＢ・フリン内務大佐に会った。彼は作業の実行と発電所の状況について語った。彼は、プルィプヤチのいくつかの場所と発電所域内では、放射能レベルが高いと警告した。

　太陽の照りつける暑い日だった。バスは建物の玄関に近づいた。そのそばには人々が集まっていた。クィイウ州内務省火災警備局の技術標準部長Ｂ・デヌィセンコ内務中佐と共に、われわれは避難の間の消防安全について手配する課題を受け取った。ほこりをあげながら、バスが1台また1台と隣の地区へ発車していった。われわれは、兵士を乗せた消防自動車を、バスおよそ40～50台の後ろにすぐに続けて送った。夜に、クィイウ州内務省火災警備局の職員といっしょに、区域の線量調査と地図上へのプロットの実施を組織した。隊員はガスマスクを確保した。しかし、残念ながら、少なからぬ人が実際の放射線状況を知らなかったり、あるいはそれらを簡単に無視したりした。われわれは信頼できる情報を持たなかった。

　壊れた原子炉を消防自動車からの放水によって冷却すべしという理不尽な命令を、われわれは政府委員会から受け取った。われわれはこれについて、ソ連邦内務省火災警備本局副局長のＢ・ルブツォウ内務大佐に報告した。結論は明らかだ。人々を原子炉に送ってはならない。この結論を確認して、Ｃ・フルィパス、Ｂ・コウシュンそして私は、本部の車で発電所へ出かけた。4号発電ユニットから遠くないところで止まって写真を撮った。とはいえ、われわれはそのとき、フィルムが放射線に被曝して感光するだろうとは思ってもみなかった。われわれは防空壕におりた。そこでは、施設の行政部がガスマスクと特別服を着けて時を過ごしていた。われわれは発電所長のブリュハノウに、4号ブロックに人々を送ることが出来るかどうかを問いただした。彼は口をつぐんだ。憂鬱そうに頭を数回振るだけだった。できない、ということだ。

　しかし、政府委員会にはおさまらない者がいた。学者は、周囲のパイプにいくつかの穴があるだろうと見込んでいて、穴の直径などを調べるという課題が与えられた。ヘリコプターの1機に水をため、消防ホースを引っ掛けて固定し、そこへ。何というこの厄介さ。飛び立って事故の原子炉に水をまこうと努力した。風がホースをもつれさせ、パイロットは機体を大地に座らせるのにも苦労した。われわれは料理店で無料の昼食をとり、夕食をとった。ウェイトレスたちや他の隊員が働いていた。4月28日の朝、朝食に来てみると、誰もいない。皆集められ、出かけたのだ。幸い、食料品は残っていた。電話で、Π・デスャトゥヌィコウ将官から、イヴァンキウ地区に行って隊員の衛生処置拠点拡張のための場所を見つける、という課題を受け取った。交通手段の問題が生じたが、クィイウ州内務省火災警備局局長のＢ・トゥルィプティン内務中佐が支援し、自動車を出してくれた。運転手とともに森や湖の周りを回って、比較的適した場所を見つけた。内務省医務部も来て、これに従事した。イヴァンキウの近くで、森林域が選ばれた。それは後に書類の中で「カバノキの森」として出ている。こちらに向かって、副局長のＭ・ズィネンコ大佐を先頭にして、クィイウの車列がやってきた。テント、持ち物、

シャワー室設備、照明のための発電機を運んだ。
　さて、すでに人々は衛生処置のために、ゾーンからつれてこられていた。8T311M自動車を使って、われわれは湯を沸かして提供した。医務部からは着替えを運んできた。ここで放射線監視員たちは、プルィプヤチから到着した機械をチェックし、「汚染」の標識をそれぞれの地面に立てるように強制した。医師たちとともに夜中働いた。
　朝、放射線監視員は私の服とアタッシュケースをチェックした。針は振り切れた。すぐに脱ぎ捨て、綿紙製の服に着替えるよう強制された。ごみの山に、軍服、ズボン、クロームなめし皮のブーツ、剣帯、ワイシャツ、アタッシュケースが落ちた。仕立て上がったばかりの帽子を捨てるのはとても残念だったが、それともまた別れることになった。
　4月29日、火災警備支隊をプルィプヤチからチョルノブィリ市の消防分隊の域内に移動させるという命令が来た。何とか人々を配置した。ここには空と、平屋の食堂と、学校の教室だけがあった。近くではヘリコプターがひっきりなしにうなっていた。一方われわれは、自分の仕事をしていた。軍務遂行を組織し、日用品や自動車の技術的サービスや、放射線計測用モニターを準備した。たくさんの職務上の書類にかかりきらなければならなかった。
　ウクライナ内務省火災警備局の職員が交代のためにわれわれのところに着いた。われわれはB・トゥルィプティン中佐とともに、5月4日の夜にクィイウに出かけた。ゾーンからの出発に際して、放射線計測モニターの計測点が作られた。われわれの車がチェックされた……。
　時すでに遅し。私は行われたことの意味づけをした。そして規制されたゾーンにはまだ一度も行ってはいなかったが、一つの結論に至った。過ちの最初の日々を過ごしたのは、われわれだけではなかったのだ。さまざまな極端な状況において、義務はきわめてはっきりしているべきであり、本部の学識は申し分がなくてはならず、隊員の日常の作業は実施されなければならず、その道徳的精神の高揚がはかられなければならない。そのとおりにし、われわれは過ちからもまた学んだ。しかし、健康や人々の生命に関して言えば、誤りを犯す権利が誰にあるだろうか？

12年後のまなざし　9

ムィコラ・ホロショク
　　在クィイウ市ウクライナ内務省本局国家火災警備局局長　内務少将

可能性の境界を越えて

　チョルノブィリの日々の思い出をよみがえらせるとき、永久に心に抱き続けるだろうと思われる不安に、ふたたびつつまれる。最初に事故について聞いたその瞬間から、心にいだいていた不安だ。われわれ自身は、いつもの消防管理会議が行われていたハルキウからもどった。何が？　どのように？　なぜ？　という悪い予感は一瞬たりとも去らなかったが、事故の真の規模には思い至らなかった。われわれは乗り継ぎでクィイウに到着したが（飛行機は飛行場における修理のあと、飛ばなかった）、これらの疑問はその道中に平安を与えなかった。クィイウに着いてからも、それらはわれわれを苦しめた。あそこではとにかくチョルノブィリの爆発について、完全な情報を手に入れるのが困難だった。第1に、情報は国家保安委員会の組織が熱心に封鎖していた。第2に、正確な真実を誰も知らなかった。実際の事実ですら、憶測と推量と信じがたい詳細だらけだった。それはいっそう大きな不安を起こさせたが、ついにはその不安は、いつものチョルノブィリの平日全体につきもののものになった。

　おそらく、そのときの最も記憶に残るエピソードについて、最もつらい印象について尋ねられるなら、事件は幻想的な万華鏡の中に一体化して、見分けがつかなくなるだろう。その中からは、何らかの最もつらいものを分離するのが難しく、そのかわりに、やりきれない不安な感じが残って優位に立つ。

　私にとってチョルノブィリとは何か？　それは、放射能を撒き散らされた畑で私が見た哀れな老女かもしれない。彼女はうわっぱりをかぶってから、雌牛を放す。自分の稼ぎ手の角にはセロファンをまいて、不幸から守ってやる。その後イヴァン・ドゥラチとの1つの出会いのとき、私は詩人にこの哀れな老女のことを話した。だから、まさしく彼女が、この詩人の「チョルノブィリのマドンナ」という詩に現れたのだ、と確信している。

　　そして雌牛はと言えば—
　　セロファンの中で、
　　宇宙の奇跡のように、
　　霧の中につきでている……

　また私にとってのチョルノブィリとは、赤い、まるで血のようなザクロの実。あれらをわたしはヴィーチャ・キベノクのために努力して手に入れたが、間に合わなくて渡せなかった。私はこの若者がまだ幼かったときから知っていた。私は1959年以来、彼の父のムィコラ・キベノクと友だちだった。同時に学校を卒業し、自分の時間をいっしょに働き、2人で魚つりを楽しんだ。ヴィーチャがチェルカスィの学校に入らなかったとき、私は彼を戦時体制火災警備初級主任職準備のヴォロシュィロウフラツィカの学校に送った。その後彼が、結局、チェルカスィで消防技術学校を修めることになったときには力を貸した。不幸が起こったとき、まだ4月26日だったが、ムィコラ・キベノクは私に

電話をしてきた。そして私は生まれてはじめてこの男らしい人が泣くのを聞いた。彼は、ヴィーチャが悪い、あの子はザクロを食べなければならない、と言った。「心配するな。」と私は言った。「みんな通り過ぎていく。みんなうまくいく。ザクロは私がきっと届ける。」そのとき私には、ヴィクトルは足で立っていて、今に何もかもうまくいくように、本当にそう思われた。しかし……。私は急いでザクロを探し出したが、彼はすでにモスクワに送られていた。永久に送られた……。

さてまた私にとってチョルノブィリとは何か？　民間防衛本部における5月27日のあの緊急会議かもしれない。その会議で本部長はみんなに、チョルノブィリでは何も特別な危険はないと断言した。私は彼に尋ねた。「なぜ私の同僚の消防士たちはすでに軍病院にいるのか。」

少なからぬうそがそのときに流された。5月1日のパレードのあとに行われたクィイウ会議も似たような会議だった、と私は思い出す。1人の有能な専門家が巨大な数値を引証したが、しろうとたちがかれに反対した。

われわれはこれらの日々、良心に従って自分の仕事をしていた。消防の兵力が動員され、線量計測モニターの仕事が組織され、衛生処置拠点が拡張された。5月29日に、何の警告もなかったけれど、ガスマスクを携行してスカチ村の衛生処置拠点に行ったことや、若者たちのために赤ワインを2箱ついでに持っていったことを、私は思い出す。公的な医学をわれわれはそのとき少ししか信用していなかった。それはなぜか大いに「間違いを犯していた」からだ。

水で原子炉を消すべきだという、政府委員会の狂気のような意向や、この作戦のテストをはじめたとたんに屈強なヘリコプター操縦士が気絶した、ということについても語るべきだろうか？　1986年5月23日と1991年10月11日に火災があって、ウクライナだけでなく他の地域をも脅威にさらしたこれらの惨事をわれわれの消防士たちが防いだということを、語ってはならないのだろうか？　ケーブルトンネルの火災に行くことを、心理的緊張に耐えられずに拒否した運転手たちをとがめることができるだろうか？　何の価値もない金属を、人々のこの上なく貴重な健康にとって変えてしまった汚れた技術を、不当にも「救済する」ことの廉で、いま誰をとがめるべきか？　われわれの消防運転手だけでもすでに5人が生命を終えた……。

いや、私はあれらの恐ろしい事件の年代記のうえにとどまりはしない。それらについては書かれ、思い出され、非常にたくさん議論されている。もしかしたら、目撃者たちの思い出の中には、あら捜しをする分析家が見れば、数値か何か他の詳細について、はっきり食い違っていることがあるかもしれないが、それは、充分に理解できる。それでもなお、事件の当事者であるわれわれのめいめいは、自分の見方と自分の理解、あるいはその出来事や特別な肉体的・精神的緊張状態にあった人々について語る権利がある。ここで最終的な修正と明確化をすること、それはもう歴史自らの仕事である。

主要なことは、大きな仕事がなされたということだ。チョルノブィリ年代記に、われ

われの親友たちはもはや決して自分の真実の言葉を加えることが出来ないのがつらい。彼らははじめて可能性の境を越えて踏み出し、それから、永遠のかなたに行った。ずるさのかけらもなく、彼らは自らのゴルゴタの丘の頂からわれわれを見ている。いや、不死の人々は死者をとがめない。彼らはこのことを越えて立っている。きっと彼らは、みんなに尋ねているにちがいない。罰当たりすぎるのではないかと。ウクライナの哀悼の野で、縁日のばか騒ぎを行ってはならないのではないかと。

1986年4月26日のチョルノブィリ原発4号発電ユニットの火災などだいたいそんなものはなかったということに同意しないのは、ある種のセンセーションを売り物にする者だという人々がいる。しかも、あの火によって焼かれた人々がまだ生きているそのときに、そして、聖者を冒瀆する輩でさえもムィトゥィンシクィー墓地に眠っている英雄たちのことだけは拒むことが出来ないそのときに。

しかし、歴史の中には、恐ろしい作り事や、憶測の傾向や、行過ぎた状況判断の付着していない、そういう重さをもった重大な事実がある。チョルノブィリの消防士たちの比類のない終焉も、明らかにその1つである。

……そして不安は心に響かずにはおかない。もう12年になる。好戦的なものだけが、その思い出によって、すぐに応答する。

だがそうは言っても、結局私にとってチョルノブィリとは何か？

12年後のまなざし　10

アナトリィ・ヘリフ　　内務大佐

1年の10日

1986年5月9日、クィイウ市における私の春の日は晴れていた。何千人もの晴れ着を着た人々が、戦勝記念日を祝うために十字路に出た。首都の中央通りでは、平和自転車競走が通り過ぎていた。そして、もちろん、背嚢を肩にかけて人ごみをこっそり抜けて通った、不安げな5人の将校であるわれわれに注意を向けた人は少なかった。

1時間後に、私と私の同志——ウクライナ内務省消防機械部同僚のB・ザドゥヴォルヌィー、O・プロコフイェウ、B・リオヴォチュキンそしてД・シチュィプツィーをП・デスャトゥヌィコウは執務室に呼んで、簡単に述べた。「諸君は、チョルノブィリ原発の事故域における消火本部に任命された。1時間後に出発。」率直に言えば、われわれはこの瞬間を待っていた。というのは、発電所では状況はややこしいということを知っていたからだ。

言わなければならないが、このとき私はロシアのクラスノヤルスキー地方のタイムィルスキー自治管区火災警備部長の職に任命される命令を受け取ったばかりだった。

第4部　接収ゾーンで

　4月末には旅に出られるように、すでにトランクやひとまとめにした持ち物を集めてあった。しかし、チョルノブィリ発電所における事故は、私の人生プランに修正をもたらした。

　5月9日までに、すでに大なり小なりチョルノブィリ惨事の規模は理解され、差し迫った作業の大きさが決定された。いたるところからチョルノブィリに人々や機械類が到着した。それらを配置するだけでなく、食事のことや正常な生活条件や飲料水の確保をしなければならなかった。そして、最後は、多数の専門家による連続的な作業を組織すること。まさにそのことと、その他のたくさんの問題に、防火本部は携わった。本部はそのとき、クルィム州執行委員会の内務省火災警備局副局長のＡ・チェルネンコ大佐が先頭に立っていた。

　ゾーン内で働いていた人々は、自らの課題の全責任をよく理解していた。致命的な危険が、見えない形で、聞こえない形で忍び寄り、特別な計器だけがそれを発見することが出来た。そのような状況は、明らかに不快なものとして人々に作用した。

　私の主要な課題となったのは、隊員とともに作業を遂行することだった。それらの日々、すべての同僚が、大きな身体的心理的な重荷を受け取った。彼らの休息のために、なるべく多く有効な余暇を作らなければならなかった。基地での総合部隊の生活条件は悪くなかった。われわれには熱い飲食物があったし、医務室や放射線監視モニターは24時間働いていた。同僚たちは定期的な新聞雑誌を保証され、彼らのために情報会見やテレビ放送の再放送などが実施された。その上、私が折よく持参したカメラと映写機があったので、われわれは事故域内での軍務の場面をたくさん撮影した。

　直接の任務の遂行に加えて、いつも何かの課題を待っている状態だった。私は、4号発電ユニットのコンクリートの土台に絶え間なく水をかける仕事の指導者に任命されたが、この時期のことが特に思い出される。この仕事はしばらくの間行われた。水の供給が3分以上中断することは許されなかった。グループのメンバーには、次の人々が加わっていた。クィイウのД・ザヴァリュイェウ少佐、ジュィトムィル管区のＡ・ネドシチャク中尉と消防車運転手のＯ・マズニンとЛ・ヴィホウシクィーとЙ・ルブヌィツィクィー、ドネツィク州のＩ・ヤクボヴィチとＭ・タラソウとＢ・チュマコウとФ・ミロシヌィチェンコとЮ・ヴァクレンコ、そしてクィイウ管区のＢ・カルムィコウである。工業用水の管に、リヴィウ

守備隊から到着した消防ポンプステーションПНС-110が据え付けられた。1つのステーションの体制へ出動するときは、必ず3分以内に予備隊を始動させる必要があった。はじめはすべて、時刻表通りに行った。しかし、5月12日から13日にかけての夜に、思いがけないことが起こった。幹線の圧力が急に落ちたのだ。直ちに全員がラインに沿って走った。しかし、損傷は見つからなかった。1分たりとも失うことは出来なかった。水無しではコンクリートは固まり、重要な作戦がだめになる。そのとき専門主義と大きな名人技で助けたのは、ドネツィク州ジュダノウ市の自主戦時体制消防分隊-23の運転手Ⅰ・ヤクボヴィチとМ・タラソウだった。他の運転手が予備のステーションへ水の供給を切り替えている間に、彼らは2分でモーターの不調を見つけ出して取り除いた。ずっと続けざまに働いていた自動車燃料浄化用フィルターに、ごみがたまっていたのだった。

　身体的および道徳的努力のこのような緊張の数分間が、事故域に滞在しているすべての日々に満ちた。その年われわれのグループはあそこに10日間滞在した。何分間になるだろうか？

12年後のまなざし　11

ドゥムイトゥロ・クルプチェンコ
　ウクライナ内務省国家火災警備本局主任専門員　内務中佐

手のひらの上の人間

　私にとって事故結果処理作業は、直接には、1986年5月7日に始まった。私は休暇を過ごしており、仕事にでなければならないのは、5月17日だった。しかし、このとき、クィイウ州火災警備の警備隊通信主任の責務を実行していたので、いつも職場を訪ねていた。いつだったか、部長が言った。「あちこち歩き回ってはならない。働かなければならない。」仕事に出かけて、新しい人々がたくさんいるのを見て、私は驚いた。技術部主任にはヘルソン少佐がなっていた。

　5月9日まで、私は当面の仕事にかかっていた。仕事をする日が長引くという考えはなかった。オデサから、当時の州通信主任のК・パスィチヌィク内務少佐が到着し、軍用通信機材を輸送トラックいっぱい運んできた。それらについてそのときわれわれは、ただ想像することしか出来なかった。言わなければならないが、事故後、チョルノブィリ市との自動的な電話通信設備はなかった。そして、すべての会話は、通信兵を通して行われていた。無線通信は1つの周波数で、7〜8年も働きすぎたラジオ局を通して実施されていた。経済問題を迅速に決定するために、チョルノブィリとの作戦上の接触についての問題が生じた。食料や物資や機材の確保、その他の重要な問題は、クィイウにおいてのみ決定されていたのだ。イヴァンキウの専門消防分隊-22基地に後方任務が作られたが、これはすでに少し遅すぎた。

私とパスィチヌィクは、問題の状況を検討した。そして、5月9日にゾーンに行くことに決めた。われわれには、ポルタヴァナンバーのウアーズ車が出された。われわれは設備を積み、町の技術部隊から連絡をもらい、旅に出発した。とはいえ、私は家に跳んで帰り、余計な説明はせずに、出張に行くと言った。率直に言えば、心の中ではいやだった。カトュジャンカの向こうで軽食を取るために止まり、4人で「カベルネ」1本を空け、さらに先へむけて出かけた。道は車でいっぱいだった。おびただしい数のコンクリート撹拌機が目に入った。チョルノブィリはその消防分隊と同じように憂鬱な様相を呈していた。人間であふれかえり、戦場には不統一の兆しはなく、特別なスケジュールは見えず、1階のすべての部屋にベッドがおいてあった。配車係のところには、市の通信関係者たちが来ていた。日用品があったので、彼らはかなり運が良かった。ここには配車係の小さな休息室があったが、通信の集積や寝室や食堂のために転用されていた。消防士のためのベッドは足りなかった。いったん離れると、もう自分の場所はふさがっているのだった。トイレについては語るまでもない。しかし、若者たちの意気は低くなかった。

　設備の設置をはじめた。1人はバッテリーを据え、もう1人は受信機、そして私はアンテナと送電線を手に入れた。アンテナは迅速に、高さおよそ20メートルのコンクリートの柱の金属の土台に立てられ、遠くが見えた。市のこの地域に立てられていたのが、1階建ての建物だったからである。チョルノブィリ原発の5号と6号発電ユニットの配管を見ることさえできた。ケーブルはあまりうまくいかなかった。私は検査機関の窓を越えて屋根に行くために、ガレージの2階に行った。白いつなぎを着ている人が座っているのが見えた。「誰か？」と私はきかれた。「通信関係者ですが。」「どこへ？」「屋根の上へ。」「上官は？なぜ報告がなかったのです？　なぜ名乗らなかったのです？」などなど。40分間私は「気をつけ」の姿勢で、理性を欠いたお説教をしまいまで聞いた。そして1時間以上たって、屋根に行った。

　消防部の構内は、ドアにクィイウ州、ジュィトムィル州、チェルニヒウ州の居住区の名称の書かれた車でいっぱいになっていた。私は何台かの車が人々を慎重に迂回しているのに気づいた。

　ステーションを組み立ててから、われわれは施設で働くために、イヴァンキウへ行き、そこで泊まった。「ホテル」はある種のレーニン主義の部屋で、家具はなく、床にマットレスが1列あった。そこに倒れこんで眠った。

　数日間の予定で、クィイウに戻った。現在はすでに中継無線通信局になっている新しい設備班とともに、当面の旅行に備えるためだ。仕事の構想と仕事自体のことは、心の中ではすでにいっそう固まってきて、いっそうよく検討されていた。チョルノブィリ分隊の配車係で、民間防衛部の若いヴィタルィク・フィリプチュク中尉の電話の会話を聞いた。彼は家に電話をし、母親に、自分はドゥィメルにいて、シャワー室主任として働いており、食事はまともで、放射能はないと話していた。すべてまことしやかだったが、ドゥィメルまでは80キロメートルあった。

チョルノブィリでの仕事のための新しい機械が到着した。そのほとんどは放送局が確保したが、それらはおのおのの州の周波数で働いたので、とてつもない混乱が生じた。「非常時用予備品」倉庫から新しいラジオ局を運んでくる、という決定が採択された。それらは消防車の座席に据えつけなければならなかったが、そこは放射能が時には300ミリレントゲンに達した。通信兵たちはこの課題をも片付けた。この仕事のとき、若者が消防車のバンパーに小さな鏡を立てて顔をそったことが思い出された。彼に、この作業はする必要がない、と説明するものは誰もいなかった。放射能に対する全般的な無知は明らかだった。
　5月13日のあと、私は州の技術部通信兵交代のためにイヴァンキウに送られ、そこで10日以上過ごした。つらい労働を強いられた。時間の感覚は失われた。何曜日、何日かを言うことが出来ない。ただそこで、修理をしたことを思い出すだけだ。農業設備のそばで、技術部隊の組立工・自動車運転手修理班が働いていた。彼らはイヴァンキウで汚染の少ない車を修理し、チョルノブィリで汚染のひどい車を修理したが、だれも、それが何レントゲンであるかを尋ねなかった。ところで、この班の長のひとりサシュコ・サハロウは、命令を実行するのを拒んだ廉で、銃殺刑に処すといって脅された。（しかしおかげで、彼の部下は、被曝が少しだけ少なくなった。この線量を修理員の誰も測定していなかったとはいえ。）
　クィイウ州作戦用通信自動車運転手ヴァスィリ・シュトゥイフラクについて、特に心温まる思い出が残っている。彼は実質的に2ヶ月交代無しでハンドルを握った。通信兵たちは交代したが、運転手は1人だった。そして、クィイウへの乗り入れの際、全部の地点を無統制に通行したのではなかったとはいえ、ヴァスィリの自動車は、働かなかったことがなかった。
　チョルノブィリで働いていて、私はさまざまな職業や称号の、たくさんの人に会った。
　賢明な人も、善良な人も、意地悪な人もいた。良い雰囲気が優勢だった。バスの運行はなかったから、空席のある車はいつでも止まって、同じ方向に行く人を拾った。金を持つ者はいなかった。「金は戦争には行かない」と運転手たちは言った。
　事故についての書類では、記事であれ本であれ、通信兵の仕事や、ほとんど休みなしに物を運んだり働いたりした輸送車の運転手のことは、実質的には何も言及していない。しかし、チョルノブィリのあと、少なからぬ通信兵が将校になった。М・ステパィコ（ヴィンヌィツャ）、В・アルテメンコ（チェルカスィ）、А・アントゥィペンコ、В・コロブコウ（ハルキウ）、В・ブテンコ、Ю・ムィスルィヴィー（ジュイトムィル）、Б・ボルトウ（イヴァノーフランキウシク）、К・パスィチヌィク、В・ビバ（オデサ）、В・クリビダ、В・マフネス、С・スシコ（クィイウ州）、А・カリヌィー、А・ブドゥヌィク、С・ストゥリィ（クィイウ）その他。「その他の人々」には、彼らの姓が記憶から失われてしまっていることをわびたい。彼らが共通の問題に大きく貢献したことを、軽視しているのではない。通信将校たちだけではなく、組立工や、放送機材の調整員や、

上級通信員たちも働いた。われわれはそのときに、きみの階級は？　とも、職務は？　とも聞かなかった。われわれは各人に、何よりも人間を見た。そして人間は、チョルノブィリにおいては、手のひらの上にいるようによく見えた。

12年後のまなざし　12

プィルィプ・デスャトゥヌィコウ　　内務少将

これについて忘れることは罪悪である

　チョルノブィリ原子力発電所4号ブロックにおける爆発と火災について、私は、ハルキウで行われていたウクライナの火災警備責任者会議から帰る途中、夜の3時ちょっとすぎに無線通信で知った。私は家には立ち寄らずに任務につき、そのときすでに自分の仕事場にいた内務省の指導部との連絡に出かけ、それからチョルノブィリ原発のブリュハノウ所長に電話をした。彼は特別警報を出していなかった。いくつかの火災中心があり、消火が続き、追加の兵力は必要ないというのだった。

　しかし、私の副官のB・フリン中佐が、それでも消火の指揮のためにチョルノブィリに出かけた。緊急に部の指導者が集められ、発電所との定常的な連絡を支援する本部が作られた。B・フリン中佐は状況を確かめて、放射能レベルは充分高いと報告し、人々を守ることが不可欠であると強調した。一方、Л・テリャトゥヌィコウ少佐が先頭に立った、原子力発電所警備の第2消防分隊と、プルィプヤチの警備のための第6分隊の隊員の多数は、入院させられていた。

　事故後10時間たって、クィイウにソ連邦内務副大臣のB・ドゥルホウ少将と、ソ連邦内務省火災警備局副局長のB・ルブツォウ大佐が到着した。ウクライナ共和国内務副大臣B・ピツュラ将官とともにわれわれは、ジュリャンシクィー空港で彼らを出迎え、そこからチョルノブィリへヘリコプターで飛んだ。そこではすでにГ・ベルドウ将官がわれわれを待っていた。彼は状況について報告し、ウクライナ共産党プルィプヤチ市委員会の建物に置かれていた本部に連れて行った。しばらくあとで、私は事故現場に行ってきた。原子炉の上に垂れ下がる、青白い、脅すような幻影を肉眼で見ることができた。これは、イオン化した放射物の強力な流れだった。

　午後に、ウクライナ共和国内務省指導部が率先して、本部の最初の公式会議が行われた。このとき、モスクワからすでに、ソ連邦動力・電化省の代表者と学者たちが到着していた。最初の会議の1つで、疑問が出された。人々はプルィプヤチに残っても良いだろうか？　これに対する具体的な回答は、誰も出さなかった。状況を明らかにしウクライナ共和国内務大臣に直接報告するよう、私は直接委託された。現場には私の副官が残り、私はクィイウに戻った。陸路で行った。イヴァンキウ―チョルノブィリ間の道路で、

プルィプヤチへ行くソ連邦閣僚会議副議長のБ・シチェルブィナの車列に会った。

　火災警備本局では、本部がきちんと準備よく働き、強化された案で任務が遂行された。ほどなく、2大隊の動員と、防火班総合部隊参加の準備についての指令が受け取られた。かつて火力発電所や原子力発電所、とくにビロヤルシクィー原発において大きな火災が起こっていたので、われわれは似たような事故の状況にあらかじめ準備していた、ということを強調する必要がある。

　この事情を考慮に入れつつ、火災警備本局指導部は州内の火災警備局に対して、拠点組織の代わりに、民間防衛計画にしたがって特別期間活動しなければならない総合部隊の戦闘準備を急ぐ、という課題を課した。チョルノブィリの悲劇までの1年間、チェルニヒウにあるコゼリツィ地区で、ウクライナ共和国民間防衛本部長のクィルィリュク大将とチェルニヒウ州内務省部局局長のЮ・ヴォシキン民警少将の出席のもとに、実地教育が行われていた。訓練は、総合部隊は大規模で複雑な火災の処理に際して、自主判断で行動出来る実質上の戦闘単位とみなされる、として行われた。チョルノブィリ原発区域に最初に到着するように、まさにチェルニヒウ総合部隊が命令されたのだ。

　しかし、ゾーンではいつも、勤務の組織化に関して、深刻な問題が生じた。特に、クィイウ州の兵力と機材の指揮において（実質的に火災警備局指導部も含めて、火災警備隊員は全員すでにゾーンに行ってきていた）、人々は高い放射線量を受け取っており、病院や軍病院に移されていた。この部の指導の交代を実現させることと、州内の火災警備局―戦時体制火災警備指導者による機器の補充が、必要不可欠だった。たとえば局長の責務は次の人々が負った。ドゥニプロペトゥロウシクのВ・マルンケヴィチ大佐とドネツィクのВ・イウチェンコ大佐、彼を補佐したВ・マホルトウ中佐とリヴィウのА・アントニュク中佐、ドゥニプロペトゥロウシクのВ・マルンケヴィチ中佐、ドネツィクのВ・ロマコ中佐その他多数。すでに軍病院にいたウクライナ火災警備局指導部の交代として、州からクィイウに出張したのは、В・パリュフ大佐、А・イェロフェイェウ大佐、М・イシュィチキン大佐、В・トゥカチェンコ大佐、В・コロリ大佐であった。ゾーンにおける防火班の指導は、以下のソ連邦内務省火災警備本局の同僚たちが実行した。А・ミケイェウ中将、І・キムスタチ少将、В・ソコロウ少将、В・ルブツォウ大佐、Є・キリュハンツェウ大佐、В・マクスィムチュク大佐、Ю・トゥルィフォノウ大佐その他。

　事故後の初期から何週間もの長きにわたってゾーンで働いたこれらの指導者たちに、重い運命が落ちた。生じた事情を考慮して、原発の防火警備を組織し、放射線への安全性と当直方式で働く隊員の日常生活を確保することを、1から始める必要があった。火災警備にたずさわる者たちの肩にかかったその緊張と責任を、言葉で伝えることはできない。状況は迅速で思い切った行動を要求した。そして、名誉の任務が、その状況の前に置かれたすべての課題を実行した。

　原発やゾーンの防火と消火、政府委員会からのそのほかの多大な委託の実施などに参

第4部　接収ゾーンで

加したソ連邦内務省火災警備本局や、ウクライナ、ロシア、ビロルーシの州のすべての同僚へ、彼らの正直で誠実な働きに対して、深い礼と大きな感謝をしなければならない。

　チョルノブィリにおける消防士たちの偉業は、全人類に認められている。それを私は、ドイツ、カナダ、チェコで開催されたチョルノブィリ問題にささげられた会議に参加したときに納得した。

　総合部隊はゾーンへの対応を始めた。それから、定常的な勤務案への移行が実現された。当直方式が立案され、事故結果処理作業を実行するために、多くの州から人々がやってきた。

　チョルノブィリの地獄のために、ウクライナの全州から6,217人の消防士が到着した。彼らはわれわれの専門職の範囲を超えたたくさんの課題を実行しなければならないことになった。これは、除染用溶液を小分けにして配達すること、覆いと発電所の換気管スペースに積もった放射能の塵を投げ落とすこと、原発の部屋と建物の除染、4号発電ユニットの下から「重い」水をポンプで排出すること、放射能レベルの地図を作ること、給水システムの復旧などである。しかし、これを拒絶する者は1人もいなかった。

　われわれの働き手は、すべての状況の深刻さを深く悟っており、健康と生命にとっての大きなリスクをともなって働くということを理解して、自らの任務を実行することを個人的関心よりも高い位置においた。彼らはすべての困難を、粘り強く乗り越えた。危険は、強い結束と、相互配慮と、相互支援と、何百万人もの人々への強い責任感によって、「消された」。このことに対して、彼らに心から感謝する。

　しかし、残念なことに、運命は今日もなお、事故処理作業者たちにあまり親切ではない。

　ウクライナは困難な時代を過ごしている。経済の困難のために、被災者への社会的そして医学的な保護計画のいくつかは、充分な大きさでは実施されず、またあるものは、すがたを消している。

　事故処理作業者たちの社会的保障の戦術は、残念ながら、1度も継続しなかった。そして、今日、その戦術の中に少なからぬ混乱と無思慮があり、結局現行法の枠内では実施されていない。

　チョルノブィリ原発における事故結果処理作業に参加した人のための特典は、チョルノブィリ事件によって被害を受けた人々の社会保障に関する法律によって予定されていたのだが、最後のときになって、それをことごとく減らすかまたはすっかり廃止するという方向がはっきりした。時間がすでにすべての傷を癒し、すべての被災者を治療したという主張を試みる人々がいる。その中には若干の学者もいる。私個人の経験は、反対のことを言う。この上なく残念なことに、われわれの職業の宝を積んだ勇敢な人々の列は、細くなっている。放射能とは単に学問的に不完全だというだけではない。兵力の全盛期にはたくさんの事故処理作業消防士が死に、病気が原因で、内務部の組織から833人の消防職員が解雇された。556人の事故処理作業消防士が、25レム以上の放射線量を

受けた。今、この不吉なレントゲンは、胸を締め付け、つらい不眠によって自分のことを思い出させる。

　チョルノブィリの人の年金生活者やサナトリウム療養者の保障や、子供が途絶える家族の支援に関して、少なからぬ問題が存在している。ウクライナ内務省「チョルノブィリ」協会の幹部会は、これらすべての問題に携わっている。私もこれに選ばれている。

　チョルノブィリの人たちは、最高会議や、大統領や、市の政権組織や、社会に向かって話しかけるとき、いやおう無しに自らの存在について思い出す。しかし、果たしてこれが正常なことだろうか。命運の尽きた彼らは、自らの健康の残りを、官僚主義的無関心と耳ふさぎと戦うために置くべきだとでも言うのだろうか？

　忘れっぽい人々に、思い出させたいものだ。チョルノブィリは過去のことがらの中に退いてしまったのではないことを。それに対する責任からわれわれみんなを解放する者など誰もいなかったことを。あの施設は確実な防火保護を要求しつつ存在し続けている。最初の危機の日々におけるのと同じように、撒き散らされた原子との一騎打ちを、あそこゾーンの真ん中で、わが国の人々は今日も戦っている。完全な権利を持って、その仕事を勇気の当直と呼ぶことが出来る。このことを忘れることは、罪悪である。チョルノブィリには、決して忘却の草を生い茂らせてはならない。あまりにも苦いその草を。

12年後のまなざし　13

ムィハイロ・イシュィチキン
　　在ルハンシク州ウクライナ内務省部局国家火災警備局局長　内務大佐

6月の熱い月

　4月26日、その日になると私の前にふたたび人物写真のアルバムと、メモの記された日誌が置かれる。時間のハードルを越えて、ふたたび容赦なく、あの遠い1986年が近づく。事故そのものや、事故結果処理作業の長い日々のことを、1から体験しなおして、心臓はいっそう早く打ち始める。時には、何のためにすべてを蒸し返すのかと思いもするが、それぞれの隊伍やそれぞれの顔が思い出されるのだ。写真の人々がそうさせるのだ。もういない人々。しかし、記憶の中で彼らは生きている。

　一番の思いは何か？　発電所のことではない。チョルノブィリ市のことでもない。白い病室。点滴。そしてやせこけたマクスィムチュク大佐の顔。落ち着いて、はっきりと、彼は発電所での仕事の状態について語る。火災警備のヴィンヌィツャ部隊がチョルノブィリ原発での当直を終えたのは、まさにあの時だった。5月23日に、3号と4号発電ユニットのケーブルトンネルで起こったきわめて難しい火災を、がんばり通して処理した多くの人が、危険な放射線量を浴びた。

第4部　接収ゾーンで

　ヴォロドゥィムィル・ムィハイロヴィチ（マクスィムチュク）がこの火災を消す指揮を執った。まさに彼の専門的に正確な決断のおかげで、火災は最小の損失で処理された。しかし、彼自身にとっては、そうはいかなかった。赤く燃えた黒鉛が、両脚になおらない痕を残した。持ち前の粘り強さと落ち着きによって、彼は仕事に熱中した。鎖でベッドに縛り付けられた人は、何が彼を交代に行かせたのかについて、まず考えていた。彼が注意を払っていたすべてのこまごましたことが、何という重みを持っていたことかと、私は後になって理解した。特別な条件下のゾーン内での作業は、経験に基礎をおかなければならない。少し早めに知る必要がある状況のときに、じっくり見ていることはできなかった。

　総合部隊の隊員の交代を実行すること、人々を配置すること、第2防火大隊と第2消火大隊（全部で1,500人）の作業を組織すること、これに際しての戦闘準備を低下させないことなどが、必要不可欠だったのだ。同時に、原発や、プルィプヤチ市や、30キロメートルゾーンに入って火災を消すことに関して、また、放射能を帯びた水をポンプで排出したり、機械や建物や地域の除染を実行したり、破壊された原子炉の下の土台のコンクリートに丸1昼夜水をかける作業を組織したりすることに関して、多数の問題を解決しなければならないことになった。

　6月4日、われわれはすでに発電所にいた。Π・デシャトゥヌィコウ将官とともに装甲車に乗って、線量計測状態の地図を作成するための場所を回る。200メートル向こうに壊れた原子炉があり、そのそばに2台の消防車がある。これは「戦闘」にたずさわった最初の警備の自動車だ。身がすくみ、こわばる感じが去らない。一方、将官は落ち着いて、高低のない声で、すべての作業は放射線監視員とともに行わなければならないこと、各消火栓を記した図面の上に放射能レベルと隊員の作業の許容時間を記すこと、測定値を示した地図は各消防車に張り出しておくことなどについて指示を与える。そのとき私は、これが仕事においてどれほど役に立ち、人々を無用の被曝にさらさない可能性を与えるものであるのか、少しも考えなかった。

　実は、線量計測モニターシステムには、たくさんの欠陥があった。交代の30人以上が、境界値の被曝線量を受けており、そのため、放射線が高まるゾーンでの人々の滞在時間を制限し、隊員の交代をいっそう頻繁に実施する必要があった。

　われわれは3号ブロックに乗りつける。機械建屋だ。ここではまだ誰も働いていない。電気ケーブルと網がもぎ取られているが、それらの電源を絶つことは出来ない。1号と2号の発電ユニットの準備の仕事が止まってしまうからだ。そうなると、ショートの可能性と、火災。原子炉を出来るだけ早く事故処理し、人々を高まる被曝線量からまず保護するために、すべての案をよく検討しなければならない。

　今になって私は、将官がなぜ自分でここにやってきたのか、なぜ他の者にさせなかったのかを理解する。ここは最も危険な区域であり、最も責任ある課題だったのだ。

　放射線監視員は、われわれがこの場所を放棄すべきことと、ここにはこれ以上長く滞

在することは出来ないことを主張する。

出発する。頭の中では、火災を起こさせないためにあらゆることをしなければならないという言葉が鳴り響いている。

ところで、1986年5月の終りから6月初めに、速いテンポで、復興作業や組み立てやシステムの最も複雑な修理が進められた。火災の危険のある作業であっても、その作業なしに済ませることは出来ないことになった。とはいえ、原子炉の爆発のあと、防火の自動化システムは働いていなかった。それで、丸1昼夜の火災予防監視を確保することになった。予防のためのグループを、36人まで増やす決定をした。国中から検査員が派遣された。その中にはルハンシク州の20人が含まれている。

30キロメートルゾーンの国家火災監視局主任検査官のM・シヤンキン内務少佐とともに、われわれは最も火災の危険の高いところを見極め、検査員たちが往来する道筋を指定する。

6月6日、チェルカスィ総合部隊が到着する。交代が実施された。ここで新しい困難が実感された。文字通り1つ1つに取り掛からなければならなかった。さらに6月8日の夜に、3号と4号発電ユニットの間で、変電所が燃え出した。志願兵たちしかいない、という言葉だけが聞こえた。私が装甲車に座る余裕はなかった。そこはすでに将校たちでいっぱいだった。そのとき、ふと、わが若者たちを誇りに思う気持ちにとらわれた。高い放射能のゾーンで働くことになったが、誰も怖気づかなかった。補佐役は「鉄人」たちだった。スルィモウ少佐とバラノウシクィー中佐だ。

スタッフは長時間にわたって対応したが、変電所の電源を遮断することは出来なかった。拡声器は、火災ゾーンにおける放射が大きいことについて、いつものように警告をがなり立てていた。

消火に参加しなかったスタッフは、ただちに危険域から去るように勧告された。その間に電源が切り離され、われわれは消火に着手した。

一番大事なときに、水の供給がとぎれた。装甲車が消防ホースを横切ったのだ。数秒後にラインは直って、火災は最短時間で処理された。

原発をはじめて訪れたという緊張は、あまり重要でない部分に後退した。今このとき、この今ということを完全に計算していなければならないのが、消火本部長の日常の仕事である。時間割が作られた。主要事項のほかに、10の問題を直ちに解決する必要があった。その中には、基地と隊員の防火体制の確保に関する政府委員会の次のような課題も含まれていた。原発で働いている2,000人の居住区の安全について。ヤニウシク石油基地（プルィプヤチ市地区）について。ここのタンクの中には、50,000立方メートルのガソリンとディーゼル用軽油と汚染した石油製品が入っているが、移したり運び出したりすることは出来ない。

一方ここで、セメント液のために水を供給していた6台の消防ホースステーションが乱れ始めた。もし仮に急に水が尽きれば、溶液を事故炉に供給していた管は「固まり」、

膨大な仕事が無に帰することだろう。「仮に」ということは、除外しなければならない。クィイウ市の供給部を通じて、速やかに部品が供給され、専門家が到着した。状態は安定した。

　発電所からプルィプヤチ市に連なる、死んだ森、つまり「赤茶色の森」の火災は、特別の心配を呼び起こした。都合の悪い状況が、泥炭湿原の地域で重なった。放射性粒子が煙とともに他の領域に命中し、全般的な粒子性放射能汚染を高めた。泥炭湿原の近くに水のたくわえがないことや、消防車の接近方法が難しいことのために、状況はいっそう困難になった。

　1週間以上続いた火災を思い出す。イリインツィ村、マシェヴォ村、クルィヴァ・ホラ村の地区では、およそ300ヘクタールの面積の地域で、絶えず何かが燃えていた。3つの戦闘部署すべてを拡大しなければならないことになった。1つは私の命令下にあり、他の2つはロマコ中佐とイェザロウ少佐が指揮した。Π・デスャトゥヌィコウは消火一般指揮を実行した。彼はいたるところに出向いた。私は2度将官に筒先を運んだが、彼は他の地域に行っていた。それでも、泥炭の燃焼は処理しきれなかった。

作戦の状況報告から：

　6月6日から25日に防火班の支隊によって処理されたもの：

　　泥炭火災……27件
　　森林火災……11件
　　施設火災……4件
　　ゾーンの避難住宅関係……9件
　　原発での火災、小火……6件

　ドゥニプロペトゥロウシク総合部隊の交代が着いたときは、暑い夏の日だった。私はB・ルィシュク大佐に新しい指揮本部の仕事を与え、最後にモミノキのハトを見た。それらは壊れた発電所の風景に、驚くほど溶け込んでいた。

　そして、私は日誌の最後のページまでめくってみて、アルバムを閉じる。1年後の4月26日に、ふたたび開くために、閉じる。

12年後のまなざし　14

ヴィクトル・マルンケヴィチ　　　　内務大佐

良心のよびかけに従った派遣

　長い仕事の年月の間に消防士たちの中には、特別な連帯感や同情や、さまざまな地域にいる自分たちの仲間と心の痛みを分かち合う感情が形成される。そして、チョルノブィリの不幸が起こったときには、自分がクィイウの消防士たちの近くにいたなら、自

分の肩を彼らに差し出すことが出来たなら、と心からそう思った。そして実際、5月2日に、ウクライナ内務省火災警備局に到着すべきこと、出張は長引くことを考慮すべきこと、という指令が来た。

空港は土砂降りのせいで、5月3日、ドゥニプロペトゥロウシクから飛行機を出さなかった。それで、列車に乗り、5月4日にやっと、デシャトゥヌィコウ将官の疲れきった目の前に立つことになった。

「われわれはやむを得ずあなたや他の州の同志に、クィイウ州の火災警備局機関での仕事のために来てもらっている。あなたは局長の責務遂行者に任命され、あなたの補佐には、ドネツィク州火災警備局国家火災監視局局長のヴァシリィ・アルテモヴィチ・イウチェンコが任命された。」プィルィプ・ムィコラィオヴィチ（デシャトゥヌィコウ）はこのように言った。

与えられた課題の中では、予防的な作業の確保に特別な注意が払われた。たとえば、衛生状態の悪化や、乾燥して暑い天気や、避難地点と建設工事従事者たちの配置場所（マカロウだけで20,000人が配置されていた）での火災状態を管理する必要性や、たくさんの住宅を建設したり、デルジポスタチの積み替え基地を配置したりするときの、火災安全のための監督について考慮することである。

カレンダーではまだ5月のはじめだったにもかかわらず、早生の穀物を収穫して集める場所——まずチョルノブィリ地区とポリシケ地区——における火災警備確保に関する準備措置を実行する問題もまた審議された。ここには、およそ14,500ヘクタールの畑の穀物が集められることになっていた。実は、穀物を集めることに関してだけではなく、穀物畑の放射能上昇と火災の危険を処理することに関しても、考えなければならなかったことを強調する必要がある。領域の汚染検査から、刈入れは高い効率で行うことが特別条件となった。155台のトラクター、145台のコンバイン、290棟の作業小屋、220台のダンプカーが働くことが見込まれた。集めて輸送する部隊は、1,270人もの多数に達した。そして、これらすべてが、すぐかっとなる赤い雄鶏のような人を畑に放すことにならないように、国家火災監視局の手で「ふるいにかける」必要があった。

もちろんそれらの日々に、火災警備の兵力に仕事をさせることになった場合は、1時間ごとに修正が行なわれた。30キロメートルゾーンにおける予防的作業を組織するすべての責任はクィイウ州内務省部局火災警備局にあった、ということを言うのはもうやめよう。もう充分に言った。即時の決定を要求するたくさんの問題が、われわれ他の州から派遣された者に毎日かぶさってきた。これはまず、新しい機械と放射線計測計器からはじまって、個人の紙袋やライ麦クワスに至るまで、火災警備の兵力と機材をゾーンに確保することである。（その時点で、166の単位の専門および補助の消防機械と736人の隊員が働いていた。）冬期の労働条件に適した建物の建造についても、心配しなければならなかった。冬期にずれ込むことは、すでに明らかだったからだ。職員の問題をいくつも解決して、火災警備の作業者で病院に収容されたものの状態を注意して見守り、退

院したものに応接し、彼らに仕事を準備しなければならなかった。表彰状の準備や、まだその他いろいろなこと、家族の分散移住の面倒なども見なければならなかった。この問題を解決したおかげで、われわれ他の都市の人間には、クィイウのお役所の高い扉がどうすれば開くのかが分かることになった。

　思いもかけず、ついに事故後18日目に、事故についての情報の『ソ連邦民警』が「生まれ」た。その他の印刷メディアはチョルノブィリについて、もう少し早く騒ぎ始めていた。ジャーナリストたちはただわれわれの運営を攻撃するだけで、彼らとの仕事は、少なからず努力を要した。

　……5月9日をすぎて、モスクワから重要な報道が届き始めた。宿命的な夜に偉業を成し遂げた人々の生命が、つぎつぎに終わっていった。理性も心も、黒い知らせを知りたがらなかった。これを耐え忍ぶための強さと勇気を、自らの中に探さなければならなかった。それから、葬式のあとで、親戚の人や親しい人々に会って、彼らの話をじっくり聞き、慰めの言葉を探さなければならなかった……。あたかもまぢかに、ヴォロドゥィムィル・トゥィシュラの妻ヴァーリャの声を耳にしているようだ。彼女は私の書斎で、夫の最後の日について語った。「ヴォローヂャは苦しんで死にました。すっかり黒ずんで寝ていました。彼が時々プルィプヤチに帰ることを夢想し、私を安心させようとしていたことを思い出します。そうして意識がなくなりました。夢の中で彼は両親を思い出していました……。」妻は心情を吐露しようとしたが、涙が彼女をいっそう強く絞め殺した。

　……内務省火災警備局副局長のスタニスラウ・フルィパスは、6月20日に、ドゥニプロペトゥロウシク州の内務省部局指揮者の依頼で、私をいつもの勤務場所に派遣する決定をしたということを私に知らせた。しかし、その日、もう1つの忘れられない出来事が起こった。核実験反対運動に参加しているイギリスの団体の会長K・マクヘンリと、同じく英紙「デーリー・スター」と「デーリー・ピープル」紙の記者が、勇敢なウクライナの消防士たちに敬意を表するためにクィイウにやってきた。クィイウ市ソビエト執行委員会で会ったときに、彼らは私に2つの土産物と挨拶状を渡した。その中で、イギリスの消防士たちは、チョルノブィリの英雄たちの勇気と偉業に頭をたれていた。

　こうしてにぎやかな雰囲気の中で、私のクィイウ州への出張は終わった。他の人々が交代にやってきた。心の中で私は、すべてのきつい日々に彼らが成功するよう心から祈った。容易な日々が予見されることはなかったのだ。

12年後のまなざし 15

ヴァスィリ・イウチェンコ
　　在ドネツィク州ウクライナ内務省国家火災警備局第1副局長　内務大佐

哀悼の刈り入れ

　5月1日、電話の音が1つ、不安げに鳴った。ウクライナ内務省火災警備局国家火災監視局局長のО・スコベリェウは、私に短い挨拶をしてから、あなたはクィイウに出発する予定になったと言った。すでに翌日には、私はウクライナ内務省火災警備局にいた。そこで私はデスャトゥヌィコウ将官から、チョルノブィリ原発で生じている状況について説明を受けた。プィルィプ・ムィコラィオヴィチ（デスャトゥヌィコウ）は私の前に、クィイウ州火災警備局国家火災監視局の先頭に立つという課題を置いた。事故後の初めの日々に、州機関労働者の90％が病院に収容されたということは知っていた。

　まず、プルィプヤチ、チョルノブィリ、ポリシケ地区から移住させられた住民が住む住宅や、施設の監督を確保するための同僚を探す必要が生じた。立ち退いた人々の代わりにそのような専門家を探すことは、5月8日に仕事に取りかかった再教育養成所における人の集まりが助けになった。ウクライナの隅々から、火災警備職員のうちでも最優秀の約50人が州に派遣されていた。彼らのうち6人は機関の中での仕事のために選ばれた。またさらに、州内で予防的警備を実行するために弾力的に形成されたグループの仕事に40人が加えられた。これらのグループは、ポリシケ、オブヒウシク、ヴィシホロドゥ、イヴァンキウ、マカリウシクその他の、移住者の住む地区に派遣された。

　州に滞在して数日後、共和国火災警備局指導部は、新しく造られた3つの積み替え地点の安全化措置を講じるよう私に委託した。そのような施設について、標準化された書類はなかった。

　私は、ドゥィチャトゥカ村近くの地点に出かけた。ゾーンへの最初の乗り入れのことが、特に思い出された。（ゾーンの区域を越えてスタリ・ソコル村まで、最短の街道が通じていた。そのそばには、別の積み替え地点があった。）2級道路の交通はまったくなく、死んだように静かだった。荒れ放題の春の空間に、この不幸の大地で仕事をしていた人々の目には、不安と落ち着きのなさがあった。ついでに言えば、ゾーンから出るとき、公用車を彼らのために置いていくようにわれわれは頼まれた……。

　積み替え地点とそれらの土地のことを知ることは、残された居住区に対する政府の火災監視システムを信頼できるものにするために役立った。

　原発そのものの監視は、プルィプヤチ市とチョルノブィリ市同様、ソ連邦内務省火災警備本局とウクライナ共和国内務省火災警備局と火災警備総合部隊の作戦グループが行った。ゾーン域内にある施設の残りと居住区を監視する監査機関は、自らは完全に無

第4部　接収ゾーンで

罪であると認定したわが国の決定（共和国火災警備局の作戦グループと共同）に従って、一時的に作られた。チョルノブィリ消防分隊配置のいつものポストのままの3人を構成員とする監査機関は、ゾーン域内の遠くの居住区の火災警備にあたった。作業の組織を支援するために、私自身何回かこの監査機関を訪ねた。少なくともここで、人々は非常に専門性が高く、真に勤勉であったことを言わなければならない。彼らを指導していたのは、その地方のことをよく知っていて、ゾーン内では目をつぶっていても目標に向かうことの出来る、プルィプヤチ市国家火災監視局の以前の監査官だった。まもなく彼は亡くなった……。

クィイウ州火災警備局局長の職務を遂行しつつ（私は6月にこの職に任命された）、私はゾーン内でも境界を越えたところでも、たくさんの問題を解決しなければならなくなった。率直に言うが、時には人気のない隅っこに連れて行かれ、ほめ言葉ではなく悪態をじっくり聴かなければならないこともあった。時には、われわれの仕事の性質について必ずしも通じているわけではないおえらいさんの前で、自分の活動を「うまく」報告できたこともあった。たとえば、ソ連邦共産党中央委員会地区管理者のウシャコウは、「赤茶色の森」は林業および木材調達経営を守ってきたのであるが、火災警備はどのようにこの地帯を火災から守ろうとしているのか説明するようにと私に要求した。彼の考えでは、火災の予防は国の森林警備の専門家の仕事であり、われわれは単に彼らのプロパガンダを実施し、実際に火災を消すことで彼らを支援しているに過ぎない、というわけだった。

健康な理性ではなく官僚主義の尊大さが第1バイオリンを演奏するような場所では、特にこうしたいまいましい不適当なことを眺める羽目になった。また、チョルノブィリ原発施設と将来の「石棺」の警備のために、ソ連邦内務省の指示に従って、新しい施設消防分隊をぜひとも創設する必要があった。作業はNo.605建設部が実行した。この部局の創設については、官庁間委員会が協定に調印しなければならず、その主任との会見が行われた。しかしながら、官庁間の協定はすでに建設部局と原発所長と内務省部局指導部主任によって署名されており、この支隊の定員を認証するモスクワに発送しなければならず、その後にやっと補充の開始ができるということが明らかになった。このような引き伸ばしのために、建設工事従事者たちは自分の仕事をやり終えたのに、消防分隊はまだ創設されていなかった。

チョルノブィリゾーンで穀物を収穫して集めようという計画があったために、とんでもない問題が生じた。刈り入れキャンペーンの防火確保に関連して、火災警備局指導部は何回か州の執行委員会に呼び出された。このためにゾーンに乗り入れることになり、チョルノブィリの刈り入れのための農業機械が準備された。われわれはその火災安全について手配しなければならなかった。しかし、幸いなことに、このときは、健全な理性が勝った。放射能の刈り入れは、とうとう実行されないことに決まった。わが国の人々は、それでなくてもすでに多すぎる不幸と哀悼を刈り取ったということに気づいた。

仮にこのチョルノブィリの不幸に、何らかの明るい面があるとするなら、それは、とりもなおさず、核という敵に恐れることなく向かっていった人々がいる、ということである。豊かな、非常に豊かな人々のことを、私はチョルノブィリと彼らに出会うという、感謝に満ちた運命のおかげで知った。力強いチョルノブィリ部隊を形成したわが同郷のドネツィクの人々を、一人ひとり思い出したい。私は自分のドネツィクの仲間の能力と、私をチョルノブィリに結びつけた115日に及ぶ日々のことをよく知っている。私はそこで、責任ある作業部門への派遣について提案を出していた。ドネツィク州火災警備局将校のB・ロマコ、I・ヴォロニン、I・クレストゥヌィコウ、B・ホロブツォウ、B・ルホウシクィーが、30キロメートルゾーンだけではなしに、防火警備の確保に巨大な貢献をした。しかし、自分の守るべき職務だというだけではなくチョルノブィリへの派遣のことを考え、名誉を得たその勇敢な高潔の士全部の名を挙げることは出来るだろうか？　私は思い出す。1986年5月、マリウポリの軍火災警備部隊の運転手たちが、われわれに話しかけてきた。ゾーンでの作業呼び出しを受けたリサコウ、フォドラシュ、タラソウ、クルフロウ、ヤクボヴィチだった。何日かたって、彼らはすでに装甲車や、放射線計測用自動車や、消防ポンプステーションを運転し、原子炉の下から水をポンプで排出していた。

　ドネツィクの人からは、5月だけで全部で20人の運転手が、技術部隊での消防技術に対応して働くために派遣された。彼らの長は、上級中尉のスタニスラウ・ボハトゥィレンコだった。ちなみに彼は、5月23日に、ケーブルトンネルの消火に参加した。その夜ボハトゥィレンコは、マクスィムチュク大佐から3度偵察を頼まれたが、3回目に早くも、もうしなくてよいとの断りをもらった。2回の「往復」によって、あらゆる規準を超過する線量を受けてしまったからだった。

　ドネツィク州の軍事委員予備隊から特別に任命された265人もの多くの火災警備兵たちも、巨大な役割をはたした。彼らは1986年7月15日から9月2日まで、ゾーン内で、異常にきつい課題を遂行した。

　私は時々、あの恐ろしい惨事の後、クィイウ州で過ごした115日の昼と夜を、じっくり眺めてみる。何年もたった。しかしそれらは、記憶の中で消えない。あの伝説的な、あの壮大な日々は、逆に、時の流れの中でいっそう大きな叫び声をあげる。それらは遠ざかるにつれ、いっそう偉大に思われる。

12年後のまなざし　16

イヴァン・クリサ
　　ウクライナ内務省国家火災警備本局予防官局副局長　内務大佐

第4部　接収ゾーンで

線量計は線量を救わない

　私が接収ゾーンへ最初に派遣されることになったのは、1986年5月16日から25日だった。その期間は、いつも異常な事件のときはそうであるように、充分にややこしくかつ充実したものになった。私は、総合部隊の放射線計測班を指導することを任された。班は、まっ先に、現実に放射能の危険がある条件の中に出動し、設置の間実質的に滞在した。私もこの仕事に関して、理論的な知識だけは持っていたので、民間防衛の教育にかり出されたのだ。

　私の指揮下に置かれていたのは、クィイウ教育センターの初級および中級の火災警備部長見習いの、10人の聴講者だった。主としてこれは、この時ちょうど再訓練を終えた、国家火災監視局系の技術教官の人たちだった。

　課題は単純ではないことを私は知っていたが、ゾーン内にいるだけで、その難しさの全容がわかった。責任のうちでも、事故処理作業者たちの安全が私の良心の上にあるということが最大のものだった。一言で言えば、隊員が規準を超える線量、すなわち20レム／人以上の線量を被曝しないために、われわれの班こそが監視しなければならなかった。

　特別危険な区域で働くグループすべての中に、放射線計測モニタリングの仕事をする人々がいた。原子炉の下から水をポンプでくみ上げること、発電所の部屋と域内の除染、汚染した機械の運び出し、「石棺」のコンクリート打ちのための給水などの作業が、まず目標になる。そのとき、作業者各自のための特別な線量計はなく、モニタリングは、ДП–5Aの支援だけで実施されたということを言わなければならない。被曝放射線量は、作業遂行の具体的な場所と時間を考慮して、分析的方法によって計算された。そのような方法には、もちろん、自ずと欠陥があった。

　ゾーン滞在の4～5日後、放射線計測の仕事をしていたすべての人が、実質的に交代することになった。悲しい理由だ。放射線監視員自身が、すでに許容線量を受けていたのだ。

　後に部隊の指導部を通して、原子力発電所の労働者から提供された個人用線量計ДПГ–03と軍用線量計 IД–11を得ることが出来た。計算の作業は容易になったが、問題は小さくならなかった。

　20レムを被曝した火災警備の作業者たちは、彼らの支隊が配置されている場所に送られた。うまく立ち回ろうとした人々がいたことを隠す理由はない。出来るだけ早く悲しみから走り去るために、彼らは自分の計器を、最も汚染された場所に放り出してきた。記録された線量が信じられないほど大きくなる可能性があるということは予見されなかったとはいえ、計器上の数値はその通り読み取らざるを得ない。われわれはこれらのデータを、特に、危険な場所での課題を実行した消防士のデータを、毎日チェックした。そして、たとえば2人の作業者の計器が交代のための被曝線量値である約100レムに

「固定されている」のを1回は見た。仕事の全面調査を実施することになり、われわれはかなり一般的におこなわれていたずるを暴露した。

この報告の公平さを期すために、このような事実は単発的なものだったことを強調すべきである。消防士の圧倒的多数は、自発的にゾーンに行ったのだから。

この間、ソ連邦内務省火災警備本局の代表者はB・マクスィムチュクだった。かれは放射線計測モニタリングの仕事に、非常にたくさんの注意を払った。かれは、公務上の部屋と、部隊が配置された消防部域内を非汚染に保つことに関して、非常にきつい要求をすえた。しかし、この要求を満たすことは、まったく不可能というほかなかった。というのは、仮に部屋の中で相対的なきれいさを達成しても、分隊の域内では、まったくそうではないのだから。防火用水の近くの区域など、どれほどひどい状況だったことか。放射線が常に発していて、汚染のレベルは500ミリレントゲン／時より下がることがなかった。

5月23日、ケーブルトンネル内での火災が、われわれに大きな打撃を与えた。そのときに、火災警備の多数の作業者が、著しい放射線量を浴びた。いくつかの場所では、放射能バックグラウンド値が、200レントゲン／時を越えていたのだ。ДП–5A線量計の針は振り切れた。この火災を消す間、ほとんどすべてのグループに、放射線監視員がおかれた。そして彼ら自身もまた、並外れた放射線の打撃を受けた。特に高い線量を受けたのは、リヴィウのE・マルトゥィニュク–ロトツィクィー、オレクサンドリヤのB・ボスィー、カムヤネツィーポディリシクのE・ドゥロホルブ、イーリチウシクのД・テルズィ、ドゥニプロペトゥロウシクのB・サモィレンコ、チェルニウツィのB・クシュニリュク……らであった。彼らが犯したリスクの程度は、彼らの労働の誠実さによっていることがわかる。友よ、あなた方に深い礼をしたい。

何という悲しい運命の皮肉だろう。放射線監視員が放射線を浴びた。だがわれわれのところには、放射線のない街道はない。

12年後のまなざし 17

ドゥムイトゥロ・シチュイペツィ
　　在チェルカスィ州ウクライナ内務省部局国家火災警備局副局長　内務大佐

自分で見たことを話そう

私にとってチョルノブィリは、防火班指導補佐のI・キムスタチ内務少将によってゾーンに派遣された1986年5月6日に始まった。彼はそのときソ連邦内務省火災警備本局の副局長を務めていた。

チョルノブィリへの途中、居住区を通過しながら、私は人々がパニックになっている

のは見なかった。天気はすばらしく良く、街路では子供たちが遊び、野菜畑では持ち主が働いていた。われわれがゾーンに着いたとき、人々を乗せたバスの大きな縦列が向こうからわれわれのほうに前進してきた。私はそのとき、何か無関心というような、ガラスの目をした彼らの顔を記憶した。

すでにチョルノブィリの町は空っぽで、見てぞっとした。消防分隊についた後、警報に従ってЛ−1服を着た当直の警備が出て行くのを見た。パイロットたちは機械建屋の上に煙を見たが、やがてそれは蒸気だったことがつきとめられ、警報は無駄だったことがわかった。直ちに会議が招集され、そこで、われわれはその時点での状況とともに、火災警備の課題は何か、発電所と市内において一般に何を行うのかを知らされた。私は隊員の日常生活を整える義務を与えられた。

私が着いた市ソビエト執行委員会では、ベッド用の白布や食器その他の受け取りを支援するために、どこかの宿舎の管理責任者へあてたメモを私に渡した。われわれのためにすべての必要不可欠なものを選び出させるためである。住所にしたがって到着したとき、われわれは宿舎の入り口近くに車を見た。人が2人いて、荷物やテープレコーダーやラジオ受信機を中に積み込んでいた。私は、管理人にはどこで会えるかと尋ねたが、彼らは答えずになにやら不安そうにして、急いで車に飛び乗り発進した。少しの時間が経って、私にはそれが戦場泥棒だということがわかった。宿舎には誰もおらず、避難者が残していった物品を運び出しては利益を上げている者たちだったのだ。あれらの悪党どもに追いつくなり、せめて車のナンバーを覚えるなりしていたならと、私は今でも残念に思っている。

チョルノブィリに滞在していた最初の日々の印象は、定まらない感じであり、混乱の感じである。はじめ、生活の条件は悪かった。缶詰を食べさせられた。のどが非常に渇いて苦しかった（運ばれてきたびん入りの水だけを飲んだが、それは足りなかった）。着替えの衣服は、特に靴が足りなかった。しかし、最もやりきれなかったのは、誰もわれわれに何をしてよいか、何はいけないかなど、どのように振舞うべきかを説明しなかったことだ。

われわれは、川岸の、とあるツーリスト基地に住まわせられた。とんでもない場所だった。近くには村があった。われわれはそこで、犬やにわとりや猫がえさを探してうろついているのを見た。われわれの建物の向かいに、誰かの宅地が荒れ果てていた。小屋の敷居のところで、ぐったりして腹をへらしていてもどこにもいけ

ない大きな犬を見るのは哀れだった。そして、動物の屠殺が始まった。犬は鳴きやまず、その敷居のところで殺された。

　翌日、I・キムスタチ将官が私を呼んで、部隊長に任命した。その部隊の課題は、原子炉の下の空間に送るコンクリート溶液を準備するための給水を確保することだった。仮に原子炉に断裂が起こる場合に備えて、このように土台が準備されたのだ。責任は大きかった。給水が妨げられるようなことがあれば、すべてのコンクリート溶液がパイプラインの中で濃くなって、システム全体をはじめから組み立てなおさなければならなくなるからだ。それで、われわれは、予備の機械と、分岐と、幹線と、作業者のラインによって、それぞれの部署の作業を二重に並行して行った。リヴィウ州、クィイウ州、イヴァノ−フランキウシク州、クィイウ市から部隊に入ってきた消防士と運転手の高い専門性と困難な労働に対して、私は部隊長として非常に感謝している。誰も泣き言を言わず、仕事から逃げようとしなかった。皆、仲良く仕事をし、汚染された場所での作業の間、慎重さを忘れないようにと、誰か彼かを引き止めては間違いを指摘してやっていた。

　まる1昼夜働いて、順番に2～3時間眠った。すでに多くを忘れてしまったが、永久に覚えているものも何かかにかある。

　それにもかかわらず隊員たちは同情されず、誰からも指令を与えられず、教えられなかったことを特に思いだす。全員にとって、これは新しいことであり未知のことだったのだ。

　たとえば、発電所へ出発する前に、われわれは医者から何かの錠剤をもらい、まるで被曝予防のためででもあるかのように、その場で飲むように強いられた。チョルノブィリ原発に到着したとき、気分の悪い人がたくさんいた。私は大至急発電所内で医者を探した。医者は、われわれが与えられた錠剤が何かを確かめると、これは何の役にもたたないと言った。

　あるとき、車で発電所に入っていくとき、私は、どの道を行くのが安全のためによいかを尋ね、ルートを教えてもらった。しかし後でわかったのだが、われわれが行った道は最も汚染されていたのだ。それまで、われわれには同行する原発の代表者は居らず、われわれはさまよいながら入り込んでいった。原子炉そのものへも、こんな具合にでかけていった。われわれが見たものは不吉だった。破壊された建物。くすぶっている破片。

　何とか本部のある生活管理棟に到着した後、われわれが誰とともに働くべきなのかを知るために、私は2時間以上を費やした。事情に通じることは困難だった。命令はつぎつぎに来はしたが、互いに正反対だったりした。皆同じような身なりをしていたのだから、知らない人同士が言い争うことになった。

　軍の装甲車はわれわれを大いに苦しめた。ある運転手たちは、幹線と労働者用ラインをまっすぐに通過し、卑劣に振舞った。それらの路線は重圧の下に踏みつけられどおしで、すぐに壊された。私の消防士たちはそのような横暴に対して非常に怒ったから、けんかに行き着かないように、少なからぬ努力を払わなければならなくなった。われわれ

の平日はこのようだった。

　仮病を使ったり、具合が悪いと哀れっぽく愚痴をこぼしたりする臆病者もいて、彼らをゾーンから搬出したことを隠そうとは思わない。卑劣漢もいた。彼らは自分の被曝線量を記録させるために、私の若者たちに、この余計な線量計を発電所に持っていくように頼んだ。あそこでは、アルコールの有害性については語られなかったが、ホリルカはこのような場合に、疲労とストレスを取る助けになった。戦勝記念日は大胆に祝った。飲んで、つまみを食べて、発電所へ。そして夜、ツーリスト基地に戻っていたとき、私は突然道端に吹雪のような吹きだまりを見て注意を払った。アスファルトは雨のために黒っぽかった。いっそう注意深く見て、すぐに、それが道端にまとめられた動物の死体であり、何かの白い化学薬品がかけられたものであることがわかった。アスファルトは血のために黒っぽかった。このとき私は、チョルノブィリの恐ろしい出来事のすべてを実感した。

12年後のまなざし　18

ヴァスィリ・ハラフザ
　　在ポルタヴァ州ウクライナ内務省国家火災警備局局長　内務大佐

8月の試練

　チョルノブィリ到着の直後に、われわれの部隊の基地に戦時体制消防分隊-1が作られ、2つの警備隊がそれに入った。第1の部隊が直接発電所を警備し、2台のタンクローリーが、常時、原発機械建屋に滞在した。絶え間ない緊張の日夜に人々を縛りつけたこの作業の責任について、強調すべきだろうか？　この職務は3交代に組織され、それらをO・テレホン、C・ルィトゥヴィネンコ、C・テレシチェンコが指導していたことだけを述べておこう。仕事は全体として、われわれ事故処理消防士たちすべてが知っているように、高度に専門的な予防からレンガの荷下ろしまで、極めて広い範囲で行われた。しかし、愚痴はなかった。チョルノブィリの不幸は、そのときは現在と違って、特別つらく思われた。人々の道徳的忍耐は、うらやましいといってもよい。われわれの間には、特別な思いやりと相互理解の空気が支配していた。В・キベノクの父、В・トゥィシュラの未亡人、В・プラヴィクの母、Л・テリャトゥヌィコウの妻たちと面会することが、消防士たちをどれほど感動させたか、私は思い出す。
　勇敢な行為と、知られているように、火から決して身をよけることのなかったわれわれの同僚の例を挙げたい。
　1986年8月17日から18日にかけての夜、ウクライナ科学アカデミーによって設置されていた原子炉特性の技術的管理ケーブルが燃え出した。警報を受けると、当直部隊の隊

員は数分のうちに事故現場に到着した。放射線被曝の危険にもかかわらず、真っ先に火に向かっていったのは、内務大尉（当時）のヴァレントゥィン・ビロウスとオレクサンドゥル・テレホンだった。彼らの大胆さと決断力は部隊の隊員の行動に自信を加え、火は短時間のうちに処理された。大きな物質的価値が焼失を免れた。

少し前の8月9日に、作戦グループ構成員のペトゥロ・シチェルブィナ内務上級中尉は、30キロメートルゾーンの防火状態をヘリコプターで監視していた。マシェヴォ村地区で彼は、穀物地帯の濃い黒煙に気づいた。近くはほとんど針葉樹林だった。畑に行ってみて、泥炭湿原が燃え、そのそばにはコムギが実っていることがわかった。突風のために火はいっそう大きくなり、火花がすでにコムギ畑に飛んでいた。

П・シチェルブィナは緊急に来るようにと当直部隊に招集をかけ、彼らの到着までに、作戦グループの兵力によって消火部隊を組織した。火は文字通り素手で消されることになった。木の枝や上着で打って、主力が到着するまでに、何とか火災は処理された。

8月21日、もう1つの試練。4時10分に、チョルノブィリ市の河川港で燃え上がったという火災報知が来た。あそこは、川まで、少なからぬ人が住んでいた。私は消火指揮の任を負っており、偵察を実施した。私の考えでは、唯一正しい決定は、まず人々を探し出し煙の充満から避難させることだった。夜間のため、状況はいっそう難しくなった。加えて、毒々しい煙とざわめきによって、気ぜわしさは宿舎の住民の間にパニックを広げ、状態をさらに大きく深刻化させる可能性があった。しかし、消防士の綿密に計算された活動によって、人々の避難が確実に組織された。それには20分で足りた。さらに10分後に、火災は処理された。

これは、ポルタヴァの消防士たちの運命に落ちた緊張のチョルノブィリの平日の、単にいくつかのエピソードに過ぎない。たしかに、人々の記憶の中だけではなく、人々の運命にも深い傷跡を残した、重い、疲労困憊の試練が落ちたのだ。

12年後のまなざし　19

オレクサンドゥル・スィドロウ
　　在オデサ州ウクライナ内務省部局国家火災警備局局長　内務大佐

普通の若者たちが英雄になった

オデサ管区の火災警備員たちがチョルノブィリ災難との戦いに現れたのは、われわれオデサの州総合部隊に編成されるよりかなり前だったといえる。事故のとき、国家火災監視局検査官のВ・コイェウ、В・シュィロウ、Г・ナコネチヌィー、В・ムィコリュク、А・ボルデスクル、Д・テルズィ、І・マルトゥィニュクは、まだクィイウ州火災

警備局教育センターでの会議にいたが、もちろんチョルノブィリからはなれたままではいなかった。彼らは惨事の結果処理に直接参加した。

　早くも1986年10月3日に、われわれの総合部隊の戦闘当直の順番が来た。そこには186人が入った。部隊は、オデサ、イズマイル、ビルホロドゥ・ドゥニストゥロウシク、イルリチウシクの戦時体制火災警備支隊の志願兵と、州の内務省部局全地区部の国家火災監視局の検査技師たちだったことを述べておかなければならない。

　総合部隊には2つの戦時体制消防分隊と予防グループと本部が入った。第1日から戦闘準備が始まり、土地の特殊性と放射線状況を考慮して、原発と建築局−605施設と稼動中の企業の消防戦術研究が行われた。部の指導者C・ペトゥロウ、M・スクィダン、消火当直を指導していたM・カンドゥィバなど分隊長たちが作業を組織した。短い期間に、この職務の作業者のB・マクスィムユク、A・ビルィー、O・シャルホロドゥシクィー、B・プロホロウ、B・アタナソウ、B・ボルデスクルは、防ガス・防煙班の上級職長Д・モトチュクとA・マカロウとともに、ガス・煙防護職務を戦闘隊員に入れた。37件の一時的な計画案と消火カルテを立案し、ソ連邦国防省のグループ、国内軍務局の作戦グループ、森林経済省などとの相互活動の説明書をまとめあげた。

　一般の仕事には、С・タラバンチュクを先頭にした予防要員のグループが重要な貢献をした。Г・フルシカ、Ю・アントゥィポウ、В・ホルディイェウシクィーの指揮下の運転当直は、発電所における状況を速やかに理解し、1号と2号発電ユニットの運転開始のときに、目的のはっきりした予防的作業を確保した。

　　30キロメートルゾーンでの滞在期間中に、警備当直は事故結果処理作業にかかわる課題の実行、消火、修理作業や運転作業の支援などをしに、定常的にでかけた。チョルノブィリ原発の建設基地地区の倉庫の部屋をどのように消したかが思い出される。火は開いたロフトを通って広がり、高温のために金属の構造物は変形した。火災の強まりを助長するたくさんの事情によって、状況はいっそう複雑になった。倉庫の設計のまずさ、大量の可燃性物質の存在（塗料、ラッカー、溶剤、酸素ボンベ、プロパン−ブタンのボンベ）、そしてもちろん、120〜300ミリレントゲン／時という高い放射能レベル。しかし、われわれの消防士たちは、勇気だけでなく、輝かしい専門性と申し分のない教育を発揮した。火災の偵察の途中、彼らはわずかな時間に充分な給水を確保し、適時に炎を局所化し、そのおかげでガスボンベの爆発回避に成功した。

　われわれは今なお、ヘリコプターの事故のことを少ししか知らない。それは、事故炉の機械建屋から3メートル離れたところに落下した。まさにオデサの消防士たちによって、「石棺」の上や機械建屋の屋根の上に飛び散った機体の残骸が集められることになった。この作業の間、人々がどれほどの危険にさらされたかを説明する必要があろうか？

　私は本部グループとともにルハンシクの人の当直に行って、われわれのオデサ部隊の隊員に会うことになった。人々がゾーンに到着したあと、どのように入れ替えられているかをじかに見て、驚くばかりだった。外といい、内といい。彼らは緊張し、真剣で、

何か、あたかも経験者のようだった。これは、核という敵と戦わなければならないという深い確信と、ここゾーン内においてまさに自分が必要とされていることの自覚から来ていたにちがいない。命令の遂行に対するこのような周到な準備を、今までどこにも見たことがない。1986年秋にそこにいた人となら、偵察だけではなくどこにでも行くことが出来る。チョルノブィリの炉床は、普通の人を英雄に作り変えた。

他の人より早く私はオデサに戻り、そこで部隊の活動の確保に専念した。11月10日、わたしは州の内務省部局長とともに、オデサ－クィイウ道の17キロメートルのところにいるわれわれの若者に会いに行った。希望する人はすべて、つまり「チョルノブィリの」家族や子供たちがバスでここにつれてこられた。死の危険に結びついた恐ろしい体験のあと、人々は親しい人々の抱擁の中に帰ってきた。涙を抑えられる人は少なかった……。それは、真の人間として恥ずかしくない人々に対する涙であった。

12年後のまなざし　20

ヴォロドゥィムィル・ペトゥレンコ
ウクライナ内務省国家火災警備本部ベテラン会会長　内務中佐

ゾーンには二義的な仕事はなかった

私はそのときウクライナ内務省国家火災監視局上級技官で少佐の称号だった。チョルノブィリの重い日々のはじめは、すでに局における最初の暗い会議に結びついている。そこでは防火班本部における24時間当直についての命令が鳴り渡っていた。

しかし、最も困難な時間は、その先にあった。5月10日から16日に、1つまた1つ、モスクワから恐ろしい知らせが入ってきた。われわれの勇敢な同志のトゥィシュラ、プラヴィク、キベノク、ヴァシチュク、イフナテンコ、トゥィテノクが亡くなった……。

痛みは消えなかった。われわれは滅亡の家族をいかに支援するか考えた。知られているように、5月14日、チョルノブィリ惨事被災者への援助基金No.704の計算が開始された。次の朝、私はこの基金に250カルボヴァネツィを送金し、Π・デシャトゥヌィコウ将官に報告した。彼は内務省に知らせた。発意は承認を得た。

11月20日まで、非常に気遣わしいとはいえ、私の平常の防火班本部における仕事が続き、その後、チョルノブィリの試練の当直が来た。私は、オデサ管区総合部隊に属するソ連邦内務省火災警備局上級軍代表のウヤチェスラウ・シパク内務少佐に代わった。

中等農業専門学校の寮の部屋に住むことになった。寝泊りした部屋にはソファと鉄製のベッドがあった。ウヤチェスラウ・ムィハイロヴィチ（シパク）は私に仕事を引き継いでから言う。「ソファで休むのが良いですよ。そのほうが軟らかいからよく眠れます。」 私は言う。「それはどうも。」 彼が行ってから私はソファの放射性核種をチェッ

第4部　接収ゾーンで

クすることにした。それはとても汚れていることがわかった。庭に出して、消防ホースで洗ってみたが、そのあとでも放射能で「鳴り響いた」ほどだった。

しかし、鉄製ベッドのマットレスの上は「鳴らなかった」。私の部隊での職務はこんなふうに始まった。

ある日フリン大佐が電話で、われわれが専門消防分隊-17域に建てたガレージボックス用の構造物を、ドゥニプロペトゥロウシク防火班総合部隊のために、ドゥニプロ川の荷船によって運搬すると知らせてきた。私はそれらの積み込みに立会い、それを部隊まで管理することを任された。自動車会社に行った。そこではわれわれにパネル運搬車を約束した。河川港を点検した。真夜中に、荷物が到着したという知らせが入った。消防士のグループとともに受け取りに出かけたが、ここで猛吹雪のために、問題が増大し始めた。荷船はたしかに着いたが、荷おろしに使われる場所の岸に近づくことが出来ないことがわかった。他の場所に、小さな水路がある。夜の3時ころ、オデサのクレーン操作係が支援に来て、荷船を岸に向けるのを手伝った。構造物の荷おろしをして車を近づけたが、車の荷台は短く、パネルはずり落ちて輸送は危険だ。それらを時速5キロメートルで輸送することに決めた。運転手は承諾し、2時間後にわれわれは場所についた。

ゾーンでは何らかの二義的な仕事などなかった、ということをすべての人に思い出させるために、私はそのようなつまらないと思われるようなことについて言うのだ。おのおのの課題は、並外れた努力と神経を要求した。

「石棺」建設の最終段階が来た。消防士たちは、どのような物質がその覆いのために最も適しているのかを、決定しなければならなかった。科学者たちはさまざまな物質を試し、私もメンバーに入っていた委員会は、最終的な案に賛成した。特別な袋に物質を詰め、その後それらを混合して液状にした。しばらく経つと袋は膨れて独特の帯状の、長くて重い物になった。実験で、この覆いは燃えないことが示された。それで、これを「石棺」の最終作業に使用することが許可された。

「掩蔽構造物」が採択された1986年10月30日のことを思い出した。15時03分に、企業合同体「全ソ住宅用エネルギー」の物品倉庫の火災についての知らせがはいった。これは4号発電ユニットから600メートルのところにある。そのとき、1号と2号発電ユニットの運転開始の作業が実施されていた。それまでは、若者たちには旅に出る前の落ち着かない「トランク気分」があり、オデサ州の総合部隊では、みんなが派遣のおわりまであと1日の残りだと考えていた。

しかし、各人は自分の責務を知っていた。A・サヴィツィクィー、M・カンドゥィバらの内務中佐と私は、すぐに火災の現場に着いた。火災は格納庫型の倉庫の中だった。そこには容器に入った燃えやすい物質（塗料、ラッカー、溶剤）やさまざまなケーブル製品などが保管されていた。困難の原因は、水道網に水が出てこないことだった。火災現場に到着した軍のゾーン担当指導者が支援した。プルィプヤチ川からポンプでくみ上げて給水するために、軍の消防車が据えられた。われわれの支隊が、水をタンクロー

リーに受けた。おのおのに消防士たちが3人ずつ配置され、15分後に入れ替えられた。残りの者はその間、放射線量計測モニターの拠点となっていた閉じた部屋の中で過ごした。格納庫は表面が700℃になって、炎が上がり始めた。これらの倉庫の条件下で、消防士たちは、可燃物の容器を非難させ、同時に火を消した。およそ3～4時間後に火災は処理された。ぬれて、疲れきっていたが、やり遂げたことに満足して、われわれは基地に帰った。消火にはおよそ100人が参加した。全面調査によって、火災は、コースの放射能レベルをチェックしていた発電所の放射線量計測モニタリンググループから、不注意に放り出されたマッチの燃えさしのためであることが証明された。倉庫の中で、アルコールの大型ガラス瓶が見つかった。なぜか、こういうことがよくあった。

　10月4日、オデサ部隊が自分の仕事に戻ったとき、ゾーンの指導部も変更になった。モスクワに行ってきたソ連邦内務省火災警備本局局長のA・ミケイェウ内務少将が部隊の会合で、消防士たちのグループの誠実な仕事に感謝して、政府委員会の賞状を手渡した。私も入っていた。

　それから12年が過ぎた。多くの人が亡くなり、多くの人が障害者になった。エルサレムへの神の入場寺院のそばのムィル大通りには、チョルノブィリの英雄を記念した塚が高くそびえている。1996年4月26日、その序幕のとき、レオニドゥ・テリャトゥヌィコウ少将は3度鐘を撞いた。

　さらに1年後、私はこの寺院に、亡くなった事故処理作業参加者の記録のために、昔の教会帳簿を贈った。将来の幸福なわがウクライナ民族のために、自らの生命を惜しまなかった消防士たちから、生き残った者への記念として。

　その帳簿の中には、聖なる名がある。

12年後のまなざし　21

ボフダン・クルィシタリシクィー
在リヴィウ州ウクライナ内務省部局国家火災警備局局長　内務大佐

もう1つの火災の夜

　オデサの人の戦闘当直と交代したのは、リヴィウの防火班総合部隊だった。1986年11月9日から12月13日まで働いた。われわれは戦闘員と指揮官あわせて全部で174人だった。

部隊の隊員は、消防署とチョルノブィリ市の宿舎に配置された。原発での任務に就いた。プルィプヤチとチョルノブィリの施設の防火監視を行った。

　発電所とゾーンの対策上の特殊性を緊急に習得する、という問題が差し迫って生じた。このために、消火の当直職務の作業者たちは、毎日、道路や居住区、発電所と「赤茶色の森」といわれているゾーンの区域などの図面を作った。

　当直と予防班は、発電所の1号ブロックの機械建屋内で、8時間ごとに任務についた。

　作業条件の安全性と隊員の放射線量計測モニタリングに対して、特別の注意が払われた。この任務は、B・ペトゥロウシクィー内務上級中尉が指導した。そのおかげで、われわれにはひどい人体被曝の事例はなく、ゾーン滞在の全期間を通して、部隊全体は多くもなく少なくもなく平均して中程度の線量被曝だった。

　部隊形成において第2に重要だったのは、主要施設つまり発電所についての知識を含めた、戦術的準備の問題だった。われわれは、ケーブルトンネルおよびその他の重要な部署の消火を想定した若干の教育を行った。これらすべては、発電所のサービススタッフとともになされた。仕事へのこのような接近方法は、われわれの部隊が、11月14日に原発の4号ブロックからおよそ400メートルの距離にある発電所建設部局の物品倉庫の火災を成功裏に消した際に大いに役立った。

　リヴィウ総合部隊の消防支隊が到着する（00時57分）までに、火は1,200平方メートルの面積の建物部分を包んだ。防火壁が燃えていたので、これで仕切られている隣の倉庫に火が拡大する現実的な恐れが生じた。15メートル先には、別の倉庫様の部屋もあった。そこには、可燃性の物質とラッカーペイント物質が保存されていた。

　建物の覆いの上の高レベル放射能汚染のために、消火はいっそう困難になった。火災は除染されていない区域で発生したのだ。汚染レベルは、300ミリレントゲン／時から4レントゲン／時であった。

　呼び出し場所に最初に到着したのは、副消火指揮のI・バラノウ内務大尉、消火指揮上級補佐のA・ホリャイェウ内務上級中尉、M・ツィハンシクィー内務大尉、そしてA・ヴォロヌィツィクィー中尉の当直隊員だった。副消火指揮の指図により、第1の筒先が可燃物の樽の近くにある倉庫の防護のために導入された。直ちに水槽を使った水の引き込みと、1,500メートルの距離にあるプルィプヤチ川からホース車への幹線ラインの敷設が組織された。短時間で、消火用に4つの筒先「А」と6つの筒先「Б」が、また近くの倉庫の防護用に3つの筒先「Б」が導入された。筒先係の仕事についていた隊員は、場所の放射能汚染のため、1時間ごとに交代した。

　3時03分に火災を局所化し、7時30分に処理しおえた。

　消火において、副消火指揮のI・バラノウ、消火指揮上級補佐のA・ホリャイェウ、部隊政治部副部長のM・ツィハンシクィー、B・メレンツォウ内務中尉、部局指揮のM・プィリィペンコ内務曹長、Ю・ジムィンカ内務上級軍曹、Є・マトゥス内務伍長、B・ホルボウシクィー内務伍長が特に際立っていた。

部隊の隊員は、任務のない時間には、家事的な仕事に参加した。

　短期間に消防用機械のための駐車ガレージが建設された。土台を厳寒の到来までに急いで造らなければならなかったので、昼も夜も働いた。自動車9台のためのガレージは、10日で実質建設された。

　私は人々とともに働くのが愉快だった。みな、本物の責任感に満たされていたからだ。まさに、あそこゾーンにおいて、第1級の破局的な夜のわが国を救った消防士の行為と役割を、私は認識した。彼らの偉業の後、われわれはどんなに働いても、半分にしかならない。

12年後のまなざし　22

ヴォロドゥイムィル・パリュフ
　　ウクライナ内務省ハルキウ火災安全研究所長　内務大佐

心の中の長い時間

　火災警備の運命の上に落ちた巨大な仕事を受け入れつつ、戦時のソ連邦内務省戦時体制火災警備大隊の動員についての決定がなされた。この課題は、ハルキウ州にも及んだ。私はそこで、そのような大隊の編成に携わることになった。6月4日から7日まで、作業はサヴィンツェ居住区で行われた。そこへは、徴兵司令部によって動員された割り当て人員が派遣された。

　6月7日、内務大臣の署名に従った電報がとどき、私はウクライナ内務省火災警備局を指図するよう命令された。次の日、私はすでにクィイウにいた。6月9日16時に、そこで、ハルキウ大隊の縦列に会った。指揮をとっていたのはA・トゥカチョウ内務中佐で、彼はハルキウ市火災警備局局長だった。面会の後、私は直ちに、大隊編成に携わるためにイヴァンキウへ出発した。大隊はその日に組織され、21時に野営地に着いた。もしその地のすべてが、人間の目を楽しませてひきつける自然そのものであるなら、すばらしいといってもいい川辺の場所に配置されたが、小川、木々、草は、放射能の危険を隠してはいなかった。

第4部　接収ゾーンで

　6月10日～11日、私はチョルノブィリに居た。そこで、I・キムスタチ少将と面会し、彼にハルキウ大隊の到着について報告した。これらの日々の間、チョルノブィリ原発において消防士たちが働いていた諸条件を調査した。監視歩哨職務の組織や、火災予防作業の特殊性を研究し、また、その時戦時体制火災警備支隊に課されていたその他の作業の特質をよく観察した。

　大隊の力が最も必要とされた仕事は、今までに誰も知らない仕事だった。その準備をするために、大隊の隊員とともによく働いた。軍の名称であるにもかかわらず、編成は実質的に、突然極端な状況と特殊な心理的空気の中におかれることになった市民だった。このことは、考慮する必要があった。

　6月12日から26日の期間、私はウクライナ内務省火災警備局で働くことになった。そのときに限り、指導陣への放射能の打撃は小さくなった。私は本部を指揮し、事故処理作業で働いていた戦時体制火災警備のすべての隊員の活動を調和させた。消防用機械と専門的な装備の支隊を確保すること、一言で言えば資材と機械の基地強化に、多大な時間が消費された。ウクライナの他の州の予備総合部隊もまた準備された。

　この期間に私は、より深く状況を研究し、戦時体制火災警備職務の準備作業に協力する措置を講じるために、再三イヴァンキウ、チョルノブィリ、さらに原発そのものに行った。5月23日に発電所で火災が発生したとき、私は直ちに、C・フルィパス大佐とともに、B・マクスィムチュク中佐と連絡を取ったり活動を調整したりしつつ、総合部隊の作業を組織し、予備隊の準備に携わった。

　部の管理職病院から帰ったあと、私は前述のハルキウの勤務地に派遣された。しかし、Π・デスャトゥヌィコウ少将の命令に従って、早くも5月28日に、私はポルタヴァの総合部隊編成を支援しに出かけた。チョルノブィリにすでに長くいた人々すべてが、よい方向に向かうことを期待しつつ、ゾーンにおける事件の経過を緊張して見守った。

　年月とともに、あの事件への注目が薄れ、たいていは、それについて日付を思い出すが、それぞれの記念日はすべて、あの不吉な爆発からますます遠くなる。結局は、時間そのものが距離を広げ、痛みを消してくれる。しかし、あそこに行ってきた人々や、チョルノブィリのコップから苦いものを飲んだ人々にとっては、この痛みは永久に心のなかの長い時間として残る。

❖ 文学作品より

オレクサンドゥル・プロコフイェウ
われわれではないなら、誰が?
　　　チョルノビリの消防士たちへ

学術のドグマは一瞬にしてぬりつぶされた。
コンクリートと金属を空に投げつけながら、
しっかりと手なずけられていた原子が、
無礼にも４月の夜に現れたらしい。

つぶれたものは不吉な口を大きく開けて、
死と地獄の火の息をした。
あたかも血の幕が切って落とされたようだ。
平和の夜と処刑された昼の間に。

警備隊長は恐ろしい事実を隠さなかった。
めずらしく黙ったまま、ふと立ち止まった。
それから、隊列にもどったあとで言った。
「諸君にはすべてわかっている……。われわれではないなら、誰が?」

そしてたたかいはたぎり始めた。やっと壁の上に抜け出した。
重い手足をひきずった。
水と泡をかきわけて、自分の運命を運んだ。
無我夢中のつぶやき。「前へ、生きている者は……。」

心は黒い疑惑の中で疲れ果てた。
ふたたびやってきた５月……どこにこのたたかいのおわりがあるのか?
「いとしいひとよ！　星はぼくの痛みをきみに投げつける。
きみはそれらを通り抜けて、ぼくに精神の高揚を与えて欲しい。」

火――それは軽率な過ちへの報復。猛威をふるう。
死の流れがからだを透過する。
「兄貴、何レントゲン当たった?」
「聞くな……それは勘定しないことにしている……。」

第4部　接収ゾーンで

　ゆっくりした夜明けが、煙を吹き消した。
　恐ろしい境界線に、火も死んだ。
　われわれは聖なる沈黙の中で、英雄たちに礼をしよう。
　そして、彼らのことを永久に記憶しつづけよう。

　チョルノビィリゾーンにあるこの詩は、当時ウクライナ内務省火災警備局の同僚で内務大尉だった作者オレクサンドゥル・プロコフイェウと同じくらい働き者だった。すでに5月のはじめにO・プロコフイェウは責任ある課題の実行に出発し、不服従の原子の呼吸をぴったり感じた。最も重かったのは何か？
　「最も重かったのは、原子炉の下の水だ。この言葉の起源はチョルノブィリではないが、それを『重い』というのも不当ではない。あそこ、ゾーンの中でだけ、消防士たちはその超自然的な重圧を知った。そして、にもかかわらず、われわれはそれを『持ち上げた』。『われわれではないなら、誰が？』というものだったのだから。」と現在は大佐のオレクサンドゥル・プロコフイェウは言う。
　若い大尉のこの自由奔放な言い回しは、書き物机から出たのではなく、原子炉そのものの下から出ている。消防士仲間のゆるぎない友情への、こみ上げる信念と共に出ている。すべての命への、彼の理想のために現れた友情である。

第5部
「掩蔽構造物」とその周辺

おおかた鎮火された火山は何を隠しているのか？

　人間の目にはわかりにくい原子炉の第4胃の中には、結局何が残ったのか？　あそこからの噴出物の計算に、多くの専門家が取り組んだが、共通の考えは今でも存在していない。原子炉からの熱の流れは、事故後の初めの2日間で1,300メートルに達し、その後は、順次、600メートル、400メートル、200メートルであった。風が吹き荒れ、核の火山の噴火口は、砂や金属によって爆撃されていたが、そのような条件下で、誰が噴出の強度を記録することが出来ようか？　放射性核種は、広大な領域に沈下した。それらを、たとえ近似的にせよ「勘定する」ためには、何千ものサンプルを選ぶことが不可欠だった。

　理数科学博士のオレクサンドゥル・ボロヴィーは、比較的楽観的な結論にもかかわらず、次のように白状している。「……1986年の終りまでに、全部でおよそ200の完全な放射化学的分析（居住区の汚染域においてはいくらか多めに）を行うことが出来た。線量野に従った噴出の最初の評価は、原子エネルギー研究所が5月15日の夜に行い、朝に結果を得た。壊れたブロックから、最初の装荷の3〜4%の燃料が出ていた。7月なかばまでに、国家水質・環境管理委員会、中型機械省、国防省などの研究所で実施された独立の計算と結果を比較することが出来た。それらに従えば、燃料の噴出は、2%から6%になった。ある研究所は、15〜20%というずっと大きな値を出した。」

　この3〜4%、すなわち6トン、という結果こそ、アカデミー会員のヴァレリィ・レハソウがウィーンにおいて1986年9月に自分の報告の中で述べたものである。185トンが残ったということになる。

　すでに述べたように、フルィホリィ・メドゥヴェディエウは、次のように自分の計算を出している。すなわち、およそ50トンの核燃料は、二酸化ウランの分散微粒子や、放射性ヨ

ウ素、セリウム、プルトニウム、ネプツニウム、ストロンチウム、その他の形をとって気化した。およそ70トンの燃料は、爆発物の瓦礫の山や、4号ブロックと空気分離機棚の覆いの上や、発電所近辺に噴出した。さらに700トンは、放射性黒鉛である。燃料の一部は、プラント、変電所の変圧器、母線、原発の換気管、3号発電ユニットの屋根などに命中した。噴出した燃料の放射活性は、20,000レントゲン／時に達した。原子炉の中には、およそ50トン残った。

　О・ボロヴィーは自分の意見にこだわって次のように言う。「原子炉立坑そのものから燃料のかなりの部分が実際に噴出したが、それは粉塵に変わったり、液状化した砂とともに他の部屋、たとえば、中央建屋や、段状に建造された壁や原子炉近くの部屋に流れ込んだりした。」

　どのみち、原子炉に残った燃料の割合を決定することは、事故のときまでに燃料に蓄積された放射性核種の計算量と、汚染された土地での放射活性の測定結果とをもとに比較することで可能なはずだった。しかし、何万キロメートルもの領域で正確な探求を実施することは、非常に骨の折れる課題だった。それでも、同位体の放射能痕跡の性質が仮に一定であれば、個々の放射性核種の量の評価は、その土地のガンマ放射の被曝線量率を単純に測定して行なうことが出来る。

　そのようなやり方と、土地の被曝線量率の図を基礎にして、次のような結論がなされた。すなわち、放射性希ガス（クリプトン、キセノンその他）は、原子炉から実質的にすべて噴出した。かなりの量のヨウ素とセシウムが、チョルノブィリ原発の境界を越えて命中した。それぞれ、燃料の13±7％と3±1.5％である。

　そして、壊れた原子炉とその近辺には、核燃料のおよそ96％が残った。この数値は、現在までも確固としている。

「石棺」——暫定的埋設

　チョルノブィリ原発4号発電ユニットの原子炉は、事故の結果ほぼ完全に破壊された。中央建屋と補助的な部屋の壁と天井は、破壊され、崩れ、あるいはぐちゃぐちゃに混ざった。生物学的防護物の上部の2,000トンのプレートは、蒸気・水補給管や鉄筋コンクリートの構造物の破片とともに、ほとんど垂直にぶら下がり、いたるところに瓦礫の山が出来ていた。建造物の破片が機械建屋の覆いをぶち抜き、大梁を壊した。

溶けた燃料や建築資材は高い放射活性のなだれとなり、下の通路と原子炉室に流れ込んだ。原子炉建屋の中央には、高温に熱せられた、強い放射線を出している炉心部の残りがあった。空気の流れがエアロゾルを押し流し、新たな領域を汚染した。破壊された発電ユニットは、生命になじみのない危険な放射能とエアロゾル汚染の強力な発生源であった。

　隣の領域を放射線の透過から守り、壊れた原子炉からの放射性核種が出撃するのを予防するために建造物を建設する問題が、事故後の初期に生じた。そのような建造物の設計に求められる基本は、放射線防護の規格に合わせることと、自発的な連鎖崩壊反応をはじめ、何らかの望ましくないプロセスを予防する目的で、破壊された放射活性ゾーンの状態をコントロールするシステムを作ることである。

　掩蔽物の最適案の選定は、コンクール方式で行われた。何週間かの後に、18の設計案がまとめ上げられた。その中には、砂利とコンクリートの小山を作る案、金属球を原子炉立坑に投げ入れて埋める案、歩測で230メートルのアーチ型の覆いを作る案、原子炉建屋の上に歩測で100メートルまでのドームを作る案、機械建屋の上に、歩測で60メートルまで、片持ち梁の覆いを建設する案などがあった。

　しかしながら、これらの設計図を実行するには、長い期間（1.5〜2年）と、かなりの資金と、建設資材用の膨大な費用が必要だった。草案のうちのいくつかは、現在の技術レベルでは達成しがたかった。

　政府委員会は、破壊された発電ユニットを閉じ込めるという最後の案のように、発電ユニットを段状におおう、空間容積の大きい「掩蔽構造物」の案に賛成した。その大きさと形状は、4号発電ユニットの気密性のために定められた建築要素の構造的特殊性によって決め

られた。他の案と比べて、この案は資材費が少ないこと、労働の出費とかかる建設期限が小さいことが予想された。決定された計画にあわせて、こわれた原子炉の周囲に沿った外の防護壁アーチとさまざまな部位に隔壁や天井を構築し、発電ユニットの原子炉脇からの被曝を防ぐために下の部屋を気密化することになった。この計画の立案と実行は、世界の経験の中で類似のものがないという独特な技術的課題になった。承認され、後に実行された案の基本的な考えは、原子炉建屋の中に追加の支柱を設置することなく、発電ユニットに残っている建築構造物を、新設の丈夫な覆い構造要素の下の支柱として使用することにあった。

これに関連して、きわめてややこしい一連の技術的問題が生じた。壊れないで残っている建築構造物の損傷の程度を決定すること、無人の遠隔操作組み立てが出来ること、しかも、かなり傾いている建物構造の充分な強度と信頼性を保証するような追加の建設を立案することなどが必要であった。そのような作業を、極端にきびしい放射能状況と、建設ゾーンにおける最大限の機械化と最小限の人員という条件の中で行わなければならなかった。

事前に、「非汚染」ゾーンにおいて、大きな構造物を遠隔操作によって合体する方法や、コンクリートポンプ機械の遠隔操作試験を済ませた。建設作業および組み立て作業プロセスの遠隔操作および無線操作システムが立案され、わかりにくい場所をクレーンによって視覚的に調べることができるような、特別なキャビンが作られた。作業実行の間、国の内外のユニークな車や機械が使用された。

放射線量率の全般的なレベルを下げるために、事故を起こした発電ユニットを囲んでいる放射性の土壌、建造物、域内のプラントの破片などを集めて埋め、そのあと、この全域を砂利、およそ50センチの厚さの砂、そしてコンクリートの層でおおった。そのようなコンクリート打ちには、10万立方メートル以上のコンクリートが必要だった。

4号発電ユニットの周囲に沿って、建設・組み立て作業を安全に行う目的で、まず、6～8メートルの高さの「パイオニア的」な鉄筋コンクリートの壁が建てられた。主な瓦礫の山を北側から防護する壁は、テラス状すなわちおよそ12メートルの高さの棚状に、鉄筋コンクリートで作られた。棚は順次、破壊された構造物に近づいていくようになっていた。外から見ると、これらの棚は、長さおよそ54メートル、重さ100トン以上の金属のパネルで強化されていた。発電ユニットの西側面は、厚さ1メートル、高さ45メートルの逆控え防護壁によって閉じられた。この壁の丈夫な金属製の骨組みは、6×45メートル、92トンのブロックで形成された。

3号発電ユニットも、換気システムと屋根をぶち抜いた穴を通ってはいった放射性物質によって汚染されていた。それを、事故を起こした発電ユニットから完全に切り離す必要があった。そのために、3号と4号発電ユニットが共有するすべての連絡補給路が撤去され、その間に、屋根レベルまでの高さのある隔壁が作られた。作業のとき、建物の一部は、支柱や、生物防護壁や、気密化要素として利用された。

極端に難しい課題は、中央建屋と空気分離機の棚の上に覆いを建設することだった。新しくつくられる丈夫な構造物のために、信頼できる支柱を探す必要があった。その上、支柱間

の距離は、建設用クレーンを用いて組み立てを行うことが出来る、ぎりぎりの寸法でなければならなかった。残った構造物の綿密な調査の後、次のものが支柱として用いられた。

　西側から：金属の締め具と内部空間へのコンクリートの充満によって強化された1枚岩状の壁。

　北側から：段状の壁。

　東側から：2つの1枚岩状の換気用立坑。

　南側から：2つの特別に立てられた支柱にはさまれた長さ70メートル、高さ6メートル、幅2.4メートル、重さ147トンの金属製の梁。土台をなしていたのは、上に述べたコンクリートで固められた建物の破片の瓦礫の山だった。

　中央建屋の天井のために、2つの金属製の桁のある、橋の形をした、支えとなる面が作られた。桁は、残されて強化された原子炉建屋の壁の構造物の上に、ぎりぎりに作られた。桁の平行性を保つために（間隔は36メートル）、それらは重さ165トンの1個の広いブロックの形に組み立てられた。中央建屋に沿って通っている桁には、おのおの直径1,220ミリ、長さ36メートルの、27本の金属管が準備された。これらの管の上に、切妻形の屋根のある、6つの中空の金属ブロックが組み立てられた。

　中央建屋に北側と南側から隣り合う屋根は、大きなクリヤランスの金属パネルで製造された。破壊された機械建屋部分の上は、歩測で51メートルの中空の大梁のブロックの覆いが据えつけられた。その上には金属パネルが置かれた。金属構造物の腐食を防ぐために、特別なエナメルによって着色された。建物の沈下とひずみを示すことができる測地学的標識と水準点が適切に置かれた。

　「掩蔽構造物」の計画においては、放射能を帯びたエアロゾルが無秩序に出るのを予防し、空気に適度の湿気を保たせ、エアロゾルのフィルター上で吸い出す空気を浄化して、それを高い管から放出するために、残留発熱量の計算にしたがって作られた、除熱のための上下の空気通路を備えた換気システムを作ることになった。このシステムを認定したあと、「待機」体制に移され、発電ユニットは全体として自然換気の体制に入った。

　発電ユニットの物理状態の当面の監視は、発電ユニット内部と瓦礫の山の上とその上の空気の温度、空気中の酸素含有量、埋設地の内部の空気の薄さ、ガンマ線放射線量値の測定などによって確保された。

残った燃料の中で連鎖反応が自然に発生する可能性を除くために、特に注意が払われた。この目的で、中性子放射発生の信号を受けたときに、メタホウ酸カリウム溶液（強力な中性子吸収剤）を原子炉立坑の空間に供給する、特別な核安全施設が建設された。

一時停止の4号発電ユニットのすべての部屋は使用されず、そこへの人の入場が禁じられた。隔壁へのすべての通路は閉鎖され、警報機材が設備された。

「掩蔽構造物」すなわち「石棺」を、政府委員会は1986年12月に受理した。「密封されたチョルノブィリ原発4号発電ユニットの技術的対応についての工学的規定」に従って、その安全に直接責任をとる運営組織機能が、チョルノブィリ原発内に置かれた。

現在の「掩蔽構造物」は、核燃料と放射性物質を局所化する仮のシステムである。将来は、そこから核燃料と放射能を帯びた物質を完全に除去し、それらを現行の国際規準と国際法規に適合するように埋設するための、生態学的安全システムへと変更しなければならない。

1992年2月27日、ウクライナ政府は、「掩蔽構造物」を生態学的に安全なシステムに作り変える設計と技術的解決についての、国際コンクールを実施する決定を承認した。そのようなコンクールの目的は、チョルノブィリ原発の破壊された発電ユニットの生態学的安全性の問題の最適な解決策を、現代の科学技術的可能性を使いこなす国内外の専門家や、組織、そして企業の参加とともに作ることだった。

コンクールにむけて、「掩蔽構造物」を安全に、最善の方法で変更することが出来るような、技術的計画に取り組むことになった。コンクールの結果は、さまざまな設計によって提案されるよりよい計画と技術的決定とを一致させて、問題を複合的に解決するものでなければならなかった。

これらの計画には、次のことが要求された。

——作り変えられる「掩蔽構造物」の耐久性は、100年を下回らないこと。計画自体は、5年以内に実現可能であること。

——「掩蔽構造物」の作り変えのすべての段階とその後の運用に際しては、核と放射能と生態学および技術全般の安全性を監視し保持すること。

——「掩蔽構造物」の中にある、燃料としての能力の大きい放射性物質を取り出して、加工し、輸送し、埋設すること。あるいは、施設を耐久性のある生態学的に安全なシステムに変更した後に、この方法の実現可能性をはかること。

――計画された作業が、現行のチョルノブィリ原発発電ユニットの操業およびそれらの稼動にともなう作業と相容れること。

コンクールには、ウクライナ、ロシア、ビロルーシ、フランス、イギリス、ドイツ、イタリアその他の国から、394の応募があった。コンクールの2段階審査の結果、国際的な審査団は、19の提案を認可した。それらの中から、公開の市民審議の後に、6案が勝利者決定のために選ばれた。

しかし、コンクールの提案を全面的に分析してみると、それらのどれも、主要な問題である、事故を起こした発電ユニットの生態学的安全性について、最適の解を出していないということが明らかになった。そこで審査委員団は、国際コンクールの組織委員会に、これらの提案を総括して、「掩蔽構造物」の生態学的安全性の問題を複合的に解決するために必要な技術を準備するように委託した。同時に審査委員団は、1993年9月に、「掩蔽構造物」施設の作り変えを技術的・経済的に基礎付けて実行するために、国際的な提案を求める広告をするよう、ウクライナ内閣に依頼した。

あそこで線量計はがなりたてた

防火班をも含めて、事故処理作業者たちが働くことになる環境について、より広い知識を得るために、もう一度チョルノブィリ原発の放射能汚染ゾーンの性質へ注意を深化させる必要があった。海外の文献でも、放射能検査の特殊性や、事故を起こしたエネルギー施設における除染作業について情報が欠如している、という問題が大いに指摘されている。このような作業が行われるのは始めてで、その結果には、並外れた学術的関心が集まっている。

1986～87年の、1、2、3号発電ユニットの検査のときに、3つのタイプの放射能汚染があることがわかった。

1. 空気循環や、汚染物質を機械的に運び出した場合などに移動して滞留している放射性エアロゾルと塵。相対的にそれ自身の密封性を保っていても、他の部屋と換気システムによって繋がっていた部屋は、このタイプの汚染だった。
2. 原子炉の燃焼産物と、熱いガスや塵からなる噴出物。事故のときに破壊された部屋や、近隣の部屋や、熱くて放射能レベルの高い煙まじりの空気の流れ道に通じる廊下は、このタイプの汚染だった。
3. 強制多重循環回路の冷却材から、あるいは消火や雨による、高レベル放射能の水の流れ。部屋に流れて水溜りを作っている水が、微粉化した核燃料や黒鉛と接触し、強力な放射性汚染源になった。連絡通路、はしご段、下位の標識点の部屋、軒などは、このタイプの汚染だった。

空気分離機棚の「床張り」の放射能は、主として塵の粒子や、空気の自然循環による運び去りや、また他のもっと汚染された部屋の人の靴による汚染物質の移動に関係する。これらの部屋の中での最大被曝線量は、50ミリレントゲン／時に達した。空気分離機棚の通路内と、

段状のスペース上と、機械建屋に隣り合う部屋の中では、100ミリレントゲン／時以上に達した。これは、外部の放射線源に起因していた。

　ボーリング用作業台を据えるために決められた部屋と、その他いくつかの部屋の中で、最大被曝放射線量値は、1レントゲン／時を超えたが、爆発のときに大量の放射性物質がここに入り込んだこと、冷却材が流れ込んだこと、雨が流れ込んだこと、瓦礫の上にある外部放射線源などが原因である。

　その後、「掩蔽構造物」の中には、さらに2つの新しいタイプの汚染が生じた。第1は、石棺建造のときに形成された放射性のコンクリートの堆積が原因である。コンクリートの堆積物からの被曝放射線量は、100ミリレントゲン／時から10レントゲン／時になった。第2のタイプは、原子炉の下の部屋と原子炉立坑の隣の部屋における、溶岩のような燃料のかたまりが原因だった。放射の被曝線量率は、100レントゲン／時から1,000レントゲン／時になった。

　停止されていた3号発電ユニットについては、汚染中心が局所化されたので、運転開始準備ができるようになった。しかし、もちろん、全面的な除染の後でのことである。1号と2号発電ユニットの建物と部屋の内部および外部表面の処理は、除染液によって、手と水流式掃除機を含む特別な装置を用いて行われた。1986年8月10日の状況で言えば、原発管理棟の部屋862,000平方メートル、産業用敷地のその他の建物表面500,000平方メートル以上が除染され、25,000立方メートルの汚染土が運び出された。同じく面積にして187,000平方メートルの区域が鉄筋コンクリートのパネルで覆われた。

　その後、1号と2号発電ユニットの室内のしかるべき放射線状態は、面積でおよそ16,000平方メートルを再三除染することによって達成された。10月と11月に、それらは早くも順次運転再開された。

　そこで、政府委員会は、秋に、3号発電ユニットの運転再開の決定を採択した。そこでも同様に、主として水流による除染方式を用いて、類似の作業が始められた。しかし、まもなく、チョルノブィリ原発の第1系列とは違って、3号発電ユニットにおいては、これらの方法は期待するような効果がないことが明らかになった。その上いくつかの場合には、その適用が放射線状況の悪化さえ起こした。

　3号発電ユニットの再開について、新しい代わりの解決策を探求しなければならなくなった。そのためには、発電ユニットの部屋と設備の、表面汚染の固定状態の性質、レベル、程度などの正確で詳細なデータが必要

だった。これらの汚染は、4号発電ユニットの爆発と、発電ユニット全体の屋根に高い放射能をおびた物質（炉心の破片、分散した燃料構成物、黒鉛その他）が命中したことと、さらに、強制多重循環回路の断裂や消火のときに、何千トンかの放射能をおびた水が3号発電ユニットの下の部屋を水浸しにしたこと、などの結果生じたものであった。

事故のときも爆発後のある期間も、その発電ユニットの換気装置は、放射性のエアロゾルによって通気管と部屋の内面を汚染しつつ動いていた。加えて、爆発の結果、窓と扉はぶち抜かれ、壁と屋根には穴が開き、それによって部屋の中に放射性の汚れがはいってきた。

チョルノブィリ原発放射線安全センターのデータに従えば、中にプラントや連絡補給路の配置されている1,100以上の部屋の除染を実施することが必要不可欠だった。放射線被曝線量のレベルは、60%の部屋で許容レベルを10倍〜100倍超えており、およそ30%の部屋は、強力な線源である部屋や設備の内部、3号発電ユニットの屋根上の放射線野などの中にあった。それで、汚染レベルを確実に10分の1から100分の1に小さくするような効率と機械的除染方法の効果が求められた。

全ソ科学研究計画所の専門家たちは、関心を持つ企業とともに、液体、泡、蒸気と空気のエマルジョン、研磨用のペースト、粉砕流処理などを用いた除染のさまざまな方法の効果の探求のために大いに働いた。いくつかの場合には、除染用のポリマー製の覆いを巻き上げて、コンクリートと鉛の保護層を積み重ねることになった。

浄化の対象になったのは、建造物と設備と連絡補給路の表面だった。10,000立方メートル（120,000平方メートル）の容積の汚染したコンクリートや帯状コンクリート、汚染した漆喰（300,000平方メートル）を除去し、床の上張り（10,000平方メートル）をとりかえる必要があった。天井、壁のコンクリートまたは漆喰（着色有・無）、金属の床または帯状コンクリートでおおった床、さらに、技術プラントの表面が除染の対象になった。

巨大な努力にもかかわらず、3号発電ユニットのいくつかの部屋は、放射線状態が正常にならなかったことを言わなければならない。とはいえ、全部で1,000の主要な部屋と、およそ600の補助的な部屋が除染され、3,000平方メートル以上の覆いが浄化された。

実行した作業の経験から、原発の設計について、特に、火災の危険のあるアスファルト―ルーフィングの覆いを、耐火性に変える必要があることが納得できた。

修理・回復作業複合体を実施すると同時に、РБМК原子炉の核の安全性を高める一連の方法が実際に示された。すなわち、緊急防護の棒を落下させるときに正の反応性の走り出しを除くこと、蒸気の反応係数を小さくすること、高速の緊急防護を導入すること、技術的な執務規定の要求を強化することなどである。1987年12月に、チョルノブィリ原発の3号発電ユニットは、ふたたび順調になった。

プルィプヤチ川は今もドゥニプロ川に流れ込んでいる

チョルノブィリ原発域内に突然生じた大量の放射性核種が、開放系の水路網に入り込むの

を防止することが、事故直後の緊急問題になった。

5月4日、政府委員会は、差し迫った諸問題の中に、プルィプヤチ川の保護の問題をも取り上げた。直ちに、発電所域内の岸を堤で囲む作業を組織することが決められた。同時に、以下に示すその他の保護対策すべてが立案され開始された。

——ドゥニプロ川、プルィプヤチ川およびそれらの支流の川床を、数キロメートルの堤で囲むこと。

——プルィプヤチ市域の雨水を集め、それらをその後処理する目的で、原発の産業用敷地にある特別な水槽に移すシステムを作ること。

——放射能汚染の強い場所にある産業用敷地へ雨水が流入しないように、仕切りを作ること。

——放射性のエアロゾルや物質を吸着する特別な媒体によって、高レベル汚染の地域と建造物をおおうこと。

——放射性汚泥がクィイウの貯水槽内に移動する速度を小さくするために、プルィプヤチ川による船舶の航行を中断すること。

——放射性汚泥を移すためのトレンチを、水域を横切って、クィイウ貯水槽に建設すること。トレンチの中には、放射性物質を吸着する特別な物質（ゼオライト）を入れておくこと。

——チョルノブィリ原発の冷却池の周りをボーリングして、50メートルの間隔でつぎつぎにポンプを配置すること。ポンプは（放射性核種が出現するたびに）、汚水を閉鎖的な冷却池へと排出するために用いるものである。

原発敷地内の地下の空間は、水を通さない粘土質の岩石の深さまで「地下の壁」に沿って仕切り、このゾーンの中央には、処理の目的で汚水を排出するための穴を掘るよう勧告された。

立案されて水資源保護に導入された方策の多くは、その後有効であると証明された。しかし、プルィプヤチ—ドゥニプロ迂回用運河の建設は、それにかかる莫大な費用と、効果が規模に合わないために目的にかなっていない、と認定された。

発電所の産業用敷地の周りの「地中壁」計画については、時とともに、設計で予定されていた6.4キロメートルの代わりに2.1キロメートルというように、建設が縮小されて部分的なものになった。

しかし、あのように大規模な惨事に対するものとしては、これらの方策は明らかに不十分だった。さらに言うなら、問題は設計上だけでなく、そもそも原発のための建設用地選択の

間違いにあった。チョルノブィリ発電所は、震度5の耐震性を見込まれていたが、爆発は震度7〜8に相当した。土壌の地質構造上の活性自体が、30キロメートルゾーンにある埋設地の放射性核種の地下水脈への移動に加担している。この点でもまた、リュボウ・コヴァレウシカの見方は適切だと思われる。

「チョルノブィリ原発の敷地を選んだとき、発電所の要求にも町の要求にも足りるとして、川の広さに迷わされた。プルィプヤチ川からの供給を受ける冷却池は、企業の生産ラインの一部になった。つまり開放系の運河によって、水はポンプステーションまで導かれ、12の垂直循環ポンプのどれかから、20,000立方メートルの容量の圧力プールへ供給され、そこから水は2つの発電ユニットのタービンの冷却コンデンサーに入ってくる。原子炉部の工業用給水は、同じような型の4つの別々のポンプによって、開放系の運河から行われる。

事故のとき、原子炉は破壊されて放射線を出していたが、無傷であるとの見込みのもとに水で消火された。すべての水槽の大量の水が、残りの発電ユニットを通って流れた。放射能をおびた水がケーブルの中2階に流れ込み、どこからか冷却池に移った。

かつてのウクライナ水経済省（利用部局として知られている）のデータによれば、冷却池の水の全般的な放射能は、1986年5月27日に、$1.7×10^{-6}$キュリー／リットルに達した。一方、核研究所のデータによれば、$4.3×10^{-6}$キュリー／リットルであった。どちらが正しいのか？おそらく、水経済省の方だろう。それはいつも水をながめているのだから……。

スペクトル分析も見てみよう。バリウム–140、ルテニウム–103、セシウム–134、セシウム–137、ジルコニウム–95、ニオブ–95、ヨウ素–131があるが、一言で言えば、すべて、許容基準にまったく合致していない高い濃度だった。

底はもっと恐ろしい。放射性汚泥は、ウクライナ共和国水経済省のデータによれば、$2.7×10^{-4}$キュリー／キログラム、核研究所のデータによれば、$5.3×10^{-4}$キュリー／キログラムだった。

……プルィプヤチの水は、1987年6月に、クィイウ貯水池にセシウムとストロンチウムをもたらした。底の沈殿物には、セリウム、セシウム、ストロンチウム、ルテニウム、ジルコニウム、ニオブが、ザリガニ中と同じように堆積した。（ザリガニの総ガンマ活性は、10^{-6}キュリー／キログラムになった）。底の沈殿物は、それぞれの活性にしたがって、硬い放射活性のくずとそれに近いものに分類された。

プルィプヤチの魚は、$8.7×10^{-8}$キュリー／キログラムのレベルまで、放射性核種によって汚染されている……。

そして、うるわしのプルィプヤチは自分の水をクィイウ貯水池に送る。この池は人工の海で、面積は920平方キロメートル以上、容積は4立方キロメートルの水が入る。災いをひそめた底に放射能はないとどんなに格付けできたとしても、藻類には$3.7×10^{-8}$キュリー／キログラム、底泥沈殿物には$3.5×10^{-7}$キュリー／キログラムの放射能がある。

藻類では地上の植生における同位元素を上回っているが、水のガンマ線放射による汚染は、1〜2、あるいは3次も地上を上回っている。」

チョルノブィリ原発の監督ゾーンにおける放射線状態の照会から、1987年6月26日から10月5日の期間、「地下水中に、一揃いのすべてのアイソトープが観察された。汚染のレベルは、最終的に超過していた。」

　知られているように、ポリーシャの地下水は、深さが15メートルまでのところにあり、流速は1年に752メートルである。しかし、水研究は行われていない。レンズ粘土をともなう若干の取水によって、地表のすぐ下の地下水がどうしても滲みこんでくる。この帯水層が表面に近いということは、それ自身が地下水と同じように、実際の危険を作る。

　ああ、これらの地下水。どれほどの才能ある考えと計画がそれに打ち負かされたことか。そして、今に至るも、打ち負かされていることか。

近接する地域

　最も複雑な放射線状態は、破壊された発電ユニットに直接隣り合った領域に形成されたということがわかっている。そこには、原子炉の核燃料や、黒鉛のパイルや、高い放射能をおびた原子炉材のかけらが撒き散らされている。破壊された発電ユニットの近くのいくつかの場所と、チョルノブィリ原発の敷地において、はじめてガンマ放射の被曝線量率の測定をしたときは、その値は驚異的な大きさで、1,000レントゲン／時に達していた。もっぱらこのことが、4号発電ユニットからはほとんどすべての燃料が飛び出した、という伝説を作り上げることになった。そのような大きさは、燃料の異常に高い比活性に起因しており、実際、撒き散らされた炉心部の一部が、ごく近くで観察された。

　チョルノブィリ原発敷地内のさまざまな場所における放射線状況を研究するために、量産された放射線量計測器を用いて、定期的な被曝線量率の測定が実施された。敷地の汚染濃度に関するより完全なデータは、パイロットの支援によって実施された航空ガンマ撮影の結果によって得られた。このとき、ソ連邦中型機械省と地質学省の専門家たちは、外に出た燃料の量を評価することが出来るように特別に考案された機器を持って、生産部門の領域をさっと通り過ぎた。

　チョルノブィリ原発の敷地と建造物と部屋、そして「掩蔽構造物」壁のドームの除染が進むにつれて、あたりの地域における放射線状態は良くなった。「掩蔽構造物」の建設完了のときまでに、被曝線量率値はおよそ1レントゲン／時にまで減少し、その後も定常的に低下した。

　放射線状態を研究し、特に強いガンマ線野における放射能汚染の探求を実施するために、新しい計器、または古い方法や計器を改良したものが用いられた。それらの中で最も興味深いのは、ガンマ-ヴィゾルと、光学スペクトルの紫外線部分で写真を撮る方法とを用いて、場所の放射能汚染を遠隔的に決定する方法である。この電子光学的システムによって、光学的範囲とガンマ放射線のエネルギー範囲にある対象および場所区域の姿を同時に観察することができ、高い活性のガンマ放射線源の場所を示すことが可能になった。ガンマ-ヴィゾル

の使用によって、原子炉から南西に広がるおよそ15ヘクタールを覆った、全部で0.5メガキュリーの放射性落下分散燃料の境界が決められた。

　30キロメートルゾーンの放射能汚染のため、およそ110,000ヘクタールの森林が被害を受けた。このとき、発電所から西にあって直接その領域に接している、およそ450ヘクタール長さ2キロメートルの森林地帯がとくに被害にあった。マツが主体のこの森は、放射線の大きな打撃を受け、その結果、主な噴出物の通路にあった木々は、事故のあった週に枯れた。その年のうちに枯死した森林地帯（「赤茶色の森」といわれている）は、およそ400ヘクタールに達した。枯死した森は危険になった。たとえば、火災のときに、二次的な放射能汚染源になる可能性があった。その上それは、チョルノブィリ原発地区への主要幹線道路の1つである近接道路の放射線状態を、非常に複雑にした。

　「赤茶色の森」の除染と埋め立てのさまざまな計画が検討された。1987年にその審議が終わるのを待たずに、早めに埋め立て作業が始められた。破壊された区域の周りには、高さ2〜2.5メートル、全長およそ3.5キロメートル、容積にして15,000立方メートルの土塁が築かれた。樹木や潅木や表土を土塁の中に埋め立てるためには、短く切ったり、しおれさせたり、1メートルまで地面を掘ったトレンチに寝かせたりする方法がとられた。全部で4,000立方メートル以上の森が埋め立てられた。

　作業を実施した結果、「赤茶色の森」地域のガンマ放射線被曝線量率は、40分の1から50分の1に減少した。1987年の下半期、作業の終了後には、この地域における被曝線量率の最大値は、180ミリレントゲン／時になった。

　しかし、早くも2〜3年後、トレンチ近くの地下水で、際立った濃度の放射性核種が観測された。これは、トレンチから水路網へ長寿命放射性核種が移動することを警告しているものだ、ということを指摘しなければならない。それに加えて、森の埋め立てのときとはいえ、たくさんの場所で、乾いた腐植土や多年生草本の種子をまいたため、今に至るもこの地域においては、ほこりを入念に抑えることが特別厄介な課題となっている。

　もっと近くの10キロメートルゾーンに落下した放射性物質の最初の研究から、「燃料のかけら」は土壌の表層にひきとめられ、放射性核種によるメッキはわずかであるということがすでに示されていた。後に、すべての分析された土壌タイプ（砂、黒土、泥炭など）について、放射能汚染の95〜99％は、落下物（原子炉燃料つまりセシウム）の放射性核種成分とは関係なしに、実質的に表面から2〜4センチの地層に濃縮されていることが確かめられた。

　放射性物質が実際にどのように移動するかの詳しい研究が、1986年冬から1987年春の洪水直前に行われた。いくつかの組織がそれに参加し、得られた結果を互いに調整した。さまざまな種類の土壌について洪水の模擬試験をして、水と共に運ばれる放射性物質は、実質的に1％より小さいということが示された。

　近接する地域における放射線状態の変化は、主として、3つの要因によって決定される。すなわち、放射性核種の自然崩壊と、放射性物質の移動（雨によって洗われたり運ばれたりする。あるいは洪水の水によって土壌へ拡散する）と、汚染した表面の除染である。

事故後の最初の時期には、短寿命のベータ－ガンマ放射線の寄与が決定的だったが、後に（そして現在も）放射線状態は、主として、長寿命のセシウム－137のガンマ放射線によって決まっている。
　それに、この異常に汚染された地域においてさえ、放射線状態は充分に変わりやすく、予測できないことがしばしばあった。これについては、たとえば、ある2週間の継続的な基本観察の2つの証明書が証言している。
　1987年6月26日から7月5日まで。「空気環境における本質的な変化は生じなかった。空気汚染のレベルは、実質的に安定している。
　5キロメートルゾーンの土壌汚染は高い。いたるところで暫定的限界許容レベルを超えている。
　5キロメートルゾーンにおける植生は、放射性物質によって一様に汚染されていると言える。植生においては、樹木と草とで汚染の相違は見られない……。植生中には、セシウムが何よりも多く蓄積されていた。」……
　7月3日から12日。「この前の期間、空気環境中の放射線状態に多少の変化が見られる。悪化は、西方向と南東方向に生じた。原発から南方向では、空気中の放射性核種の濃度に、いくらかの変化が指摘される。最も深刻な悪化は、特別企業体「コムプレクス」の除染施設と核燃料廃棄物貯蔵庫の、ほぼ2つの列に集中している。空気の容積活性の高まりの原因は、気象条件の変化に関係していると考えられる。すなわち、6月の終わりに南東および東の風が優勢になり、7月のはじめに南西および西の風が勝るからであろう。」

　これらの吹き抜ける放射性の風の中に、人々は立たされた。上空にはいつも風がある。そして人々は、粗悪な「ペリュストゥカ（花びら型簡易ガスマスク）」に守られて、それに立ち向かっていった。

接収ゾーンの境界は広がる

　汚染された領域は、はじめ3つのゾーンに区分けされた。
　接収ゾーン（外との境の放射能レベルは、29ミリレントゲン／時）。面積は982平方キロメートル。チョルノブィリ原発、プルィプヤチ市、15の居住区、4,627の中庭、4の集団農場、9の企業施設、11の教育施設を含む。以前はここに、62,852人が住んでいた。
　避難ゾーン（20～5ミリレントゲン／時）。面積は3,320平方キロメートルで、そこには23の居住区、9,969の中庭、5の集団農場と国営農場、8の企業施設、27の教育施設が配置されている。ここには33,562人が住んでいた。
　きびしい監視下におくゾーン（5～3ミリレントゲン／時）。面積は1,500平方キロメートル。86居住区。46,200人が住み、29,754の中庭、2の集団農場、16の企業施設、44の教育施設がある。この領域では、農業適地と森林の経済流通として木材が運び出されていたが、企業活動、

建設、その他の生活上重要な施設の活動は中止された。

この境界は、充分に変わりうるものだった。そして、後に、さまざまな事情によって、接収ゾーンを広げることが強いられた。そのため、全部で2,712平方キロメートルの森林地帯や遊水池といった経済活動対象地が接収ゾーンに移行した。

ゾーン域内には69の居住区があり、そのうち14には629人のサモセルが住んでいる。

チョルノブィリ原子力発電所のほかに、ここではチョルノブィリ原発と接収ゾーンに対応するために作られた38の科学組織と企業が仕事をしている。それらには、224の施設が従属していた。

このゾーンは、もしその「攻撃的な活性（放射能のこと）」がなかったなら、死んだもの、と名づけてもよいものだった。この活性は、関心を持つ機関の専門家たちによって、壊れた原子炉の噴出と変わらない、と評価された。

30キロメートルゾーンにおける汚染もまた、多様な性質を有している。それぞれの地域でバックグラウンドが高くなるのは、何よりもまず、放射性核種の落下が一様でないことと、それらが水による運び出しや風食のために2次的に再配分されて、くぼんだ地形に蓄積することに起因している。

接収ゾーンは、不治の傷によって、ここに10,000,000トンが埋められる放射性廃棄物の埋設地として永久に残る。Л・コヴァレウシカは、今のところ放射性廃棄物のいわゆる一時的局所化地点を見つけることが出来ていないということを強調しつつ、全域を、丸ごとの埋設地だと名づけている。それらは、ブドゥバザ地区、「赤茶色の森」、ヤノウ駅、別荘の協同組合、砂台地、プルィプヤチ荷積み港などの地区にひとりでに出来た。

放射性廃棄物の埋設地はそのほかにいくつもある。「ブリャキウカ」放射性廃棄物埋設拠点は、チョルノブィリ原発から12キロメートルのところに配置され、被曝線量率が1時間当り5レントゲンまでの廃棄物埋設地として定められている。そのトレンチは、主として、粘土板によって作られた（30トレンチ、容積は各々15立方メートル）。それらのどれも、一時休止されなかった。この埋設地の拡大のために、南側の森が処分された。いくつかの放射性廃棄物埋設拠点は一時休止され、（「トウスティーリス」、「サヴィチ」、「チュィストハリウカ」）、あるものは条件付できれいであるとされ、あるものは処理された。

公式データによれば、ゾーンには600の埋設地がある。しかし、30キロメートルゾーンで

働いている専門家は、そのうち100以上はダメになっているとみなしている。そしてここでもまた原因は異常な秘密の中にある。だが、埋設地の放射性核種は、すでにこの世の中への割れ目を見つけている。

　残念ながら、接収されたとみなされてはいるが、30キロメートルゾーンも世界から隔離されていない。ここには人々が住んで、働いている。ここチョルノブィリ原発で、すでに価値のない電気エネルギーが実際に生産されている。ここで事故結果の後処理作業者たちが働き続けている。誰もが、地球という惑星の惨事の破滅を招いた傷跡はけっして消えない、ということをすでに知っているのだが。そして、チョルノブィリの不幸の結果をすっかり処理するためではなく、単に最小にするために出かけていく。1986年4月26日に燃え上がった火は、世界にくすぶり続ける。

第6部

チョルノブィリ詰め

火によって書かれた統計学

　1986年以降、チョルノブィリ原子力発電所の接収ゾーンでは、611件の火災が発生した。原発そのものにおいては53件である。

　火によって、1,189の建物が破壊された。森林地帯で34件の高所火災が発生し、その結果、960ヘクタールの森が完全に消失した。346件の火災が、6,165ヘクタールの林床を滅ぼした。特別に注意を払っていたところや、危険程度が呼び出し「3」を要求していたようなところでも火の手が上がった。すでに述べたものに加えて、1991年10月11日の火災は、特別な警告を呼び起こすものだった。誰がその不幸を終わらせたのかを想像する人は少ない。BK-11の総合スイッチが許可なしに押されたために、チョルノブィリ原発2号発電ユニットの機械建屋内で火が燃え上がった。第4ターボ発電機と、面積にして2,500平方メートルの機械建屋の覆いが損傷した。損害は当時の価値で、2,670,000カルボヴァネツィに達した。

　特に、1992年が芳しくなかった。その年は、84件の建物火災に対処し、森がふたたび犠牲になった。火は、622の避難建造物（そのうち22は住宅）、913ヘクタールの森林地帯、4,500ヘクタールの草地を破壊した。

　ロズイージュ村、ストゥィチャンク村は完全に燃えた。オパチュイチとクポヴァテは非常に被害を受けた。これらの火災の結果、サモセルの13家族が住まいの無い状態に置かれた。

　火災警備システムの最も重要な再編が、すでに充分前から実施されていた。時期と事情そのものが人生に当直という勤務方法を要求した。

　労働の型が変わり、人々が変わった。不愉快極まりない「ゾーン」概念に係わる緊張がいつも残った。課題の重要性に時には対応しきれない特殊性が、長期にわたって残った。

当直方法

　総合部隊はチョルノブィリ原発における事故結果処理に非常に重要な役割をはたしたが、彼らの定常的な交代（勤務期限は1ヶ月になった）は、作業の組織に否定的に作用した。交代の仕事にやってきた総合部隊の隊員は、対応する地区の調査のために、多大な時間を必要とした。汚染が高まったために、交代に際してゾーンに残された消防用機械の保存についても、問題が生じた。

　部隊の配置のときに存在したありとあらゆる複雑さのために、それらの条件下で彼らをそれ以上働かせることは不適当だ、という結論になった。

　ウクライナ共和国内務省火災警備局では、火災警備の隊員による組織と勤務の交代方法についての条例が立案された。それは1988年12月1日付No.238の命令によって、ウクライナ共和国内務省に認証された。

　この条例に従って、チョルノブィリにおいて、220人の常勤定員による消防支隊が作られた。そのような構想によって、ゾーンの支隊では、担当地域とチョルノブィリ原発を含むゾーンの施設をよく知っている、25人の交代しない指導部を持つことが可能になった。

　交代勤務方式のときに、隊員が自分の裁量で、常設の特別な消防用機械および消防機械武装を持つことになったのもまた、非常に重要なことであった。同様に、これを確保するために、100パーセントの予備も見込まれた。1交代の長さは30昼夜だった。このとき、隊員は特別に準備された除染済みのチョルノブィリ宿舎に配置された。飲食のためには、消防部の域内に食堂が設備された。

　確実な放射線監視と、消防分隊隊員への医学的対応のために、放射線監視モニタリングポストと医療ポイントが常設された。

　支隊の初級指導者と兵卒の隊員は、ウクライナの他の州から派遣された同僚とともにグループを作った。ウクライナ共和国内務省火災警備局の職員部が補充に従事した。

　ゾーンの支隊を確保するための費用融資と拠出には、クィイウ州執行委員会内務省部局火災警備局が従事した。費用は、チョルノブィリ原発と生産連合「コムビナート」との協定に基づいて出された。

　火災警備の支隊の前に立てられた課題の性質は、交代任務のときにも実質的に変わらなかった。

フメリヌィツィクィー州内務省部局火災警備局軍管区局長
Є・ダヌィリュク内務大佐の報告

　1986年から1989年までの期間、チョルノブィリ原発の事故結果処理作業に、132人の州火災警備作業者が参加した。

　フメリヌィツィクィーの人は、自分たちの総合部隊を編成しなかった。しかし、人員60人消防自動車10台による第1のグループが召集され、警報にしたがって、1986年6月9日に事故

域に派遣された。グループはそこで6月24日まで働いた。

　グループの一部分（8部）は、ジュィトムィル州の火災警備総合部隊に加わって、この部隊に課せられていた課題を遂行した。シェペティウカとカムヤネツィーポディリシクィーの2つの部は、チョルノブィリの戦時体制消防分隊で当直をした。

　グループの指揮官のA・シヴェツィ内務少佐は、原子炉の下から「重い」水をポンプで排出する作業に参加した。5月23日から24日の夜、5つの部が、チョルノブィリ原発3号ブロックにおいて消火に参加した。

　翌年以降もフメリヌィツィクィー州の火災警備の作業者たちは、兵卒の消防士からクィイウ州火災警備局副局長見習い（Є・ダヌィリュク内務大佐）まで、接収ゾーンにおいて責任ある作業を遂行した。E・ドゥロホルブ内務少佐は原発域内の「重い」水をポンプで排出するグループの長だった。C・クルィムチュク内務上級中尉は、4号ブロックの換気管の黒鉛浄化作業を実施した。C・トゥィタレンコ内務上級軍曹は、溶液の合流点への給水に携わった。A・ビデュク内務少佐は汚染地区の除染に参加した。P・ジュク内務中佐とB・プィリプユク内務少佐は、3号と4号ブロック地区における防火体制の実施にしたがって、定常的な監視を実行した。

　これらおよび他の作業に対し、州の火災警備の作業者たちは政府による褒美や、ソ連邦内務省、ウクライナ共和国内務省、クィイウ州およびフメリヌィツィクィー州内務省部局の賞状によって、再三表彰された。3人が「火災に対する勇気」メダルを授与された。

　現在、チョルノブィリ悲劇関連の仕事に参加した州の火災警備のすべての作業者たちが、内務省部局の軍衛生隊における医療費用とサービスの対象になっており、チョルノブィリ原発事故処理作業参加者特典を受けている。

　Є・ダヌィリュク大佐の報告の中でE・ドゥロホルブ内務少佐が思い出されているからには、この勇敢な人を特徴付けるもう1つの書類を提起することは、無用ではないだろう。フメリヌィツィクィー州内務省部局火災警備局局長П・トムチュイシュイン内務大佐宛のエドゥアルド・ドゥロホルブの個人報告は次の通りである。

　1986年5月3日から、私はクィイウ市にあるウクライナ内務省戦時体制火災警備学校の、資格を高めるコースにいたことを報告する。1986年5月16日に、クィイウ市から将校のグループと共に、志願して、原発ゾーンにおける職務遂行のためにチョルノブィリ市に到着した。

　10人で構成された線量計測グループにおいて、放射線量監視員として働いた。グループの長は、イヴァン・クリサ内務大尉だった。

　5月17日から23日、私は放射線量監視員として働いたが、同時に、原発域内から汚染水をポンプで排出するグループの長でもあった。グループは8人からなり、1日8時間働いた。チョルノブィリ市の職業技術学校の宿舎で休んだ。

　この期間（5月16日から23日）のある日、私は消防用機械を原発域内から避難させるグループにおいて、放射線量監視員として働いた。

グループの長は、リウネ市内務省部局戦時体制火災警備のトゥカチェンコ中佐だった。

1986年5月23日に、チョルノブィリ原発でケーブルトンネルの火災が発生した。それの処理に私も参加した。発電所域内にホースラインを敷設した。

5月16日から23日の期間に、私は25.7レントゲンの被曝をしたので、クィイウ市のウクライナ内務省病院の医務部へ送られた。

チョルノブィリ原発事故結果処理作業に対して、ウクライナ内務省の指導部によって再三激励された（証明書が付されている）。

フメリヌィツィクィー州内務省部局戦時体制火災警備民間防衛および軍動員部の前部長ロストゥィスラウ・ジュクの思い出：

1986年10月21日にチョルノブィリ市に到着した。民間防衛防火班総合部隊の副部隊長として、予防の仕事に着手した。このとき当直は、オデサ州執行委員会火災警備局局長のサヴィツィクィーとソ連邦内務省火災警備本局代表ゼレンコの指導の下に、オデサの人の総合部隊が担っていた。「石棺」との対決作業のさなかに、3号発電ユニットの除染が続き、2号の運転開始が準備されていた。

予防グループの課題は、計画された作業過程における火災防護を確保することであった。構成員としては、国家火災監視局の30人以上が入っていた。

職務は2交代で、途切れずに行われた。われわれは、チョルノブィリで働いたということのほかに、あそこで、あの放射能汚染ゾーンで「休息もした」のだ。われわれの施設が非常に分散していたことも妨げになった。あらゆる予防の努力にもかかわらず、発電所敷地の建物において、無人の倉庫用の部屋ではあったが、2件の火災が起こった。

上述の火災の処理には私も直接参加し、それに対して、ウクライナ内務省の大臣と政府委員会の賞状によって表彰された。それから、ソ連邦内務省火災警備本局局長ミケイェウの指示に従って、私は2号発電ユニットの運転開始の国家委員会において、火災警備主任に任命された。

オデサの人の総合部隊はリヴィウの人に代えられた。これらの兵士とともに、私もチョルノブィリ原発で11月17日まで働いた。家に帰ってから、長い間病気だった。複雑な手術に耐えた。現在、第Ⅱグループの障害者である。記憶力が良くない。しかし、チョルノブィリでの日々は、完全に記憶にとどまるだろう。……

それはスラヴータにちなんだ名前になった

チョルノブィリ原発の運転開始準備のために、作業の当直方式に従って、専門家とオペレーターの総数1,500～2,000人が、大なり小なり正常な条件の下で同時に居住できるよう手配する必要が生じた。600箇所にあるピオネールキャンプ「おとぎ話」およびその他の施設は、そのような需要に応じられなかった。一時的に、当直員の部屋のために、ストラホリー

シャ村近くのプルィプヤチ川に1986年6月から7月に係留される、12の住み心地のよい旅客船を利用することが決まった。同時に、当直居住区「ゼレヌィ・ムィス」の建物も建設することになった。

プルィプヤチ市に定住させることは出来ないことを考えると、発電所の労働者とその家族が常時住むための新しい居住区を直ちに建設するという課題も生まれた。

そのような居住場所の放射線状態は、原発が正常に運転されているときに、居住区のために定められているのと同じ安全要求に応えなければならない。地元の生産物や居住区近くの補助経済的組織、さらには別荘小耕地の食料品を使用するといった可能性が見込まれた。

案として、クィイウ州（ストラホリーシャ、ドゥィメル、テルマヒウカ、ボフダヌィ、ポリシケ、イヴァンキウ）とチェルニヒウの1地点（ネダンチュィチ）とホメリ州の2地点（ブラヒン、ホイヌィクィ）の居住区が検討された。ソ連邦国家水質・環境管理委員会によって行われたこれらの地域の放射線状態の分析、およびソ連邦保健省生物物理研究所によって実施された、居住区が配置される可能性のある場所における住民の、外部および内部被曝の予想線量計算によれば、ドゥィメル、テルマヒウカ、ネダンチュィチだけが、現存の放射線安全基準（0.5レム人・年以下の線量）に適合していた。

このことと社会経済的なものを含めた他の諸要因とを考慮して、チェルニヒウ管区のネダンチュィチが第1候補になった。

1986年10月2日、ソ連邦共産党中央委員会とソ連邦閣僚会議の、エネルギー産業建設地に関する決議が出た。

しかし、将来の建築場所についてさらに探求設計作業をしたところ、そこでは地下水位が高いことが新たにわかった。10月8日、政府委員会は、ネダンチュィチから東に12キロメートルのネラフ鉄道駅近くの、チェルニヒウ州チェルヴォナ・フタ居住区から南東の地に、町のための敷地を選択することについて、国家市民局およびソ連邦原子エネルギー省の提案を審議して賛成した。

後にスラヴートゥィチという名前になった町の建設は、エストニヤ、ラトヴィヤ、ルィトヴィヤ、ウクライナ、ロシア、ヴィルメニヤ（アルメニヤ）、アゼルバイジャン、グルズィヤの建設機関が参加するソ連邦動力・電化省に委託された。

敷地建造計画の作業は、1987年8月4日に着手され、早くもその年の12月に町のすべての技術上の構造が出来、総面積150,000平方メートルの最初の住宅、2つの幼稚園、乳児用乳製品供給所、学校、応急医療衛生部が利用可能になった。

それで、1988年3月には、町から将来の住民に鍵が

手渡されることになった。

　スラヴートゥィチへの入居と、汚染地区への通行許可証のシステムを備えた、町からチョルノブィリへの特別輸送幹線が建設されて、1988年に、チョルノブィリ原発は、当直無しの定常稼動へ移行することが可能になった。

準備は毎分

キロヴォフラドゥ州火災警備局教育拠点所長　A・ドゥィシロヴェンコ内務中佐の思い出

　1987年の夏に、キロヴォフラドゥ管区の火災警備部隊は、火災安全強化の任務のために、建設工事従事者たちが住んでいたスラヴートゥィチ市のヤキル地区に到着した。

　1ヶ月間、キロヴォフラドゥ管区の消防士たちは、建設工事従事者として、また、彼らに必要不可欠な労働条件と休息条件とを確保する要員として暮らした。われわれ各人は、それまでやってきたような1昼夜交代ではなく、1ヶ月間、どの瞬間にも呼び出し場所に出て行く準備をしていなければならなかった。そのような当直交代が任務遂行条件の1つだった。スムィ市の火災警備部隊がわれわれと交代した後、隊員はやっとこの緊張から解放された。この出張のとき、各人は自分の戦闘員番号の任務を実行した。加えて、船や周囲の領域の防火状態をチェックする2人1組の移動監視所が、まる1昼夜の活動をした。組み立てられた割り当てに従って、毎日、戦闘準備と公務準備の仕事が実行された。船の構造とその上での消火条件、戦闘支隊の共同作業、消防用モーターボートや浮いているポンプステーション、河川艦船の火災警備などを特に研究した。河川用の船の船室が、建設に携わる人々の居室として使用されていたからだ。

　人々は消防用機械や消防署に対して注意深い態度を示した。このことが特に思い出される。自動車はいつも光るまでに洗われ、完全にきれいにされ、給油されていた。教育や消火に際して、機械が言うことを聞かないことはなかった。

　われわれの消防署は、出動する出口が2つある部屋で、砂の中に設置されていた。そばには何もなかった。

　砂にはまり込まないよう、われわれは1ヶ月で消防署のまわりをコンクリートで舗装し、土を搬入し、草の種をまき、花壇を作った。休息や歩哨が過ごす場所として、あずまややその他の生活用の建物も立てた。部屋の真ん中には、呼吸維持装置や消防ホースなどを保管する棚を手作りした。これはすべて、そのころ自立したばかりのスラヴートゥィチ市の消防分隊の隊員たちが、協力して作ったものであった。

　不安なときも時々あった。ある日、雷雨の前に、消防船「勇敢」の浮き桟橋のそばに係留してあった船の碇が、突風にもぎ取られた。われわれはそれを消防用モーターボートと浮き桟橋に移動し始めた。われわれの若者たちのきちんとした、準備された活動を思い出す。消防用モーターボートの指揮者は、巧みな戦法を取って、漂流する船をそれらにつなぎ止めた。

　このとき、われわれが非常に困難な状態にある、という電話連絡は繋がらなかった。

背景に「複雑な状態」があり、特別危険な雰囲気の中で、消防士たちに力のぎりぎりの緊張を求めるような異常な事件がしばしば起こっていたのだ。

特別な注意深さと、きわめてきびしい予防策にもかかわらず、火はその悲しい統計学を、ゾーンだけでなく、原子力発電所そのものにおいても継続した。

ヴィクトル・スニツァレンコの思い出
88年11月から89年4月の間に、私は3回の当直にあたった。
……火災警備の警備隊は、このときすでに、チョルノブィリ警備隊の定員隊員および他の州からここに派遣された消防隊員によって形成されていた。

消火本部の職員は、たびたび発電所そのものや、私有地の中や、チョルノブィリ市の諸施設の火災処理や、森林や泥炭湿原の消火などに参加した。

消火本部の仕事は、3交代当直で実施された。1回目の1昼夜は、発電所警備の戦時体制消防分隊—2での当直、2回目は予備隊（チョルノブィリ市での当直）、3回目は30キロメートルゾーン全域の消火だった。

私が特に思い出すのは、1989年8月26日に起こった、電気モーター ГНЦ—22　РЦ—1のコイルの焼け焦げ事故処理作業である。

発電所に到着すると、モーター棟から濃い煙のかたまりが出ているのが見えた。モーター自体は2階建ての建物の高さにあった。職場の当直の技師から、動力網のスイッチを切る許可を得た。調査と、状況の詳細な評価が行われた。迅速に2台のタンクローリーが貯水池に設置され、幹線ラインが敷設された。戦時体制消防分隊—2の分隊長で定員職員のセルヒィ・ポノマレンコ内務上級中尉と彼の若者たちは、モーターコイルの消火に2つの筒先СВПを用いた。警備隊は準備良く働き、各人は協調して自分の任務をよく実行した。危険な焼け焦げは迅速に処理された……。

ほぼ半年間に3回の当直で、私はチョルノブィリ市の居住区の消火へ7回、発電所の小規模出火の消火と小火の処理に5回出動した。仕事は、乾燥した草、藪、泥炭湿原、森などの火災が始まる春が特に忙しかった……。

村の近くの草はうっそうとしており、まるでじゅうたんのようだ。だれも刈り取らなかったし、大地を耕すことはきびしく禁じられていた。美しい木造の教会が村境にある、1つの村の火災のことを私は覚えている。炎が藪や植林した幼木を飲み込んで広がり、村の墓地もすでに火に囲まれていた。3台のタンクローリーからのホースの筒先と、シャベルと、「大きなハエたたき」とあだ名されている先端にゴムの葉状のもののついた棒を使って、われわれは村と教会を守った。

接収ゾーンでは、「ごく普通の」火災はなかった。すでに述べたように、あらゆる予防措置と特別な注意にもかかわらず、チョルノブィリ発電所そのものにおいて不意に発火するということは、予想のつかない問題を生じ続けた。すでに5年たって、何も惨事的状況を予見

させないように思われたときに、チョルノブィリ原発はまた1つ、きびしい警告を発したのだ。

最悪になったかもしれなかった火災

　1991年7月といえば、あの不幸までもうすぐという時なのだが、この時期から、火災警備支隊は他の州の隊員の派遣無しの任務に変わった。2つの戦時体制火災警備部隊が作られた。すなわち、107人からなるチョルノブィリ市の接収ゾーン警備の戦時体制火災警備–4と、80人からなるプルィプヤチ市のチョルノブィリ原発警備の戦時体制火災警備–3である。彼らは自分たちでゾーンの防火保護の進歩のために、新しい努力をする必要があった。そして早くも3ヵ月後、発電所の2号発電ユニットで火の手が上がった。それは、チョルノブィリ惨事の2倍の規模になる可能性があった。しかし、今でも、1991年10月11日にウクライナに迫った危険のあらゆる意味での強烈さを認識する人は少ない。

　その日、20時10分に、許可なしにВП–П–330ターボ発電機スイッチが入れられたために（スイッチを管理するケーブルと2号発電ユニットのターボ発電機–4のショート）、非同期エンジン体制で発電機のスイッチが入った……。

　機械建屋にものすごい震動が来たとき、「火山活動」の圧迫のように感じたというスタッフの状況を想像するに難くない！

　ローターが転移し、ダイナミック稼働率が変化した結果、ターボ発電機–4冷却の水素系の密閉解除が起こった。機械建屋まで水素が侵入し始めた。

　20時11分に、水素–空気混合物のターボ発電機–4区域への「ふかし」と、引き続く水素の発火が聞こえた。高い火柱が、+12メートルの標識点の上に6～8メートル上がった。

　発電機冷却システムの中の水素の全体量は、418立方メートルに相当した。その発火と同時に、タービン潤滑油の噴出が起こり、それもまた発火した。温度は1,200℃に達した。

　この結果、覆いが崩れ、火の中に、37トンのアスファルトと10トンのルベロイドが入った。それは火災のいっそうの拡大を促し、その消火を極めて困難にした。

　　戦時体制消防分隊–2の火災連絡所へは、20時11分に、発電所の交代主任А・ビルィクから情報が入った。

　20時14分に、「Б」列の側から（第2系列の機械建屋の輸送通路）、戦時体制消防分隊–2のタンクローリーАЦ–40/130/63бの作戦部が、戦時体制救助部隊–2の部隊長補佐К・ボロトゥヌィコウ上級中尉を先頭にして到着した。

　20時15分に、「А」列の側から（機械建屋）、タンクローリーАЦ–40/130/63б、と粉末消火自動車АП–5と、空気消火自動車の作戦部が、戦時体制消防分隊–2の主任警備В・ホンチャルクを先頭に到着した。

　このときの火災は、次のような状況であった。すなわち、ターボ発電機–4を炎が捉え、機械建屋の上の天井構造が崩壊したり、火がターボ発電機–3と下方の標識点上の機械建屋

技術プラントに拡大したりする恐れが生じていた。

　発電所の当直スタッフは、No.41主オイルタンクからの潤滑油の大漏れと、発電機からの水素漏れに対処し、覆いとターボ発電機-3およびターボ発電機-4の主オイルタンクの散水システムのスイッチを入れた。

　消火指揮者-1のK・ボロトゥヌィコウ上級中尉は、火災呼び出しNo.3を確認して、次のような指示をした。

——他の部のタンクローリーАЦ-40/130/63бを消防用水池-3に設置し、そこから、幹線ラインを敷設すること。ラインには、ターボ発電機-4の消火と「Б」列側からの技術プラント保護のために、筒先「А」を1つと、ターボ発電機-4の主オイルタンクのあふれた潤滑油の消火のために、筒先ГПС-600を備えること。

——戦時体制消防分隊-2検査官のO・アルィストウ大尉および戦時体制消防分隊消防主任のO・ヴィトゥシュコウと消防義勇隊のメンバーに、あふれた潤滑油とターボ発電機-4の消火作業を与えること。機械建屋の覆いを防護するために、空気分離機の棚側に配置されている2つの常設の架台筒先を適用すること。

——2号原子炉の側に火を拡大させないように、第1部のタンクローリーАЦ-40/130/63бを消防用水池-27に設置して空の管につなげ、幹線ラインを、「А」列側から機械建屋の覆いの消火のために分岐させて敷設すること。

——ターボ発電機-3の主オイルタンクのあふれた潤滑油が発火する場合に備えて、2つの筒先ГПС-600をАППГ消防自動車から出すこと。

——個別需要変圧器の保護のために、АП-5粉末消火自動車を設置すること。

——機械建屋の屋根の金属製大梁を保護するために、+12メートル標識点の「А」列にそった2つの常設の架台筒先を、戦時体制消防分隊-2の検査官I・ラスロウ中尉と消防士たちに与えること。

20時30分に、高温と金属製大梁の耐久力喪失のために、およそ2,500平方メートルの面積の火災域に覆いが倒壊した。

20時42分に、火災現場に、戦時体制火災警備部隊-3副部隊長のO・シュィリン中佐（消火指揮者-2）、B・チュイコ内務少佐、B・ツィムバリュク少佐が到着した。

　消火指揮者-2は次のように指図した。

——消火の作戦本部を作ること。（本部長には、K・ボロトゥヌィコウ上級中尉、後方主任には、O・スカチェク上級中尉が任命された。）

——3つの戦闘部隊（戦闘部隊長を任命）を作ること。

——「А」列側からの戦闘部隊-1：課題は、機械建屋内と、ターボ発電機-3側の機械建屋の覆い上の発火の局所化、および個別需要変圧器の防護とターボ発電機-3の防護（B・ツィムバリュク少佐）。

——「А」列側からの戦闘部隊-2：課題は、建屋の0.0標識点における消火と、ターボ発電機-5、主オイルタンク-394の防護（B・ミトゥラ大尉）。

——空気分離機棚側からの戦闘部隊-3：課題は、機械建屋の覆いの焼け焦げの局所化と、ターボ発電機-5、ローカル制御盤-2の防護（О・コザコウ中佐）。

すべての戦闘部隊には、放射線安全班が組織された（戦時体制火災警備部隊-3の放射線安全検査官責任者はС・フメニュク上級中尉）。放射線のバックグラウンドは、境界線で、7～28ミリレントゲン/時の間を変動していた。隊員は、個人防護の安全化措置をとっていた（Л-1防護服、ガスマスク・ペリュストゥカ-200, 400）。

火災現場に到着した機械について、消火指揮者-2は次のように指示した。すなわち、自主戦時体制消防分隊-16の消防ポンプステーションПНС-110とホース車АР-2を、空の管に3つの筒先「A」と2つの架台筒先を出した「A」列の給水ステーション-2に設置すること。戦闘部隊-2、戦闘部隊-3に、5つの筒先「A」と1つの架台筒先を導入すること。

22時25分に、クィイウ州火災警備局副局長のВ・チュチコウシキィー内務大佐が火災現場に到着し、その後、火災警備局局長のA・ボンダレンコとМ・モウチャンが着いた。

消火指揮者-3のВ・チュチコウシキィーは、火災現場の詳細な状況調査を実施し、直ちにそれについて、州の内務省部局火災警備局局長のВ・メリヌィク内務大佐に報告した。彼は23時08分に火災現場に到着し、自らその消火の指揮を執った。消火指揮者-4は状況を評価して、到着した追加の兵力による戦闘部隊の強化と、予備隊の作成を指図した。

内務省火災警備本局局長のП・デスャトゥヌィコウの指図に従って、追加兵力が22時13分に派遣された。

23時40分に、ウクライナ内務省火災警備本局副局長のМ・ザドロジヌィー内務大佐が火災現場に到着した。彼は火災の局所化について前にとった決定を確認し、クィイウからとどいた予備の消防用機械の組織と、火災現場の隊員の保護とについて指示を与えた。

火災警備支隊の組織的活動のおかげで、10月12日2時20分に火災は完全に処理された。

全部で34組の特殊かつ専門的な消防用機械と、クィイウ州、チェルニヒウ州、クィイウ市の消防支隊の175人の兵卒および指揮者が参加して3つの拠点を展開し、大規模な倉庫火災の消火にあたった。

ジュィトムィル州とクィイウ州の火災警備支隊が、高度な戦闘準備に導いた。これらの警備隊の中に、予備の隊員と機械が組織された。

支隊は火災を処理したあと、部屋の水をポンプでマイナス標識点へ排出した。

この水はとてつもなく重かった。すでに5年、消防士たちはその放射能の重荷を背負ってきている。

森林や泥炭湿原での火災もまた、火と戦った人や放射性の炎の中にはいって行った人にとって、危険性を著しく増大させたことがわかる。この打撃を弱めるために、防火班の隊員は、防護服Л-1を着用した。

Л-1服着用時の隊員の平均許容滞在時間

（温度環境）	（滞在時間）
30℃以上	15～20分
25～29℃	30分
20～24℃	40～45分
15～19℃	1.5～2時間
15℃以下	3時間以上

ちなみに、原子力発電所の応接係が仕事を遂行するときに用いるための、イギリスの会社「オーヴァー・ヴィアル」製の防護服も試された。しかし、それらはもっと低い放射線レベルを想定したものであったので、チョルノブィリ原発域内では期待するような効果をもたらさなかった。

予防官グループ

　原発および作戦体制ゾーンにおいて火災予防作業システムを組織したことによって、たくさんの火災発生リスクが実質的に減少した。発電所およびそれに隣り合うゾーンでこの仕事を実行するために、2つの予防官グループが作られた。そのうちの1つは、機構上、総合部隊の構成員になり、原発の予防作業を直接実行するよう任命された。第2のグループは、国家火災監視局の検査機関で、クィイウ州火災警備の隊員によって形成され、事故後の復興作業にたずさわる兵力が配置されているゾーン内の火災防護を確保することに向けられた。国家火災監視局の検査機関は、作戦関係においては、チョルノブィリ市にある防火班本部に従属した。

　予防官グループの隊員の人数は、仕事の大きさと放射線状況とを考慮して決定された。原発においては、予防の作業は24時間行われた。このために、若干の当直交代が作られた。与えられた課題を計画通りにきちんと実行する目的で、発電所とその隣のゾーンは、責任者のはっきり決まった2つの区域に区分された。

　原発にさしむけられたグループは、さまざまな期間に30〜40人が構成員となり、交代の作業時間は8時間であった。国家火災監視局の検査機関は、3〜5人で構成されていた。

消防の予防官グループに課せられた主要な課題
　——施設の定期的な検査。
　——チョルノブィリ原発の室内と域内の、防火状況に従った24時間監視。
　——火のつきやすい作業実行の監視、自動的に行われる修理システム作業実行の監視、防火用給水システム状況に基づいた消火。
　——火災の危険がある未修理の送電網およびプラント区画の解列の監視。
　——チョルノブィリ原発施設の火災安全の指図を実行すること。
　——火災安全措置についての指令、話し合いの実行、防火テーマのフィルム上映の組織。
　——原発および作業実行ゾーンにあるその他の施設の職場や部署に、消防団を作ったり準備したりして統制すること。
　——「防火措置実行の監視遮蔽板」の実施。

　1号と2号発電ユニットの防火保護のしかるべきレベルを確保する目的で、それらの運転開始まで、次のような措置をとった。
　——1号および2号発電ユニットの部屋と連絡補給路の防火保護を確保するための戦術組織

を作った。
——消火設備の監査と試験を行い、それらを自動的な作業体制に移した。
——送電網および電気設備の監査を行い、それらの状況によって監視を強化した。
——クルシキィ原発基地にあるソ連邦原子力エネルギー省原子力発電所の機械技術スタッフとともに、火災警備作業者の予備グループ（40人）の教育を組織した。
——1号および2号発電ユニットのケーブル束を、耐火性のペーストОПКで防火被覆処理した。
——自動消火システムの鋳鉄製取り付け部品をスチール製に交換した。
——扉とケーブル室の境の耐火性を1.5時間までにするために、仕切りを再建した。
——第1カテゴリーの送電網からの電源によって、光標識のついた非常出口を避難通路に設備した。
——丈夫な金属構造の機械建屋を、耐火性塗料で保護した。
——1号、2号、3号発電ユニットの機械建屋の覆いの可燃性断熱材を交換した。
——（原発の管理部が作った場所の一覧表により）、圧搾空気装置-2による運転員の安全化を図った。
——火災発見と消火の自動システムについて、技術サービスおよび修理係を、代表的職員の人数にまで持っていくよう問題提起をした。
——チョルノブィリ市防火班総合部隊の連絡拠点と原発との直通連絡を確保する問題を解決した。
——近隣の部屋への火の拡大を完全に防ぐためのケーブル通路を設計した。
——ローカル制御盤と中央制御盤への空気を支援するシステムの作成作業を実行した。
——機械建屋の0点以下の標識点にある故障したオイルタンクからオイルが一気にあふれ出す事故や、システムの仕切り弁のギアが故障して、発火の起こりそうなゾーンの境を越して、主オイルタンクからオイルがあふれる事故も想定された。作業の過程において、オイルタンク付近に小さな防護壁を設置することが決定された。
——フランジの付いた一体式オイルシステムによる保護を実現した。
——ケーブル室内の防火扉に自動閉鎖装置を据え付けた。
——ポリエチレン製絶縁の付いたケーブル製品を交換することにした。（後に、そのような作業は、修復のときと建造される原発の発電ユニットでのみ実施することに決まった。）
——火災の際の、作戦要員の具体的な活動案が立案された。
——技術員、消防用機械の道具、高レベル放射能ゾーンでの作業保護機材などによって、原発の火災警備支隊の安全化の仕事を行った。

さらに、ソ連邦閣僚会議が同意した「ソ連邦原子力エネルギー省原子力発電所火災安全強化措置」の実行に、少なからぬ努力を向けた。特に次のような作業部門に特別な注意を集中した。

——ヴィルメンシク原発のために立案された設計と類似の、予備の原子炉プラントの主パラメーター制御盤のついた電気供給システムを導入すること。
　——床のプラスチックの覆いを耐火性に交換すること。（資材の不足のために、覆いには幅6メートルの帯状断裂ができた。）
　——古い火災警報装置を、トランスジューサーシステム・ППС-1（3）を備えた計器の採用により再建すること。
　——ガス消火システムを、フレオン114-B2への移行を含めて再建。
　——可燃性保温材が適用されていた原発機械建屋の屋根ふき用パネルの再建。
　——ターボ発電機のオイル系オイルを、燃えにくいものに交換する問題の解決。
　——1号、2号、3号発電ユニットの機械建屋の煙除去に、専門的なシステムを実行すること。
　——動力源ケーブルおよび、操作と信号のケーブルの境界を定めることについて、設計組織と共同で問題を解決。

　同様に、3号発電ユニットの信号装置と消火システムを復旧し、それらを第1系列の操作の中央制御盤に移す仕事が実施された。

　1987年7月18日に、予防グループの作業者は、第1系列の1号と2号発電ユニットの機械建屋の0.0メートル、+5.0メートル、+12メートル標識点に、床とターボ発電機の汚染浄化のためにガーゼの覆いが用いられていることや、燃えやすいものでポリヴィニル・ブチロールの土台（ВЛ-0.3-77к）がいっぱいになっていることや、その蒸気が爆発する危険のあることを確かめた。このときまでに、機械建屋の中にはすでに、1,000平方メートルの小道の形をした覆いと、全面積8,000平方メートルのターボ発電機の覆いが敷き詰められていた。

　火災の危険のあるガーゼの覆いの試験が、7月19日に、防火班のドゥニプロペトゥロウシク総合部隊の委員会によって行われたが、それによって、プラスチック上の乾いたガーゼの覆いは燃えやすい物質であるとみなすべきであることが示された。それで、チョルノブィリゾーン防火班指導者のM・クレポソノウ内務大佐は、7月19日から作業を禁止し、可燃性の覆いは、ターボ発電機と0.0、+5.0、+12.0の標識点の500平方メートルの小道から完全に取り外された。こうして、事故を起こした施設における偶然の出火から、火災が急速に拡大する可能性が避けられた。

　アルコール溶性用材から水溶性用材に変更する作業計画は、国家火災監視局の助言に従って、ガラス繊維に水溶性の液を塗ることによって実施された。放射能レベルの高まっている室内の作業のときに、水溶液が速やかに乾燥する条件がないために、例外的な場合としてアルコール溶液が用いられたが、それぞれ具体的な場合ごとに国家火災監視局の承諾が必須であった。

　発電所施設における火災予防を強化することや、除染作業実行責任者への要求が高まることに関しても措置がとられた。また、1号、2号、3号発電ユニットの、ブロックB、ブロックBCPOの機械建屋その他、原発の室内除染の新しい計画が組織された。

予防グループの作業者は、原子力発電所の全部の部屋と域内における防火体制の保持について、24時間監視を確保した。おのおのの運転当直によって行われた作業の結果は、運転当直主任が総括し、分析と予防の活動改善方策を立案する分析グループに渡された。

職長レベルにおいて決定された問題は、発電所長が行った作戦会議で審議された。ここには、施設の主な専門家と建設工事従事者の代表者が同席した。予防グループ運転当直長は、建築敷地の職場において行われる作戦会議に常に参加した。ここでは、防火保護ノルマを受け取る責任者に対してきびしい要求が突きつけられ、与えられた課題の実行時間が定められた。

ウクライナ内務省火災警備局とクィイウ州執行委員会火災警備局は共同で、当直居住区「ゼレヌィ・ムィス」と、ディーゼル船上やピオネールキャンプ「おとぎ話」基地の原発作業者居住区における火災保護の問題を解決した。

国家火災監視局の検査機関は、火災予防と、森林、人が大勢過ごす場所、倉庫、企業、組織などの発火について、活発な防火プロパガンダを行った。このように核の惨事は防火班に対して、非常に大きな量の新しい正常でない決定を必要とする性質の作業を要求した。極端な条件や危険な放射線状態のために、防火班システムの構造や、火災予防作業の実施や、消火班の組織において、いつもそれ自体を修正するよう指摘された。そして、あらゆる困難にもかかわらず、人々の健康に直接及ぶ危険や特別専門的な作戦活動にかかわる消防士たちは、最も困難な状況の高みにとどまって、彼らの前に置かれた課題を完全に実行した。

チョルノブィリの人の「あぶく銭」

チョルノブィリは、事故処理作業者たちを夢のような賃金でそそのかした、だから人々はそこでの何らかの道徳的規範のために、自分の健康やなんと生命まで危険にさらしたのだ、ということが俗物どもの間でよく聞かれる。得体の知れない変わり者でもあるまいし。とはいえ、すでに昔の賢人のだれかは、この世は変わり者たちによって支えられていると言った。そして、われわれの母なる大地も、あたかも自己維持の本能に支配されつつあるかのように、いつも気前よく変わり者たちを生んできた。それなしには人生の聡明さは存在しない「勇敢な人々のおろかさ」を生んで分け与えた。

遠いヴィルメニアのエチミアズィンから来たユリク・ハチャトリャンは、何に従って来たのか？ かれは6人の子供の父親で、爆発のすぐあとにゾーンで1ヶ月働きとおしたが、その後、得た金全部をあのチョルノブィリ基金に振り込んで、事故処理作業者の地位を拒否した。

文書館にはわれわれが偉業と名づける高い人道的動機の行動をとった人々がいたことを証明する、少なからぬ資料が保存されている。どの文書もすべて、チョルノブィリの火を呼吸した消防士たちの労働の、いわばばかげて見えるほどの非現実的な活動を証明している。

ここに、クィイウ州執行委員会内務省部局火災警備局局長Ｂ・トゥルィプティン内務大佐の請願書がある。

チョルノブィリ原発事故結果処理に関する政府委員会委員長Γ・Γ・ヴェデルニコウ同志宛
チョルノブィリ原発ゾーンの火災警備について

　　チョルノブィリ原発および30キロメートルゾーンにおける火災、事故、自然災害を処理するために、ポリシケ、ヴィリチャ、チョルノブィリ市、それに「ゼレヌィ・ムィス」居住区に配置されていた4つの支隊がゾーンに沿って結集した。火災警備専門の2つの支隊は、消防俸給額が1ヶ月90カルボヴァネツィ、戦時体制火災警備の2つの支隊は、消防俸給額が1ヶ月120カルボヴァネツィである。その上、2つの戦時体制火災警備支隊は、あらたに作られて低い給料と特典がないことのために、今なお完全には補充されていない。彼らはゾーンの境界を越えて配置されている。専門的火災警備の現在量を、職務において守り通すことは困難である。

　　名を挙げた支隊は、森林、泥炭地、30キロメートルゾーン内の個人住宅区域などの火災のために毎日出て行く。

　　これに関連して私は貴官に、指摘された支隊の隊員への支払いを2倍の額にするよう許可し、ゾーン内での労働に対するものとして、彼らへの支払いを実施することを要請する。

　驚くべき請願書だといわなければならない。それは黒を黒と言い、白を白と言って欲しいという最小限の要求に限定されているからである。類似の公文書が、中型機械省、ソ連邦内務省火災警備本局、その他の上級機関に送られたが、不満のつぶやきは、長くそのまま放置された。そして、チョルノブィリへ巨大な努力と費用が向けられたのではあるが、官僚装置は少なからぬ好ましい意向や希望を取り消しにした。防火班を苦しめた諸問題は、そのことを強調するのを予見していないこれらの文書の中にさえ認められる。

　1986年9月15日付Ｂ・トゥルィプティン大佐の署名によるもう1つの証言を再検討してみよう。

証明書

30キロメートルゾーンにおける構造物・建物の火災防護確保についての証明書

　クィイウ州執行委員会内務省部局の火災警備部は、30キロメートルゾーンの構造物・建物の火災防護をはじめ、1986年7月28日付ソ連邦内務省のNo.0220命令と、1986年8月6日付ウクライナ共和国内務省No.0137命令と、施設の防火状況の日常的監視を実行することについての1986年8月14日付ソ連邦内務省No.1/4619指示の実行にむけた一連の措置を実施した。

1. 戦時体制火災警備-3部隊を組織し、チョルノブィリ原発、チョルノブィリ市、プルィプヤチ市、当直居住区「ゼレヌィ・ムィス」、チョルノブィリ居住区を警備する消防分隊を形成する問題を解決した。

交代体制と施設当直の労働体制に従って、発電所とプルィプヤチ市の火災警備に関する協定の条件が発電所長と共同で作られ認証された。この協定によって、火災警備のさまざまな仕事が強化され、衛生上の損失が最小限にとどめられることになった。現在、人選と、選ばれた追加人員の補充と、隊員の衛生上の損失回復作業が行われている。さらに、隊員配置のための兵舎や消防車駐車場のボックスが建てられている定常配備と、当直配備（ホストメリ市、イヴァンキウ市、ロズヴァジウ市）の消防署建物の建設および再建の仕事が完成に近づいている。これらの問題の解決まで、原発と、経済活動施設と、当直の居住のために用いられる施設の防火警備は、防火班の総合部隊（166人）および交代の国家火災監視局の装置が保証した。

2. チョルノブィリゾーンの施設の防火保護を強化する目的で、一時休止（1,327施設）または経済活動準備期間中（126施設）の建物や構造物の防火状態を監視して、秩序維持を命じる、火災安全規則が立案された。国家火災監視局が監視を実施したときに、火災の危険性が発見され、1,711の部屋と送電網の区画とプラントが一時稼動を中断した。328人が行政責任を問われた。

3. 防火保護の一連の課題は、内務省部局火災警備局、戦時体制警備局、社会秩序保護の職務分野などの相互活動の中で解決された。プルィプヤチ市における集中火災警備システム施設はスケジュールが決められ、民警と火災警備支隊のパトロール命令の連絡が技術的に最適に組織化された。

4. ゾーンに隣接した地区に配置されている軍分隊の指揮官とともに、原発と森林と泥炭地の消火に向けて、軍分隊の消防小隊追加配置計画を作った。このために66台の消防自動車が選ばれた。火災に関する連絡と相互情報の秩序は、内務省火災警備とゾーンの軍分隊の相互活動指示書によって決定される。

また、チョルノブィリ原発、プルィプヤチ市、一時的当直居住区（ディーゼル電気船）および経済活動のために用いられているチョルノブィリ市の施設における消火の作業書も作られた。

5. 当直居住区の建設現場と倉庫区域の防火状態を監視するために、国家火災監視局の技術標準に関するグループが組織され、新築に際して直ちに働いた。

以下の課題は緊急である。
1. 労働秩序を審議し、原発を含む30キロメートルゾーン、チョルノブィリ、プルィプヤチ、および当直居住区における火災警備支隊による当直組織の職務遂行に関する暫定的条例を認証すること。
2. 当直居住区の消防署の部屋の建設は実施期限が定められていたが、それを1986年10月1日の運転開始にまで早めることについて、チョルノブィリ原発所長E・ポズドゥィシェウと企業合同体「南部原子力エネルギー建設」（A・ヤコベンコの指揮）の指導者たちへ再三呼びかけた。にもかかわらず、その時点で、レンガ積み作業だけしか着手されて

いない。レンガ積みは、当直居住区と冬期のディーゼル船とチョルノブィリ原発内の当直居住区の防火保護の確かさに不安があるので行われた。
3. 防火用給水の確保、火災警報器の据付、電話連絡による施設の安全化、硬い覆いのついた道路の設備など、当直居住区の防火保護の課題の解決が極めて遅い。
4. ソ連邦動力・電化省の管理者と原発の管理部は、内務省火災警備施設の防火保護について、協定の条件を実行していない。つまり、隊員が原発（直接機械建屋内）で職務を実行するための標準化された条件が作られていないし、事故のときに完全に故障してしまった消防用機械を交換していない。隊員は保護機材を保障されていないし、協定によって想定されていた住宅は提供されていない。

一言で言って、戦争だった。本物の戦争だった。日々致死的な煙と火の中に出かけていく人々、見えない災難との戦いの前線にいつもいた人々、これらの人々をいわゆる戦争と比較することに、少しの誇張もない。火災警備の隊員は、戦闘におけるのと同じように、確実に失われた。この喪失は衛生上の、と名づけられているが、その特徴は、そのときも今も、正確な数を上げることが誰にも出来ないことだ。たくさんの情報源から、チョルノブィリの打撃の容赦なさを証拠立てる関連数値だけを集めてみよう。

ソ連邦内務省火災警備本局副局長、Ф・デムィドウの証明書（1987年7月）より
　出張中のソ連邦内務第1副大臣Ｂ・トルシュィンの委託に答えて、チョルノブィリ原発事故結果処理作業に参加したり、そのとき30キロメートルゾーン内で働いていたりした火災警備隊員への日常生活、部屋、食事、医療サービスその他の職務活動の側面サービスについての質問が、その場で研究された。
　1987年6月1日現在、25レントゲン以上を被曝した作業員は、全部で260人である。その中で放射線症の診断を受けたものは、48人（第1級：37人、第2級：9人、第3級：2人）である。その他を被曝線量ごとに見れば次のとおりである。25〜30レントゲン：128人、31〜40レントゲン：49人、41〜50レントゲン：7人、51〜60レントゲン：9人、61〜70レントゲン：2人、71〜80レントゲン：7人、81〜90レントゲン：7人、91〜99レントゲン：3人。
　急性放射線症の48人のうち、13人は中級主任者、29人は戦時体制火災警備の兵卒または初級主任者、6人は専門火災警備の作業員である。

　この書類はさらに、放射線症の人々に、住居、国家による就職斡旋、医療サービスなどの問題を解決するというかたちの支援がなされたことを記している。しかし、われわれが日常的に衛生上の、名づけているあの埋め合わせのきかない喪失は、何らかの物質的補償で測ることが出来るのだろうか？
　ほんとうに、あれは狂っているのだ。チョルノブィリの金は。人々の間では「棺おけ代」といわれている。

仲間は竜巻に逆らって立った

チョルノブィリの爆発は、ビロルーシにも巨大な不幸をもたらした。黒いしみが面積にして470平方キロメートルに落ちて接収ゾーンとなった。事故によって汚染された旧ソ連ヨーロッパ部分全域の3分の1以上が、国境線が事故の中心から数10キロに通っているビロルーシにあたっている。

だから最大の試練は、ウクライナの消防士のあと、ビロルーシの友人たちの肩にかかったということが理解できる。しかも、ウクライナ人とビロルーシ人の運命は、チョルノブィリの炉床の中で非常に絡み合っていて、今日、火と格闘した人々がどのような民族に属していたのか正確には語れない。

ヴォロドゥイムィル・プラヴィクの警備隊では、ビロ・ソロク村のビロルーシ人のシャヴレィ兄弟も任務についていた。そのうちの1人は同意して、ビロルーシのナロヴリ村の自主戦時体制消防分隊に移ってきていた。不幸が強制した。上級准尉のイヴァン・シャヴレィは尊敬すべき有名な人で、赤い星勲章を持っているが、すでに12年前に年金生活者になった。しかし、健康を損ねているにもかかわらず、人々のいない人生や真に男らしい消防士の仕事のない人生を考えていない。あの立派で若々しい都市のプルィプヤチを慕う気持ちがうずく。あそこではかれもまた若くて必要とされていたのだった。今あのプルィプヤチはたしかにもうない。にもかかわらず、死者の町へ、あの恐ろしい未知の場所へ、はじめて身を投じた戦闘員たちの懐かしい戦時体制消防分隊-2のあったところへ、かれは引っ張られていく。

イヴァン・シャヴレィには決して忘れることが出来ない。

「われわれはいつものように8時に当直に入った。当直は24時間しなければならなかった。そして2日は休息だった……。「時間表」のプログラムを確認した後、私は分署の当直部署へ行った。真夜中にどこかで蒸気が強く噴出するのが聞こえた。そのようなことはよく起こったので、誰も特別な注意を払わなかった。およそ10～15分後にここの警報信号計器盤が作動した。どこかで重大な発火または煙の充満が発生したという情報だった。それから、爆発の音が聞こえた。1回、2回、3回……。大地がゆれ、あたり全体が震えた。私は外にとび出した。すると、第4ブロックの上に黒い炎のような弾丸が見えた。発電所の屋根の上に、めらめら燃える炎が出ていた。厄介な火災が始まったということがわかった。われわれは危険

にはなれていたが、原子炉の周囲では目に見えない死が現れていることをまだ知らなかった。それでも、何か異常に重大なことが始まっているという胸騒ぎがした。

　消防自動車までかけつけるのには、数秒しかかからなかった。道路を4〜5分行った。爆発の結果、消火栓と水道管は使える状態ではなく、プレートや金属の瓦礫に埋まっていた。それでもわれわれは車を消火栓のところに止めて、屋根に水をかけることができた。消火が始まった。私のそばには兄のレオニドゥと、ヴォロドゥィムィル・プルィシチェパがいた。ヴィクトル・キベノク中尉を指導者にして、自主戦時体制消防分隊-6の若者たちが火災現場に到着したのをわれわれは見た。15〜20分後、ヴォロドゥィムィル・プラヴィクはわれわれの第2部分を彼らの支援に送った。途中でわれわれは友人のヴィクトル・キベノク、ムィコラ・トゥイテノク、ヴォロドゥィムィル・トゥイシュラ、ヴァスィリ・イフナテンコにあった。彼らはほんの何分か前の、火災に身を投じるまでの、強くて鍛え上げられて健康な若者の様子をしていなかった。彼らはかろうじて立っていられる程度だった。ヴァスィリ・イフナテンコはよろけて、少しずつコンクリートにくずおれた。彼はおう吐し始めた。私は駆け寄って彼の肩をゆすり、手のひらでかおに水をちょっとかけた。彼が少し落ち着いたとき、私はサシコ・ペトゥロシクィーとともに、われわれの若者が機械はしごに何とかたどりつくのを助けた……。一方自分たちは自力でふんばって屋根の火災を消さなければならなかった。そこに20〜30分踏みとどまった……。われわれの中のある人は自らの友人をあとに残して永久に去っていき、またある人は障害者になるのだということを、そのときわれわれはもちろん知らなかった。そのときは、私もすでに500レントゲン以上被曝していたということを知らなかった……。私が消防はしごに着いたとき、サシコは最後の力でそれにつかまった。口に何か異常な砂糖の味がして、頭が割れるほど痛んだ。とつぜん私は、まるで誰かが下からねじろうとしたかのようによろけた。私は手すりをつかんで、非常に静かに下に下りた。私から力の最後の1滴が流れ出たように思われた。これは同じようにオレクサンドゥル・ペトゥロウシクィーにも起こった。完全な衰弱だ。地面におり始めたあのときの少しの間のことをなぜ思い出せないのか……、今私はよく考え込む。

　地面でわれわれは警備のさまざまな消防士に会った。その中には私の弟のペトゥロもいた。ダツィコ中尉は、「救急車」が2分ほど後に到着し、われわれは医療衛生部に送られる、と言った。「何の衛生隊?」と私は驚いた。「ここでほんの少しの休息、それからあと……」。

　どうしても休息することは出来なかった。われわれは無理やり「救急車」に押し込まれた。そこにはすでにヴォロドゥィムィル・プラヴィクがいた。

　4月27日、われわれ消防士は治療のためにモスクワに送られた。診療所で、11日目に髪の毛が抜け落ち始めるが特別心配することはないと予告された。そしてほんとうに抜け落ち始めた。しかし、心配はそれではないところにあった。最も恐ろしかったのは、仲間たちが亡くなり始めたという知らせだった。

　私はヴォロドゥィムィル・プルィシチェパとともに4階に入院していた。ヴォロドゥィムィル・プラヴィクがきびしい状態にあるというしらせがわれわれのところに転がり込んだ。

すぐに自分の病室から出ることは出来なかった。医者がわれわれを戻したのだ。それでも後にわれわれは、ほんの少し彼のそばで過ごすことになった。彼の顔と涙をたたえた目が、私の一生に記憶として残った。ヴォローヂャの母親は、きれいに拭いたリンゴを持って、彼の前に座っていた。

しかし、彼には食べることが出来なかった。そして痛みをこらえながらこう言った。「ぼくの代わりにこのリンゴを食べてくれないか。」 それがわれわれの最後の面会だった。

私は点滴のために横になっているときに彼の死について聞いた。目から涙があふれた……。

私は生き残ることになった。3回骨穿刺法が施され、3回他人の血液が注入された。第1の危機が過ぎ、第2が過ぎ……、その後3度目は決定的だった。10日間人事不省で寝ていた。体温は39～40度だった。医者はそれを38度までは下げることが出来たが、それも数時間だけだった。

5月のある朝、病室で、私は誕生日を祝う挨拶をされた。「何の誕生日だろう？　だってぼくは冬にうまれたのだもの……。まさか新しい幻覚ではないだろうな？」

夢でないことがわかった。私はもう1つの誕生日を祝ってもらったのだ……。私は生きているうれしさに泣いた。そして、もう帰らない人々のことを悲しんで泣いた。」

リヴィウ消防技術学校のもと生徒のヴァスィリ・イーリュクの運命も心に残る。彼は現在はビロルーシのモズィリ市で任務についている。彼は内務大尉で、戦時体制消防分隊-80の副分隊長である。ヴァスィリ・イーリュクの思い出は、われわれをチョルノブィリの長編叙事詩の最も劇的なページの1つへもう1度立ち返らせる。

「そのとき私はリヴィウのソ連邦内務省の消防技術学校1学年で学んでいた。

1986年9月30日15時、整列のときに、師団長の内務大尉フェトゥィソウは、誰がチョルノブィリ原発の事故処理作業に行くことを志願するのか尋ね、希望者は列から出ること、と言った。隊員は全員が希望することを表明した。

指揮官は難なく3人を選んだ。私と生徒のオレクサンドゥル・スヴェントゥィツィクとイヴァン・ブラシュクが選ばれた。同様に、あと2つの師団で生徒たちが選ばれた。10人のグループの長に、消防戦略準備の主任教官オレクサンドゥル・ヴォロドゥィムィロヴィチ・スドヌィツィン内務大尉が任命された。準備のために半日が割り当てられた。身分を証明する出張命令書と乾燥給食と新しい軍服と洗面用品を受け取った。

9月30日8時に、われわれはバスでリヴィウ空港に到着した。そこから民間航空の航路でクィイウ空港へ飛んだ。ウアーズ-652で、つまり軍用機でクィイウに飛んだ。

そこでわれわれは軍用ヘリコプターに乗って、チョルノブィリ原子力発電所から10キロメートルのところにある広々とした草地で降りた。そこにはすでにパーズ車（バス）がわれわれを待っていた。運転手は、民警の上級中尉だった。彼はわれわれをチョルノブィリ原発の管理部の部屋まで送った。

われわれは発電所の主任技師に会った（姓は残念ながらおぼえていない）。彼は、自分の

執務室までいっしょに来て欲しいといった。彼はそこで、4号原子炉の爆発のときに換気管が損傷し、その第4スペースの上に爆発結果の放射性物質が撒き散らされたこと、そしてこれをすべて下に落とさなければならないことを説明した。この作業をわれわれは、ハルキウ消防技術学校の生徒とともに実行しなければならない。彼は、われわれの書類と貴重品は彼の執務室に残しておかなければならないと言った。

　身分証明書、党員証、現金、時計、結婚指輪などを預けた。

　10月1日の朝から作業を始めるという説明があった。そのあとわれわれは、チョルノブィリ原発の管理部の部屋の下に配置されている覆いに連れて行かれた。それは居住のために設備されていた。ベッドが与えられた。そこにはすでに予備に任命された軍人たちが住んでいた。

　少し経ってから、さまざまな飲み物を積んだ車が到着したから、行って好きなものを何でもとってよいと知らされた。その後夕食だった。食堂の窓は鉛で覆われていた。食事は民警の将校が作った。非常によく食べた。

　10月1日朝食のあと、われわれは着換えのために定められている部屋に連れて行かれ、そこで軍服と長靴、それに個人用の線量計を支給された。自分の衣服は更衣室に残した。通路を通って、はしご段を使い、さまざまな部屋と大部屋を通って、われわれは上の階に連れて行かれた。そこには監視モニターが据えられていた。その上に、4号原子炉の覆いと換気管が見えた。そこでは、すでに軍人が働いていた。彼らは覆いを清掃していた。

　覆いの中に吹き抜けが作られ、その中にわれわれが上に上げた3つ折の消防用はしごが置かれた。

　わたしと相棒は2号敷地の換気管を清掃した。2人で1時間体制で働いた。サイレンがなるとあちらへ行き、サイレンがなると戻る。全部で10分間だった。1回に1人が出撃に出た。これが13時00分ころまでずっと続いた。

　それからは整列だ。すべての人に、ソ連邦最高会議議長団の名誉賞状が手渡され、800カルボヴァネツィずつの賞金についての命令が読み上げられた。線量計を返却した。検査のあと、各人に被曝線量についての証明書が発行された。全員に22レントゲンが記入された。そのあとあの更衣室のシャワーで体を洗った。シャワーの出口に、被曝線量計測器を持った作業員が立っていた。各人はつま先から頭まで測定され、洗浄に送られた（ほとんど全員が3回シャワーを通らされた）。そこから着替えをして、昼食をとって、パーズ車（バス）に乗った。それはわれわれを帰り道に運んだ。クィイウに向かって離陸する前に、草原で大将（姓は知らない）とともにヘリコプターを背景に写真を撮った。クィイウでわれわれはホテルに宿泊した。皆を、臨床医（血圧、心臓その他）が検査した。

　次の日われわれは、市内見学や、「ドゥィナモ」スタジアムにつれていかれた。記者たちが写真を撮った。

　その後、ウクライナ共和国内務省の共和国病院で、3週間続けて検査が実施された。

　そのあと学校に到着した。われわれ全員に、10日間ずつ休暇が与えられた。勲章を受ける

べき人の推挙が行われ、全員に「火災に対する勇気」メダルが授与された。」

　接収ゾーンにおいてウクライナ人とビロルーシ人の間の境を焼き払ったチョルノブィリの火によって、人間の運命が焼かれた。
　ビロルーシ領域の放射能汚染の特長は、ホメリ（ゴメリ）州とモヒィリオウ（モギリョフ）州の間に切れ目のないゾーンが形成されていることである。一方、ブレストゥ、ミンシク（ミンスク）、ヴィテブシク（ヴィテブスク）、フロドゥネンシク（グロドゥノ）においては、汚染は小部屋のような性質を持っていた。しかし、防火班は、これらのすべての州できわめて強力に、チョルノブィリ原発惨事結果処理に参加した。そして、もちろん、特別危険なゾーンにおいても。ビロルーシの火災警備も総合部隊を編成し、早くも1986年5月に30キロメートルゾーンに出かけた。

ボブル市戦時体制防火班−14作業者の
チョルノブィリ原発における事故結果処理作業参加についての証明書

　1986年夏から秋に、ボブル警備隊の隊員と機械は30キロメートルゾーンに継続して派遣された。また、5月23日から6月7日に、部の指揮官のВ・アゾウツェウ、運転手のВ・イヴァノウ、消防士のС・シュィシコウを含むグループは、ブラヒン区のコマルィン村に配置されていたビロルーシ共和国内務省民間防衛防火班の総合部隊に入って、森林と泥炭湿原の消火に参加した。あるときはАЦ−40（375）に乗って、くすぶりとほこりと熱暑が強まる条件のもとで、壊れた原子炉から5キロメートルのところの森林火災を消した。
　7月には、ブラヒン区のサヴィチ村に配置されていた同じく総合部隊の構成員である運転手のМ・ブブノウ、消防士のС・スィドレンコ、С・スコル、С・ボカチを含むグループが、避難地点の土地の除染作業を実施し、火災警備を確保した。幼稚園に住んで、自炊した。自由時間はほとんどなかった。時には、映画に行ってきたり、愉快な人々に会いに行ってきたりした。あるときは、われわれの部隊にヴァスィリ・イフナテンコの姉がやってきて、彼の人生や仕事について語った……。
　ある晩、休んでいると、スレートが「射撃を受けている」ように感じた。近くで建物の屋根が燃えていた。われわれは数分のうちに消火したが、家にいたのに何も気づいていなかった所有者は驚いていた。

ボブル市戦時体制防火班−14班長、В・ホトウツェウ

　全体として惨事結果処理に、モヒィリオウ州だけで178人の戦時体制防火班の作業者が参加した。ビロルーシの消防士の注意の対象は、主として、チョルノブィリ原発を含まない領域だったが、彼らは最小で20ミリレントゲン/時という死のゾーンの呼吸を完全に実感した。

モヒィリオウ市戦時体制防火班-6　戦時体制消防分隊-86運転手
オレクサンドゥル・ノジェンコ内務准尉の思い出

　「チョルノブィリへ私は志願して行った。そのころ、愛国的な標語があった。「私でないなら、誰が?」——それで私は自分を試すことに決めた。

　悲劇のあと、私は1ヶ月間に3回、自分を事故結果処理作業に派遣するよう上申書を書いたが、分隊長はすぐには行かせてくれなかった。そこに行けたのは1986年10月だった。

　私はチョルノブィリのあとアルマ・アタ市のサナトリウムで過ごしたが、いま、感謝とともにそこで会ったウクライナのスムィ市から来ていた消防士のことを思い出す。彼のグループは、原子炉ブロックの下から水をポンプで排出するために6月に派遣された。12月までは、彼はかろうじて歩くことが出来た。温かい湯の中でだけ体を洗い、熱いと失神した。しかし、私も働いてみて、充分に理解することになった。われわれは主としてゾーンを管理し、建物、森林、畑の収穫されていないライ麦などの発火を消した。ということは、消防士の普段の仕事は、高い放射線条件下でのみ行われたのだ。仕事のあとや、火災のない悪天候の日には、ブラヒン市の消防署建設をした。

　こっけいなことやおもしろいことも起こった。たとえば、われわれがホイヌィクィ（ホイニキ）市に着いたとき、私は放射能についてモヒィリオウの技術サービス部の同僚に尋ねた。彼は（あきれたことに）、掛け布団の上では全部一律に25レントゲンだと答えた。これを聞いて私は怖くて、夜眠りつけなかった。100レントゲンで放射線症が始まるのだから。朝計りなおして、すぐに寝入った。レントゲンではなく、ミリレントゲンだったことがわかったからだ。

　もう1つの事件も覚えている。われわれはチョルノブィリ市へ海軍服の上級中尉を乗せて行った。途中の話で、彼は軍の検事だということがわかった。発電ユニットの屋根から放射性黒鉛のかけらを落とすのを拒否した兵士たちを審判するために行くのだった。彼を送り届けてから、われわれはチョルノブィリ原発とプルィプヤチ市を見て回った。テリャトゥヌィコウ少佐の消防分署を見た。われわれの戦時体制消防分隊—86にとてもよく似ていた。燃えているブロックへ向けて貯水槽から水をかい出すのに用いたポンプステーションが置いてあるのを見た。私はブロックに手を触れてみたいほどだったが、近づくことは出来なかった。それは非常に放射能を帯びていたので、壁の周りにコンクリートが吹きつけられていた。プルィプヤチ市はとても美しかった。高層建築がたくさんあったが、まるで幻想的な映画の中のように見えた。地面の植栽が取り除かれ、樹木が切り倒されていた。建物だけが立っていて、大地はアスファルトで舗装され、ほこりが立たない特別な性質のもので覆われていた。

　事故結果処理作業は、私に跡をつけて通っていった。その作業は健康に刻印をつけた。18日間内務省の病院で、1ヶ月ミンシクの第3病院で、2ヶ月はモヒィリオウの放射線病院の支部で過ごした。しかし、私は自分の選択を後悔していない。人は誰でも自分の良心に責任を持って決定を下し、その責任を果たさなければならないのだ。

第6部　チョルノブィリ詰め

チョルノブィリの悲劇のこだまが、ヴィテブシクの消防士たちの心を今もいっぱいにしている。ヴァスィリ・チャブト大尉とアナトリィ・クィセリオウ大尉、ヘンナディー・ククシキン曹長、ウラドゥィスラウ・プロコシュィン少佐、そして地区の支隊の97人の真の男たちが、あの致命的な危険ゾーンで働いた。もちろん、あそこには健康というものはなかった。事故結果処理作業参加に対して、州部局の戦時体制防火班の前作業員M・プルソウは「尊敬」勲章を受けた。ゾーンでの作業のせいで、甲状腺の手術をしなければならなくなった。チョルノブィリでの彼の作業仲間のM・ポポウは、第2グループの障害者になった。M・ボンダリェウ少佐は年金生活者になり、まもなく死亡した。57年の人生だった……。彼がどこで三途の川を渡ったのか、誰にもわからない。

元ヴィテブシク市戦時体制消防分隊-24分隊長のアナトリィ・クィセリオウの思い出

われわれは自らすすんでゾーンにいったのではあるが、汚染された土地での作業とその結果が何を意味するのか、わかっていなかった。最初の部隊は、主として除染に携わり、その後の主たる課題は、泥炭湿原と無人の居住区の消火だった。

有刺鉄線の向こうの接収ゾーンに行ったときの第1印象は、非常にやりきれないものだった。何か完全な荒涼たる様。砂漠の静けさ。どこにも人がおらず、宅地には雑草がグリーンベルトのように茂っていた。時々、やせた野良犬がよろけながら走りすぎ、放置された家畜が弱々しい声を上げた。

出動の地区が決定された。場所に到着し、戦闘隊形に展開した後、消火を開始した。防護服とつなぎ服とガスマスクを着けて作業した。暑さといったら、30℃にもなった!

われわれが武装していたДП-5線量計は、使用するのに不完全で不便だった。100ミリレントゲン/時以上は、針が振り切れたのだ。定められた部署で働き通したが、次の1昼夜には、そこではすべてがふたたび煙の中だった。毎日そのようだった。

すべてのビロルーシの消防士は、泥炭の発火に特別気を使ったことについて語っている。

1986年の乾いた夏、泥炭湿原の火災は、面積だけでなく深さにおいても大きく広がった。火は、沼地の地下深くに隠れ、時々予期しない場所に飛び火した。

オルシャ市戦時体制防火班バブィヌィチャ村戦時体制消防分隊分隊長
Π・シャクノウ内務中尉は語る

チョルノブィリ原発で悲劇が起こった日、私はオルシャ市警備の自主戦時体制消防分隊の運転手として働いていた。災難は不意にやってきた。何が起こったのかがわかると、われわれの分隊の何人かの同僚は、チョルノブィリ原発事故結果処理に対して実際に支援を与えた

いという希望を示した。1986年6月1日、私は自分の同僚グループの1員として、ヴィテブシク市火災警備局の集合地点に到着した。われわれが何にかかわるのか、ゾーンで何がわれわれを待ち受けているのか、事故の実際の規模はどのくらいなのかをわれわれは知らなかったが、そこでわれわれの支援が必要不可欠だということは確かだった。その日、戦闘員を乗せた6台の消防用タンクローリーの縦列が、ホメリ州ブラヒン市の配置場所に着いた。

地元の住民たちが、心に痛みを抱き、目に涙を浮かべて、住み慣れた生まれ故郷の地をあとにして行ったことが、特に思い出される。完全に空の村や、所有者が残していった身寄りのない家畜が、ここでは最近まで平和な生活が躍動していたということを思わせた。青い空や緑の草やアルコール漬けの果実を見ていると、これらの場所で今後長期間生活が出来なくなったということが信じがたかった。ここでは、致死的な放射能は目に見えない。

危険にもかかわらず、われわれは時間を数えず費やした努力を数えず、自らの前に置かれた課題を実行した。たくさんの兵力とエネルギーが、避難ゾーン内の泥炭草原の消火に費やされた。そこでの火は、空前の旱魃のために大面積に広がった。泥炭地の消火には、食事のための短い休憩だけで、早朝から深夜まで働くことになった。無理な作業に機械は耐え抜かなかった。ポンプは故障し、消防ホースは燃えた。しかし、人々は自分の持ち場を離れなかった。火との戦いはまる19日間続けられた。

これらの日々に、われわれのうちに誰1人として、特典のことや表彰のことを考える者はいなかった。われわれはただ自分の責務を実行した。

チョルノブィリゾーンにおける19日間は、私と、ヘンナディー・マドゥディン、ヴォロドゥイムィル・マクリキン、イホル・ハルデュク、ムィコラ・リタソウ、ヘンナディー・ラピン、ウヤチェスラウ・フデレヴィチ、アンドゥリィ・ニコライェウ、オレクサンドゥル・シャバノウ、ヴォロドゥイムィル・ディドゥコウ、ヴァレリィ・コロウキン、ヘンナディー・パホムチュイクら私の同志にとって、勇気と大胆さ、献身と専門性の深刻な試練だった。現在彼らは皆、自らの活動に忠実にとどまりつつ、オルシャ市の戦時体制防火班の部隊に勤務している。

自らの総合部隊を編成したミンシク市の消防士たちも、本分を棄てなかった。すでに1986年5月24日に、その総合部隊は特別課題を実行するために、ホメリ州の南方に出かけた。ビロルーシの総合部隊は、ウクライナほどの人数がなかったということを言わなければならない。今話している部隊は、3部から成っていた。すなわち、ボルィシウ、ソリホルシク、およびモロデチェンの警備隊の19人だった。それは3台のタンクローリーを持っていた。しかし、兵力と装備の数の小ささにもかかわらず、ゾーン内のおのおのの支隊の前には、並外れた重さと大きなリスクをともなう課題が置かれた。

ジョドゥイノ市戦時体制防火班-6班長I・ラプコウシクィーの思い出

　ブラヒン市に到着すると、直ちに、戦時体制防火班本局副局長のЛ・ズィリから、10キロメートルゾーンのクリュカ村地区の泥炭地帯の火災を処理するという戦闘課題を受け取った。13～14時間作業することになった。戦闘課題の実行は、35℃の暑さ、燃えていた泥炭が非常に深かったこと、水道がないこと、地元住民がいなかったこと（その時までに立ち退かされていた）、損傷した原子炉のすぐ近くだったことなどのために、いっそう困難になった。原子炉は定期的に（15～30分ごとに）噴出物を吐き出しているように見えた。

　隊員の体調は悪かった。その時期、生活の条件を作ることも、妥当なやり方で食事を作ることもできなかった。

　食物の準備は自分ですることになった。我々の部隊はサヴィチ村の、立ち退かされた幼稚園に住んだ。この村は30キロメートルゾーン内にあった。

　火災には夜も出動することになった。空っぽの村や森の出火があった。

　6月はじめには、消火と並行して、ブラヒン村やいちばん近い村の除染を実施した。隊員はおおむね献身的に働いた。皆が、「ねばならない」ことを理解していた。

　ミンシク州の部隊は、その作業における立派な実績に対して、持ち回りのペナントによって表彰された。2人が「消防班のよりよい作業者」記章を授与され、私は「赤い星」勲章を受けた。

ジロブィンシク戦時体制防火班-9消火本部長上級助手のヴィクトル・バレカは語る

　1990年に30キロメートルゾーンにあるオレクサンドリウクのそばで、大きな火災が火の手をあげた。300ヘクタールの沼沢泥炭層が燃え、火は森を包んだ。火災が村に広がる現実的危険が生じた。私も同僚たちとともにその地獄に行くことになった。

　はじめ私は、さまざまなところから来た消防士たちだけを指揮したが、後に、州の総合部隊全体を指揮した。あの筆舌に尽くしがたい困難な状況を伝えるのは難しい。夏。耐え難い暑さ。あそこでの炎や強烈な煙や高レベルの放射能。人々は疲れ果てたが、いっそう緊張し、いっそう献身的になるほど、いっそう早く火をやっつけることが出来るということを理解していた。

　2週間、われわれは炎に水をかけたが、炎は幾度となく沼の深みから出てきた。そのような時、ポンプステーションを設置し、そこから水道の「モミの木」を出して自然の力にうち勝った。その地獄から私は「火災に対する勇気」メダルを運んできた。

　確かにあそこでは、メダルは出し惜しみされなかった。

　自然の力との不安な戦いは続いた。そして人々は、健康や生命の危険にもかかわらず、ただこの決闘に勝つために働いた。もちろん、名誉のためにではなく。

関与

　インターナショナリズムの概念は、チョルノブィリの長編叙事詩の中で、その第1の本物の意義をもつことになった。悲劇の夜に、ウクライナの消防士に向かって鳴り響いたNo.3警報信号は、その当時の連邦の最も遠い隅にいた人々の心臓と良心にまでたどりついた。
　この事件に参加した多くの人が、国のあらゆる地方のナンバーと記号のついた膨大な数の車に強い印象を受けた。それらの番号は、チョルノブィリの大事件に急ぐ友人たちの名刺のように思われた。ビロルーシ人、ロシア人、ヴィルメニア人、リトヴィア人、カザフ人、グルジア人が急いだ……。友好の肩の鋭い感覚が強さを加えた。ふたたび、あたかも戦争におけるかのように。最大の不幸のときにおけるかのように。
　そしてこれこそ真実だ。すべてのチョルノブィリのドラマに詰まっているもの——それは真実だ。あそこではそれを強調しはしなかったが、たくさんの証言の中に聞き取れる。これが真実だ。もう1度、ユリィ・シチェルバクの中編小説にもどってみよう。消防士の使命の特殊性に対する洞察力ある見方は、われわれにとって価値がある。彼は次のように書いている。
　「チョルノブィリ消防分隊のアナトリィ・ボルィソヴィチ・チェルニャク医療拠点主任は、彼がここに関係することになった原因であるあの医学的心理学的問題についてわれわれに語った。原発の原子炉のそばでは、いつ何時でも火との戦いに身を投じる準備のできた消防士によって、まる24時間の当直体制がしかれていた。それに加えて、消防士の総合部隊は、「通常の」火災とのたたかいにも参加することになった。それは、ゾーンにおいて泥炭湿原が燃えたときのことだ。ところが、ゾーン内で何度も起こったこれらの「通常の」火災もまた、通常ではなかった。その煙には、放射性核種のエアロゾル微粒子が含まれていたのだから……。火傷やけがが起こった。消防士の体全般にわたる状態の統制と、鍛えられた人々でさえたびたび上昇する血圧の監視と、食中毒予防のためのきびしい方策を採ることを、ぜひとも定常的に行う必要があった。
　われわれは、ウクライナ共和国内務省火災警備局局長のプィルィプ・ムィコラィオヴィチ・デスャトゥヌィコウ内務少将と、消防隊長のイェウヘン・ユヒモヴィチ・クィルュハンツェウ大佐と知り合いになった。クィリュハンツェウ大佐は、魅力的な教養ある勇敢でハンサムな人だった。モスクワからやってきたが、ここチョルノブィリの地で、ハルキウ管区、ドゥニプロペトゥロウシク管区、チェルカスィ管区、フメリヌィツィクィー管区の消防士という新しい親友を見つけた。クィリュハンツェウのモットーは、戦闘員の被曝する放射線量を限度ぎりぎりに出来る限り小さくするために、対象への作戦を最大のすばやさで実行することだった。
　すべての作戦は入念に計画され、ストップウォッチを使ったリハーサルが実行された。クィリュハンツェウ大佐は私に、彼らの分隊において、われわれの到着後すぐに、普通ではないが非常に記念すべき友情のこもった裁判が終わったと私に語った。2人の戦闘

第6部 チョルノブィリ詰め

員が裁判にかけられていた。彼らは、作戦を実行して、あの「権利」より多い2レントゲンを「つかんだ」ためだった。……」

ユリィ・シチェルバクによって記録された、最も困難なチョルノブィリ作戦の1つに参加した人々の証言も同様に、われわれにとって価値がある。「重い」水へのあの最初の攻撃について言えば、そのときには実質的に水素爆発の原因になったかもしれない原子炉崩壊の危険が、まだ存在していた。

すでに述べられたクィイウ管区、ジュィトムィル管区の消防士たちのこれらの作戦における英雄的活動を再評価するのは難しい。さらに、ロシア人のП・アウディェイェウ、Ю・コルシュノウ、М・アクィモウ、グルジア人のБ・ナナウのことを黙っているのは罪であろう。彼らもまた、最も危険なゾーンに自主的に行ったのだった。

ムィコラ・アクィモウ大尉は語る

非常に放射能の高いゾーンでわれわれは働くことになる、ということがわかった。それで、ズボロウック大尉とともに（かれはもう1人ズロビン中尉をともなっていた）、私たちは第1の当直として志願兵たちを用いることに決めた。8人の志願兵が必要であることが発表されると、整列していた隊員全員が一歩前に出た。彼らの中に、上級中尉のナナウとオリヌィクがいた。

われわれは夜中に灯火の明かりのもとで働いた。防護服を着て働いた。非常に具合がいいわけではなかったが、われわれには他の方法がなかった。これらの緑色の服装は、各科共通の防護服と呼ばれている。発電所内に形成されていた状況は、迅速に思い切って働かなければならないことの典型であったといえる。隊員は、与えられた課題を、当然なすべきものと受け取った。発電所においては、余分な指示や補足を耳にすることはなかった。作業あるのみ、だった。

ゾーン内でわれわれは、全部で24分間だけ働いた。この時間内に、およそ1.5キロメートルのパイプラインを敷設した。すべてがうまくいったように見えた。水を排出した。不幸そのものはやってこないようだった。

パイプラインの敷設と並行して、われわれは水の排出を始めた。そのとき、夜の闇に、誰かの車がキャタピラで動きながら、われわれのホースを押しつぶした。彼らは闇の中でホースに気づかなかったのだ。このように、足並みのそろわないことが起こった。これらすべては、高い放射能レベルのゾーンで起こった。誰も何も出来ない。身支度して、ふたたびそこへ出かけた。われわれの中隊の、別の志願兵のメンバーとともに出かけた。水は圧力のためにいく筋にもなって流れ、管は高圧に耐え切れず水が漏れた。水は放射能を帯びていた。この水の氾濫は余分な危険を作り出した。水漏れを押さえ、水が噴出しているところでホースの穴をふさがなければならなかった。

若者たちについて、私はなにを語ろうか？　われわれの人生においては、何でもあり、

だった。もちろん、違反のない任務というものはない。われわれはあそこにいるときに見たのだった。

いや、最初は、何も恐怖を感じなかった。つまり、何も起こらなかった。鳥だって飛んでいる。その後、被曝の読み取りが始まったとき、(われわれは各人自分用の個人用線量計を持ったのだが)、そして、われわれが自分の身体がレントゲンを集め始めたことを理解したとき、そのとき、まったく別の接し方が起こった。隠さずに言おう。線量計の読み取りが始まると、恐怖感がわき起こった。しかし、誰も弱音をはかなかった。皆が高い専門的技能を持って、勇敢に課題を実行した。われわれの中に腰抜けはいなかった。

課題はゾーンの向こうでも起こった。ゾーンに入ったとき、号令はまったくなかった。第一、不便だった。われわれはガスマスクをしていた。第2に、命令する気がなかった。第3に、迅速に仕事に取り掛からなければならなかった。若者たちに迷いはなく、不満を言う者はなかった。皆、レントゲンをすでに集めてしまっていたことを知っていたが、各人、自分の課題を実行した。

これらの仕事全部を、われわれは5月6日から7日の夜に実行した。その後、ポンプステーションの交換が行われた。

——これはチョルノブィリ長編叙事詩の最も重要な作戦の1つだということが、あなたにはわかりましたか?

——はい、わかりました。特に、将校たちは。われわれには、もし水が沸騰している油と出あうなら、これは爆発または極端な場合には水蒸気爆発になる……ということが理解できました。われわれ皆が理解しました。これは完全にわかりきったことでした。われわれは何が起こるか、わかっていました。

——あなたは消防士という職を選んだことを後悔していませんか?

——後悔していません。私自身はロストウシク州オルロウシク村の出身です。サリシク大草原です。ハルキウの内務省消防技術学校を卒業し、優等生でした。軍に入り、すでに6年勤めています。職業の選択に関しては、後悔していません。意識してそれを選んだのです。

——クィイウ全体が恐ろしいうわさの日々のうちに生きていました。あなたは何か異常なことを実行しているという感じがありましたか?

——われわれは自分の仕事をやったことで、ほっとした感じがありました。後にわれわれはインタビューを受けるだろうなどという考えはありませんでした。違うことを考えていました。つまり、この兵士はかなりのレントゲンを受け取っている、彼は休息しなければならないということです。

われわれは互いに助け合いました。

それから、われわれはどうやら英雄らしいということに気がついた。私はこんなふうに考えた。チョルノブィリで働いている人は、誰もがしなければならない仕事をしているのだと。何もかも、例外なしだった。われわれでないにしても、誰か他の人がわれわれの代わりをし

ただろう。われわれはただ専門家としてあそこに行った。

　1986年5月6日から7日にかけての夜、事故原子炉に対する最も優れた勝利の1つともいえるものが、歴史に加わった。このことを覚えておかなければならない。なぜなら、水を含む貯蔵タンクの上にそのとき猛威をふるっていた赤く燃えている炉心域は、実際上、ウクライナの上に超強力に迫る水素爆弾だった。ウクライナの上にか、世界の上にか？　それを言うのは難しい。なぜなら、地球という星の上には、まだそのような危機の情勢は生じたことがないのだから。間違っていいという権利は、ここにはなかった。最大の危険の根拠だけがあった。そして、遠いツハカィ市から来た19歳の青年はそのリスクにさらされた。その都市をチョルノブィリの風は脅さなかったはずなのだが。

ベスィク・ナナウ曹長は語る
　私はグルジアで生まれ、そこで育った。父は技師、母は会計係だった。私は1年半働いている。
　どのようだったかといえば、われわれはクラブに座って映画を見ていた。命令が来た。「中隊に火災警報!」　直ちに全員が集まり、中隊指揮官のアクィモウ大尉が言う。「若者たち、集合して、作業準備をするように。」安全措置についての指示があった。
　これを聞きおわったとき、私は自分の家やすべてのことを思い出した。しかし、（ご承知のように）、ねばならはい、これをぜひともしなければならない、と感じた。われわれが呼ばれたということは、われわれがあそこで必要とされているということだ。
　5月5日の朝、われわれはチョルノブィリに到着した。そこに丸1日とどまった。6日に、О・スヤトゥィノウ少将が到着し、次のような指令が届いた。すなわち、われわれの作戦専門グループは、発電所にいなければならない。完全な中隊が作られ、アクィモウ大尉が言った。「志願するものは1歩前へ」。あそこでは何でもありだ……。皆はきちんと1歩前進した。そして、最も健康で、身体的に訓練の出来ているものが選ばれた。私はスポーツをしており、柔道をする。われわれは車の準備をし、ホースラインを点検し、5月6日夜10時に発電所に到着した。「ベーテーエル」（装甲車）に乗って行った。そこには将校が4人いた。ズボロウシクィー大尉、ズロビン中尉、コティン少佐、そしてスヤトゥィノウ少将だった。われわれは8人で、軍曹と兵卒だった。
　少将はわれわれが到着したとき尋ねた。「直ちに開始するか？　それとも一服するか？」「すぐに開始する」ことに決まった。車から降りずに、直ちに仕事の区域に進んだ。
　そこに行って、ホースを引いて動かし始めた。夜の2時半に仕事を終え、体を洗い、シェルターの中で横になって休んだ。朝の5時に指令が来た。ふたたびあそこへ。何かの偵察がキャタピラで通って、ホースが切断されたらしい。汚染水が出ていた……。起き上がって、着替えをして、事故現場に着き、ホースを交換し、後ろへ。これらすべてを25分ほど続けた。

3時間経過した。そこではヘリコプターが常時当直をしていた。ホースに穴があいて水が噴出している、という報告がヘリコプターからあった。撤去しなければならない。われわれはふたたび起こされた。われわれは直ちにそこへ行った。穴をふさいだ。それですべてだ。われわれはすぐに交代させられ、検査のため病院に送られた。

　気分はすぐによくなった。父にはこのことは書かなかった。しかし、予想通りのことになった。私には休暇が与えられ、私は帰宅した。父は軍の書付を見た。それには被曝線量が記載してあった。父は私に尋ねた。「おまえ、どこから帰った？　これは何だ？」　私は誰からも具体的に何も説明されていなかった。しかし、父はこれを見て理解し、直ちに見破った。彼は言う。「話しなさい。何があったのだ？」　私は何とか気持ちを落ち着かせようとした。私はそれがどんなであったか、そのままの形では話したくなかった。しかし、すべて、わかってしまった。

　われわれにはよくわかる。しかし、理解すべき人が理解していない。そして、深く考え込む。何が？　いったい何がこれらの若い人を、このきびしい夜に、散乱した原子炉の火山の下に連れて行ったのか？　いったい何が、彼らをただの「誰か」の代わりに具体的な「私」として応えさせたのか？　そして地獄そのものの中に行かせたのか？　あそこで、いのちのシンボルのはずの水が、危険な死をもたらした！

　Ｂ・ヒリャロウシキィーの「消防士1人1人が英雄だ」という熱のこもった主張ですら、これらの問いへの答えを与えない。その応えはこの上なく深い。そして各人は、自分自身でそれを見つけなければならない。

12年後のまなざし　23

ヴァスィリ・コブコ
　　ウクライナ内務省国家火災警備本局錬兵組織部長　内務中佐

通り過ぎないもの

　誰だって友人が悲劇の場所にいることを知れば、仕事部屋にじっとしていることは出来ない。私は数分で家に駆け込んで、当直作戦グループの一員として出張に出発することを妻に知らせた。プルィプヤチには4月28日の昼食時に到着した。町はほとんど無人だった。昼食のために食堂についたときにはサービス係がひとり仕事場に残っていたが、バスでこのきれいな地区から出発して、もう戻らない。

　その日の夕方、クィイウ州火災警備支隊が配置されていた自主戦時体制消防分隊-6から隊員と機械がチョルノブィリに配置転換された。プルィプヤチにはビロツェルキウの

戦時体制火災警備部隊の1つの部が残った。事故現場に最初に到着した部局の指導者を、病が打ち負かした。彼らは治療施設に送られた。

　火災警備局の指導者は、火災警備総合部隊の編成に関する命令に署名した。それを指導したのは、経験あるB・ダヴィドウだった。B・メリヌィク少佐は、186人の戦時体制専門のクィイウ州火災警備の作業者からなる部隊の副隊長の職務に、私を候補者として提案した。私はそのとき中尉だったが、大尉や少佐に委託するのは何か都合が悪いのだろうと私には思われた。この計画において、問題は何も起こらなかった。われわれは命令を実行することを教えられていた。

　率直に言えば、人々とともに働くのは容易ではなかった。ある人はいらだっていたし、またある人は絶望におちいっていた。しかし私の消防士仲間の圧倒的多数は、自分の責務を誠実に勤勉に実行した。その中には市民、州のボフスラウ専門火災警備、ムィロニウカ専門火災警備、カハルルィク専門火災警備、クィイェヴォ・スヴャトシュィンシク専門火災警備その他の地区の作業者がいた。

　施設とゾーン居住区の防火を確保することがわれわれの課題だった。後に部隊を配置換えする命令が入り、5月1日にはすでに隊員がイヴァンキウから遠くない川岸にそろった。そばに、タンクローリーと特別な機械が整列させられたが、それらはその後火災警備の任務で使われることはなかった。放射線がその邪悪な仕事をしたからである。

　チョルノブィリ市には、27人からなる4つの部が当直に残った。その中には女性が2人いた。ナーヂャ・ヂャチェンコとハーニャ・ステパノヴァである。彼女たちは通信計器を守り通した。

　メーデーは晴天で暖かかった。誰かが早くも制服を川で洗っていた。われわれの仮の村のそばには、すばらしい草地があった。昼食の後、ここにはたくさんの地元の青年が集まり、われわれはサッカーの親善試合をすることにしてあった。疲れていたにもかかわらず、競技は、並外れた一喜一憂を呼び起こして行われた。

　5月3日、チェルニヒウ州の消防士たちが、交代としてわれわれのところに到着した。この支隊の隊員はよく準備されており、われわれの部隊には残念ながら無いような個人用の保護機材を持っていた。

　イヴァンキウ地区病院でわれわれは皆検査され、そこからクィイウへ帰った。機械も同様に常置すべき場所に帰ったが、あまりに汚染されていたので、ゾーンに送り返された。家に帰って、次の日、われわれは早くも任務に着いていた。われわれは仕事場で昼を過ごし、夜をすごした。ポドルの部局は、われわれのためのもう1つの家になった。

　もっとも残念なことは、実質的に火災警備局のすべての指導者が、病気のために長期間にわたってその地位からはずされたことだった。それで、支援として、ドネツィク、ドゥニプロペトゥロウシク、リヴィウの各州の代表者たちが到着した。

　われわれの仲間のB・プラヴィク、B・キベノク、M・ヴァシチュク、B・トゥィシュラ、B・イフナテンコ、M・トゥィテノクの死は耐えがたかった。私はヴィーチャ・キ

ベノクとヴァーシャ・イフナテンコをとくによく知っていた。まだ冬に、事故の前だったが、私はプルィプヤチ市に出張に出かけた。若くて有能な組織者のO・イェフィメンコが先頭にたっていた自主戦時体制消防分隊-6の若者たちは、スポーツが好きだった。われわれは、マイナス20度以下の寒さの中、消防署近くの広場に出て行って、ほとんど毎日サッカーをした。ヴィーチャ・キベノクは、この集団の一員だった。

しかし、早くも運命は私に、エネルギー産業の新しい町、スラヴートゥィチにおいて、火災警備を創設する、という仕事につくように命じた。ある夕方、部の当直が私の家に電話をかけてきた。そして、私に、チェルニヒウ州へ出張する準備をするようにとの火災警備局指導部の指図を伝えた。翌日の朝には、私とB・トゥルィプティン大佐とM・クッパ中佐は、すでに新しい町の建設の準備が始まったばかりのチェルニヒウ管区のリンクィンシク地区にいた。ネダンチュィチ村に到着した。ここで早いテンポで、森林の伐採が行われた。村の境は、すでに施設区域の社会的安全を監視していた民警の作業グループが分宿する、通常の建築用敷地に接していた。私は彼らの移動宿舎に住まわせられた。ヴィクトル・ヴァスィリオヴィチ・トゥルィプティンは、ネダンチュィチ村に火災警備支隊を組織するという課題を立てた。

すべて、ゼロから始めることになった。定員は認められず、専門的な機械はなく、部屋はなかった。幸いなことに、市政指導部の支援があった。専門消防分隊隊長には、専門家の一人で、長年村で働き、人々や土地をよく知っていたトゥィシチェンコが推薦された。非常に古いが踏破力の大きいタンクローリーが選び出された。消防署の下は、施設の公用車のためのできたてのガレージが占めた。ネダンチュィチと隣接の居住区から、消防部での仕事に人々が選び出された。しばらくたって、ネダンチュィチ村に到着したB・トゥルィプティンは、車のボンネットの上で、部の主任の任命とその最初の作業に関する命令に署名した。そのときから、専門消防分隊-7の活動も始まった。それは後にスラヴートゥィチ市の警備のための独立国家消防署-15に再組織された。現在、町には、設備のよい消防署が建設されていて、2つの支隊が戦闘当直を担っている。

多くが変わった。あたりも。われわれの中も。しかし、記憶は、あの多難な不安な日々に何度も何度も立ち返る。おそらくわれわれは、永遠にあれらの捕虜である運命だったのだ。

12年後のまなざし　24

ヴィクトル・ドマンシクィー
　　在キロヴォフラドゥ州ウクライナ内務省部局国家火災警備局局長　内務大佐

第6部　チョルノブィリ詰め

早朝から深夜まで

　ウクライナ内務省火災警備局の指図に従って、第1四半期の終わりにチョルノブィリ当直に出発することになるということを、私は1987年の初めから知っていた。3月15日、私はチョルノブィリ原発と対策ゾーンの防火班指揮者に任命された。仕事はあまりにも重大で責任が重い、ということを私は自覚した。それで、初めのうちから、なるべく多く支隊や施設にいて、域内のことを調べるよう努力した。率直に言えば、当直のとき、活動のプランはすぐにははっきりした形をとらなかった。そのことで頭はひからびた。

　火災警告や消火以外のことにも携わった。消防自動車のための16区画ある車庫の建設に着手した。冬のあと、領域をしかるべき状態にもっていった。戦闘当直時間からはずれている隊員は、宿舎の2階建て建物の修理に従事した。そこにはあらゆるものに加えて、快適なサウナや、チョルノブィリ詰め消防士たちの偉業を具現化した物を置いた部屋が備え付けられた。防ガス・防煙班の基地が、チョルノブィリ原発の警備のために消防分隊に直接配備され、活動に導入された。

　4号発電ユニットでの消火の詳細な計画が練り上げられた。10台の手入れの悪い消防自動車を自分たちの力で修理した。われわれは定常的に、石油基地と工業ゾーンを監視した。いかがわしい者どもが市民の財産を食い物にしようと、これらの施設に入り込もうとしていたからだ。

　会議を開いて作業の計画を立てているひまはなかった。夕方遅くその日の結果を確認して、疲れて、今晩が穏やかになるのかどうかもわからずに、「死んだように」眠る。

　このような1ヶ月だった。私と同郷のM・コルニィェンコ運転手は、ウアーズ車に指導部を乗せていたが、途中の森や泥炭湿原で火災が発生するのに時々出くわしたことを思い出している。そのときは、何ら特別な機材なしに、移動しながら、それらを消さなければならないことになった。Π・デスャトゥヌィコウ将官がいかに根気よく機敏に、枝で火を消したかについて、M・コルニィェンコは語っている。私はそのような状況を非常によく知っている。ゾーンでは装甲車に乗って、毎日100キロメートル以上踏破していた。そして森の中や野原で、始終火災中心に出くわした。それで、それらを見れば、止まって、手持ちのもので処理しようと試みた。

　我が民族はほとんど素手で、このようにして、悲劇の最初の日から、核の自然力に立ち向かっていった。時々私はそう思う。生命と健康を投げ打って……。巨人のような仕事の年月を投げ打って。

　しかし、問題は永遠に残った。

　キロヴォフラドゥにおいては、チョルノブィリ悲劇10周年記念日に、非常に象徴的な記念碑が除幕された。大きな、3メートルの高さの黒味がかった石が大地に倒れそうに傾いていたが、人々がそれに自分の肩を差し出して、石が崩れ落ちないようにしていた。まさにチョルノブィリは、一瞬の偉業ではなく、時間で決められた労働でもないのだ。

その黒い重圧を、われわれは常に受け止めている。私はいつも、放射性核種を「持ち歩いている」と感じている。時々、年に何回か、どうしても病院に入院しなければならない。しかし、私は敗北を急がない。あらゆる危険からの最良の救いはすきな仕事である、というのは当然のことだ。それで、自由な自分の時間さえも、いつも職務にあてた。信念はまだ力強さを加えている。つまりわれわれはこうして、この黒い大きな塊に耐え抜いている。ただ、あのような貴重な価値ある者たちのことが、惜しまれてならない。

12年後のまなざし　25

ヴァスィリ・ヤンチェンコ
　　在ヴォルィニ州ウクライナ内務省部局国家火災警備局局長　内務大佐

さらに1つのNo.3呼び出し

　われわれヴォルィニの消防士たちは、独自の総合部隊を編成しなかったが、事故の初期から、事故結果処理作業に活発に参加した。戦時体制火災警備と専門的火災警備の66人の作業者がすべて、チョルノブィリの炉を体験した。消防の当直主任や自主戦時体制消防分隊-1分隊長から火災警備部局長に至るまで、だれも不幸から身を引いて残ったりはしなかった。

　隊員は、力も健康も惜しまずに働いた。爆発の1週間後に早くも厄介な仕事の場所に到着した2つのポンプステーションПНС-110、2つのホース車АР-2、連結のポンプステーションПНС-75/100、防ガス・防煙班の移動可能な基地とその他の機械は、チョルノブィリの大地に永遠に残った。ヴォルィニの消防士は事故結果処理作業に、1986年は17人、1987年は19人、1988年は10人、1989年は14人、1990年は6人参加した。彼らは他の人と同様に、稼動中の原発の発電ユニットを火災から守り、人が避難して無人になったプルィプヤチ市や、チョルノブィリと30キロメートルゾーンの村の防火に携わり、泥炭湿原や森林の火災を消した。

　1987年9月22日9時20分にチョルノブィリ原発の建設基地で発生した、No.7建造物構成単位の金属倉庫における火災が、自分の熱い記憶の中にたくさん残っている。

　軍管区部長Ｂ・ヴォロノウ上級中尉を先頭にしたチョルノブィリ原発警備の戦時体制消防分隊-2当直警備が到着したとき、炎は面積にして720平方メートルの倉庫の建物を、完全に包んでいた。放射能のレベルは250〜350ミリレントゲン/時だったが、風下の側では、1時間当り1レントゲンにもなった。隣の、黒鉛のあるNo.8倉庫と、金銭的に価値のあるものを収めたNo.6倉庫に、炎が移る危険が生じた。

　第1消火指揮者のＢ・ヴォロノウ内務上級中尉は、放射線量計測と消防上の調査の後、高水準の2つの筒先ГПС-600を消火に、1つの「Ａ」筒先を黒鉛倉庫の防護に導入した。

無線連絡で、追加の兵力と機材が呼び出された。
　9時46分に、自主戦時体制消防分隊-16の当直警備、2つの戦闘部の警備、消火の当直、Л・スタスィシュィン内務少佐を先頭とする戦時体制消防分隊-3の放射線量計測班と医務班が、呼び出し場所に到着した。少佐は状況を確かめた後、早くも途中で呼び出しNo.3を宣言して、軍部の自動散水ステーション5基と30立方メートルの水を入れたタンクローリー1台を追加で要求した。
　消火指揮者-2の指図に従って、放射線バックグラウンドの詳細な調査が実施され、その後、消火が開始された。
　放射線量監視員と医師は、隊員の配置に関する助言を与えた。戦闘部隊の人々の滞在時間は、その後の交代や最も放射能レベルの低い場所での作業遂行を含めて、15分までに制限された。
　隊員交代の直接の監督は、В・シュクリン医師、放射線量監視員のВ・クィコチとА・クラヘンが行った。
　9時52分に、火災現場に作戦体制ゾーン防火班班長と、ウクライナ共和国内務省作戦グループ代表者のモウチャン内務少佐が到着した。
　消火指揮者-3の指示に従って、作戦本部と後方の仕事が組織された。火災は3つの戦闘部隊に割り振られた。
　短時間に、消火および隣の倉庫の防護のために、5つのГПС-600筒先、5つの「А」筒先、トラック「ベラーズ」車台上の30立方メートルの容量のタンクローリーからの架台筒先が提供された。火災現場まで水を引き込むために、5台の消防用タンクローリー、5台の自動散水ステーション、「ベラーズ」車が設置された。
　戦闘場所で火災警備の隊員は勇敢に活動し、高い専門的技術を示した。
　11時05分に、720平方メートルの面積の火災が局所化され、13時30分に処理された。
　確かな指揮と隊員の献身的な活動のおかげで、黒鉛のNo.8倉庫では合計20,000,000カルボヴァネツィ以上が、金銭的に価値のある物を保管したNo.6倉庫では合計100,000カルボヴァネツィが火による壊滅から救われた。
　消火に参加したのは、全体として、隊員50人、消防用タンクローリー10台、自動散水ステーション5台、トラクター2台、消防機械15台、ブルドーザー、「ベラーズ」トレーラーに乗せた水槽1基、その他の機械である。
　これは、チョルノブィリ発電所そのもので直接火の手をあげた大きな火災の1つである。一方、「普通の」火災は、特に森林でたくさん発生したが、それらはどれも異常なものだった。30キロメートルゾーンの火も煙も、特殊な危険をもたらしたからである。その煙の苦しさを、今もなおわれわれは呼吸している……。

12年後のまなざし　26

ウヤチェスラウ・チュチコウシクィー
ウクライナ内務省国家火災警備本局副局長　内務大佐

火を以て火を制す

　私は、チョルノブィリ原発の作戦体制ゾーンでのクィイウ州内務省部局火災警備局副局長の職務を提案され、承諾した。そして、1987年3月に、課された責務の実行に着手した。任命されるとすぐ次の日に、私はウクライナ内務省火災警備局副局長のB・フリン内務大佐とともに、チョルノブィリ原発のゾーンに出かけた。B・フリンは私を原子力発電所の指導部と「プルィプヤチ」研究生産連合会に紹介したり、仕事の状況を知らせたりした。

　チョルノブィリゾーンと原発そのもので隊員が滞在しているときの条件は、戦場に近かった。チョルノブィリ市に配置されていたNo.16消防分隊の、修理されていない宿舎や部屋に、200人以上がひしめいていた。

　そのとき、汚染がひどかったので、原発警備のNo.2消防分隊は作業をしていなかった。

　発電所を警備していた当直の警備隊は、1号発電ユニットの機械建屋内で直接任務についていた。仕事を実行するときの規則や、警備任務についているときの休息のための規則は何もなかった。

　ゾーンとチョルノブィリ原発警備の支隊隊員は、ウクライナ内務省指導者の認証を受けた指令書に従って、州の内務省部局火災警備局－戦時体制火災警備から派遣された同僚によって補充された。

　私には次のような課題が与えられた。

1. チョルノブィリ原発および30キロメートルゾーンにおける火災警備支隊の活動を再開すること。
2. 指示された施設における任務の特殊性を考慮して、標準化された文書を立案すること。
3. 支隊を定常的な隊員で補充すること。そして、それを作業の当直方式に組み込むこと。
4. そのとき、（ゾーンとチョルノブィリ原発のモニタリングシステムに関する唯一の記録を有している放射線監視部から）要求のあった放射線量監視モニタリングを組織すること。
5. 支隊の中に、職務や休息や余暇の実施のための、標準化された規則を作ること。
6. 1986年から1987年に使用された機械を、それらを再使用することを目的にした除染と、不良品検出とに付すこと。除染の対象にならなかったものを埋設場に埋める

こと。
　7.　1号発電ユニットの機械建屋の当直警備を移動させ、チョルノブィリ原発警備のNo.2消防分署の部屋の放射能汚染除去と修理を行い、仕事に供すること。
　8.　ゾーンおよびチョルノブィリ原発において使用されるすべての消防用機械の技術サービスのための規則を、自主戦時体制消防分隊−16の領域に作ること。
　9.　保健所、30箇所の宿舎、自動車20台分の車庫駐車場を建設し、分署域内における秩序維持を提起すること。
　10.　原発の防火保護のレベルを常に強化すること。
　そのような重要な問題の解決のために、信頼できる補佐役、つまりその仕事上の関心が個人的なもの以上であるような人が集まる必要があった。そういう人たちが探し出された。В・フルショウヌィー少佐、М・ブトゥィメンコ上級中尉、К・ボロトゥヌィコウ中尉、І・コヴァリチュク少尉、О・コザコウ大尉、В・ミトゥラ中尉、О・サンドゥルィハイロ大尉、М・ドツェンコ大尉、О・ボフダノウ曹長、О・バシャ軍曹、А・ハロハン軍曹、Б・ヴォロナ軍曹、Л・タラセンコ軍曹、А・クラウチェンコ軍曹、С・フメニュク軍曹……。
　1987年のうちに、時間表にしたがって、30キロメートルゾーンに30昼夜ずつの期限で、ウクライナの州火災警備局−戦時体制火災警備の指導者の同僚が派遣された。彼らも私を支援して、困難な課題を解決した。
　1987年から1991年の期間、われわれは実質的に企画を完全に実現した。われわれは以前の支隊の活動を再開し、補充を行った。使用できない消防用機械を埋設場に埋めた。宿舎や消防分署の部屋を建設したり、修理したりした。一言で言えば、考えつくことは何でもやった。
　これらの隊員とともに、さまざまな火災の処理に参加した。そして、火災警備支隊の専門能力にとって最大の試練であった1991年10月と1992年5月を耐え抜いた。10月10日から11日にかけての夜に、2号発電ユニットで異常な事件が起こった。No.4ターボ発電機の密閉がやぶれた結果、発電機内の冷却材である高圧の水素が、機械建屋の室内に流れ出た。火の炎は天井のあちこちに飛んだ。覆いを支えていた金属製の構造物は、高温のために耐久性を失い、2,500平方メートルの面積の覆いが崩れた。火災は瓦礫の山や機械建屋の覆いに広がった。しかし、支隊は立派に働いて、実際に火を消した。特に、追加の補充兵力（チェルニヒウ州およびジュィトムィル州）の組織化がうまく行われた。
　1992年5月に、もう1つの試練に耐えることになった。ビロルーシの領域で広がった森林火災の情報をわれわれが受け取ったのは、4月30日だった。それはビロルーシの側から拡大し、ウクライナの領域に30キロメートルの近さの前線となって移動した。接収ゾーンだけでなく、ジュィトムィル州の非避難域も危険だった。その克服のために、7昼夜が必要だった。消火にはあまり使われない向かい火の方法が適用されたが、これには多大な準備作業が要求された。

5月7日と8日に、そのような準備作業のあと、私は（ウアーズ車のハンドルを握っていたが）、車から出て乾いた牧草の鉱物化された帯に沿ってトーチで火をつけたB・コウシュン大佐と、突撃の役割を実行したB・ミトゥラ中佐とともに、この計画を成功させた。ほとんど30キロメートルもの火の前線を、他の方法によって食い止めることはきわめて困難だ、とわれわれは考えたのだった。

　ウクライナ内務省火災警備本局指導部は、われわれの活動に高い評価を与えた。これまで述べた火災は、チョルノブィリ原発および30キロメートルゾーンにおいて、高い専門性を備えよく準備された火災警備があったことを示した。疲れ果てた労働の5年は、自らの実を結んだ。

第7部
科学が肩を
さし出した

戦時体制において

　世界史上類のない惨事は、つぎつぎに新しい普通でない問題をひき起こした。それらの解決には、国レベルの科学力の参加が必要とされた。もちろん防火班においても、新しいやり方と、異常な作業条件や放射能汚染されたゾーン内での特殊な仕事に対応する、専門的武装の改善が要求された。

　チョルノブィリ原発事故の影響を制限するための科学研究の主要な課題と組織の形態は、1986年11月1日付ソ連邦閣僚会議の決議によって作られた。この文書は、1986年から1990年におけるコムプレクスのプログラムの枠内で研究を展開させることを見込むもので、6つの優先的な科学分野を含んでいた。すなわち、生態学、放射能汚染の監視と予測、放射線医学、農業放射線学、除染、機械および技術である。

　全般的指導を実行しこれらの研究を調整するために、またプログラム実行の進行と到達した結果を総括監視するために、チョルノブィリ原発（所長はアカデミー会員のA・アレクサンドロウ）における事故結果処理に関連した科学的問題の官庁間調整会議が作られた。

　その仕事に、ウクライナ科学アカデミーから会議副議長の役で加わっていたのは、アカデミー会員のB・トレフィロウだった。

　会議は、時間のかかる性質の基礎的研究を組織する課題を臨機応変に解決し、同時に、惨事の影響を最小にするための具体的課題の解決について、科学的助言を与えた。

　1990年には、1990年から1995年の事故処理作業を科学的に保証する、連邦共和国のプログラム創設の仕事が続いた。そのとき、優先的方針のリストに、もう1つ、「チョルノブィリ原発における事故結果の社会心理学的および法的視点」が加わった。この方針は、ソ連邦とウクライナとビロルーシの科学アカデミーが指導した。

早くも1986年6月に、直接ウクライナ共和国とビロルーシ共和国の科学アカデミーの間で、チョルノブィリ原発事故結果処理について科学研究共同プログラムを準備して実現することが了解され調印された。チョルノブィリ悲劇に襲われた共和国の科学的機関の間で、つねに確実な情報を交換する組織が必要不可欠であったからだ。

　1986年に、ウクライナ科学アカデミー、企業、連邦と共和国の省・部の組織の間で、緊密な接触が準備された。すでにこの年のうちに、チョルノブィリ問題の解決に向けたウクライナ共和国科学アカデミーの科学審議会と、中型機械省科学技術会議の放射線生態学部会の会合が再開された。そのとき、国家水質・環境管理委員会と原子力エネルギー省とソ連邦国防省の指導部の間で、たくさんの共同決議が採択された。

　すでに1986年6月3日に、作戦委員会（後に改称されて、ウクライナ科学アカデミー幹部会の常設の委員会となった）が創設された。それは幹部会の作業組織であるが、機関と企業と科学アカデミー組織の活動の指揮を実行した。また事故結果処理問題についての提案の専門家による科学的鑑定を実施したり、アカデミーと内閣および部局の連絡を確保したり、指令組織と政府委員会の提案を準備したりした。それを指導したのは、ウクライナ科学アカデミー会員のB・トゥレフィロウで、彼を補佐したのは、アカデミー会員のB・バルヤハタルとB・クハルだった。

　事故後の初めの1ヶ月、委員会は戦時体制で働いた。きわめて難しいありとあらゆる提案とプロジェクトが、ウクライナ科学アカデミー総裁Б・パトンも加わって審議され、彼によって認証された。アカデミーのいくつかの部において、事故の影響を最小にすることについて実行したり提案を検討したりする、委員会と作業グループが作られた。

　化学部では、水の除染と浄化の化学的方法に取り組む作業グループが機能していた。地球に関する科学部には、給水と水源保護の問題の官庁間委員会があった。

　事故の最もきびしい時期には、損傷した4号発電ユニット、企業敷地、発電所に隣接した地域などの除染と、共和国住民の給水問題とに主たる注意が払われた。チョルノブィリにおいて、ウクライナ科学アカデミー本部が作業を開始した。惨事によってひき起こされた問題の能率的な解決に、アカデミーの30人の科学者と20の独立採算制機関が積極的に参加した。

　巨大な資金と物質的・技術的資源が、計画されたテーマからチョルノブィリ関連の緊急課題解決へ移された。早くも1986年5月3日に、ウクライナ科学アカデミーの核研究所、物理学研究所、金属物理学研究所の科学者班が、クィイウの全ミルク工場において、生産物の24時間放射能監視を実施した。

　この措置は、実質的に首都の住民の健康に対する放射性ヨウ素の放射線打撃を弱めた。

　事故を起こした発電ユニットの状態を診断する問題には、特別な注意が払われた。短い期間に、ウクライナ科学アカデミーの核研究所は他の組織とともに、中性子線束、ガンマ線放射、温度、熱線束などの測定器を、水を抜いた粘土泥しょうタンクの中に設備することについて、ユニークな技術的解決策を立案して実現した。それは「シャトゥロ」診断システムの要素でできていて、今日まで発電ユニットで利用されているが、すでに機能的に独立した体

制にある。研究所のこの分野の専門家によって、次のような放射線量計測機器が考案され、大量生産に導入された。ラジオメーター「ベータ」(1986年)、線量計-ラジオメーター「プルィプヤチ」(1989年)、線量計-警報計「ロシ」(1990年)。

　1986年10月に、B・フルシコウ名称サイバネティクス研究所とウクライナ科学アカデミーの地質化学と鉱物地質物理学の職員たちは、他のアカデミー研究所の専門家らと共同で、ドゥニプロ川カスケードの予測とモニタリングのシステムを立案した。結果として、許容基準境界以上のドゥニプロの水汚染は起こらないという信頼すべき予測が得られた。その年の12月に、地質化学研究所とサイバネティクス研究所の科学者たちはウクライナ地質学省と共同で、地下水汚染の最初の予想を行った。

　共和国領域内の放射能汚染（セシウムとストロンチウムそれぞれ別に）地図作りに、科学アカデミーの学者たちは活発に働いた。その最初のものは、早くも1986年7月までに準備された。

　事故後の最初の1ヶ月のうちに、アカデミーの科学者によって立案され導入された除染の効果的方法のおかげで、4号発電ユニットの瓦礫の山の放射性エアロゾル濃度が低められた。

　ほこりを抑えて土壌を固定する、化学薬品と方法も立案された。

　飲料水から放射性核種を除く方法が、ウクライナ科学アカデミーのコロイド化学・水化学研究所の専門家によって提案され、実質的に適用された。

　科学アカデミーの学者たちは、他の省や部局の専門家たちとともに、地方と共和国の指導部に対して、組織として決定することを要求する提案を逐次行った。それで早くも1986年5月20日に、ウクライナ共産党中央委員会政治局は、放射能汚染してしまったクィイウと他の居住区へ、保護された地下水と浄化された川水を供給するという学者たちの提言を審議して賛成した。

　ウクライナ科学アカデミーは、組織の長の審議へ提案を率先して出した。そこでは、チョルノブィリ原発の30キロメートルゾーンの住民の避難先からの復帰は適当でないこと、これらの地域における現行の経済活動を中止すること、そこで科学的なポリホン（新しいものを検討する試験場）網をぜひとも創設すること、発電所の5号および6号発電ユニット建設を中止すること、などの問題が提起されていた。ウクライナの州と大都市の放射線生態学的モニタリングシステムを作る問題も持ち上がり、30キロメートルゾーン内の放射線状態の安定化についての措置が計画された。これらの提案はすべて、部分的にあるいは完全に実現させる、ということが承認された。

　ウクライナ科学アカデミーのイニシアチブのうちのいくつかは、ソ連邦政府の中で支持を得られなかった。たとえば、プルィプヤチ川に新しい河床を創設して、最も汚染のひどい地域から離れたもっと南のほうを通す、というウクライナ科学アカデミーと水経済省の提案は却下された。ウクライナの水文地質学者によって提案された、プルィプヤチ川を冷却池地区の地下水汚染から保護するオリジナルな方法は、政府委員会が拒否した。かわりに保護には巨大なボーリング孔が有効だとして作ったが、それは今も役に立っていない。

科学アカデミーと特別企業体「コムプレクス」の専門家たちによって作られた接収ゾーン稼動の基本理念も、政府組織は実現化しなかった。そのため、そこで実行される作業の有効性が低くなった。

　惨事結果処理の方策は長期間続ける必要がある。それらを科学的に基礎づける必要性を考慮して、ウクライナ科学アカデミーの機関は、1987年に、つまり事故の「つらい」期間が終わったあとで、すべての作業が科学的に行われるように努力を集中させた。それらははじめのうち連邦のプログラムの枠内で行われたが、1992年からはウクライナが行うようになった。

　チョルノブィリ惨事問題の研究は、核研究所、腫瘍学・放射線生物学問題研究所、コロイド化学・水化学研究所、金属物理学研究所、植物学研究所、動物学研究所などにおいて、最も活発に行われた。これらの研究を強化するために、ウクライナ科学アカデミーの幹部会は1991年に、環境の放射線地球化学部と、新しい研究を討論する放射線水文地質生態学の科学技術センターを創設した。

　現在、アカデミーの機関は、「1993〜1995年、および2000年までの期間におけるチョルノブィリ惨事結果処理と住民の社会的保護に関するウクライナ国家プログラム」の立案に活発に参加している。このプログラムは、別に科学研究作業の完全な複合体をもくろんでいる。

　計画された研究の主要な目的は、事故の被害にあった住民の活動を最適化する科学的基礎づけ、汚染された領域の復権についての勧告、自然保護活動の科学的基礎づけ、事故に対するエコシステムの耐久性の堅実な技術的問題研究、「掩蔽構造物」の核と放射線に対する安全性保障、放射性廃棄物の局所化と埋設、住民の線量負荷を低くするための実質的勧告をすることなどの立案と改善である。

防火班の研究者たち

　チョルノブィリゾーンの防火班の前におかれた課題の解決にむけて、事故の初期から、ソ連邦内務省防火警備の全ソ科学研究所が動員された。その活動には主として2つの主要な方針があった。すなわち、チョルノブィリ、クィイウ、モスクワの防火班本部による協議を支援することと、新しい消火用物質をみつけて、チョルノブィリ原発で起こりうる火災を消すときに、それを適用する方法を探究することである。

　そのとき全ソ科学消防研究所は、自らの支部をウクライナの首都にも持っていた。それで早くも4月26日にその作業者グループは、原発の4号発電ユニットの火災中心を鎮めるための粉末消火剤混合物を適用しにチョルノブィリに出かけた。

　このグループは事故域において、破損した原子炉に粉末消火剤、ホウ酸、砂などを、ヘリコプターを使って投下するための特別なコンテナの図面をただちに立案した。そのようなコンテナはきわめて迅速に準備され、空軍の代表者と共同で、指示された物質を投下する技術の完成と、事故を起こした発電ユニットの噴火口への最初の試験飛行が実施された。

　4月27日に、第1グループの交代として、全ソ科学消防研究所のクィイウ支部から新しい専

門家のメンバーが到着した。彼らの前におかれた課題は、破損した原子炉を冷却するために水を供給する計画を立てることと、必要不可欠な兵力と機材の数を算定することだった。

4月29日、ソ連邦内務省火災警備本局局長の指図によって、自走架台式筒先СЛС–100の実験用見本がトレーラー車で、全ソ科学消防研究所からチョルノブィリ市に送られた。その対応のために、事故現場へ向けて全ソ科学消防研究所の作業者グループも出発した。

事故ゾーンにはそのようなさまざまな機械が、まさに必要不可欠だった。放射線が強力に放射する条件下で消火に携わる隊員に対して、その作用を小さくするために、膨大な量の消火剤（水、泡）をかなりの広さに供給する必要があった。

このグループが到着する前にチョルノブィリ原発の火災は処理されたので、СЛС–100の設備は予備に置かれた。研究所の作業者の一部はその機械の対応に携わり、一方、グループの指導者は、特別な性質の物質で土地を除染するための、消防用機械の適用問題にとりくむ化学班の代表者に助言を与えた。このグループは、4号原子炉の下から、放射能を帯びた水をポンプで排出するためのポンプステーションПНС–100とホース車の準備にも参加した。与えられた課題を実行した後、5月11日にグループはチョルノブィリから出た。

5月11日、防火班本部の呼び出しにしたがって、全ソ科学消防研究所職員の新しいグループがチョルノブィリに到着した。グループの課題は、あふれている変圧器のオイルを、提案されている泡で覆う方策が実際に実施可能かどうか確かめることだった。そのような「固い」泡こそ、オイルの発火を防止するはずだった。

しかし、この作戦は、チョルノブィリ原発の機械建屋内の放射能レベルが高かったために、準備された作業と試験を直接チョルノブィリにおいて実施した後に取りやめになった。

変圧器オイルを固い泡で覆う問題は、1ヶ月後の6月11日にも生じた。泡を作り出すための方策として、10のサンプルを準備する作戦が研究所において組織された。専門家たちはさまざまな量のポリヴィニルアルコールを足していくという方法で、水流の到達距離を増加させることが出来るのかどうか、科学的に探究した。その結果、流れの距離は、20〜25パーセント増加した。

これに加えて、すでに、2台のタンクローリーが泡作成機「フォレトール」のためにいつでも使えるように準備されていた。その後この泡作製機は、5月23日の消火のときに使用された。

研究者にとって最も厄介

だった問題の1つは、イオン化放射線の影響から防火班隊員を保護する方法を作ることだった。これは　緊急決定事項とされてはいなかったが、定常的なはっきりした問題だったので、必要不可欠だった。まさにそれゆえに、イギリス製の防護服は、まずそのような関心を呼び起こし、その後信頼を失った。全ソ科学消防研究所のすべての専門家たちが自らの思い出の中でそれを語っている。これはすべて、絶望と見込みなさからすがりつく救いのわらに過ぎなかった。宇宙飛行士の衣服に外見上似ていたこのひとそろいのものは、実際にはいったいどんなものであったのか？

　それは次のようなものでできていた。
　——中間に断熱材の入った2層のナイロン織物が縫いつけられた内側のつなぎ服。つなぎ服には、空気分配システムのプラスチック製の穴の開いた筒の取り付け部位がある。
　——外側のつなぎ服は、オレンジ色の1層のテリレン（ポリエステル系の合成繊維）で作られている。
　——服の空気分離システムにつなげるための丸窓とゴム製の穴あき管のついた頭巾。
　——低い胴と足にきっちり縛り付けるための革ひものついた革のブーツ。
　——2双のミトン。直接素手にはめるゴム製のものと、上にはめる長い腕のついた革製のもの。
　——白い合成繊維製品に縫い付けられたうわっぱり。真ん中のフランジで閉じるタイプの「ゴボウのいが」つなぎ服のように見える。オレンジ色のつなぎ服の上に着るのだが、放射能のある環境での使用のあと廃棄される。

防護服の日々の安全化システムには、次のものが含まれる。
　——圧縮空気の呼吸装置。
　——ボンベ充填のためのコンプレッサー。
　——換気用本管と作動管のスプール。
　——衣服内空間の空気の浄化と供給のためのコンプレッサー。

　しかし、このコンプレッサーは、全ソ科学消防研究所所長のД・ユルチェンコが指摘したように、なぜか存在しなかった。その上、それは仕事の役に立たなかった。イギリス製の防護服の防護機能は、要するに、原子力発電所のサービス係職員が規定どおりの仕事をするときのために定められ、チョルノブィリを蹂躙したような放射線野は全然想定していなかったのだ。

　М・コプィロウ内務大佐が思い出している防火班隊員のための防護建物は、全ソ科学消防研究所の建築部が作った技術関係書類にしたがって、研究所の製作所で実験用見本が製作された。

　建物は半地下式に設計された。それは、金属製の立体的骨組みの構造物で、見取り図の外寸は、4,525×2,382ミリメートル、高さは2,650ミリメートルである。

　骨組みは格子の形にNo.16溝型鋼で作られ、横と縦の要素で固さを強化してある。骨組み

は、面全体の表面と内側から、6および2ミリメートルの鋼鉄の薄板で包まれている。

保護建物の出入り口のために、その一方の側面に、1,800×800ミリメートルの規格外のサイズの防護扉が設置された。扉には密閉性のパッキングと不透過性の閉止機構がある。ここに滞在する隊員の安全は、吸着・吸引換気装置によって達成される。この装置は、外の空気を2段式に浄化・ろ過して供給するものである。

全体として、防護建物の換気システムには、次のような規格にあった（室の拡大を除いて）工学−技術的設備がある。

——ろ過換気設備ФВА−49。これは密閉連結バルブТК−2−100、流量計Г−01−53а、十字継ぎ手、電動換気装置ЕРВ−49−1およびろ過吸収器ФПУ−49−1からできている。

——通気システム。その上にそれぞれ0.5立方メートルの容積の3つの広い室が設置されている。耐破裂性装置М3С、圧力逃し弁。

隊員が保護建物の中で正常に滞在する条件を作るために、床より少し高く作ったベッド、腰掛（背もたれなし）、82リットルの飲料水用のタンクなどの設置が予定された。核爆発の作用中心の特長である温度と湿度とガス組成の条件下にある隊員に対して、必要な品質の空気を保証するのは、空気供給システムである。

充分な設備を施された保護建物は、自動車でチョルノブィリに輸送され、ここで試験された。このあと主要な結果が、チョルノブィリ原発事故結果処理ゾーンの防火班兵力・機材管理者に報告された。

審議会出席者の決定に従って、完成した保護建物の研究見本は、移動可能な保護スペースとして使用する目的で、内務省部局火災警備局の支払いで引き渡された。

惨事によって突発した科学的問題の中でも緊急に持ち上がったのは、原子炉黒鉛を冷却する問題であった。黒鉛は4号発電ユニットの中で燃えつきたが、その昇華の速度を低くする方法を探すのが必要不可欠だったからだ。この目的で特別な実験が実施された。65×65×25ミリメートルのサイズの原子炉黒鉛のサンプルは、1,000℃までの温度のマッフル炉に入れられ、棒状のサンプルは電流で加熱された。黒鉛は過熱された後、戸外に取り出され、そこへクロメル−アルミニウム製の熱電対が入れられ、その示度目盛は衛生監視拠点КСП−4に記録された。サンプルの表面に、研究される物質が吹きつけられた。

実験は次のような粉末消火剤を使って実施された。「ピラント−А」、「ピラント−ПМК」、「ピラント−К」、「ПГС」、「ГОЛОВА−63」、液体窒素、圧縮窒素、金雲母、パーライト、水酸化アルミニウム、ケイ酸ナトリウム、重炭酸アンモニウム、炭化ホウ素。

結果として、最もよい冷却効果は、気体状の窒素をサンプルに連続的に吹き付けることによって達成されることがわかった。空気を混合する噴射では、混合物の全般的な消費を増大させるので、冷却効果を明らかに高める。液体窒素は作用時に過熱した黒鉛サンプルの全面から熱を奪い取るが、大量の窒素が加熱されたサンプルと接触しないまま蒸発するので、冷却効率は最低である。

固体の化学物質の中で熱を最もよく奪い取るものは、重炭酸アンモニウムである。それは、

加熱された表面との相互作用で、完全にガスを吸着する。ケイ酸ナトリウムも、サンプルの表面で気泡の多い外皮を作りながら、冷却の速度に作用する。

黒鉛の消火のとき（またはその酸化やガス化の速度を低めるため）には、熱除去を強化する効果と、空気を断つ効果の2つの効果が成功するだろう。第1の効果のために、気体状の窒素、液体窒素、重炭酸アンモニウムの使用が目的にかなう。

空気遮断のためには、炭化ホウ素、金雲母、水酸化アルミニウムの効果が適用される。必要不可欠なときには、両方の消火メカニズムに頼ることが出来る。このためには、消火剤を、たとえば、炭化ホウ素と重炭酸アルミニウムというように、ある構成要素で組み合わせる必要がある。

全ソ科学消防研究所の職員が携わった原子炉黒鉛冷却へのさまざまな物質の影響研究により、チョルノブィリの普通でない条件下での火災警備の特殊な仕事は、適切に行われていたということがあらためて証明されている。多くの場合、火災安全の専門家は核の災難とのたたかいにおいて、非常にかけがえのない存在だった。

われわれの科学があたかも核の力の攻撃の前に完全に無力であったとでも言うような批判的な矢が、少なからずわれわれの科学の脇腹に射こまれている。しかし、これらの非難は、公平に見れば一部に過ぎないということが出来る。実際、いくつかの大国の科学的および技術的ポテンシャルは、このような打撃に備えていなかった。これは、チョルノブィリの核の場でのたくさんの競争の実例によって確認されている。とびぬけて高い放射線野のために日本のロボットは「動かなく」なった。イギリス製の防護服は多くの人に歴史の茶番を思い出させた。ドイツ製の泡剤「ハロフォーム」は何の効果も示さなかった。それらは、原発におけるさまざまな火災を消すための万能の方法だとみなされていたのだが。

1986年5月8日、全ソ科学消防研究所の試験場で、特別に立案されたプログラムにしたがって、泡剤「ハロフォーム」の実験が行われた。それは黄色い揺変性（チキソトロピーの）液体である。試験場において、黒鉛、電気ケーブル、マグネシウム、ホウ素の消火が行われた。結果として、次のような結論が下された。

——「ハロフォーム」は、膜を作るタイプの泡剤に属する。
——正式に定められた15パーセント水溶液のプラントにおいて、泡は作られない。
——空気の吹きつけをともなう泡発生器の実験室条件においては、15パーセント水溶液から低い多重性（2〜15）の泡が作られる。
——炭化水素（ガソリン、ディーゼル燃料、変圧器オイル）の消火の場合の性能に関しては、国産の泡剤の平均ほどの多重性泡が作られる。
——イソプロピルアルコールの消火の場合は、国産泡剤「フォレトール」と類似の性質を示す。
——赤く燃えている黒鉛の棒との衝突に際しては、激しいガス発生が起こり、光を放つ燃焼が起こる。
——黒鉛の表面に付着する効果はない。

――金属メンデレビウムMdとホウ素Bの消火には役立たない。
――15パーセント溶液によるケーブルの消火の場合は、正の効果があるが、白い煙が激しく発生する。
――€クラスの消火に有効であるかどうかを決定するためには、追加の研究が必要である。

試験場での模擬火災消火のときの国産泡剤「フォレトール」のデータは次の通りである。
――変圧器オイルの表面燃焼を停止させた後、泡剤「フォレトール」溶液の薄いフィルムが作られ、それはこの可燃性液体がその後さらに発火するのを妨害する。
――重合泡の使用によって変圧器オイルの燃焼を処理する時間は、空気で機械的に作った平均的多重性泡を使用した場合の消火時間に勝る、ということが直接目で確かめられた。
――変圧器オイルの表面や、配置されている構造物（コンクリートプレートの塀、発泡ポリスチロールのプレート）の周辺にも気泡の多い表層が形成される。それは、かなりの程度で可燃性の構造物を火から守り、さらに、火の拡大を妨害して物質の再発火をくいとめる。
――泡の凝固時間は、0.5～2分で、この泡は正常な条件で長時間保たれる。

結果は明らかである。この骨の折れる仕事の結果は、ほとんど電報形式によって全ソ科学消防研究所の将校たちが報告していた。

原発の「熱い点」

全ソ科学消防研究所の職員は、ソ連邦内務省火災警備本局局長のアナトリィ・ミケイェウの指導の下に、チョルノブィリ惨事の結果を最小にする際の火災警備作業の経験を総括して、原子エネルギー産業従業員の施設における防火安全組織の完全システムを提案した。彼の部局の部・課が参加した。この最初の計画には、予防措置のシステムがあり、原子力発電所の最も感度のよい場所と特別な注意が要求される場所が、あらかじめ定められた。

原発での火災は主として、運転違反と火災安全規則違反、そして未修理または故障により個々のシステムが運転中に停止することによって起こる。主要な火災危険物は、可燃性の断熱材、膜、ケーブル絶縁物、電気機械装置に使われている物質、変圧器とタービンのオイル、水素、ディーゼル燃料、プラスチックである。

電気機械装置における物質の発火の直接原因には、過負荷、高い転移抵抗、自己インダクタンス電流、電気ケーブルのショート、不完全な除熱によるケーブル坑道内でのケーブルの過熱などがありうる。

タービンオイルが油差しと調整のシステムからもれる場合の発火場所は、温度が250～350℃に達している蒸気移送管の、むき出しの表面および継ぎ目であると考えられる。ター

ビンオイルのオイル漏れと、それが蒸気移送管の断熱材に命中するときには、多孔性の絶縁物質が目詰まりして、その後のオイルの自然発火が起こりうる。

高速中性子原子炉発電所の火災危険はナトリウム回路にあり、そこでの火災の原因は、漏れたナトリウムと水の接触であろう。ナトリウム回路の最大の火災危険ユニットは、蒸気発生器である。

水素の流入のある部屋は、事故につながる火災の危険性がある。それらには次のものがある。原子炉、機械建屋、電気分解室、そしてバッテリー室である。軽水型動力炉とチャンネル型大出力炉の炉心部における水素の主要な発生源は、水の放射線分解と事故状況時のジルコニウム蒸気反応である。高速中性子原子炉の炉心部では、ナトリウムと水の反応の結果水素が形成される可能性がある。機械建屋内では、発電機のパッキン時に、発火の限度を超えた水素が発生して、電気機械装置の火花または（事故時には）最初期の燃焼中心のために火災が起こる可能性がある。

消火にとって最も激しく複雑な火災は、ケーブルの連絡路内や操作パネル上で発生する火災と、オイル系の機密が守られないことに関連する火災である。

ケーブル設備内で火災が発生すれば、個々の節とユニットあるいは施設全体が停止する。火災が運転システムと原子炉施設の安全システムを傷つける場合には、原子炉冷却の技術的諸条件が損なわれる可能性がある。

可燃性断熱材の見かけの消防負荷と全長にわたるケーブルの加熱、ケーブル構造の複雑な構成、網のように分岐しているケーブルトラス、通路や部屋に敷設されたケーブル、階上への垂直ケーブル坑道の中のケーブル保有量などが火災の拡大を促す。

ケーブル室内の火災の特長は、火の広がりと容積平均の温度上昇（約30〜40℃／分）が早いことである。

そのような火災は、機械建屋、分電装置、継電器の保護の部屋、操作パネルなどに速やかに移りうる。ポリエチレン製絶縁ケーブル（РК型、КПЕТI型、ТПВ型）の使用は、下から上へだけではなく、上から下へも燃焼を拡大させる。これは、ポリエチレンには可燃性の流れがあふれて下に落ちる、という特性があるからである。

損傷したオイルシステムから流れ出るオイルの発火のとき、何よりも状況をいっそう難しくさせるのは、高圧下にあるパイプからオイルが噴出することと、そのオイルが方々へ流れて工学上の隙間から下の標識点にもれることである。金属の梁は赤く燃えるたいまつとなり、強烈な対流熱を流して、建築構造の破壊に至る臨界温度まで急速に加熱する。

動力変圧器ではほとんどの場合発火の原因は、ショートや絶縁の劣化や発火や、変圧器オイルの質の悪化のために起こる内部の損傷である。

ショート（特に位相間）による大出力に際しては、ガスが激しく発生する。それは時には建物の損壊をもたらし、火に包まれたオイルがかなりの面積に噴出して氾濫する実質的な原因になる。

原子炉部において液体ナトリウムが漏れてさらに発火することは、炉心冷却の停止や、液

体ナトリウム準備室内にある物質とナトリウムの偶然の相互作用やその他の故障という結果をひき起こしうる。

空気中のナトリウムは300℃以上の高温で自然発火する。その高い化学的活性のため、消火のときに、水、泡、冷媒、炭酸ガス、その他多種多様な粉末消火剤を用いることが出来ない。

事故のときや、断熱材、ルベロイド、アスファルト、タービンオイル、プラスチック（ポリ塩化ヴィニル）、さまざまなケーブル製品などの発火の時には、一酸化炭素、二酸化炭素、塩化水素、塩素を含む有毒煙生成物が同時に大量に出るが、目には見えない。

機械建屋の覆いが火災に対して非常に危険な可燃性断熱材（発泡ポリスチロールと発泡ポリウレタン）を用いたパネルで作られている原発がいくつかある。そのような場合には、火は、屋根材のパネルの中に急速に、ひそかに広がって、断熱材を流し、アスファルトを燃やして部屋へあふれ落ちさせる。建物は変形して壊れる。これは部屋の中に新たな燃焼中心を作り、オイル系とプラントを破壊させる。火は隣の建物に移り、炎を出してその境界を広げる。

そのような事件がその後どのように拡大したか、今となれば思い描くことが出来る。現実の残酷さを持って、チョルノブィリの悲劇はそれを見せつけた。

最大危険の要因

火災の拡大に際して最も恐ろしい危険は、イオン化放射線である。その発生源は原子炉そのもの（炉心部の崩壊の場合）と、放射性物質によって汚染された建物表面や発電所設備であろう。しかし、放射能の危険は、実は、煙や火など、火災との戦いの場のあらゆる大気の中に含まれている。そのような条件下では、外部被曝も、呼吸によって人体器官に放射性物質を取り込んで起こる内部被曝も、ともに避けられない。

イオン化放射線は、アルファ（α）線、ベータ（β）線、ガンマ（γ）線、および中性子線の流れによって形成される。アルファ粒子は最大のイオン化能力をもっているが、空気中を通過する距離は10センチより大きくはなく、より密度の高い環境ではより短い。ことに生物組織の中では、わずか0.5ミリメートルである。

ベータ粒子の危険は、放射性のほこりが人体内や表皮に命中するときに、ベータ粒子が放射線火傷をひき起こしうるということにある。

ガンマ量子は最大の透過力を持つ。それは空気中で100メートル透過し、かなりの厚さの物体を通過しうる。

中性子と量子の放射は、それぞれの物理学的特性によって異なるが、それらに共通しているのは、高い透過力である。

生物組織を通過しながら、ガンマ量子と中性子は正常な物質交換をそこない、細胞活動の性質を変え、更にそれによって放射線症の発症をもたらす。

放射線の透過の影響は、被曝線量、すなわち放射能の量と環境が受けた量の吸収単位の大

きさによって特徴づけられる。空気中への放射線量（空間線量）と吸収線量は異なる。照射線量は、レントゲン（R）またはクーロン／キログラムで測定される。

1レントゲンは、空気1立方センチメートル中に2.1×10^9対のイオンを作る線量である。（1レントゲン＝2.58×10^{-4}クーロン／キログラム）

吸収線量はラド（1ラド＝0.01ジュール／キログラム＝100エルグ／グラム　組織に吸収されるエネルギー）およびグレイ（1グレイ＝1ジュール／キログラム＝100ラド）で測定される。

レントゲンはガンマ放射の透過放射線に使用される。中性子線量には、生物学的レントゲン当量のレムが用いられる。1レムは、1レントゲンのガンマ放射と同等の生物学的作用を及ぼす中性子線量である。それで、透過放射線の影響の全般的効果は、次のように示される。すなわち、Д°e ＝ Д°p ＋ Д°н

ここでД°eは透過放射線の総線量を、Д°pはガンマ放射線量を、Д°нは中性子線量を示している。線量の記号に付されたゼロは、それらが防護隔壁の前での値であるということを示している。

人への影響の程度は、受け取った被曝線量値に依存する。

50レントゲンまでは、影響の徴候は見られないが、例外として、血液の組成に若干の変化が見られる。

100〜200レントゲンでは、第1段階の放射線症が現れる。

軽症は80〜120レントゲンで、被災者の10パーセントがはじめのうち吐き気とおう吐を催し、深刻な労働能力喪失はともなわないものの、疲労感が見られる。

130〜170レントゲンでは、被災者の25パーセントに、吐き気とおう吐、さらに後にはその他の放射線症の前兆が見られる。

200レントゲンでは、被爆者の50パーセントに、影響の兆しがある。

200〜400レントゲンでは、第2段階の放射線症が現れる。中程度の症状で、ほとんどすべての被爆者に、初期に吐き気とおう吐が起こり、その後その他の病気の兆候が現れる。

400〜600レントゲンでは、第3段階の放射線症が現れ、症状は重い。

1,000レントゲン以上は、致死線量である。

イオン化放射線源は、当然ながら、消防用その他の機械を汚染する。この点から見て、きびしい監視を行い、技術的な機材を、使用できる放射能汚染レベルにまで適切に除染することが必要不可欠である。しかし、これは、イオン化放射線の条件下で火災と事故結果を処理することに関する警告の1つに過ぎない。われわれ戦場に立っているのと同じ消防士にとって、チョルノブィリの苦い経験は誇張ではなく、強力な放射線野で活動する上でのいくつもの警告と忠告を与える。

チョルノブィリの最も厳しい警告の1つは、機械の信頼性や安全性の問題とその全面的な管理体制の問題が、科学技術の進歩と並行しつつ生じているということにある。科学そのものはこの事態を無条件に認めている。しかし問題が解決されるためには、規律と、秩序と、組織化もまた求められる。これは、稼動中のものだけではなくまだ建設途中の原子力発電所

に対しても、火災警備がその安全性向上へ容赦なく厳しく臨む責任があるということを意味している。

12年後のまなざし　27

ドゥムイトゥロ・ユルチェンコ
　　全ソ科学消防研究所所長　内務少将

消防士たちを放射線から守る確実な方法については夢見ることしか出来なかった

　1986年4月までの1年半、私は研究所の指揮を執っていた。チョルノブィリ原発における事故結果処理に際して、防火班の前におかれた課題を直ちに実行するために、われわれは早くも4月26日に呼ばれた。仕事は、さまざまなレベルで防火班本部の専門的な相談に乗ること、事故復旧作業について提案された防火安全策を、専門家として鑑定すること、放射能汚染という環境条件で効果的に適用できる新しい消火剤を探求することからなっていた。そのときクィイウに、粉末消火剤の課題を専門にしていたわれわれの研究所の支部が置かれていた。それで必要な作業は楽になった。支部には優れた科学研究と試験の基礎があった。その職員たちは早くも事故の第1日に、破壊された原子炉域に粉末剤の混合物を導入する方法についての立案に従事していた。

　4月29日、われわれは自走架台式筒先СЈС-100をチョルノブィリ原発に届けた。それは電線で操作され、100メートルの距離までの給水を確保した。この筒先の能力は、100リットル／秒になった。われわれの研究グループを指導したのは、工学博士候補者で技術部門主任のЮ・エフリトゥ内務大佐だった。

　われわれは黒鉛の冷却方法や、変圧器のオイル、発泡スチロール、ドイツ製を含むきわめて多様な物質から出来ているケーブル製品の消火を試みた。

　率直に言わなければならないが、イギリスの「オーヴァー・ヴィアル」社製の防護服の鑑定のために、われわれは多大な努力を強いられた。5月9日〜10日にこの会社はソ連邦内務省に37着の服を贈った。それらには、服の下のスペースに、空気の浄化と供給のためのコンプレッサーがついていなかった。

　添付書類には、服は+60℃の室内で、短時間なら+80℃でも使用できると示されていた。安全特性評価の説明書はなく、αおよび軟β放射線の防護を保障するとだけ記されていた。一方、事故結果処理本部指導部は、「イギリスの贈り物」を、過酷なイオン化放射線のゾーンで使用するよう頑固に主張した。

　5月11日に、チョルノブィリに滞在していた研究所職員グループは、第6実験室副主任で技術研究博士候補者のМ・コプィロウ内務中佐の指導の下に、服の防護面での質について実験研究を行った。試験方法は次の通りであった。3人が、イギリス製とЛ-1と、x/

6服とをそれぞれ着て、その下に積算レントゲンメーターを着用した。そのあと1時間の間、軍用偵察監視自動車に乗って、0.022レントゲン／時から200レントゲン／時の放射強度の放射能汚染区域を、さまざまな露出時間で回った。

実験のあと、すべてのレントゲンメーターは、2レントゲンの被曝線量値を示した。イギリスの服は、過酷なイオン化放射線から守ってくれないという結論に疑いはなかった。

「オーヴァー・ヴィアル」社の贈り物の使用についての問題の最終的な決定のために、ソ連邦内務省第1副大臣のB・トゥルシュィン中将は、私を直接チョルノブィリに呼んだ。5月18日、われわれは委託されて、その場でイギリス製服の使用の可能性を審議し、それはまったく役に立たないとの決定を出した。委員会のメンバーには、私のほかに、ウクライナ科学アカデミー物理化学研究所実験室長のЯ・ラウレントヴィチ、ウクライナ科学アカデミー核研究所原子炉放射線安全班班長のB・シェヴェリ、ソ連邦内務省火災警備本局局長のB・マクスィムチュク内務大佐、全ソ科学消防研究所部長M・プロストウ内務大佐、全ソ科学消防研究所課長A・アントノウ内務少佐が入っていた。

穏やかに言えば、このようにチョルノブィリ事件の渦の中には、少々不思議なことがあったのだ。チョルノブィリ原発地区における情報と、イオン化放射線による防火班隊員の影響の変動とを全体として分析すれば、総合的な結論に達することが出来るだろう。人々が装備していた放射能から守る方策は、きわめて弱いものだった。このことを、皆が理解していた。そして、どうやらまさにそのような出口のなさゆえに、あのイギリス製の服のような、無用のばかばかしさに身を投じることになったのだ。

12年後のまなざし　28

ムィコラ・コプィロウ
　　全ソ科学消防研究所副所長　内務大佐

防火班は科学の新しい言葉を要求した

われわれのグループは、1986年5月9日に、チョルノブィリに呼ばれた。そのとき私はまだ第6専門実験室の副室長だった。グループには、私のほかに、第12部副部長のメリヌィコウ内務少佐、上級研究職員のモナホウ内務少佐および初級研究職員のボルキン内務大尉が入っていた。

われわれの前におかれた課題は、あふれている変圧器オイルを速やかに固化するための泡を施して膜のような覆いを作ることと、オイルの発火を予防することだった。その時分われわれの研究所では、そのような泡を消火のために応用する技術を習得していた。泡を発生させるための設備の実験的見本はすでにあった。いわゆる背嚢型のもので、酸

に強いタンクを消防の筒先係が背に負うものである。

　クィイウの全ソ科学消防研究所の支部では、Ⅰ・ゾズリ支部長の支援をうけて、泡を得るためのすべての要素を整え、オイルを泡で覆う消火方法をポリホン（試験場）においてためす案が完成した。

　チョルノブィリではそのとき、ソ連邦内務省火災警備本局防火班副班長のⅠ・キムスタチ将官が兵力を指揮していた。

　主要な仕事の実行のほかに、われわれのグループの前には、追加の課題が列を成しておかれた。ことに、イギリス製の防護服を放射能汚染地域で使用することが出来るかどうかについて判断を下すことや、高レベルイオン化放射線が出ている地区で働いている隊員の、被曝の危険性を低める案を検討することがあった。

　われわれは防護服と泡の急速固化のモデル実験を行った。われわれに贈られた防護服の防護機能は、ごくありふれた服に比べてましだというわけではない、という結論に行き着いた。急速固化泡が土壌の放射線バックグラウンドを減少させるかどうかについても点検された。実際に、それで覆った土壌からのαおよびβ線放射は完全に遮蔽されることをわれわれは究明した。

　破損した原子炉域で、タンクローリー上で当直に当たっていた消防支隊隊員の被曝の分析により、彼らは急速に許容被曝線量の限界を被曝していることがわかった。これは単に、その場所の放射線状況だけではなく、人々へのうかつな接し方を含む、ごくありふれた不注意にも大いに関係していることが突き止められた。たとえば、隊員の交代のとき、上着、特にハーフコートが、当直につく人に受け渡されていた。このような「節約」は、単純な罪だった。この衣服は非常に早く放射性の塵を蓄積し、もちろん、人々を被曝させたのだから。

　われわれは、研究所から破損した原子炉域へ、安全に生活できるシステムを備えた20人用の可動式防護用建物を持っていくことを提案した。この建物の中で、4号発電ユニットで当直する消防支隊は、ある程度保護されることになった。それは、独特のミニ・デポ（ミニ消防署）とも言うべきものであった。

　5月に、防護用の建物がチョルノブィリ原発に届けられた。この仕事を実行したのは、研究所第12部課長のM・ホロベツィ内務少佐だった。彼とそのグループは、防護用建物のあらゆる必要不可欠な試験と装備を実施した。

　チョルノブィリから帰ったあと、われわれはソ連邦内務省火災警備本局局長のA・ミケイェウ将官に、チョルノブィリ原発における消防支隊の経験の総括に取り掛かることを提案した。アナトリィ・クズィモヴィチ（ミケイェウ）は熱心にこの考えを支持し、まもなくチョルノブィリに研究所職員のグループが、活動の分析的総括と火災警備の問題のために出発した。このグループを指揮したのは、第12部の上級研究職員のΓ・フロズドゥ内務中佐だった。

　1987年「チョルノブィリ原子力発電所事故結果処理作業時における火災警備の仕事に

ついての公式報告」が世に出た。それは、実際上そして今に至るまで、テーマ別分野での最も完全な版となっている。報告の中では、第1に解決されるべき最も緊急な科学的問題についても要約されている。それらは、汚染地における作業時の火災警備の技術的装備と、隊員のイオン化放射線からの保護に関係するものとが多かった。

　研究のプログラムは、ソ連邦閣僚会議の軍経済問題国家委員会の決議によって認証された。1987年から1990年の期間、火災を探し出すための特別な機械や、オフィスの可動式避難所、自走架台式筒先、消火用多機能設備（すべて戦車の車台上）、高圧自動車、放射線に耐える防護服などが作り出された。これらの製品の多くが、現在火災警備の武装となっている。

12年後のまなざし　29

ドゥムィトゥロ・ビルクン
　　ウクライナ内務省ウクライナ科学消防研究所副所長　内務大佐

この不安に満ちた夜の

　消火についてしっかりした経験を持つ消火剤専門家として、私はソ連邦内務省全ソ科学消防研究所から、チョルノブィリ原発にコンサルタントとして派遣された。当時、消火本部は、チョルノブィリの原子力発電所出口の消防分隊の部屋に配置されていた。私は5月16日の夕方に到着した。

　発電所での作戦状況のことは、すでにクィイウにおいて充分に聞いていた。それについて私に詳しく語ったのは、ウクライナ内務省火災警備局局長のП・デサトゥヌィコウ少将だった。彼は朝に事故現場からもどってきたばかりだった。しかし、戦線の息遣いは、言葉だけで伝わらない。それは自分自身が事件の渦にもぐって始めて感じることが出来る。チョルノブィリの雰囲気は、まさにそのようなものだった。消火本部はソ連邦内務省火災警備本局副局長のI・キムスタチの指令のもとで、きちんと準備されて働いた。その夕方、火災警備本局作戦–戦術部長のB・マクスィムチュクが彼と交代した。

　私は発電所に到着してすぐに、イギリスのM・サッチャー首相から贈られたばかりの防護服のことに従事するよう任された。事態が特殊だったのは、報道機関がこの贈り物の差し入れの事実を、政治的な意味合いをつけて広く報じたことによっていた。それで、防護服をめぐる大騒ぎはモスクワに統制されることになり、政府委員会は結論を待った。

　身に着けるこのようなものを私は始めてみた。このことも私にとっての状況の複雑さの一因となった。

　委員会の会議まで、わずかな時間しか残っていなかった。（普通それは22時から23時にはじまった）。急がなければならない。

第7部　肩をさし出した科学

　私が評価した6着の防護服のうち、2着だけが新品だった。外見上それらは、ちょっとした宇宙飛行士の装備を思い出させた。言っては悪いが、通常の運転条件の場合であれば、原子力発電所のオペレーターはそのような衣服を着て、充分気分よく感じることは明らかだ。しかし、放射能レベルが0.1～0.2レントゲン／時に達したゾーンのためには、それらはまったく役に立たない。原発にある消防用機械のあるもの、たとえば泡剤の溶液の入ったタンクローリーは、6レントゲン／時に被曝していた。そのような条件下では、イギリス製の「宇宙服」は、人々を保護することに関しては、裸でいるのと変わらなかった。

　しかし、こういったあらゆる疑念のために、私は政府委員会に対する重要な報告のことで頭がいっぱいだった。B・マクスィムチュクと私は少し早めに、ソ連邦内務省副大臣のM・デムィドウのところに到着し、自分の印象を報告した。

　われわれは真っ先に政府委員会の作業に参加したが、この会議を支配する空気の固さを知って不安を感じた。会議は実際、異常に緊張したいらだたしいものだった。ことに仕事の実行について報告した人にとってはきつかった。課題を完全には遂行しなかった航空少佐の陳述と、かれのその後のストレス状態を思い出す。

　会議は真夜中近くに終わったが、そのときはじめて、M・デムィドウは防護服について政府委員会に報告した。話し合いの静かな調子と、問題の詳細な報知は、われわれを少し安心させた。直ちに衣服を実験して、最終的な結論を準備する必要性についての決定が採択された。

　実物の試験は、早くも5月17日の朝に行われた。

　結果は、ソ連邦国防省の核安全専門家たちとともに検討された。

　結論は明らかだった。すなわち、これらの衣服はきびしい放射線被曝から人々を守らない。

　それと同じ作業をウクライナ科学アカデミーの専門委員会が、ソ連邦内務省全ソ科学消防研究所所長Д・ユルチェンコの指導で並行して行ったということを指摘するのは意味がある。特別に念を入れようと人々を駆り立てるほど、局面への関心は高かった。

　しかし、それはすでに遅すぎた。5月18日、われわれの最初のチョルノブィリの夜が続いていた。3時に消防本部はまだ働いていた。そしてわれわれは、来るべき日の課題を詳細に検討していた。少なくともまわりには、もっと難しくもっと不安に満ちた諸問題があった。ウクライナ火災警備の総合部隊は、原子炉の下から「重い」水をポンプで排出し続けていた。

　非常に残念なことは、その夜の会議の参加者の多くを私は直接には知らず、彼らの名前を書きとめておかなかったことだ。ウクライナ内務省火災警備局職員のM・ポズニャコウ、Г・ヴェレソツィクィー、そして特に後方勤務部隊長のB・コロリだけしか思い出さない。ついでに言えば、多くの事故処理作業者たちが感謝とともに思い出すあの野戦浴場は、かれの活発な参加のおかげで真っ先に働き始めたのだ。

1時間の休息の命令が届いたときには、すでに夜が明けていた。しかし、私は眠ることが出来なかった。私はヴィンヌィツャで育ち、5月の庭の花をよく覚えている。それでも、あのときにチョルノブィリにあったあの気前のよい贅沢な花を、けっして忘れることは出来ない。リンゴやナシのうっとりさせる芳香に、ウグイスのとびきりよく響く歌がまじりあっていた。
　これらすべてが記憶の中に永久に刻み込まれた。私はヴォロドゥィムィル・ムィハイロヴィチ・マクスィムチュクの光り輝く記念碑の前で深く頭を下げる。

第8部

国境のない痛み

国際プログラムの基本理念

　チョルノブィリ惨事の影響が全地球的であることと、惨事に関連した問題が複雑であることにより、この国際的不幸を最小化することには広範な国家的影響力が要求された。そのような影響力の主要なものの1つによって、プログラムを作る目的の部ができた。その部の任務として、まず緊急かつ必須の措置（惨事中心の局所化や、チョルノブィリ職員と近くの居住区の住民の保護）を実施すること、その後核の自然力とのたたかいや次の段階の事故結果処理作業への優先的な措置を講じること、そしてそれらを計画通りに連続的に実施することが予定された。

　惨事のまっただ中で、事故処理作業者たちは勇気をもって英雄的に行動したことを指摘しなければならない。また、チョルノブィリ事件では惨事の当初から、あらかじめのプランは直ちに修正を迫られた、ということを示す必要がある。あそこでの状況は、クィイウ州、ウクライナ、旧ソ連の指導部に、特別重い緊急措置を要求した。残念ながらその中のいくつかは、後の分析が示すように、避けがたい遅れをともなったり、充分な大きさでは行なわれなかったりした。

　旧ソ連やウクライナの中枢、その省と部局のさまざまな作戦グループによる決定の受け入れが、不当にマルチチャンネル的だったことは、否定的役割をはたした。

　すでに1986年のおわりから、国家の作業部局に、惨事結果処理作業のすっきりした基本理念がないことや、作業の資源的保証が不足していることが、必要不可欠な措置の総合性と大きさに対してマイナスに作用し始めた。ちょうどそのころ、緊急であり、かつ長く続く措置のプログラムを練り上げることになった。このためには、措置を担当する特別な組織をつくることと、目的をはっきりさせた統一的なプログラムを作ることが必要不可欠だった。その

ような共和国規模のプログラムは、1990年にやっと作られた。チョルノブィリ原発事故で苦しんでいる住民を保護する問題のウクライナ国家委員会はといえば、作られたのが1991年だった。

　チョルノブィリ惨事は、起こりうる諸結果が、事前に予測されていたのではなかったために、それらを緩和したり必要不可欠な資源を確保したりする措置も計画されていなかった。惨事の直後やその後にとられた作戦上の決定が充分に実行されなかったのは、もっぱらこのためである。

　放射線被曝ことに放射性ヨウ素の作用から住民を守ることについて、事故後の最初期の活動は不十分であった。すでに1987年から1989年に、多くの地方において住民の発症や健康の不調が目立って増えた。これらの疾患の多くは、惨事の直接の結果である。つまり、放射線にかかわる要因をかかえていたり、自然を自由に使用することが制限されていたり、地元で取れるある種の食材を好んで食していたりすることなどによって、生活条件が悪化しているのである。

　一方、ウクライナ閣僚会議はソ連邦政府の委託により、チョルノブィリ惨事結果処理作業の共和国間総合長期プログラムを立案し、それを1989年のおわりに連邦組織による検討と調整に付した。

　ソ連邦最高会議は、その年の11月27日付No.829決議「国土の生態学的健全化の緊急措置について」により、チョルノブィリ原発惨事結果処理作業のウクライナ共和国、ロシア共和国およびビロルーシ共和国の国家間総合プログラムの立案に賛成した。端的に言えば、このプログラムは、少しずつ継続して、さまざまなレベルでその基本理念上の改善が試みられていたが、時代を画する1991年の事件（ソ連邦崩壊）のために、すべてを１から根本的に再検討しなければならなくなった。チョルノブィリの災難は全地球的関心を引いてはいたが、事実上それに正面から向き合うのは若いウクライナの国家であるという状態になった。

　1991年9月から、ウクライナ領土の惨事結果克服の主要な費用は、この国の弱い予算にとって重荷になり、当てにできるのは独自の経済的資源だけになった。それでウクライナ国家チョルノブィリ委員会は、独自力を目標にした国産プロジェクトを、他の省や部局の参加を得て国家プロジェクトとして急いで立案することにした。

　1992年のおわりに、効率について検討するウクライナ民族科学アカデミーの会議が、着手された特定目的の調整プログラムの方法論研究のいくつかの結果を考慮して、このプロジェクトの評価を実施した。そしてプロジェクトの基本に賛成し、かつ将来の改善方針を決定した。また着手された特定目的の調整プログラムを方法論的に研究し、結果を考察した。

　一方、国内の生態−経済的危機は深刻になっていた。そのため、国家の限られた物質的可能性を、合理的に使用する必要に迫られることになった。経済的および政治的状況は1992年に急激に複雑かつ困難になったが、国家計画プロジェクトを実質的に仕上げること、そのためのチョルノブィリ惨事結果処理作業プログラムと1993年から1995年、および2000年までの期間の市民社会防護国家プログラムを作ることが、ウクライナ・チョルノブィリ省に要求さ

れた。

　最高会議の決定に従って、そのようなプログラムのプロジェクトが、早くも1992年の初めに作られ、秋には同様に、ウクライナ民族科学アカデミーとその他の学術組織や省や部局の、効率を研究する会議の主要な専門家の評価に付された。

　民族プログラムの最初のプロジェクトには、本質的な不備があった。たとえば、チョルノブィリ問題の解決についてウクライナで改正された法律の基礎が、放射線生態学的状況に適していなかったし、同様に、立法の基盤が、実際の生態学や国の科学技術的可能性に合致していなかった。この結果、民族科学アカデミーとチョルノブィリ省の専門家たちの前には、一連の分析的性質の新しい課題が現れた。

　それでも、Г・ホトウチュィツィとБ・プルィステルの指導の下に、チョルノブィリ省の専門家たち、民族科学アカデミー、ウクライナの省や部局の研究者などによって作られたプロジェクト「チョルノブィリ惨事結果処理作業および1993年から1995年および2000年までの期間の市民社会防護のウクライナ民族プログラムの基本理念」は、ウクライナ・チョルノブィリ省の部門間科学技術会議によって、10月のおわりに基本的に承認された。1993年1月に、技術アカデミー総裁のO・モロゾウの指導のもとに、専門家グループがこのプロジェクトを仕上げた。

　その年の7月に、ウクライナ最高会議は次のような主要目的を定めたプログラムの基本理念を承認した。

1. （集団線量を考慮して）、チョルノブィリ惨事結果被災住民と、放射線影響下の国土に居住している住民グループの健康喪失の全般的リスクを減らすこと。
2. チョルノブィリ惨事の生態学的、経済的、社会心理学的影響の軽減。

　基本理念の中には、これらの目的の成果は次のような課題の解決のためにのみ使うことが出来ると指示されている。

1. 医療方法を効果的組織的に具体化するため。汚染地域の住民に、生態学的にきれいな食料品と医療を保障することを含む。
2. 住民健康への放射線影響について、基本的基準である集団線量の概念を離れて、定められた基準にまで被曝線量を制限し、さらにそれを出来る限り低くするため。
3. 接収ゾーンの工業施設（「掩蔽構造物」、チョルノブィリ原発、放射性廃棄物埋設場その他）を経済的に最適な安全レベルにし、ゾーン放射線によるその後の周囲へのリスクを最小にするため。
4. 住民の健康状態改善というはっきりした方向性のある方策のもとに、チョルノブィリ惨事被災者への特典と賠償のシステムを実現するため。
5. 周辺環境への放射性核種の広がりと食物連鎖によるそれらの移動の問題を優先的に取り上げ、チョルノブィリ惨事結果処理作業のあらゆる総合問題を、基礎的かつ応用的に研究するため。住民健康の長期予測を目的にして、小線量のイオン化放射線やその他のマイナス要素が、人間と生き物の健康へいかに定常的に影響するかを分析し、衛生基準

と予防・治療策を改善し、プログラムを効果的・経済的に確保できるよう探求し基礎づけるため。
6. ウクライナ国土の放射線モニタリングを拡大して継続するため。放射線生態学的、医学衛生学的、人口動態学的パラメータの広域スペクトルをコンピュータによって体系化するため。これらは住民の健康喪失というリスクを低くするための方策を決定する上で必要不可欠である。

1993年の初めに、チョルノブィリ惨事の影響を緩和する、はっきりした目的のプログラムによる調整策を完成させるために、ウクライナの11州（クィイウ、ジュィトムィル、ヴィンヌィツャ、ヴォルィンシクィー、イヴァノ－フランキウシク、リウネ、チェルカスィ、スムィ、チェルニヒウ、チェルニウツィ、フメリニツィクィー）の最初の地方プログラムが立案された。プログラムは専門家によって評価された。その結果、惨事結果の緩和という目的にしたがって全体的に調整し、さらに方法論的に改善する必要があるとされた。同時に、これらのプログラムを実行するために、部局を改善して統制する措置が必要不可欠になった。実行された仕事はきちんと追跡されなければならないが、そのための統計学的報告書には特別な注意を払う必要がある。

チョルノブィリ悲劇はまさにそのはじめから、一国の努力だけでは充分に（ある程度であっても）克服できないということはわかっていた。これは世界的な認識であり、チョルノブィリ問題に参加するということは、皆にとって並外れた意味を持っていた。地球規模の災難への支援の程度について議論することは出来るし、方策に対する国々の若干の無関心をとがめることも出来るが、惨事の結果を限定しようとすることへの文明世界の役まわりを軽視することは出来ない。チョルノブィリは地球の顔が負った傷であるということを、文明世界は理解しないわけにはいかないのである。

叩きなさい──そうすれば開かれる

実際、この惨事は、民族の垣根を越え、政治的および社会的な違いを越えたところに現れている。人々はあらゆるチャンネルを通して国際協力を行うことが必要不可欠であるということを納得させられている。

2年半以上かかったが、ソ連の公的組織は世界の専門家たちに支援をよびかけた（1989年12月）。そのときも社会的圧力はあったが、政治的自尊心と情勢のあらゆる悲劇性をかくしておくことはしないで、彼らはこれを行った。とてつもない遅れではあったが、そうすることによって惨事結果の研究と技術的・医学的・社会的支援のための知識が、国際的経験の応用とともに提供された。

ウクライナが独立国家になったことで、チョルノブィリ惨事結果を限定する仕事への世界の協力者の参加には、プラスの変化がもたらされた。国連とその組織の特別施設や、ヨーロッパ研究者委員会を含めたその他の政府および非政府の研究機関の活動度が高まった。

1991年に、惨事結果の克服のためとして、ソ連邦がヨーロッパ研究者委員会から与えられた額の内、ウクライナは2,600,000米ドルを受けたが、1992年には、ヨーロッパ研究者委員会と直接接触して、われわれは10倍以上多い27,700,000米ドルの支援を得た。チョルノブィリ問題に国際的な研究者たちはどのようにかかわっているのだろうか。この分野の実践についてその点も総括しなければならない。

1. 主要な国際組織と基金（国連、ヨーロッパ研究者委員会、国際原子力機関、ユネスコ、笹川財団その他）との相互作用はどうか。
2. 相互的な学術合意の枠内で外国の研究所との協力はできているか。
3. 具体的プログラムにしたがって国際プロジェクトに参加しているか。
4. 復興と発展の世界銀行、復興と発展のヨーロッパ銀行、イギリス政府の「ノウ・ハウ」基金、チョルノブィリ問題の解決に向けてウクライナに支援を与えるための経験と技術を持っている主要な会社と機関のような、外国の国際的・民族的金融機関の資金追加があるか。

この問題にかかわる国際的な研究者たちは、ウクライナ共和国閣僚会議が5月10日に政府や国際組織への訴えを決議した1990年にはすでに活発に活動しており、きわめて広く研究者たちに呼びかけていた、ということを示すのが公平であろう。反応は遅れなかった。

国連の後援により

1990年4月に、ニューヨークの国連で、ウクライナの通常代表団は、国連経済社会会議の第1定例会期（春期）の日程に、「チョルノブィリ原子力発電所における事故結果処理作業への国際協力」を、追加で入れるように訴えた。

会期での検討のために、国連事務総長への訴えを含めた決議プロジェクトが準備された。それは、事故に苦しめられた地域へ役所間使節団を送って、これらの地域において第1になすべき要求事項を検討し、その後、客観的な事情に関して国際協力の提案を作ることだった。

この課題への国連経済社会会議メンバー国家の接し方は、一様ではなかった。高度に発達した国々（アメリカ合衆国、日本、北側諸国）は、そのような決議をすることが、国連の活動方針転換や、大きな財政的消費や、国際支援を当てにしてこの災難を自ら克服する努力を弱めるソ連邦側の打算的やり方につながりかねないことを危惧した。南側諸国も、そのような国際協力はしかるべきお返しの協力を期待できないことを考え、「一方通行道路」になるとして警戒した。

最もきびしい立場をとったのは、アメリカ合衆国の代表だった。

発展途上国は、決議プロジェクトを採択することが、自分たちの問題から世界の注意をそらすことになるとの懸念を非公式の話し合いにおいて表明し、全体として冷淡な態度をとった。

そのような接し方にもかかわらず、すでに、国連経済社会会議の第1（春期）定例会期の

ときに、国連メンバー23カ国の支援を取り付けることが出来た。しかし、決議の採択は意見の一致に達したときにしか実質的な結果をもたらさない。この点を考慮して、プロジェクトの発起人たちは、チョルノブィリ問題の研究を、決議プロジェクトとともに国連経済社会会議の第2（夏期）会期に持ち越すことに同意した。その会期は1990年7月4日から27日にジュネーブで開催された。7月13日に総会で、「チョルノブィリ原発事故結果処理の仕事における国際協力」の問題の審議が行われた。議論に参加したのは、国連ヨーロッパ経済委員会の執行委員長、自然災害時に支援を与える問題の国連事務総長代理、世界保健機関の代表、国際原子力機関、ユネスコ、その他多数の国の代表（ブルガリヤ、ビロルーシ、イタリアなどヨーロッパ連合のメンバー国、カナダ、メキシコ、ニュージーランド、ソ連邦、アメリカ合衆国、ウクライナ、スウェーデンなど北方の諸国、スイス、日本）である。

発言のなかで、事故で被災した地域における深刻な状況が浮き彫りにされ、事故結果の犠牲になったすべての人々への深い同情が表明された。強調されたのは、チョルノブィリ悲劇は最初ではないが核事故の最も重大な場合であり、たとえ災難がすでに起こってしまったことであっても、世界はしかるべき結論を出して、その影響を軽くする共通の努力のために、この苦い経験を利用すべきであるということであった。

国連経済社会会議の第2会期での決議（E/1990/60）は、さまざまな制度とグループに属する63カ国にのぼる世界の協力者によって採択された。これは注目に値する。その中には、高度に発達した西側諸国、東ヨーロッパ諸国、中国、そして発展途上の最も有力な国々が含まれている。

その課題決議の主要な意義は、世界が一致して国連機構の枠内で努力するということにあったのだが、結局それはポーズだった。事故結果を評価するために、すでにある措置とさまざまな国際的専門機関を同調させて、将来の措置について国連総会第45会期（1990年）で勧告することが国連事務総長に任された。

1990年12月21日の第45会期の総会決議45/190「チョルノブィリ原発事故結果の改善と克服の仕事に向けての国際協力」を採択して、協力拡大は国連の後援によって新しい段階に入った。この協力者決議に国連加盟の120カ国が参加したという事実は、前例のないものであった。

こうして、惨事の影響を最小にするための国際協力システムは、重要な第1歩を踏み出した。すなわち、事故結果処理の機関間委員会（IAC/RNA）やチョルノブィリ問題の国連作業グループが作られ、チョルノブィリのための国連のコーディネーターとして、国連事務総長代理でウィーンの国連支部長のエンスティ女史（イギリス）が任命された。国連機構の専門部会「チョルノブィリ惨事結果問題の国際協力総合計画」の準備には、コーディネーターは直接参加した。

「総合計画」は、次のような観点を優先にして作られた。
——健康
——移住

――チョルノブィリ惨事に苦しむ地域の経済的回復
　――住民の社会心理学的リハビリテーション
　――食料の確保および農業
　――チョルノブィリの経験の伝達

　1991年9月20日にニューヨークの国連本部で、惨事に被災した旧ソ連の3つの地域への援助のための国連特定目的チョルノブィリ基金に如何に寄与するかについて発表する会議（学会）が行われた。

　その作業には、国連加盟のほとんどすべての国と、たくさんの国際組織の代表者が参加した。

　この会議のときにきわめて重要な寄与を表明したのは、チェコ・スロヴァキア（500,000米ドル）、フィンランド（200,000）、サウジ・アラビア（100,000）オマーン、アラブ首長国連邦（それぞれ50,000）だった。チョルノブィリ被災者支援目的基金には、総額1,500万米ドルが届いた。

　残念ながら、会議はその目的を達成しなかった。なぜなら、「総合計画」を含めて、全部のプロジェクトの財政として、650,000,000米ドルを集めることをもくろんでいたからだ。それにはおそらく、次のような深刻な原因があった。第1に、ソ連邦の崩壊。第2に、3つの被災国の参加するプロジェクトは、共通の方向性のある構想を持って準備されていなかった。第3に、早くも世界の市民が、チョルノブィリ悲劇をそれほど緊急な問題とは考えなくなっていた。国際的な査察についてのIAEAの報告は、旧ソ連政府の依頼で行われたが、報告の結果にウクライナ政府はまったく賛成しなかった。そのことも原因であった。そして、「すでに受け取った人道支援を正当に使用できていないこと」に対するもっともな非難も、もちろんあった。

　1991年10月17日から18日に、国連総会第46会期第2委員会は、チョルノブィリについての45/190決議採択後に行われた仕事をまとめた。エンスティ女史は、国際的な協力者の前におかれた「総合計画」プロジェクト実現の課題に対して、鋭い意見を述べた。さらに彼女は、IAEAの専門家グループが実行したチョルノブィリ原発事故の放射線学的影響評価プロジェクトの不完全さを指摘した。

　チョルノブィリへの国際的努力を調整する仕事が強化され、1992年11月3日から4日に、クィイウにおいて、政府組織と非政府組織、それに国連機構の役所の会議が実施されることになった。それに参加したのは、国連事務局、国連食糧農業機関、IAEAの各代表、その他の権威ある組織の代表である。

　「総合計画」実現への650,000,000米ドルの資金を集めることが非現実的であると認定されることを考慮して、会議は、優先的プロジェクトのリストを準備した。プロジェクトの実現のためには、苦しんでいる3つの国への国連からの支援が必要不可欠である。

　この方針は第47会期国連総会でさらに1歩明確になった。ついでに言えば、この会期において、ウクライナ、ビロルーシ、ロシア連邦の代表団は、国連事務局がこの仕事に積極的で

ないと激しく非難した。とはいえ、これは、国際協力の拡大過程の重要な出来事だった。というのは、第47会期国連総会決議は、チョルノブィリ後の問題の解決について、以前に調整された国連作業への委任状を確認し、事故の影響を軽減することへの優先分野を多方面から認証したからである。新しい国連事務総長の選出に関連して、常勤の交代も行われた。すなわち、チョルノブィリ関係の新しいコーディネーターには、エーリアソン氏が任命された。

1993年5月に、エーリアソン氏は、3カ国の被災地域を訪問し、ミンシクで1993年5月25日から27日に行われたビロルーシ、ロシア連邦、ウクライナの代表たちとの話し合いに参加した。話し合いの結果、世界保健機関事務局長の中嶋宏博士に対して、チョルノブィリ事故結果処理作業参加者の健康回復のための特別プログラムを立案するよう依頼する、調整会議アピールが採択された。また、被災諸国と国連の次のような活動の基本方針を定めたコミュニケが発表された。

　——以前に調整された優先方針の枠内でプロジェクトを実現するよう、新たな努力をすること。また、それへの融資の可能な財源を定めること。
　——チョルノブィリ惨事問題にかかわる4者を調整する委員会を、国連の後援によって創出すること。
　——国連の特別組織機構のプログラム活動において、チョルノブィリ問題を強化すること。

こうして、地球的惨事の影響を最小にすることへ、国連とその機構がいっそう活発に参加することに希望が出てきた。

IAEAと国際チョルノブィリプロジェクト

早くも1986年5月に、IAEA事務局長のハンス・ブリクスとこの組織の他の代表たちがウクライナを訪問した。彼らはチョルノブィリ原子力発電所にも行ってきた。その年の8月に、ソ連の専門家たちは、事故とその結果についての情報を持って、IAEA専門家会議に参加した。

1989年12月にソ連邦政府は、ソ連の専門家が立案した放射能汚染地域住民の居住安全性のための基本理念について、3つの被災共和国政府が頼れるような保護策にもとづく国際的な評価を実施するよう、IAEAに公式依頼をした。IAEA事務局は前向きに応え、この目的の国際チョルノブィリプロジェクトが立案された。それには、周辺環境と人々の健康のために、国際的放射線学専門家によってチョルノブィリ惨事結果を研究し評価することが見込まれていた。

このプロジェクトのための最も主要な情報として、次の報告類が使用されることになった。
　——1986年のウィーンでの事故後会議におけるソ連邦の報告。
　——1987年のソ連邦報告「チョルノブィリ後1年」。
　——「チョルノブィリ事故についての医学的見地」をテーマとした全ソ会議の論文集、1988年5月11日～13日、クィイウ。

――ソ連医学アカデミー全体会議による「チョルノブィリ原子力発電所事故の経済的モデルと医学生物学的影響」。1989年3月21日～23日、モスクワ。
――1989年6月と1990年2月に被災地域を訪問したWHOおよび国際赤十字連盟の技術専門家の公式報告。
――放射線の影響問題についての第31会期国連科学委員会に、ソ連邦代表団が出した文書「チョルノブィリ事故結果の住民に対する暫定的1年間許容被曝線量の基礎付けシステム」。
――ビロルーシ共和国保健大臣のIAEA本部における報告。1989年12月。
――事故結果の克服プログラムに従ったソ連邦最高会議の1990年4月25日付決議とチョルノブィリ惨事克服の国際協力に向けたウクライナとビロルーシ政府のアピール。

　IAEA事務局は次のように重要な準備を実行した。すなわち、現在の公式情報を集め、専門家がその場で状況を調査する被災地訪問を組織し、クィイウ、ホメリ、およびモスクワで技術会議を開催した。プロジェクトによる運営のために、国際コンサルタント委員会が作られた。その委員会には、オーストリア、カナダ、イギリス、アメリカ合衆国、フィンランド、フランス、日本、ソ連邦、ビロルーシ、ウクライナの権威ある専門家と国連の食糧農業機関（FAO）、放射線影響問題科学委員会、世界保険機関、IAEA事務局、ウクライナとビロルーシの科学アカデミーの代表者が入った。

　重松逸造博士（財団法人・広島放射線影響研究所）が議長である国際顧問委員会事務局によって準備された国際チョルノブィリプロジェクトが承認され、その管理下に次の5つの主要な方針が実施されることになった。

1. 現在の状況を作り出した事件の歴史を想起し、現在の状況を記録すること。
2. 周辺環境の汚染評価を確認すること。
3. 個人線量と集団線量の評価を確認すること。
4. 放射線被曝の治療医学的結果と全般的医学情勢を評価すること。
5. 保護措置の査察。すなわち基準、影響レベル、および用いられた方法を評価すること。

　1991年2月、ウィーンでの会議で、「歴史的事件の全貌」、「周辺環境汚染」、「住民の放射線被曝」、「人々の健康への影響」、「保護措置」などを具現化したプロジェクトの主要な条項と、結論および提案が提示された。

　国際チョルノブィリプロジェクトは、全世界に活発な関心を呼び起こしたが、その結論に対する評価は一様ではなかった。国際的な専門家たちは、ウクライナ住民への放射線の悪影響という医学的事実は、このプロジェクトの枠内での研究によって確認されなかったとし、小線量放射線の影響はまだまったく研究されていないから、人々の健康にとって害があるとみなす理由はないと考えた。

　1991年2月22日の国際顧問委員会の会合に出席したウクライナ科学アカデミー副総裁のアカデミー会員B・バルヤハタルは、チョルノブィリ原発における事故結果の住民健康にとっての評価について、科学アカデミーおよびウクライナ保健省の総括的データを引証して、毅

然として、そのような軽薄で表面的な結論に反対した。ウクライナの学者たちは、広い層の住民への小線量の不可逆的作用について考えるとき、何かを疑うことは遅れのきっかけになることを強調しつつ、人々への放射線の確実な影響を研究する仕事を継続するようにそろって訴える努力をした。

第47会期国連総会（1992年10月）で、ウクライナ代表団は、プロジェクトの結果評価が一様でないことや、チョルノブィリ事件を引き起こした一連の問題が正確に反映されていないことを指摘し、IAEAとの将来の協力に期待を表明した。

しかし、このチョルノブィリ方針の代行機関の活動度は、今に至るも小さいままにとどまっている。もちろん、それがまったく消極的であるとか無関心であると言うことはできないが、IAEAの巨大な経験と著しい潜在力を考えれば、このような運命的な問題の解決には、もっとずっと重みのある寄与が求められる。

「ユネスコ－チョルノブィリ」

1990年10月に、ユネスコの執行会議は、その第135会期で、特別プログラム「ユネスコ－チョルノブィリ」のプロジェクト計画の実施の合理性と、1992年～1993年の予算決議を決めた。このプログラムの主要な条項は、総長と、ソ連邦、ウクライナおよびビロルーシの大使および常任代表者によって、1991年1月9日に署名された。

1992年から1993年に、70のプログラムのプロジェクトのうちおよそ30が実行されたり立案の段階にあったりした。それらは次のような対象分野に関係していた。

——教育：外国語の習得、通信教育、学校用の資材と教育設備の供給、エコロジー教育、チョルノブィリに目標を置いた参考文献。
——自然科学：経済研究の国際ネットワーク。水理学への原子力発電所の影響。放射性核種の地球化学的移動と崩壊。
——文化：チョルノブィリゾーンにある文化的遺産への惨事の影響を研究すること。
——伝達、情報および情報理論：記録の保全、伝達の拡大計画。
——社会科学：事故処理作業者の健康状態の研究。
——学問間の複合プロジェクト：惨事被災者の居住区の経済と社会的発展をはかり、チョルノブィリ犠牲者の心理学的国際リハビリテーションセンターをウクライナに作ること。
——具体的支援のプロジェクト：住民の放射線防護医学施設のための設備を供給し専門家を準備すること。

具体的なプログラムを審議したとき（1992年）、ウクライナの代表団は、クィイウにある心理学科学研究所基地に子供のための心理学リハビリテーション国際センターを組織し、ヴィシュネウ村には心理学的リハビリテーション拠点を組織する、というプロジェクトを優先させることを確認した。生態学研究の国際ネットワークを組織するプロジェクト、放射性

核種の地球化学的移動の研究、教育における伝達と遠隔操作の方法なども優先性が承認された。

主要な関心は、住民の放射線防護保健診療所（プシチャーヴォドゥィツャ）の施設を近代化し、専門家を準備することに関するプロジェクト、および「チョルノブィリ惨事ゾーンにおける文化遺産への惨事の影響研究」プロジェクト（カナダはこれの実現のために250,000カナダドルを出した）にあった。

「ユネスコ－チョルノブィリ」のプログラムの枠内での仕事は、全体として、肯定的に評価できる。有益な非政府組織と基金（主としてドイツ）、ヨーロッパ経済共同体、カナダなどによってこのプログラムの実現のために出された費用の全額は、1992年に2,363,200米ドルになった。

しかし、プログラム事務局は、被災国のどこも費用を現金では受け取らないこと、支払いは実際に行われる具体的なプロジェクトだけを対象にすることを要望した。

保健部門における国際協力

これらの部門の中で、実際に実現された主要なプロジェクトには、次のものがある。
――世界保健機関のプロジェクト「アイフィカ」。これには次の下位プロジェクトが含まれる。「甲状腺」、「血液学」、「疫学」、「母体内で被曝した子供の心理的発達」、「放射線監視員」。
――「笹川－チョルノブィリ」プロジェクト。このプロジェクトのおかげで、1991年4月からおよそ6,000人の子供の検査が行われた。被災地域の住民の中の著しい心理情動的緊張が取り除かれ、子供の検査診断学センターが2つ組織された（クィイウ州とジュィトムィル州）。
――赤十字社と赤新月社（イスラム諸国の赤十字社）のプロジェクト。

プロジェクトであったおかげで、主要な医学的問題の解決と並んで、被災住民を支援する治療−予防施設の機器面での装備の改善が、実現を見込んで開始された。

惨事被災者の遺伝機構が破壊される現象の研究は緊急性が高い。これらの研究は、「チョルノブィリ事故結果放射能の遺伝毒性」プログラムの枠内で、リヴェルモルシカ研究室と共同で実現された。その結果、放射線影響を遺伝学的に表す方法、線量計測の有望な方法、そしてその遺伝学的影響を評価することが、ウクライナにおいて実現することになった。

いくつかの国際プログラムが立案の段階にある。線量計測および放射線衛生学（スイス、ノルウェー、フィンランド）、細胞遺伝学（ドイツ：放射線防護研究所）の周辺分野では、共同研究が実施されている。実験血液学および骨髄移植の分野（ドイツ：ウリマンシク大学）と放射性核種の崩壊結果が住民と周辺環境に与える微量放射線被曝の影響の問題（日本：国立放射線医学総合研究所）において、共同研究を展開する計画がある。

日本やドイツの学術機関とともに、世界保健機関のプロジェクトの枠内で、次のような方

針で協力が進展している。
　——ホールボディカウンターのための統一した方法論と模型を作ること（この模型とカウンターの相互キャリブレーションを含む）。
　——チョルノブィリ原発事故後の住民の外部被曝と内部被曝の過去・現在・将来の規格化された放射線計測モデルを作ること。
　——30キロメートルゾーンの住民の避難後の被曝線量設定について、規格化されたモデルを作ること。
「アイフィカ」プロジェクトを含むすべての国際医学プログラムを全体として同調させるのは、目的にかなっていると認められる。

人道支援

　ウクライナ政府は、諸外国の政府、市民、国際組織などに、チョルノブィリ原発事故結果克服への共同行動を呼びかけた。それに応えて、援助や、治療や、被災地区の子供たちの休息などの組織を提供するという申し出が非常にたくさん届いた。アメリカ合衆国とカナダでは、市民基金「チョルノブィリの子供たち」が作られた。ヨーロッパ議会は、ヨーロッパの同盟国による供与として、緊急の医学的支援と食料支援の決議をした。

　たくさんの外国、国際的な政府組織と非政府組織、ヨーロッパ同盟国委員会などが、国家や市民や宗教組織によるウクライナへの供給を組織した。

　その半分以上はドイツで、フランス、アメリカ合衆国、さらにはオーストラリア、カナダ、韓国、パキスタンのような遠い国々からも、かなりの支援が寄せられた。

　人道支援として到着した荷物の全量は、1992年末におよそ11,500トンに達した。それらの構成はおよそ次の通りであった。
　——食料品：7,700トン、すなわち67.4%。
　——医薬品：1,600トン、すなわち14.2%。
　——その他：700トン、すなわち約6%。
　衣類、靴、医学的設備はおよそ4～5%になった。

　ウクライナ閣僚会議には人道支援に関する委員会が作られ、そこには、さまざまな省や部局の代表が入った。この委員会は副首相が指導し、届けられる人道支援にかかわるすべての問題の解決に当たった。

　支援の受け入れと分配は、ウクライナ赤十字の参加と、フランス、ドイツ、イギリス、カナダ、イタリアの赤十字使節団の管理の下に、すなわち、ウクライナ大統領令No.37「ウクライナ領土内での国際人道支援の受け入れと分配に関する作業の組織について」にしたがって実行された。

　物資の分配に際しては、ウクライナのほとんどすべての地区の要求と、人道支援を与えた国の希望が考慮された。多くのウクライナの子供たちが、健康増進と休息のため、キューバ、

ポーランド、チェコ、スロヴァキア、ドイツ、フランス、アメリカ合衆国、カナダ、デンマーク、その他の国々へ出かけた。

　心の痛みを共有する気持ちと道徳的な連帯を感じている国際組織や個人によって与えられた援助種目のリストは膨大なものになる。ここには思いやりと情けとが込められている。

　世界中の人が、チョルノブィリ惨事の結果を無力にするためのたたかいに参加して、このたたかいが最も重要な国際的課題の1つであることを理解した。これを実効あるものとして遂行することは、全人類の運命にかかわる。そして、われわれがチョルノブィリ問題への関心が衰えたといっては話題にし、高まったといっては話題にするとき、それはいつも時間と距離を越えて世界の考えを波立たせるだろう。

チョルノブィリ原発は存続すべきか廃止すべきか？

　世界的関心と不安の中で、レーニン名称の発電所における地球規模惨事直後に、最も緊急な問題がもう1つ検討された。ウクライナの世論は、核の危険を完全に理解して、チョルノブィリ原発を閉鎖することと、古いシステムの反人間的作品としてそれを完全に埋設することを要求し始めた。民族解放競争の風によって目覚めた人間の自覚は、計画された行動ではない必然的な爆発を理解し、壊れなかった発電ユニットの今後の稼動を容認することを望まなかった。

　これらの思いは、ヨーロッパの中心にある「恥さらしな原子力」のことを心配せずにはいられないという世界共通の関心に合致した。しかし、発電所を覆い隠すことは手に負えないということが、ウクライナ自身にますますはっきりしてきた。そのようなやり方は、原発を一時休止する膨大な出費に加えて、さらにいくつもの経済的および社会的な問題を生じさせた。エネルギー不足のときに、3つの稼動中の発電ユニットを停止することや、チョルノブィリ原発の衛星都市スラヴートゥィチを自動的に「非活性化」することは、危機の深刻化だけでなく、真の社会的災難という結果を必然的にもたらす要因である。チョルノブィリ原子力発電所の稼動中の3基の発電ユニットの運転を1995年まで停止することについて、ウクライナ最高会議が1990年に決定を議決したとき、もちろん、豊かな西側の実質的援助をも当てにしていたのだった。

　西側諸国は金を当てにできるほど豊かだったとはいえ、「7大国」が発電所の閉鎖のために約束する額は、さしあたり充分でもなく、長期にわたるものでもない。このような大規模措置の実行について客観的に語りうる金額の枠は50億米ドルであるが、少なくともそれには遠く及ばない。たとえば、現在チョルノブィリ原発が与えているエネルギーを補償するために、「7大国」は、リウネンシク発電所とフメリヌィツィクィー発電所の出力増大の費用を約束した。しかし、これらの国の指導者によって調整された金額は、今のところ必要な額の45%でしかない。

　デンヴァーでのサミットでは、実現計画に従った措置への融資として、「掩蔽構造物」の

ために3億米ドルを出すことが決議された。国際専門家グループによって立案され、ウクライナ政府代表団と「7大国」によって承認された計画に従って、まず「石棺」を安全な状態に移す措置を講じること、次に長期的措置への準備作業を実施することになった。核物質である「掩蔽構造物」（石棺）を撤去することが目指された。しかし、前述の評価にしたがえば、この計画を実現するには再びかなりまとまった金額の財政的要求が起こる。その額は、7～8億米ドル以上であろう。

　チョルノブィリの災難についての国際的な「取引」において、物質的のみならず言外の政治的意味がはっきりと認められるのは残念である。一般に、高度に発達した国々に味方する若干の勢力は、チョルノブィリ原発の閉鎖には原子力エネルギー産業の再生ほどには関心が無いので、チョルノブィリの結果に対するあらゆる不幸とあらゆる責任を、まだそれほど強くない国々の肩に置き換える努力をする。

　金、金、金……。ウクライナは原発の出力をヨーロッパのロシアとフランスとドイツにだけ譲っている。核の発電ユニットの数は、世界で第5位である。しかし、現在この部門において、効果的かつ安全に、自立して稼動させることが出来ていない。ウクライナは、以前と同じように、世界への供給と使用済み核燃料の運び出しと原子炉の設備に関して、唯一のエネルギー産業複合体に依存している。われわれも天然ウランの独自の採掘技術と独自の濃縮技術を持っているし、燃料カセットの主要な要素を準備するための基地や、かなりの科学技術的潜在能力を持ってはいるが、それでもやはり、あの資金が無い……。

　この数年間、チョルノブィリ原発の安全運転は進んだが、全体としてそれを我慢できるものとして認めることは出来ない。安全について計画された仕事は、完全な大きさでは実行されなかった。ところで、チョルノブィリ原子力発電所を、もう1つの、閉じた輪の絶望が脅かしている。すなわち、きわめて近い時期に、次のようなことが起こりうる。つまり、現在3号発電ユニットだけがその強力な兵器庫を隠し持っているのだが、それを閉鎖するにも稼動させるにも資金が不足するだろう。そして、そのときには何が？　この発電ユニットの技術は、世界の安全基準に適していないし、信頼できる原子炉防護（気密保護）が無い。期限は1999年である。

　ウクライナがチョルノブィリ原発を閉鎖するためには、前述のような前提条件（エネルギー出力の補償、スラヴートゥィチの社会的保護、使用済み核燃料のための保管用建物）が必要だが、そのほかに、「掩蔽構造物」を生態学的に安全なシステムに変更することも緊急の重要事項である。いや生態学的に、だけではない。

　「石棺」の内部で行われる分析的な仕事によっても、あらゆる核物質の特性や数量や所在場所を客観的に定めることが出来るわけではない。

　現在のモニタリングシステムは、燃料物質の中で起こっている物理化学的経過を完全には管理しない。

　一方、研究者たちは、境界を越えて放射能が飛び出すことが、「掩蔽構造物」における何らかの事故の最も深刻な結果になるだろう、ということを指摘する。つまり、研究者たちは、

起こりにくそうではあるが、もし起こったら大きな結果をもたらす放射線事故の、客観的で現実的な原因の可能性を検討している。それらの中には、地震、竜巻、飛行機墜落などの結果、施設が崩壊して覆いがずれるということがあるが、第1位は火災の危険である。

「掩蔽構造物」を生態学的に安全なシステムに変更することについて言えば、このプロセスは次の3つの最重要な段階が予想される。

——現存の施設の安定化。すなわち、「石棺」を制御された状態に移すことを含めて、その潜在的危険性が現実になる確実性を減らすような複合的措置を実行すること。

——加工作業の実施および、燃料と「掩蔽構造物」の放射性物質除去に際して、定められた安全基準と規則に適する、新しい局所化用のカバーを建設すること。

——燃料と放射性物質をその後に除去して、特別な貯蔵庫へ埋設するために加工すること。

そのような課題を段階的に実行することは、長い時間と世界の多数の国の専門家の潜在能力と物質的資源を必要とする。チョルノブィリの跡はあらゆる国境を越えて通り抜けていったということを忘れる人に、この跡はいずれ追いつく。

今日、そしていつも

チョルノブィリのことを決して闇取引の議論の対象や実用主義の代案にしない人々がいる。それは、何の迷いもなく爆発の中心に真っ先に飛び出していった人々であり、エネルギー産業の最後の従業員がここから出て行ったそのときにも、ゾーンを見捨てなかった人々である。それは消防士たちである。彼らは、毎日毎日、毎夜毎夜、自分の当直の仕事に就き、自分の燃える十字架を注意深く誠実にかついだ。彼らがやらなければ、ほかに誰もやる人がいなかったからである。

在クィイウ州　ウクライナ内務省本局国家火災警備局副局長、O・ホルブシュィン内務大佐は語る

人々は消防士のことをいつ思い出すか？　もちろん火災のときだ。ちょうど病気になったときに医者を思い出すように。だがわれわれが最も注目されるのは、火災が原発またはその近くで起こるときである。そのとき、人々にはあらゆる不安や心の痛みや心配がよみがえり、ふたたび1986年の恐ろしい体験を思い出す。

クィイウ管区防火班の総合部隊は、早くも4月26日にはプルィプヤチに、4月29日にはチョルノブィリに展開した。彼らは順次、他の州の部隊と入れ替わった。1986年11月5日から、ウクライナの州防火班総合部隊と並行して、クィイウ州内務省部局火災警備局戦時体制火災警備-3が任務遂行に取りかかった。そこには戦時体制消防分隊-2と戦時体制消防分隊-17が加わっていた。部隊長にはB・ポリシチュク内務少佐が任命され、じきにM・フルィネンコ内務少佐に代わった。

部隊はそのときチョルノブィリ市に配置された。その構成員の中で、予防グループの仕事をしたのは、ウクライナと他の共和国の原発警備消防支隊の28人であった。任務は8時間ごとの3交代で、割り当てられたコースにしたがって厳格に行われた。

タンクローリーに乗った3つの戦闘部が消火の任務に参加した。彼らには、消防ポンプステーション、自動はしご、泡消火自動車が供与された。

1988年12月1日から、定常的な管理職をともなった当直方式の任務遂行が導入された。下級指揮官や兵卒など構成員の補充は、ウクライナの他の州から派遣されて到着した同僚によって行われた。1991年7月から、部隊はやっと定常隊員としての任務になった。戦時体制火災警備部隊-3はそのとき、チョルノブィリ原発の運転中の発電ユニットの火災安全を確保し、プルィプヤチ市、チョルノブィリ市、30キロメートルゾーンの村など、ひとが避難してしまった地域を火災から守り、泥炭層や森林の火災を消した。同時に、消防士たちは、地域と建物を除染するという課題を遂行し、発電所域内の水をポンプで排出した。

1986年にチョルノブィリ原発では53件の火災が発生したが、1996年には2件であった。すなわち、7月に自動車輸送施設の空調機が発火し、10月に第1系列の「A」ブロックのNo.707建物でパネルが燃えた。発電所のオペレーターと消防士は、速やかに危険中心を処理した。しかし、チョルノブィリ原発におけるおのおのの事件は、些細なものであっても、ウクライナでも国境の向こうでも、高い注目度で見られる。裸眼で見ることのできるものを、世論や新聞は顕微鏡下で研究する。

しかし1996年の火災は、いっそう正確に言えば焼け焦げ（現在この言葉は適用されないが）は、当然というよりはかなり偶然だった。公式統計の上では当然といわれているとすればそうかもしれないが。1988年に入ると火災の数は定常的に減少する。1988年の火災は14件で、1996年は2件、1997年は0件だった。どのようにしてそのプロセスが達成されたのかを知っているのは、おそらく火災警備の同僚と発電所の管理部だけだろう。火災予防の仕事は、言ってみれば、職員の目には留まらないほどしか跡を残さない。だがそこには、国家火災警備部隊-3の専門的活動分隊の隊員が存在している。毎年火災警備局の州委員会は、国家火災警備部隊-3の技術検査隊員とチョルノブィリ原発の消防技術委員会の参加により、発電所のすべての部分の詳しい火災技術検査を実施する。火災危険の軽減に向けた方策が立案され、彼らの熱心な実行がおのずと結果を出す。

3号発電ユニットのコンデンサーと中間ポンプのオイル設備が、散水利用とリモコン操作の出来る消火設備によって装備されたことは大いに意味がある。以前に据えつけられた設備は新しいものに取り替えられた。ケーブルトンネルのガス消火システムでは、ブロムエチルだった消火剤が無水炭酸とフレオンを含む配合剤に代えられた。これは閉じた部屋の消火をいっそう効果的にした。自動火災警報機の古いシステムは、現在のものに代えられた。新しい建築規定と規則にしたがって、機械建屋の覆いが新しいものに代えられた。ちなみに、これによって1991年の2号発電ユニットの火災が局所化された。機械建屋の金属構造物の保護には、架台式筒先が設備された。新しいケーブルラインの敷設には、現在は「不燃性」の添

え字のあるケーブルだけが使用されている。

　チョルノブィリ原発における火災安全の改善のためのほとんどすべての方策は、独自の力によって実行された。しかし、支援を遠慮することは無かった。特に、発電所はドイツの「ブランドゥシュトゥツ」社と接触した。この会社は、有益なやりかたで、高温のときに膨張して火の拡大を制限する防火専用ペーストを提供した。国家火災警備部隊−3は、火災安全研究所とドイツのパートナーが緊密な関係を作ることを支援した。共同でペーストを試験した結果、その高い有効性が確認された。現在、セクション内のケーブルのかなりの区画と機械建屋のトラスがこれで覆われている。

　もちろん、すべての方策が同時に実行されるわけではない。明らかに懸念されるのは経済的危機である。しかし、防火体制の違反のために、国家火災警備部隊−3の検査技術員は容赦なく処分された。たとえば、1996年に、火災安全規則違反を許したとして、指導者と公的人物と職員に、500以上の行政処罰が課せられた。なんと、600以上の建物、プラント、区画などが送電網に火災の危険があるとして止められた。

　国家火災監視局の検査官は、発電所で毎年4,000近く行われる溶接その他の引火性の作業に、特別な注意を払って検査した。予防の目的では、防火の抜き打ち検査と特定目的の点検が行われている。それらの結果に関する情報は、発電所の指導部からよせられている。国家火災監視局の国家火災警備部隊−3の最近の予防活動は、大げさではなく、非常に大きな効果をもたらした。

　現在国家火災警備部隊−3は、172人の変わらない集団であるが、チョルノブィリ原発を火災から守るためのきわめて難しい課題を遂行する能力がある。部隊は自らの活動によって、チョルノブィリ原発の指導部から深い支持を得ている。発電所の当直警備長と、部隊連絡中心拠点にいる火災警備長がよりよい連携をはかれるよう、直通連絡ができた。電話連絡計器盤COC−30Mと必要数の移動ラジオ局がもたらされた。イタリアの「チェーラ」社製の曲がりのある55メートルの巻き上げ機と2台のタンクローリーが購入された。火災連絡拠点は、コンピュータ化され、電子郵便が設備されている。

　チョルノブィリ原発所長は、国家火災警備部隊−3の隊員のことを気にかけている。彼の同僚には、スラヴートゥィチ市のアパートと、サナトリウムまでの出張証明書と、休息の家が与えられ、子供たちには、幼稚園が割り当てられている。発電所は、消防署の建物の修復と装備について支援し、チョルノブィリ市内の隊員の宿舎を与えている。これらのことは、チョルノブィリ原発が、困難で、不安定で、不確実な時期を経過しているにもかかわらずすべて行われた。

　発電所の今後の見通しはどうか？　1997年10月に、ウクライナ大統領のЛ・クチマが訪問した。彼は、チョルノブィリ原発の今後の運命の決定について、思い切った行動の時期は最終段階に入ったと述べた。3号発電ユニットは、修理後、操業にはいらなければならない。それはさしあたり、世界の仲間が、リウネンシク原発とフメリヌィツィクィー原発に2号発電ユニットを設置するための融資について、最終的な決定を下すそのときまで稼動するだろう。

チョルノブィリ原発は、運転状態からはずされた後、核廃棄物の加工処理と埋設をともなうハイテクノロジーの企業になるだろう。そこに国際センターを作ることについては、すでに、イギリス、ドイツ、フランス、アメリカ合衆国の間のしかるべき協定が調印されている。これと同時に、国の指導部は、「掩蔽構造物」の運命を決めるように努力している。

　事故後にいわゆる「掩蔽構造物」を施されたかつての4号発電ユニットは、広範囲の社会に心配を与え続けている。現在この施設は、機構上チョルノブィリの一部であり、完全に国内発電所企業の決済の上にある。それは技術的にはかつてと同じように、設計事故コントロールの段階にあるが、発電ユニットの稼動をとめるまでは、生かしておかなければならない。この状況における主要な課題は、安全な統制的施設を作ることである。

　1997年初頭に、「掩蔽構造物」を2001年まで利用する権利のライセンスが得られた。その中で、実行できる仕事と禁じられる仕事の仕事量が詳しく決められた。

　「掩蔽構造物」の長期にわたる利用を保証することは、その信頼できる防火保護無しには考えられない。ここで火災が発生すれば、全体として放射線状態のかなりの悪化をひき起こしかねないからである。「石棺」建設終了時当初から、施設の火災安全についてはいくつもの重大な問題が生じていた。

　「掩蔽構造物」内には次のような可燃性の物質が2,000トンほど入っている。

　——電気ケーブルの絶縁体：450トン。
　——床の覆いのプラスチック化合物：157トン。
　——壁とプラントの塗料物質。
　——木製の補助的建築構造物。
　——事故までのシステムとプラントの残留オイル。
　——事故までの51〜68ピン内のタービン建屋屋根葺き用被覆材の残り。
　——可燃性の塵。
　——塵を押さえる溶液の有機成分：約4〜5トン。
　——施設での作業遂行に際して現在使用されている可燃性物質。
　——粉状、ちり状の黒鉛および黒鉛ブロックの破片：320立方メートル。

　「掩蔽構造物」の放射線状況は、最も気がかりな事故の結果として残っている。

放射能汚染した部屋の評価

被曝線量率を測定した場所	被曝線量率の平均値	被曝線量率の最大値
中央（原子炉）建屋（Ц3-4）	30〜600レントゲン/時	1,800〜2,400レントゲン/時
「掩蔽構造物」の部屋：		
——非使用部	1〜800レントゲン/時	1,800〜4,800レントゲン/時
——使用部「Б」ブロック	0.01〜0.1レントゲン/時	0.015〜1レントゲン/時
中程度使用の場所（ДЕ、СПП）	0.3〜0.6ミリレントゲン/時	0.5〜20ミリレントゲン/時

「掩蔽構造物」の覆い：

| ――原子炉部（Б）ブロック | 1〜4レントゲン/時 | 5〜20レントゲン/時 |
| ――機械建屋および（Г）ブロック | 0.5〜2.5レントゲン/時 | 3〜6レントゲン/時 |

「掩蔽構造物」周辺の敷地　　　0.02〜0.2レントゲン/時　　0.5〜5レントゲン/時

　「掩蔽構造物」の火災安全措置は、それらの仕様書一覧表作成後に、それぞれの部屋あるいは部屋のグループ（ゾーン）ごとに講じることができるだろう。問題は、「掩蔽構造物」の室内で用いることのできる消火物質の型を決めることである。湿度が高く、ほこりのたつ難しい放射線状態にある部屋に適用できる、決定的な自動火災警報システムはない。これらのシステムの据付けと対応をどのように実行すべきか？　類似の問題は、自動消火システムについても生じていた。火災のときの煙除去システムの適用に関する明確な結論はなかった。「掩蔽構造物」の火災安全確保のときに生じる問題は、これらだけではなかった。

　技術的生態学的安全と異常な状況の問題に関する定例政府委員会の委託を受けて、「「掩蔽構造物」の防火保護基本理念」、が立案された。現にあるあらゆる問題を解決するために、火災安全班と調整会議が設けられ、そこには内務省国家火災警備本局、クィイウ州国家火災警備局、ウクライナ国家原子力管理委員会、核調整の行政機関、「掩蔽構造物」管理者、学術と設計の研究所などの代表者が入った。「「掩蔽構造物」の防火保護基本理念」を実現することは、破壊されたブロックを安全なシステムに変える作業を首尾よく行うということである。

　チョルノブィリ原発と「掩蔽構造物」が将来どのように作られる運命にあろうとも、火災防護なしには済まされない。そして、示されたあらゆる新しい課題をだれもが実行しなければならない。

　もちろん、チョルノブィリ原発と「掩蔽構造物」の防火は、国家火災警備部隊-3の仕事の基礎の基礎である。発電所の火災のニュースは、きわめて小さなものでも全世界を不安にする。戦闘準備も隊員の教育訓練も、最高のレベルでなければならない。

　現在、チョルノブィリゾーンはどのような様子であるのか？

　クィイウ管区境界内の巨大な領域だけでも、200,000ヘクタール以上が放射能の危険のある土地であり、その中には102,000ヘクタールの森林が含まれる。2つの都市プルィプヤチとチョルノブィリ、67の村が完全に死んだ。1986年にはそこから100,000人以上が避難させられた。人々が疎開させられた14の村に、現在およそ700人（主として高齢者）が住んでいる。彼らは禁止に逆らって生まれ故郷の住まいに戻ってきたのだ。人々はたいていの場合、非常に古い、長らく修理されていないストーブと煙突のある小屋に住んでいるが、それらは現在火災の危険があり、日常的な住み心地の悪さの原因になっている。

　接収ゾーン内では、チョルノブィリ原発そのもの以外に、特別企業体「コムプレクス」、

「ラデク」、「チョルノブィリリス」、国際研究の科学技術センター、石油基地などのような大きな組織とプラントがあわせて27施設稼動している。ここでは2,000台以上の自動車が運転されている。チョルノブィリの宿舎と「ゼレヌィ・ムィス」居住区には、およそ11,000人の当直が住んでいる。

ちなみに「ゼレヌィ・ムィス」居住区は、1986年にエネルギー産業の労働者と事故処理作業者のための一時的休息所として建設された。この間に、軽金属と木製構造の建物は、すっかり老朽化して、高まる火災危険の源になっている。毎年ここは、物質的損失をともなった火災無しにはすまなかったし、時には死亡する人もいた。

予防的措置は、宿舎の火災安全問題を完全には解決していない。それでわれわれの提案にしたがって、接収ゾーンの管理部は、「ゼレヌィ・ムィス」のすべての宿舎を、段階的に処分する決定をした。

人々が疎開させられたイーリンツィ村、ブリャキウカ村、ズィモヴィシチェ村の地区内の1,200ヘクタールの泥炭湿原も、深刻な危険状態にある。針葉樹林には、乾燥して燃えやすい草地がたくさんある。森林経営上の作業がまったく行われなかったからである。このような条件のところの火災を局所化するのは、機械にも人間にもきわめて困難である。

この点を考えて、1992年12月1日に、われわれの支援の下に、森林地帯とかつての農業適地の火災防護の確保のために、国の特別企業体「チョルノブィリリス」が作られた。その仕事として、林業その他の単位に加えて、3つの化学消火ステーションが、ゾーンのさまざまな端に配置されている。

必要不可欠な機械（タンクローリー АЦ–40/131、自動散水ステーション、ビロルーシ製トラクター、消防用機械など）が補充され、ゾーンはそれらによって守られ管理されている。

森林地帯のパトロールは、ヘリコプターに少人数の消防士部隊が乗って行い、化学消火ステーションの作業能率はかなり上昇している。空中を調査する作業によって、発火を独自に発見して局所化することが可能になり、また火災の規模を正しく評価しそれを適時にゾーンの消防支隊に通報することが出来る。

森林とかつての農地の防火保護は、森林業「ウクルディプロリス」のウクライナ国家探査プロジェクト研究所によって立案されたプロジェクトに従って実行されている。それによって、防火壁、鉱化地帯、防火用道路の建設と修理、防火用水とそこへの車寄せ、テレビカメラによる監視塔、視覚に訴えるさまざまな宣伝の設備、指示標識と禁止標識、30キロメートルゾーン周囲の防火用堀の造成などの見込みがついた。

毎年、火災危険シーズンの前に、クィイウ州のウクライナ内務省本局国家火災警備局の専門家は、施設や森林地帯や化学消火ステーションの防火保護組織の複合的点検を実行する。われわれは人々が機械を必要とするときに実質的支援を行い、隊員とともに仕事をし、国の火災警備支隊とともに消防士や山林官との連携の計画を作り、共同の消防戦術研究を組織している。

施設の火災安全の問題は、常に接収ゾーン行政機関の注意の中心である。ここでは、異常

事態作戦本部が活動し、防火予防問題がテーマ別会議で毎日審議され、企業とゾーン組織の長たちの会議で毎週審議される。

接収ゾーンでは放射能の危険があること、火災安全レベルを超えたさまざまな施設や生産の集中していることを考慮して、国家火災警備部隊-4の戦闘員には毎日次のものが付属して待機している。すなわち、消防用タンクローリー6台、消防ポンプステーション、消防ホース車、自動はしご、指令車、戦車台上の泡用リフト、パルス式粉末消火設備2台。当直警備隊員およそ50人が丸1昼夜の仕事に従事する。そしてほぼ同じ人数の消防士が、あらゆる必要不可欠な専門的機械や補助的機械とともに予備として待機している。

現在、わが国が体験している国民経済の困難を、われわれもまた体験している。われわれには財政上の困難や物質的技術的確保の困難もある。しかし、内務省も、国家原子力委員会も、チョルノブィリ原発も、接収ゾーンも、その指導部がわれわれの問題を理解し、消防士の側に立とうと努力している。ウクライナ・チョルノブィリ省接収ゾーン行政機関の指導者の支援で、われわれは2基の粉末消火設備と1基の戦車台上の泡消火設備を受け取り、プルィルツィクィー基地の「ポジュテフニカ」工場で、すべての消防自動車の塗装を行った。さらに、国家火災警備部隊-4のすべての部屋が修理され、防護訓練教育の用地が建設され、隊員のための食堂が再建された。戦車台基地では、機械のための主要なガレージの建設が終了した。

われわれはエネルギー産業の労働者たちにも非常に感謝している。彼らはわれわれの若い消防士たちのために、スポーツで余暇を過ごせるように支援してくれる。そのおかげで、われわれの若者たちは、さまざまな試合の勝利者や入賞者になっている。

前の秋の終わりに、チョルノブィリ原発において、発電所職員とクィイウ管区や隣接州の支隊の消防士グループとの大規模な共同戦闘教育が行われ、内務省およびウクライナ内務省国家火災警備本局指導部の高い評価を受けた。彼らは、われわれが正しい道を歩んでいることを証明したのだ。よく言われるように、改善にはこれでお終いということはない。

このように、苦しい経験（チョルノブィリだけでなく）は、火災が原子力エネルギー産業の施設で発生するときに、最も複雑で最も重苦しい状況をもたらすということを一度ならず証明している。そのとき災難に国境はなく、炎だけで特徴づけられるのでもない。消防士たちは、まさに惨事の中心に入っていく。後になって、世界は損失を見積もり、金額を算定し、失ったものをかぞえ、利益と快適さを探すだろう。この世は実利的・打算的である。しかし、自らの生命を惜しまずに死んでいった人々がいた。このことを、われわれは何千回思い出しても足りることはない。

12年後のまなざし　30

アンドゥリィ・オライェウシクィー
　　ウクライナ内務省国家火災警備本局副局長　内務大佐

終わりのない道

　チョルノブィリ原発事故後かなりの時間が過ぎた。その多くが忘れられ記憶の中から消えている。しかし私の仕事は、現在でも接収ゾーンとウクライナの他の原子力発電所の防火保護に関係している。

　ゾーンに乗り入れると、すでに遠いあの1986年が思い出されてくる。道路標識にはオラネ。現在そこは荒地で、ところどころに壊れた兵舎や、アスファルトを突き破ってはえている小さな木や、道路からずっとはずれたところの何かの機械の残骸が見える錬兵場だけがあった。あの春はそこに、化学防護大隊が陣取って盛んに活動していた。交代たちはそこから除染作業に出かけ、緊張の1日の後そこに戻った。そこで盛大な表彰が行われた。自分の放射線規定書類を交付された人々がここから家に送られた。この大隊で、さまざまな職業と世代の、兵卒や予備の将校が容易ならぬ仕事を行った。

　数キロメートル向こう側には、ドゥィテャトウクィ監視検問所がある。現在ここで、あのときと同じように、民警の同僚と放射線量監視班が任務についている。自動機械の汚染を処理する拠点と汚染された機械の駐車場がないだけで、あの時とまったく同じだった。ゾーンから出る車は放射能汚染していない。あの時は、ゾーン境界の外へ放射能のよごれを持ち出さないように、車は特殊な溶液で何回も洗わなければならなかった。

　チョルノブィリ市は、実質的にあのときから変わっていない。あのときを特徴づけるガスマスクすがたの人が見られないだけで、大通りには人と車があふれている。あの年、休みなく道路の汚れを洗い落としていた散水・洗浄車は見えない。

　チョルノブィリ消防分隊は、町から発電所の脇のちょうど出口のところにある。しかしそれは、発電所の大きさとは比べられないほど小さかった。現在これは、機械のためのボックスを備えた消防支隊で、庭と管理検問所はアスファルトになっている。分隊の前は、1年中台座の回りに生花の置かれた破滅消防士の記念碑。あの遠い春、予備の機械は戸外の道端に立ち、警備員のために木製の屋根が設けられていた。それで全部だった。

　ヘリコプターのための飛行場が分隊の近くに配置されていたが、その轟音を聞くことはない。

　発電所への道は狭かった。当時そこでは、「ミキサー」と呼ばれていた車が苦労してコンクリートを混ぜ、こねて均質にしていた。道に沿って、野原には、放置された汚染自動車とバスの堆積が増えていた。私は、チョルノブィリ市からチョルノブィリ原発へ

の18キロメートルの、この道の朝を思い出した。朝、発電所に行くと、両側の側溝に、ひっくり返った「ミキサー」やベーテーエル（装甲車）や軽自動車があった。それらは夜、セメント液で滑りやすくなった道路でひっくり返り、昼間に撤去された。その道はほんとうは長くないはずなのだが、記憶の中では果てしない。

発電所の向こうのコパチ村はすでにない。事故後、すべての建物は取り壊され、村には製粉所だけが残った。しかし、「コパチ」という道路標識は今も立っている。

プルィプヤチ市には、特別な入場許可証があれば、現在は立ち寄ることが出来る。亡霊の町、と現在言われる町は、囲いがされ、警備されている。そして、そこへ入っていけば、高層建築の窓の黒いからっぽの眼窩が見え、不気味だ。道には子供の小さな荷車が、玄関近くには人形が散乱し、バルコニーにはもうけっして誰の役に立つこともない色あせたシーツなどがあり、壊れた軽自動車が置き去りにされている恐ろしい絵……。86年の絵は、記憶からゆっくり遠ざかる。

がらくたの山と化した4号発電ユニットを始めてみたときの印象は、私にとって恐ろしいものだった。そのとき私はテレビ記者たちを、ブルドーザーの無線制御作業の場所に案内していた。ブルドーザーは、ヘリコプターから原子炉に投げ落とされた何かの青いボンベや鉛の粉や建物のかけらを域内で掃除していた。近距離からの原子炉棟の割れ目は、巨大でみにくく脅迫するように思われた。

置き去りにされた消防分隊の建物は、何かの破壊のあとに似ていた。いたるところに酸素絶縁防毒マスク、軍服のたぐい、紙の山、叩き壊された戸棚、机、粉々になった窓などが散乱していた。放射能の汚れの中に沈んでいたこの分隊の運命は、あのときにはまだ決まっていなかった。

しかし、これはすでに過去のものだ。戦時体制消防分隊−2がたびたび除染をした後に、若干の修理と、1メートルのコンクリートの層によるかさ上げをして、その後、ここでは現在、クィイウ州国家火災警備の第3部隊が発電所警備の任務についている。それまでは、当直方式だった。

すべての思い出をわずかなページに盛り込むことは出来ない。友人たちと杯の準備をして、もうそばにはいない人々の思い出に報いるときにだけ多くを思い出す。思い出は、驚くほど多い。スタニスラウ・アントノヴィチ・フルィパスは、1986年4月27日から、ゾーンで火災警備の仕事を組織していたが、その後、引き続きウクライナ火災警備部の作戦グループを指揮した。ヴォロドゥィムィル・ムシィチュクは、事故の第1日にゾーンで働き、ヴィクトル・ムィコラィオヴィチ・ユロウの運命の上には、事故後のプルィプヤチ市の防火保護を組織する仕事が命中した。

リヴィウとハルキウの消防技術学校の生徒たちのことを思い出さないわけにはいかない。彼らは、換気管スペースの放射性黒鉛のかけらを清掃した。私はジュリャニ空港で、政府委員会の課題を成し遂げて到着する彼らを出迎えることになった。

ヘリコプターは、空港の軍用地区に着陸した。そこからひとかたまりの若者がとび出

してきた。彼らはとても軍学校の生徒とは呼べないような外見だった。疲れていて、着せられているもののせいで、すっかり子供っぽく見えた。発電所の長靴をはいた1人はベルトをしておらず、軍服の1人はベルトと帽子がなく、3人目はなぜか民間人の服装だった。私は、モスクワに近づくフランス人たちを描いた古典絵画を見るような気持ちになった。非常に疲れている若者たちは、ヘリコプターからやっとのことで歩いてきたが、目は無気力というよりは極端にうつろだった。兵士たちは、まず、表象されなければならない。夜に、内務部の食堂で準備をした。そのあとは医学検診。火災警備の医師ナタリャ・ザドロジナは、すべての仕事の準備を整えて、1時間以上若者たちを待った。先行する診察が長引き、真夜中をはるかに過ぎて終わった。疲れ果てた若者たちは薬をもらって、眠りについた……。翌日、軍病院での診察が突然始まった。軍学校の生徒の衣服がチェックされ、それらは埋めなければならないということが明らかになった。

若者たちは皆入院させられ、およそ1年を要する治療のコースを受けさせられた。私はこれらの消防学校の生徒たちの姓しか知らないが、どうしても彼らのことが忘れられない。ソロキン、スヴェントゥィツィクィー、ドゥレムリュハ、クルィムチュク……。

ところで、彼らの衣服を埋設地に運び届けることも、単純ではなかった。ドネツィク州から出張してきていた1人の国家車両検査所の職員は、チョルノブィリゾーンへの送り状無しの「貨物」を積んだ車の通行に同意しなかった。万事この調子だった。

チョルノブィリ原発における事故は、当時大尉だった私に、たくさんのことを教えた。第1に、出世主義者と本当の人間とを区別し、勇気ある人と臆病者とを区別すべきこと。第2に、われわれの仕事、中でも原子力発電所の防火保護確保の作業における誤りは高くつくということ。どうか、2度とあのようなことが起こらないように。

第9部

沈黙する瞬間

ヴィクトル・ザドゥヴォルヌィー
チョルノブィリの英雄に

　不吉な稲妻が
　100の手で心臓を突き刺し
　あなた方の顔を焼き
　粗野な踊りを踊りつつ燃え出すとき
　雲をさえ
　逆上した火の中で焼き尽くすとき
　あなた方は死を
　最後の一線で食い止めることが出来た。
　いけにえはささげられなかった。
　われらの優しい痛みの夜明けに
　あなた方は逆らって
　一月の地獄の雨になった。
　荒々しい混乱の中で
　あなた方は最後までたたかいに踏みとどまり
　あらゆる望みの火花をつらぬいて
　己が望みをつらぬき通した。
　かつてのようにライ麦はざわめき
　空には飛行機が浮かんでいる……。

歴史があなた方のことを書き上げる。
あの苦しい偉業のすべてを。

3人に1人が列から抜けていった

　記憶。それこそ人間の歩みの原動力であり、最高の道徳的価値の守護神である。
　年月はゆっくり遠ざかり、チョルノブィリ惨事の跡はゆっくり消えていくが、歴史家や学識経験者はまだ1度も、1986年春の事件に立ち返っていない。だがわれわれこの世に生き続けるものは、あの火のような夜の記憶を取り戻そう。新しい詳細や新しい事実が発見されるだろう。しかし、確実に残るものがある。チョルノブィリ原発での爆発のあと、たった10時間で、前ウクライナ民間防衛本部長M・ボンダルチュク中将を先頭にした軍の支隊は、プルィプヤチに到着した。消防士と運転員は、核の自然力の致死的な打撃を自らに受けたが、放射線防護策も初歩的な防護の道具も保障されていなかった。
　彼ら、チョルノブィリの火との最初の闘士は28人だった。すべての姓名を思い出そう。

　　　ヴォロドゥィムィル・プラヴィク
　　　ヴィクトル・キベノク
　　　ムィコラ・ヴァシチュク
　　　ヴァスィリ・イフナテンコ
　　　ヴォロドゥィムィル・トゥィシュラ
　　　ムィコラ・トゥィテノク
　　　レオニドゥ・テリャトゥヌィコウ
　　　ボルィス・アリシャイェウ
　　　イヴァン・ブトゥルィメンコ
　　　ムィハイロ・ホロウネンコ
　　　ステパン・コマル
　　　アンドゥリィ・コロリ
　　　ムィハイロ・クルィシコ
　　　ヴィクトル・レフン
　　　セルヒィ・レフン
　　　アナトリィ・ナィドュク
　　　ムィコラ・ネチュィポレンコ
　　　ヴォロドゥィムィル・パラヘチャ
　　　オレクサンドゥル・ペトゥロウシクィー
　　　ペトゥロ・プィヴォヴァル
　　　アンドゥリィ・ポロヴィンキン
　　　ヴォロドゥィムィル・オレクサンドゥロヴィチ・プルィシチェパ

　　　　ヴォロドゥイムィル・イヴァノヴィチ・プルィシチェパ
　　　　ムィコラ・ルデノク
　　　　アナトリィ・ザハロウ
　　　　フルィホリィ・フメリ
　　　　イヴァン・シャウレィ
　　　　レオニドゥ・シャウレィ

　チョルノブィリ原発の事故結果処理作業と、30キロメートルゾーンでの消火作業に、ウクライナのすべての州から全部で6,217人の消防士が参加した。彼らのうち4,000人以上は現在もなお働いているが、彼らは皆、放射能被曝によって大なり小なり冒されている。621人が25レム以上の被曝線量を受けた。しかし、これらのデータは不当に低められている可能性がある。1994年に、他の数値が公表されているのである。それらのデータでは、チョルノブィリ原発の事故処理作業の時には、687人が25レム以上被曝し、55人が急性放射線症に冒されたと断言していた。これは、統計的な正確さの問題だけではない。偉業の価値を故意に隠そうとする罪の歴史が続いている。数値を小さく見積もったところで、苦痛を小さくするものではない。2,000人以上の事故処理作業消防士が健康状態のせいで仕事を解雇され、およそ150人が他界した。まだ年若い彼らの何人が、黒い不幸の曇った刻み目に自らを置いたのか？　われわれの心の中には、ニガヨモギの苦い記憶と光り輝く人々がいる。彼ら、もう帰らない人々が。

言葉とブロンズで

　チョルノブィリの英雄たちの名声は全世界を駆け巡った。彼らの功績は、地球という惑星の住民1人1人の運命にかかわったからである。火とたたかった恐れを知らぬ人々の様子は、詩歌や作家の文章に現れ、壮大な芸術作品や絵画や歌の中によみがえった。かつてない大きさでそびえた消防士たちに、画家たちは真に想像をかきたてられ、創造の力を引き出された。これは時事問題に対する社会的な示し合わせなどではなく、熱情的な真実であった。
　ボルィス・オリーヌィクの詩の1節は、すでに古典になっている。
　　　　伝説に現れ、また退く
　　　　新約の預言者たち
　　　　彼らの法衣は防水布
　　　　彼らの後光はヘルメット
　消防士たちの偉業は、岩石に、ブロンズに恒久化され、映画フィルムやジャーナリズムの記録に具現される。最初に原子の火との戦いに身を投じた32人はチェルカスィ消防技術学校の出身者であった。その近くに、1986年7月初め、英雄消防士たちの集合記念碑が建てられたが、おそらくこれが最初だろう。彼らの中に、伝説的な2人の中尉ヴォロドゥイムィル・

プラヴィクとヴィクトル・キベノクがいた。

その後、ウクライナ内務省火災警備部で、彫刻作品「チョルノブィリの英雄消防士たち」の盛大な除幕式が行われた。勇気に満ち、勢いのある姿は、すべての自然の力をしたがえて、自分たちの不滅の道を歩いている。

1988年10月30日には、イルピニ（クィイウ州）にヴォロドゥィムィル・プラヴィクの記念碑が除幕された。英雄の故郷にという伝統には従わずに、なぜイルピニになったのか？　そうだった。ヴォロドゥィムィルはチョルノブィリ（クィイウ州）で生まれたということをわれわれは思い出す。

イヴァンキウには、かれの親友のヴィクトル・キベノクの胸像が建てられている。

1987年に、政治局決定により、ソ連邦閣僚会議決定のプロジェクト「チョルノブィリ原発事故結果により滅びたソ連市民の記念碑を建設することについて」が同意された。この決定により、勇気あるチョルノブィリ人の最後の安らぎの場となったモスクワ近郊のムィトゥィンシクィー墓地にある記念碑を恒久化することになった。1988年に、記念碑をいっそうよいものにするためのプロジェクトのコンクールが実施された。彫刻家のО・コヴァリチュクと建築家のВ・コルシが勝利した。ムィトゥィンシクィー墓地のチョルノブィリ記念館の開館は、1993年4月26日に行われた。ここには、花を持って目に悲哀をたたえた肩章をつけた人と民間の人の姿がいつもある。

1995年4月25日には、ウクライナの首都において、チョルノブィリ犠牲者の記念碑が除幕された。

1987年から1989年の期間だけで、ソ連邦内務省火災警備本局のイニシアチブで、次の4つの映画が撮影された。「功績をたてること」、「チョルノブィリ消防士たちの勇気」、「チョルノブィリの鐘の音」、「皆が自分の責務を果たした」。

次のような本も世に出て、彼らにささげられた。「チョルノブィリ―苦い草」Л・ダイェノ（レオニドゥ・テリャトゥヌィコウについて）、「あの炎の夜」Л・ヴィルィナ（ヴォロドゥィムィル・プラヴィクについて）。著名な作家ユリィ・シチェルバクとヴォロドゥィムィル・ヤヴォリウシクィーの諸作品も、少なからぬページをチョルノブィリの火とたたかう人々のことに割いている。彼らの大きな功績によって、われわれは、消防士たちの並外れた勇気と決断力と、決定的瞬間に集中力を必要とする専門性をあらためて知った。これは、自らの心の火だけは消すことの出来ない人々である、とある作家は彼らについて語っている。英雄的なチョルノブィリの年代記に導くその文学は1986年から始まり、充分な説得力を持ってこの適切な言葉を確認している。

すでに10年前からウクライナにおいては、立派な伝統がはじまっている。すなわち、毎年、消防応用スポーツ国際競技や、英雄消防士を記念した献辞の選手権大会が催される。スポーツの活動はいつも劇のような筋の運びで進み、そこでは振り付けがすばらしく考え抜かれ、適切な音楽的装飾とアナウンサーの言葉が、服喪の特別な印象をかもし出す。しかし何といっても、たくさんの人が同じ感動に満たされるとき、印象は最も深いものとなった。

海洋の波を、タンカー「ヴォロドゥィムィル・プラヴィク号」が切り裂く。英雄消防士たちの名前の付けられた大通りがあり、名前は今もつけられ続けている。われわれ1人1人にとってプラヴィク通り、キベノク通り、イフナテンコ通り、トゥィシュラ通り、トゥィテノク通り、ヴァシチュク通りに暮らしていることは確かな意味を持っている。もし彼らがいなかったら、そもそもこれらの大通りでの人生があったかどうか、誰にもわからないからである。

民族の博物館「チョルノブィリ」

　ウクライナ内務省指導部は、すでに1986年に、チョルノブィリ惨事の歴史的悲劇性を認識して、自らの責務においてその事件を記念し、それにかかわるすべての書類を維持することと、何よりも、悲劇の4月の夜に自らの人生を犠牲にした大胆な人々の記念碑を恒久化することに注意を向けた。

　1987年3月27日、クィイウ州執行委員会の内務部局は、チョルノブィリ原発事故とその結果処理作業における内務部作業員たちの偉業にささげられる、展示博物館を創造する計画課題を認証した。

　早くもチョルノブィリ悲劇の最初の記念日の1ヵ月後に、「勇気と名誉の記憶」の名のもとに、写真記録展示博物館が開館した。その配置場所として、クィイウ市メジュィヒルシカ通りの内務省部局火災警備部行政棟の5階が選ばれた。装飾は、あの悲劇的事件の直接の参加者たちによって行われた。

　国内や外国の市民の、展示品への大きな関心の結果、クィイウ州火災警備部は、ホレヴォム小路1にあるかつての消防署の建物の中に博物館を作る仕事に取りかかった。そこは「クィイウ旧市街」建築歴史保護区域に入っている。建物再建の開始は、ウクライナ共和国防火協同組合とクィイウ州執行委員会内務省部局火災警備局との教育コンビナートに割り当てられた。

　建物再建に対して抜群の支援をしたのは、I・コツュラ、T・カルプク、M・クッパ、M・クツェンコ、I・ユルケヴィチなど火災警備局の将校たちだった。

　展示ホールの作成には、クィイウ州執行委員会の内務部副部長のB・ヴォロディンと火災警備部長のB・メリヌィクを先頭とする建設委員会が直接作業に当たった。建設委員会の構成員には、内務省部局の分野ごとの班の指導者や、建設組織の代表者たちも加わっていた。

　再建された新しい建物での「チョルノブィリ」博物館の公式開館は、チョルノブィリ惨事の6周年記念日の1992年4月25日に行われた。その初代館長には、チョルノブィリ原発事故結果処理作業参加者で、前ウクライナ内務大臣のI・フラドゥシがなった。

　1992年から1997年の期間、博物館の学芸員（Г・コロレウシカ、O・スシコ、C・テルレツィカ、Л・スミナ）は、展示物収集を充実させ、現行のテーマ別分類を補充し、新しい展示室作りに努めた。これらの期間に博物館では重要な再展示が2回行われた。代表的な展示

品の数は、1987年の数百から、1997年には7,000にまで増加した。

　博物館は年代別とテーマ別の枠をひろげ、現代の視聴覚と情報提供の技術や実物模型で装備されている。それによって展示物の信頼性は強化された。新しい展示は、伝統的ではない学術デザインの基本理念によって、博物館の研究員たちとウクライナ創造的芸術家統一同盟「まなざし」の美術家グループが作業にあたった。メンバーは、ウクライナの文化活動にふさわしいT・シェウチェンコ名称国家賞受賞者のA・ハイダマカをはじめ、Ю・シュリハ、B・クラソウシクィー、A・ムシイェンコ、Г・ウルジュベコウ、Є・コロレウシクィーである。

　物品（機密扱いが解けた書類、地図、写真、私物、ウクライナ・ポリーシャの民族的宗教的なもの）収集のおかげで、博物館はより広くチョルノブィリ惨事のあらゆる視点を明らかにし、事故処理作業に直接参加した人々に示したり、核爆発結果処理作業の前線にいた人々について物語ったりする可能性を手に入れた。

　最初の部屋は英雄消防士たちの品物が占めている。これらの伝説的な人々の持ち物によって、訪問者たちは偉業にたどりつき、永遠の人に近づく高貴な感情を分かち合うことが出来る。

　毎年4月にウクライナは、チョルノブィリ犠牲者の記憶を新たにする。1992年からは、博物館でも記念と哀悼の日が行われている。

　そこには、ウクライナ大統領、最高会議代表、政府代表、外国の賓客が出席してきた。

　10年間に、世界62カ国から300,000人が博物館を訪れ、展示を見学した。

　陳列室内には、チョルノブィリをテーマにした著作が体系的に展示されている。ここで、M・シチュピィ、A・マラホウ、M・コザチェンコ、B・ペトゥロウ、A・ハイダマカ、I・アニキン、美術グループ「ストロンチウム−90」などの画家が展示している。ポスターとウクライナ画家協会基金の彫刻と著名な報道カメラマンの仕事「事故処理作業参加者」の展覧会が公開された。

「チョルノブィリ」博物館は、チョルノブィリをテーマにした物品の収集、維持、展示、研究に携わる、科学研究と文化教育のためのウクライナで唯一の施設である。その美術的な仕上げは世界的水準のレベルにある。チョルノブィリ惨事10周年記念日に、ウクライナ大統領令によって、「チョルノブィリ」博物館は国立の地位を与えられた。

火事の照り返し――勲章の上で

　そして、表彰があった……。大なり小なり、早かれ遅かれ、没後であれ生前であれ。チョルノブィリの火事明かりの後、事故処理作業者たちに報いるための大量の勲章とメダルが、いわば流星のように輝き始めた。これらの表彰の数は驚くほどである。まさに、戦争のときと同じだ。彼らの1人1人が、自ら光を発しているこのきびしい現実によって、いっそうその感が深い。表彰の輝きの中で、大胆な消防士たちからは放射線も放射している。誰か他の人かわれわれの中の誰かがもらったかもしれないものを、彼らは自らに引き受けた。火から目をそむけることの決してなかった人が、そしてずるく薄目を開けて表彰のきらめきを見るようなことのなかった人が、その価値を知っている。現在および将来の世代の赤血球をどのくらい使いどのくらいの年月をかければ、勇敢な人々に贈られたあの金属の勲章やメダルに作り変えることになるのか、どのような電子計算機も、どのようなコンピュータも計算できない。
　彼らを思い出す。あの人々の名を呼んで、ふたたび思い出す。永遠に彼岸に行った人々を、いつまでもその名誉を側にとどめておかなければならない人々のことを。

ソ連邦最高会議幹部会令より

　1986年12月24日付ソ連邦最高会議幹部会令により、次の人々は、チョルノブィリ原発事故処理作業およびその影響除去に際しての勇気と献身的行為に対して表彰された。

レーニン勲章
　　　　デスャトゥヌィコウ、プィルィプ・ムィコラィオヴィチ
「赤旗」勲章
　　　　ヴァシチュク、ムィコラ・ヴァスィリオヴィチ（没後）
　　　　トゥィシュラ、ヴォロドゥィムィル・イヴァノヴィチ（没後）
　　　　トゥィテノク、ムィコラ・イヴァノヴィチ（没後）
　　　　イフナテンコ、ヴァスィリ・イヴァノヴィチ（没後）
　　　　コツュラ、イヴァン・ザハロヴィチ
「労働赤旗」勲章
　　　　フルィパス、スタニスラウ・アントノヴィチ
　　　　アリシャィェウ、ボルィス・ムィコラィオヴィチ

　　　　クィシチェンコ、セルヒィ・レオニドヴィチ
　　　　コマル、ステパン・カルポヴィチ
　　　　オスィペンコ、アナトリィ・イヴァノヴィチ
「赤い星」勲章
　　　　ベレザン、ヴォロドゥイムィル・ムィハイロヴィチ
　　　　ベルヴィツィクィー、ユリィ・オレクシィオヴィチ
　　　　ブルドウ、ヴィクトル・パウロヴィチ
　　　　ブラトゥチャク、アナトリィ・アントノヴィチ
　　　　ボウトゥ、セルヒィ・ヴィクトロヴィチ
　　　　ブラヴァ、ヴォロドゥイムィル・イヴァノヴィチ
　　　　ブトゥルィメンコ、イヴァン・オレクシィオヴィチ
　　　　ヴォィツェヒウシクィー、ペトゥロ・イヴァノヴィチ
　　　　ヘツ、ユリィ・ヴァスィリオヴィチ
　　　　ヒリチェンコ、ヴィクトル・イヴァノヴィチ
　　　　ホロタ、ヴァスィリ・ムィコラィオヴィチ
　　　　フレチコ、アナトリィ・ムィハイロヴィチ
　　　　フルィクン、ムィコラ・アンドゥリィオヴィチ
　　　　フリン、ヴォロドゥイムィル・ムィハイロヴィチ
　　　　ダヴィデンコ、ヴァスィリ・ヴォロドゥイムィロヴィチ
　　　　ダツィコ、ヴァレリィ・イヴァノヴィチ
　　　　ドブルィニ、アナトリィ・フルィホロヴィチ
　　　　ヂャチェンコ、ムィハイロ・オレクサンドゥロヴィチ
　　　　イェロフェイェウ、アレウトゥイン・イオスィポヴィチ
　　　　イェフィメンコ、オレクサンドゥル・イヴァノヴィチ
　　　　ザハロウ、アナトリィ・アナトリィオヴィチ
　　　　ズィモウチェンコ、ヴァスィリ・ムィコラィオヴィチ
　　　　コヴァレンコ、フェディル・フェドロヴィチ
　　　　コヴァリ、イホル・フルィホロヴィチ
　　　　クルィロヴィチ、ムィコラ・フェドロヴィチ
　　　　レフン、ヴィクトル・マカロヴィチ
　　　　レオネンコ、フルィホリィ・アンドゥリィオヴィチ
　　　　マルトュク、ヴァレリィ・ヴァスィリオヴィチ
　　　　メリヌィク、ヴァスィリ・ペトゥロヴィチ
　　　　モルフン、ボルィス・イェウヘノヴィチ
　　　　ムルズィン、オレクサンドゥル・ズィノヴィーオヴィチ
　　　　ナウロツィクィー、ヴィクトル・イヴァノヴィチ

　　　　ナハイェウシクィー、ヘオルヒィ・ヴォロドゥィムィロヴィチ
　　　　ナイドゥク、アナトリィ・ドゥムィトゥロヴィチ
　　　　ネムィロウシクィー、オレクサンドゥル・アナトリィオヴィチ
　　　　ネチュィポレンコ、ムィコラ・レオニドヴィチ
　　　　パウレンコ、ムィコラ・オメリャノヴィチ
　　　　パラヘチャ、ヴォロドゥィムィル・セメノヴィチ
　　　　ペトゥロウシクィー、オレクサンドゥル・イヴァノヴィチ
　　　　プィヴォヴァルチュク、ヴィクトル・ヴァスィリオヴィチ
　　　　ポズニャコウ、ムィコラ・イヴァノヴィチ
　　　　ポロヴィンキン、アンドゥリィ・ムィコラィオヴィチ
　　　　ポノマレンコ、ムィコラ・イヴァノヴィチ
　　　　ポプラウシクィー、ユリィ・プィルィポヴィチ
　　　　プルィシチェパ、セルヒィ・ムィハイロヴィチ
　　　　プルィシチェパ、ヴォロドゥィムィル・オレクサンドゥロヴィチ
　　　　プロツェンコ、イホル・イヴァノヴィチ
　　　　ロマシェウシクィー、ヴィクトル・ヴァスィリオヴィチ
　　　　サゾノウ、ヴァレリィ・フルィホロヴィチ
　　　　セニン、ヴォロドゥィムィル・ムィハイロヴィチ
　　　　ソブチェンコ、オレクサンドゥル・ムィコラィオヴィチ
　　　　タタロウ、ムィコラ・ムィクィトヴィチ
　　　　トウステンコ、オレクサンドゥル・スィドロヴィチ
　　　　トゥルイノス、ヴォロドゥィムィル・ムィコラィオヴィチ
　　　　フィリコ、ユリィ・ヴァスィリオヴィチ
　　　　フメリ、ペトゥロ・フルィホロヴィチ
　　　　シャウレィ、イヴァン・ムィハイロヴィチ
　　　　シャウレィ、ペトゥロ・ムィハイロヴィチ
　　　　シチェルバニ、オレクサンドゥル・ムィハイロヴィチ
　　　　ユズィシュィン、スタニスラウ・ヴァスィリオヴィチ
　　　　ヤルモレンコ、イヴァン・イヴァノヴィチ
「栄誉」勲章
　　　　アントニュク、レオニドゥ・オレクサンドゥロヴィチ
　　　　バクラン、ヴァレリィ・フルィホロヴィチ
　　　　ボンダレンコ、アナトリィ・イーリチ
　　　　ウユシコウ、セルヒィ・ペトゥロヴィチ
　　　　ハラフザ、ヴィクトル・セルヒィオヴィチ
　　　　ハルバル、セルヒィ・オレクサンドゥロヴィチ

ホロウネンコ、ムィハイロ・アンドゥリイオヴィチ
フルィホレンコ、フルィホリィ・ムィコライオヴィチ
ダカロウ、ヴォロドゥイムィル・ムィコライオヴィチ
デヌィセンコ、ヴァスィリ・ヴァスィリオヴィチ
ドロシェンコ、オレクサンドゥル・イヴァノヴィチ
ヂャチェンコ、ムィコラ・ハルィトノヴィチ
イヴァノウ、ムィハイロ・ヴォロドゥイムィロヴィチ
イヴァンチェンコ、アナトリィ・ペトゥロヴィチ
カラウリヌィー、フリホリィ・ドゥムィトゥロヴィチ
カルプク、ヤロスラウ・イェウシィオヴィチ
クィルズン、ヴォロドゥイムィル・ムィハイロヴィチ
クィルィチェンコ、イヴァン・アンドゥリイオヴィチ
コヴァレンコ、オレクシィ・ムィコライオヴィチ
コウクラク、ムィハイロ・フルィホロヴィチ
コレスヌィコウ、セルヒィ・アナトリィオヴィチ
コロミイェツィ、アナトリィ・イヴァノヴィチ
コロリ、アンドゥリィ・ドゥムィトゥロヴィチ
コロリ、ヴァスィリ・セメノヴィチ
クルィシコ、ムィハイロ・フェドロヴィチ
ククサ、ムィコラ・マクスィモヴィチ
クッパ、ムィコラ・フェドロヴィチ
クシチェンコ、レオニドゥ・イヴァノヴィチ
ルィトゥヴィン、オレクサンドゥル・オレクサンドゥロヴィチ
マトゥロソウ、ヴォロドゥイムィル・イェウスタヒィオヴィチ
マシュィナ、アナトリィ・イヴァノヴィチ
メリヌィコウ、アンドゥリィ・フェドロヴィチ
オコロウシクィー、フェディル・ムィコライオヴィチ
オセツィクィー、レオニドゥ・オレクシィオヴィチ
オスィポウ、ヴォロドゥイムィル・オレクサンドゥロヴィチ
パンチェンコ、アナトリィ・イヴァノヴィチ
プィヴォヴァル、ペトゥロ・イヴァノヴィチ
プィロホウ、ヴィクトル・ヴァスィリオヴィチ
ポリャコウ、オレクサンドゥル・アナトリィオヴィチ
プルィシチェパ、ヴォロドゥイムィル・イヴァノヴィチ
プロツェンコ、アナトリィ・イヴァノヴィチ
ラドゥチェンコ、オレクサンドゥル・アダモヴィチ

　　　　ロダ、ヘンナディー・ステパノヴィチ
　　　　ルデノク、ムィコラ・ドゥムィトゥロヴィチ
　　　　リャブィー、ヴォロドゥィムィル・ヴァスィリオヴィチ
　　　　スタロヴォイトゥ、ヴィクトル・ムィハィロヴィチ
　　　　トゥカチェンコ、ヴァスィリ・ステパノヴィチ
　　　　トゥルィプティン、ヴィクトル・ヴァスィリオヴィチ
　　　　フメリ、フリホリィ・マトゥヴィーオヴィチ
　　　　ホメンコ、ヴィタリィ・オレクサンドゥロヴィチ
　　　　フドリィ、イヴァン・パウロヴィチ
　　　　ツュツュラ、ヴォロドゥィムィル・ヴィタリィオヴィチ
　　　　シャウレィ、レオニドゥ・ムィハィロヴィチ
　　　　ユシチェンコ、スヴィトゥラナ・ムィハィリウナ

「勇気ある労働に対する」メダル
　　　　アンツポウ、ムィコラ・イヴァノヴィチ
　　　　アファナシィェウ、ヘンナディー・パウロヴィチ
　　　　ババク、ヴォロドゥィムィル・ヤコヴィチ
　　　　バルズドゥン、ヴォロドゥィムィル・フェドロヴィチ
　　　　ビブィク、ヘンナディー・ペトゥロヴィチ
　　　　ビルィク、ユリィ・アナトリィオヴィチ
　　　　ボルィス、パウロ・パウロヴィチ
　　　　ウラソウ、ユリィ・オレクサンドゥロヴィチ
　　　　ヘリフ、アナトリィ・ムィハィロヴィチ
　　　　ヘラスィメンコ、ムィコラ・ドゥムィトゥロヴィチ
　　　　フルィホレンコ、アナトリィ・イヴァノヴィチ
　　　　デムヤニウ、イェウヘン・パウロヴィチ
　　　　ドゥジュィク、オレクサンドゥル・ムィコラィオヴィチ
　　　　イヴァシチェンコ、ヴァスィリ・フルィホロヴィチ
　　　　イシュィチキン、ムィハィロ・ムィコラィオヴィチ
　　　　キマ、ムィコラ・イヴァノヴィチ
　　　　クィスルィー、ペトゥロ・イヴァノヴィチ
　　　　コウシュン、ヴァスィリ・イヴァノヴィチ
　　　　コプィチェウ、アナトリィ・ヴォロドゥィムィロヴィチ
　　　　クルク、アナトリィ・オレクサンドゥロヴィチ
　　　　クブラク、ヴォロドゥィムィル・オスタポヴィチ
　　　　リオヴォチキン、ヴァスィリ・フルィホロヴィチ

ルィズン、ムィコラ・プロコポヴィチ
　　　ルィトヴィネンコ、ムィコラ・オレクシィオヴィチ
　　　マイェウシキィー、ヴォロドゥィムィル・スタニスラヴォヴィチ
　　　マカルチュク、ヴィクトル・ムィハイロヴィチ
　　　マンデブラ、ペトゥロ・ムィコラィオヴィチ
　　　メレチュィン、エドゥアルドゥ・ヘオルヒィオヴィチ
　　　ムシィチュク、ヴォロドゥィムィル・ヴァスィリオヴィチ
　　　ネロズナク、ヴォロドゥィムィル・ステパノヴィチ
　　　オリィヌィク、ウラドゥィスラウ・ムィコラィオヴィチ
　　　オヌィシチェンコ、ユリィ・セルヒィオヴィチ
　　　オプラチュコ、ムィハイロ・ヴァスィリオヴィチ
　　　パニコウ、ユリィ・フェドロヴィチ
　　　ペレチャチコ、ヴァレリィ・イヴァノヴィチ
　　　ポフレブニャク、イヴァン・オレクシィオヴィチ
　　　プロコフイェウ、オレクサンドゥル・ドゥムィトゥロヴィチ
　　　プリャドゥコ、ヘオルヒィ・パウロヴィチ
　　　リャブコ、イヴァン・ヴァスィリオヴィチ
　　　スコロバハチコ、アナトリィ・アンドゥリィオヴィチ
　　　ストィェツィクィー、ヴァレントゥィン・フェドロヴィチ
　　　スホヴィー、ユリィ・パウロヴィチ
　　　トゥィシュィク、セルヒィ・イヴァノヴィチ
　　　トゥルビィ、セルヒィ・ヘンナディーオヴィチ
　　　チャイカ、ヴァレリィ・ムィコラィオヴィチ
　　　チェルネンコ、アリベルトゥ・パナソヴィチ
　　　シチェペツィ、ドゥムィトゥロ・ヴォロドゥィムィロヴィチ
　　　ヤコウチュク、ヴォロドゥィムィル・ヴォロドゥィムィロヴィチ
「際立った労働に対する」メダル
　　　アントノウ、オレクシィ・ムィコラィオヴィチ
　　　ドゥルジ、アナトリィ・オレクサンドゥロヴィチ
　　　カルプク、トゥィヒン・イヴァノヴィチ
　　　メリホウ、ペトゥロ・オレクシィオヴィチ
　　　ムィハリシクィー、イェウヘン・コスチャントゥィノヴィチ
　　　ユルケヴィチ、イホル・ヴァスィリオヴィチ

「火災に対する勇気」メダルによる表彰についてのウクライナ共和国最高会議幹部会令
　　チョルノブィリ原発の事故結果処理作業に際して発揮された勇気と勇敢さに対して、ソ連

第9部　沈黙する瞬間

邦最高会議幹部会の名の下に「火災に対する勇気」メダルによって表彰すべきこと

　　　　アリムハノウ、ハロン・アブバカロヴィチ
　　　　アンドゥロシチュク、ムィコラ・ムィハイロヴィチ
　　　　アントニュク、ヴォロドゥィムィル・オレクサンドゥロヴィチ
　　　　アントニュク、ロマン・セメノヴィチ
　　　　アルヒィポウ、ムィコラ・オレクサンドゥロヴィチ
　　　　バビィ、オレクシィ・ヴァスィリオヴィチ
　　　　バブキン、ヴォロドゥィムィル・ムィハイロヴィチ
　　　　バルマク、ヘンナディー、イェウヘノヴィチ
　　　　ビロウス、ヴァレントゥィン・ムィコラィオヴィチ
　　　　ビロウス、ヴィクトル・ステパノヴィチ
　　　　ビルチェンコ、ユリィ・ムィコラィオヴィチ
　　　　ブルィズニュク、イヴァン・ムィコラィオヴィチ
　　　　ブロシチュィンシクィー、ムィコラ・オレクサンドゥロヴィチ
　　　　ボハトゥィレンコ、スタニスラウ・ボルィソヴィチ
　　　　ボンダレンコ、ムィコラ・プロホロヴィチ
　　　　ボンダルチュク、セルヒィ・オレクサンドゥロヴィチ
　　　　ボルトウ、ヴィタリィ・ヘンナディーオヴィチ
　　　　ブラトゥ、イェウヘン・イェウヘノヴィチ
　　　　ブルダ、ムィコラ・ヴォロドゥィムィロヴィチ
　　　　ブタシ、ムィコラ・ムィコラィオヴィチ
　　　　ブチュマ、ムィハイロ・イオスィポヴィチ
　　　　ヴァスィレンコ、ヴァレリィ・ヴォロドゥィムィロヴィチ
　　　　ヴァスィリュク、ヴォロドゥィムィル・イヴァノヴィチ
　　　　ヴァフネンコ、ヴァスィリィ・ペトゥロヴィチ
　　　　ヴァホウシクィー、レオニドゥ・イヴァノヴィチ
　　　　ヴェルブィツィクィー、アントン・イヴァノヴィチ
　　　　ヴィシニャク、ヴォロドゥィムィル・ムィコラィオヴィチ
　　　　ヴィンヌィツィクィー、ヴィクトル・イヴァノヴィチ
　　　　ヴィノフラドゥヌィク、タラス・テオフィロヴィチ
　　　　ヴォズニュク、オレクサンドゥル・イェウヘノヴィチ
　　　　ハウルィリュク、イヴァン・ドゥムィトゥロヴィチ
　　　　ハウルィリチュク、ムィコラ・ヴァスィリオヴィチ
　　　　ハラフザ、ヴァスィリ・アンドゥリィオヴィチ
　　　　フナテンコ、ヴァスィリ・アンドゥリィオヴィチ
　　　　フニツァ、ヴィクトル・ドゥムィトゥロヴィチ

ホロヴァシ、フルィホルイ・アンドゥリィオヴィチ
ホロウク、ステパン・ヴァスィリオヴィチ
ホロズボウ、ヴォロドゥイムィル・アンドゥリィオヴィチ
ホロシュィウツィ、ムィコラ・オレクサンドゥロヴィチ
ホルバトゥィ、レオニドゥ・ヴァスィリオヴィチ
ホルブシュィン、オレクサンドゥル・ムィコラィオヴィチ
ホルチュィリン、ヴォロドゥイムィル・セメノヴィチ
ホルシカリオウ、セルヒィ・ユヒィモヴィチ
フロムィク、アンドゥリィ・ヴォロドゥイムィロヴィチ
フルィホルク、アナトリィ・パウロヴィチ
フルィンヂャク、フリホリィ・ヴァスィリオヴィチ
フルィシャン、ヴァスィリ・ムィコラィオヴィチ
フリトゥチェンコ、ヴィクトル・フルィホロヴィチ
フスィェウ、オレフ・オレクサンドゥロヴィチ
フトゥヌィク、ペトゥロ・フルィホロヴィチ
ダヌィルィチェウ、セルヒィ・ムィコラィオヴィチ
ダスユク、オレクサンドゥル・ヴィタリィオヴィチ
ドブルィツャ、ヴィクトル・パウロヴィチ
ドゥルィジャク、イヴァン・オレクシィオヴィチ
ドゥボヴィチ、ムィコラ・イヴァノヴィチ
ドゥハノウ、アナトリィ・ヴァスィリィオヴィチ
ヂャチェンコ、ペトゥロ・ペトゥロヴィチ
ジャィコ、アナトリィ・ムィコラィオヴィチ
ザウホロドゥニィ、ヴァスィリ・ムィコラィオヴィチ
ザムロゼヴィチ、イホル・イェウヘノヴィチ
ザハルチェンコ、アナトリィ・ムィハイロヴィチ
ゾスャク、ムィコラ・フルィホロヴィチ
ズュバン、ヴォロドゥイムィル・フルィホロヴィチ
イェリザロウ、ヴァレリィ・ヴィクトロヴィチ
イェリオミン、セルヒィ・レオニドヴィチ
イヴァノウ、イヴァン・イヴァノヴィチ
イフナトゥク、オレクシィ・ヴァスィリオヴィチ
イスクラ、フリホリィ・ステパノヴィチ
イスパラトウ、アナトリィ・ボルィソヴィチ
イシチュク、イホル・イヴァノヴィチ
イオヴェンコ、ヴォロドゥイムィル・ムィハイロヴィチ

カリムリン、ヴァレリィ・ハミドゥロヴィチ
カンツィベル、ヴォロドゥィムィル・ペトゥロヴィチ
クヴィトゥク、ペトゥロ・イヴァノヴィチ
クィスレンコ、ヴォロドゥィムィル・フェドロヴィチ
キンドラトゥ、イェウヘン・アナトリィオヴィチ
キプリチ、ユリィ・ペトゥロヴィチ
キサルツィ、ヴァスィリ・オレクシィオヴィチ
クィセリオウ、ムィコラ・フルィホロヴィチ
クレィコウ、ヴィクトル・ペトゥロヴィチ
コウトゥネンコ、ヴァスィリ・マクスィモヴィチ
コロミィチュク、アナトリィ・パウロヴィチ
コルチャノウ、オレクサンドゥル・ユリィオヴィチ
コムパンチェンコ、イホル・スタニスラヴォヴィチ
コノネンコ、ムィハイロ・オメリャノヴィチ
コノプリャ、ヴォロドゥィムィル・イヴァノヴィチ
コヌシェンコ、アナトリィ・キンドラトヴィチ
コルニイェンコ、アンドゥリィ・ヴィクトロヴィチ
コステンコ、ヴァスィリ・イヴァノヴィチ
コスティウ、ボフダン・ステパノヴィチ
コシェリェウ、オレフ・イヴァノヴィチ
クラウチェンコ、ヴァスィリ・ドゥムィトゥロヴィチ
クルィヴォプスク、オレクサンドゥル・ヴァスィリオヴィチ
クリサ、イヴァン・ヤクィモヴィチ
クラコウ、セルヒィ・ヴォロドゥィムィロヴィチ
クレショウ、ムィコラ・ムィコラィオヴィチ
クリシ、ムィハイロ・ペトゥロヴィチ
ラトゥィシ、セルヒィ・パウロヴィチ
ラゾレンコ、イヴァン・ヴァスィリオヴィチ
ルィセンコ、コステャントゥィン・レオニドヴィチ
ルィスユク、ヴォロドゥィムィル・ヴァスィリオヴィチ
ルィトゥヴィネンコ、セルヒィ・ムィコラィオヴィチ
マズニン、オレクサンドゥル・ペトゥロヴィチ
マズルケヴィチ、アナトリィ・パウロヴィチ
マィボロダ、ムィハイロ・ムィハイロヴィチ
マカルチュク、パウロ・マクスィモヴィチ
マレヌィチ、オレクシィ・プロコポヴィチ

マホウ、ヴィクトル・オレクシィオヴィチ
ムィクィトゥチェンコ、ヴォロドゥムィル・イヴァノヴィチ
ムィシン、ムィコラ・セルヒィオヴィチ
ムィトュク、オレクサンドゥル・ヴォロドゥムィロヴィチ
ミロシヌィチェンコ、ヴォロドゥムィル・ダヌィロヴィチ
ミスホジャイェウ、ムィコラ・アダモヴィチ
ミティク、ヴォロドゥムィル・フルィホロヴィチ
ミハリオウ、ヴィタリィ・ヘオルヒィオヴィチ
ミハリシクィー、イェウヘン・コステャントゥィノヴィチ
モィセイェンコ、ユリィ・イヴァノヴィチ
ムルハ、セルヒィ・イヴァノヴィチ
ムスィェンコ、ヴィクトル・ペトゥロヴィチ
ナウロツィクィー、ヤロスラウ・イオスィポヴィチ
ネドシチャク、オレクサンドゥル・ボルィソヴィチ
ニキティン、ムィコラ・イヴァノヴィチ
ニキフォロウ、オレクサンドゥル・ムィコラィオヴィチ
ノヴォセリツェウ、ムィコラ・フルィホロヴィチ
オドロディク、オレクサンドゥル・ヴォロドゥムィロヴィチ
オリィヌィク、ムィコラ・ヴァスィリオヴィチ
オルマンジ、ヴィクトル・イヴァノヴィチ
オストゥロウシクィー、セルヒィ・ヴォロドゥムィロヴィチ
パスィチヌィク、イヴァン・ムィコラィオヴィチ
パストゥーシェンコ、ペトゥロ・ペトゥロヴィチ
パウク、オレクシィ・ムィコラィオヴィチ
パツィク、ロストゥィスラウ・ヴォロドゥムィロヴィチ
プィルィペンコ、オレクサンドゥル・ヴォロドゥムィロヴィチ
ピスクン、ヘンナディー・ヴォロドゥムィロヴィチ
ピハロ、オレクサンドゥル・ロマノヴィチ
ポノマレンコ、ヴィクトル・ムィハイロヴィチ
ポリタイェウ、セルヒィ・ヴァスィリオヴィチ
ポロジェシヌィー、ヴォロドゥムィル・ヴォロドゥムィロヴィチ
プルィダトゥク、ヴォロドゥムィル・イヴァノヴィチ
プシク、アナトリィ・フルィホロヴィチ
レベンコ、ヴォロドゥムィル・ムィコラィオヴィチ
レベンコ、イホル・ムィコラィオヴィチ
サトゥラ、イホル・フェドロヴィチ

第9部　沈黙する瞬間

スヴィルィドウシクィー、フリホリィ・ペトゥロヴィチ
センチュィロ、ペトゥロ・オヌフリィオヴィチ
セルヒイェンコ、ヴィクトル・フルィホロヴィチ
セレブリャコウ、ヴォロドゥィムィル・アナトリィオヴィチ
スィドレンコ、アナトリィ・ヴァスィリオヴィチ
スィヌィツィクィー、オレクサンドゥル・ヴァレントゥィノヴィチ
スィンチェンコ、ヴァレリィ・ムィコラィオヴィチ
スクリャル、ムィコラ・イヴァノヴィチ
スニフル、イオスィプ・イヴァノヴィチ
スタツュク、ムィコラ・イヴァノヴィチ
ストツィクィー、ペトゥロ・ムィハイロヴィチ
ステパンチュク、アナトリィ・ヴォロドゥィムィロヴィチ
スルィモウ、ヴァレリィ・オレクシィオヴィチ
スヒィナ、パウロ・オレクサンドゥロヴィチ
タンツュラ、アナトリィ・ペトゥロヴィチ
タラセンコ、ヴォロドゥィムィル・ムィコラィオヴィチ
タチコウ、アナトリィ・レオニドヴィチ
テルジ、ドムィトル・ステパノヴィチ
テルヌィツィクィー、アナトリィ・イヴァノヴィチ
トゥィムチュク、イェウヘン・ヴァスィリオヴィチ
トゥィホネンコ、ムィコラ・パウロヴィチ
トゥィタレンコ、セルヒィ・フェドロヴィチ
トプチャノ、アントン・イヴァノヴィチ
トゥヤンシクィー、オレフ・ヤロスラヴォヴィチ
トパル、オレクサンドゥル・ヴァスィリオヴィチ
トポロウシクィー、ヴィタリィ・パウロヴィチ
トゥレテャク、ムィコラ・ムィコラィオヴィチ
トゥルンツェウ、ヘオルヒィ・ウラドゥィスラヴォヴィチ
ウハロウ、ヴォロドゥィムィル・ムィコラィオヴィチ
フェドルツィ、セルヒィ・オレクサンドゥロヴィチ
フェドスィエイェンコ、ムィコラ・フェドロヴィチ
フォンラベ、ヴィクトル・ヴォロドゥィムィロヴィチ
ハジャイェウ、ヴィクトル・サッタロヴィチ
ハマゼンコ、ヴァレントゥィン・フルィホロヴィチ
ホムィチ、オレクサンドゥル・ボルィソヴィチ
フメリヌィツィクィー、パウロ・フルィホロヴィチ

フメリ、ペトゥロ・ムィコラィオヴィチ
　　　フドゥィツィクィー、オレフ・セルヒィオヴィチ
　　　ツィオムカ、イヴァン・ペトゥロヴィチ
　　　チャィカ、ムィコラ・ムィコラィオヴィチ
　　　チェルヌィシ、ヴォロドゥィムィル・トゥィモフィーオヴィチ
　　　チェルヌィショウ、ヘンナディー・オレクサンドゥロヴィチ
　　　チェルノウ、ヴァレントゥィン・レオニドヴィチ
　　　チェルノドゥーブラウシクィー、セルヒィ・ボルィソヴィチ
　　　チェルニャコウ、ヴォロドゥィムィル・イェウヘノヴィチ
　　　チョルヌィー、オレクサンドゥル・ステファノヴィチ
　　　チュブィンツィ、アナトリィ・ムィトゥロファノヴィチ
　　　シェウチェンコ、ムィコラ・イヴァノヴィチ
　　　シェレメチイェウ、ムィコラ・ヴォロドゥィムィロヴィチ
　　　シカルラトゥ、レオニドゥ・ステパノヴィチ
　　　シパク、ウヤチェスラウ・ムィハィロヴィチ
　　　シチェルバク、スタニスラウ・ヴィクトロヴィチ
　　　シチェルバク、ペトゥロ・ムィコラィオヴィチ
　　　シチェルバ、ヘンナディー・イヴァノヴィチ
　　　ヤクィメンコ、ボルィス・オレクサンドゥロヴィチ
　　　ヤトゥチェンコ、オレクシィ・ムィコラィオヴィチ
　　　ヤヒィモヴィチ、アナトリィ・ハウルィロヴィチ

1986年12月30日

　これが、チョルノブィリによるもっともきびしい試練の炉床を通り抜けた勇敢な人々の輝かしいリストである。

　1986年の4月からかなりの時間が過ぎたとはいえ、独立ウクライナもまた、あれらの日々の英雄に敬意を表した。今はまだであるが、将来はもっと強くなる国家は、自らの忠実な息子にもっと親切であるかもしれないと信じられている。しかし、表彰される事故処理作業者の最近のリストの中でも、消防士たちが圧倒的であるということが注目される。

　1995年と1996年に、ウクライナ大統領令によって次の人々が表彰された。

勇気星章：
　　　キベノク、ヴィクトル・ムィコラィオヴィチ、内務中尉、プルィプヤチ市警備の自主戦時体制消防分隊No.6主任警備、ソ連邦英雄（没後）
　　　プラヴィク、ヴォロドゥィムィル・パウロヴィチ、内務中尉、チョルノブィリ原発

警備の戦時体制消防分隊No.2主任警備、ソ連邦英雄（没後）

勇気十字勲章：

 ブラバ、ヴァスィリ・ヴァスィリオヴィチ、チョルノブィリ原発事故処理作業参加者、第2グループの障害者、クィイウ市。

 ヴァシチュク、ムィコラ・ヴァスィリオヴィチ、プルィプヤチ市警備の自主戦時体制消防分隊No.6部指揮官（没後）。

 イェフィメンコ、オレクサンドゥル・イヴァノヴィチ、クィイウ段ボール紙製品コンビナートおよびトルィピリシク生物化学工場の国家火災警備部隊長。

 イフナテンコ、ヴァスィリ・イヴァノヴィチ、プルィプヤチ市自主戦時体制消防分隊No.6部指揮官（没後）。

 コマル、ステパン・カルポヴィチ、チョルノブィリ市警備の第17専門消防署ガスマスク官（没後）。

 クルィシク、ムィハイル・フェドロヴィチ、自主戦時体制消防分隊No.25自動車運転手、クィイウ市（没後）。

 ネチュィポレンコ、ムィコラ・レオニドヴィチ、チョルノブィリ原発事故処理作業参加者、第2グループの障害者、クィイウ市。

 パラヘチャ、ヴォロドゥィムィル・セメノヴィチ、チョルノブィリ原発事故処理作業参加者、第2グループの障害者、クィイウ市。

 ペトゥロシクィー、オレクサンドゥル・イヴァノヴィチ、チョルノブィリ原発事故処理作業参加者、第2グループの障害者、クィイウ州。

 ポロヴィンキン、アンドゥリィ・ムィコライオヴィチ、チョルノブィリ原発事故処理作業参加者、第2グループの障害者、クィイウ市。

 プルィシチェパ、ヴォロドゥィムィル・オレクサンドゥロヴィチ、自主戦時体制消防分隊No.1消防士、クィイウ市（没後）。

 テリャトゥヌィコウ、レオニドゥ・ペトゥロヴィチ、退役内務少将、ソ連邦英雄。

 トゥィテノク、ムィコラ・イヴァノヴィチ、プルィプヤチ市警備の自主戦時体制消防分隊No.6消防士（没後）。

 トゥィシュラ、ヴォロドゥィムィル・イヴァノヴィチ、プルィプヤチ市警備の自主戦時体制消防分隊No.6上級消防士（没後）。

 シャウレィ、レオニドゥ・ムィハイロヴィチ、チョルノブィリ原発事故処理作業参加者、第2グループの障害者、クィイウ市。

 ヤルモレンコ、イヴァン・イヴァノヴィチ、チョルノブィリ原発事故処理作業参加者、第2グループの障害者、チェルカスィ州。

ウクライナ大統領の名誉署名によるもの

 ベレザン、ヴォロドゥィムィル・ムィハイロヴィチ、退役内務少佐、チョルノブィ

リ原発事故処理作業参加者、第1グループの障害者、クィイウ市。

時間はゆっくり遠ざかり、チョルノブィリの解釈の新しい境界線がその波のくしの歯の上に浮かび上がるだろう。だが、われわれの優れた女流詩人リナ・コステンコの哲学的テーゼによれば、時は過ぎず——過ぎ行くは人。だから、ウクライナの政府指導部には、チョルノブィリの英雄について、周年記念日だけではなく、思い出してもらいたいものだ。

「他の人のために生命をささげる——これほどの愛があろうか」

不安と思いやりとともに、世界の市民たちがチョルノブィリの悲劇のために立ち上がったが、最も早く4月の夜の不幸を理解したのは、原子の火の恐ろしい出来事を、想像しようとすれば出来る人々だった。それは、彼らの職業上の親友である消防士たちだ。彼らは、あたかもそれを共有したように感じた。仕事の性質上、彼らの勇敢な性格が近づき、連帯感を呼び起こした。

アメリカの小さな都市スケネクタディの消防士たちは、チョルノブィリの英雄の偉業に感動して、真っ先に尊敬の念を示した。彼らは、亡くなったチョルノブィリ消防士たちを記憶するための記念物を準備し始めた。計画は非常に速やかに実現され、早くも事故の2ヵ月後に、アメリカ人のグループは、国際消防士協会の副会長ジェイムス・マクホウエンとスケネクタディ消防部長のアルマンド・カプーロに率いられて、記念の品を国連のウクライナ共和国常任代表機関に渡し、それをチョルノブィリに届けるように頼んだ。板の形をしたその記念の品とまったく同じものを、大洋の向こう（アメリカ）の仲間が、ウクライナの消防士の偉業を記憶するものとして、自分たちのためにスケネクタディにも残したということは興味深い。もう1つのほうは、滞りなく宛名にしたがって届けられた。そこで、記念の品は、国連のウクライナ共和国常任代表代理のB・スコフェンコの手からB・メリヌィク上級中尉とB・スタロヴォィトゥ伍長とO・フラバレンコ曹長が受け取った。4月26日の夜、彼らは戦闘地点に行ってきた。

盛大な集会で、記念の板に刻まれた文が読み上げられたとき、ホールは静まり返った。

「危険の前線に消防士たちはいた。それは、1986年4月26日だった。

われわれアメリカ合衆国ニューヨーク州スケネクタディ市の消防士は、チョルノブィリの友人たちの偉業に感じ入り、彼らの死を深く悲しむ。

消防士たちには、全世界に特別な親友がいる。彼らは、容赦なく要求される特別の勇気と大胆さを持って仕事を遂行する。

まさに、チョルノブィリがそうだった……。」

ホールは起立した。それは、大洋を越えた心からの連帯の握手の、感動的な瞬間だった。

1987年2月に、イギリスの新聞「スター」は、レオニドゥ・テリャトゥヌィコウを「金星」によって表彰した。それは、それまでは、偉業と献身的行為に対して、イギリスの市民にだけ授与されていたものだった。

新聞「スター」の編集者L・ターナー氏は、18人の「金星」受賞者をたたえる盛大な雰囲気の中で、レオニドゥ・テリャトゥヌィコウに褒美を手渡した。そのとき彼は、「テリャトゥヌィコウを先頭にした消防士たちは、ほかの人を救済するためにすべてを犠牲にする覚悟を持って、特別な勇気を見せた。」とはっきり述べた。

この考えは、L・ターナーの「地上でもっとも勇気ある人々」と「英雄的行為に基づく精神の集中」という記事においても、中心的なものとなっている。それらの中でこの著名なジャーナリストは、次のように強調した。「事故が国際的な惨事に拡大するのを許さなかったレオニドゥとかれの勇敢な消防士たちから、われわれは何と言う大きな借りをしているのだろうということを、われわれは決して忘れてはならない。」

イギリスのサッチャー首相は、レオニドゥ・テリャトゥヌィコウを自分の公邸で接待した。彼女は、権威ある褒美によって彼を歓迎し、抑制のきかない原子力との並ならぬ戦いに出て行って勝利したウクライナの消防士たちの行為に、高い評価を与えた。

チョルノブィリの客人たちに心温まる会見を整えたのは、イギリス消防士同盟と大英消防協会の指導者たちだった。レオニドゥは、自分のつらい表彰の宝物庫を、「火災に対する勇気」メダルによって完成させた。

おおむねイギリスの消防士たちは、チョルノブィリの仲間に特別の注目を示し、ウクライナの作戦体制ゾーンの戦闘員に宛てたたくさんの記念品とみやげ物を送った。

それらの1つには、「自らの責務を最後まで実行した英雄たちの勇気と粘り強さに感じ入る」と彫刻されている。

核実験に反対するイギリスの協会の会長K・マクヒンリは、原子の自然力を理解した人々に対する深い尊敬を示すためにクィイウにやってきて、記念品を手渡した。

スコットランドの仲間は、イギリスの大家A・ミレーの彫刻作品「傷ついた仲間」をチョルノブィリの消防士たちに贈った。それは、ぐったりした親友の手を握っている消防士たちを描写している。あたかも戦場におけるかのようだ。記念の彫刻に刻まれた文言も、この上なく感動的である。「他の人のために生命をささげる——これほどの愛があろうか」。

悲劇の夜の遠い物音に誠意を持って応えたのは、西ドイツの仲間だった。ハンブルクの消防士たちのイニシアチブによって、死亡者の家族を支援するために、26,000マルクが集められた。これは、互いに遠くはなれていても危険の瞬間に自分の肩を差し出す準備のできている人々の間にある、あの特別な真の友情の表れだった。

1987年7月に、ソ連邦内務省の代表団のメンバーとして、この本の中ですでに述べたB・ルブツォウ、I・コツュラ、O・イェフィメンコがイタリアに到着した。これは、核の自然力とのたたかいのさまざまな段階で、火災警備支隊を指揮した、あの将校たちである。チェラゾ市の行政機関は、自然環境保護に対する際立った寄与への特別賞「黄金のカモメ」を、ソ連邦の消防士に手渡すために彼らを招待した。

審査会長の著名なイタリアの学者ジュゼッペ・モンタレンティは記者に次のように語った。「チョルノブィリにおける消防士の行動は、真の英雄的行為の現れであった。そのおかげで、

原発事故の難しい影響が、著しく回避された。」
　チェラゾの住民の応接は、代表団のメンバーを涙が出るほど感動させた。人々は、チョルノブィリ長編叙事詩の登場人物のために、文字通り、大通りを花で埋め、それぞれが、核の災いの道を横切った人と握手したりせめてそっと触れたりしたいと思った。
　ウクライナの消防士の活動は、特別高く評価された。物理学部門のカルズィ・ルビアは、声を大にしてこう言った。「チョルノブィリにおける偉大な献身的な100人の消防士のおかげで、平和の原子の短い歴史における最も危険な事故の拡大が食い止められた。われわれはこの人々に深く感謝しなければならない。」
　ところで、Г・ナハイェウシキー少佐は、イタリア政府の最高の表彰である「聖なる獅子」勲章を授与された。彼は原子炉の下からポンプで水を排出した際に、特別際立っていた。
　「チョルノブィリの英雄に」――金属板に刻まれたこれらの言葉が、自然環境保護への優れた功績に対する褒美に添えられて、カナダにあるソ連邦大使館に渡された。「英雄的行為」と「チョルノブィリ」というこれらの言葉は、若い消防士たちの献身的な夜について語られるとき、世界の多数の言語でかならず用いられる言葉になった。

机の上には6本のカーネーションが挿してあった

　「消防士たちの運命は、全世界で同じである。災害が起これば、彼らは真っ先に支援に駆けつける。彼らの仕事はそういうものだ。1986年4月26日、まさに6人の消防士のおかげで、世界は人類史上最悪の惨事から救われた。」とカナダのウクライナ人女性ユリヤ・ヴォイチュイシュインは語っている。
　消防職協会長のリチャードソンは、オタワの写真展の開会式でこう述べた。ウクライナ出身のステパン・ヘツは、チョルノブィリ惨事の最初の犠牲者であるムィコラ・ヴァシチュク、ヴァスィリ・イフナテンコ、ヴィクトル・キベノク、ヴォロドゥィムィル・プラヴィク、ムィコラ・トゥィテノク、ヴォロドゥィムィル・トゥィシュラの人物写真をたくみに拡大した。
　ポートレートのポスターは、「リード」センターに面して、画廊のそばの構内に掲げられた。展覧会の開会式には、自分たちの仲間の記憶に尊敬をささげてきたカナダの消防士たちが参加した。画廊の机の上には、6本の赤いカーネーションがクリスタルの花瓶に挿してあった。あたかも、放射線に焼かれた血のシンボルのようだ。

　6本のカーネーション……。6人の運命は、花開いただけで、まばゆい隕石として燃え上がり、黒い痛みの寒さの中に消えた。しかし、跡が残った。消えることのない、永遠の。記憶は人間の歩みの原動力として残り、この跡は、われわれの道を照らすだろう。しばらく沈黙しよう。遠くへ出かける前に。

❖ 文学作品より

ヴォロドゥイムィル・フバリェウ
赤いバラ
（悲劇「石棺」より）

　　放射線安全研究所の実験室。大きなホール。柔らかくて居心地のよいソファのセット。ここで朝の作戦会議が行われている。舞台の奥には、隔離病室が配置されている。半透明のドアの上には、おのおのの番号が書かれている。
　　……3号病室から消防士があらわれる。

消防士：すみません、ちょっと出てもいいですか？
ハンナ・ペトリウナ：どうしたの？
消防士：報告書を書き上げました。言われたように。伝えたいのです。
ヴィーラ：気分はいかが？
消防士：充分眠りました。休めました。ありがとう。

　　当直室で電話が鳴る。ハンナ・ペトリウナは受話器をとる。

ハンナ：いいえ、リディヤ・ステパニウナ。みんな大丈夫。血漿と血液は全員に入れました。……今は朝ですよ。……眠っていない人もいますが、これは自然です。新しい場所だし、なれていないから。……今のところ正常です。……必ず電話します。……おやすみなさい。……
消防士（ヴィーラに）：ちょっといっしょに座っていいですか？　終りまで読んでください。私は時間をかけて書いたのです。（紙を1枚渡す）
ヴィーラ：私自身もどうすべきかわからないけれど。（読む。びっくりして消防士を見る）あなたは、それを、全部見たの？
消防士：まず、煙がぽっぽっと出て、それから爆発した。すぐに機械建屋の屋根に火がついた。私は警報信号を出して、自分は上の階によじ登りました。およそ30メートル……屋根はすでに燃え盛っている。原子炉建屋を見ました。そこはものすごく明るく、目もくらむほどの火。でも、なぜあそこが燃えるのだろう？　理由がない……。おかしい……。あれは原子炉の炉心部だということがわかりました。たちまち屋根から吹き飛ばされました。すぐに当直員に向かって怒鳴りました。火災ではない！　爆発だ！　そしてふたたび上によじ登りましたが、もうわれわれのところも……。ほかの発電ユニットに火が移らないように砂を投げて屋根の火を埋め始めました……。

ヴィーラ：恐ろしくはなかったの？
消防士：あそこで？　怖くはなかった……。あとになってからは、もちろん、こわかった。ほんとうを言うと、今も恐ろしい……。

　ハンナ・ペトリウナが近づく。

ハンナ：お嬢さんはおありですか？　朝、入れ替えだから、電話できますよ。
消防士：娘はいません。母がいる。
ハンナ：お母さんは診療所から何もかも聞かされています。情報係で。私たちがあそこに知らせているのです。親戚の人たちは、あなたがあそこで……と思っています。
ベズスメルトゥヌィー：やあ、消防士君。きみはチェスをやれるかね？
消防士：できますよ。
ハンナ：警告したでしょう。近づかないようにって。どこからそのような大胆さが……。前には気がつかなかったけれど……。
ベズスメルトゥヌィー：今は仲間ですよ……。にぎやかにやりたい。そろそろ退屈になってきたし。
消防士：どなた？
ヴィーラ：ベズスメルトゥヌィー(不死身)さん。
消防士：知らなかった。
ハンナ：ここの患者さん。もう2年いるの。
ベズスメルトゥヌィー：488日ですよ。
消防士：大丈夫。きっと生きられる。
ベズスメルトゥヌィー（ハンナ・ペトリウナに）：全部で2〜3ゲームです。ウォーミングアップのために……。
消防士：ぼくはいつでもいいですよ。
ハンナ：もっと慎重にしなければ。
ベズスメルトゥヌィー：かれは2度処置された。あの原子炉の中と、玄関の紫外線で。だから私よりきれいなのだ。かれの場合は、あらゆる細菌が完全に死んだ。間違いない。私は何かの本で読んだ。距離からして、かれには何もかもそろっている。中性子とか……。
ハンナ：言っていることはわかるけれど、チェスはだめです。

　ベズスメルトゥヌィーは自分の病室に消える。

ハンナ：恋したことはないの？　うまくいかなかったの？
消防士：今のところ、まだならっていません。

ハンナ：だったら習えば？　ほら、見て。うちのヴィーロチュカのなんと美しいこと。
消防士：そうですね。美しい！　（ほほえむ）　でも初めはどうしたらいいんだろう？

ハンナ：もうはじまっているわ。今となれば、続けることだけ。
消防士：女の子には花を贈らなければ。すぐに……。
ハンナ：別のときにね。
ヴィーラ：私は勝手に結婚させられた……。
消防士：あなた、結婚しているの？
ヴィーラ：今のところはしていない。
消防士：では始められる……。あなたはとても感じがいいし、愉快だし、おだやかだ。
ハンナ：そのとおりよ。あなたはそれを自分で感じたの。あの子があなたに血漿と血液をいれたときに。
消防士：あざも出来ていないのですよ。

　ベズスメルトゥヌィーがチェス盤を持って現れる。

ベズスメルトゥヌィー：あざが出来ないなんて、すごい。私は何人かのご婦人の手を経てきたけれど。ここでは、あざが出来ないという能力は必要だ。（消防士に）私は白いもので遊ぶのに慣れているのだが、きみはどう？

　それらは椅子のそばに作りつけられた。No.7病室の明かりが明滅し始める。ただちに、当直の計器盤に赤ランプがつき、ブザーが耳に入る。

ハンナ（ヴィーラに）：もっと早く！　強い不整脈……。

　彼らはNo.7病室へととびだす。

消防士：何が？　あそこで。
ベズスメルトゥヌィー：別になんでもない。いつもの不整脈だ。あなたの番ですよ。
消防士：それはよくないな。
ベズスメルトゥヌィー：今度はいいですか？　1、2、……成りましたよ……。だめだ。それはうまくない。あなたはそうきたか！　ちっとも怖くないぞ！　放射線はひそかにやってくる。で、仮にそこがあいていれば……あそこで不整脈か吐き気なら、仕事をやっつけるのは医者だ。あいつらは、ここでは私の上の階級なのだ！
消防士：すごい。ぼくはちっとも気がついていなかった！
ベズスメルトゥヌィー：なんと。喜べ。（歌う）「つかのま、わたしは、すてきなくら

しをした……」

　9号病室から物理学者が現れる。

物理学者：お尋ねしますが、電話はどこでかけられますか？
ベズスメルトゥヌィー（歌う）：「中央電報局か、アルバートか、駅か……で」
物理学者：すみません。わからなかったのですが……。
ベズスメルトゥヌィー：いいですよ。あなたの番だ、マエストロ！ぼやぼやしないで（歌う）「ためしにやってみる……。」
物理学者：すみません、お邪魔して。でも私にはどうしても必要なのです。私はある計算をしたのです……。
消防士：ここからは電話はかからないのです。ほんとうにあなたにはわかっていないのでしょうか。ここがいったいどこなのか。
物理学者：ありがとう。もちろん、わかっています。しかし、あなたは思いませんか？ それほど強い隔離が必要なのですか？ これはやりすぎですよ。
ベズスメルトゥヌィー：いいえ、ちっとも。マエストロ、降参したらどうですか？
物理学者（盤をのぞきこむ）：まだ早いですよ。口出ししてもいいですか？
ベズスメルトゥヌィー：困りますね。もしやりたいなら、フライトに加入しなくては。
物理学者：何にですって？
ベズスメルトゥヌィー：順番、順番……。あなたは自分の計算を報告しに行ったほうがいいですよ。
物理学者：あなた、興味がありますか？
ベズスメルトゥヌィー：われわれはすべてのことに関心がありますよ。われわれは自分の中に人類の業績を濃縮しているのですから。1人はすなわち全員です！
物理学者：問題は考えるより明らかにずっと単純です。長持ちしない体制の下で原子炉を止めた。そのようなゾーンがある。事故のシステムが開放されたので、温度の上昇が起こり、最初のそれほど大きくはない爆発に至り、それが冷却システムを損ないました……。そしてここで、はなはだ興味深いプロセスがはじまったのです。すなわち、圧力が上がり、水が水蒸気に転化した……。
消防士：私はそれが噴出するのを見たのですよ。そのようなものは以前にもありましたが。
物理学者：あなたの言うとおりです。しかし、以前には、事故システムの調整が働いていました。今は違います。それでプロセスは険悪になった。温度上昇と同時に、実質的にすべての冷却水が酸素と水素に分解して、とうとう……。
ベズスメルトゥヌィー：原子炉は呪わしい父親のもとへとび散った！
物理学者：あなたは完全に正しい。「とび散った」のです。もっと正確に言うなら、

機械建屋の脇およびまったく反対の方向に崩れたのです。破壊の性質も説明されています。このモデルを計算機にかける必要があります。だから私は電話をかけなければならないのです。
消防士：全部、上申書に書かなければ……。それのことをなんと言うのか知りませんが。われわれは上申書と言っていますが。
ベズスメルトゥヌィー：あの人たちは「学術研究」っていうのですよ。……しかし、どこかの悪党が事故システムを開いてしまったんだ？！　すみません、品のない口癖でして。
物理学者：この問題にこれ以上答えるのは私には無理です。どんな執務規定にも、このことは想定されていなかったのです。
ベズスメルトゥヌィー：ブレーキが働いていないときに、車でラッシュアワーのモスクワを通り抜けていくことを想定したりしますか？
物理学者：すみません、どういう意味ですか？
消防士：この人は、そんなことは自殺行為だと言いたかったのですよ。
ベズスメルトゥヌィー：私はそんなことを言いたかったのではありません。ぜんぜん違う。私が言いたかったのは、これは殺人だ！　ということです。自殺ではなく、殺人だ！　あなたの勝ちだ、マエストロ。（物理学者に）あなたの番ですよ。
物理学者：どうもありがとう。しかし、許されるなら、私は仕事に戻りたいのですが。詳しく説明しなければなりません。電話で連絡することが出来ないとなれば。
ベズスメルトゥヌィー：ごもっとも。でも、私はチェスを提案しますよ。逃げないでください。私は挽回したいのです……。

　7号病室の明かりがちょっと点る。瞬かない。ハンナ・ペトリウナが出てくる。その後ろにヴィーラがいる。

ハンナ（ヴィーラに）：2時間後に心臓のアンプルをもう1度。朝に、手術の準備を始めましょう。（ベズスメルトゥヌィーに）もう時間でしょう？　勝ったのでしょう？　もう、お終いにして。
ベズスメルトゥヌィー：これで最後にします。リターンマッチですよ。カルポウ – カスパロウ戦のような。
ハンナ：ここには遊戯室があるんですよ。まるで文化公園のような。

　1号病室が信号を送り始める。警報装置が当直の計器盤で作動する。

ハンナ（ヴィーラに）：ショック防止措置を！　急いで！
　二人は病室に駆け込む。

消防士：あそこでも？
ベズスメルトゥヌィー：いや、これはすでに、いっそうややこしい。もっとも、いつものことだが……。大体われわれは散り散りになるのです。勝ちということはわれわれにはもはやないのです。ありがとう。堪能しました。また明日。（自分の病室へむかって止まる。）きみ、お若いかた、戻って寝たほうがいいですよ。寝られなければ起きていればいいけれど。寝て、何も考えないことですよ。考えることは、今のきみにはよくない……。ヴィーラが首になったら、彼女の世話をしなさい。計画を立てて。何かの。彼女と人生をともにすることについても。いちばんすばらしい計画を立てるのです。もっとも魅力的な。気前よくして。自分を押さえつけないで……。一局やりたくなったら、ノックして。遠慮はいりません。私はもう長いこと寝ていないのだ。眠ることはわすれた……。人に気にしてもらうのはうれしいくらいだ。誰かにまだ必要とされているというわけだから。

　4号病室が警報を発する。ハンナ・ペトリウナが1号病室から出てきて当直の机に行く。6号病室が警報を発する。ハンナ・ペトリウナは電話をとって番号を回す。

ハンナ：全員集合……。はじまったようです。こんなに早いとは思っていませんでしたが……。私とヴィーラは間に合わないかもしれません……。

　5号病室が警報を発する。続いて8号と2号。舞台をゆっくりと暗闇が包み、後ろの面は、すべてがさらに強く輝くように、まばゆい赤の火事明かりに輝く。

　正午。6号病室が警報を発する。ホールには誰もいない。ハンナ・ペトリウナが登場する。3号病室に近づいてノックする。消防士がのぞく。

ハンナ：頼まれたものをもってきましたよ。バラ1本。赤いバラ。
消防士：どうもありがとう。必ずお払いしますから……。
ハンナ：いいのよ……。
消防士：で、ヴィーラは？
ハンナ：じきに来ますよ。あの子は電話局に走っていきました。遅れることを自分で知らせるために。
消防士：かならず帰ってくるだろうか？　ひょっとして、ナーチャのようなことが？
ハンナ：この場からこっそり立ち去るか、決して逃げないか。女性はもちろん逃げない。残念ながら、男性は耐え抜きません。
消防士：私は耐え抜きますよ。彼と同じように（ベズスメルトゥヌィーの病室のほう

にお辞儀をする)。約束します。私は耐え抜きます。
ハンナ：信じましょう。
ベズスメルトゥヌィー（現れる）：ハンナ・ペトリウナさん。私はずっとあなたを慕ってきました。私があなたに思い焦がれていることをわかってください。若い人たちを見てください。彼らが恋をしているのに、果たして私に出来ないということがあるでしょうか？

　3号病室からハンナ・ペトリウナとヴィーラが出てくる。ヴィーラは泣いている。

ハンナ：落ち着いて！　涙を流しても、どうにもならないわ。
ヴィーラ（すすり泣く）：バラが胸の上にあるの。つつましく、自分におしつけて。
ハンナ：あなたのためだったのよ。彼はあなたにプレゼントしたがっていたの。
ヴィーラ：電報局に走っていったの。市外通話を申し込んだの。彼のママと話したかったのだけれど、誰も出なかった。彼はまったく普通だって言いたかった。
ハンナ：電話が通じなくてよかった……。
ヴィーラ：すみません、ハンナ・ペトリウナ。彼のところに行ってきていいですか？　穏やかな顔かどうか……。
ハンナ：彼は下におろされました。もう誰も彼の顔を見ることはありません。鉛の柩とコンクリートの墓……。おそらく出来ないでしょう。出来ません。体からも放射能が出ているのです。……。

　8号病室が警報を発し始める。
　もっと早く！涙をこらえて！……病室には微笑んで入らなければいけません。彼らはあなたの微笑を待っています。まっています。さあ、行きましょう。

　8号6号4号病室が明滅している。まばゆい火事明かりが舞台の後方にあり、遠くで黒鉛が燃えている。

あとがき

ボルィス・ヒィジニャク
　　ウクライナ内務省国家火災警備本局局長
　　内務少将

チョルノブィリが変わること

　12年前、わが惑星全体が、チョルノブィリの爆発によって震え動いた。ウクライナ民族の運命に、すべての地獄の車輪が駆け抜けて、さらに1つ残酷な試練が与えられたようだった。母なる歴史にとってさえ、かつて聞いたことのない、かつて見たことのない、かつて知られたことのない、新しい歴史、生まれたばかりの歴史。
　それは、大きな災難のときや、最前線の致命的な危険の前に大胆に立つときに現れるのがこの世のならいだ。チョルノブィリの火は、大胆な人の立つべき最前列に、消防士たちを呼びつけた。彼らは爆発中心のそのまん中に、恐れることなく踏み込んだ。今、われわれが知っているように、もはや確固としたものではないこの世界を救うために、彼らは「偉業」という標識のある高みに上った。そして、彼らは救った。6人の火とたたかう人々は、自らの生命を代償にした。6人の若者たち。いちばん年長の人でさえ、やっと26歳だった。大胆さが蜂蜜を飲む──民衆のことわざが言っているが、ヨモギのせいでいやな味がするようになったのは、黄金の蜂蜜だけではなかった。だがこの苦い酒杯を、多くの人は経験しないですんだ。
　4月26日の悲劇の夜のあと、チョルノブィリは今まで世界が知らなかった試練をいくつも用意して、防火班戦闘員を待ち受けた。水素爆発の起こりそうな、散乱した原子炉の下から、「重い」水をポンプで排出することであったり、ケーブルトンネルにおける火災の克服であったりした。そのひとつは1986年5月23日に起こった。1991年10月にも、チョルノブィリ原発では火災があった……。チョルノブィリ原発そのものと、30キロメートルゾーンの防火保護の確保のために、どれほどの人力が除染作業にあてられたことか！　その上、多くの課題は、経験の裏づけのない作戦行動を要求した。そこでは、新しい専門的な解決と、普通でない方策が要求された。そしてこれらすべては、チョルノブィリの無慈悲な「レントゲン」が、文字通りいたるところで待ち伏せしていた未知の危険ゾーンで行われた。それらの歩みは困難だった。人々は「重い」水の瀬を渡るようなものだった。
　偉業とは、特別な英雄的行為が即時に現れることであり、自己犠牲への勇気と能力に基づく人間精神の表れそのものであることを、われわれは理解するようになった。特別危険ゾーンにおける毎日の疲労困憊する仕事や、何日間何ヶ月間に及んで健康に必ずひびく仕事は、かなりの道徳的努力を必要とする。これが勇気や献身でなくて何だろう。それだけ一層偉業だということだろうか？

私は深くこれを確信する。いまさら例をたくさん挙げることはない。例はこの本の中に充分ある。この本は、チョルノブィリ惨事の克服のために英雄的に参加した消防士についての、今日、最も完全な版である。しかし、ここにすべてのこと、すべての人のことが述べきれているということではない。チョルノブィリについてすべて述べることは不可能である。残念ながら、これは永遠のテーマである。

　1986年4月26日に起こった爆発は、すでに12年、われわれの意識の中で弱まっていない。これは来たる世代の生命に反響するだろう。しかも、子孫の記憶の中だけではない。チョルノブィリの「ウイルス」は、民族の遺伝子の中にはいった。黒い災難の瀬を、われわれ1人1人が必ず横切らなければならない。そして、われわれが奪われたものが本来より小さくてすんでいるとするなら、自分の生命と健康を引き換えにわれわれの分を引き受けてくれた人々のことを、忘れないようにしよう。チョルノブィリの火の照り返しの中で、不滅の世界へ永久に入っていった高潔の士の前に、深く頭を下げよう。

　　出版社「アリテルナトゥィヴィ」と編集会議は、「チョルノブィリインテルインフォルム」が図版資料を提供してくれたことに対して、また次の本の著者と製作者にはチョルノブィリ惨事のページの開設への力添えに対して深い感謝を表明する。

『チョルノブィリの悲劇。文書と資料』　クィイウ、ナウコヴァ・ドゥムカ、1996年
『チョルノブィリ惨事』　クィイウ、ナウコヴァ・ドゥムカ、1995年
『チェルノブィリ原子力発電所事故結果処理に関する公式報告』　モスクワ、1987年、公務用の版。
『チョルノブィリ惨事』　ウクライナ内務省編集・発行部、1996年
ユリィ・シチェルバク『チョルノブィリ』　クィイウ、ドゥニプロ、1989年
フルィホリィ・メドゥヴェディェウ『チェルノブィリ・ノート』　クィイウ、ドゥニプロ、1990年
リュボウ・コヴァレウシカ『チェルノブィリ「部外秘」』クィイウ、アブルィス、1995年、『チョルノブィリの勇気と痛み』　クィイウ、モロディ、1988年

本の制作には次の方々の協力があった。深く感謝する。
火災警備の将官、П・デスャトゥヌィコウ、В・メリヌィク、Б・フィジニャク、М・ホロシク（ウクライナ）、А・ミケイェウ、В・ルブツォウ、Є・セレブリャンヌィコウ、Д・ユルチェンコ（ロシア）、В・アスタポウ（ビロルーシ）、その他将校、准尉、曹長、軍曹、兵卒たち。

翻訳を終えて

　チョルノブィリ原発が爆発炎上して、膨大な放射能が地球上に飛び出した事故は、1986年4月25日から26日にかけての深夜に起こった。放射能が8000キロ離れた日本の茶畑にも降りそそいだほどの大事故だったが、原発オペレーターとたった28人の消防士による文字通り命がけの対処によって、隣接する他の3機に火災は及ばずにすんだ（この最初期に活動した人の多くは、半月足らずのうちに急性放射線症やひどい火傷のために亡くなった）。20年前のことであり、多くの人の記憶から消え去りつつある。しかし、この原発事故のために、ウクライナの大地は今なお放射能に汚染されたままであるし、事故時とその後の処理作業に当たった人々や住民や事故後に生まれた人々の健康は、憂慮すべき状態のままである。一方、日本を始め世界の多くの国では、核より炭酸ガスのほうが怖いとして、原発によるエネルギー確保へと後ろ向きに舵が切られている。

　本書の原本は、ソ連邦崩壊後の1998年に、独立ウクライナでウクライナ語によって出版された。原発事故処理作業に当たった消防士、医師などの証言を中心に、事故処理とその後の経過の記述、旧ソ連のロシア語公文書、文学作品や絵画、約370枚の写真などで構成されており、旧ソ連で長く秘密にされ、日本ではほとんど報道されていない原発内のその後の数々の重大事故や、放射能汚染した近隣林野で頻発した火災のことや、事故後の処理作業のためにウクライナ全州から参加した総合部隊のこと、さらにいわゆる「石棺」建造のことまでが記述されている。チョルノブィリ原発事故を記録したものの中で、最も詳細かつ衝撃的な内容を持つものであろう。

　もし他の3機にも爆発が及んでいたなら、もしこのような事故が日本で起こったなら、いったいどのような事態になっただろう。今の地球はなかったかもしれない。日本では、誰がそのような事故に対処するのだろうか。そもそも日本の原発では、どのような教育や事故対策が日常的に行われているのだろうか。翻訳してみて初めて知った詳細な事実と、あらためて気づいた消防という仕事の重さを、本の刊行という形で、ぜひ多くの人と共有したい。そして原発事故の意味するところを理解し、事故直後の危機意識を思い起こし、再燃した原発推進勢力を押しとどめたい。

2006年4月25日

河田いこひ

チョルノブィリの炉床を通り過ぎた人々
(チョルノブィリ原発における事故結果処理作業に参加した人々の名簿)

1. ウクライナ内務省国家火災警備本局
トノウ、オレクシィ
アファナスイィエウ、ヘンナディー
ベレザン、スタニスラウ
ビレツィクィー、ペトゥロ
ヴェレツォツィクィー、フルイホリィ
ヘリフ、アナトリィ
フルイパス、スタニスラウ
フメニュク、セルヒィ
フリン、ヴォロドゥィムィル
デヌィセンコ、ヴォロドゥィムィル
デスャトゥヌィコウ、プィルィプ
ドリャ、ユリィ
イェウセイェンコ、オレクシィ
イェムツォウ、ヴィクトル
ザドゥヴォルヌィー、ヴィクトル
ザドロジュヌィー、ムィハイロ
コウシュン、ヴァスィリ
コルニィエンコ、スタニスラウ
クラウチェンコ、ヴァスィリ
クリサ、イヴァン
クセンズュク、ボルィス
クチェルク、ヴァロドゥィムィル
レメシコ、フルィホリィ
ルィトゥヴィン、ヴォロドゥィムィル
ロパトウィンシクィー、ヴォロドゥィムィル
リオヴォチュキン、ヴァスィリ
マモントウ、セルヒィ
マルトュク、ヴァレリィ
マスレンコ、コスティアントウィン
マトゥロソウ、ヴォロドゥィムィル
マシチェンコ、ムィハイロ
ミロチュヌィク、ヴォロドゥィムィル
ムシィチュク、ヴォロドゥィムィル
ニキティン、イヴァン
ノヴォセリツェウ、ムィコラ
オウチュィンヌィコウ、セルヒィ
オライェウシクィー、アンドゥリィ
ペトゥレンコ、ヴォロドゥィムィル
プィルィペンコ、イーリャ
プィロホウ、ヴィクトル
ポズニャコウ、ムィコラ
ポロジェシュヌィー、ヴォロドゥィムィル
ポリカ、セルヒィ
プロコフィエウ、オレクサンドゥル
ルィパコウ、オレクサンドゥル
プルィスャジュニュク、レオニドゥ
センチュイロ、ペトゥロ
スニフル、イオスィプ
ストヴォロス、アナトリィ
ストイェツィクィー、ヴァレントゥィン
トゥロフィメンコ、ヴォロドゥィムィル
フェデュク、ユリィ
ハラベルダ、ヴァレリィ
シェレメトゥ、アナトリィ
シュパク、ウヤチェスラウ

シュムィロウ、イホル
シュトゥィー、ムィコラ
シチュイペツィ、ドゥムィトゥロ

2. クィイウ州
アウラメンコ、ヴォロドゥィムィル
アウラメンコ、イヴァン
アクレンコ、ヴォロドゥィムィル
アレクサンドゥルク、アナトリィ
アレクスィエンコ、ムィハイロ
アリモゥーチュマコウ、ヴォロドゥィムィル
アリシャイェウ、ボルィス
アリオンキン、オレクシィ
アナニィエウ、ムィハイロ
アンヘリン、オレクサンドゥル
アンドゥリィエウシクィー、ヴォロドゥィムィル
アンドゥラシュコ、オレクサンドゥル
アンドゥリヤシュ、セルヒィ
アンドゥルセンコ、ムィコラ
アニケィエウ、オレクサンドゥル
アントネンコ、フルィホリィ
アタマンチュク、ムィハイロ
アトゥロシチェンコ、オレクサンドゥル
アファナシィエウ、オレクサンドゥル
バビン、オレクサンドゥル
バブスコウ、オレクサンドゥル
バブユク、ステパン
バズュフ、オレクサンドゥル
バィラク、ヴィクトル
バカレンコ、ボルィス
バクラン、ヴァレリィ
バラバン、ヴィタリィ
バラジュ、イェウヘン
バラン、ヴィクトル
バラツィクィー、イヴァン
バルィツィクィー、ムィコラ
バラノウシクィー、ムィコラ
バルトゥコ、セルヒィ
バス、ヴァスィリ
バテチュコ、オレクサンドゥル
バトウシクィー、オレクサンドゥル
バシャ、オレクサンドゥル
ベウズ、オレクサンドゥル
ベズロバ、パウロ
ベレンドゥィク、ヴァレントゥィン
ベルコトゥ、ヴィクトル
ビェリヤィエウ、オレクシィ
ベレザン、ヴォロドゥィムィル
ベレズニィ、ヴィタリィ
ベレンディア、セルヒィ
ベレシチュク、ヴィタリィ
ベズソクィルヌィー、セルヒィ
ベフ、レオニドゥ
ブズィタ、アナトリィ
プィストゥルシュキン、ムィコラ
プィチュコウシクィー、ペトゥロ

ビレツィクィー、ヴォロドゥィムィル
ビレツィクィー、オレフ
ビルィク、ムィコラ
ビロドゥブ、ヴィクトル
ビリケヴィチ、アナトリィ
ビルクン、ヴィクトル
ブラホポルチュヌィー、ヴァスィリ
ブルィズニュク、イホル
ブルィズニュク、セルヒィ
プロシチュィンシクィー、ムィコラ
ボブロウヌィク、ヴィタリィ
ボウトゥ、セルヒィ
ボフダノウ、オレクサンドゥル
ボイコ、オレフ
ボイチュン、セルヒィ
ボロトゥヌィコウ、コスティアントウィン
ボンダル、ヴィクトル
ボンダル、ヘオルヒィ
ボンダル、ムィコラ
ボンダル、テティアナ
ボンダレンコ、アナトリィ
ボンダレンコ、ヴォロドゥィムィル
ボンダレンコ、フルィホリィ
ボンダレンコ、ムィコラ
ボンダレンコ、セルヒィ
ボルジェムシクィー、ムィコラ
ボルィセンコ、ヴィクトル
ボルィセンコ、オレクサンドゥル
ボルィセンコ、ユリィ
ボルィセンコウ、ヴォロドゥィムィル
バチャロウ、ムィコラ
ブルィトゥヴィチ、ロマン
ブロウチェンコ、オレクサンドゥル
ブルィ、オレフ
ブハイ、レオニドゥ
ブダコウ、ヴァレントウィン
ブラヴァ、ヴァスィリ
ブラヴァ、ペトゥロ
ブラフ、ヴィタリィ
ブロヴァ、ヴォロドゥィムィル
ブロヴァ、ムィコラ
ブリバ、セルヒィ
ブルドゥン、オレクシィ
ブレンコ、アナトリィ
ブルムィチ、ムィコラ
ブスライェウ、スタニスラウ
ブトゥ、ヴィタリィ
ブトゥコウシカ、テティアナ
ブトゥルィメンコ、イヴァン
ブトゥルィメンコ、ムィコラ
ブシュマ、アーラ
ヴァルラモウ、ヴォロドゥィムィル
ヴァスィレンコ、アナトリィ
ヴァスィレンコ、ヴァスィリ
ヴァスィレンコ、ムィコラ
ヴァスィリィエウ、ボルィス

ヴァスィリィェウ、スタニスラウ	ホロヴァトゥィー、ロマン	ジュライ、ヴァレントゥイン
ヴァシチェンコ、アルトゥル	ホロウコ、コスティアントゥイン	ジュライ、ムイハイロ
ヴァシチェンコ、オレクサンドゥル	ホロウネンコ、ムイハイロ	ズュベンコ、ムイハイロ
ヴァシチュク、ムイコラ	ホロウチェンコ、アナトリィ	ズュベンコ、パウロ
ウドヴェンコ、ヴァスィリ	ホルブ、ハルィナ	ズャデヴィチ、ヴォロドゥイムイル
ウドヴィカ、セルヒィ	ホンジュ、オレクサンドゥル	ドゥイチェク、セルヒィ
ヴェレイコドゥニィ、オレクサンドゥル	ホンタル、イヴァン	ドゥイチャトゥキン、イェウヘン
ヴェンジュイク、オレフ	ホンチャレンコ、オレクサンドゥル	ディドレンコ、アナトリィ
ヴェレミイェンコ、セルヒィ	ホンチャルコ、ヴォロドゥイムイル	ディドフ、ヴァスィリ
ヴェレス、ヴァレリィ	ホルバニェウ、ヴィクトル	ドゥムイトゥロウ、ヴァレリィ
ヴィシュニャク、オレクサンドゥル	ホルバテンコ、ムイハイロ	ドルィンヌィー、オレクシィ
ヴィシュニャク、ペトゥロ	ホルバチェンコ、アナトリィ	ドキン、セルヒィ
ヴィルチェンコ、ヴァドゥイム	ホルブシュイン、オレクサンドゥル	ドマンシィクィー、ユリィ
ウラソウ、ドゥムイトゥロ	ホルディイェンコ、ヴォロドゥイムイル	ドマラツィクィー、ステパン
ヴォロベツィ、ヴァスィリ	ホルディイェンコ、イヴァン	ドムチェンコ、ユリィ
ヴォロネヴィチ、ヴァスィリ	ホリリィ、アナトリィ	ドンチェンコ、ヴァレントゥイン
ヴォジュダイ、ヴォロドゥイムイル	フラバレンコ、オレクサンドゥル	ドロシェンコ、ムイハイロ
ヴォジュダイ、カテルィナ	フレビニチェンコ、ヴァスィリ	ドゥレムフ、ヴァレリィ
ヴォズニュク、オレクサンドゥル	フルィホレンコ、フルィホリィ	ドゥルィハ、アナトリィ
ヴォイテンコ、イヴァン	フルィネンコ、ムイハイロ	ドゥロブヤズコ、ムイコラ
ヴォイテンコ、ムイコラ	フルィツェンコ、アンドゥリィ	ドゥルズィ、アナトリィ
ヴォイテンコウ、ムイコラ	フルィツェンコ、オレクサンドゥル	ドゥルズィ、ムイコラ
ヴォイトヴィチ、イホル	フルィシチェンコ、ヴィクトル	ドゥボウ、ペトゥロ
ヴォイトゥシクィー、オレクサンドゥル	フルィシチェンコ、フルィホリィ	ドゥボヴィク、パウロ
ヴォイツェヒウシクィー、ペトゥロ	フルィシチュク、ペトゥロ	ドゥボヴィチ、ムイコラ
ヴォルコウ、ヴォロドゥイムイル	フルシュインシクィー、アナトリィ	ドゥボヴィチ、オクサナ
ヴォロソウシクィー、アンドゥリィ	フルショウヌィー、ヴォロドゥイムイル	ドゥダレンコ、ムイコラ
ヴォロシュイン、セルヒィ	フバ、アナトリィ	ドゥドゥカ、ユリィ
ヴォロビオウ、セルヒィ	フバニ、ヴォロドゥイムイル	ドゥドゥチェンコ、ヴァスィリ
ヴォロナ、ボフダン	フズィ、ヴィタリィ	ドゥドゥチェンコ、ムイハイロ
ヴォロナ、ヴァスィリ	フズ、ヴォロドゥイムイル	ドゥジュイク、ヴィタリィ
ヴォロノウ、ヴィクトル	フリコ、ウチェスラウ	ドゥジュイク、オレクサンドゥル
ハブロ、ヴァスィリ	フメニュク、セルヒィ	ドゥフネンコ、ムイコラ
ハウルィチェンコ、ユリィ	フヌィチ、ヴァスィリ	ドゥチェンコ、レオニドゥ
ハドムシクィー、ユリィ	フルコウシクィー、ヴァドゥイム	ディャコウシクィー、ヴァレリィ
ハイディチュク、ムイコラ	フトゥヌィク、ペトゥロ	ディャチェンコ、ムイハイロ
ハイキン、オレフ	フツァレンコ、オレナ	ディャチュク、セルヒィ
ハラハン、アナトリィ	ダヴィデンコ、ヘンナディー	イェウトゥシェンコ、オレクサンドゥル
ハラテンコ、ムイコラ	ダヴィデンコ、ヴァスィリ	イェルバイェウ、ムイハイロ
ハルザ、ヴィクトル	ダヴィデンコ、オレクサンドゥル	イェフィメンコ、オレクサンドゥル
ハルザ、ヴォロドゥイムイル	ダヴィドゥ、ヴァスィリ	ジャドゥイク、ムイコラ
ハモリャ、ヴィクトル	ダンチェンコ、イヴァン	ジェレズコ、ムイハイロ
ハンジャ、オレクサンドゥル	ダラハ、ウラドゥィスラウ	ジェレベツィ、アナトリィ
ハヌィチ、フルィホリィ	ダツェンコ、ヴィタリィ	ジョウトゥイ、ペトゥロ
ハラシチェンコ、ペトゥロ	ダツィコ、ヴァレリィ	ジュコウシクィー、ムイハイロ
ハルバル、セルヒィ	ダツィコ、レオニドゥ	ザボロトゥヌィー、アナトリィ
フヴォズディコウシクィー、セルヒィ	ドゥヴォロヴィー、アナトリィ	ザブドゥシクィー、ヴィクトル
ヘラスィメンコ、ムイコラ	ディネカ、ヴォロドゥイムイル	ザヴェルニナ、リュボウ
ヘルマシュ、ムイコラ	デムィデンコ、ナディヤ	ザフリンシィクィー、アナトリィ
ヘルナトゥ、セルヒィ	デムチェンコ、ムイコラ	ザフレベリヌィー、ヴァレリィ、
ヘティマン、オレクサンドゥル	デムヤネンコ、ボルィス	ザフリヴィー、セルヒィ
ヘティマン、オレクシィ	デムヤンコ、オレクサンドゥル	ザドロジュコ、セルヒィ
フィリャヴェツィ、ムイコラ	デヌィセンコ、ヴァスィリ	ザドロジュヌィー、アナトリィ
フレイ、アナトゥリィ	デルハチ、ヴァレリィ	ザール、セルヒィ
フルシチェンコ、アンドゥリィ	デレゼンコ、ヴァスィリ	ザモフィリヌィー、オレフ
フルシチェンコ、ヴォロドゥイムイル	デリィ、エドゥアルドゥ	ザンケヴィチ、セルヒィ
ホドゥイナ、イヴァン	デリィ、オレクサンドゥル	ザヌダ、アナトリィ
ホレムボウシクィー、ヴァレリィ	デスャトゥヌィコウ、イホル	ザハロウ、アナトリィ
ホルィコウ、オレクシィ	デシチャ、オレクシィ	ザヤツィ、ヴィクトル
ホリンシクィー、オレクサンドゥル	ジャファロウ、ナムィフ	ズビィツィクィー、オレクサンドゥル
ホロヴァキン、セルヒィ	ジェレリュク、ペトゥロ	ゼレヌィー、ヤロスラウ

ズィネヴィチ、ムイハイロ
ズィンチェンコ、ヴァスィリ
ズィンチェンコ、オレフ
ズィンチェンコ、セルヒイ
ズロビン、ムィコラ
ズロビナ、テティヤナ
ズロチェウスィクィー、ヴァスィリ
ゾズリャ、フェディル
イヴァネィコ、イホル
アヴァネンコ、ヴァスィリ
イヴァネンコ、ヴォロドゥィムィル
イヴァヌィク、ユリィ
イヴァヌィカ、ムィコラ
イヴァノウ、ヴォロドゥィムィル
イヴァンチェンコ、アナトリィ
イヴァニュタ、ムィコラ
イヴァニュタ、ペトゥロ
イヴァシチェンコ、ヴァスィリ
イフナテンコ、ヴァスィリ
イホニチェウ、イェウヘン
イーリェンコ、ムィハイロ
イリチェンコ、アナトリィ
イリチェンコ、ヴィクトル
イオウジェンコ、セルヒィ
イスコウ、セルヒィ
カザコウ、オレフ
カズィムィルチュク、オレクサンドゥル
カリィェウ、ハビトゥ
カリィェウ、サビトゥ
カリムリン、ヴァレリィ
カリニン、オレクサンドゥル
カリニチェンコ、ヴィクトル
カリニチェンコ、ペトゥロ
カリニチェンコ、セルヒィ
カルムィコウ、ヴィタリィ
カムィシュヌィー、ヴァレリィ
カミナ、ヴァレントゥィナ
カラセヴィチ、ヴィクトル
カラヒム、ヴォロドゥィムィル
カルレンコ、オレクシィ
カルロウ、ドゥムィトゥロ
カルナウフ、フルィホリィ
カルペンコ、アナトリィ
カルペンコ、ヴィクトル
カルペンコ、ムィハイロ
カルプク、トゥィヒン
カチョル、ヴォロドゥィムィル
カチュル、アナトリィ
カシュプルク、ムィハイロ
カシチュク、ムィコラ
クヴャトゥコウスィクィー、ムィハイロ
ケケリェウ、ヴァレリィ
クィズィム、レオニドゥ
クィルィレンコ、アナトリィ
クィルィレンコ、ヴォロドゥィムィル
クィルィリュク、オレクサンドゥル
クィサレツィ、ヴァスィリ
クィシリ、セルヒィ
キベノク、ヴィクトル
キベノク、イルィナ
キコチ、ヴァドゥィム

キリマハイェウ、フェディル
キリィェンコ、パウロ
キシチェンコ、セルヒィ
クレスコ、ハルィナ
クレシチ、ヴォロドゥィムィル
クルィムチュク、オレクサンドゥル
クリュクヴィン、イホル
コブズィナ、オレクサンドゥル
コブコ、ヴァスィリ
コヴァリオウ、ヴィクトル
コヴァレンコ、アナトリィ
コヴァレンコ、ヴォロドゥィムィル
コヴァリ、ヴィタリィ
コヴァリ、ヘオルヒィ
コヴァリ、フルィホリィ
コヴァリ、オレクサンドゥル
コヴァリオウ、オレフ
コヴァレウシカ、ニナ
コヴァレウスィクィー、ムィハイロ
コヴァリチュク、イヴァン
コヴァリチュク、オレフ
コウクラク、ムィハイロ
コイェウ、オレクシィ
コザク、ペトゥロ
コズレンコ、アナトリィ
コズレンコ、ムィハイロ
コズロウスィクィー、オレクサンドゥル
コズメィチュク、ヴァスィリ
コズナディ、ムィハイロ
コレスヌィク、パウロ
コレスヌィク、イヴァン
コレスヌィコウ、オレフ
コレスヌィコウ、セルヒィ
コリィェウ、ムィコラ
コロミイェツィ、ヴォロドゥィムィル
コロミイェツィ、ペトゥロ
コマル、ステパン
コムルィク、ヴォロドゥィムィル、
コノネンコ、イヴァン
コノネンコ、ムィハイロ
コノパツィクィー、オレクシィ
コノプリャ、ヴォロドゥィムィル
コヌシェンコ、アナトリィ
コニュショク、ヴァスィリ
コピィチェウ、アナトリィ
コニィカ、レオニドゥ
コレツィクィー、オレクサンドゥル
コルジュ、セルヒィ
コロリ、アンドゥリィ
コシノウ、スタニスラウ
コルニロウ、ヴァレントゥィン
コルチヴィー、フルィホリィ
コルチェムヌィー、ボルィス
コルチュィンシクィー、セルヒィ
コスティチュク、ルスラン
コステンコ、セルヒィ
コストゥィリィェウ、ボルィス
コストゥィレンコ、セルヒィ
コスティク、ヴォロドゥィムィル
コステュチェンコ、ボルィス
コステュチェンコ、ムィコラ

コハノウシクィー、ムィハイロ
コツュラ、イヴァン
コチャレンコ、ユリィ
コシェリコウ、ムィコラ
コショヴィー、オレクシィ
クラウチェンコ、ヴィタリィ
クラウチェンコ、イホル
クラウチュク、ヤルィシュ
クラスヌィツィクィー、ヴォロドゥィムィル
クレウスィクィー、オレクサンドゥル
クレフニャク、ヴァレリィ
クルィヴェンダ、アナトリィ
クルィヴコリンシクィー、パウロ
クルィヴォシェイェウ、ヴァレリィ
クルィシコ、ムィハイロ
クリヴィー、ヴォロドゥィムィル
クルィウシュィン、ヴィクトル
クリク、アナトリィ
クルプチェンコ、ドゥムィトゥロ
クバシェウスィクィー、スタニスラウ
クドゥズィイェウ、ヴォロドゥィムィル
クドゥライ、ペトゥロ
クドゥリャウツェヴァ、オレナ
ククリウシクィー、アントン
ククルザ、オレクサンドゥル
クラコウ、セルヒィ
クリニチェンコ、イヴァン
クリビダ、ヴォロドゥィムィル
クマンシクィー、ヴォロドゥィムィル
クッパ、ムィコラ
クプィネツィ、ムィコラ
クプリィェンコ、アナトリィ
クプリィェンコ、イヴァン
クプチェンコ、アナトリィ
クランダ、フェディル
クルバイェウ、オレクサンドゥル
クルィロウィチ、ムィコラ
クルカ、ヴォロドゥィムィル
クリャタ、アナトリィ
クハル、ヘオルヒィ
クツェンコ、ムィコラ
クチェル、ヴォロドゥィムィル
クチェル、フルィホリィ
クチュィンシクィー、ヴァレントゥィン
クシチェンコ、レオニドゥ
ラウルィネンコ、ヴォロドゥィムィル
ラドゥチェンコ、アナトリィ
ラホツィクィー、ヴィクトル
レフン、ヴィクトル
レフン、セルヒィ
レオネンコ、フルィホリィ
レスィク、ヴァスィリ
ルィセンコ、コスティャントゥィン
ルィセンコ、ヘンナディー
ルィセンコ、オレフ
ルィストパドゥ、アナトリィ
ルィスュク、イヴァン
ルィスュク、ヴァレリィ
ルィトゥヴィン、ヴァスィリ
ルィトゥヴィン、レオニドゥ
ルィトゥヴィネンコ、イヴァン

ルイトゥヴィネンコ、ペトゥロ
ルイホ、ヴォロドゥイムイル
ルイホババ、ペトゥロ
ルイホヴィドゥ、オレクサンドゥル
ルイシュトゥヴァン、ムイコラ
リチマン、イヴァン
リシチュク、ムイハイロ
ロゼンコ、ヴィクトル
ロパテュク、ヴァスィリ
ロスィナ、ムイコラ
ルカシェヴィチ、オレクサンドゥル
ルパロ、アナトリィ
ルペハ、ヴァレリィ
ルツェンコ、ムイコラ
リュトゥイー、ユリィ
リオデイン、ペトゥロ
マズレンコ、アナトリィ
マカレンコ、ムイコラ
マカレンコ、ペトゥロ
マカルク、アンドゥリィ
マカルチュク、パウロ
マコウシキィー、ユリィ
マクスュタ、ムイコラ
マラシェウシキィー、ステパン
マラシェンコ、アナトリィ
マラシェンコウ、オレクサンドゥル
マルイシェンコ、アナトリィ
マリュチェンコ、ヴァスィリ
マリュチェンコ、フルィホリィ
マリオヴァヌィー、ヴォロドゥイムイル
ママイェウ、オレフ
マモチュカ、ヴィクトル
マニシュイン、ヴァロドゥイムイル
マンタチ、イヴァン
マルィネンコ、オレクサンドゥル
マルカロウ、アナトリィ
マルコウ、オレフ
マルトゥイネンコ、ヴィクトル
マルトゥイネンコ、ムイハイロ
マルトゥイニュク、ペトゥロ
マルトゥイシェウ、オレフ
マルシチャク、ヴォロドゥイムイル
マルチェンコ、ムイコラ
マルチェンコ、パウロ
マルチュク、ヤロスラウ
マルチュク、ペトゥロ
マスロ、ドゥムイトゥロ
マトゥヴィエイェウ、ユリィ
マトゥヴィイェンコ、アナトリィ
マトゥヴィイェンコ、オレフ
マトゥヴィイェツイ、ヴァレリィ
マティイェンコ、イヴァン、
マティイェンコ、ムイコラ
マトュシュコ、ユリィ
マウリ、イホル
マフネス、ヴォロドゥイムイル
マシュイナ、アナトリィ
マショヴェツイ、オレクサンドゥル
メドゥシウシキィー、ムイコラ
メゼンツェウ、ヴァスィリ
メリヌイク、ヴァスィリ　イヴァノヴィチ

メリヌイク、ヴァスィリ　ペトゥロヴィチ
メリヌィコウ、アンドゥリィ
メリヌィコウ、ヴィクトル
メリヌィチェンコ、ヴィクトル
メリヌィチェンコ、ヴォロドゥイムイル
メリヌィチェンコ、ユリィ
メムルク、ムイハイロ
メルシチィー、オレフ
メテルィツャ、ムイコラ
メフヌイン、オレクサンドゥル
ムイハレンコ、ヴィクトル
ムイクイトゥチェンコ、ヴォロドゥイムイル
ムイコリュク、オレクサンドゥル
ムイロノウ、ヤキウ
ムイルタ、パウロ
ムスィン、ムイコラ
ムイハイルイチェンコ、イヴァン
ムイハイロウ、ヴィクトル
ムイハイロウ、ユリィ
ミフノウ、ヴィクトル
ミレンコ、ヴィタリィ
ミリャン、イヴァン
ミノスャン、マンヴェル
ミロシュヌィク、ヴァレリィ
ミロシュヌィク、ヴォロドゥイムイル
ミロシュヌィチェンコ、ヴォロドゥイムイル
ミヘヂコ、ヴィクトル
ミシチェンコ、オレクサンドゥル
ミシチェンコ、ペトゥロ
ミシチュク、ムイコラ
モウチャン、アナトリィ
モウチャン、ムイコラ
モフィラ、セルヒィ
モルフン、ドゥムイトゥロ
モロズ、レオニドゥ
モストゥイツイキィー、ムイハイロ
モトゥズ、フルィホリィ
モシュコ、ヴァスィリ
ムズィカ、セルヒィ
ムズィチェンコ、オレクシィ
ムラノウ、パウロ
ムルハ、セルヒィ
ムスィエンコ、ヴィクトル
ムスィエンコ、ペトゥロ
ムハ、オレクサンドゥル
ナハイェウシキィー、ヴァスィリ
ナハイェウシキィー、ヘオルヒィ
ナホルヌィー、アナトリィ
ナホルヌィー、ヴァスィリ
ナホルヌィー、ムイコラ
ナザルチュク、アナトリィ
ナイデュク、アナトリィ
ナリジュヌィー、ヴィクトル
ナリジュヌィー、ヴォロドゥイムイル
ナウメンコ、ヴァスィリ
ネヴィンチャヌィー、ヴィクトル
ネウメルジュインツイキィー、セルヒィ
ネダシュコウシキィー、ヴァレントゥイン
ネダシュコウシキィー、イヴァン
ネムチェンコ、ムイコラ
ネセニュク、イホル

ネステレンコ、ヴィクトル
ネステレンコ、オレクサンドゥル
ネステレンコ、ペトゥロ
ネテサ、ヴォロドゥイムイル
ネトゥレバ、ペトゥロ
ネチャイェウ、セルヒィ
ネチュイポレンコ、ヴォロドゥイムイル
ヌイジュヌィク、ウヤチェスラウ
ヌイコンチュク、オレクサンドゥル
ヌイチュイポレンコ、ムイコラ
ヌイシチェンコ、ムイコラ
ニキテンコ、ムイコラ
ニコライチュク、セルヒィ
ニコライチュク、スタニスラウ
ニクリヌィコウ、オレクシィ
ノヴィツイキィー、ユリィ
ノサチェンコ、ムイコラ
ノステンコ、ムイコラ
フジュヌィー、ムイハイロ
オヴァデンコ、ボルイス
オヴァデンコ、ヴォロドゥイムイル
オヴデイェンコ、ユリィ
オヴチャロウ、ムイコラ
オヴチャルク、カテルィナ
オヴチャルク、ムイコラ
オフロブリャ、ヴォロドゥイムイル
オホロドゥヌィク、オレフ
オドゥノロフ、ヴォロドゥイムイル
オゼロウ、ウラドゥイスラウ
オリーヌィク、ウラドゥイスラウ
オリーヌィク、ステパン
オヌィシチュク、ヴィタリィ
オノシュコ、オレフ
オパナセンコ、ムイハイロ
オランシキィー、ドゥムイトゥロ
オルロウ、イヴァン
オセツイキィー、レオニドゥ
オスィペンコ、アナトリィ
オスタンチュク、ヴァスィリ
オストゥルイツイキィー、オレクサンドゥル
オフリメンコ、オレクサンドゥル
パウレンコ、マリヤ
パウレンコ、ムイコラ
パウロウシキィー、イヴァン
パラヘチャ、ヴォロドゥイムイル
パラマルチュク、オレフ
パロチュカ、ユリィ
パリュハ、アナトリィ
パリチェウシキィー、ボルイス
パムプラ、アナトリィ
パンテレイェンコ、ドゥムイトゥロ
パンチェンコ、アナトリィ
パラフィロ、セルヒィ
パラツァ、ヴァスィリ
パルホメンコ、オレクシィ
パスィカ、アンドゥリィ
パストゥシェンコ、ヴァスィリ
パストゥシェンコ、ムイコラ
パシュコウシキィー、ウラドゥイスラウ
ペヂコ、オレクサンドゥル
ペレムイシュレンヌィコウ、イェウヘン

ペトゥレンコ、コステャントゥイン
ペトゥレンコ、ムィコラ
ペトゥレチェンコ、ヴィクトル
ペトゥルイチェンコ、ヴィクトル
ペトゥロウシクィー、イヴァン
ペトゥロウシクィー、オレクサンドゥル
ペトゥルク、ムィコラ
ペトゥルネンコ、アナトリィ
ペトゥルシ、ヴァスィリ
ペトゥフ、ムィハイロ
ペチェヌィー、ペトゥロ
ペチョヴァル、オレクサンドゥル
ピィヴォヴァル、ペトゥロ
ピィヴォヴァロウ、ヴォロドゥィムイル
ピィルコ、アナトリィ
ピィサルシクィー、セルヒィ
ピウニュク、ヴァスィリ
ピホル、ヴァレントゥィン
ピカロウ、ヴォロドゥィムイル
ピクリ、オレクサンドゥル
ピリャイ、ペトゥロ
プレテャヌィー、フリホリィ
ポヴィエトゥキン、フリホリィ
ポジャルニュク、ペトゥロ
ポリチ、イホル
ポリシチュク、ヴォロドゥィムイル
ポロヴィンキン、アンドゥリィ
ポリャフ、ムィコラ
ポリャシェンコ、アナトリィ
ポノマレンコ、ヴィクトル
ポノマレンコ、ヴォロドゥィムイル
ポノマレンコ、セルヒィ
ポポウ、セルヒィ
ポプロツィクィー、ユリィ
ポティイェヒン、ムィコラ
ポチャトゥン、アナトリィ
ポチュペイ、オレクサンドゥル
プラヴィク、ヴォロドゥィムイル
プルィボラ、ヴォロドゥィムイル
プルィーマク、アナトリィ
プルィマク、ヴィタリィ
プルィマク、オレフ
プルィンツ、イヴァン
プルィプテャコ、ヴォロドゥィムイル
プルィホヂコ、フェディル
プルィシチェパ、セルヒィ
プルィシチェパ、ヴォロドゥィムイル
プロコペンコ、ヴォロドゥィムイル
プロニン、セルヒィ
プロツェンコ、アナトリィ
プロツェンコ、ペトゥロ
プロホレンコ、ヴァスィリ
プロホレンコ、ヴィクトル
プルドゥチェンコ、オレクサンドル
プカス、アナトリィ
プシェヌィチュヌィー、ヴァレリィ
ラドゥズィイェウシクィー、イホル
ラドゥチェンコ、オレクサンドゥル
ラドゥチェンコ、セルヒィ
ラコウ、ヴォロドゥィムイル
ラスロウ、イホル

ラチョク、ロマン
レペツィクィー、イホル
レシェトゥヌイク、ヴァレリィ
レシェトゥニャク、ヴォロドゥィムイル
ルィバコウ、ユリィ
ルィブィトゥヴァ、ヴァスィリ
ルィマル、ペトゥロ
ロホヴィー、レオニドゥ
ロダ、ヘンナディー
ロマネンコ、ムィコラ
ロマノウ、ヴォロドゥィムイル
ロマシェウシクィー、ヴィクトル
ロスラウツェウ、オレフ
ロストウシクィー、ムィコラ
ルバン、ヴォロドゥィムイル
ルバンカ、ヴァレントゥィン
ルデンコ、ハルィナ
ルデンコ、イヴァン
ルデノク、ムィコラ
ルデノク、オレクシィ
ルドゥチェンコ、ムィハイロ
ルヂコ、ムィハイロ
リャビニン、ドゥムィトゥロ
サヴァトゥ、アナトリィ
サヴェンコ、ユリィ
サヴェノク、ヴォロドゥィムイル
サウチェンコ、アナトリィ
サウチェンコ、ヴァスィリ
サウチェンコ、ヴォロドゥィムイル
サウチュク、オレクサンドゥル
サヒロウ、ドゥムィトゥロ
サゾノウ、ヴァレリィ
サライキン、ボルィス
サモィレンコ、ヴォロドゥィムイル
サモィレンコ、イヴァン
サモィレンコ、セメン
サモィレンコ、タラス
サンドゥルィハイロ、オレクサンドゥル
サラピン、アナトリィ
サハロウ、オレクサンドゥル
サノ、イホル
スヴィンツィツィクィー、フェディル
スヴィスタク、ユリィ
スヴィトゥルィツィクィー、ヴァスィリ
スヴィトゥリチュヌィー、ヴァスィリ
スヴャトゥネンコ、ムィハイロ
セクレタル、ペトゥロ
セメネツィ、ヴォロドゥィムイル
セメヌィク、レオニドゥ
セムィレトゥコ、イェウヘン
セミン、ヴォロドゥィムイル
セルヒィチュク、ボルィス
セルヒィエンコ、ムィハイロ
セミノフ、ムィコラ
セムィハトゥシクィー、オレクサンドゥル
セニン、ヴォロドゥィムイル
セルヒィチュク、ヴァレリィ
セレダ、ムィハイロ
セルジャン、スヴャトスラウ
スィエロウ、ヴォロドゥィムイル
スィドレンコ、アナトリィ

スィドロウ、セルヒィ
スィゾネンコ、ヴィクトル
スィレンコ、ムィコラ
スィモノウ、イヴァン
スィネリヌィク、ユリィ
スィネンコ、ムィコラ
スィニャク、ムィコラ
スィロヴァトゥカ、オレクサンドゥル
シルィク、ヴィクトル
シロシュ、ヴォロドゥィムイル
スカコウシクィー、イヴァン
スカチェク、オレクサンドゥル
スクィバ、ユリィ
スクィダネンコ、ヴォロドゥィムイル
スクィダネンコ、ムィコラ
スコロボハチコ、アナトリィ
スコブィチュ、オレクサンドゥル
スコルイク、ヴィクトル
スコルプシクィー、ペトゥロ
スコチュコ、イヴァン
スクルィパク、ムィハイロ
スクルィプヌィク、ムィコラ
スクルィリヌィコウ、ヴィクトル
スクルシクィー、オレフ
スマリコ、ヴォロドゥィムイル
スマリコ、オレクサンドゥル
スムィルノフ、ヴォロドゥィムイル
スモルカ、ムィコラ
ソコル、アナトリィ
ソコル、ヴァスィリ
ソクル、ヴィクトル
ソピンシクィー、ムィコラ
ソロカ、ムィコラ
ソロキン、ムィコラ
ソトウ、オレクサンドゥル
スタニスラヴェンコ、アナトリィ
スタロヴォィトゥ、ヴィクトル
スタロヴォィトゥ、ペトゥロ
スタシュケヴィチ、ヴァレリィ
ステパネンコ、アナトリィ
ステパノヴァ、ハンナ
ステプラ、ムィコラ
ステツェンコ、ムィコラ
ストドリヌィク、ヴォロドゥィムイル
ストツィクィー、ペトゥロ
ストヤン、ボルィス
ストゥラホウ、ヴァレリィ
ストゥルィフン、ヴァスィリ
ストゥパク、タラス
スヴォロウ、ヴォロドゥィムイル
スルィマ、ヘンナディー
スプルン、オレクサンドゥル
スシュコ、セルヒィ
タラセヴィチ、オレフ
タラセンコ、レオニドゥ
タラスン、ムィコラ
タルナコウ、セルヒィ
タタルチェンコ、イヴァン
タツェンコ、アナトリィ
テリャトゥヌィコウ、レオニドゥ
テルヌィツィクィー、アナトリィ

トゥイモフィエイェウ、セルヒィ
トゥイモシェンコ、ユリィ
トゥイモシチュク、ヴォロドゥイムイル
トゥイモシチュク、ユリィ
トゥイタレンコ、セルヒィ
トゥイテノク、ムイコラ
トゥイシュケヴィチ、アントン
トゥイシュケヴィチ、ヴァスィリ
トゥイシュラ、ヴォロドゥイムイル
ティルシクィー、イェウヘン
トゥカチェンコ、ヴィクトル
トゥカチェンコ、イヴァン
トゥカチェンコ、レオニドゥ
トゥカチェンコ、ペトゥロ
トカレンコ、オレクサンドゥル
トカリェウ、セルヒィ
トロチュイン、イヴァン
トプチャン、アントン
トゥレフブ、セルヒィ
トゥレシチュコウ、ヴァレリィ
トゥルイプテイン、ヴィクトル
トゥロフィメンコ、ムイコラ
トゥロフィメンコ、ステパン
トゥロフィモウ、セルヒィ
トゥロフィメンコ、イヴァン
トゥルンツェウ、ヘオルヒィ
トッピコウ、イヴァン
トゥル、ヴィタリィ
トゥルチャノウ、ヴァスィリ
トゥトゥンヌイコウ、ヴォロドゥイムイル
ウドヴェンコ、イヴァン
ウドウ、ムイコラ
ウラゾウ、ヴァスィリ
ウス、イヴァン
ウストゥイモヴィチ、レオニドゥ
ウストゥホウ、ヴィタリィ
ファラトゥ、イヴァン
フェドゥケヴィチ、ヴォロドゥイムイル
フェドレンコ、アンドゥリィ
フェドリン、アナトリィ
フェドロウ、イェウヘン
フェドロウシクィー、アドリフ
フェドトウ、ヴァスィリ
フェシチェンコ、オリハ
フィリプチュク、ヴィタリィ
フィロネンコ、コステャントゥイン
フィロンチュク、ムイコラ
フォミン、ムイコラ
フルマン、ペトゥロ
ハビブーリン、ラドウィク
ハブロウ、オレクサンドゥル
ハネンコ、イヴァン
ハネンコ、ムイハイロ
ハレンコ、ヴァスィリ
ハルチェンコ、ムイコラ
フィトゥロウ、アンドゥリィ
ヒリコ、ユリィ
フリウヌィー、アナトリィ
フミリ、フルィホリィ
フミリ、イヴァン
フミリ、ペトゥロ

ホロドゥコヴァ、ヴァレントゥイナ
ホメンコ、ムイコラ
ホメンコ、オレクサンドゥル
ホルンジュィー、オレクサンドゥル
フラバン、ムイコラ
フラムチェンコ、ムイコラ
フルイステヴィチ、オレクサンドゥル
フチコ、イヴァン
ツァライ、ムイコラ
ツヴィリィー、アナトリィ
ツィムバリュク、ヴィクトル
ツィムバリュク、ユリィ
ツィサルシクィー、オレクサンドゥル
チャルィー、アナトリィ
チャマタ、ヴォロドゥイムイル
チャプリュク、オレクサンドゥル
チェメル、ヴァレリィ
チェルヴィンシクィー、ヴィクトル
チェレドウィヌィチェンコ、セルヒィ
チェレプ、ペトゥロ
チェレウタ、セルヒィ
チェルネンコ、ムイコラ
チェルヌィシュ、ドゥムイトゥロ
チェルノバイ、イホル
チェルノバイ、ムイハイロ
チュイカロヴェツィ、ペトゥロ
チュイコロヴェツィ、ハンナ
チュムイル、ヴィクトル
チョルネニクィー、ウヤチェスラウ
チェルニュク、ヴォロドゥイムイル
チュブコ、ヴォロドゥイムイル
チュド、ムイコラ
チュド、オレクシィ
チュルィロウ、ヴィクトル
チュチコウシクィー、ウヤチェスラウ
シャラポウ、ユリィ
シャウレィ、イヴァン
シャウレィ、レオニドゥ
シャウレィ、ペトゥロ
シャム、ヴァスィリ
シャマンシクィー、ヴァスィリ
シャルィー、セルヒィ
シュヴェツィ、フルィホリィ
シュヴィドウクィー、セルヒィ
シェヴェリ、イヴァン
シェウチェンコ、ヴィラ
シェウチェンコ、ハルィナ
シェウチェンコ、ムイコラ
シェウチェンコ、ニナ
シェウチェンコ、ペトゥロ
シェウチェンコ、セルヒィ
シェルシュニェウ、ムイコラ
シェスタク、オレクサンドゥル
シェフレル、アナトリィ
シュイデンコ、セルヒィ
シュイリン、オレクサンドゥル
シュイムコ、アナトリィ
シュイムホ、ムイコラ
シュイロコストウン、ペトゥロ
シュイシュコウシクィー、ムイコラ
シュクリャビン、ヴォロドゥイムイル

シュラパツィクィー、オレクサンドゥル
シュマトク、ヴォロドゥイムイル
シュパク、イヴァン
シュピハノヴィチ、ムイコラ
シュポルタリュク、フルィホリィ
シュポルトゥコ、ヴィクトル
シュトゥイブルィク、ヴァドゥイム
シュトゥイフラク、ヴァスィリ
シュリャク、イホル
シュリハ、ヴァスィリ
シュマク、ムイコラ
シュピク、イヴァン
シチェヘリ、イホル
シチェピロウ、イェウヘン
シチェルバク、ペトゥロ
シチェルバク、セルヒィ
シチェルバク、スタニスラウ
シチュキン、オレクサンドゥル
ユズィシュイン、スタニスラウ
ユルケヴィチ、フルィホリィ
ユルケヴィチ、イホル
ユルコウシクィー、アナトリィ
ユルチェンコ、ヴォロドゥイムイル
ユフタ、オレフ
ユシチェンコ、ヴァスィリ
ユシチェンコ、スヴィトゥラナ
ヤブロンシクィー、ヴォロドゥイムイル
ヤクィメンコ、ヴォロドゥイムイル
ヤキウチュク、フルィホリィ
ヤコブチュク、アナトリィ
ヤコヴェンコ、オレクシィ
ヤコヴェツィ、ペトゥロ
ヤクブチュイク、パウロ
ヤモウ、ヴォロドゥイムイル
ヤムシクィー、フルィホリィ
ヤンコヴェツィ、ユリィ
ヤンコヴィー、オレクサンドゥル
ヤレメンコ、ユリィ
ヤレムチュク、レオニドゥ
ヤレシコ、ヴォロドゥイムイル
ヤルモラ、オレクサンドゥル
ヤルモレンコ、イヴァン
ヤロシェンコ、セルヒィ
ヤトゥチェンコ、セルヒィ
ヤツェンコ、アンドゥリィ
ヤツェンコ、イヴァン
ヤツュタ、オレフ
ヤシチュク、セルヒィ

3. クィイウ市
アダメンコ、ヴィタリィ
アリムハノウ、ハロン
アンドゥリェイェウ、ペトゥロ
アンドゥリィチェンコ、パウロ
アンドゥルシュコ、ヴォロドゥイムイル
アンドゥリュヒン、ヴォロドゥイムイル
アンピロホウ、セルヒィ
アファナシイェウ、オレクサンドゥル
バベンコ、ヴォロドゥイムイル
バブィチュ、ヴァスィリ
バブィチュ、ヴィクトル

バビィ、オレクシィ
バルダレイ、ヴァレントゥイン、
バルトゥチャク、アナトリィ
バテチュコ、ムイコラ
ベネデュク、ステパン
ベルヴィツイクィー、ユリィ
ベレザン、ヴォロドゥイムイル
ベレズヴィー、ヴォロドゥイムイル
ビェリコウ、ヴァスィリ
ビェリャイェウ、ムイコラ
ブィショヴェツィ、ムイコラ
ビデンコ、ヴァスィリ
ビロシュイツイクィー、ヴァスィリ
ブラズネンコウ、ムイコラ
ブルィズニュク、イヴァン
ボブィル、セルヒィ、
ボブコ、オレクサンドゥル
ボウスノウシクィー、ヴァレリィ
ボイコ、ペトゥロ
ボイチェンコ、ヴァスィリ
ボンダレンコ、ムイコラ
ボルィス、パウロ
ボルィソウ、ペトゥロ
ボロダイ、オレクサンドゥル
ブフラク、ウヤチェスラウ
ブドゥヌイク、アナトリィ
ブニャク、ヴィタリィ
ブルコウシクィー、アンドゥリィ
ブルコウシクィー、ヴォロドゥイムイル
ブタシュ、ムイコラ
ヴァジュクィー、ヴィクトル
ヴァリュフノ、ヘンナディー
ヴァスィレンコ、ヴァレリィ　アナトリィヴィチ
ヴァスィレンコ、ヴァレリィ　ヴォロドゥイムィロヴィチ
ヴァスィレツィ、ヴァレントゥイン
ヴェデニャピン、ウヤチェスラウ
ヴェンヘル、ヴォロドゥイムイル
ヴェレミイェンコ、セルヒィ
ヴィツェンコ、イヴァン
ヴィルイチ、セルヒィ
ヴォルコウシクィー、ヴォロドゥイムイル
ヴィフルィストゥ、オレクサンドゥル
ウラセンコ、ドゥムィトゥロ
ウラセンコ、セルヒィ
ウヤシュコウ、セルヒィ
ハウロウシクィー、ユリィ
ハウルイレンコ、ヴォロドゥイムイル
ハウルイリュク、イヴァン
ハイダイ、ペトゥロ
ハイドゥク、ヴィクトル
ハラハン、イヴァン
ハルイツイクィー、アナトリィ
ハヌイチ、イホル
ハラニコ、アナトリィ
ハルマシュ、フルィホリィ
ハルニク、ヴァスィリ
ハフ、ヴォロドゥイムイル
ヘラスィメンコ、ウヤチェスラウ
ヘツ、ユリィ
ヒリチェンコ、ヴィクトル

フナテンコ、ヴァスィリ
フナテュク、オレクサンドゥル
フニツァ、ヴィクトル
ホホリ、セルヒィ
ホロウチェンコ、ムイコラ
ホロパタ、ヴィタリィ
ホロタ、ヴァスィリ
ホロシュイヴェツィ、ムイコラ
ホルブ、ヴィタリィ
ホルベンコ、ドゥムイトゥロ
ホルバニ、ムイハイロ
ホルバトゥィー、レオニドゥ
ホルデイェウ、イェウヘン
ホロベツィ、ヴァスィリ
フレベニュク、ムイコラ
フレチュカ、ヴィクトル
フルィブ、ムイコラ
フルィエンコ、ペトゥロ
フルィシュイン、ヘンナディー
フルィシチェンコ、オレクサンドゥル
フルィシチェンコ、ユリィ
フルィクン、ムイコラ
フバニ、ペトゥロ
フディン、ヴォロドゥイムイル
フサク、ヴィタリィ
ダヴィデンコ、ムイコラ
ダカロウ、ヴォロドゥイムイル
ダヌイリチェンコ、ムイコラ
ダツェンコ、ヴォロドゥイムイル
ダツェンコ、オレクサンドゥル
デフテャル、オレクサンドゥル
デムイデンコ、アンドゥリィ
デヌイセンコ、ヴィクトル
デヌイセンコ、ムイコラ
デレゼンコ、ヴァスィリ
デレヴィンスイクィー、ムイコラ
デリャハ、オレクシィ
ディドゥイク、オレフ
ドゥムイトゥレンコ、ヴィタリィ
ドゥムイトゥレンコ、ヴォロドゥイムイル
ドブルィニ、アナトリィ
ドロシェンコ、オレクサンドゥル
ドロシェンコ、ペトゥロ
ドゥブロウシクィー、アンドゥリィ
ドゥドゥカ、オレクサンドゥル
ドゥジュイク、フルィホリィ
ドゥズィ、ユリィ
ドゥハノウ、アナトリィ
ドゥホタ、ヴァレントゥイン
デャデンコ、フルィホリィ
デャチェンコ、ボルィス
デャチェンコ、ムイコラ
デャチェンコ、ペトゥロ
イェウトゥシェンコ、オレクサンドゥル
イェメツィ、フェディル
イェルマコウ、ムイコラ
イェルコ、セルヒィ
イェフィモウ、ペトゥロ
ジャル、ムイコラ
ジュラヴリオウ、フェリクス
ザヴァリュイェウ、ドゥムイトゥロ

ザイツェウ、セルヒィ
ザカブルク、ヴォロドゥイムイル
ザクラスニャヌィー、オレフ
ザネウシィクィー、アンドゥリィ
ザレツィクィー、ヴィクトル
ザルドゥヌィー、ペトゥロ
ゼレンシィクィー、ペトゥロ
ズィモウチェンコ、ヴァスィリ
ズィクラトゥィー、レオニドゥ
ズィネンコ、アナトリィ
ズィネンコ、ムイコラ
ズィノウチュク、レオニドゥ
ゾズリャ、ムイコラ
ゾシャク、ムイコラ
ズャホル、セルヒィ
イヴァヌィツィクィー、ヴィタリィ
イヴァニヒン、ヴォロドゥイムイル
イヴァノウ、ムイハイロ
イヴァノウ、ユリィ
イヴァンチェンコ、イェウヘン
イヴァシチェンコ、ヴァスィリ
イヴォネンコ、セルヒィ
イウチェンコ、ムイコラ
イーリャシェンコ、ヘンナディー
イサイチェウ、ユリィ
イスパラトウ、アナトリィ
イオヴェンコ、ヴォロドゥイムイル
イオスィペンコ、セルヒィ
カリヌィー、オレクサンドゥル
カムィシャンシクィー、ムイハイロ
カルペンコ、ムイコラ
カルプク、イヴァン
カルパク、ヤロスラウ
カシヤン、ヴォロドゥイムイル
カツパ、ムイコラ
ケウシュ、ムイコラ
ケウシュ、フェディル
ケツィコ、オレクサンドゥル
クィルイチェンコ、イヴァン
クィルイチェンコ、ペトゥロ
クィマ、ムイコラ
クィルズン、ヴォロドゥイムイル
クィシチェンコ、セルヒィ
クレツ、ヴァスィリ
コブィリャコウ、ヴォロドゥイムイル
コブコ、イヴァン
コヴァリ、イホル
コヴァレンコ、ヴォロドゥイムイル　イホレヴィチ
コヴァレンコ、ヴォロドゥイムイル　トゥイモフィーオヴィチ
コヴァレンコ、ウヤチェスラウ
コヴァレンコ、オレクシィ
コヴァレンコ、フェディル
コウバスコ、アンドゥリィ
コゼンコ、オレクサンドゥル
コゼンコ、タマラ
コルバスィンシクィー、アナトリィ
コリスヌイク、ボルィス
コリスヌイク、ムイコラ
コロミイェツィ、アナトリィ
コロニコウ、ウヤチェスラウ

コロシェンコ、レオニドゥ
コルチャノウ、オレクサンドゥル
コムパンチェンコ、イホル
コノネンコ、ヴィクトル
コリネンコ、フルィホリィ
コルニイェンコ、アンドゥリィ
コトゥ、ヴィクトル
コサル、アナトリィ
コステンコ、ヴァスィリ
コステンコ、レオニドゥ
コストゥチェンコ、イヴァン
コチュラ、ヴァレリィ
コツュバ、ヴィクトル
コツュバ、ムィコラ
コシェレウ、イェウヘン
クレストゥ、ヴィクトル
クルィチェンコ、セルヒィ
クルィシェウシキー、イホル
クルク、ムィコラ
クセンドゥズク、ボルィス
クダチ、ユリィ
クディン、アナトリィ
クドゥリャ、セルヒィ
クズィモヴィチ、ムィコラ
ククサ、ムィコラ
クラク、ムィコラ
クレムザ、フェディル
クロウシキー、セルヒィ
クティエウ、ヴィクトル
クツェンコ、ドゥムィトゥロ
クツィ、ドゥムィトゥロ
クシュニル、フルィホリィ
クシュニル、オレクサンドゥル
クシュニル、ペトロ
ラウルィネツィ、ドゥムィトゥロ
ラゾレンコ、イヴァン
ラプィツィクィー、ヴォロドゥィムィル
ラフノ、ヴィクトル
レベディエウ、ムィコラ
レヴィン、ヴァスィリ
レウチュク、ヴァスィリ
レウチュク、イヴァン
レヘニクィー、イヴァン
ルィズン、ヴォロドゥィムィル
ルィズン、ムィコラ
ルィセンコ、ヴィクトル
ルィソホル、アルトゥル
ルィトゥヴィン、ヴァスィリ
ルィトゥヴィン、イヴァン
ルィトゥヴィネンコ、ムィコラ
リソウシキー、ヴォロドゥィムィル
ロズィンシキー、オレクサンドゥル
ルブィネツィ、ヴィクトル
ルカシュク、ムィコラ
ルンチェンコ、ムィコラ
リャスコウシキー、セルヒィ
マズヌィチェンコ、アルカディー
マズヌィチェンコ、セルヒィ
マィボロダ、アナトリィ
マコウカ、ムィコラ
マカレンコ、セルヒィ

マカルチュク、ヴィクトル
マムィチ、オレクサンドゥル
マンデブラ、ペトロ
マントゥラ、パウロ
マンチェンコ、ヴィクトル
マルィニン、ヴァスィリ
マルチェンコ、ムィハイロ
マトゥヴェイェウ、ユリィ
マトゥシュキン、オレクシィ
マシチェンコ、ムィハイロ
メドゥヴェデンコ、セルヒィ
メリヌィク、イヴァン
メリヌィク、レオニドゥ
ムィコリュク、ムィコラ
ムィロンチェンコ、ヴァレリィ
ムィロネンコ、オレクサンドゥル
ムィハイロウ、ヴォロドゥィムィル
ムィハイリュク、ムィコラ
ムィハイリュコウ、ヴィタリィ
ムィハイリュコウ、ヴォロドゥィムィル
ムィチコ、ヴォロドゥィムィル
モンドゥィチ、イヴァン
モルハ、ムィハイロ
モスカレンコ、ムィコラ
ムルズィン、オレクサンドゥル
ナウロツィクィー、ヴィクトル
ナフラ、ヴァスィリ
ナコネチュヌィー、ユリィ
ナタレンコ、ヴァスィリ
ネボラク、ヴィクトル
ネムィロウシクシー、オレクサンドゥル
ネニコ、フルィホリィ
ネロズナク、ヴォロドゥィムィル
ネチュィポルク、オレクサンドゥル
ネシチャドゥィム、ヴァレリィ
ヌィゾウシクィー、ヴィクトル
ヌィカノルキン、パウロ
ヌィシチュン、ヴァレリィ
オヴォデンコ、ユリィ
オウシャンニコウ、ヴァレリィ
オヴディー、ヴォロドゥィムィル
オヴォドゥ、ムィハイロ
オヴチャル、フルィホリィ
オコロウシクィー、フェディル
オレジュコ、ムィコラ
オレシチェンコ、ムィハイロ
オメリチェンコ、ドゥムィトゥロ
オメリヤネンコ、ムィコラ
オプラチュコ、ムィハイロ
オスィポウ、ヴォロドゥィムィル
オストゥリャンコ、セルヒィ
オシマク、フルィホリィ
オトゥロク、オレクシィ
オチェレトゥ、レオニドゥ
オチュィモウシキー、イホル
パウレンコ、イヴァン
パナスュク、アナトリィ
パルフェンチイェウ、オレクサンドゥル
パスィチュヌィク、ムィコラ
ペスィヒン、オレクサンドゥル
ペレテャチコ、ヴァレリィ

プィウニュク、ムィコラ
プルィブィチコ、ムィコラ
プィルィペンコ、ヴォロドゥィムィル
プィリュタ、ムィコラ
プィサンコ、オレクサンドゥル
プィサレンコ、ヘンナディー
プィハイロ、オレクサンドゥル
ピードゥブヌィー、オレクシィ
ピコジュ、アナトリィ
ピリケヴィチ、オレクサンドゥル
ピスコヴィー、パウロ
ピスクン、ヘンナディー
プリュタ、アナトリィ
ポフレブニャク、イヴァン
ポフリブヌィー、ヴァスィリ
ポリシチュク、ムィハイロ
ポリシチュク、オレクサンドゥル
ポリシチェンコ、イェウヘン
ポノマレンコ、ムィコラ
ポプラウシクィー、ユリィ
ポポウ、ヴァレリィ
ポポヴィチ、ヴォロドゥィムィル
ポポヴィチ、セルヒィ
プルィーマチェンコ、ヴァレリィ
プルィニコ、ボルィス
プロコポウ、ヴァスィリ
プロツェンコ、イホル
プロハツィクィー、ヴィクトル
プズィー、ムィハイロ
ラズムヌィー、オレクサンドゥル
ルィバリチェンコ、レオニドゥ
ロジュコウ、アナトリィ
ロマネンコ、ヴァスィリ
ロマンチェンコ、ムィハイロ
ルバンカ、アナトリィ
ルデンコ、ヴォロドゥィムィル
ルデンコ、ムィコラ
リャブィー、ヴォロドゥィムィル
リャブツェウ、コステャントゥィン
サヴィツィクィー、イェウヘン
サヴォリュク、ヴァスィリ
サウチェンコ、オレフ
サィコ、ボルィス
サロイドゥ、ヴィタリィ
サムソニュク、アナトリィ
サムチェンコ、ヴァスィリ
サフニュク、ドゥムィトゥロ
スヴィルィドウシクィー、フルィホリィ
セリュク、ヴァレリィ
セメネツィ、ペトロ
スィムコ、ムィコラ
セレブリャコウ、ヴォロドゥィムィル
セレジュコ、フルィホリィ
スィヌィツャ、アンドゥリィ
スィンチェンコ、ヴァレリィ
スィソィ、オレクサンドゥル
スィラシュ、ムィコラ
スィレンコ、ヴィクトル
スィルィク、イオスィプ
スカクン、ムィコラ
スクィダン、ムィコラ

スコロホドゥ、セルヒィ
スクリャル、ムィコラ
スコマロウシクィー、ヴィクトル
スコロバハチコ、ムィコラ
スクリィプヌィチェンコ、ヴォロドゥィムィル
スルィズィクィー、ペトゥロ
ソボリェウ、ムィコラ
ソブチェンコ、オレクサンドゥル
ソデリ、イヴァン
ソロヴェイ、ムィコラ　プィルィポヴィチ
ソロヴェイ、ムィコラ　ヤクィモヴィチ
ソロウユク、アナトリィ
ソロコテハ、ヴァスィリ
スタシュコ、イヴァン
ストィエツィクィー、ヴァスィリ
ストゥリハ、ヴィクトル
ストゥリィ、セルヒィ
ストゥパク、セルヒィ
スルジェンコ、ヴァスィリ
スチュコウシクィー、ヴィクトル
スヘツィクィー、オレクサンドゥル
スシュコ、ヴォロドゥィムィル
スルマチ、ムィハイロ
スホツィクィー、ムィコラ
スチュコウシクィー、ヴィクトル
タバルチュク、ヴォロドゥィムィル
タラセンコ、ヴァレリィ
タラセンコ、ヴァスィリ
タラスユク、ドゥムィトゥロ
テレシチェンコ、アナアトリィ
テレシチェンコ、イヴァン
トゥィモシェンコ、ヴォロドゥィムィル
トゥィモシェンコ、スタニスラウ
ティエリェジュニコウ、ヴァレリィ
トゥカチェンコ、アナトリィ
トゥカチェンコ、ボルィス
トゥステンコ、オレクサンドゥル
トカリェウ、アンドゥリィ
トマショウ、オレクサンドゥル
トパル、オレクサンドゥル
トゥリェシチョウ、ヴァスィリ
トゥルィノス、ヴォロドゥィムィル
トゥルビィ、セルヒィ
トゥハイ、ムィコラ
トゥル、ヴォロドゥィムィル
トゥレノク、ムィハイロ
トゥルチャク、ヴァレリィ
ウドヴェンコ、ペトゥロ
ウニコウシクィー、ムィコラ
フェディルコ、イヴァン
フェドレツィ、セルヒィ
フィラトゥシュキン、ヴィクトル
フォメンコ、ヴィタリィ
フォヤ、オレフ
フルマン、ヴァスィリ
フルマン、ヴォロドゥィムィル　イヴァノヴィチ
フルマン、ヴォロドゥィムィル　ムィハイロヴィチ
フロロウ、ヴァスィリ
ハマゼンコ、ヴァレントゥィン
ハルチェンコ、ムィコラ
ハルチェンコ、ユリィ

フミリ、ペトゥロ
ホメンコ、ヴィタリィ
ホロショク、ムィコラ
フドリィ、イヴァン
ツァレンコ、ヴァスィリ
ツィオムカ、イヴァン
ツィリヌィツィクィー、ヴァレリィ
ツィムバリュク、レオニドゥ
ツュツュラ、ヴォロドゥィムィル
チャイカ、ムィコラ
チャマタ、セルヒィ
チャシュイン、ムィコラ
チェボウシクィー、ヴォロドゥィムィル
チェボウシクィー、ユリィ
チェルネンコ、レオニドゥ
チェルヌィシチュク、ヴァスィリ
チェルトウ、ドゥムィトゥロ
チェチコ、ヴォロドゥィムィル
チョルネニィー、ムィコラ
チョルヌィー、ヴァレントゥィン
チョルヌィー、ムィコラ
チュチュパ、ヴィタリィ
シャウリュク、セルヒィ
シャリオヴィー、ヴァレリィ
シャマン、オレクサンドゥル
シャライェウ、ヴォロドゥィムィル
シャラパ、イーリャ
シャウルコ、ヴィクトル
シュヴェドゥ、ペトゥロ
シェウチェンコ、ヴァレリィ
シェリャフ、フルィホリィ
シェルヂコ、ヴォロドゥィムィル
シェンヘレイ、ムィコラ
シェレメチィエウ、ムィコラ
シェスタコウ、イェウヘン
シュイロフヴィストゥ、イホル
シュクルイドゥ、ヴァスィリ
ショロム、ムィコラ
ショフェロウシクィー、レオニドゥ
シュパチュク、ヴォロドゥィムィル
シュリハ、ヴォロドゥィムィル
シチェルパニ、オレクシィ
シチュイホリ、ムィハイロ
ヤコヴェンコ、ペトゥロ
ヤコウチュク、ヴォロドゥィムィル
ヤレメンコ、ヴィタリィ
ヤルモレンコ、セルヒィ
ヤロシェンコ、ムィハイロ
ヤフィモヴィチ、アナトリィ
ヤツェンコ、イヴァン
ヤシチェンコ、イヴァン
ヤシチェンコ、パウロ

4. チェルニヒウ州
アウラメンコ、ヴィクトル
アレィヌィコウ、ヴォロドゥィムィル
アリェクスィエイェウ、ユリィ
アンツィヒン、オレクサンドゥル
アポロノウ、ヴォロドゥィムィル
バブィチ、アナトリィ
バブィチ、ムィハイロ

バフリィ、イホル
バイェウシクィー、アナトリィ
バルバシュ、ムィハイロ
バルバシュ、オレクサンドゥル
バルダノス、ムィコラ
バルスク、ヴィクトル
ビビク、ヘンナディー
ビレンコ、ヴォロドゥィムィル
ビルィク、ユリィ
ビロウシクィー、セルヒィ
ビリャイェウ、オレクサンドゥル
ベレザン、ペトゥロ
ボヂャンシクィー、アンドゥリィ
ボヂャンシクィー、ヴィクトル
ボイコ、オレクサンドゥル
ボルヴァ、オレクサンドゥル
ボンダレンコ、ヴォロドゥィムィル
ボルィセンコ、ペトゥロ
ボロヴィク、オレクサンドゥル
ボテャイ、ヴォロドゥィムィル
ブィ、オレクサンドゥル
ブィヌィー、オレクサンドゥル
ブルィー、ヴォロドゥィムィル
ブルィー、オレクサンドゥル
ブルリャィ、ヴォロドゥィムィル
ブルムィストゥロウ、イヴァン
ブテンコ、ムィハイロ
ヴァスィレンコ、ヴォロドゥィムィル
ヴァスィレツィ、オレクサンドゥル
ヴェレシチャコ、フルィホリィ
ヴェルヌィドゥブ、イホル
ヴェルシュニャク、セルヒィ
ヴィノフラドウ、ヴォロドゥィムィル
ヴィシュニャク、ヴォロドゥィムィル
ウラセンコ、イホル
ヴォロホウ、アンドゥリアン
ハイダイェンコ、ヴァスィリ
ハイダイェンコ、オレクサンドゥル
ハイオヴィー、ムィコラ
ハラブルダ、ムィコラ
ハルクン、ヴィタリィ
ハルシュコ、ヴォロドゥィムィル
ハンヌシチェンコ、ムィコラ
ヘラスィメンコ、ヴォロドゥィムィル
ヘラスィメンコ、ムィコラ
ヘルシュテイン、ボルィス
ホルブ、アナトリィ
ホリツ、ムィコラ
ホメリシクィー、コステャントゥィン
ホンチャレンコ、セルヒィ
ホルディエンコ、ヴァスィリ
ホレルコ、セルヒィ
フラブ、アナトリィ
フレチャノウシクィー、ヴィクトル
フルィホレンコ、アナトリィ
フルィシチェンコ、オレフ
フルィシチェンコ、オレクサンドゥル
フルィシチェンコ、セルヒィ
フブコ、ヴォロドゥィムィル
フズ、オレクサンドゥル
フリヴェツィ、ヴィクトル

ダヌィレンコ、アナトリィ
ダルノピフ、オレクサンドゥル
ダスュク、オレクサンドゥル
ダツェンコ、ペトロ
ドゥヴォイジョン、ヴィクトル
ジャブィンシクィー、セルヒィ
ディネコ、ムィコラ
デメシュコ、アナトリィ
デムヤネンコ、ヴァスィリ
デルカチ、ムィコラ
デイドゥィク、オレフ
ディアコウシクィー、オレクシィ
ドブルィツャ、ヴィクトル
ドンチュク、ヴァレントゥィナ
ドツェンコ、ヴォロドゥィムィル
ドゥルィジャク、イヴァン
ドゥカ、ヴァスィリ
ヂャチェンコ、ヴィタリィ
イェフレモウ、ペトロ
ジェジュコ、オレクサンドゥル
ジュィフロウシクィー、オレクサンドゥル
ジュク、ヴィクトル
ザヴィドゥヌィー、ヴィクトル
ザドゥニチェンコ、オレクシィ
ザドロジュヌィー、フルィホリィ
ザプロジェツィ、ムィコラ
ザルバ、オレクサンドゥル
ザハリン、ヴォロドゥィムィル
ズィンチェンコ、アンドゥリィ
ズベツィ、セルヒィ
ズプコウシクィー、ヴォロドゥィムィル
ズルマン、パウロ
イヴァヌィツィクィー、イヴァン
イヴァンツォウ、ムィハイロ
イヴァニュタ、アナトリィ
イフナトコ、オレクシィ
イーリエンコ、ヴォロドゥィムィル
イーリャシェンコ、ヘンナディー
カラシ、オレクサンドゥル
クヴィトコ、ペトロ
ケドゥロウシクィー、オレクサンドゥル
ケルブトゥ、オレフ
クィルィチェンコ、ヴァスィリ
クィセリオウ、レオニドゥ
クィスルィー、ペトロ
クィヤシュコ、フルィホリィ
コヴァレンコ、ヴォロドゥィムィル
コヴァレンコ、ムィコラ
コヴァリ、ヴィクトル
コジュシュコ、ヴィタリィ
コゼル、ヴォロドゥィムィル
コズレンコ、ムィコラ
コズロウ、オレクサンドゥル
コズヤコウ、ヴィクトル
コズャンコ、イヴァン
コルドベンコ、オレクサンドゥル
コレスヌィク、イヴァン
コリャダ、ムィコラ
コンドゥラティ、ヴァスィリ
コンドゥラティ、ムィコラ
コノヴァル、ヴァスィリ

コノネンコ、ムィハイロ
コロトゥィー、オレクサンドゥル
コトゥ、ヴォロドゥィムィル
コトゥ、オレクシィ
コトゥ、オレクサンドゥル
コシェリ、ムィコラ
クラウチェンコ、アナトリィ　ムィコライオヴィチ
クラウチェンコ、アナトリィ　オレクシィオヴィチ
クラウチェンコ、アンドゥリィ
クラスノロブ、ムィコラ
クレサン、オレクシィ
クルィヴォプスク、オレクサンドゥル
クルィヴォフィジャ、ヴォロドゥィムィル
クルィシコ、セルヒィ
クルフリャチェンコ、ヴィクトル
クルチコ、ヴォロドゥィムィル
クブラク、ヴォロドゥィムィル
クドゥリャショウ、ヴィクトル
クルィク、アナトリィ
クレヴェツィ、ムィコラ
クリシュ、ムィハイロ
クシュニル、フルィホリィ
ラウリネンコ、ヴァスィリ
ラウルィネツィ、フルィホリィ
ララ、ムィコラ
ラブザ、ヴィタリィ
ラブザ、ユリィ
レヴェネツィ、ペトロ
レヴン、ヴィクトル
レハ、ヴィクトル
レオントヴィチ、ヴァスィリ
レシチェンコ、アナトリィ
ルィトゥヴィン、ボルィス
ルィトゥヴィネンコ、ヴァスィリ
ロィチェンコ、イホル
ロフヴィツィクィー、ユリィ
ルフィナ、ヴィタリィ
リュブチェンコ、オレクサンドゥル
リャデンコ、イヴァン
マクスィメンコ、アナトリィ
マクスィメンコ、ムィハイロ
マクハ、オレクサンドゥル
マノィレンコ、フルィホリィ
マルコヴィチ、ムィコラ
マトゥロソウ、ユリィ
マトゥフノ、ヴァスィリ
マホウ、ヴィクトル
マツェンコ、オレクサンドゥル
マシュタリル、ペトロ
メクシュン、ムィコラ
メラシチェンコ、ドゥムィトロ
メリヌィク、オレクシィ
メリヌィコウ、オレクサンドゥル
メニオク、ヴィタリィ
ムィハイレンコ、ドゥムィトロ
ムィシュキン、ヴォロドゥィムィル
ミロシュヌィク、ヴィクトル
ミトゥラ、ヴィクトル
ミシチェンコ、ヴィクトル
ミシチェンコ、ユリィ
モィセイエンコ、ユリィ

モルィボハ、ムィコラ
モニコ、ヴィクトル
モロズ、フルィホリィ
モスカレンコ、ステパン
モソヴィチ、セメン
ムキィエンコ、ムィコラ
ムリオヴァヌィー、イヴァン
ムヤフクィー、アナトリィ
ナホルヌィー、ヴァスィリ
ナホルヌィー、セルヒィ
ナザルィナ、ヴィクトル
ナソン、ヴォロドゥィムィル
ナウメンコ、アナトリィ
ネブラトゥ、ムィコラ
ネウジュィンシクィー、コステャントゥィン
ネフリィ、ムィハイロ
ネステレンコ、フルィホリィ
ヌィクィフォロウ、オレクサンドゥル
ニキティン、セルヒィ
ニキトゥチェンコ、ヴィクトル
ニコライェウ、ヴィクトル
ニコレンコ、アナトリィ
ノセンコ、ムィコラ
オボルシクィー、アナトリィ
オウシュャヌィツィクィー、ヴァレントゥィン
オウチャレンコ、オレクシィ
オゼリャンコ、ヴォロドゥィムィル
オパナセンコ、ヴォロドゥィムィル　イヴァノヴィチ
オパナセンコ、ヴォロドゥィムィル　ムィコライオヴィチ
オフリメンコ、オレクシィ
オフリメンコ、ムィコラ
パニン、ユリィ
パニカル、アナトリィ
パルベツィ、ユリィ
パスィク、イホル
パスィチヌィー、オレフ
パスィチヌィク、イヴァン
パシチュク、ヴァスィリ
ペトゥラコウ、ヴァレリィ
ペトゥルィク、ヴィクトル
ペトゥルィク、ヴィタリィ
ペトゥルィク、フルィホリィ
ピサレンコ、アナトリィ
ピヴェニ、ムィコラ
ピショヴェツィ、オレクサンドゥル
プリャシュカ、オレクサンドゥル
プリュシチ、ウヤチェスラウ
ポルヤン、ユリィ
ポノマレンコ、ヴァレリィ
ポスィパイコ、ヴァレントゥィン
ポストル、ムィハイロ
プルィマ、ヴィクトル
プルィホヂコ、ヴァスィリ
プルィホヂコ、ヴォロドゥィムィル
プロツェンコ、ヴィクトル
プロシュィン、ヴァスィリ
プリャドゥコ、フルィホリィ
レベンコ、オレクサンドゥル
レベノク、ヴォロドゥィムィル

レベノク、イホル
レクン、ヴォロドゥイムィル
レメニュク、オレクシィ
レシェトゥヌィク、オレクサンドゥル
ルィジュィー、イヴァン
ロマネンコ、オレクサンドゥル
ルチコ、オレクサンドゥル
リャボヴィチ、ヴォロドゥイムィル
リャボヴォル、ヴァスィリ
リャボコニ、ヴォロドゥイムィル
サウチェンコ、ユリィ
スヴィルィデンコ、ヴォロドゥイムィル
セメニヒン、ヴォロドゥイムィル
セルヒイェンコ、ムィコラ
セレダ、アナトリィ
スィドレンコ、ボルィス
スィレンコ、セルヒィ
スィルィー、アナトリィ
スコタル、ムィコラ
スクルィンカ、イヴァン
スクブコ、セルヒィ
スモウスクィー、ヴァスィリ
ソクル、ヴォロドゥイムィル
ソロヴェィ、ヴォロドゥイムィル
ソロカ、セルヒィ
スタロドゥブ、ヴォロドゥイムィル
ステパネツィ、ヴァレリィ
ステパニュク、ヴァスィリ
ステファノウシクィー、イホル
ステチェンコ、セルヒィ
タラセンコ、ヴィクトル
タラセンコ、ヴォロドゥイムィル
タラセンコ、ハンナ
タラソウ、オレフ
テレシ、ヴォロドゥイムィル
テルトゥイシュヌィク、セルヒィ
トゥイモフィエイェウ、アナトリィ
トゥイモフィエイェウ、ムィコラ
トゥイモシェンコ、ヴァスィリ
トゥイシュイク、セルヒィ
トゥイシチェンコ、ヴォロドゥイムィル
トゥイシチェンコ、ムィコラ
トゥカチ、ペトゥロ
トゥカチェンコ、ペトゥロ
トムシクィー、ヴァレリィ
トゥルィズナ、オレクサンドゥル
トゥロフィメンコ、ヴォロドゥイムィル
トゥトゥケヴィチ、セルヒィ
ウハロウ、ヴォロドゥイムィル
フェドレンコ、ヴァスィリ
フェドレンコ、ペトゥロ
フェドセイェンコ、パウロ
フェドウシ、ボルィス
フィロネンコ、アナトリィ
ホメンコ、ヴォロドゥイムィル
ホルトゥ、イホル
フルィストゥイン、ヴィクトル
フロパチ、レオニドゥ
ツィバィロ、アナトリィ
チェルネンコ、アンドゥリィ
チェルニャク、オレフ

チュイチカン、ムィコラ
チュフライ、ムィハイロ
チュフライ、オレクサンドゥル
チュチヴァハ、ヴォロドゥイムィル
シャマル、アナトリィ
シャラムコ、ムィコラ
シェミャキン、ムィコラ
シェスタク、ヴォロドゥイムィル
シュスタク、ムィハイロ
シュィリコ、ペトゥロ
シュィシュキン、ヴァレリィ
シュクリャレウシクィー、ムィコラ
ショロム、フルィホリィ
ショスタク、オレクサンドゥル
シュベノク、ペトゥロ
シュハリャイ、セルヒィ
シュリャク、ヴァスィリ
シュリャク、オレクサンドゥル
シュリハ、ペトゥロ
シチェルバ、ヘンナディー
シチェルバク、ペトゥロ
ユルチェンコ、ムィコラ
ユフィメンコ、ヴァレリィ
ヤクィメンコ、ヴィクトル
ヤコヴェンコ、ムィコラ
ヤコヴェンコ、オレフ
ヤンチェンコ、アナトリィ
ヤロヴィー、ヴァスィリ
ヤトゥチェンコ、オレクシー
ヤチヌィー、ヴォロドゥイムィル

5. ジュウィトムィル州
アハフォノウ、ヴァレリィ
アブラモヴィチ、ヴァレントゥィン
アレィヌィコウ、ヴォロドゥイムィル
アリェクスィイェンコ、ムィコラ
アンドゥリイェウシクィー、オレクサンドゥル
アンドゥルシュコ、オレクサンドゥル
アントニュク、レオニドゥ
アルヒノス、ペトゥロ
バブシクィー、オレクサンドゥル
バラシュケヴィチ、ボルィス
バンドゥルコ、ヴァスィリ
バラノウシクィー、イヴァン
バルマク、ヘンナディー
バフマン、オレクサンドゥル
バシュインシクィー、ヴァレントゥィン
ベレズヌィツィクィー、ヴィクトル
ブィチュコウシクィー、ペトゥロ
ビドィロ、セルヒィ
ビルィー、イヴァン
ビロキニ、ヴィクトル
ビスィク、ヴォロドゥイムィル
ボィコ、ムィコラ
ボンダルチュク、ムィコラ
ボンダルチュク、セルヒィ
ブルィスュク、ヴォロドゥイムィル
ブハイチュク、アルカディー
ブラウコ、ボルィス
ヴァロヴィー、ヴォロドゥイムィル
ヴァルィカシャ、オレクサンドゥル

ヴァスャノヴィチ、ヴィタリィ
ヴァスャノヴィチ、ムィコラ
ヴァホウシクシー、レオニドゥ
ヴァツコウシクィー、ヴィクトル
ヴェンフロウシクィー、レオニドゥ
ヴェルボヴィー、ユリィ
ヴェチル、タラス
ヴィンヌィク、オレクシィ
ヴォィトウ、オレクサンドクル
ヴォズニュク、ヴォロドゥイムィル
ヴォイナロヴィチ、ペトゥロ
ヴォルハレウ、ボルィス
ヴォルィネツィ、ヴァスィリ
ヴォロニン、ウヤチェスラウ
ハウルィロウシクィー、イヴァン
ハウルシュケヴィチ、ムィコラ
ハルィツィクィー、アナトリィ
ヘラスィムチュク、ヴォロドゥイムィル
フロドゥ、ムィコラ
フルシチュク、ヴォロドゥイムィル
フルホウ、パウロ
フルシャク、ムィハイロ
フルシチェンコ、イヴァン
フルシチュク、オレクシィ
ホロヴァチ、フルィホリィ
ホリツェウ、ムィハイロ
ホンチャレンコ、ユリィ
ホルバチェウシクィー、セルヒィ
ホルシュカリオウ、セルヒィ
フルィホルィェウ、セルヒィ
フルィシチュク、ヴァスィリ
フロムヌィツィクィー、コステントゥィン
フロムシクィー、アナトリィ
フンチェンコ、ヴォロドゥイムィル
フルィエウ、ヴィクトル
フサレヴィチ、アナトリィ
ダヴィデンコ、コステントゥィン
ズャデヴィチ、スタニスラウ
ドゥイニャク、ムィハイロ
デイドゥフ、ムィコラ
デムヤンチュク、ムィコラ
ドゥブニャ、ヴィタリィ
ドゥフィー、パウロ
ドマンシクィー、アナトリィ
ドンチェンコ、ムィコラ
ドロシェンコ、ムィコラ
ドロシェンコ、ムィハイロ
ドゥラハリチュク、イホル
ドゥビニン、オレクサンドゥル
ドゥボヴェンコ、パウロ
ドゥボク、アナトリィ
ドゥフヌィツィクィー、トィモフィー
イェウドチェンコ、イヴァン
イェルコ、ムィコラ
ジュィハドゥロ、オレフ
ジュィレノク、アンドゥリィ
ジュレブチュク、アナトリィ
ジュムツィクィー、オレクサンドゥル
ジュラウシクィー、ユリィ
ザヴァドゥシクィー、ペトゥロ
ザホロウシクィー、アナトリィ

ザレウシクィー、アントン
ザルツィクィー、スタニスラウ
ゼリンシクィー、ウセヴォロドゥ
ザヤツィ、ヴァレリィ
ズィノウチュク、ヴァスィリ
イヴァニュハ、ヴァスィリ
イシコウ、ムィコラ
イシチュク、レオンティー
カウカ、ヴァスィリ
カレンチュク、イヴァン
カラウリヌィー、フルィホリィ
クィスィレヴィチ、ユリィ
クィチュクィルク、オレクサンドゥル
コウトゥネンコ、ヴァスィリ
コフトゥ、ペトロ
コジュホウシクィー、ヤン
コレスヌィク、アンドゥリィ
コレスヌィク、アナトリィ
コロドゥヌィツィクィー、レオニドゥ
コロリ、ユリィ
コッス、ボルィス
コッス、ムィハイロ
コストュク、アナトリィ
コトゥヴィツィクィー、アナトリィ
コツュバ、イヴァン
コチュク、ヴォロドゥィムィル
クラウチェンコ、フルィホリィ
クラウチュク、ヴォロドゥィムィル
クルィヴェンチュク、ヴァレリィ
クルィンシクィー、イェウスタヒー
クパィ、オレフ
クルィコウシクィー、スタニスラウ
クヌィチュイク、レオニドゥ
クリンヌィー、オレクサンドゥル
クチュイク、ヴァスィリ
クチェウシクィー、スィフィズムンドゥ
クシュニル、ムィコラ
ラウルィノヴィチ、ムィコラ
ラウロウ、ムィコラ
ラコムシクィー、ムィコラ
ランケトゥ、ペトロ
レウチェンコ、ムィコラ
レシチェンコ、ムィハイロ
ルィトゥヴィンシクィー、レオニドゥ
リソウシクィー、ヘンナディー
ロブネツィ、ヴィクトル
ロジュコ、ペトロ
リュバヴィン、オレクサンドゥル
リャシュケヴィチ、ヴォロドゥィムィル
マズニン、オレクサンドゥル
マズル、セルヒィ
マズルケヴィチ、アナトリィ
マィダニュク、ヴォロドゥィムィル
マカルチュク、アナトリィ
マカレヴィチ、アルフィン
マクスィメンコ、オレクサンドゥル
マルトゥィネンコ、アントン
マルトゥニュク、アントン
マトュシュイン、ヘンナディー
メドゥヴェディェウ、オレクサンドゥル
メリヌィク、ヴァスィリ フルィホロヴィチ

メリヌィク、ヴァスィリ ユリィオヴィチ
メリヌィチュク、スヴャトスラウ
メレチュイン、エドゥアルドゥ
ムィリケヴィチ、ムィコラ
ムィロネンコ、ヴァレントゥィン
ムィロネンコ、ムィコラ
ムィロニュク、ボルィス
ムィスルィヴィー、ユリィ
ムィハイロウ、オレクサンドゥル
ムィハリロウ、ペトゥロ
ムィスュラ、ムィコラ
モルフン、オレクサンドゥル
モストゥィヴェンコ、レオニドゥ
モストヴィチ、ヴァレリィ
ムズィチェンコ、イヴァン
ナフラ、ヴァスィリ
ナリモウ、アナトリィ
ネウメルジュイツィクィー、ムィコラ
ネドシチャク、オレクサンドゥル
ネズナイコ、ムィハイロ
ネステルチュク、ヴォロドゥィムィル
ネステルチュク、ヴィクトル
ノヴィツィクィー、アナトリィ
ノヴィツィクィー、ヴォロドゥィムィル
ヌジュダ、ヴィクトル
オジュイク、ヴォロドゥィムィル
オリーヌィク、ムィコラ
オメリコヴィチ、ヴァスィリ
オヌィシチュク、セルヒィ
オパナセンコ、オレクサンドゥル
オプレリャンシクィー、ヴォロドゥィムィル
オスィプチュク、イヴァン
オスリウシクィー、ウヤチェスラウ
オスタペンコ、ザハル
オスタプチュク、アンドゥリィ
オチカノウ、ヴァレリィ
パウレンコ、ペトゥロ
パントゥス、ヴァスィリ
パントゥス、ヴィクトル
パストゥシェンコ、ペトゥロ
パスュク、オレクシィ
ペレショク、ムィハイロ
プィヴォヴァロウ、ムィコラ
プィレウ、ムィコラ
プィルィプチュク、ヴァスィリ
ピードゥブヌィー、ムィコラ
ピンチュク、ヴァスィリ
プルィサク、オレクサンドゥル
ポコトゥィロ、プィルィプ
ポリシチュク、ヴァスィリ
ポリシチュク、イホル
ポルド、オレクサンドゥル
ポリャコウ、オレクサンドゥル
ポピク、アナトリィ
プルィマク、アナトリィ
プロツン、ヴィクトル
プゾブィコウ、フルィホリィ
ラコウ、ステパン
レヘタ、ドゥムィトゥロ
ルィバチュク、ムィハイロ
ロマニュク、ヴォロドゥィムィル

ロマニュク、ムィコラ
ルバン、イホル
ルディー、ヴァレントゥィン
ルドゥヌィツィクィー、イオスィン
ルドュク、ドゥムィトゥロ
サヴェンコ、イヴァン
サヴィツィクィー、レオニドゥ
サモィレンコ、ムィハイロ
サフォノウ、オレクシィ
サフェンコ、アナトリィ
セニコウ、オレクサンドゥル
セルビン、セルヒィ
スィヌィツィクィー、オレクサンドゥル
スィチ、ユリィ
スィコルシクィー、ヴォロドゥィムィル
ソクリシクィー、オレクシィ
スタケシュヴィチ、ムィコラ
ステパンチュク、アナトリィ
ステパニュク、オレクサンドゥル
ストゥレトヴィチ、ドゥムィトゥロ
ストゥルトウシクィー、ヴァスィリ
ストゥジュク、ムィコラ
スソル、オレクサンドゥル
タタルチュク、アダム
トゥィモシチュク、ヴォロドゥィムィル
トゥィシコ、ボフダン
トゥィトウ、ヴァスィリ
トゥカチェンコ、オレクサンドゥル
トゥカチュク、ムィコラ
トゥヤンシクィー、オレフ
トゥロフィムチュク、ヴォロドゥィムィル
トゥルマン、ヴォロドゥィムィル
トゥロウシクィー、スタニスラウ
ウスコウ、アナトリィ
フミレウシクィー、オレクサンドゥル
ホムチュク、ヴァレントゥィン
ホプトュク、セルヒィ
フルィストュク、ヴィクトル
フドリェイェウ、オレクシィ
ツァリュク、ヴィタリィ
チェレパンシクィー、アナトリィ
チェルカシクィー、ユリィ
チェルヌィシュ、ヴァスィリ
チェルヌィシュ、ヴォロドゥィムィル
チュマク、ボルィス
シュヴァブ、ヴァスィリ
シュヴァブ、ドゥムィトゥロ
シュヴァブ、レオニドゥ
シュイヤン、レオニドゥ
シュクリャルチュク、ムィコラ
シュリンク、イヴァン
シュネヴィチ、ムィコラ
シュシュパン、オレフ
シチュイルィー、ウヤチェスラウ
シチュルク、ムィハイロ
ヤヴォルシクィー、パウロ
ヤクィムチュク、ヴァスィリ
ヤコヴェンコ、ヴォロドゥィムィル
ヤノヴィチ、ムィコラ
ヤロポヴツィ、セルヒィ
ヤトゥルク、ユリィ

ヤツユク、ヴォロドゥイムイル

6. ヴィンヌィツャ州
アダムイシュイン、ヴァスィリ
アレクスィイェンコ、ヴァスィリ
アンドゥロシチュク、ムィコラ
アンドゥルシチェンコ、ムィハイロ
アラクチェイェウ、オレクサンドゥル
アアルシオノウ、ヤロスラウ
アルテムチュク、ヴィクトル
アルトゥズ、ペトゥロ
アサファトゥ、ペトゥロ
バビィ、イホル
バブキン、ヴォロドゥイムイル
バルトゥコ、オレクサンドゥル
ベズディエトゥヌィー、ヴァスィリ
ベズルチェンコ、ステパン
ベリメソウ、アナトリィ
ベレゾウシクィー、イヴァン
ベルチャク、ヴィクトル
ビルィチェンコ、アナトリィ
ビロディドゥ、ドゥミトゥロ
ビロウス、イオスィン
ブラホダルシクィー、セルヒィ
ボベラ、ヴァスィリ
ボハトゥチェンコ、アナトリィ
ボンダル、アナトリィ
ボンダル、ヴィクトル
ボンダル、ヴォロドゥイムイル
ブハ、オレクサンドゥル
ブハィ、セルヒィ
ブデンコ、ムィハイロ
ブドゥコウシクィー、オレクサンドゥル
ヴァスィリュク、ヴォロドゥイムイル
ヴァフネンコ、ヴァスィリ
ヴェリハン、ヴァレントゥイン
ヴェルベンコ、ヴォロドゥイムイル
ヴェルブィツィクィー、アントン
ヴィンヌィツィクィー、ヴィクトル
ウラソウ、オレクサンドゥル
ヴォズニャク、ムィハイロ
ヴォイトゥコ、ペトゥロ
ヴォイツィツィクィー、アナトリィ
ヴォイツィツィクィー、オレクサンドゥル
ヴォンソウシクィー、ユリィ
ヘラスィメンコ、イヴァン
ヘラスィムチュク、ヴァレリィ
フラドゥイシュ、ボフダン
フラゾウ、ペトゥロ
フルフマニュク、パウロ
フナトユク、セルヒィ
フネドュク、セルヒィ
フヌィドュク、ヴァレントゥイン
フニドゥ、ムィコラ
ホレムビイェウシクィー、ヴォロドゥイムイル
ホリンシクィー、オレクサンドゥル
ホロズボウ、ヴォロドゥイムイル
ホマニュク、アンドゥリィ
ホンチャル、ヴォロドゥイムイル
ホンチャレンコ、ムィハイロ
ホンチャレンコ、オレクサンドゥル

ホンチャルク、ムィコラ
ホルプノウ、オレクシィ
ホロドゥヌィチューィ、パウロ
ホリャチュク、ムィハイロ
フルィホラシュ、オレフ
フルィツュク、ヴォロドゥイムイル
フルントヴィー、ユリィ
フサルニュク、オレクサンドゥル
ダヴィドュク、ヴォロドゥイムイル
ダヌィリュク、ヴォロドゥイムイル
デムチュイク、ユリィ
デムチュク、ヴォロドゥイムイル
デムチュク、ムィコラ
デムチュク、ムィロスラウ
デヌィスュク、ヴァレントゥイン
デフタル、ムィコラ
ドイェウ、ヴァスィリ
ジュィヴァドヴィゼ、ボルィス
ジオニ、ヴァレントゥイン
ドゥィムニチ、オレクサンドゥル
ディドレンコ、イヴァン
ディドゥル、レオニドゥ
ドゥミトゥルク、ヴィクトル
ドブロヴォリシクィー、ウヤチェスラウ
ドブロヴォリシクィー、セルヒィ
ドゥバニュク、イホル
ドゥハニュク、オレクサンドゥル
ドツェンコ、アナトリィ
ドゥラチュク、アナトリィ
ドゥムリュハ、オレクサンドゥル
ドゥドゥコ、オレクサンドゥル
イェラショウ、オレクサンドゥル
イェレムチュク、ヴォロドゥイムイル
ジェブルィツィクィー、ヴァレリィ
ジュィロヴィー、ムィコラ
ジュラウシクィー、オレクサンドゥル
ジュク、ヴァスィリ
ザクレウシクィー、アナトリィ
ザリェチヌィー、ヴァレントゥイン
ザハルチュク、オレクシィ
ゼレヌィー、アンドゥリィ
ゼレンコウ、セルヒィ
ゼレノウ、オレクサンドゥル
ズレンコ、オレクサンドゥル
ゾズリャ、イホル
ズベンコ、オレクサンドゥル
イヴァヌィナ、ヴォロドゥイムイル
イヴァノウ、イヴァン
イヴァニュク、ペトゥロ
イスクラ、フルィホリィ
イシチェンコ、ヴォロドゥイムイル
カゼミロウ、ウヤチェスラウ
カズィムィリウ、アナトリィ
カルカトゥ、アナトリィ
カミンシクィー、オレクサンドゥル
カシュピロウシクィー、セルヒィ
クィルイニュク、オレクサンドゥル
クルィムチュク、ペトゥロ
コプチュイク、オレクサンドゥル
コヴァリ、ヴォロドゥイムイル
コヴァリオウ、ムィコラ

コヴェルドゥインシクィー、ルスラン
コヴェツィクィー、ヴィクトル
コズロウシクィー、アンドゥリィ
コレスヌィク、ヴァレントゥイン
コレスヌィク、ムィコラ
コロミィエツィ、ヴォロドゥイムイル
コロミィチュク、アナトリィ
コンドゥラトゥク、ウヤチェスラウ
コロストゥィリオウ、ヴァレリィ
コチェトウ、ヴァレリィ
クラトュク、ヴァレリィ
クルィヴネツィ、アナトリィ
クルィシュタリ、アナトリィ、
クドゥライェンコ、ヤロスラウ、
クドゥルィク、ムィコラ
クリチュィツィクィー、ヴィクトル
クリシュ、ヴァスィリ
クプチュイク、オレクサンドゥル
クハル、オレクサンドゥル
クチェルク、ドゥミトゥロ、
クシュニレンコ、ヴァスィリ
ラウシチェンコ、レオニドゥ
ラザロウ、ヴィクトル
レビヂ、アンドゥリィ
ルィマンシクィー、オレフ
リスィンチュク、ペトゥロ
リネヴィチ、レオニドゥ
ルキヤンチュク、ユリィ
ルツェンコ、ユリィ
ルツィシュイン、ヴァスィリ
リャンヴィー、ドゥミトゥロ
リャホウ、セルヒィ
マズル、アナトリィ
マズル、ヴィタリィ
マズレンコ、ムィコラ
マコホニュク、ヴィクトル
マンドゥイブラ、アナトリィ
マルィンチャク、レオニドゥ
マルトゥニュク、ヴォロドゥイムイル
マルトゥニュク、ペトゥロ
マルシチャク、アナトリィ
マツァニュク、アナトリィ
メドウィンシクィー、ヴィクトル
メレシチュク、アナトリィ
メリホウ、ペトゥロ
ミシチェンコ、ヴォロドゥイムイル
メリヌィク、ヴァスィリ
メリヌィク、ヴィクトル　パウロヴィチ
メリヌィク、ヴィクトル　トゥイホノヴィチ
メリヌィク、ムィコラ　イヴァノヴィチ
メリヌィク、ムィコラ　オレクサンドゥロヴィチ
メリヌィク、セルヒィ
ムィセンコ、ムィコラ
ムィセツィクィー、オレクサンドゥル
ムルィフ、ヴィクトル
ムルィフ、ヴォロドゥイムイル
モロズ、ヴォロドゥイムイル
モスカリュク、ヴォロドゥイムイル
モスカリ、ヴォロドゥイムイル
ムドゥラク、ヴァスィリ
ムドゥルィク、ヴァスィリ

ネウドヴェツィ、アンドゥリィ
ネステルチェク、ヘンナディー
ヌィクィトゥク、ムィコラ
ヌィクィテンコ、ヴァスィリ
ヌィクィテンコ、オレクサンドゥル
オベルトゥィンシクィー、ムィコラ
オホレンコ、ヴァレリィ
オリフェル、アナトリィ
オリィヌィク、ヴィクトル
オレィヌィコウ、ヴァスィリ
オスタンチュク、ヴォロドゥィムィル
オフリモウシクィー、セルヒィ
オチェレトゥク、オレクサンドゥル
オチェレトゥク、パウロ
パナスュク、ユリィ
ペトゥレンコ、レオニドゥ
ピルス、ヴァスィリ
プラホトゥヌィク、ヴィクトル
ポドゥカリュク、ムィコラ
ポリシチュク、ペトゥロ
ポリシチュク、セルヒィ
ポルニン、セルヒィ
ポペレチヌィー、ムィコラ
ポペレチニュク、ヴォロドゥィムィル
プレィズネル、イヴァン
プルィダトゥコ、ヴォロドゥィムィル
プルィトゥラ、フェディル
プロズロブシクィー、ヴォロドゥィムィル
プロコプユク、ヴォロドゥィムィル
プロコプユク、ヴァスィリ
プロネヴィチ、ヴィクトル
プロツィコ、ヴィクトル
プズドゥラノウシクィー、アンドゥリィ
ラズボルシクィー、ヴィクトル
ラズボルシクィー、ヴォロドゥィムィル
レドゥィチ、イホル
ロマネンコ、ヴァスィリ
ルヂ、パウロ
リャボニ、ヴォロドゥィムィル
リャブチュク、ムィコラ
サポジュニコウ、ヴィクトル
サウリャク、オレクサンドゥル
セメニュク、ステパン
セレドュク、アナトリィ
スィドルク、イヴァン
スィダク、ユリィ
スロボデャン、ヴァスィリ
スモリャ、ユリィ
ソボリ、ヴィクトル
ソコロウシクィー、オレクシィ
ソルトゥィンシクィー、セルヒィ
ソロカ、ペトゥロ
スタシェウシクィー、アナトリィ
ステパィコ、ムィハイロ
ストロジュ、セルヒィ
ストゥケヴィチ、ヴォロドゥィムィル
スシュコ、アナトリィ
タンツュラ、ヴォロドゥィムィル
タラセンコ、ヴォロドゥィムィル
タラセヴィチ、ムィコラ
タチコウ、アナトリィ

トゥィムチュク、ヴァスィリ
トゥィシチェンコ、ペトゥロ
トドシチェンコ、ヴォロドゥィムィル
トムチュク、ムィハイロ
トゥロフィメンコウ、ヴォロドゥィムィル
トゥロフィムチュク、イヴァン
トゥルバ、ヴォロドゥィムィル
ファルズィンシクィー、アルカディー
フェドゥィク、ペトゥロ
フェドルク、ヴァスィリ
フェドスィエィエウ、ヴィクトル
フィノヘノウ、ヴァレントゥィン
フォストウク、イヴァン
フランチュク、ヴィクトル
フランチュク、ムィコラ
ハルィトノウ、ユリィ
ハルチェンコ、ムィコラ
フヴォロステヤヌィー、ヴァスィリ
ヒリンシクィー、エドゥアルドゥ
フメレウシクィー、ヴィタリィ
ホロプキン、ウヤチェスラウ
ホメンコ、イヴァン
チャバン、アナトリィ
チャパラ、イヴァン
チャィカ、ヴォロドゥィムィル
チェズロウ、ムィコラ
チェルヴェルィク、ヤキウ
チョルヌィー、ヴォロドゥィムィル
チョルノフズ、ヴォロドゥィムィル
チュダコウ、ムィハイロ
チュプルィナ、イホル
シャマリュク、ムィコラ
シュヴェツィ、ヴォロドゥィムィル
シェウチュク、ヴァスィリ
シェウチュク、イヴァン
シェウチュク、ユリィ
シュィマンシクィー、ユリィ
シュィムコ、ムィコラ
シュクロバトゥク、セルヒィ
シュパク、レオニドゥ
シュトィコ、パウロ
ツィムバル、ヴァスィリ
ツィムバル、ヴォロドゥィムィル
ツェロムドウィー、オレクサンドゥル
シチェルバトウィー、オレクシィ
ヤストゥレムシクィー、ムィハイロ

7. チェルカスィ州

アカトウ、ヘンナディー
アンドゥリィエンコ、イヴァン
アルテメンコ、ヴィクトル
アルテメンコ、ペトゥロ
アルフィポウ、ムィコラ
バベンコ、ヴァスィリ
バブィチ、イヴァン
バズィレヴィチ、アナトリィ
バラノウシクィー、イヴァン
バランヌィコウ、ヴォロドゥィムィル
バルズドゥン、ヴォロドゥィムィル
バソク、セルヒィ
ベズフトウルィー、イホル

ベルクン、ヴォロドゥィムィル
ビレツィクィー、ドゥムィトゥロ
ビロウス、フルィホリィ
ビリュコウ、アナトリィ
ブラジュィイエウシクィー、ユリィ
ボブィリオウ、ユリィ
ボハチョウ、ヴィクトル
ボフダノウ、オレクシィ
ボホヴィク、ヴォロドゥィムィル
ボフダノヴィチ、ムィコラ
ボィコ、ヴィタリィ
ボィコ、イホル
ボィチュク、ユリィ
ボンダル、アナトリィ
ボンダル、ペトゥロ
ボンダレンコ、アナトリィ
ボンダレンコ、オレフ
ボンダレンコ、ペトゥロ
ボムコ、アンドゥリィ
ボルィセンコ、ボルィス
ボサツィクィー、ヴィクトル
ボチャル、ウヤチェスラウ
ブラジュヌィク、ムィコラ
ブブルィク、ヴァスィリ
ブドゥヌィク、オレクサンドゥル
ブンズィロ、アナトリィ
ブルィ、スタニスラウ
ブトゥ、ヴィタリィ
ヴァリィエンコ、ヴィクトル
ヴァスィレハ、ヴァレリィ
ヴェドゥラ、ムィコラ
ヴェドゥラ、ユリィ
ヴェルィチコ、アナトリィ
ヴィノフラドゥ、レオニドゥ
ヴィロヴィー、オレクサンドゥル
ヴィシュネウシクィー、ヴォロドゥィムィル
ビンニチェンコ、アンドゥリィ
ヴィトスラウシクィー、ヴァスィリ
ヴラスュク、アナトリィ
ヴォウク、ムィコラ
ヴォィタセヴィチ、ヴァレリィ
ヴォロシュィン、ヴィタリィ
ヴォリャンシクィー、セルヒィ
ヴォロブカロ、イヴァン
ヴォスコボィヌィク、イヴァン
ハウルィリン、ヴァレリィ
ハィダィ、ヴォロドゥィムィル
ハラハン、アナトリィ
ハラィ、ヴォロドゥィムィル
ハラタ、ヴィクトル
ハルシュカ、アナトリィ
ハルシュコ、ヴァスィリ
ハリチェンコ、オレクサンドゥル
ハラシチェンコ、ムィコラ
ハラシチェンコ、オレクサンドゥル
ハルカヴェンコ、アナトリィ
フヴォズヂ、アナトリィ
フヴォズヂ、フルィホリィ
フィチュカ、アナトリィ
フラディーチュク、ヴァスィリ
フラドゥン、ヴィクトル

フラドゥン、オレクサンドゥル	イズマィロウ、ムイコラ	ルイストパドウ、ヴォロドゥムイル
フルシチェンコ、ユリィ	イリイン、ムイコラ	リソウシクィー、ヴィクトル
ホロウチェンコ、ヴィクトル	イサイェンコ、ヴォロドゥムイル	ルイトゥヴィン、イェウヘン
ホロスィンシクィー、ユリィ	カヴン、ヴァスィリ	ロザ、ペトゥロ
ホンザ、フルイホリィ	カリコ、アンドゥリィ	リュバルシクィー、アナトリィ
ホンチャレンコ、アナトリィ	カピノス、アナトリィ	リャリカ、パウロ
ホンチャレンコ、セルヒィ	カプカイェヴ、セルヒィ	リャシュコ、ヴィクトル
ホルディイェンコ、ヴァレントゥイン	カプラウチュク、アナトリィ	リャシチェンコ、ムイコラ
ホルディイェンコ、ウラドゥレン	カプラロウ、オレフ	リャシチュク、ヴァスィリ
ホルディイェンコ、オレクサンドゥル	カラヴァシュキン、オレクシィ	マフリオヴァヌィー、ヴォロドゥムイル
ホロシュコ、オレフ	カウロウ、オレフ	マカルチュク、イヴァン
ホロシュコウシクィー、オレクサンドゥル	カシュタイェウ、イホル	マクスイメツィ、レオニドゥ
フレベニュク、ヴィクトル	ケルノセンコ、ムイコラ	マカレンコ、ヴィタリィ
フレチャニュク、オレフ	クィルイリャカ、オレクシィ	マクスイモウ、マクスィム
フレチュヒン、オレフ	クィルイチョク、アナトリィ	マリオヴァヌィー、オレクサンドゥル
フルイニコ、ユリィ	クィスレンコ、ヴォロドゥムイル	マンチュク、アンドゥリィ
フロムイコ、アンドゥリィ	クリェシチェウニコウ、ヴァレリィ	マルトゥイネンコ、セルヒィ
フルブィー、アナトリィ	クルイメンコ、アンドゥリィ	マルシャレンコ、ユリィ
フベンコ、ペトゥロ	クルイメンコ、ムイハイロ	マスラク、オレクシィ
フズィ、ムイコラ	コヴァレンコ、ムイコラ	マスラク、ユリィ
フズィ、オレクシィ	コヴァリ、ヴァレントゥイン	マトゥヴィイコ、ウヤチェスラウ
フサチェンコ、ヴォロドゥムイル	コヴィカ、オレクシィ	マトュシェンコ、オレクサンドゥル
フトゥ、ユリィ	コウシュ、ユリィ	マツェンコ、オレフ
フツァロ、オレクサンドゥル	コドラ、ヴァレントゥイン	メリヌィク、オレクシィ
ダヴィホラ、セルヒィ	コズィ、レオニドゥ	メリヌィコウ、セルヒィ
ダヌイリチェンコ、オレクサンドゥル	コレスヌィコウ、ヴァスィリ	メリヌィチェンコ、スタニスラウ
デフルイク、ムイコラ	コリスヌィチェンコ、イヴァン	ムイクィテンコ、ムイコラ
デフテャリェウ、ヴァレリィ	コロス、スタニスラウ	ムイコリュク、ペトゥロ
ディフテャル、ユリィ	コルタシェウ、セルヒィ	ムイハイリュク、オレクサンドゥル
ジョボルダ、オレクサンドゥル	コミサル、ムイコラ	ミニャイロ、アナトリィ
ジュニ、アナトリィ	コムパニェツィ、イヴァン	ミサン、ムイコラ
ズバン、ウヤチェスラウ	コノネンコ、オレクサンドゥル	ミサン、セルヒィ
ドゥムイトゥリィエウ、セルヒィ	コノネンコ、ユリィ	ミスホジャイェウ、ムイコラ
ドモロスルィー、ヴァスィリ	コサル、アナトリィ	モフィレィ、オレクサンドゥル
ドゥボヴィチ、オレフ	コストゥルイキン、レオニドゥ	モルダチ、セルヒィ
ドゥドゥカ、アンドゥリィ	コトゥ、オレクシィ	モスコウ、ヴィタリィ
ドゥドゥヌイク、トゥルイフォン	コシュマン、ユリィ	モツァル、アナトリィ
ドゥマネツィクィー、ムイコラ	コハノウ、ユリィ	ムラウシクィー、ペトゥロ
イェリオミン、セルヒィ	クラヴェツィ、ヴァスィリ	ナスィロウ、ヴィクトル
ジャルダク、イヴァン	クラウチェンコ、イホル	ナウメンコ、オレクサンドゥル
ジュイルヌィー、オレクシィ	クルイヴェンコ、オレクサンドゥル	ネウムィヴァカ、オレクサンドゥル
ジョウトゥィー、ヴァレントゥイン	クルイヴォシェヤ、ヴァレリィ	ネフラシュ、ヴァスィリ
ジュルバ、ユリィ	クルイヴォシェヤ、オレクサンドゥル	ネスミヤノウ、ヘンナディー
ザフニトゥコ、ヴァレリィ	クルイロウ、イェウヘン	ネストゥリャ、ヴァレリィ
ザホルリコ、ムイコラ	クルフルイク、セルヒィ	ネチュイポレンコ、ヴァスィリ
ザドロジュヌィー、ムイコラ	クディノウ、ムイハイロ	ノヴァク、ヴァスィリ
ザミホウシクィー、ヴォロドゥムイル	クズニェツォウ、ロマン	ノスコ、オレクサンドゥル
ザヌダ、アナトリィ	クズィメンコ、オレクサンドゥル	オウチャレンコ、フルイホリィ
ザポロジェツィ、アナトリィ	クルイク、ウヤチェスラウ	オドロヂコ、オレクサンドゥル
ザトカ、ヴァレリィ	クルイコウ、ムイコラ	オデシクィー、ドゥムイトゥロ
ザハレンコ、ヴァスィリ	クトレィ、ムイコラ	オズィルシクィー、ムイコラ
サハルチェンコ、アナトリィ	クハル、ヴォロドゥムイル	オレクセンコ、アナトリィ
ザホバ、オレクサンドゥル	クフタ、ボルイス	オレクセンコ、ステパン
ザチェパ、イホル	ラホダ、ペトゥロ	オレフィル、ムイコラ
ズヴェルコウシクィー、セルヒィ	ラウタ、ヴォロドゥムイル	オヌィシチェンコ、セルヒィ
ゼレニコ、スタニスラウ	レベディェウ、フルイホリィ	オノシチェンコ、ムイコラ
ゼルィンシクィー、セルヒィ	レレカ、イホル	オパラ、ムイコラ
ゼンコウ、オレクサンドゥル	レリュフ、ムイコラ	オピシャンシクィー、イェウヘン
ズボウ、ヴァスィリ	ルイマレンコ、ヴィクトル	オレル、セルヒィ
イヴァネンコ、ムイコラ	ルインヌィク、ステパン	オサドゥチュク、ムイコラ
イヴァホウ、ヴォロドゥムイル	ルイセンコ、ヴィクトル	オテレンコ、オレクサンドゥル

オフリメンコ、ヴァスィリ
パウルイシュイン、オレフ
パウリュク、ヴィクトル
パウリュク、イヴァン
パリィ、ヴィクトル
パンチュク、セルヒィ
パニコ、オレクサンドゥル
パストゥフ、スタニスラウ
パストゥシェンコ、イヴァン
パルホメンコ、ウヤチェスラウ
パシチェンコ、エドゥアルドゥ
ペヂコ、オレクサンドゥル
ペレペイ、オレクサンドゥル
ペレデリィ、イホル
ペルヴァ、ヴォロドゥイムイル
ペトゥロウ、ボルィス
ペチェヌィー、イホル
ピェホタ、ヴィクトル
ピィヴォヴァル、ユリィ
ピィルカロ、セルヒィ
ピスクン、ムィハイロ
プラホトゥニュク、アナトリィ
ポホリェロウ、ムィハイロ
ポロヴィンカ、アナトリィ
ポノマレンコ、オレクサンドゥル
ポプスィ、ロマン
ポシュタレンコ、イヴァン
プルィルイプコ、ムィコラ
プルィスャジュネンコ、ボルィス
プルィホヂコ、イホル
プロコペンコ、イホル
プストヴォィトゥ、ヴィクトル
ラドゥチェンコ、オレクシィ
ラィコ、アナトリィ
ラツ、ユリィ
ラトゥシュヌィー、オレクサンドゥル
リドゥチェンコ、ヴァスィリ
ロフリスィキー、エドゥアルドゥ
ロマンチャ、イヴァン
ロスロウツェウ、オレフ
ロシチェンコ、ムィコラ
ルデンコ、オレクシィ
サヴェリコウ、ムィハイロ
サフン、ヴィクトル
サルィハ、アナトリィ
サモィレンコ、アナトリィ
セレズニオウ、ヴォロドゥイムイル
セメニュク、ヴォロドゥイムイル
セニコ、ヴァスィリ
セニコ、ヴォロドゥイムイル
セルヴェトゥニク、ヴァスィリ
セルヒィエンコ、ヴァスィリ
セルヒィエンコ、ヴィクトル
スィドレンコ、セルヒィ　ムィコラィオヴィ
スィドレンコ、セルヒィ　セルヒィオヴィチ
スィゾネンコ、ヴァレリィ
スィンツォウ、オレフ
スィチ、ムィコラ
スキチコ、ウヤチェスラウ
スムィレツィクィー、ヴィクトル
ソヴァ、ムィコラ

ソロボイェウ、ヴィクトル
ソロカ、ヴィタリィ
ソトゥヌィク、イヴァン
スタルィコウ、イホル
スタロウ、イホル
スタルチェンコ、ヴィクトル
ステパニュク、ヴィタリィ
ステパニュク、オレフ
ストロジェンコ、オレクサンドゥル
ストルチャク、ヴォロドゥイムイル
スリモウ、ヴァレリィ
スムシクィー、アナトリィ
タンツュラ、アナトリィ
テルトゥィチュヌィー、オレクサンドゥル
テレシチェンコ、ヴァスィリ
テテラ、ヴァスィリ
トゥィトゥ、ユリィ
トゥィホネンコ、ムィコラ
トゥィチュイナ、ヴィタリィ
トゥカチェンコ、イヴァン
トゥカチェンコ、ムィコラ
トゥカチェンコ、セルヒィ
トマチュク、セルヒィ
トゥプィツィクィー、ムィハイロ
トュニン、セルヒィ
ウブィル、ペトゥロ
ファテンコ、オレクサンドゥル
フェディン、ユリィ
フェドレンコ、セルヒィ
フォンラベ、ヴィクトル
フェルロハ、イヴァン
フィリポウ、オレクサンドゥル
フィリポウ、ユリィ
フィリシュイン、ユリィ
フライマルク、オレクシィ
ハドゥジャイェウ、ヴィクトル
ハレンコ、ムィハイロ
ハリン、アナトリィ
フィジュニャク、ヴァドゥイム
ホメンコ、オレクサンドゥル
ホロシュン、ムィハイロ
ツァレンコ、ペトゥロ
ツヴェルクノウ、セルヒィ
ツィブ、アナトリィ
ツィブラ、オレフ
ツィペルコ、ヴィクトル
チャバリン、ヴィクトル
チェプチュレンコ、レオニドゥ
チェレドゥヌィチェンコ、アナトリィ
チェレドゥヌィチェンコ、ヴィクトル
チェレドゥヌィチェンコ、ムィコラ
チェルネンコ、ドゥムイトゥロ
チェルネンコ、ムィコラ
チェルネンコ、オレクシィ
チェルヌィショウ、ヘンナディー
チェフラノウ、ヴァドゥイム
チョルノドゥブラウスィクィー、セルヒィ
チュフノ、ヴィタリィ
シャバリン、ヴォロドゥイムイル
シャムクィー、ヴィクトル
シャンドゥラ、ヴィクトル

シェウチェンコ、ムィコラ
シェウチェンコ、ペトゥロ
シェウチュク、ドゥムイトゥロ
シェンドゥルィク、ヴィクトル
シュコリヌィー、セルヒィ
シュリャフタ、ヴォロドゥイムイル
シュマチコ、ヴァスィリ
シュムィフィルィロウ、ヴァレリィ
シュパラ、ヴァレントゥイン
シュラメンコ、ヴァスィリ
シュリジェンコ、フルィホリィ
シチェパク、セルヒィ
ユフノ、ムィコラ
ヤフノウ、ヴィクトル
ヤコヴィシュイン、レオニドゥ
ヤコウリェウ、ユリィ
ヤクバ、オレクサンドゥル
ヤムコヴィー、アナトリィ
ヤルモレンコ、イヴァン
ヤロヴィー、ヴィクトル
ヤツェンコ、アナトリィ
ヤツェンコ、セルヒィ
ヤツィシュイン、ヴィタリィ

8. ドゥニプロペトゥロウスィク州

アブリャタリン、ヴィタリィ
アブロスィモウ、ヴォロドゥイムイル
アクセニュク、セルヒィ
アリオシュイン、ヴォロドゥイムイル
アントゥイボウ、ヴォロドゥイムイル
アントノウ、アナトリィ
アントニュク、ヴォロドゥイムイル
アタマンチュク、ペトゥロ
バベンコ、ヴォロドゥイムイル
バブィチ、ヴォロドゥイムイル
バブィチ、セルヒィ
バハツィクィー、セルヒィ
バザヴルク、ヴォロドゥイムイル
バンドゥルコ、フルィホリィ
バラノウ、オレクサンドゥル
バランヌィク、ムィコラ
バルィノウ、アナトリィ
バルシクィー、レオニドゥ
ベズボロドウ、セルヒィ
ベズコモルヌィー、ヘンナディー
ベリホウスィクィー、ヴォロドゥイムイル
ベルニコウ、アナトリィ
ビィチュク、アナトリィ
ビレツィクィー、ムィハイロ
ビルィー、ヴィタリィ
ビルィチェンコ、イヴァン
ビルチェンコ、ユリィ
ブルィズニュク、イヴァン
ボボジュコ、ムィコラ
ボドゥニャ、ヴォロドゥイムイル
ボィコ、ヴィクトル
ボィコ、ヴォロドゥイムイル
ボィコ、レオニドゥ
ボィチェンコ、ムィコラ
ボンダリェウ、アナトリィ
ボンダリェウ、ボルィス

ボンダレンコ、アナトリィ	フトウィチ、ヴァスィリ	カルポウ、オレクサンドゥル
ボンダレンコ、ヘンナディー	フトゥニェウ、ムィコラ	カルタヴァ、セルヒィ
ボルィソウ、ヴォロドゥィムィル	ダヴィドゥィク、ヴォロドゥィムィル	カスペロヴィチ、アナトリィ
ブラハネツィ、セルヒィ	ダシェウスィクィー、ユリィ	カシヤネンコ、ヴィクトル
ブラィロウスィクィー、イホル	ディネコ、ウヤチェスラウ	カシヤンチュク、イヴァン
ブハ、オレクサンドゥル	デヌィセンコ、オレフ	クィセリオウ、イヴァン
ブーラ、ヘンナディー	デフタ、オレクサンドゥル	クィセリオウ、ムィコラ
ブラフ、ペトゥロ	ジェイハロ、ムィコラ	クィスルィー、アナトリィ
ブラシュ、セルヒィ	ジョハン、フルィホリィ	クィスルィー、オレクサンドゥル
ブルィハ、オレクサンドゥル	ジュハン、ヴィクトル	クルィモウ、パウロ
ブニャイェウ、オレフ	ジュライ、ヴィクトル	クルィノウ、アンドゥリィ
ブルマン、オレフ	ズュパ、ヴィクトル	クロチコ、ヴィクトル
ブリャ、レオンティー	ディブロヴァ、レオニドゥ	コヴァレンコ、フェディル
ヴァルラモウ、ヴォロドゥィムィル	ディデンコ、ヴォロドゥィムィル	コヴァリ、ヴァレントゥィン、
ヴァスィリチェンコ、セルヒィ	ドウハニ、オレクサンドゥル	コヴァリ、ヴァレリィ
ヴェルィクィー、ヴォロドゥィムィル	ドルマトウ、ヴォロドゥィムィル	コヴァリ、ペトゥロ
ヴェルィクィー、フルィホリィ	ドロシュ、ムィコラ	コヴァリオウ、ムィコラ
ヴェルィチュコ、ムィハィロ	ドロシェンコ、イヴァン	コヴァリオウ、オレクサンドゥル
ヴェセロウシクィー、ヴォロドゥィムィル	ドゥボヴィチ、アナトリィ	コヴィカ、オレクシィ
ヴェセリシクィー、セルヒィ	ドゥブロウ、オレクサンドゥル	コウパク、オレクサンドゥル
ヴィソツィクィー、ヴィクトル	ドゥデンコ、ヴィタリィ	コザク、ヴィクトル
ヴィツィネツィ、ユリィ	ドゥナィチュク、パウロ	コズィー、ムィコラ
ヴィトゥク、アナトリィ	イェウコ、オレクサンドゥル	コズロウ、ヴァレリィ
ヴォィチェンコ、ヴァレリィ	イェホロウ、ヴォロドゥィムィル	コズロウシクィー、イホル
ヴォルコウ、ヴォロドゥィムィル	イェホロウ、オレクサンドゥル	コズブ、パウロ
ヴォロセヴィチ、セルヒィ	イェレミィチュク、アナトリィ	コズベンコ、アナトリィ
ヴォロジェイキン、セルヒィ	イェルモレンコ、オレクシィ	コレスヌィク、ヴィクトル
ヴォロネツィ、オレクサンドゥル	イェロフェイェウ、アレウトゥィン	コレスヌィク、オレクサンドゥル
ヴォロヌィチ、オレクサンドゥル	ジュヴィルコ、レオニドゥ	コレスヌィク、セルヒィ
ヴォロンコウ、アナトリィ	ジェルディェウ、オレクサンドゥル	コレスヌィコウ、ムィコラ
ヴォロシュニン、ヴァスィリ	ジェレベツィ、ヘンナディー	コリバボ、ムィコラ
ハウルィレンコ、ムィコラ	ジュィレンコ、イェウヘン	コロデャジュヌィー、ムィコラ
ハラン、ムィコラ	ジュク、オレクサンドゥル	コマンドゥィルチュイク、ヴァスィリ
ハリィ、ヴィクトル	ジュリィ、オレクサンドゥル	コミサル、ヴォロドゥィムィル
ハンジャ、レオニドゥ	ザバラ、ヴォロドゥィムィル	コムパニイェツィ、オレフ
ヘラシチェンコ、オレフ	ザブハ、ヴァレントゥィン	コヌィク、ヴィクトル
フリボウ、ヴァレントゥィン	ザヴァイェウスィクィー、イホル	コンドゥラツィクィー、ヴォラドゥィムィル
フルシチェンコ、ヴァレリィ	ザウホロドゥニィ、ヴィクトル	コノヴァロウ、フルィホリィ
ホドゥン、アナトリィ	ザホルノウ、ヴァレリィ	コプィツィン、ヴォロドゥィムィル
ホレムビオウシクィー、ヤロスラウ	ザドヤ、イヴァン	コレツィクィー、オレクサンドゥル
ホレンコ、ムィコラ	ザヤリュク、ユリィ	コリンヌィー、オレクサンドゥル
ホロロボウ、オレクサンドゥル	ズィヌィチ、オレクサンドゥル	コロブカ、オレクサンドゥル
ホロスヌィー、ヴィクトル	ズィノウィエウ、ヴォロドゥィムィル	コリャカ、セルヒィ
ホルプ、ユリィ	ズブルィツィクィー、ドゥムィトゥロ	コストゥィルヌィー、セルヒィ
ホンチャル、アナトリィ	ズュズィコ、イホル	コストュク、レオニドゥ
ホンチャル、イヴァン	イヴァヌィセンコ、イホル	コスャク、ヴァスィリ
ホルブ、セルヒィ	イヴァノウ、セルヒィ	コツュバ、ペトゥロ
ホルバチョウ、ヴィタリィ	イヴァシチェンコ、オレクサンドゥル	コシチュク、ステパン
ホルブリャ、セルヒィ	イウチェンコ、イェウヘン	クラウチェンコ、ヴィタリィ
ホルディイェンコ、ムィコラ	イスクラ、ヴォロドゥィムィル	クラウチェンコ、ヴォロドゥィムィル
ホルディイェンコ、ユリィ	カィダシュ、オレフ	クラスュク、マトゥヴィー
ホルドポロウ、アナトリィ	カリニン、ムィコラ	クルィヴォノス、セルヒィ
ホレヴィー、ヴィクトル	カムィシャン、ヴィクトル	クルィジャニウシクィー、フェディル
ホルカウチュク、レオニドゥ	カルィノチクィン、ヴァレリィ	クルィウコ、オレクサンドゥル
フラノウシクィー、ヴォロドゥィムィル	カンタロヴィチ、コステャントゥィン	クルィクネンコ、レオニドゥ
フレブニェウ、オレクサンドゥル	カンツィベル、ヴォロドゥィムィル	クルィシュトブ、ヴァレントゥィン
フルィホリィエウ、ヴォロドゥィムィル	カペリカ、ヴィクトル	クルプコウ、オレクサンドゥル
フルィシュィン、ムィコラ	カラズィノウ、ヴァドゥィム	クルティー、ムィコラ
フレハ、オレクサンドゥル	カルヒン、ヴォロドゥィムィル	クリャシェウ、コステャントゥィン
フリン、ボルィス	カルペンコ、オレクサンドゥル	クズネツォウ、ヴィクトル
フリン、ムィコラ	カルペツィ、アナトリィ	クルィコウ、コステャントゥィン

クリニチ、セルヒィ
クリシュ、イヴァン
クリバチ、セルヒィ
クルバツィクィー、ムィコラ
クロウ、エドゥアルドゥ
クシュイン、ムィハイロ
クチェル、ユリィ
クチェルク、ヴォロドゥィムィル
クチミィ、パウロ
ラヴェツィクィー、ユリィ
ラウニュジェンコウ、ヘンナディー
ラザレンコ、ムィコラ
レメシュコ、ユリィ
レシチェノク、ムィコラ
ルィセンコ、アナトリィ
ルィセンコ、ヴァスィリ
ルィスユク、ヴォロドゥィムィル
ルィタリェウ、ユリィ
ルィトゥヴィン、ヴァレリィ
ルィトゥヴィネンコ、オレクサンドゥル
ルィトゥヴィノウ、ユリィ
ルィトゥヴャク、ヘンナディー
ロフヴィネンコ、イホル
ロスャコウ、ヴィタリィ
ルクシャ、セルヒィ
リャリュシュコ、ユリィ
マフィルコ、イヴァン
マズル、アナトリィ
マカレヴィチ、ヴォロドゥィムィル
マカレンコ、レオニドゥ
マコドゥゼバ、ヴァレリィ
マラシュキン、ヴァレリィ
マリェイェウ、ヴィクトル
マルィヒン、オレクサンドゥル
マロヴェツィクィー、ヴィクトル
マリュホウ、ムィハイロ
マニャノウ、レオニドゥ
マルィネチェンコ、ヴァレリィ
マルコズャン、ペトゥロ
マルトゥィネンコ、セルヒィ
マルトゥィノウ、ユリィ
マルンケヴィチ、ヴィクトル
マルチェンコ、アナトリィ
マルチェンコ、ヴォロドゥィムィル
マスリャヌィー、オレクサンドゥル
マトゥヴィエイェウ、オレフ
マトゥヴィイェンコ、アナトリィ
マトゥヴィイチュク、オレクサンドゥル
マシュタリル、ヴィクトル
メドゥヴェディェウ、ヴィクトル
メドゥヴェディェウ、オレクサンドゥル
メデャヌィク、オレクサンドゥル
メリヌィク、アナトリィ
メリヌィク、ムィコラ
ムィロン、コステャントゥィン
ムィロンチュク、イヴァン
ムィスヌィク、ユリィ
ムィトゥリイェウ、ヴァレリィ
ムィハリシクィー、イェウヘン
ミニャク、ヴィクトル
ミロシュヌィチェンコ、ヴォロドゥィムィル

ミロシュヌィチェンコ、ユリィ
ミルシャウカ、ヴィクトル
ミフタフトゥディノウ、シャムストゥディン
ミハリョウ、ヴィタリィ
モロチヌィー、オレクサンドゥル
モロズ、ヴァスィリ
モセィコウ、オレクサンドゥル
モスィニャン、ジュイヴァン
モシュナ、フルィホリィ
ムジュィコウ、ムィコラ
ムハ、イヴァン
ムシュタ、ボルィス
ナウロツィクィー、ヤロスラウ
ナハィ、ヴォロドゥィムィル
ナザレンコ、ユリィ
ナザルク、ヴォロドゥィムィル
ナザルク、オレフ
ナルブィコウ、ヴォロドゥィムィル
ネディリコ、ヴォロドゥィムィル
ネムドゥィー、オレクシィ
ネポクルィトゥィー、ヴォロドゥィムィル
ネステレンコ、フルィホリィ
ネチェポレンコ、ムィコラ
ヌィヌィク、ヴァスィリ
オヴェルコ、ムィハイロ
オウチャレンコ、ヴィクトル
オウチャレンコ、ヴォロドゥィムィル
オウチャロウ、ムィコラ
オドキイェンコ、ヴォロドゥィムィル
オゼロウ、アナトリィ
オリィヌィク、ヴァレリィ
オヌィキイェンコ、ヴィクトル
オヌィシチュク、オレクサンドゥル
オヌシチャク、オレクサンドゥル
オルマンジ、ヴィクトル
パウロウ、ヴァレリィ
パウロウ、ヴィクトル
パダファ、ヴォロドゥィムィル
パダファ、セルヒィ
パナセンコ、ヴァレリィ
パナセンコ、ヴォロドゥィムィル
パンケイウ、セルヒィ
パンクラテンコウ、オレフ
パンクラトウ、ヴァスィリ
パンチェンコ、ヴァレリィ
パンチェンコ、ムィコラ
パンチェンコ、ユリィ
パラモノウ、ユリィ
パシュコウ、ヘンナディー
ペトゥレンコ、フルィホリィ
ペトゥニン、オレクサンドゥル
ペレテャチコ、ヴァレリィ
ペルシャコウ、ヘンナディー
ペチュヒン、ヴォロドゥィムィル
プィドヴィスコ、アナトリィ
プィロホウ、ヴォロドゥィムィル
プィロホウ、ムィコラ
プィサレウスクィー、アナトリィ
ピヴェニ、ヴォロドゥィムィル
ピホテンコ、ペトゥロ
プレテネツィ、アナトリィ

プレチュン、ムィコラ
プリトゥチェンコ、ヴィタリィ
プリチコ、イホル
プロフィー、フルィホリィ
ポリシチュク、ヴォロドゥィムィル
ポラマヌィー、オレクシィ
ポルトラツィクィー、ヴォロドゥィムィル
ポリャンコ、ヴォロドゥィムィル
ポノマレンコ、ヴァレリィ
ポノマレンコ、ヴォロドゥィムィル
ポポヴィチ、イェウヘン
ポタペンコ、ユリィ
プロダンチュク、ヴァスィリ
プルィブィトゥコウ、ユリィ
プルィスヴィトゥルィー、ムィコラ
プルィシャヂコ、ヴォロドゥィムィル
プルィシャジュニュク、ムィコラ
プロコプチェンコ、ユリィ
プカス、アナトリィ
プルィス、ヴィタリィ
プストヴィー、ムィコラ
プシュキン、ヴォロドゥィムィル
プシュコ、アナトリィ
ラィツィズ、ユリィ
ラストゥィムヤシュイン、セルヒィ
レナン、アナトリィ
ルィバルコ、セルヒィ
ルィジュク、セルヒィ
リズン、ヴォロドゥィムィル
ロホウシクィー、セルヒィ
ロドゥニャ、ヴォロドゥィムィル
ルバン、オレフ
ルデンコ、フルィホリィ
ルドバシュタ、ヴォロドゥィムィル
リャボウ、ヴィクトル
サルィストゥィー、セルヒィ
サロフボウ、ムィコラ
サモィレンコ、ヴォロドゥィムィル
サタノウシクィー、オレフ
サチコ、ヴィクトル
スヴィェシュニコウ、オレクサンドゥル
セビャキン、ムィコラ
セヴェルィン、オレクサンドゥル
セムィリトゥ、ヴィクトル
セルヒウ、ヴォロドゥィムィル
セルヒイェンコ、ヴォロドゥィムィル
セルデュチェンコ、ヴォロドゥィムィル
スィドレンコ、ムィコラ
スィドレンコ、ユリィ
スィヌィツャ、ムィハイロ
スィロイェドウ、ヴォロドゥィムィル
スィリク、ユリィ
スィヤンキン、ムィコラ
スコルィク、アナトリィ
スコルィク、ヴィクトル
スルィヴァ、オレクサンドゥル
スマハ、アナトリィ
スムィルノウ、イェウヘン
スモロウ、ヴィクトル
ソロドゥクィー、オレクサンドゥル
ソロキン、アンドゥリィ

スパソウ、レオニドゥ
スタルツェウ、アナトリィ
ステツェンコ、パウロ
タラダイコ、ヴァレントゥイン
タラヌハ、ヴァスィリ
テレニャ、イホル
テレトゥヌイク、イホル
テレシチェンコ、ヴァスィリ
テレシチェンコ、イヴァン
テルトゥイチヌィー、フルイホリィ
テテリャトゥヌイク、イホル
トゥイモシェンコ、ドゥムイトゥロ
トゥイモシェンコ、ムィコラ
トゥイシチェンコ、セルヒィ
トゥイトウ、オレクサンドゥル
トゥカチョウ、オレクサンドゥル
トゥカチュク、アナトリィ
トゥレテャク、パウロ
トゥロフィメンコ、ヴィクトル
トゥロフィメンコ、オレクサンドゥル
トゥロツ、イーリャ
トゥロツェンコ、ヴァレリィ
トゥルシチェンコ、アナトリィ
トットウィク、ドゥムイトゥロ
テュリャヒン、オレクサンドゥル
ウドヴィン、レオニドゥ
ウドゥウ、オレクサンドゥル
ウス、ヴァスィリ
フェディー、ムィコラ
フェドゥチェンコ、セルヒィ
フィリンコウシクィー、ヴァレリィ
フィリポウ、アナトリィ
フィリプチュク、セルヒィ
フィルコ、アナトリィ
フィルサノウ、イホル
フォメンコ、イヴァン
ハニン、オレクサンドゥル
ハルチェンコ、アンドゥリィ
フィメンコ、フルイホリィ
フリウヌィー、オレクサンドゥル
ホロドゥヌィー、ムィコラ
ホロプツォウ、オレクサンドゥル
ホメンコ、ユリィ
ツァリュク、ヴァレリィ
ツェヘリヌイク、アルカディー
ツェルイク、アナトリィ
ツイムバル、ヴォロドゥイムィル
チャバニュク、ムィハイロ
チャプリャ、ヴィクトル
チェルパノウ、ペトロ
チェルフィク、ヴォロドゥイムィル
チェレウコ、スタニスラウ
チェレウタ、セルヒィ
チェルノヒル、ヴィクトル
チェルヌハ、アンドゥリィ
チェルヌハ、ヴァレントゥイン
チュビィ、ウヤチェスラウ
チュディノウ、ムィハイロ
チュイコ、ヴァレリィ
チュイコ、ヴォロドゥイムィル
チュマク、ムィコラ

シャラウモウ、ヴァスィリ
シャポヴァル、ムィコラ
シュヴァイコ、イヴァン
シェウチェンコ、オレクサンドゥル
シュイクィリャウシクィー、イェウヘン
シュイシュカニ、ヴィクトル
シュイシュニャイェウ、ヴォロドゥイムィル
シュマイン、レオニドゥ
シュマリチェンコ、イェウヘン
シュマルカル、ヴォロドゥイムィル
ショステャ、ヴォロドゥイムィル
シュパク、アンドゥリィ
シュパク、オレクサンドゥル
シュパチェンコ、ヴォロドゥイムィル
シュピルコ、オレフ
シュトウイム、ヴォロドゥイムィル
シチャスルイヴェツィ、ヴァスィリ
シチョホリェウ、ヴァスィリ
ユズィ、オレフ
ヤクィメンコ、ボルイス
ヤクィメンコ、セルヒィ
ヤコヴェンコ、ムィコラ
ヤコウリェウ、アナトリィ
ヤクシェンコ、セルヒィ
ヤスクラ、アナトリィ
ヤストゥルブ、ペトロ

9. ポルタヴァ州
アハリェウ、イヴァン
アリェクスィイェイェンコ、ヴィタリィ
アンドゥルシチェンコ、ムィコラ
アントネンコ、オレクサンドゥル
アルテメンコ、セルヒィ
アルトュシェンコ、アナトリィ
ババク、ヴィタリィ
バルダシュ、オレフ
ベズクルインシクィー、パウロ
ベズシュタニコ、スタニスラウ
ビビク、ヴォロドゥイムィル
ビレニクィー、ユリィ
ビロウス、ヴァレントゥイン
ボウスノウシクィー、アナトリィ
ボフシュ、パウロ
ボルハロウ、ムィコラ
ボロトウ、オレクサンドゥル
ボリュタ、アナトリィ
ボンドレンコ、ユリィ
ブハイェンコ、オレクサンドゥル
ブハイェツィ、パウロ
ブラトウ、イェウヘン
ブルルツィクィー、アナトリィ
ブテンコ、アナトリィ
ヴァスィレンコ、フルイホリィ
ヴァスィリイェウ、セルヒィ
ヴァスィリイェウ、ユリィ
ヴァシチャイェウ、ウラドゥイスラウ
ヴェドゥラ、セルヒィ
ヴィンヌィチェンコ、ヴァスィリ
ヴィソツィクィー、セルヒィ
ウラセンコ、レオニドゥ
ヴォウク、フルイホリィ

ヴォウク、ムィハイロ
ヴォウク、セルヒィ
ヴォイノウ、アンドゥリィ
ヴォイコ、セルヒィ
ヴォロシュイン、オレクサンドゥル
ハウリュク、ヴァスィリ
ハイドゥク、イホル
ハラフザ、ヴァスィリ
ハレタ、セルヒィ
ハリフォウ、セルヒィ
ヘラスィメンコ、ムィコラ
ヘルコ、ペトロ
フラドウィル、セルヒィ
フルシュコ、フェディル
ホドゥイナ、セルヒィ
ホロボロヂコ、ムィハイロ
ホロヴァシュ、フルイホリィ
ホロウコ、ヴィクトル
ホルビェウ、ヴィクトル
ホンタレンコ、イヴァン
ホンチャル、イェウヘン
フラニコ、セルヒィ
フレベニュク、ヴィクトル
フルィニコ、オレクサンドゥル
フルイパシ、ユリィ
フルイシャニン、オレクサンドゥル
フドウィム、ムィコラ
フサレンコ、コステャントゥイン
ズバン、フルイホリィ
デムイトゥラキ、ヴァレリィ
デニハ、ムィハイロ
ドゥイビン、ユリィ
ズベンコ、セルヒィ
ディフテャル、ムィコラ
ドゥムイトゥレンコ、ムィハイロ
ドルィンシクィー、ムィコラ
ドンシクィフ、ヴァレリィ
ドゥロバハ、ヴォロドゥイムィル
デャデチコ、フルイホリィ
デャチェンコ、ヴィクトル
デャチェンコ、オレクサンドゥル
ドゥメンコ、ヴィクトル
エィスモントゥ、ボルイス
ジャバン、ヴォロドゥイムィル
ジャイコ、アナトリィ
ジェベリ、ヴィタリィ
ジェブトブリュフ、オレクシィ
ジュイトウヌイク、アナトリィ
ザボロジュヌィー、ヴァスィリ
ゼムリャヌィー、ヴァレリィ
ズィンチェンコ、アンドゥリィ
ズィンチェンコ、ムィコラ
ズィンチェンコ、セルヒィ
ズマジェンコ、ユリィ
ゾロタィコ、ヴァドゥイム
ズブ、イェウヘン
イヴァヌィツィクィー、ボフダン
イヴァセンコ、セルヒィ
イヴィン、ヴァレリィ
イウチェンコ、イホル
イリチェンコ、ヘンナディー

イサイェンコ、ヴィクトル
カニヴェツィ、ムィハイロ
カルペンコ、オレクシィ
カタイェウ、アンドゥリィ
カトゥレンコ、イヴァン
ケィバロ、イェウヘン
クィルピチェンコ、アナトリィ
キブルィチ、オレクシィ
キブルィチ、ユリィ
クルィムコ、ヴォロドゥィムィル
クロチャヌィー、ムィコラ
クヌィシュ、ムィハイロ
コヴァレンコ、オレクシィ
コウトク、オレクサンドゥル
コジェムヤク、ステパン
コリュハ、ムィコラ
コノン、オレクシィ
コノネンコ、オレクサンドゥル
コンツォウ、ヴォロドゥィムィル
コプィチコ、ユリィ
コルニィェンコ、ヴォロドゥィムィル
コルニィェンコ、ペトゥロ
コルニィェンコ、セルヒィ
コロリ、ヴァスィリ
コスティェウ、アンドゥリィ
コスチャヌィツャ、ヴィクトル
クラウツォウ、アンドゥリィ
クラウチェンコ、オレクサンドゥル
クラマレンコ、イヴァン
クルィウチュン、ヴォロドゥィムィル
クルティー、ヴァレリィ
クリチェンコ、ヴォロドゥィムィル
クペンコ、イヴァン
クリチ、アナトリィ
クチェレンコ、ムィコラ
クツ、アナトリィ
ラリン、セルヒィ
レビヂ、ムィコラ
レヴィツィクィー、イヴァン
レィコ、イホル
ルィノヴィツィクィー、フルィホリィ
ルィセンコ、ヴァスィリ
ルィセンコ、セルヒィ
ルィトゥヴィン、ムィコラ
ルィトゥヴィネンコ、ヴィクトル
ルィトゥヴィネンコ、セルヒィ
ロボダ、ヴォロドゥィムィル
ロフヴィツィクィー、ヴォロドゥィムィル
ルツェンコ、オレクサンドゥル
リュリカ、オレフ
マズル、アナトリィ
マズル、ムィハイロ
マィバ、ヴィクトル
ママィ、セルヒィ
マルチヤン、セルヒィ
マルチェンコ、オレクサンドゥル
マツェンコ、オレクサンドゥル
マツェンコ、セルヒィ
マツフィリャ、ユリィ
メドゥベヂェウ、ドゥムィトゥロ
メリヌィク、ヴォロドゥィムィル

ムィハイルィチェンコ、ヴァレントゥィン
ミトゥラ、ヴォロドゥィムィル
モルフン、ムィコラ
モストウシチュイコウ、イホル
ネボラダ、ヴァレントゥィン
ネルバ、ムィハイロ
ニキフォロウ、セルヒィ
ニムチェンコ、アナトリィ
ノヴィコウ、ヴォロドゥィムィル
ノサテュク、セルヒィ
オレクスィィェンコ、ヴィタリィ
オヌィプコ、ヴィクトル
オサウルコ、オレクシィ
パウレンコ、ユリィ
パウロウ、ヴォロドゥィムィル
パルィヴォダ、スタニスラウ
パリャルシュ、セルヒィ
パンチェンコ、アンドゥリィ
パンチェンコ、オレクサンドゥル
パピルヌィク、アルトゥル
パルホメンコ、オレクサンドゥル
パストゥホウ、ヴォロドゥィムィル
パテンコ、コスタントゥィン
パホモウ、オレフ
ペダン、オレクサンドゥル
ペストウ、オレクシィ
ペトゥレンコ、ムィハイロ
ペトゥロウ、ヴォロドゥィムィル
ペチェルィツャ、アナトリィ
ペチンカ、ヴォロドゥィムィル
プィリャイ、ヴァレリィ
プィサレンコ、オレクサンドゥル
プィシメンヌィー、ボルィス
ポホリェロウ、セルヒィ
ポドィニコウ、ヴォロドゥィムィル
ポドリャン、ヴォロドゥィムィル
ポジュイロウ、アナトリィ
ポノマレンコ、オレクサンドゥル
ポプリュィコ、アンドゥリィ
プルィズ、オレクサンドゥル
ピルルィプコ、ヴォロドゥィムィル
プロコペンコ、セルヒィ
プロタソウ、セルヒィ
プシュカル、ヴァスィリ
レヴナ、アナトリィ
レヴェンコ、ムィコラ
リェズニク、ヴィクトル
ロズソハ、イヴァン
ルデンコ、セルヒィ
サウチェンコ、イヴァン
サヴステネンコ、アナトリィ
サリモン、オレクサンドゥル
セカツィクィー、ヴォロドゥィムィル
セルデュク、ボルィス
セレダ、セルヒィ
スィヴォキニ、オレクシィ
スィヴォラプ、イェウヘン
スィロテンコ、ヴァスィリ
スィロテンコ、ヴィクトル
スィレンコ、パウロ
ソロキン、オレクシィ

スピチャク、アナトリィ
ステブリィ、ムィコラ
ステパノウ、セルヒィ
ステツェンコ、ムィコラ
ストゥルィジャク、ユリィ
スホルク、ヴィクトル
テレホン、オレクサンドゥル
テリャトゥヌィク、ユリィ
テレシチェンコ、セルヒィ
トゥイモシェンコ、ヴォロドゥィムィル
トゥイムチェンコ、ヴィクトル　アナトリィオヴィチ
トゥイムチェンコ、ヴィクトル　オレクシィオヴィチ
トゥイムチェンコ、ムィコラ
トゥイタレンコ、オレクサンドゥル
トゥイシチェンコ、オレクシィ
トルムヌィー、スタニスラウ
トュルルュン、ヴァドゥィム
トュトュンヌィク、ヴィクトル
フェドレンコ、ムィコラ
フィルソウ、セルヒィ
ハリャウカ、ロマン
ハンドヒン、ヴィクトル
ハンドヒン、ヴォロドゥィムィル
ハルチェンコ、セルヒィ
ヒレンコ、オレフ
フメリヌィツィクィー、パウロ
ホロドウ、アナトリィ
ツェリシチェウ、ヴォロドゥィムィル
ツィブリコ、ヴォロドゥィムィル
チャプリャンシクィー、フルィホリィ
チェレウコ、ヴァスィリ
チェルネハ、ムィコラ
チェルニャウシクィー、アナトリィ
チュインチュク、ヴァスィリ
チョルヌィー、セルヒィ
チュブ、オレクサンドゥル
チュダク、イヴァン
チュダク、ムィコラ
シャプリィ、オレクサンドゥル
シャムライ、セルヒィ
シャンダ、ユリィ
シェウチェンコ、ヴィクトル
シュメィコ、ヴォロドゥィムィル
シチェルバトュク、ヴァドゥィム
シチェルブィナ、ペトゥロ
ユルコ、オレフ
ヤコヴェンコ、ヴァスィリ
ヤレムチュク、オレフ
ヤルィシュ、ムィハイロ
ヤストゥレブコウ、ヴィクトル

10. ルハンシク州
アニスィモウ、オレフ
アントノウ、ムィハイロ
アスィェイェウ、ヴィクトル
アスタホウ、アナトリィ
アユボウ、エドゥアルドゥ
バベンコ、ユリィ
バブィコウ、ヴォロドゥィムィル
バブィチ、アンドゥリィ
バブィチェウ、ヴォロドゥィムィル

バイェウ、セルヒィ	ホリャンシクィー、セルヒィ	イシュイチキン、ムイハイロ
バキロウ、ヴァスィリ	フレベニュク、イェウヘン	イシチェンコ、オレフ
バルィチョウ、オレクサンドゥル	フレチュハ、オレフ	イシチェンコ、セルヒィ
バラノウ、フルィホリィ	フルィプニュク、ヴァスィリ	カダノウ、アナトリィ
バラノウシクィー、イヴァン	フレイェウ、オレクサンドゥル	カリニン、オレクサンドゥル
バルィノウ、オレクシィ	フサキウシクィー、ヴィクトル	カメンコウ、イェウヘン
バシャルリ、ヴァレリィ	フシチェンコ、ヴォロドゥイムイル	カモザ、イェウヘン
ベズノスュク、オレクサンドゥル	ダヴィデンコ、フルィホリィ	カピトゥラ、ヴァスィリ
ベレズコ、ヴィタリィ	ダヴィドウ、ヴィクトル	カライセィリ、ムイコラ
ビェリコウ、ムイコラ	ダヌィレンコ、ムイコラ	カルペンコ、イヴァン
ビジャン、ムイコラ	ダリチュク、ヴィクトル	カトゥルハ、イヴァン
ビロボロドウ、ヴァレリィ	ズバ、ユリィ	クィズィメンコ、オレフ
ビロウソウ、セルヒィ	ズベンコ、ヴァスィリ	クィセリオウ、ヴィクトル
ビリャイェウ、オレクシィ	デムイドュク、ムイコラ　ヴァスィリオヴィチ	クィスィリ、セルヒィ
ボイェウ、ユリィ	デムイドュク、ムイコラ　ムイコラィオヴィチ	クィシュイコウ、アンドゥリィ
ボジュコ、オレクサンドゥル	デムチェンコ、セルヒィ	クィヤシュコ、ムイコラ
ボンダル、イヴァン	デルノヴィー、オレクサンドゥル	キンドゥラトゥ、イェウヘン
ボンダレンコ、アナトリィ	デムチェンコ、オレクシィ	クレィコウ、ヴィクトル
ボンダレンコ、ヴィクトル	デムヤシュキン、ヴォロドゥイムイル	クルイメンコ、ムイコラ
ボンダルチュク、ムイコラ	ドゥイヴェノク、ムイコラ	コブィリャツィクィー、アナトリィ
ボロディン、ユリィ	ディデンコ、オレクサンドゥル	コブィリャツィクィー、アンドゥリィ
ボホトゥヌィツャ、ヴォロドゥイムイル	ドゥムイトゥレンコ、コステャントゥイン	コヴァレンコ、ヴィタリィ
ブハイェンコ、オレクサンドゥル	ドルホウ、セルヒィ	コヴァレンコ、ヴォロドゥイムイル　ザハロヴィチ
ブズィンヌィク、オレクサンドゥル	ドルホポロウ、パウロ	コヴァレンコ、ヴォロドゥイムイル　イヴァノヴィチ
ブルラチェンコ、スタニスラウ	ドゥロボテンコ、ヴァスィリ	コヴァレンコ、ムイコラ
ヴァレンツォウシクィー、セルヒィ	ドゥロボトウ、ヴィクトル	コヴァレンコ、セルヒィ
ヴァスィリイェウ、オレクサンドゥル	ドゥドゥキン、ヘオルヒィ	コヴァリオウ、オレクサンドゥル
ヴァルハン、レオニドゥ	デャドュシュキン、ヴォロドゥイムイル	コヴァチ、ムイコラ
ヴェルィコロダ、ヴォロドゥイムイル	デャコウ、ムイコラ	コジェウヌィコウ、イェウヘン
ヴェリシュ、ヴォロドゥイムイル	デャチェンコ、ヘンナディー	コザク、セルヒィ
ヴェルブィツィクィー、イヴァン	デャチェンコ、セルヒィ	コレスヌィコウ、ヘンナディー
ヴェルフン、ユリィ	エサウレンコ、オレクサンドゥル	コレスヌィコウ、ムイハイロ
ヴェレミイェンコ、オレクサンドゥル	イェホウ、オレクシィ	コレスヌィコウ、ユリィ
ヴェルスタ、オレクサンドゥル	イェルィセイェウ、ヴァスィリ	コレスヌィチェンコ、レオニドゥ
ヴィンヌィコウ、セルヒィ	イェロシェンコ、アナトリィ	コレスヌィチェンコ、パウロ
ヴィフリャンツェウ、ユリィ	イェリオミン、ヴォロドゥイムイル	コルィニコ、ヴァドゥイム
ヴィシュネヴェツィクィー、ヴォロドゥイムイル	イェシチェンコ、ヴィクトル	コルトゥノウ、ヴォロドゥイムイル
ヴィシュネヴェツィクィー、セルヒィ	ジュイトゥヌィク、ヴィクトル	コリバブチュク、オレクシィ
ヴォルコウ、オレフ	ジュイハリ、ヴィクトル	コマロウシクィー、ヴィクトル
ヴォルコウ、セルヒィ	ジュク、ムイコラ	コナキン、オレフ
ヴォロディン、ペトゥロ	ジュコウ、ヘンナディー	コンドゥラテンコ、オレクサンドゥル
ヴォロシュイン、ヴォロドゥイムイル	ザバリニュク、ヘンナディー	コンドゥルツィクィー、オレクサンドゥル
ヴォロビオウ、ヘンナディー	ザヴォロヂコ、ユリィ	コノヴェツィ、オレクサンドゥル
ヴォロニコ、セルヒィ	ザヴォロヒン、アンドゥリィ	コンスタントゥイネウシクィー、コステャントゥイン
ハヴェンコ、ヴァスィリ	ザドゥイラキン、ウヤチェスラウ	コロベイヌィコウ、ユリィ
ハウルィツィクィー、セルヒィ	ザドロジュヌィー、ユリィ	コロトゥイクィフ、ムイコラ
ハラシュ、ユリィ	ザィチェンコ、ユリィ	コセンコ、ヴィクトル
ハルイチ、ムイコラ	ザモシュヌィコウ、ユリィ	コストュコウ、セルヒィ
ハナヒン、セルヒィ	ザノズドゥリャ、アナトリィ	コシャノク、オレクサンドゥル
ハポノウ、セルヒィ	ザノズドゥリャ、ヴァドゥイム	コテレウシクィー、ムイコラ
ハルブズ、セルヒィ	ザハロウ、ムイハイロ	コトウ、オレクサンドゥル
ハルブズュク、セルヒィ	ズブィツィクィー、オレクサンドゥル	コトヴィチ、ヴォロドゥイムイル
ハシェンコ、アナトリィ	ゼムリャヌィー、ヴィクトル	コツュバ、オレクサンドゥル
ヘプトゥィク、ヴォロドゥイムイル	ズィメンコ、ヴィクトル	コシェウ、ムイコラ
ヒレンコ、セルヒィ	ズィンコウシクィー、セルヒィ	クラウチェンコ、ヴォロドゥイムイル
フネルィツィクィー、オレクサンドゥル	ズィンチェンコ、ヴォロドゥイムイル	クラスノウシクィー、オレフ
ホルブヌィチュイー、オレクサンドゥル	ズィンチェンコ、ペトゥロ	クレチュイク、セルヒィ
ホンホレウシクィー、セルヒィ	ズミェイェウ、ヴィクトル	クルフルィコウ、ヴォロドゥイムイル
ホンチャロウ、ヴァレリィ	ゾロタリオウ、オレクサンドゥル	クデンコ、ペトゥロ
ホルバニオウ、ヴァスィリ	ズバリェウ、ムイハイロ	クディノウ、ムイハイロ
ホルバニオウ、ムイコラ	イヴァノウシクィー、イホル	クズィン、オレフ

クズニェツォウ、ユリィ　ムィコラィオヴィチ
クズニェツォウ、ユリィ　ムィハィロヴィチ
ククソウ、アナトリィ
ククルザ、ユリィ
ククシュキン、オレクサンドゥル
クラコウ、ユリィ
クラチコ、アナトリィ
クルィコウ、ヴォロドゥィムィル
クリシュ、ユリィ
クリウ、オレクサンドゥル
クロウシクィー、ヴォロドゥィムィル
クロチカ、ヤキウ
クチミン、ヴォロドゥィムィル
クシュヌィリ、パウロ
ラブトウ、オレクシィ
ラウロウ、オレフ
ラフティン、オレクシィ
ラドゥィヒン、ヴォロドゥィムィル
ラパ、ヘンナディー
ラピン、ヴァスィリ
レベディェウ、アナトリィ
レベディェウ、オレクシィ
レベドゥィンシクィー、オレクサンドゥル
レベヂ、オレクサンドゥル
レヴァチコウ、ムィコラ
レヴィツィクィー、ユリィ
レウシュキン、ヘンナディー
レシチェンコウ、ヴァレリィ
ルィフス、ウャチェスラウ
ルィポヴィー、ヴァスィリ
ルィセンコ、ヴィクトル　フルィホロヴィチ
ルィセンコ、ヴィクトル　ペトロヴィチ
ルィタル、イェウヘン
ルィトゥヴィノウ、ムィコラ
ロバス、ヴィタリィ
ロバチョウ、コステャントゥィン
ロシャコウ、アナトリィ
ルカショウ、オレクサンドゥル
ルクヤンチュィコウ、アナトリィ
リュブィムィー、ヴォロドゥィムィル
マカルィチェウ、オレクサンドゥル
マカロウ、ヴォロドゥィムィル
マケイェウ、ヴィタリィ
マラホウ、セルヒィ
マリェウ、オレクサンドゥル
マリツェウ、オレフ
マルトゥィヤノウ、ユリィ
マスロウ、オレクサンドゥル
マスニェウ、ドゥムィトゥロ
マトゥヴィイェンコ、イェウヘン
マトゥヴィイェンコ、オレクサンドゥル
メドゥヴェデェウ、オレクサンドゥル
メジュィンシクィー、セルヒィ
メチオルキン、フェディル
ムィレウシクィー、ヴァレリィ
ムィロノウ、ヴィタリィ
ムィトゥロファノウ、ムィコラ
ムィテャシュィン、ヴァレリィ
ムィハィレンコ、ムィコラ
ミネンコ、ヴォロドゥィムィル
ミシャチェンコ、セルヒィ

モフィレウシクィー、セルヒィ
モクレツォウ、ヴォロドゥィムィル
モルズィェウ、ヴォロドゥィムィル
モロズ、ヴォロドゥィムィル
モロゾウ、ヴァドゥィム
モツィヤカ、セルヒィ
ムラロウ、ヴォロドゥィムィル
ムスィイェンコ、セルヒィ
ナホルニャク、オレクサンドゥル
ナザロウ、ヴォロドゥィムィル
ナザロウ、オレクサンドゥル
ナイドゥホウ、ヴァスィリ
ナクルィウカ、ウャチェスラウ
ナルィモウ、ムィコラ
ネドゥバィロ、オレクシィ
ネドマレツィクィー、オレクサンドゥル
ネリカイェウ、ヴィクトル
ネリウヌィー、ヴァスィリ
ネスヴィトウ、ヴォロドゥィムィル
ネスヴィトウ、オレクサンドゥル
ネスクバ、オレクサンドゥル
ネステレンコ、アンドゥリィ
ネステレンコ、レオニドゥ
ネステレンコ、ムィコラ
ネステロウ、アナトリィ
ネテャハ、イヴァン
ヌィクィシュィン、アナトリィ
ニファマトゥリン、ムニル
ニキテンコ、ヴォロドゥィムィル
ニキテンコ、イヴァン
ニキティン、アリム
ニコラィェンコ、セルヒィ
ノヴィコウ、オレクシィ
ノスコ、ユリィ
フジュヌィー、オレフ
オルィドロハ、イヴァン
オスタプチュク、ヴァレリィ
オスタプチュク、オレクサンドゥル
オトヴィツィクィー、アンドゥリィ
オフリメンコ、ユリィ
パウレンコ、セルヒィ
パナリン、ヴォロドゥィムィル
パニン、オレクサンドゥル
パニチキン、セルヒィ
パンクラトウ、ユリィ
パニコウシクィー、オレクサンドゥル
パルホメンコ、オレクサンドゥル
パシチェンコ、ドゥムィトゥロ
ペリャシェンコ、セルヒィ
ペペタ、ムィコラ
ペレブィーニス、ヴィクトル
ペトゥレンコ、オレクサンドゥル
ペトゥホウ、ヴィクトル
ペトゥホウ、セルヒィ
プィルィペンコ、オレクサンドゥル
プィルィプチュク、ボルィス
プレスカチ、アナトリィ
プレシュカニオウ、ムィコラ
ポホリェロウ、オレクサンドゥル
ポドゥコルズィン、アンドゥリィ
ポリシチュク、ヴァスィリ

ポルトラク、ヴァスィリ
ポルパン、アナトリィ
ポルパン、ヘンナディー
ポルヤン、パウロ
ポリャコウ、セルヒィ
ポノマリォウ、セルヒィ
ポプィク、アンドゥリィ
ポポウ、ヴァスィリ
ポポウ、ヴィタリィ
ポルチュク、ヴォロドゥィムィル
ポタポウ、ヴァレントゥィン
プルィマク、ヘンナディー
プルィストゥィンシクィー、セルヒィ
プルィホデコ、オレクサンドゥル
プロジュハン、ムィコラ
プロコフィェウ、デムヤン
プロコフィェウ、イヴァン
プロクディン、ヴァレリィ
プロツィ、オレフ
プハチョウ、ユリィ
プパニ、レオニドゥ
プシェホドゥシクィー、ムィコラ
ラズフリャイェウ、ヴィクトル
レウトウ、マルク
ルィバルコ、オレクサンドゥル
ルィブキン、アナトリィ
ロホジュィン、ヴォロドゥィムィル
ロホズャン、オレクサンドゥル
ロドヴィチェンコ、アナトリィ
ロジェンコ、ユリィ
ルバン、オレクサンドゥル
ルバン、セルヒィ
ルデンコ、セルヒィ
リャブィフ、オレクサンドゥル
リャブハ、アナトリィ
リャブツェウ、ヴォロドゥィムィル
サヴィン、ムィコラ
サウチェンコ、ヴィクトル
サウチェンコ、ムィコラ
サヌィツィクィー、ヴォロドゥィムィル
セリヴァノウ、ヴォロドゥィムィル
セリュコウ、オレクサンドゥル
セメノウ、アンドゥリィ
セムィリャジュコ、セルヒィ
セヌィク、ヴァレリィ
スィェルィコウ、セルヒィ
スィモネンコ、アンドゥリィ
スィモネンコ、セルヒィ
スィチ、オレクシィ
スィメィコ、ヴォロドゥィムィル
スクヴォルツォウ、セルヒィ
スクィダノウ、ヴォロドゥィムィル
スクリャロウ、オレクサンドゥル
スリェプツォウ、ヴォロドゥィムィル
スリェサリェウ、アンドゥリィ
スリペツィ、ヴィクトル
スマリィ、セルヒィ
スメタニン、レウ
スニェヒリョウ、オレクサンドゥル
ソロヴィオウ、ヴォロドゥィムィル
ソロフブ、アナトリィ

ソロドウヌイク、ヴァレリィ
ソロンシクィー、ヴォロドゥィムイル
ソポウ、セルヒィ
ソペリヌィコウ、オレクサンドゥル
ソスィエドゥシクィー、オレフ
スプィヌル、ユリィ
スタルィツィクィー、ヴォロドゥィムイル
スタルチェンコ、オレクサンドゥル
ステリマフ、レオニドゥ
ステリマフ、オレクサンドゥル
ステパネンコ、ヴィクトル
ステヒン、ムイハイロ
ストゥラシュノウ、ヴィクトル
スハコウ、レオニドゥ
スムシチェンコ、オレクサンドゥル
ストゥチュク、ムイコラ
スハレウシクィー、オレクサンドゥル
スハチョウ、ヴィクトル
スフィナ、パウロ
タナナキン、ヴァスィリ
トゥイモシェンコ、セルヒィ
トゥカチ、オレクサンドゥル
トゥカチェンコ、レオニドゥ
トゥカチョウ、オレクサンドゥル
トカリェウ、セルヒィ
トプチィ、イヴァン
トゥルビツィン、イホル
トゥコウ、ユリィ
トゥティエリェウ、アナトリィ
ウラノウ、ヴォロドゥィムイル
ウヌィチェンコ、ヴィクトル
ウラゾゥシクィー、オレクサンドゥル
ウホウ、ムイコラ
ファリュシュ、ヴォロドゥィムイル
フェドレンコ、オレクサンドゥル
フェドウ、ボルイス
フィトゥイク、セルヒィ
フィリポウ、オレクサンドゥル
ハルチェンコ、オレクサンドゥル
ヒゾウ、オレクサンドゥル
フルイヌイン、ヴィタリィ
フルシチョウ、アナトリィ
フルシチョウ、オレクサンドゥル
フストチキン、ムイコラ
ツェプコウシクィー、ヴィクトル
ツィブレンコ、ムイコラ
チェレパヒン、ヴィタリィ
チェルヌィシェンコ、ヴィクトル
チェルヌィショウ、セルヒィ
チェルノジュコウ、イヴァン
チェルニャイェウ、セルヒィ
チェホニナ、ルイマ
チュイキン、セルヒィ
チムィル、ユリィ
チョポタリオウ、ヴァスィリ
チュブィネツィ、アナトリィ
チュハイェウ、ヴィクトル
チュイコ、ムイコラ
シャイ、ヴィクトル
シャポヴァロウ、ヴィクトル
シャポヴァロウ、ヴォロドゥィムイル

シャポヴァロウ、ムイハイロ
シャポシュヌィコウ、ムイハイロ
シェウツォウ、アナトリィ
シェウチェンコ、ヴィクトル
シェウチェンコ、オレクサンドゥル
シェルドハノウ、オレクサンドゥル
シェルドゥチェンコ、セルヒィ
シュィリン、オレフ
シュイロウ、セルヒィ
シュレィモヴィチ、ナウム
シュレィヌイク、ヴォロドゥィムイル
シュレンシクィー、ヴォロドゥィムイル
シュマトウ、セルヒィ
ショウクン、ムイコラ
シュシュパンヌィコウ、ムイコラ
シチェルバク、アナトリィ
ユロウ、ヴィクトル
ユルチェンコ、ヴィクトル
ヤクィメンコ、アナトリィ
ヤクニン、オレクサンドゥル
ヤニェウ、イヴァン
ヤルコウ、ユリィ
ヤストゥレブ、オレクサンドゥル

11. オデサ州

アハポノウ、アナトリィ
アキモウ、ムイコラ
アラチェウ、イヴァン
アントゥイポウ、ヴィタリィ
アントゥイポウ、ユリィ
アントネンコ、セルヒィ
アントニュク、ムイコラ
アポストル、ムイコラ
アタナソウ、ヴィタリィ
アファナセンコ、オレフ
アシュラリィェウ、ユリィ
バラン、ヴァレリィ
バリカ、オレクサンドゥル
バスュク、セエルヒィ
ベウズュク、オレクサンドゥル
ベズルコ、ドゥムイトゥロ
ベズスメルトゥヌィー、アナトリィ
ベリマチ、レオニドゥ
ベンニ、イヴァン
ベルベル、ヘオルヒィ
ベレジュヌィー、ヴァスィリ
ビルィー、オレクサンドゥル
ビルィー、ペトゥロ
ビバ、ヴォロドゥィムイル
ビロウス、アナトリィ
ボハトチュク、ヴィクトル
ボハチュク、イヴァン
ボルデスクル、アナトリィ
ボルデスクル、ヴィクトル
ボルデスクル、セルヒィ
ボンダル、ヴァスィリ
ボンダレンコ、ヴァスィリ
ボンダレンコ、ムイコラ
ボルダン、ムイハイロ
ボロディン、イェウヘン
ブラスラウシクィー、ヴァスィリ

ブルィジェニュク、トゥイモフィー
ブラフ、アナトリィ
ブルラカ、ムイコラ
ヴァリャンシクィー、セルヒィ
ヴァスィリアディ、ドゥムイトゥロ
ヴァスィラトス、セルヒィ
ヴァスィルイシュイン、ヴォロドゥィムイル
ウドウ、オレクシィ
ヴェルィチキン、ムイコラ
ヴェルィチコ、ヴィクトル
ヴェルブィツィクィー、アナトリィ
ヴェレシチャク、ユリィ
ヴィンヌィチェンコ、オレクサンドゥル
ヴィンシクィー、ヴィタリィ
ヴィノソツィクィー、レオニドゥ
ヴィトゥコヴィチ、ヴィクトル
ウラデ、パウロ
ヴォズィコウ、ヘンナディー
ヴォロホウ、ビクトル
ハヴィンチュク、アナトリィ
ハハリン、ユリィ
ハイナ、ヴォロドゥィムイル
ハネヴィチ、ヴィクトル
ハポネンコ、ユリィ
ヘオルヒ、ヴァスィリ
ヘルディイェウシクィー、ウヤチェスラウ
ヘチウ、ヴァスィリ
フナトュク、セルヒィ
フニデンコ、ムイコラ
ホウズブィトウ、セルヒィ
ホルビェウ、ウヤチェスラウ
ホルブコウ、アナトリィ
ホルバテンコ、ヴィクトル
ホルディーチュク、アンドゥリィ
ホリフ、ヴィクトル
ホトゥコ、ムイコラ
フナトゥコヴィチ、ヴォロドゥィムイル
フラネツィクィー、レオニドゥ
フルィホルィェウ、セルヒィ
フルィホルク、アナトリィ
フルィシチェンコ、オレクサンドゥル
フルィシチェンコ、ユリィ
フルシュコ、ヘオルヒィ
フズィナ、セルヒィ
フニコ、オレフ
フサル、コステャントゥイン
ダヌィリュク、オレクサンドゥル
デメシュキン、パウロ
デムチェンコ、アナトリィ
デレウヤンコ、ヴィクトル
ドゥイムチュク、イヴァン
ドブヂコ、レオニドゥ
ドルホノセンコ、レオニドゥ
ドルジェンコ、パウロ
ドゥラハノウ、アンドゥリィ
ドゥラヌィー、セルヒィ
ドゥラチ、ヴィタリィ
ドゥルィハ、ヴィクトル
ドゥドゥヌイク、ヴァスィリ
ドゥトゥコ、ムイコラ
イェホウ、ヴォロドゥィムイル

イェルイザロウ、オレフ
イェルヒイェウ、ペトロ
イェフレメンコ、コステァントゥウィン
ザヴァドゥスィクィー、オレクサンドゥル
ザベルイシュコ、ヴァレリィ
ザイツェウ、ムィコラ
ザイチェンコ、オレフ
ザカルリュカ、ヴォロドゥィムィル
ザリュボウスィクィー、ペトロ
ザロウヌィー、イホル
ザヤルシクィー、ムィコラ
ズプチェンコ、セルヒィ
イヴァヌィツィクィー、ヴォロドゥィムィル
イリイン、オレクサンドゥル
イシュプラトゥ、オレクサンドゥル
カロウ、ヴィクトル
カンドゥィバ、ムィコラ
カラ、オレクサンドゥル
カラヴァンシィクィー、ヴァスィリ
カルタショウ、オレクサンドゥル
カルチェウ、サヴァ
カトノウ、オレクサンドゥル
カシチュク、ヴィクトル
クヴァスニュク、ユリィ
キラル、セルヒィ
クィイェンコ、イェウヘン
キロウ、オレクサンドゥル
キトゥロサノウ、オレクサンドゥル
クラピィ、レオニドゥ
クレバンシクィー、ムィハイロ
クレイン、セルヒィ
クルイヴェツィ、ヴォロドゥィムィル
クルイマンシクィー、ヴォロドゥィムィル
クルイモヴィチ、ユリィ
コヴァレンコ、アナトリィ
コヴァレンコ、ヴォロドゥィムィル
コヴァリ、オレクサンドゥル
コイェウ、ヴォロドゥィムィル
コイェウ、ドゥムィトゥロ
コザチェンコ、ヴィクトル
コザチェンコ、ムィコラ
コジュハレンコ、ヴァレントゥウィン
コクル、オレクサンドゥル
コリスヌィチェンコ、エドゥアルドゥ
コンドゥラトュク、ムィコラ
コプィロウ、ヴァレリィ
コルジュィロウ、ヴィタリィ
コストウィナ、ムィコラ
コステュチェンコ、オレクサンドゥル
コテンコ、ヴィクトル
コテンコ、ユリィ
クラマロウ、ムィコラ
クラスノシチョク、ヴィクトル
クルトホロウ、ヴァレリィ
クズィメンコ、ヴァスィリ
クラヒン、アンドゥリィ
クリヌィチ、アナトリィ
クリテャイェウ、ヴォロドゥィムィル
クリチャ、アンドゥリィ
クロウ、ヴォロドゥィムィル
クツェンコ、オレクサンドゥル

クシチュイク、ヴァレリィ
クチェレウシクィー、ヴィクトル
クシュニル、オレクサンドゥル
レウキン、フェディル
レウシュイン、オレクサンドゥル
ルイセンコ、アンドゥリィ
ルスィー、フルイホリィ
ロンシャコウ、ヴァレントゥウィン
ロプホウ、イヴァン
ルチュインシクィー、スタニスラウ
マハラトゥィー、セルヒィ
マズル、アナトリィ
マズル、ヴィクトル
マカレンコ、セルヒィ
マカロウ、オレクサンドゥル
マクスィムユク、ヴァスィリ
マルィー、ヴォロドゥィムィル
マリナトゥ、ユリィ
マルコウ、ムィハイロ
マルコウシクィー、ヴィクトル
マルトゥィニュク、イホル
マルトゥィロスャン、オレクサンドゥル
マトゥビェイェウ、イェウヘン
メシチェリャコウ、オレクサンドゥル
ムィコリュク、ヴァレントゥウィン
ムィルホロウ、ペトロ
ムィロノウ、ヴォロドゥィムィル
ムィハイロヴァ、スヴィトゥラナ
ミルチャ、セルヒィ
ミチュダ、オレフ
モロチコ、セルヒィ
モスカレンコ、セルヒィ
モトチュク、ドゥムィトゥロ
ムラウリオウ、オレクサンドゥル
ムスリモウ、アイヴァル
ナザレンコ、アンドゥリィ
ナコネチヌィー、フルイホリィ
ネホジェウ、ムィコラ
ネディリチュク、ムィコラ
ネポチャトゥ、ヴォロドゥィムィル
ネチュィプレンコ、ヴィクトル
ニコライェウ、ヴァレントゥウィン
ニコライェウシクィー、ヴィクトル
ノヴィツィクィー、ユリィ
オドロニコ、ヴィクトル
オプク、ユリィ
オサウレンコ、レオニドゥ
パウレンコ、ヘオルヒィ
パナセヴィチ、ヴォロドゥィムィル
パニコ、ヴォロドゥィムィル
パスィチヌィク、ヴィクトル
パスィチヌィク、イホル
パスィチヌィク、コステァントゥウィン
パスカロウ、アナトリィ
ペトゥリオヴァヌィー、オレクサンドゥル
ペトゥレイク、ムィコラ
ペトゥコヴィチ、ペトロ
ペトゥロウ、セルヒィ
ペトゥリュク、アナトリィ
ポホレリチュク、ユリィ
ポドゥリェスヌィー、アンドゥリィ

ポドゥリズ、ヴァレントゥウィン
ポリコウシクィー、ユリィ
ポリシチュク、ヴァレントゥウィン
ポリシャコウ、パウロ
ポポヴィチ、ステパン
プロホロウ、ヴォロドゥィムィル
ラドゥチェンコ、ウャチェスラウ
レベンチュク、イヴァン
レゼンコウ、オレクサンドゥル
レゼニュク、オレクサンドゥル
レツィズ、ヴォロドゥィムィル
レシェリャン、ムィハイロ
ルイバコウ、トゥィムル
ルイプチャク、オレフ
ロホウ、セルヒィ
ロマンシクィー、アナトリィ
ロシュィオル、オレクシィ
ルデニャ、ステパン
サヴィツィクィー、アナトリィ
サハイダク、ヴォロドゥィムィル
サラマハ、オレクサンドゥル
サモィロウ、ヴァレリィ
サラファニュク、ペトロ
サフォノウ、ヴァスィリ
セヴァスティヤノウ、ヴァレリィ
セルデニュク、ユリィ
スィヴァク、ムィコラ
スィドロウ、オレクサンドゥル
スィンチュク、ヴォロドゥィムィル
スィポニン、ムィコラ
スィラチェンコ、ヴァスィリ
スクィダン、ムィコラ
スラベンコ、セルヒィ
ソブコ、ヴィクトル
ソクル、イホル
ソシュイン、オレクサンドゥル
スヌルヌィコウ、ヴィタリィ
ステパネンコ、オレクサンドゥル
ステパニュク、オレフ
ステプチュク、ヴァレリィ
ストイコウ、ウャチェスラウ
ストゥカレンコ、ムィコラ
ストゥルトゥウィンシクィー、オレクサンドゥル
スルヴィロウ、ヴィクトル
スシュコ、ヴォロドゥィムィル
タウロヴァ、リュドゥムィラ
タラバンチュク、セルヒィ
テレウツァ、セルヒィ
テルズィ、ドゥムィトゥロ
テルノウ、ヴィクトル
トゥィムキウ、ムィハイロ
トゥィホムィロウ、アンドゥリィ
トゥィホムィロウ、ヴィクトル
トゥィモウ、セルヒィ
トゥカチェンコ、ヴォロドゥィムィル
トゥカチェンコ、テテャナ
トパロウ、ステパン
トポロウシクィー、ヴィタリィ
トルビンシクィー、アナトリィ
トゥレテャク、セルヒィ
ウドゥデンコ、アンドゥリィ

ウズン、ヴォロドゥイムィル
フェドセイェンコ、ムィコラ
フェドレンコ、ユリィ
フェドゥチェンコ、オレクサンドゥル
フィリシチュインシクィー、ヴォロドゥイムィル
フィノジュキン、オレクサンドゥル
フランキン、オレクサンドゥル
フントヴォィ、ヴォロドゥイムィル
ハボルシクィー、ムィハイロ
フヴォロステンコ、セルヒィ
フィムィシチュク、ユリィ
フィンツィツィクィー、オレクサンドゥル
フィトゥロウ、アンドゥリィ
フメレウシクィー、ボルィス
ツェサク、ヴィクトル
チャイカ、イェウヘン
チャプィル、ペトゥロ
チャシュリン、ムィハイロ
チェカナル、アナトリィ
チェルヴォニュク、ユリィ
チェレポニコ、ムィコラ
チェルネハ、ヴィクトル
チュムテンコ、セルヒィ
チョルヌィー、アナトリィ
チュブ、ムィコラ
チュマチェンコ、ヴィクトル
チュハネンコ、ウャチェスラウ
シャルホロドゥシクィー、アダム
シェウチェンコ、ヴィクトル
シェストパロウ、ユリィ
シュイロウ、ヴィクトル
シュケブ、ヴォロドゥイムィル
シュムィヘリシクィー、スタニスラウ
ショィカ、ムィコラ
シュム、ヴォロドゥイムィル
シュストゥロウ、オレクサンドゥル
ウンフリャン、ヴァレントゥイン
ヤクィメンコ、ヴァドゥイム
ヤコヴェンコ、ムィコラ
ヤニ、フルィホリィ
ヤンコウシクィー、ヴォロドゥイムィル
ヤセリシクィー、ボフダン
ヤヌィシェウシクィー、ヴィタリィ

12. リヴィウ州

アダムヤク、ユリィ
アレクサンドゥロウ、ユリィ
アンドゥルシチュィシュィン、ロマン
アントゥシュ、ムィハイロ
アヌフリェウ、ヴィクトル
アファナシェウ、セルヒィ
バブィチ、ユリィ
バラバシュ、ヴァスィリ
バラノウ、イホル
ベニコ、ヴァスィリ
ベニャフ、ヴィタリィ
ビェドゥヌィー、ヴォロドゥイムィル
ブィシュコ、ヤロスラウ
バフリィ、ヴォロドゥイムィル
バカ、ロマン
ボホリュブシクィー、ヴィクトル

ボドゥナル、ヴァスィリ
ボドゥナル、イホル
バンダル、ムィコラ
ボホンコ、ステパン
ブルィチョウ、ヴォロドゥイムィル
ブチマ、ムィハイロ
ヴァリュク、ヴォロドゥイムィル
ヴァニオ、ロマン
ヴァスィルィナ、アンドゥリィ
ヴァスタ、イホル
ヴァスヒン、ヴァレリィ
ヴェクリュク、イホル
ヴィホニュク、ヴァレリィ
ヴィリコヴィチ、ドゥムィトゥロ
ヴォウチャストゥィー、ヤロスラウ
ヴォィタヴィチ、ムィハイロ
ヴォロシュイン、リュボムィル
ヴォルチコウ、イェウヘン
ヴォロヌィツィクィー、アナトリィ
ハイドゥク、イヴァン
ハラライ、ムィハイロ
ハルィチ、ヴィクトル
ヘズ、ムィハイロ
ヘレバン、イヴァン
ヘラスィムヤク、ステパン
ヘルマンチュク、オレクサンドゥル
フラダン、ヴァスィリ
フラドネツィ、イヴァン
フロヴァ、ヴォロドゥイムィル
フルフ、パウロ
フナトゥィシャク、ヴォロドゥイムィル
ホィ、ゼノヴィー
ホルディノウ、ヴァレリィ
ホルシュコウ、ヴォロドゥイムィル
ホンチャルク、タラス
ホプシュタ、ボフダン
ホルボウシクィー、ヴォロドゥイムィル
ホルニャク、ヴォロドゥイムィル
ホリャイェウ、アナトリィ
フレベニ、ヴィクトル
フレディリ、ステパン
フレチャン、ヴォロドゥイムィル
フルィニク、アンドゥリィ
フルィニキウ、ムィハイロ
フルィツァイ、ボフダン
フルィツァイ、フルィホリィ
フルィツィク、ボフダン
フリトゥチェンコ、ヴィクトル
フブィツィクィー、ムィハイロ
フズ、ムィハイロ
フゼリャク、イヴァン
フリャイホロウシクィー、イヴァン
フメンスィー、ボフダン
フパロ、ムィハイロ
フルィシュ、アンドゥリィ
フリィ、ヴァスィリ
フルヌィー、イェウヘン
ダヌィリュク、ヴォロドゥイムィル
ドゥイユク、ボフダン
ドゥミトゥルィシュィン、ユリィ
ドゥミトゥルク、ヴォロドゥイムィル

ドブシチャク、ヴィクトル
ドロフィェイェウ、ヴァレントゥイン
ドルチャク、オレストゥ
ドゥルチェヴィチ、イヴァン
ドゥロズドウ、ユリィ
ドゥフヌィツィクィー、タラス
イェブシュ、ヴァスィリ
イェルモライェウ、ヴォロドゥイムィル
ジュミンカ、ユリィ
ザドロジュヌィー、イヴァン
ザハラ、イヴァン
ズヴォルィキン、イェウヘン
ゾブニン、イェウヘン
ズバリェウ、イホル
ズブィク、ヴァスィリ
イヴァネツィ、イェウスタヒィ
イヴァシュキウ、ヴォロドゥイムィル
イヴァシュコ、ロマン
イリチュィシュィン、ヴァスィリ
カンドゥリン、セルヒィ
カラピンカ、ゼノヴィー
カラシオウ、エドゥアルドゥ
カラチェウシクィー、ゼノヴィー
カルィー、ゼノヴィー
カルプ、ヤロスラウ
カルպィ、ヤロスラウ
ケチャ、ボフダン
クィスィリ、ボフダン
キヌィク、ヤロスラウ
キシュコ、ステパン
クルィメンコ、ムィハイロ
コヴァリ、ムィハイロ
コフトゥ、イオスィプ
コズロウシクィー、ステパン
コルィチ、イヴァン
コロソウ、ユリィ
コノヴァロウ、ムィコラ
コリネツィ、イホル
コリネツィ、ムィハイロ
コハンチュク、ボフダン
コツル、イホル
コシェレンコ、ウャチェスラウ
クルィヌィツィクィー、ムィハイロ
クルィシュタリシクィー、ボフダン
クロフマリ、オレフ
クヌィツィクィー、ムィハイロ
クプリィ、ヴァスィリ
クシュニル、イホル
ラウレンチェウ、ヴァレリィ
ラピシュコ、マルヤン
ラトゥィシュ、セルヒィ
レヴィツィクィー、ヴォロドゥイムィル
ルィヴェニ、ステパン
ルィトゥヴャク、ムィロン
ルィトゥヴィン、イホル
ロズィンシクィー、ゼノン
ロゾヴィー、ヴォロドゥイムィル
ルカ、ヴァスィリ
ルチコウシクィー、ヴァスィリ
リャホヴィチ、フルィホリィ
マヘルス、ステパン

マズルィク、オレストゥ
マケイェヴェツィ、オレクサンドゥル
マコタ、ムィロン
マルトゥィン、ムィコラ
マルトゥィネツィ、スタニスラウ
マルトゥィンツィウ、ヴァスィリ
マルトゥィニュクーロトツィクィー、イェウヘン
マスリン、ヴォロドゥィムィル
マフヌィツィクィー、ヴォロドゥィムィル
マホルトゥ、ウヤチェスラウ
メレンツォウ、ヴァレリィ
ムィハリュク、ムィロン
ミルコタン、ペトロ
ミフネヴィチ、スタニスラウ
ミシチェンコ、ヴォロドゥィムィル
ムサトウ、イェウヘン
ムハ、ヴィクトル
ムシチュィンカ、ボフダン
ナスリドゥィヌィク、ヴァスィリ
ネドヴィズ、ロマン
ネホロシュィフ、ヘオルヒィ
ヌィジュヌィク、ヴォロドゥィムィル
オヴチャル、ヴォロドゥィムィル
オゾロヴィチ、ドゥムィトゥロ
パウルィク、アンドゥリィ
パウルィシュィン、ムィハイロ
パウルスィウ、ヤロスラウ
パルィヴォダ、ヴォロドゥィムィル
パリイェンコ、ヴォロドゥィムィル
パニキウ、ステパン
ペリオヴィン、ヴィクトル
ペトゥルィク、ヴァスィリ
ペトゥルィク、イヴァン
ペトゥロウ、ヴォロドゥィムィル
ペトゥロウシクィー、ヴィタリィ
プィルィペンコ、ムィコラ
プィルィピウ、ヴァスィリ
プィリフ、ゼノヴィー
プラフタ、ロマン
ポドリスィクィー、イヴァン
ポロウコ、イヴァン
ポリャンシクィー、ステパン
ポポヴィチ、ムィハイロ
ポシェホウ、アナトリィ
プラツィオヴィトゥィー、ステパン
プルィスタィ、イホル
ラビネツィ、ヴァスィリ
ラチョク、ロマン
リズヌィク、ムィハイロ
ルィパク、ヤロスラウ
ルィプカ、ロマン
ルドゥィク、ペトロ
ルセニュク、セルヒィ
サベリャク、ムィロスラウ
サハロウ、パウロ
スヴィシチ、イホル
セモチコ、ムィハイロ
スィドラク、ヴォロドゥィムィル
スキラ、タラス
スクラ、ステパン
スムィチヌィク、セルヒィ

ソキル、イヴァン
ソルタン、タラス
ソルトゥィス、ヤロスラウ
ソロカ、ムィコラ
ソロカ、ロマン
ソロキウシクィー、ムィハイロ
スプィチャク、リュボムィル
スポダル、ムィハイロ
ステツィク、ゼノヴィー
ステツィウ、ヤロスラウ
ステファンキウ、ヴァスィリ
ストヒンシクィー、ユリアン
ストゥパク、ボフダン
スプィク、ムィハイロ
テレシチュク、ヤロスラウ
トゥカチェンコ、ユリィ
トゥカチュィシュィン、イヴァン
トゥカチュク、ヴォロドゥィムィル
トゥリプヌィク、ムィコラ
トゥロフィモチュク、フルィホリィ
トゥルシュ、テオドル
トゥプィシ、ゼノヴィー
トゥプィシ、ヤロスラウ
トゥトゥンヌィク、ロマン
ファルベィ、ヴォロドゥィムィル
フェデヴィチ、イホル
フェドゥィナ、ボフダン
フェドルィチコ、ムィハイロ
フェヌウカ、ロマン
フェルコサウ、オレクサンドゥル
フィデリ、ムィロン
フィリポウ、ヴォロドゥィムィル
フルズィンシクィー、オレストゥ
フルドゥィキニ、ヴォロドゥィムィル
ハラムブラ、イヴァン
ヘムィチ、ステパン
ヒリャ、セルヒィ
フリュピン、ユリィ
ホダク、ムィロスラウ
ホムィシチャク、ペトロ
ツィハンシクィー、ムィコラ
ツィセリシクィー、ヴァスィリ
シェメリャク、ヤロスラウ
シェメニチ、アナトリィ
シュィカロウ、ヴァレリィ
シュィムキウ、オレクシィ
シュラパク、ペトロ
シュテレブ、イホル
ユレンツ、オレストゥ
ユスィウ、ムィハイロ
ヤクィムヤク、ボフダン
ヤンコ、ロマン
ヤセヌィツィクィー、ロマン
ヤホントウ、ヴィクトル
ヤツィク、ヴォロドゥィムィル

13. クルィム
アキシュィン、ムィコラ
アレクサンドゥロウ、セルヒィ
アンドゥリェイェウ、オレクサンドゥル
アンドゥリヤノウ、イヴァン

アンドゥリュシチェンコ、ヴァレリィ
アンドゥリュシチェンコ、オレクサンドゥル
アントゥイポウ、セルヒィ
アントニュク、ヴォロドゥィムィル
アンツポウ、ムィコラ
アプルィシュコ、ウヤチェスラウ
バベンコ、ドゥムィトゥロ
バブィチ、ムィハイロ
バビツィン、ヴァレントゥィン
バドゥク、ヴィクトル
バラクリイェツィ、ヴァレリィ
バルナシュ、オレクサンドゥル
ベズコロヴァィヌィー、オレフ
ベレズヌィー、オレクサンドゥル
ベルコウ、ユリィ
ベルロウ、ヴィクトル
ベリコウ、ヴァレリィ
ビロウス、イェウヘン
ボウクン、イヴァン
ボハトゥィコウ、ヴォロドゥィムィル
ボドゥィチェンコ、ユリィ
ボィミストウル、セルヒィ
ボルィス、パウロ
ボルィソウ、イホル
ボロディン、ユリィ
ブィヌィー、ヴァスィリ
ヴァスィリコウ、オレクシィ
ヴィェトゥロウ、ヴォロドゥィムィル
ヴィンツィクィー、ヴィクトル
ウラソウ、ユリィ
ヴォルコホノウ、オレクサンドゥル
ハウルィレンコ、ヴォロドゥィムィル
ハルブズ、ヘンナディー
フィスカ、ヘオルヒィ
ホリャホウ、ヴォロドゥィムィル
ホンチャロウ、コステャントゥィン
ホルブノウ、イヴァン
フロモウ、アンドゥリィ
フブシクィー、ヘオルヒィ
フドヴァンヌィー、アナトリィ
フルレウ、オレクシィ
フスィェウ、イホル
デメドュク、アナトリィ
デメノク、ヴィクトル
デリャビン、アナトリィ
ディェイェウ、アナトリィ
ゼクノウ、ヴァドゥィム
ディデンコ、ムィコラ
ディテルトウ、オレクシィ
ディチコウシクィー、オレクサンドゥル
ドブレニコウ、オレクサンドゥル
ドルホポロウ、ヴィクトル
ドゥレムリュヒン、アナトリィ
ドゥドゥコ、ヴィクトル
ドゥナイェウシクィー、オレクサンドゥル
ドュコウ、ヴォロドゥィムィル
イェンドゥライェウ、ヘンナディー
イェルミロウ、セルヒィ
イェファノウ、アンドゥリィ
ジャリコウ、ヴォロドゥィムィル
ジョサン、ヴォロドゥィムィル

ジュラウリオウ、ユリィ
ザイツェウ、ユリィ
ゼリンシクィー、エドゥアルドゥ
ゼムリャク、オレクサンドゥル
ズィンコ、ヴォロドゥィムィル
ズィンチェンコ、オレフ
ゾロタリオウ、オレクサンドゥル
ズィエウ、オレクサンドゥル
イヴァンコウ、ユリィ
イヴァノウ、イホル
イフナトウシクィー、オレクサンドゥル
イフナトユク、フェディル
イリュシュイン、オレクサンドゥル
イサイェウ、セルヒィ
イチェトウキン、アナトリィ
カリニン、パウロ
カミンシクィー、ヴィクトル
カナヒン、オレフ
カヌンニコウ、ヴォロドゥィムィル
カルビン、アンドゥリィ
カルニチ、オレクシィ
カスャンチュク、オレクサンドゥル
カトゥコウ、セルヒィ
クィルィロウ、パウロ
クィルィリュク、セルヒィ
クィリュヒン、オレクシィ
クィタイェウ、ウヤチェスラウ
クィヤシュコ、ヴォロドゥィムィル
コブズィェウ、ムィハイロ
コヴィルキン、コスチャントウィン
コウツル、ヴォロドゥィムィル
コザル、パナス
ココリェウ、オレクサンドゥル
コルハノウ、ユリィ
コンドゥラテンコ、ヴァスィリ
コパチコウ、ムィコラ
コルィトウ、アナトリィ
コルネンコウ、ヴォロドゥィムィル
コルチャヒン、ヴィクトル
コロベィヌィコウ、セルヒィ
コシェリェウ、ユリィ
コシチェイェウ、セルヒィ
クラウツォウ、ヴァレリィ
クラスノウ、オレクシィ
クルィヴォルチコ、オレクサンドゥル
クルィヌィツィクィー、セルヒィ
クリウツォウ、ヴィクトル
クリシチュイヒン、ヴァレリィ
クロフマリ、オレクサンドゥル
クヴァルズィン、アナトリィ
クズヴェンコウ、コスチャントウィン
クズネツォウ、オレクサンドゥル
クズミン、オレクサンドゥル
クルィロウ、ヴォロドゥィムィル
クルィロヴィチ、オレクサンドゥル
クルシュイン、ユリィ
クハレンコ、イホル
ラホウヌィク、オレクサンドゥル
レヴィツィクィー、オレクサンドゥル
レペシュコ、ムィコラ
ルィスィツィン、ヘンナディー

ルィトゥヴィノウ、セルヒィ
リハチェウ、ヴィタリィ
ロバリェウ、オレクサンドゥル
ロヒノウ、ヴォロドゥィムィル
ロスクチェリャヴィー、オレフ
ルトゥ、ヴィクトル
リャスコウシクィー、セルヒィ
マクスィメンコ、ボルィス
マクスュタ、ボルィス
マルィシェンコ、アナトリィ
マリツェウ、ヴォロドゥィムィル
マリェイェウ、セルヒィ
メドゥヴェディェウ、イホル
メリヌィク、セルヒィ
メシャルキン、オレクサンドゥル
ムィクィトユク、ムィロスラウ
ムィハイロウ、オレフ
ミロシュヌィチェンコ、オレフ
ミトュコウ、アンドゥリィ
モロズ、アナトリィ
モロズ、オレクシィ
モロゾウ、ペトゥロ
モトゥイン、ヴォロドゥィムィル
モトゥイン、イヴァン
モシュロウ、ヴァスィリィ
ムラドゥーアリィェウ、アシュムーアハ
ムヤスヌィコウ、オレフ
ナザレンコ、アナトリィ
ネディリコ、セルヒィ
ネドベイコ、ムィコラ
ネステレンコ、セルヒィ
ネジェネツィ、ヴィクトル
ヌィカドゥィモウ、オレクサンドゥル
ニキティン、ムィハイロ
オボリェンツェウ、セルヒィ
オフルインシクィー、アナトリィ
オヌィシチェンコ、ユリィ
オヌィシチュク、ヴァスィリ
オスィペンコ、オレクサンドゥル
パニコウ、ユリィ
ペレデレイェウ、ヴィタリィ
ペルシュイン、オレクサンドゥル
ペトゥロウ、ヴァスィリィ
ペトゥロウ、オレフ
ペトゥルシュイン、イホル
ピェトゥホウ、ヴィクトル
ピウニェウ、セルヒィ
ピドルィチ、ヴァレリィ
プィルコ、アナトリィ
プラカス、ヴォロドゥィムィル
ポホレリュク、ユリィ
ポドゥホルノウ、オレクサンドゥル
ポリィチュク、ヴォロドゥィムィル
ポリシチュク、ヴァスィリィ
ポリャコウ、ヘンリフ
ポパデンコ、ペトゥロ
ポペレチヌィー、イヴァン
ポプコウ、セルヒィ
ポポウ、オレクサンドゥル
プルィホヂコ、ヘンナディー
ラヂコ、ユリィ

ラク、ムィコラ
ラシェウシクィー、ヴォロドゥィムィル
レヂコ、ヴィクトル
レピンシクィー、ユリィ
ロジュイン、ヘンナディー
ロマネンコ、オレクサンドゥル
ロマノウ、セルヒィ
ルデンコ、ユリィ
ルデノク、ムィコラ
リャベニクィー、オレクシィ
リャブコ、イヴァン
サハイダ、セルヒィ
サゾノウ、オレクサンドゥル
スヴィチカル、ヴォロドゥィムィル
セラヴィン、ヴォロドゥィムィル
セロウ、ユリィ
スィドレンコ、ヴィクトル
スィトゥコウシクィー、ウラドゥィスラウ
スィヴァク、オレクシィ
スィリツァ、セルヒィ
スモロディン、ムィハイロ
ソロヴィシチュク、セルヒィ
ソロヴィオウ、オレクサンドゥル
ソロウヒン、オレクサンドゥル
スピラト、ヴォロドゥィムィル
スタロヴォイトウ、セルヒィ
ストゥレリツォウ、ユリィ
ストゥルインジャ、フルィホリィ
スボティン、ムィコラ
スリン、ペトゥロ
スホヴィー、ユリィ
タベリシクィー、ヴォロドゥィムィル
タイェル、イオハン
タラソウ、ヴァレントウィン
タラソウ、イホル
ティモフィエイェウ、ヴィクトル　イヴァノヴィチ
ティモフィエイェウ、ヴィクトル、ムィハイロヴィチ
トゥイホノウ、ヴォロドゥィムィル
トゥイムコウ、ムィコラ
トゥイモウ、ユリィ
トゥカチェンコ、オレクサンドゥル
トゥロイニン、ムィコラ
トゥロネウシクィー、パウロ
トゥロフィモウ、セルヒィ
トゥルノウ、ユリィ
トゥルスコウ、ヴィタリィ
トゥルシュイン、ヴォロドゥィムィル
トゥルシュコウシクィー、パウロ
トゥルチェンコ、オレクサンドゥル
ウドヴェンコ、オレクサンドゥル　レオニドヴィチ
ウドヴェンコ、オレクサンドゥル　ペトゥロヴィチ
ウセンコ、ヴァスィリ
ウスコウ、ボルィス
ファティエイェウ、ムィコラ
フェドトウ、ヘンナディー
フェトゥイソウ、ムィハイロ
フェトゥイソウ、オレクサンドゥル
フィルソウ、オレクサンドゥル
フォムキン、セルヒィ
フロル、ヴィクトル
フィジュニャク、ユリィ

ツィプユク、オレクサンドゥル
チェジュイン、イヴァン
チェレビ、ヴォロドゥイムィル
チェヌィカイェウ、フェディル
チェルネンコ、アリベルトゥ
チェルノヴァロウ、オレクサンドゥル
チェルニャウシクィー、イェウヘン
チュイルク、アナトリィ
チュィチュィレンコ、フルィホリィ
チェルノバィ、エドゥアルドゥ
チュハイ、ヴォロドゥイムィル
チュマコウ、ムィコラ
シュヴェドゥ、ヴィクトル
シュヴィリドゥ、ムィコラ
シュィビン、アンドゥリィ
シュィルコウ、オレクサンドゥル
シュィマンシクィー、ヴィクトル
シュクラビィ、オレクサンドゥル
シュラムチェンコ、ヴィクトル
シュビン、ヴァスィリ
シュマコウ、ユリィ
シチェルバク、ムィコラ
シチェルブィナ、オレクサンドゥル
ヤブルノウシクィー、セルヒィ
ヤコヴェンコ、ヴォロドゥイムィル
ヤコウリェウ、セルヒィ
ヤロシェンコ、オレクサンドゥル
ヤロショヴェツィ、アナトリィ
ヤロシチュク、オレフ
ヤシチェリツィン、ヴォロドゥイムィル

14. テルノピリ州
バラノウシクィー、アンドゥリィ
バスユク、オレクサンドゥル
バタノウ、アナトリィ
ベレザ、パウロ
ベルクィチ、ヴァスィリ
ブィツィコ、ゼノヴィー
ボフダノウ、セルヒィ
ヴァレヌィツャ、ボフダン
ヴァロダ、イホル
ヴェルィチコ、ゼノヴィー、
ヴィテニコ、ヴァスィリ
ヴォイトヴィチ、フルィホリィ
ヴォルイネツィ、レオニドゥ
ヴォスコボイヌィー、ヴォロドゥイムィル
ハウルィルコ、オレクサンドゥル
ハヌィチ、オレクサンドゥル
ハルヌィク、ヴィクトル
ヘルマヌィク、ヴォロドゥイムィル
ホルディー、ロマン
ドゥダ、ムィハイロ
デャチュン、ヴァスィリ
ジャブロウシクィー、ユジュィム
カズミルチュク、オレクサンドゥル
カシヤン、ヴォロドゥイムィル
クィーコ、ヴァレリィ
クィツァイ、ステパン
コロリュク、ヤロスラウ
クドゥルィンシクィー、レオニドゥ
マカロウ、オレクサンドゥル

ムィクィトゥク、ヴォロドゥイムィル
ムィハリチュク、セルヒィ
ミリャン、イヴァン
ノヴァク、ムィロン
オウスャヌィー、ヤロスラウ
オソルィンシクィー、オレフ
オストゥロヴェルハ、ペトロ
プィルィニャク、ヴァスィリ
ポリャンシクィー、パウロ
プチュィンシクィー、ユリィ
スヴィズィンシクィー、ロマン
スィェドゥ、セルヒィ
スカレツィクィー、ヤロスラウ
スタスィシュィン、レウ
ストロジュク、ロマン
タルタク、ヘンナディー
トゥルチュィン、タラス
フェンカニン、ヴォロドゥイムィル
ハルィトノウ、オレクサンドゥル
ツァプラプ、ボフダン
チェレウコ、オレフ
チェホヴィチ、イホル
シャストコ、イホル
シュヴィロ、ムィハイロ
シュィシュコウシクィー、ムィコラ
ユルケヴィチ、ペトゥロ
ヤヴォルシクィー、オレフ

15. イヴァノーフランキウシク州
アルドシュィン、ユリィ
アンドゥルセイコ、ボフダン
アントニュク、ロマン
バスユク、セルヒィ
ビレンチュク、ムィハイロ
ボドゥナル、イヴァン
ボドゥナル、ステパン
ボンダレンコ、イヴァン
ボンダルク、ロマン
ボルトゥ、ヴィタリィ
ブロネヴィチ、ヤレマ
ヴァスィリュク、ヤロスラウ
ヴィノフラドゥヌィク、タラス
ヴィトゥヴィツィクィー、ボフダン
ヴォズニャク、イヴァン
ハルニカ、イオスィプ
ハラズディー、ペトロ
ヘクマニュク、ヴィクトル
ホリネイ、ムィハイロ
ホルチュィリン、ヴォロドゥイムィル
フルィツェイ、イオスィプ
フルシェツィクィー、ドゥムィトゥロ
ダニウ、イホル
ドゥムィテルチュク、ステパン
ドゥムィトゥルク、ヴァスィリ
ザボロトゥヌィー、ボフダン
ザボロトゥヌィー、ヴォロドゥイムィル
ザロヴィンシクィー、ステパン
イヴァンキウ、イェウヘン
イダク、イヴァン
コパチュク、ヴィクトル
コスティウ、ボフダン

クルク、ムィコラ
クナイェウ、ヴィクトル
クヌィツィクィー、ムィコラ
ラホディエンコ、ユリィ
ラクティオノウ、イホル
ルホヴィー、ムィコラ
ルツィウ、ヤロスラウ
ルシチャク、ムィコラ
マズル、レオニドゥ
マクスィミウ、ムィロン
メリヌィチュク、ヤロスラウ
ムィセチコ、フルィホリィ
ムィクィトゥィン、ムィハイロ
ムィハイルィシュィン、ムィコラ
ムィハイルィシュィン、ヤロスラウ
モイスィシュィン、ボフダン
モロズコ、オメリャン
モスカリチュク、イヴァン
ムドゥルィク、ペトロ
ノニャク、ムィハイロ
オホロドゥヌィク、ヴォロドゥイムィル
オレクスュク、ムィコラ
オスタフィーチュク、レオニドゥ
パウロヴィチ、ヴォロドゥイムィル
パラフニィ、オレストゥ
パラマレンコ、ヴォロドゥイムィル
パリィチュク、ムィハイロ
パナスユク、ムィコラ
ピドゥフルシクィー、ロマン
ペトゥルィナ、イホル
ポドレツィクィー、イェウヘン
ポラタイコ、ムィロン
ポポヴィチ、ヴァスィリ
ポテャトウィンヌィク、ヴァスィリ
ロスィンシクィー、ムィハイロ
サウチャク、ムィロスラウ
サウチュク、ヴァスィリ
セメニウ、ヤロスラウ
セムユク、ヴァスィリ
セニャウシクィー、ヴォロドゥイムィル
スィドロウ、セルヒィ
ソコルィシュィン、ドゥムィトゥロ
ソコリュク、ヴィクトル
スタスィンチュク、ペトロ
フェドゥィク、ペトロ
フェドゥシュコ、ドゥムィトゥロ
フェデュク、ムィハイロ
フィレヴィチ、ロマン
ツィマシェヴィチ、セルヒィ
ツィオク、ヴォロドゥイムィル
チェルヴァチュク、イホル
チュィコル、ムィハイロ
チュィスロウ、ヴォロドゥイムィル
シェメリコ、イホル
シュシェモイン、オレフ
ヤクィメツィ、ヴァスィリ
ヤルィツィクィー、ムィハイロ

16. ハルキウ州
アヴディエイェウ、ヴィタリィ
アリフノヴィチ、ムィコラ

アルトゥホウ、ヴォロドゥイムィル	フルイェウ、ユリィ	クルペンコ、ヴィクトル
アントゥイペンコ、オレクサンドゥル	フリン、ヴォロドゥイムィル	クリュチコウ、ヴィクトル
アントネンコ、フルィホリィ	ダヌィリチェンコ、アナトリィ	クドゥレヴァトゥイフ、ムィコラ
バブィチ、レオニドゥ	ドブロノス、アナトリィ	クラコウ、セルヒィ
ベリドゥゼ、オタリ	ドルホウ、セルヒィ	クリェショウ、ムィコラ
ベスィエディン、ヴァレリィ	ドロジュコ、アナトリィ	クルィロ、ムィコラ
ビレンコ、ユリィ	ドツェンコ、ヴィクトル	クチュイン、ヴィクトル
ビルィク、ペトゥロ	ドゥビニン、ヴァレリィ	ラホシャ、ムィコラ
ビリャイェウ、オレクシィ	デャチェンコ、ヴィクトル	ラドニャ、アリム
ブルドウ、ヴィクトル	デャチェンコ、イヴァン	ラリオンチュイク、ヴィクトル
ボウクン、ヴォロドゥイムィル	イェリザロウ、ヴァレリィ	レィバ、オレクサンドゥル
ボウクン、セルヒィ	イェンホヴァトゥ、ペトゥロ	レメシェウ、ヴィクトル
ボィコ、ヘンナディー	ジェフロウ、セルヒィ	レオノウ、ヴァレリィ
ボルィセンコ、ユリィ	ジュイハイェウ、ヴィクトル	ルィサク、オレクサンドゥル
ボチャルヌィコウ、オレクサンドゥル	ジョルヌィク、セルヒィ	ルィサク、パウロ
ブロヌィシェウシクィー、オレフ	ジュラウリオウ、ヴォロドゥイムィル	ルィセンコ、セルホィ
ブハイェンコ、ムィコラ	ゼムリャヌィー、セルヒィ	ルィトゥヴィン、ヴィクトル
ブドゥキウシクィー、アナトリィ	ゾロトウ、イヴァン	ルィホババ、ペトゥロ
ブルダ、ムィコラ	ゾリン、イホル	リフィノウ、ユリィ
ブルラチェンコ、ヴィクトル	ズュバン、ヴォロドゥイムィル	ロシャコウ、ヴィクトル
ブトゥコ、ヴァスィリ	イヴァノウ、ヴァスィリ	ルクヤンチェンコ、ヘオルヒィ
ヴァクレンコ、ムィコラ	インチャコウ、オレクサンドゥル	ルツェンコ、セルヒィ
ヴァスィリイェウ、ヴィタリィ	イサイェンコ、イェウヘン	リャフ、オレフ
ヴィンヌィク、アナトリィ	イストミン、オレクサンドゥル	リャシェウシクィー、イヴァン
ヴィンヌィコウ、セルヒィ	カバチヌィー、ヴァレリィ	リャシェンコ、ムィコラ
ヴィシュネヴェツィクィー、ヴァレリィ	カヴェリン、ヴォロドゥイムィル	マィボロダ、ムィハイロ
ヴィトゥロウ、ペトゥロ	カラシュヌィク、ヴィクトル	マコヴィー、アナトリィ
ヴォズヌィー、ペトゥロ	カラシュヌィコウ、アナトリィ	マクシチェンコ、ヴィタリィ
ヴォロブイェウ、オレクサンドゥル	カリティイェウシクィー、ムィコラ	マロヴィチコ、フルィホリィ
ヴォロダルシクィー、ボルィス	カリュジュヌィー、オレクシィ	マンジェレィ、ムィコラ
ヴォロドゥチェンコ、ヴァレントゥィン	カマルダシュ、オレクサンドゥル	マレヌィチ、オレクサンドゥル
ヴォロシュイン、フルィホリィ	カピノス、ヴァドゥイム	マルトゥィノウ、ムィハイロ
ヴォロシチェンコ、ヴィクトル	カルリュク、ヴォロドゥイムィル	マルチェンコ、ムィコラ
ヴォロンツォウ、オレクサンドゥル	カチャィロ、ヴィクトル	マヤツィクィー、ヴィクトル
ハウリチェク、オレクサンドゥル	カチャロウ、イホル	メボニヤ、フロヴァン
ハマン、セルヒィ	クィルサノウ、ヴォロドゥイムィル	メドゥヴェディェウ、オレクシィ
ハンズィー、ヴォロドゥイムィル	クィツェンコ、ヴォロドゥイムィル	ミズャク、アナトリィ
ハンズイン、ユリィ	クレテンキン、ヘンナディー	ミズャク、イヴァン
ハルバル、ムィコラ	クルィメンコ、ヴァスィリ	ミラシェンコ、ヘンナディー
ハレザ、パウロ	クルィメンコ、ペトゥロ	ムィルゾィェウ、イドゥルィス
ハサノウ、サレフ	クルィメンコ、ユリィ	ムィスィク、オレフ
フラドゥコウ、オレクシィ	クリャズィミン、ヴァスィリ	ミロシュヌィク、ムィハイロ
フラドゥコスコク、ヴォロドゥイムィル	コヴァリ、ムィハイロ	ミロシュヌィチェンコ、オレクサンドゥル
フラズコウ、オレクサンドゥル	コヴァリオウ、ヴァスィリ	ミシチェンコ、ムィコラ
フルシュコウ、ムィコラ	コヴァリオウ、ムィハイロ	モルチャノウ、ヴィクトル
ホハ、パウロ	コヴァリシクィー、ヴォロドゥイムィル	モルフン、ボルィス
ホンタル、イヴァン	コウトゥン、ムィコラ	モルフン、ドゥムィトゥロ
ホンチャロウ、イホル	コルバス、イヴァン	モルクヴャン、イヴァン
ホルバテンコ、ムィハイロ	コレスヌィク、ヴァレントゥィン	モロズ、イェウヘン
ホルブノウ、ヴィクトル	コレスヌィク、オレフ	ムヒン、オレクサンドゥル
ホルディイェンコ、ヴォロドゥイムィル	コリャダ、フルィホリィ	ナヂオジャ、セルヒィ
ホルディヤシチェンコ、フルィホリィ	コンドゥレンコ、ムィコラ	ネジュィヴィー、ヴォロドゥイムィル
ホロドウ、フェディル	コピィチェンコ、ヴォロドゥイムィル	ニェキピェロウ、エドゥアルドゥ
ホロパシュヌィー、ムィハイロ	コプティェウ、セルヒィ	ニェムキン、イラリオン
ホルシュコウ、セルヒィ	コロブコウ、ヴォロドゥイムィル	ネルバツィクィー、ムィハイロ
ホリャイノウ、アンドゥリィ	コロトゥィー、オレクサンドゥル	ネチオサ、パウロ
フレク、オレクサンドゥル	コトゥ、ヴォロドゥイムィル	ネホロシェウ、オレクサンドゥル
フルィホリィェウ、オレクサンドゥル	コシェリェウ、オレフ	ネチュィポレンコ、アンドゥリィ
フルィツュタ、セルヒィ	コラウツォウ、セルヒィ	オビドゥヌィク、オレクサンドゥル
フバリェウ、セルヒィ	クルィクン、イヴァン	オレヌィチ、ヴォロドゥイムィル
フラ、オレクサンドゥル	クルィクン、ムィハイロ	オリヌィク、アンドゥリィ

オナツィクィー、ヴァレリィ
オノフリイェンコ、ペトロ
オルレンコ、ドゥムイトゥロ
オルロウ、セルヒィ
オスタペンコ、ムイコラ
パウレンコ、セルヒィ
パウロウ、ムイコラ
パウリュク、コスタントゥイン
パリュフ、ヴォロドゥイムイル
パルフィオノウ、ムイコラ
パホモウ、ヴィクトル
パシュネウ、ヴォロドゥイムイル
パシチェンコ、オレクサンドゥル
ペレツィ、ペトロ
プィリヌィー、オレクサンドゥル
プィロジェンコ、オレクサンドゥル
プィサレンコ、セルヒィ
プィスクン、ヴォロドゥイムイル
ピードゥプロウシクィー、ムイコラ
ピドゥコルズィン、ヴィクトル
ピドゥコパイ、オレクサンドゥル
ピドゥリスヌィー、ヴォロドゥイムイル
プリャホヴェツィ、ヴィクトル
ポリシチュク、ヴォロドゥイムイル
ポルタウツェウ、スタニスラウ
ポリャシェンコ、オレクサンドゥル
プルィホダ、アナトリィ
プロツェンコ、ペトロ
プシェヌィチヌィー、オレクサンドゥル
プヤテンコ、アナトリィ
ラドゥチェンコ、セルヒィ
ライェンコ、レオニドゥ
レプルインツェウ、ヴォロドゥイムイル
レシェトゥニャク、ユリィ
ルイジャコウ、オレクシィ
ルイジュコ、ユリィ
ルイジュヒン、ユリィ
リズヌィチェンコ、ヴォロドゥイムイル
リパ、ヴァスィリ
ロマンツォウ、イヴァン
ロスプチコ、パウロ
リャビニン、ドゥムイトゥロ
リャボヴィル、セルヒィ
サウチュク、ヴィクトル
サゾノウ、ヴィクトル
サクノウ、ヴァレリィ
サモイレンコ、イヴァン
サファロウ、イホル
スヴィトゥルイチヌィー、ヴァレントゥイン
セメンコ、ムイコラ
センチュイフィン、ユリィ
セルヒィエンコ、イヴァン
スイドレンコ、イホル
スィタイロ、セルヒィ
スムィルノウ、ボルイス
スムィルノウ、ヴォロドゥイムイル
スナホウシクィー、ヴォロドゥイムイル
ソブコ、イヴァン
ソコレンコ、ヴォロドゥイムイル
ソロマヒン、ムイコラ
ステパネンコ、ヴォロドゥイムイル

ステペンコウ、オレフ
ストロジェウ、ムイハイロ
スヴォロウ、ヴォロドゥイムイル
スプルン、ペトロ
スホルコウ、ユリィ
タラン、ヴァレリィ
タルホニィ、オレクサンドゥル
トゥヴェルドフリブ、コスタントゥイン
トゥヴィリテイン、ウヤチェスラウ
トゥイムチェンコ、ヴァレリィ
トゥカチェンコ、オレフ
トゥカチョウ、オレクシィ
トムィルコ、コスタントゥイン
トゥロフィモウ、ユリィ
トゥロヤン、ムイコラ
トゥルブチャヌィコウ、フルイホリィ
トゥル、オレクサンドゥル
ファルトゥシュヌィー、ユリィ
フェデンコ、ヴィクトル
フェドロウ、オレクシィ
フェセンコ、ヴァスィリ
フィスュク、オレクサンドゥル
ハリン、ヴィクトル
ハルチェンコ、ヴァレリィ
ハルチェンコ、オレクサンドゥル
ハルチェンコ、セルヒィ
フィジュニャク、ユリィ
ホロシャ、ヴォロドゥイムイル
ホロシャ、ムイコラ
ツィハネンコ、イホル
ツィリュルイク、セルヒィ
ツコル、ヴォロドゥイムイル
ツルイコウ、オレクサンドゥル
チェボタリュク、ムイハイロ
チェルヌィフ、オレクシィ
チェルヌィシェンコ、ボルイス
チェルヌハ、アンドゥリィ
チュイステャコウ、セルヒィ
チョルヌィー、オレクサンドゥル
チュブ、オレクサンドゥル
チュハイ、ウヤチェスラウ
チュジャウシクィー、ヴォロドゥイムイル
チュルイロウ、ムイコラ
シャポヴァロウ、ムイコラ
シャラポウ、ユリィ
シュヴェツィ、セルヒィ
シェウチェンコ、アナトリィ
シェウチェンコ、ヴィクトル
シェウチェンコ、レオニドゥ
シェウチェンコ、オレクサンドゥル
シェウチェンコ、セルヒィ
シュカルラトゥ、レオニドゥ
シュクレンコ、セルヒィ
ショミン、ムイコラ
シュバ、イホル
シュティー、オレクサンドゥル
シチェフロウシクィー、イホル
シチェルバク、ムイコラ イヴァノヴィチ
シチェルバク、ムイコラ イーリチ
ユムシャノウ、ムイコラ
ヤシコ、パウロ

ヤツェンコ、ヴィクトル

17. ドネツィク州

アキニシュイン、ヴァレリィ
アリェイニコウ、ヴォロドゥイムイル
アルトゥインバラ、イヴァン
アンドゥリイェンコ、ムイハイロ
アンドゥリウ、イヴァン
アンドゥリュニン、イホル
アントウノウ、レオニドゥ
アントノヴァ、スヴィトゥラナ
アフェンカ、ヴィクトル
バビィ、ヴィタリィ
バライェウ、ムイコラ
バルイツクィー、ムイコラ
バシャ、オレクサンドゥル
ベサラブ、イヴァン
ベロイ、オレクサンドゥル
ビロウソウ、アナトリィ
ボルイソウシクィー、ヴィクトル
ブィショク、ヴァスィリ
ボンダレンコ、オレクサンドゥル
ボロヴィク、オレクサンドゥル
ボシュニャク、ヴァスィリ
ブルィズハロウ、オレフ
ブラウチェンコ、オレクサンドゥル
ブルラカ、ヴァレリィ
ブテンコ、ユリィ
ヴァルヴァレンコ、ヴォロドゥイムイル
ヴァスィルイナ、パウロ
ヴァスィリイェウ、アナトリィ
ヴェルホリャク、アナトリィ
ヴィンヌィク、イホル
ウラセンコ、オレフ
ウラスュク、オレクサンドゥル
ヴォルコウ、ヴィクトル
ヴォロディン、ヴァドゥイム
ヴォロディン、イホル
ハボウ、オレクサンドゥル
ハブリエリャン、ヴォロドゥイムイル
ハルイチ、ムイコラ
ヒルイチ、ドゥムイトゥロ
ヘラシチェンコ、セルヒィ
フルシャク、オレクサンドゥル
ホロウチェンコ、ヴォロドゥイムイル
ホロウチェンコ、ムイコラ
ホロロボウ、アンドゥリィ
ホルパニオウ、ヴィクトル
ホルバテンコウ、ヴォロドゥイムイル
ホルベンコ、ヴィクトル
ホルディイェンコ、ヴィクトル
ホルシュコウ、ムイコラ
ホリャチコ、ムイコラ
ホリャチュン、アナトリィ
フレチュハ、ヴィタリィ
フルイハリュナス、ヴァレントゥイン
フルイパシ、ユリィ
フデイノウ、ヴォロドゥイムイル
フセイノウ、ファルハトゥ
フシュイン、ヴォロドゥイムイル
ダヴィデンコ、アナトリィ

ダヌィルコ、セルヒィ	コハン、ムイハイロ	ペチェニオウ、ヴォロドゥイムイル
ダヌィリチェンコ、スタニスラウ	コシェリ、アナトリィ	プロホトノク、ヴォロドゥイムイル
ダルダ、ウヤチェスラウ	クルィジャノウシクィー、ヴァスィリ	ポポウ、ヴォロドゥイムイル
ドゥヴォリャトゥキン、ヴォロドゥイムイル	クドゥリャショウ、オレクサンドゥル	ポポウ、オレクサンドゥル
デムヤネンコ、イヴァン	クズニェツォウ、オレクサンドゥル	プロニチキン、セルヒィ
デヌィセンコ、ヴィクトル	クズィメンコ、ドゥムィトゥロ	プシュカル、オレクシィ
デンシチュイク、オレクサンドゥル	クリショウ、ヴォロドゥイムイル	プルフロウ、ヴィクトル
ドゥイクィー、ヴォロドゥイムイル	クリショウ、ヘンナディー	レヴノウ、ユリィ
ドゥムィトゥリィエウ、ムイコラ	クネツィ、ライサ	レヂコ、セルヒィ
ドブロノス、ヴォロドゥイムイル	ラリオノウ、ヴィクトル	ルィブカ、アナトリィ
ドヴィデンコ、ヴィクトル	レメシチュク、ヴォロドゥイムイル	ロズヴァロウ、ヴァレリィ
ドツェンコ、イヴァン	リサスィン、ヴォロドゥイムイル	リャザンツェウ、イホル
ドツェンコ、オレクサンドゥル	リパトウ、スタニスラウ	サバダ、ユリィ
ドゥブロウ、ヘンナディー	ルィスャンシクィー、ムイコラ	サウチュク、ヴォロドゥイムイル
ドゥシュコ、ヘンナディー	ルィセンコ、レオニドゥ	サヴェリィエウ、オレクサンドゥル
イェホロウ、ヘンナディー	ルィトゥヴィネンコ、アナトリィ	サハイダチヌィー、アナトリィ
イェシチェハノウ、ヴィクトル	ルィハチョウ、セルヒィ	サメリュク、オレクサンドゥル
ジュイリンシクィー、ヴォロドゥイムイル	ロヴァコウ、ヴィクトル	サモフヴァロウ、ヴァレントウィン
ザウヤロウ、ヴィタリィ	ロマコ、ヴォロドゥイムイル	サンダリュク、アナトリィ
ザフレベリヌィー、セルヒィ	ロンドレンコ、オレフ	サルジェウシクィー、ペトゥロ
ザドロジュヌィー、ヴォロドゥイムイル	ルクヤノウ、フルィホリィ	スィェドウィフ、イホル
ザドロジュヌィー、セルヒィ	リュブチュィン、ムイコラ	セミン、ユリィ
ザコルチェヌィー、ヴィクトル	リュリチュク、オレクサンドゥル	セレダ、ムイコラ
ザリズニャク、ヴィクトル	リュトウィー、オレクサンドゥル	セルヒィエンコ、ヴァスィリ
ザルク、ヴォロドゥイムイル	マクスィモウ、セルヒィ	セルヒィエンコ、ムイコラ
ザハロウ、イェウヘン	マンドゥルィカ、ヴィクトル	スィドロウ、ヴォロドゥイムイル
ズィメンコ、オレクサンドゥル	マルトウィンカネツィ、ヘオルヒィ	スィドゥシュ、ヴォロドゥイムイル
ズバリェウ、セルヒィ	マスュク、イヴァン	スィレンコ、ウヤチュイスラウ
ズェンコ、オレクサンドゥル	メドゥヴェディエウ、オレクサンドゥル	スィリヴァノウ、セルヒィ
イヴァノウ、ヴォロドゥイムイル	メレシチェンコ、セルヒィ	スコロボハチコ、ヴィクトル
イヴァンツォウ、ヴィクトル	メリヌィク、ヴィクトル	スクルィプヌィク、ムイコラ
イウチェンコ、ヴァスィリ	ムィスコウ、ヴィクトル	スリプチェンコ、ヴァスィリ
イフナチコウ、オレクサンドゥル	ムィスュラ、ヴァスィリ	スムィルノウ、アナトリィ
イズマイロウ、ヴァドゥィム	ミロシュヌィチェンコ、ヴォロドゥイムイル	ソコロウ、アナトリィ
イオノウ、セルヒィ	ミロシュヌィチェンコ、フェディル	ソコロウ、セルヒィ
イリィシュイン、ヴィクトル	ムィヘヂコ、ヴィクトル	ソロヴィオウ、ヘンナディー
カラシュヌィコウ、ユリィ	モイセイェウ、セルヒィ	ソロカ、ヴォロドゥイムイル
カルィンカ、ヴァスィリ	モルムリ、オレクサンドゥル	ソトゥヌィク、ユリィ
カツ、マルク	モツィク、セルヒィ	ソトゥヌィコウ、ユリィ
カシェリ、アナトリィ	ムライェンコ、アンドゥリィ	スタウロウ、ヴォロドゥイムイル
クィセリオウ、オレクサンドゥル	ナボカ、ボルィス	ステパネンコ、ムイコラ
クィセリオウ、ムイコラ	ナトウィカン、ヴォロドゥイムイル	ステパネンコ、ムイハイロ
クィスィリ、セルヒィ	ネムチュイノウ、イェウヘン	ステパンチェンコ、アナトリィ
クルィメンコ、コステャントウィン	ネスコロムヌィー、レオニドゥ	スヴォロウ、アナトリィ
クルィムコウシクィー、オレクサンドゥル	ネステレンコ、フルィホリィ	スヴォロウ、ヴォロドゥイムイル
クロチコ、ムイコラ	ヌィクィシュク、アナトリィ	スルィマ、ヘンナディー
コブズィェウ、オレクサンドゥル	ノヴィコウ、フルィホリィ	スホボコウ、アナトリィ
コルコウシカ、ハルィナ	ノヴィコウ、イェウヘン	スシチェンコ、セルヒィ
コロマソウ、オレクサンドゥル	ノヴィコウ、ユリィ	タマシュ、ヴァスィリ
コロソウシクィー、ムイコラ	オブレウコ、ヴァスィリ	タムボウツェウ、セルヒィ
コレスヌィク、ロストウィスラウ	オコマシェンコ、ムイコラ	タラソウ、ムイハイロ
コレスヌィコウ、オレフ	オリィヌィク、セルヒィ	タタルチュク、イホル
コリュバイェヴァ、ハルィナ	オルロウ、ヴォロドゥイムイル	トゥィムチェンコ、ヴァドゥィム
コマロウ、ヴォロドゥイムイル	オサドゥチュィー、ムイコラ	トマス、ムイコラ
コニェウ、ヴィクトル	パラドウ、セルヒィ	トゥリャコウ、ヴォロドゥイムイル
コンドゥラトヴィチ、オレクサンドゥル	パリィ、イホル	トゥルチュイン、オレクサンドゥル
コノンチュク、ヴォロドゥイムイル	パリィ、オレフ	ウドデンコ、ユリィ
コロブコ、コステャントウィン	パプクチ、ヴァレリィ	ウシュクヴァロク、イェウヘン
コスタンダ、ステパン	パホタ、ムイコラ	ファトウ、オレクサンドゥル
コスティン、ウヤチェスラウ	ピカロウ、ヴィタリィ	フェドロウ、ヘオルヒィ
コテンコ、ユリィ	ペトゥホウ、フェディル	フォドゥラシュ、ドゥムィトゥロ

フルソウ、ムイコラ
ハルチェンコ、イホル
ホリャウコ、オレクサンドゥル
ホシュ、パウロ
フデャコウ、レオニドゥ
ヒブイク、イェウヘン
ツァプコ、アナトリィ
ツィブリヌイク、ヘンナディー
ツュリュカロ、ヴァスィリィ
チェルヌィフ、ヴァレリィ
チェルカソウ、コスタヤントゥイン
チェルネンコ、パウロ
チェルヌィショウ、ムイコラ
チェルヌシュコ、ムィハイロ
チュマコウ、ヴォロドゥイムイル
シャミン、ヴァドゥイム
シャポヴァロウ、ヴァレントウィン
シャラヒン、フルィホリィ
シャラパ、アナトリィ
シャンツォウ、ヴィタリィ
シュヴェツイ、ヴィクトル
シュヴェツイ、オレクサンドゥル
シェウチェンコ、イヴァン
シェリトウイク、ステパン
シュムイヒン、オレクサンドゥル
シュムイヒルィロウ、オレクサンドゥル
シュパク、ヴォロドゥイムイル
シュチ、セルヒィ
ヤコウリェウ、オレクサンドゥル
ヤレメンコ、ヘンナディー
ヤロヴィー、セルヒィ

18. ヴォルィンスィク州
アキモウ、ユリィ
アトゥラス、ルスラン
ボイコ、ユリィ
ボンダルチュク、ヴィクトル
ボチュリャク、ロマン
ヴァスィリイェウ、ムイコラ
ヴェルバ、ヴォロドゥイムイル
ハウルィリチュク、ムイコラ
ホロヴェイ、オレクサンドゥル
ホルブユク、オレクサンドゥル
フルイニコ、オスタプ
ダヌイリュク、ヴァスィリィ
ダツュク、ヴィタリィ
デムチュク、ヴァレリィ
デヌィソウ、ムイコラ
ドゥヌィチュク、アナトリィ
ドゥジュイク、ヴィタリィ
ズバチ、ムイコラ
イーリュフ、オレクサンドゥル
イシチュク、イホル
クルイムク、ヴォロドゥイムイル
コヴァリチュク、アンドゥリィ
コスィンシキィー、ボルィス
クツ、アルトゥル
マズル、アンドゥリィ
マルィツィキィー、ムイコラ
マルチュク、オレクサンドゥル
マルチュク、オレクシィ

ムイクィトゥク、ヴィタリィ
ムイトゥク、オレクサンドゥル
モロズ、ヴォロドゥイムイル
ムズィチュク、ヴォロドゥイムイル
オメリャニュク、フィリィモン
オトゥチェナシュ、ヴォロドゥイムイル
パツイク、ロストゥイスラウ
ポリンコ、フルィホリィ
ポリシチュク、ヴィタリィ
ポリシチュク、オレクサンドゥル
ポリシチュク、ペトゥロ
ポペスコ、ヴィタリィ
ロマニュク、ユリィ
サウチュク、ユリィ
ソソウシキィー、アンドゥリィ
スヴァトゥコ、ペトゥロ
セメニュク、アナトリィ
セメニュク、ヴァレリィ
セメニュク、ヴィクトル
スタシチュク、ムイコラ
ステツュク、ヤロスラウ
ファリュシュ、ヴォロドゥイムイル
フィリィモンチュク、ヴィクトル
フィリュク、ヴォロドゥイムイリ
フロペツィクィー、ボフダン
ホムヤク、アナトリィ
チャシチュク、ヴァドゥイム
チェハニュク、ペトゥロ
シュヴォラク、オレクサンドゥル
シェヴェルダ、イヴァン
シュプイリュク、ムイハイロ
シュム、ステパン
シチェルバトゥク、ペトゥロ
ヤヌィツィキィー、ユリィ
ヤンチェンコ、ヴァスィリ

19. ザカルパトゥシク州
バズィオ、セルヒィ
バロハ、ヴァスィリ
ベルケラ、ムイコラ
ブチョク、パウロ
ブライラ、ステパン
ヴェチェイ、オレクサンドゥル
ハウラン、ヴィクトル
ハリコ、イヴァン
ハニコヴィチ、ムイハイロ
ヘルブイク、ユリィ
ホブルイク、オレクシィ
ホルバチュク、ヴァスィリ
ドチュイネツィ、ムイハイロ
ドゾルツェウ、ヴォロドゥイムイル
ドゥボデル、ヴィクトル
ジェリズニャク、ヴァスィリ
キシュ、パウロ
コピク、ヴィクトル
コストウイク、ヴォロドゥイムイル
クズィマ、ムイハイロ
マシュイカ、ヴィクトル
ムイロノウ、ヴォロドゥイムイル
モヒシュ、パウロ
オメリャニュク、フィリィモン

パズハヌィチ、ヴォロドゥイムイル
ピニャシュコ、イヴァン
ピチカル、ムイハイロ
プハ、ヴォロドゥイムイル
サボウ、ヴァレリィ
サボウチュイク、ユリィ
サッタ、オクサナ
スヴィスタク、ユリィ
トウィムチェンコ、ヴァレリィ
ティホル、イオスィプ
シェレモン、ヴォロドゥイムイル
シュリジェンコ、ウヤチェスラウ

20. ザポリージャ州
アンドゥリュシュコウ、ヴォロドゥイムイル
アニカノウ、オレクシィ
アフォニン、ヴォロドゥイムイル
バブィチ、セルヒィ
バブコ、ムイコラ
バルタ、ヴァレントウィン
バトヴィー、オレクサンドゥル
ベズルチコ、ヴァレリィ
ベズソクィルヌィー、セルヒィ
ベッソノウ、セルヒィ
ベルダコウ、ユリィ
ボイチュク、ユリィ
ボジェンコ、ユリィ
ボンダレンコ、アナトリィ
ボチャロウ、ムイコラ
ブリュホヴェツィキィー、ヴォロドゥイムイル
ヴァスィレンコ、セルヒィ
ヴェルィホルスィクィー、オレクサンドゥル
ヴィリュク、アンドゥリィ
ヴィフリャイェウ、ユリィ
ウラソウ、ユリィ
ヴォルコウ、アナトリィ
ヴォロベツィ、ヴァスィリ
ヴォロディン、ムイコラ
ハロチカ、ムイコラ
ホルパトゥコ、パウロ
ホルバチ、ヴォロドゥイムイル
フルインドゥク、エドゥアルドゥ
フベルナトロウ、オレクシィ
ダヌィルィチェウ、セルヒィ
ダヌィリチェンコ、アナトリィ
ダニコ、ユリィ
デルハチョウ、ムイコラ
ドゥイチョク、セルヒィ
ディデンコ、ムイコラ
ドゥムイトゥレンコ、ユリィ
ドゥハリ、ヴォロドゥイムイル
ドリャ、オレクサンドゥル
ドマンシキィー、ムイコラ
ドゥンダ、イヴァン
ザウホロドゥヌィー、ヴァスィリ
ザドロジュヌィー、オレクサンドゥル
ザイツェウ、セルヒィ
ザライシクィー、ボルィス
ズィバコ、レオニドゥ
ズィノヴェンコ、オレクサンドゥル
ズュズィン、イホル

イヴァノウ、ヴァレリィ
カレニュク、オレクサンドゥル
カラヒン、ヴォロドゥィムィル
カルプシャ、ムィコラ
カルプシャ、オレクサンドゥル
カルチェウシクィー、オレクサンドゥル
クラスィン、ヴァスィリ
クルィメンコ、ヴィクトル
クヌィシチュク、ヴォロドゥィムィル
コヴァルィシュィン、イホル
コザチェンコ、ペトゥロ
コザチュフナ、ヴィクトル
コジェムヤコ、ウヤチェスラウ
コロミィエツィ、ユリィ
コントルシクィー、イホル
コルチャカ、オレクサンドゥル
コシェレンコ、ムィコラ
クルィヴィー、ユリィ
クディノウ、ヴィクトル
クズネツォウ、ヴィクトル
クズミン、ウヤチェスラウ
ラリン、ヴィクトル
レウチェンコ、ウヤチェスラウ
ルィマンシクィー、オレクサンドゥル
ルィトウチェンコ、セルヒィ
ルィホ、ヴァレリィ
ロブコウ、ムィコラ
ルホウシクィー、ムィコラ
ルクヤノウ、オレクサンドゥル
リュトゥィー、ユリィ
リャシェンコ、フェディル
リオウキン、セルヒィ
マクシチェンコ、イヴァン
マルィンカ、ヴァスィリ
マルチェンコ、ムィコラ
メリヌィコウ、セルヒィ
ムィライ、ヴィクトル
ムィスュラ、オレクサンドゥル
ムィコラィチュク、オレクサンドゥル
ミフノ、ヴォロドゥィムィル
ネクラソウ、ヴィクトル
ネステレンコ、オレクサンドゥル
オヌィシチェンコ、ヴィクトル
オサドゥチュィー、フェディル
オルマンジュィ、ヴィクトル
オリィヌィク、スタニスラウ
オレシュキン、オレクサンドゥル
パウロウ、コンスタントゥィン
パスタノホウ、セルヒィ
パトゥルフ、イホル
パウク、オレクシィ
パロシュ、ムィコラ
パホムチュク、アンドゥリィ
ペリシェンコ、イホル
ペトゥロウシクィー、イヴァン
ペトゥルシェンコ、アンドゥリィ
ピドゥホルヌィー、ヴォロドゥィムィル
プルトゥィツィコウ、ムィコラ
プレシュィウツェウ、イホル
ポホリルィー、オレクサンドゥル
ポドプロスヴィエトウ、セルヒィ

ポポウシクィー、ヴィタリィ
プルィサジュニュク、ムィコラ
プルィトゥラ、ムィコラ
レシェトゥニク、ヴァレリィ
ルィバレウシクィー、オレフ
ルィジュコウ、セルヒィ
ロマンチェンコ、アナトリィ
ルダコウ、ユリィ
ルデンコ、ムィハイロ
サヴェンコ、アナトリィ
サモファロウ、ヴィタリィ
サムソノウ、ヴォロドゥィムィル
セルヒィエンコ、パウロ
セルポウ、イホル
スィドロウ、ユリィ
ソボリェウ、アナトリィ
スニフル、フルィホリィ
ソロミィチュク、ペトゥロ
スカレウフ、イヴァン
ソリャヌィク、ヴァスィリ
スクルィプヌィク、コステャントゥィン
スタドリヌィク、ヴォロドゥィムィル
ステパニャンコ、テテャナ
ステプチェンコ、アナトリィ
ステツィクィー、イヴァン
スプルン、ヴィクトル
スフィー、セルヒィ
トンコウシクィー、オレクサンドゥル
トゥィホヴォドゥ、ユリィ
トゥィシチェンコ、セルヒィ
トゥレフブ、セルヒィ
トゥロツェンコ、ヴォロドゥィムィル
ウズノウ、ヴァレリィ
ウシャク、ヴォロドゥィムィル
フェドリィエンコ、ヴォロドゥィムィル
フェドスィエィエウ、ユリィ
フォムィツィクィー、オレクシィ
フォメンコ、イヴァン
フォミチョウ、ユリィ
ハルィトノウ、ヴァスィリ
ホロシェウシクィー、フルィホリィ
ホルトゥィツィクィー、オレクサンドゥル
フルィストヴィー、ユリィ
ツヴィエタンシクィー、イホル
チャバノウ、ヴィクトル
チャィカ、オレフ
チェルヴェンコ、セルヒィ
チェルヴィンシクィー、ヴィクトル
チェルウヤコウ、オレクサンドゥル
チェルダクリィエウ、ドゥムィトゥロ
チェレドゥヌィチェンコ、ヴィクトル
チェレドゥヌィチェンコ、セルヒィ
チェルヌィショウ、ムィコラ
チェルノウ、ヴァレントゥィン
チェルノウス、ムィコラ
シャリィ、ヴォロドゥィムィル
シャトゥィロ、アナトリィ
シェウチェンコ、ペトゥロ
シュィロ、フェディル
シュマルン、オレフ

シュコリヌィー、イヴァン
シュテンヘロウ、セルヒィ
シュプィク、セルヒィ
ヤシチュク、ヴォロドゥィムィル

21. キロヴォフラドゥ州
ババク、セルヒィ
ボロシャコウ、セルヒィ
ボルィセンコウ、ヴォロドゥィムィル
ボスィー、ヴァスィリ
ヴェルィチコ、イヴァン
ハプン、ムィコラ
ヒジュコ、オレフ
フネドゥィチ、ドゥムィトゥロ
ホドロジャ、ペトゥロ
ホンチャレンコ、ムィコラ
ホンチャレンコ、オレクサンドゥル
フルィンデャク、フルィホリィ
フリン、ヴァスィリ
ドゥハリ、イヴァン
ドゥジェンコ、ヴィクトル
ドゥフィィ、ユリィ
ドマンシクィー、ヴィクトル
ドロシェンコ、セルヒィ
イェルショウ、ムィハイロ
イヴァノウ、フルィホリィ
イリイン、セルヒィ
カリィエウシクィー、ヴァレントゥィン
コヴァレンコ、オレクサンドゥル
コヴァリ、ヴォロドゥィムィル
コレスヌィク、ヴィクトル
コルニィエンコ、ムィコラ
コチェルハ、オレクサンドゥル
クルィク、オレフ
クリシュ、ヴォロドゥィムィル
ラウォウ、オレフ
レヘザ、オレクサンドゥル
ルィマレンコ、オレクサンドゥル
マルトゥィノウ、ヴァレリィ
メリヌィク、ヴィクトル
モズドレウシクィー、ヴァスィリ
ムスィィエンコ、ムィコラ
ヘダウニィ、セルヒィ
ニムチェンコ、ヴォロドゥィムィル
ノヴィコウ、アナトリィ
オストゥロウシクィー、セルヒィ
ピキネル、ヴォロドゥィムィル
プロヴァィコ、イホル
プルィルツィクィー、ヴォロソウィムィル
ルィンディン、オレクサンドゥル
ロマン、ヴァスィリ
ロマニュク、ムィハイロ
ルデンコ、ヴォロドゥィムィル
サブリュチェンコ、レオニドゥ
サロウ、セルヒィ
ストロジェンコ、ムィコラ
スルコウ、ヴァドゥィム
ファディエィエウ、イホル
フォメンコ、アンドゥリィ
フルタク、セルヒィ
フィリュク、ヴィクトル

ハルチェンコ、セルヒイ
ホムィチ、オレクサンドゥル
ツィハンコ、ペトロ
ツィムバル、アナトリイ
ツルカン、オレクサンドゥル
チョルノモル、ヴォロドゥイムィル
チュマチェンコ、ムィコラ
シェウチェンコ、アナトリイ
シェリャシュコウ、セルヒイ
シェルヒン、ヴァレリイ
シチェルブィツィクィー、フルィホリイ
ヤストゥルブ、アナトリイ

22. ムィコラィウ州
アブラムシクィー、ヴィタリイ
アハルコウ、オレクシイ
アニスィモウ、ヴィクトル
バベンコ、ヴァスィリ
バムブラ、ヴォロドゥイムィル
ボルィシュニン、セルヒイ
ベルカニ、ウラドゥィスラウ
ブィルィナ、ヴォロドゥイムィル
ブルィダン、セルヒイ
ヴァルタノウ、ユリイ
ヴァシコウ、オレクサンドゥル
ヴィトゥシュコ、オレクサンドゥル
ヴィディン、ヴォロドゥイムィル
ヴォロシュイン、ムィコラ
ハウルィリチェンコ、ユリイ
ハドゥィツィクィー、オレクサンドゥル
ハルィチェンコ、ムィコラ
ホリムビイエウシクィー、オレクサンドゥル
ホツル、セルヒイ
フレビニ、アナトリイ
フルィシャン、ヴァスィリ
フルィツィク、ヴォロドゥイムィル
フスィエウ、オレフ
デフテャリオウ、ヴィクトル
ディネコ、セルヒイ
ドゥビンチュク、ムィコラ
ドルィナ、ヴィクトル
デャク、ムィコラ
イエディン、ムィハイロ
イエラミエィエウ、ヴァスィリ
イエルモレンコ、ヴィクトル
ジュィルン、ヴァスィリ
ザイキン、ムィコラ
ザイツェウ、ユリイ
ザリツィクィー、アリビン
ゼィナロウ、トフィク
ズィンチェンコ、アナトリイ
ズィミン、セルヒイ
ズィンケヴィチ、ヴォロドゥイムィル
イーリェウ、イヴァン
カリコ、ヴィタリイ
カムィシェンコ、オレフ
カルペンコ、ヤキウ
キベツィ、イヴァン
コヴァレウシクィー、オレクサンドゥル
コヴァレンコ、アナトリイ
コヴァリオウ、ユリイ

コザク、ユリイ
コスィノウ、スタニスラウ
コリツ、セルヒイ
コヌフ、ヴォロドゥイムィル
コパ、ユリイ
コハンチュク、イヴァン
クルルィコウシクィー、ヤロスラウ
クリン、ペトロ
クスィニ、セルヒイ
クチマヌィチ、ヴァスィリ
ラウレニュク、ヴィクトル
ラフン、ユリイ
ラドネンコ、オレクサンドゥル
レオノウ、オレクサンドゥル
レシチェンコ、ヴァレリイ
マズレンコ、オレフ
マズレンコ、ユリイ
マィエウシクィー、ヴォロドゥイムィル
マクスィメンコ、ムィコラ
マリニェウ、ヴィクトル
メリヌィク、セルヒイ
ムリヌィチュク、アナトリイ
メリヌィチュク、ヴィタリイ
モロズ、セルヒイ
ノヴィツィクィー、ヴィクトル
オゼロウ、ウラドゥィスラウ
オルロウ、オレクサンドゥル
オルロウ、セルヒイ
パウロウ、ユリイ
パウリュク、ヴァレリイ
パンチェンコ、ヴァスィリ
パラコンヌィー、ヴィクトル
パトゥトゥカ、ヴィタリイ
ペトゥルィク、アナトリイ
ペトゥルィク、オレクサンドゥル
ピドゥヴィソツィクィー、アンドゥリイ
ピスクン、セルヒイ
プラクン、ユリイ
ポフリブヌィー、ムィコラ
ポリタィエウ、セルヒイ
ポリャンシクィー、コステントゥイン
ポナデュハ、オレクサンドゥル
ポタペンコ、ムィコラ
プシェヌィチヌィー、ヴァレリイ
プシェヌィシュニュク、ムィコラ
ロスィーシクィー、イヴァン
サヴン、イエウヘン
サウチェンコ、オレクサンドゥル
サルィハ、アナトリイ
サンドゥル、ヴォロドゥイムィル
サルノ、セルヒイ
サトゥラ、イホル
セムチェンコ、オレクシイ
ソクル、イエウヘン
ソルダトゥキン、ヘンナディー
ソロキン、アナトリイ
ソスラ、セルヒイ
スタツュク、ムィコラ
ステパニュク、ムィコラ
ストルチャク、アナトリイ
ストゥロィノウ、ヴァレリイ

スシュコウ、セルヒイ　ヘオルヒィオヴィチ
スシュコウ、セルヒイ　スタニスラヴォヴィチ
タラノウ、ヴォロドゥイムィル
タラネンコ、ユリイ
タトムィル、ヴィクトル
トゥカチェンコ、ヴォロドゥイムィル
トゥイモシェウシクィー、ヘンナディー
トゥルィニコ、オレクサンドゥル
トゥリャスコ、ムィコラ
トゥプチイ、イヴァン
ウムルィシュ、イヴァン
ウストゥホウ、ヴィタリイ
フェドレンコ、イホル
フェドロウ、オレクサンドゥル
フィリチュィコウ、セメン
フォルマニュク、ヴィクトル
フロロウ、オレクサンドゥル
ホヌィチ、ヴァレリイ
チャイカ、ヴァレリイ
チャイカ、ムィコラ
チュムィリ、ヴィクトル
チュィムィルィス、ルスラン
シェウチェンコ、アナトリイ
シェウチェンコ、セルヒイ
シェレメトウ、ヴァスィリ
シュリュク、ムィコラ
シュリハ、フルィホリイ
ユヴィツァ、ヘンナディー
ヤクィメンコ、ヴィタリイ
ヤクシェウ、ユリイ
ヤロシュ、ヴォロドゥイムィル
ヤスィンシクィー、オレクサンドゥル

23. リウネ州
アルィシェウ、オレフ
アントンチュク、ムィコラ
アルセノヴィチ、パウロ
バブィチ、ユリイ
ベレズヌィー、イヴァン
ベレズヌィー、ムィコラ
ブィヴォル、ペトロ
ヴァクリン、イホル
ヴィドゥニチュク、ムィコラ
ハリャン、アナトリイ
ヘシュコ、ユリイ
ダヴィドウ、ヴォロドゥイムィル
ダヌィロウ、ウヤチェスラウ
デムィドゥコ、アナトリイ
デムヤンチュク、ヴィクトル
ドルビィェウ、ヴォロドゥイムィル
ドロシチュク、ヴァスィリ
デャチュク、ヴァスィリ
イェドゥノラル、ヴォロドゥイムィル
ジャクン、ムィハイロ
ザズィキン、ヴォロドゥイムィル
イヴァノウ、イホル
クィルィク、アナトリイ
コヴァリチュク、オレフ
コプテュク、アナトリイ
クラスリャ、ムィコラ

409

クリチュインシクィー、ヤロスラウ
クフタ、ムイハイロ
ラウレニュク、ヴィクトル
ロバドュク、ヴァレリィ
ルツィク、ボフダン
マクスィムチュク、ペトゥロ
マリュタ、ロマン
マトゥヴィーチュク、ムィコラ
マトゥヴェイシュイン、オレクサンドゥル
マシチュク、ヴィクトル
ムィハスュク、ムィハイロ
ナホルヌィー、ムィコラ
ナホルヌィー、ユリィ
ナミンシクィー、ヴォロドゥィムィル
ナウモヴィチ、ペトゥロ
ヌィチュィポルク、ペトゥロ
オパノヴィチ、ヴァスィリ
パンチュク、ヴァスィリ
パニコ、イヴァン
パシュコウシクィー、イホル
プィヴォヴァルチュク、ヴィタリィ
プィシマク、アナトリィ
ポレハイェウ、オレクサンドゥル
ポリシチュク、レオニドゥ
ポリュシュケヴィチ、アナトリィ
ポタプチュク、ヴォロドゥィムィル
ポハリチュク、ヴァスィリ
プルィドゥニュク、イェウヘン
プルィシチェパ、ペトゥロ
ルィクン、パウロ
サモィロウ、コステャントゥィン
スィドルク、ユリィ
スィトゥニコウ、オレクサンドゥル
ソロカ、パウロ
スルジュク、ムィコラ
トゥイモシチュク、ムィコラ
トゥイムチュク、ムィコラ
トゥカチェンコ、ヴァスィリ
トクミナ、ヴィクトル
トゥホルク、ムィハイロ
フェドルチュク、ヴォロドゥィムィル
ヒノチュイク、ムィコラ
ツィプリシクィー、ドゥムィトゥロ
チェレヴァチ、ヴィクトル
チュイルク、ヴォロドゥィムィル
チュマク、ムィコラ
チュチマィ、ヤロスラウ
シェヴェドゥ、ムィコラ
シチェルパトュク、ムィコラ
ヤクィムチュク、レオニドゥ
ヤロシチュク、ヴィクトル

24. スムィ州
アブラムキン、アナトリィ
アウラメンコ、ムィコラ
アレクサンドゥレンコ、イホル
バブィチ、ボルィス
バサネツィ、ムィハイロ
ベレジュヌィー、ヴァレリィ
ベリシクィー、セルヒィ
ブィコウレンコ、ヴォロドゥィムィル

ボィコ、オレクサンドゥル
ボンダレンコ、オレフ
ブラハ、アナトリィ
ブディク、オレクサンドゥル
ブルダ、ヴィクトル
ブリャコウ、オレクシィ
ヴァスュフノ、ムィコラ
ハイヴォロンシクィー、レオニドゥ
ヘラスィメンコ、オレクサンドゥル
ホィ、イホル
ホロウチェンコ、ヴォロドゥィムィル
ホンチャレンコ、ユリィ
フルシチェンコ、オレクサンドゥル
フルィツェンコ、オレクサンドゥル
デメンコ、ウラドゥィスラウ
ドゥボノス、ヴァレリィ
イェレマ、オレクシィ
イェレメンコ、セルヒィ
イェリヨミン、ユリィ
ジュコウ、オレクサンドゥル
ズィブルィー、オレクサンドゥル
イーリェンコ、レオニドゥ
カルィナ、セルヒィ
カニヴェツィ、アナトリィ
カルペンコ、ヴィクトル
キンドゥシェンコ、オレクサンドゥル
クルィコウ、ムィコラ
クリマシェウシクィー、オレクサンドゥル
コブザル、オレクサンドゥル
コヴァリオウ、ユリィ
コンドゥラテンコ、ヴィクトル
コルニィエンコ、オレクシィ
コルニィエンコ、セルヒィ
コロブカ、ヴァスィリ
コロブカ、ヴィクトル
コロブカ、ドゥムィトゥロ
コノヴェツィ、ヴォロドゥィムィル
クラウチェンコ、セルヒィ
クラスノブルィジューィ、ユリィ
クラスニャク、ヤキウ
クルポデル、ヴォロドゥィムィル
クズィコ、ヴォロドゥィムィル
クズィメンコ、レオニドゥ
クルトゥネウシクィー、ヴァレリィ
レベダ、セルヒィ
レビヂ、アナトリィ
ルイトゥヴィネンコ、ヴァスィリ
ルイトゥヴャク、セルヒィ
ルイストパドゥ、オレクシィ
ルイスュク、イヴァン
ルイシュトゥヴァン、ムィコラ
リフィレンコ、ムィコラ
ロハンコウ、ムィコラ
ロフヴィン、セルヒィ
ロクティェウ、オレクサンドゥル
ルヌィナ、ヴォロドゥィムィル
ルンニク、セルヒィ
マカレンコ、ムィコラ
マンチュク、オレクサンドゥル
マトュシェンコ、セルヒィ
メリヌィク、セルヒィ

モフィリヌィー、オレクサンドゥル
ムィハイレンコ、ペトゥロ
ムコヴィチ、オレクサンドゥル
オジョハヌィチ、ヴァスィリ
パンチェンコ、セルヒィ
パルィチェンコ、ヴィクトル
パハル、アンドゥリィ
プィルィペンコ、ムィハイロ
ピードゥブヌィー、ヴァレリィ
ポメロウ、ムィコラ
プルィストゥロモウ、イホル
ルィバルカ、イヴァン
リズヌィク、オレクシィ
ロジョク、オレクサンドゥル
ロマニコ、ヴィクトル
リャプコ、ヴィクトル
サドウシクィー、ウヤチェスラウ
サイェンコ、ヴァレリィ
サフノ、アナトリィ
サフノ、ムィコラ
セルデュク、ユリィ
スィエロウ、ヴォロドゥィムィル
スィドレンコ、レオニドゥ
スィドロチェウ、オレフ
スィペリヌィコウ、アナトリィ
スィトゥヌィク、セルヒィ
スコロパドゥ、ユリィ
ソロキン、オレクシィ
ステツェンコ、ヴィクトル
ストウブィル、セルヒィ
スホドリシクィー、ムィコラ
テレシチェンコ、ムィコラ
テレシチェンコ、オレクシィ
トゥィムチェンコ、アンドゥリィ
トゥカチェンコ、イヴァン
トュリパ、ヴィクトル
トゥトュンヌィコウ、ヴォロドゥィムィル
ファイ、ボルィス
ファストヴェツィ、オレクサンドゥル
チェルノブク、イヴァン
チェシチェヴィー、ヴォロドゥィムィル
チョルノシュヴェツィ、レオニドゥ
シェルドゥイロ、オレクサンドゥル
シュクマトゥ、オレクシィ
シュリジェンコ、アナトリィ
ヤコヴェンコ、ボルィス
ヤロシェンコ、レオニドゥ

25. ヘルソン州
アレショウ、ヴィタリィ
アサウリュク、ヴィクトル
バズィチェンコ、オレクサンドゥル
バス、ヴァスィリ
ベリンシクィー、イェウヘン
ビロノジュコ、セルヒィ
ボフダノウ、ヴァスィリ
ボチュルキン、セルヒィ
ブルラチェンコ、パウロ
ブテンコ、ヴァレントゥィン
ヴェンジェハ、イホル
ヴェルボウシクィー、オレクサンドゥル

ヴォロシュイン、セルヒイ
ヴォロシチュク、オレクサンドゥル
ハウルィレンコ、ウヤチェスラウ
フレチャヌイー、アナトリイ
フロマコウ、レオニドゥ
フシチャ、ヴァスイリ
デヌイセンコ、イホル
ディドウィク、セルヒイ
ドツェンコ、ウヤチェスラウ
ドゥロズドウ、オレフ
デャテル、レオニドゥ
イェメツイ、ムイコラ
ジャコミン、アナトリイ
ジャロバニュク、イヴァン
ザリツイクイー、ムイコラ
ズャヤ、ヴァドウィム
クィシェニャ、ヴィクトル
クレシュニオウ、ヴォロドウィムイル
クルイモウ、ヴォロドウィムイル
クロクン、イホル
コゾリズ、レオニドゥ
コリニチェンコ、ユリイ
コトゥ、ヴィクトル
コトウシクイー、ヴォロドウィムイル
クレムゼリ、アンドゥリイ
クジェリェウ、ムイコラ
クジュイリ、ヴァスイリ
クズイミン、セルヒイ
クプルイチ、ステパン
クチェレンコ、ムイコラ
クチェリュク、イホル
クチュインシクイー、ドゥムイトゥロ
ドゥブヤノウ、ムイコラ
ドゥカシェヴィチ、オレクサンドゥル
マフダ、アナトリイ
マカレンコ、フルイホリイ
マルイー、ヴァスイリ
マルイシチュク、アナトリイ
マルチェンコ、オレクサンドゥル
ミキシェウ、ドゥムイトゥロ
モロゼンコ、フルイホリイ
ネヴォリン、ヴィクトル
ネニコ、ドゥムイトゥロ
ネステレンコ、イヴァン
オリイヌィク、イヴァン
オホトゥヌィク、アナトリイ
パスカル、セルヒイ
パテンコ、セルヒイ
ペルヴシュイン、ムイコラ
ペレルヴァ、ヴァスイリ
ペレルヴァ、ヴォロドウィムイル
ペトゥレンコ、イホル
ペトゥロウ、ヴァレリイ
ポドゥリェスヌイー、ムイコラ
ポポウ、オレクサンドゥル
ポストヴィー、アナトリイ
プルイハロウ、ムイコラ
プハチ、オレクサンドゥル
ラディオノウ、イホル
レヴァ、セルヒイ
レシェトゥニャク、ヴォロドウィムイル

ロマノウ、ヴァスイリ
サポジュヌイコウ、オレクサンドゥル
サプルイキン、ボルイス
スクリャレンコ、セルヒイ
スパシオノウ、ヴィタリイ
スルイムコヴィチ、イホル
スルイモウシクイー、フルイホリイ
スハノウ、ロマン
タラン、オレクサンドゥル
テレシチェンコ、ムイコラ
トロペンコ、ヴィクトル
トゥロツァン、ユリイ
トゥルハチョウ、ウヤチェスラウ
トュフテンコ、ヴォロドウィムイル
ウセンコ、セルヒイ
ファティエィェウ、セルヒイ
ハルケヴィチ、ヴォロドウィムイル
ホルジェウシクイー、ユリイ
ツァルイコウシクイー、アナトリイ
チェレヴァトウ、オレフ
チェルネンコ、ヴォロドウィムイル
チェルネンコ、ユリイ
シャヴァルダ、パウロ
シュイマノヴィチ、コステャントウィン
シチェルブイナ、セルヒイ
ヤコウチュク、セルヒイ
ヤクシュイン、ヴィクトル
ヤクシュイン、ウヤチェスラウ
ヤンチュイク、ユリイ
ヤルモシュ、イホル

26. フメリヌイツイクイー州
アナニィェウ、アナトリイ
アンドゥリエィェウ、ボルイス
アントニュク、ヴォロドウィムイル
バイドゥク、ムイハイロ
バカ、ムイコラ
バラン、ユリイ
バルトゥコ、セルヒイ
バソク、オレフ
バチュインシクイー、ヴィクトル
ビフン、ムイコラ
ビドゥク、アリム
ボブロウヌィク、ヴァスイリ
ボイコ、ユリイ
ボルイキン、オレフ
ボルツァ、オレクサンドゥル
ブニャク、ムイコラ
ヴァトゥク、ヴァスイリ
ヴェルブイツイクイー、ムイハイロ、
ヴェレミチュク、ムイハイロ
ヴィカルヌイー、アナトリイ
ヴィホウシクイー、スタニスラウ
ウラスュク、セルヒイ
ヴォイトヴィチ、ヴォロドウィムイル
ヴォロホウシクイー、イヴァン
フヴォズドゥク、ヴァレリイ
フニドゥコ、ヴォロドウィムイル
ホロウコ、ステパン
ホルディエィェウ、オレクシイ
フラ、ヴィクトル

フメニュク、ヴィクトル
フメニュク、ムイハイロ
フスィェウ、ヴォロドウィムイル
フスリャコウ、フルイホリイ
フツァリュク、ペトゥロ
ダヌイリュク、イェウヘン
デムイドゥク、アナトリイ
ドゥムイトゥルク、セルヒイ
ドロシュケヴィチ、オレクサンドゥル
ドゥロホルプ、エドゥアルドゥ
ドゥルズイ、ヴァスイリ
ドゥカ、ユリイ
デャクン、セルヒイ
ジュク、ロストウィスラウ
ジュラウシクイー、イヴァン
ザイシュルイー、アナトリイ
ザミホウシクイー、ユリイ
ザムロゼヴィチ、イホル
ザハルチュク、ムイコラ
ズィンチュク、オレクサンドゥル
イヴァノウ、イヴァン
イヴァノウ、ムイコラ
イリチュイシュイン、ペトゥロ
カルプュク、ヴァスイリ
カシチュク、アンドゥリイ
カシチュク、ムイコラ
キンゼルシクイー、ヴィクトル
キンツ、アナトリイ
クルイムイシュイン、ウヤチェスラウ
クルイムチュク、セルヒイ
クロポトュク、ヴィクトル
コンドゥラトュク、フルイホリイ
コピヤ、オレクサンドゥル
コルチェウシクイー、ヴォロドウィムイル
コストュク、ヴァスイリ
コトウィク、イヴァン
クラウチュク、ヴィタリイ
クルイクノウ、アナトリイ
クズイミチ、イヴァン
クハル、ヴィクトル
クハル、フランツ
ラマフ、ヴィクトル
ルイプチュインシクイー、オレクサンドゥル
ルイホラトウ、ヴァスイリ
リャルホ、ユリイ
リャシェンコ、アナトリイ
マフドゥク、オレクサンドゥル
マルツォニ、オレフ
マステレンコ、オレクサンドゥル
マトゥヴィーチュク、ヴァスイリ
メリヌィク、ムイコラ
メリヌィク、オレクサンドゥル
ムイロンチュク、ムイコラ
ムイハリチュイシュイン、ヴァスイリ
ムラウシクイー、ステパン
ネウメルジュイツイクイー、ヴィクトル
ヌイゾヴェツイ、ヴァスイリ
ニコライチュク、ムイコラ
オブホウシクイー、ヴァスイリ
オリイヌィク、アナトリイ
オノイコ、ヴィクトル

オソブシクィー、ムィコラ
オストゥロウシクィー、ペトゥロ
プィルィプユク、ヴォロドゥィムィル
ビドゥフルシクィー、セルヒィ
ビズニュル、ヴァレントゥィン
ボルパン、ムィコラ
ポホリチュク、ヴォロドゥィムィル
プツ、イヴァン
プヤスコルシクィー、パウロ
ラィタロウシクィー、ムィコラ
ルィビィ、ペトゥロ
ロズホン、ヴァスィリ
ロマノウ、ムィハイロ
サドヴェツィ、ヴィクトル
サランチュク、ヴィタリィ
セメニュク、ヴォロドゥィムィル
スィチカル、ヴィクトル
スクバイ、オレクサンドゥル
スロボダャン、レオニドゥ
ソロフブ、ヴォロドゥィムィル
ステプラ、ヴォロドゥィムィル
トゥィムチュク、イェウヘン
トゥィマレンコ、セルヒィ
トゥカチュク、ヴィクトル
トドスィェウ、ヴォロドゥィムィル
トゥレテャク、ムィコラ
トゥロフィモウ、ヴィクトル
ウフナロウシクィー、ヴィクトル
ヒムヤク、ウヤチェスラウ
フドゥィツィクィー、オレフ
ツドゥゼヴィチ、ヴォロドゥィムィル
チェルヌィシェン、ヴォロドゥィムィル
チェルヌシュィン、オレクサンドゥル
チェルニャコウ、ヴォロドゥィムィル
シャバルトウシクィー、ヴォロドゥィムィル
シャポヴァル、イヴァン
シュヴェツィ、アポリナリィ
シェレシェウ、オレクサンドゥル
ヤコヴェンコ、アナトリィ
ヤコシェウシクィー、アントン
ヤシチュク、セルヒィ

27. チェルニウツィ州
アリェクスィェイェウ、コステャントゥィン
アルツィシェウシクィー、オレクサンドゥル
バブユク、ステパン
ビレツィクィー、ムィコラ
ヴァシチュク、ヴァスィリ
ヴィトゥヴィツィクィー、コステャントゥィン
ヴォズィンシクィー、ヴィクトル
ハジドゥィチュク、ムィコラ
ホンチャルク、ヴァレリィ
ドゥニチ、ユリィ
イェレムイツャ、ヘオルヒィ
ジャル、ヴァスィリ
イヴァシュク、ヘオルヒィ
カラシュヌィク、ヴァレリィ
カツェニュク、ウラドゥィスラウ
クルィム、ステパン
コテク、ヘオルヒィ
クシュニリュク、ヴァスィリ

ラザリェウ、セルヒィ
ルィトゥヴィニュク、オレストゥ
ルカニュク、ヴァスィリ
マイェウシクィー、イーリャ
マニコウ、オレクサンドゥル
マルトゥィニュク、オレクサンドゥル
ムィロニコ、ヴァスィリ
ニコルィチ、ウラドゥィスラウ
オスタフィイチュク、ユリィ
パウリュク、イヴァン
パラマリュク、ヴァスィリ
ペレピチカ、ヴァレントゥィン
ピンテスクル、アナトリィ
プルィルィプチャン、ペトゥロ
ラズィニュク、イヴァン
ラドゥ、トドレスク
トゥカチュク、ヴァスィリ
チュビク、ムィコラ
シェロドク、ムィコラ
ショヴァ、ヴォロドゥィムィル
シチェルパニ、アナトリィ
フィスユク、ヴォロドゥィムィル

28. セヴァストポリ市
バソウ、フルィホリィ
ベズボロヂコ、ヴァスィリ
ブルリャイェウ、ヴァスィリ
ヴェデルニコウ、セメン
ヴィスロウシクィー、スタニスラウ
ヴォイチュク、ムィロスラウ
ハイ、ヴィクトル
フルィヴク、セルヒィ
デヌィソウ、ヴァレントゥィン
ディドレンコ、アナトリィ
ドゥブ、オレクサンドゥル
イェメリヤノウ、ヴォロドゥィムィル
ザヴァドゥシクィー、ブロニスラウ
ザホルシクィー、オレクサンドゥル
ゾトヴィチ、ムィコラ
イリュシュィン、ヴァレントゥィン
カリニチェンコ、セルヒィ
カリチ、アナトリィ
カルノウ、ムィコラ
クィルィロウ、オレクサンドゥル
クィシュィンシクィー、アナトリィ
キプコ、セルヒィ
コルニィェンコ、オレクサンドゥル
コロリオウ、セルヒィ
コヴァリチュク、オレクサンドゥル
コロミイェツィ、オレクサンドゥル
コマロウ、ヴァスィリ
クルィウコ、イホル
ロボウ、ヘンナディー
ルカショウ、イホル
マルチェンコ、オレフ
マスリュコウ、セルヒィ
メリヌィコウ、ヴァレリィ
メリヌィコウ、マラトゥ
メリヌィチュク、ムィコラ
ムィハイレンコ、ペトゥロ
ミロシュヌィチェンコ、ヴォロドゥィムィル

モルチャノウ、イェウヘン
モロズィコウ、アンドゥリィ
パウロウ、イホル
プリェホウ、ウヤチェスラウ
プロシチェンコ、イヴァン
ラチョク、スタニスラウ
レペツィクィー、イホル
ロマノウ、ヴォロドゥィムィル
サコウ、オレフ
セリオヒン、ヴィクトル
スィドレンコ、ユリィ
スィライェウ、アリフレドゥ
スィチョウ、イホル
スリュサリェウ、ウヤチェスラウ
スムィルノウ、イホル
ソモウ、オレクサンドゥル
ソスネンコ、アナトリィ
ストゥレリブィツィクィー、レオニドゥ
スプルン、オレクサンドゥル
タラソウ、ヘンナディー
タリツィン、アナトリィ
タルナコウ、セルヒィ
タタルヌィコウ、ヴァスィリ
ティホウシクィー、ユリィ
トゥカレンコ、ヴォロドゥィムィル
トゥホルコウ、ヴァスィリ
フィデリシクィー、ウヤチェスラウ
フィリプシクィー、イホル
フレウニュク、ムィコラ
ツュリュパ、オレクサンドゥル
シャポシュヌィコウ、ヴィタリィ
シュィロウ、ヘンナディー
シュシュィン、イホル
シチェトゥィヌィン、イホル
ユロウ、オレクサンドゥル
ヤクボウ、ムィコラ

翻訳者
河田 いこひ（かわた いこい）
1941年東京生まれ。信州野辺山在住。ボランティアで翻訳に取り組む。
翻訳書：『麦笛・韓何雲詩全集』（はんせん舎　点訳あり）、『医者のいないところで』（2005年版ははんせん舎、2009年版はシェア監修・発行）
共著書：『日本の植民地図書館』（満州と朝鮮を担当。社会評論社）
随筆集：『犬にきいた犬のこと』（海鳴社　点訳あり）、『シロは月にいった』（新風舎　点訳あり）、『最後の二日』（長野日報社　点訳あり）

Copyright ⓒ by V.Shkliar, M.Shpakovatiy, Kyiv, 1998
Japanese translation rights arrange with Ukrainian Authors Agency through Japan UNI Agency, Inc.

チョルノブィリの火　勇気と痛みの書

2012年2月10日　第1刷発行
　　　　（定価はカバーに表示してあります）

著者　　ヴァスィリ・シクリャル
　　　　ムィコラ・シパコヴァトゥィー
訳者　　河田　いこひ
発行者　山口　章
発行所　風媒社
　　　　〒460-0013　名古屋市中区上前津2-9-14 久野ビル
　　　　tel.052-331-0008　fax.052-331-0512
　　　　info@fubaisha.com
　　　　HP　www.fubaisha.com

印刷・製本　安藤印刷

ISBN978-4-8331-1092-1
乱丁・落丁本はお取り替えいたします。

風媒社の本

瀬尾 健
原発事故…
その時、あなたは！
定価(2,485円+税)

もし日本の原発で重大事故が起きたらどうなるか？近隣住民の被曝による死者数、大都市への放射能の影響…。日本の全原発事故をシミュレーション。"世界の頭脳"と賞賛された科学者が、緻密な計算により原発安全神話を突き崩した、反原発のバイブルとされる唯一無二の書。

小出裕章・監修 坂昇二、前田栄作著
完全シミュレーション
日本を滅ぼす原発大災害
定価(1,400円+税)

東南海地震の震源域に建つ「世界で最も危険な原発」浜岡原発、使用済み核燃料再処理施設の現地・青森県六ヶ所村、そして西の原発銀座＝若狭…。世界でも希な地震国・日本の原発を取り巻く、あまりにも異常な現実を明らかにした先駆的報告。

稲垣克巳
医療の安全を願って
●克彦の死を無駄にしないために
定価(1,500円+税)

医療事故が原因で長男を失った著者が、国を被告とした8年間の裁判や、22年にわたった介護体験を振り返り、医師倫理規定の確立の必要性、医師免許更新制の提案など、具体的な提言を交えつつ、事故の再発防止と医療の質の向上に何が必要なのかを熱く語る。

杉浦明平
暗い夜の記念に
定価(2,800円+税)

戦中、国を挙げてのウルトラナショナリズムのさ中、日本浪漫派の首魁・保田與重郎をはじめとする戦争協力者・赤狩りの尖兵たちに対して峻烈な批判を展開、人びとを震撼させた処女作（私家版）を復刊。戦後花開く明平文学の原点の書。

別所興一　鳥羽耕史　若杉美智子
杉浦明平を読む
●"地域"から"世界"へ—行動する作家の全軌跡
定価(2,500円+税)

ルポルタージュ文学の創始にして、イタリア・ルネサンス文学研究の第一人者・杉浦明平。地域から日本、世界と切り結んだ、強靱なる文学の全貌を解き明かす。明平文学入門ガイドから、研究のための資料まで。〈生涯とその時代〉〈ルポルタージュの展開〉〈晩年の歴史小説、農村諷刺小説と随想〉

大東 仁
大逆の僧 髙木顕明の真実
●真宗僧侶と大逆事件
定価(1,500円+税)

「大逆事件」に連座し、死刑判決を下された真宗大谷派僧侶・髙木顕明。宗門から永久追放を受けた彼は、監獄で自死に追い込まれた。差別根絶、廃娼、反戦に取り組み、人々の尊敬を集めた一僧侶は、なぜ〈大逆の僧〉に仕立て上げられたのか。

武田信行
ジュンちゃんへ…
戦争に行った兄さんより
●少年航空兵・松本勝正からの手紙
定価(2,000円+税)

「書いてはならぬことを書きました。お読み終わりましたら御焼却くださいませ」。予科練入隊から戦死するまでの7年間、航空兵・松本勝正は家族に宛てて絶えることなく手紙を書き送りつづけた。父母へ、そして妹たちへ。痛切な家族愛を綴った70通の手紙。